Gottfried C. O. Lohmeyer

Baustatik 2

Festigkeitslehre

8., überarbeitete und erweiterte Auflage
Mit 260 Abbildungen, 90 Tafeln,
145 Beispielen und 48 Übungsaufgaben

Teubner

B. G. Teubner Stuttgart · Leipzig · Wiesbaden

Die Deutsche Bibliothek – CIP-Einheitsaufnahme
Ein Titeldatensatz für diese Publikation ist bei
Der Deutschen Bibliothek erhältlich

Zusammenfassung des Inhalts

Die Pfeile zeigen, wie die beiden Teile vorteilhaft ab Abschnitt 6 von Teil 1 nebeneinander erarbeitet werden können.

8. Auflage Mai 2001

Der Verlag B. G. Teubner ist ein Unternehmen der Fachverlagsgruppe BertelsmannSpringer.

www.teubner.de

Gedruckt auf säurefreiem und chlorfrei gebleichtem Papier.

Umschlaggestaltung: Ulrike Weigel, www.CorporateDesignGroup.de
Druck und buchbinderische Verarbeitung: Wilhelm Röck, Weinsberg
Printed in Germany

ISBN 3-519-25026-8

Vorwort

Diese Einführung in die Baustatik behandelt in zwei Teilen die Grundlagen und die Festigkeitslehre.

Teil 1 „Grundlagen" stellt die wichtigen Aufgaben der einfachen Statik dar. Ohne komplizierte theoretische Ableitungen werden die erforderlichen Formeln zur Bestimmung der äußeren und inneren Kräfte entwickelt.

Der vorliegende Teil 2 „Festigkeitslehre" erklärt die Beanspruchung der Bauteile. Das Buch zeigt die einfacheren Bemessungen im Grundbau, Betonbau, Mauerwerksbau, Holzbau und Stahlbau für normale Bauwerke. Auf die Anwendung der höheren Mathematik sowie auf computerorientierte Berechnungsverfahren und komplizierte Bemessungen wird bewußt verzichtet. Aufmerksamkeit wird der Berechnung von Fundamenten, Wänden, Stützen, Trägern, Balken, Sparren und Dächern gewidmet. Dabei werden im Detail die Verbindungen der Bauteile untersucht, ebenso Temperaturdehnungen und andere Verformungen der Bauteile sowie die Stabilität der Bauwerke. Für Stahlbetonbauteile sei auf das Buch „Stahlbetonbau – Bemessung, Konstruktion, Ausführung" verwiesen.

Zum Verständnis der Berechnungen und Bemessungen sind die einzelnen Probleme kurz und kennzeichnend dargestellt. Die für die Berechnung erforderlichen Formeln werden erklärt. Notwendige Tabellen sind der Darstellung beigegeben. Einige Probleme werden bewußt vereinfacht und dadurch möglichst praxisnah behandelt. Jeder Abschnitt bringt zur Erläuterung typische Beispiele; sie zeigen die Anwendung der entsprechenden Formeln. Die anschließenden Beispiele zur Übung sollen zur sicheren Handhabung und breiten Anwendung des Stoffes befähigen. Die Lösungen sind am Ende des Buches zusammengestellt. Der letzte Abschnitt bringt eine statische Berechnung für ein kleines Wohnhaus. Es soll damit der Zusammenhang aller vorher detailliert betrachteten Probleme aufgezeigt werden.

Die DIN-Normen sind in ihrer neuesten Fassung berücksichtigt. In der Stahlbaunorm DIN 18800 wurde erstmals das neue Sicherheits- und Bemessungskonzept verwirklicht. Außerdem wurde den europäischen Bemühungen zur Vereinheitlichung Rechnung getragen. In Abschnitt 1.8 wird dieses Bemessungsverfahren erläutert. In diesem Buch sind alle Abschnitte und Beispiele, die sich mit dem Stahlbau befassen, auf dieses Bemessungsverfahren umgestellt.

Vorteilhaft dürfte es sein, mit der Arbeit an der Festigkeitslehre dieses Buches schon während der Arbeit an Teil 1 zu beginnen. Es empfiehlt sich, entsprechend nebenstehender Darstellung vorzugehen. So kann schon mit dem Abschnitt 6 von Teil 1 der Einstieg in diesen Teil 2 erfolgen.

Eine Zusammenstellung der „Formelzeichen und ihre Bedeutung“ sowie die „Formelsammlung“ erleichtern den Gebrauch von Formeln und fördern ihre Einprägsamkeit.

Die vorliegende achte Auflage ist wiederum überarbeitet und erweitert worden. Außerdem konnten verschiedene Verbesserungsvorschläge eingearbeitet werden.

Für viele Zuschriften und kritische Stellungnahmen dankt der Verfasser. Dem Verlag und seinen Mitwirkenden sei für die hervorragende Zusammenarbeit gedankt!

Anregungen und Hinweise für die Weiterentwicklung des Buches sind erwünscht und werden sehr begrüßt.

Hannover, Februar 2001 G. Lohmeyer

Inhalt

3 Scherbeanspruchung

4 Biegebeanspruchung

5 Schubbeanspruchung

6 Torsionsbeanspruchung

(Abschnitte, die mit * gekennzeichnet sind, enthalten Übungsaufgaben)

DIN-Normen

Für dieses Buch einschlägige Normen sind entsprechend dem Entwicklungsstand ausgewertet worden, den sie bei Abschluß des Manuskripts erreicht hatten. Maßgebend sind die jeweils neuesten Ausgaben der Normblätter des DIN Deutsches Institut für Normung e.V. im Format A4, die durch den Beuth-Verlag GmbH, Berlin und Köln, zu beziehen sind.

Sinngemäß gilt das gleiche für alle sonstigen angezogenen amtlichen Richtlinien, Bestimmungen, Verordnungen usw.

Einheiten

Mit dem „Gesetz über Einheiten im Meßwesen" vom 2.7.1969 und seiner „Ausführungsverordnung" vom 26.6.1970 wurden für einige technische Größen neue Einheiten eingeführt. Der Umrechnung von „alten" in „neue" Einheiten und umgekehrt dienen folgende Hinweise des Fachnormen-Arbeitsausschusses „Einheiten im Bauwesen" (ETB):

Kraftgrößen: Es wird empfohlen, sich auf möglichst wenige der zahlreichen Einheiten, die sich mit Hilfe dezimaler Vorsätze (z.B. k für 100) bilden lassen, zu beschränken. Angesichts der im Bauwesen unvermeidlichen Streuungen der Bauwerksabmessungen und der Baustoffestigkeiten kann die Erdbeschleunigung genügend genau mit $g = 10$ m/s² angenommen werden; es braucht nicht mit dem genaueren Wert 9,81 m/s², geschweige denn mit der Normalfallbeschleunigung $g_n = 9{,}80665$ m/s² gerechnet zu werden. Der „Fehler" liegt zwar bei den zulässigen Spannungen um knapp 2% auf der unsicheren Seite, er wird in der Regel aber dadurch ausgeglichen, daß die Lastannahmen um ein größeres Maß auf der sicheren Seite liegen.

Kräfte: Für Kraftgrößen wird die Einheit **kN** (Kilonewton) empfohlen. Bei Zahlenvorsätzen kleiner als 0,1 kann mit **N** (Newton[1]) und bei solchen größer als 100 mit **MN** (Meganewton) gerechnet werden.

Tafel **1** Umrechnungswerte für **Kräfte und Einzellasten**

Kraft		kp	Mp	N	kN	MN
1 N	=	10^{-1}	10^{-4}	1	10^{-3}	10^{-6}
1 kN	=	10^{2}	10^{-1}	10^{3}	1	10^{-3}
1 MN	=	10^{5}	10^{2}	10^{6}	10^{3}	1
1 kp	=	1	10^{-3}	10	10^{-2}	10^{-5}
1 Mp	=	10^{3}	1	10^{4}	10	10^{-2}

N = Newton (neu)
kN = Kilonewton
MN = Meganewton

kp = Kilopond (alt)
Mp = Megapond

[1]) Newton (sprich: njuten) = englischer Physiker (1643 bis 1727)

Tafel **2** Umrechnungswerte für **Streckenlasten** (längenbezogene Kräfte)

Streckenlast		kp/cm	kp/m	Mp/m	N/mm	N/m	kN/m	MN/m
1 N/mm	=	1	10^{2}	10^{-1}	1	10^{3}	1	10^{-3}
1 N/m	=	10^{-3}	10^{-1}	10^{-4}	10^{-3}	1	10^{-3}	10^{-6}
1 kN/m	=	1	10^{2}	10^{-1}	1	10^{3}	1	10^{-3}
1 MN/m	=	10^{3}	10^{5}	10^{2}	10^{3}	10^{6}	10^{3}	1
1 kp/cm	=	1	10^{2}	10^{-1}	1	10^{3}	1	10^{-3}
1 kp/m	=	10^{-2}	1	10^{-3}	10^{-2}	10	10^{-2}	10^{-5}
1 Mp/m	=	10	10^{3}	1	10	10^{4}	10	10^{-2}

Tafel **3** Umrechnungswerte für **Spannungen, Festigkeiten und Flächenlasten**

Spannung Festigkeit Flächenlast		$\frac{kp}{mm^2}$	$\frac{kp}{cm^2}$	$\frac{kp}{m^2}$	$\frac{Mp}{mm^2}$	$\frac{Mp}{cm^2}$	$\frac{Mp}{m^2}$	$\frac{N}{mm^2}$	$\frac{N}{m^2}$	$\frac{kN}{m^2}$	$\frac{MN}{m^2}$
1 N/mm²	=	10^{-1}	10	10^{5}	10^{-4}	10^{-2}	10^{2}	1	10^{6}	10^{3}	1
1 N/m²	=	10^{-7}	10^{-5}	10^{-1}	10^{-10}	10^{-8}	10^{-4}	10^{-6}	1	10^{-3}	10^{-6}
1 kN/m²	=	10^{-4}	10^{-2}	10^{2}	10^{-7}	10^{-5}	10^{-1}	10^{-3}	10^{3}	1	10^{-3}
1 MN/m²	=	10^{-1}	10	10^{5}	10^{-4}	10^{-2}	10^{2}	1	10^{6}	10^{3}	1
1 kp/mm²	=	1	10^{2}	10^{6}	10^{-3}	10^{-1}	10^{3}	10	10^{7}	10^{4}	10
1 kp/cm²	=	10^{-2}	1	10^{4}	10^{-5}	10^{-3}	10	10^{-1}	10^{5}	10^{2}	10^{-1}
1 kp/m²	=	10^{-6}	10^{-4}	1	10^{9}	10^{-7}	10^{-3}	10^{-5}	10	10^{-2}	10^{-5}
1 Mp/mm²	=	10^{3}	10^{5}	10^{9}	1	10^{2}	10^{6}	10^{4}	10^{10}	10^{7}	10^{4}
1 Mp/cm²	=	10	10^{3}	10^{7}	10^{-2}	1	10^{4}	10^{2}	10^{8}	10^{5}	10^{2}
1 Mp/m²	=	10^{-3}	10^{-1}	10^{3}	10^{-6}	10^{-4}	1	10^{-2}	10^{4}	10	10^{-2}

Tafel **4** Umrechnungswerte für **Momente**

Moment		kpcm	kpm	Mpm	Nmm	Nm	kNm	MNm
1 Nmm	=	10^{-2}	10^{-4}	10^{-7}	1	10^{-3}	10^{-6}	10^{-9}
1 Nm	=	10	10^{-1}	10^{-4}	10^{3}	1	10^{-3}	10^{-6}
1 kNm	=	10^{4}	10^{2}	10^{-1}	10^{6}	10^{3}	1	10^{-3}
1 MNm	=	10^{7}	10^{5}	10^{2}	10^{9}	10^{6}	10^{3}	1
1 kpcm	=	1	10^{-2}	10^{-5}	10^{2}	10^{-1}	10^{-4}	10^{-7}
1 kpm	=	10^{2}	1	10^{-3}	10^{4}	10	10^{-2}	10^{-5}
1 Mpm	=	10^{5}	10^{3}	1	10^{7}	10^{4}	10	10^{-2}

Tafel **5** Umrechnungswerte für **Dichte und Eigenlasten**

Dichte Eigenlast		kg/m^3	kg/dm^3	t/m^3	kN/m^3
1 kN/m^3	=	10^2	10^{-1}	10^{-1}	1
1 kg/m^3	=	1	10^{-3}	10^{-3}	10^{-2}
1 kg/dm^3	=	10^3	1	1	10
1 t/m^3	=	10^3	1	1	10

Formelzeichen

Für die hier benutzten mathematischen und technischen Formelzeichen sowie Symbole wird auf Seite 348 verwiesen; siehe auch Wendehorst „Bautechnische Zahlentafeln".

Tafel **6** **Griechisches Alphabet** (DIN 1453)

A α	*a* Alpha	H η	*ē* Eta	N ν	*n* Nü	T τ	*t* Tau
B β	*b* Beta	Θ ϑ	*th* Theta	Ξ ξ	*x* Ksi	Y υ	*ü* Ypsilon
Γ γ	*g* Gamma	I ι	*j* Jota	O o	*ŏ* Omikron	Φ ϕ	*ph* Phi
Δ δ	*d* Delta	K $\varkappa$	*k* Kappa	Π π	*p* Pi	X χ	*ch* Chi
E ε	*e* Epsilon	Λ λ	*l* Lambda	P ϱ	*r* Rho	Ψ ψ	*ps* Psi
Z ζ	*z* Zeta	M μ	*m* Mü	Σ σ	*s* Sigma	Ω ω	*ō* Omega

Verzeichnis der Tafeln

Einheiten

1 Beanspruchungen

3 Scherbeanspruchung

4 Biegebeanspruchung

6 Torsionsbeanspruchung

7 Knickbeanspruchung

8 Beanspruchung bei Längskraft mit Biegung

9 Beanspruchung durch Zwang

10 Stabilität von Bauteilen und Bauwerken

1 Beanspruchungen

Baumaßnahmen bedürfen der Genehmigung durch die Bauaufsichtsbehörde. In der jeweiligen Landesbauordnung werden jedoch bauliche Anlagen genannt, die genehmigungsfrei sind. Ein Antrag auf Erteilung einer Baugenehmigung ist schriftlich bei der unteren Bauaufsichtsbehörde als Baugenehmigungsbehörde einzureichen. Dem Bauantrag ist unter anderem eine prüffähige *statische Berechnung* beizufügen. In dieser werden die Abmessungen der Bauteile und die Güte der Baustoffe festgelegt. Insbesondere werden Tragfähigkeit und Standsicherheit aller statisch beanspruchten Bauteile eines Bauwerkes rechnerisch nachgewiesen. In den Landesbauordnungen einiger Bundesländer wird für kleinere Bauvorhaben die Vorlage einer statischen Berechnung nicht mehr verlangt. Es erfolgt auch keine Prüfung der statischen Berechnung. Die Verantwortung, die dem Aufsteller der statischen Berechnung zufällt, wird damit noch größer.

Das bisherige Sicherheitsdenken wird in den folgenden Ausführungen beschrieben. Die hierbei anzuwendenden Rechenverfahren werden erklärt und erforderlichenfalls durch Beispiele erläutert.

Das neue Sicherheitsdenken weicht in verschiedenen Punkten vom bisherigen Sicherheitsdenken ab. Die Einführung eines neues Sicherheitsdenkens wird durch die fortschreitende Europäisierung erforderlich. Dafür sind allgemein gültige Regelungen nötig. Die zum Teil voneinander abweichenden nationalen Normen sind durch europäische Normen zu ersetzen oder auf einheitliche internationale Regelungen abzustimmen. In Abschnitt 1.8 werden die Grundlagen des neuen Sicherheitskonzeptes vorgestellt.

1.1 Aufgaben der Festigkeitslehre

Die erforderlichen Kenntnisse für den Nachweis von Bruchsicherheit und Gebrauchsfähigkeit vermittelt die Festigkeitslehre. Durch Ermittlung aller auf das Bauwerk einwirkenden Lasten (Lastermittlung) werden die äußeren Kräfte bestimmt. Hieraus erhält man mit Hilfe der Gleichgewichtsbedingungen die Auflagerkräfte. Als nächstes werden die inneren Kräfte bestimmt. Dieses sind die Schnittkräfte. Sie werden mit Hilfe des Schnittverfahrens ermittelt. Die Schnittkräfte sind also Längskräfte (Normalkräfte), Querkräfte, Biegemomente und Torsionsmomente.

Die hierzu erforderlichen Berechnungen wurden im Teil 1 „Grundlagen“ behandelt. Wenn die inneren Kräfte bekannt sind, kann die Art und Größe der Beanspruchungen der Bauteile geklärt werden.

Form und Abmessung sowie die Baustoffe der Bauteile zu bestimmen: das sind die wesentlichen Aufgaben der Festigkeitslehre. Hierbei ist mit einem Mindestbedarf an

Aufwand ein Höchstmaß an Sicherheit zu erzielen. Die Festigkeitslehre benützt dabei die Erkenntnisse und Erfahrungen der Werkstoffkunde und der Materialprüfung. Sie löst ihre Aufgaben mit Hilfe theoretisch abgeleiteter oder auf Versuchen gegründeter Berechnungsverfahren.

1.2 Spannungen

Bauteile sind feste Körper. Auch feste Körper verformen sich infolge einer Belastung. Der Verformung durch äußere Kräfte setzt die Festigkeit des Werkstoffs einen Widerstand entgegen. Bei genügender Festigkeit wird der Bruch des Körpers verhindert.

Die Verformung eines Bauteiles wird um so größer sein, je schwächer ein Bauteil gegenüber den aufzunehmenden Lasten ist. Sie ist sowohl abhängig von Größe und Form des Bauteil-Querschnitts als auch vom Bauteil-Werkstoff.

Die inneren Kräfte sagen noch nichts über die Beanspruchung eines Bauteiles aus. Die Beanspruchung kann groß sein, wenn wenig Querschnittsfläche zur Kraftaufnahme vorhanden ist. Bei größerer Querschnittsfläche wird sie trotz gleichbleibender Kraft geringer. Man braucht also ein Maß für die Größe der Beanspruchung. Die vorhandene Beanspruchung darf eine zulässige Beanspruchung nicht überschreiten.

Beispiel zur Erläuterung

Bei einem Stab, der durch äußere Kräfte gezogen wird, wirken innere Kräfte dem Auseinanderreißen entgegen (Bild **1**.1). Der Stab wird so lange nicht zerstört, wie alle inneren Kräfte den äußeren Kräften entgegenwirken. Es herrscht Gleichgewicht.

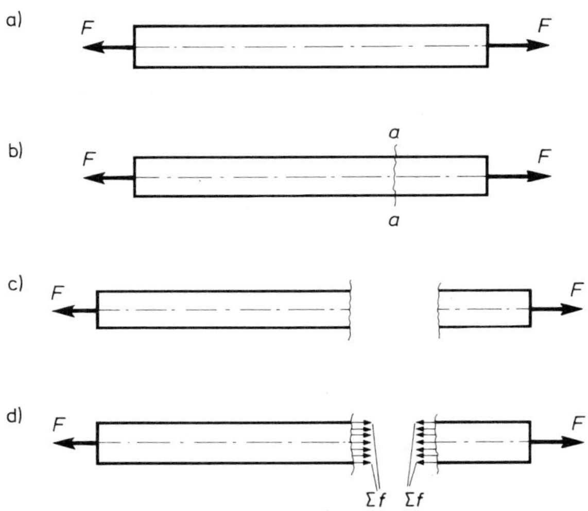

1.1 Ein Stab wird durch äußere Kräfte gezogen
- a) Der Stab wird auf Zug beansprucht
- b) an einer beliebigen Stelle wird der Stab durchgeschnitten (Schnitt $a - a$)
- c) durch den Schnitt ist das Gleichgewicht gestört, die Schnittstellen werden durch die äußeren Kräfte voneinander entfernt
- d) an den Schnittstellen wirkende innere Kräfte können das Gleichgewicht wieder herstellen, wenn sie den äußeren Kräften gleichgroß entgegenwirken $\sum f = F$

Würde jedoch der Stab an einer beliebigen Stelle auseinandergeschnitten, wäre das Gleichgewicht gestört. Es brauchen aber nur in den Schnittstellen Kräfte angebracht zu werden, die den äußeren Kräften entgegenwirken, damit das Gleichgewicht wieder hergestellt ist. Die Summe der inneren Kräfte an einem Stabteil ist gleich der äußeren Kraft (Bild **1.1** d). Auf diese Weise lassen sich die inneren Kräfte in ihrer Größe und Richtung bestimmen.

In vielen Fällen kann eine gleichmäßige Verteilung der inneren Kräfte über die ganze Querschnittsfläche angenommen werden. Wenn sich die inneren Kräfte auf eine große Fläche verteilen können, wird die Beanspruchung des Querschnitts kleiner.

– **Je größer die äußere Kraft, um so größer sind die inneren Kräfte**
– **Je größer die Fläche, um so kleiner ist die Beanspruchung**

Die Größe der Beanspruchung ist von der Größe der Kraft und von der Größe der Fläche abhängig. Damit ergibt sich ein rechnerisches Maß für die Größe der Beanspruchung: die Spannung.

Die Spannung ist die innere Kraft, bezogen auf die Querschnittsfläche

$$\textbf{Spannung} = \frac{\textbf{innere Kraft}}{\textbf{Querschnittsfläche}} \qquad \begin{matrix}\text{in N oder MN}\\ \text{in mm}^2 \text{ oder m}^2\end{matrix}$$

Die Spannung wird angegeben in N/mm² oder MN/m². (Für Zwischenrechnungen kann die Einheit kN/cm² zweckmäßig sein.) Die Spannung gibt die Größe der Beanspruchung eines Bauteiles an und wird im allgemeinen mit σ (sigma) bezeichnet.

$$\boldsymbol{\sigma} = \frac{\boldsymbol{F}}{\boldsymbol{A}} \quad \text{in} \quad \frac{\text{N}}{\text{mm}^2} \quad \text{oder} \quad \frac{\text{MN}}{\text{m}^2} \qquad \begin{matrix}\text{mit } F \text{ in N oder MN}\\ \text{und } A \text{ in mm}^2 \text{ oder m}^2\end{matrix} \qquad \text{Gl. (1.1)}$$

Beispiel zur Erläuterung

Für den Stab nach Bild **1.2** mit rechteckigem Querschnitt von 2 cm Breite und 3 cm Höhe wird bei einer inneren Kraft von 7,2 kN die Spannung wie folgt berechnet:

$$\text{Spannung } \sigma = \frac{F}{A} = \frac{7{,}2\,\text{kN}}{2\,\text{cm} \cdot 3\,\text{cm}} = \frac{7{,}2\,\text{kN}}{6\,\text{cm}^2} = 1{,}2\,\text{kN/cm}^2$$

$$\sigma = 12\,\text{N/mm}^2 = 12\,\text{MN/m}^2$$

Es hat also jeder einzelne Quadratzentimeter des Querschnittes eine innere Kraft von 1,2 kN zu übertragen (Bild **1.3**), bzw. jeder Quadratmillimeter wird durch 12 Newton beansprucht.

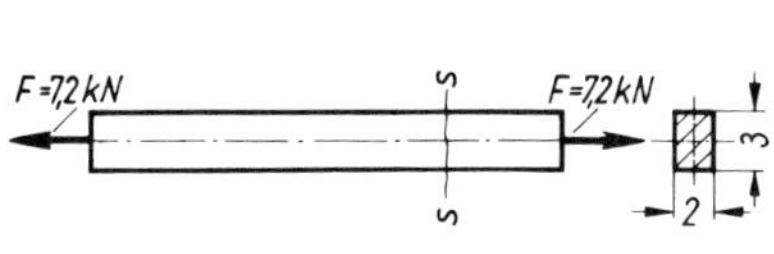

1.2 Eine Zugkraft verteilt sich über die ganze Querschnittsfläche

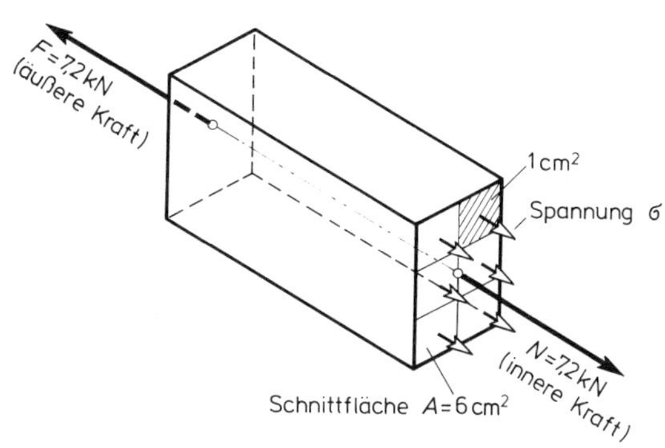

1.3 Der Kraftanteil je Flächeneinheit ergibt die Spannung

1.3 Formänderungen

Ein Tragwerk wird durch die bei der Belastung auftretenden Spannungen verformt. Die Kraftangriffspunkte werden verschoben. Die äußeren Kräfte verrichten dabei Arbeit. Diese Arbeit wird in der Verformung des Tragwerks gespeichert. Werden die Kräfte plötzlich auf das Tragwerk aufgebracht, dann wird das Tragwerk mit wesentlicher Geschwindigkeit verformt. Der Formänderungsweg wird hierbei sehr schnell durchlaufen. Ein Teil der eingeleiteten Energie setzt sich in kinetischer Energie um, die sich in irgendeiner Form zerstreut. Es bilden sich Schwingungen und infolge der inneren Reibung entsteht solange Wärme, bis die Schwingungen zum Stillstand kommen.

Die Formänderung eines Tragwerkes ist also ein sehr komplizierter Vorgang. Damit dieser Vorgang verständlich zu erfassen ist, werden vereinfachende Annahmen getroffen. Dazu gehört auch, daß die Belastung langsam anwächst. Beim langsamen Anwachsen der Belastung halten die inneren Kräfte stets den äußeren Kräften das Gleichgewicht. Die sich bildenden inneren Kräfte wirken der Formänderung entgegen. Die inneren Kräfte stellen die Beanspruchung eines Tragwerkes dar. Die Größe der Beanspruchung wird durch die Spannung ausgedrückt. Unter dem Einfluß der Spannung entsteht Formänderung. Die hierbei in das Tragwerk eingeleitete Energie wird nur zur Verformung aufgewandt. Sie wird als Formänderungsarbeit bezeichnet.

Formänderungen können elastisch oder plastisch sein. Ein elastisches Verhalten liegt vor, wenn ein Körper nach der Entlastung seine ursprüngliche Form wieder einnimmt, man hat eine vorübergehende Formänderung (z.B. Gummi).

Bei einem plastischen Verhalten geht die Verformung nach der Entlastung nicht mehr zurück, man hat eine bleibende Formänderung (z.B. Knetmasse).

Beispiel zur Erläuterung

Die Formänderung kann eine Verlängerung infolge einer wirkenden Zugspannung sein. Ein auf Zug beanspruchter Baukörper erfährt eine Verlängerung um das Maß Δl (Bild **1**.4).

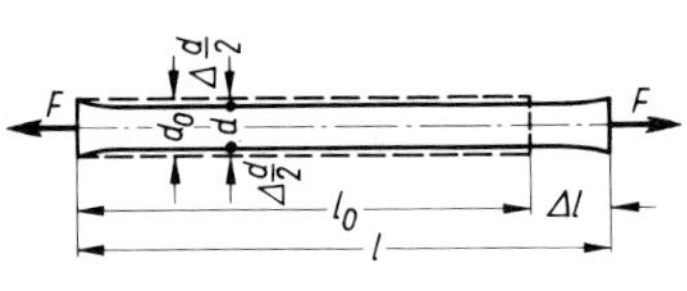

1.4 Verlängerung infolge einer Zugkraft

Die Verlängerung Δl (Delta l) errechnet sich aus der Länge l des Baukörpers bei Krafteinwirkung, abzüglich der ursprünglichen Länge l_0.

$$\Delta l = l - l_0 \quad \text{in mm} \qquad \text{Gl. (1.2)}$$

Es wird hierbei angenommen, daß sich die Verlängerung bei einander gleichbleibenden Querschnitten gleichmäßig über die ganze Länge des Baukörpers verteilt. Die einzelnen Querschnitte (Bild **1**.5) werden voneinander entfernt; ihr Abstand wird größer. Mit der Verlängerung erfolgt gleichzeitig eine Querschnittsverringerung, die Querkürzung Δd (Bild **1**.4).

Formänderungen durch unterschiedliche Beanspruchungen werden in den Abschnitten der entsprechenden Spannungen erläutert (s. Abschnitte 2 bis 9).

Formänderungen durch Temperaturunterschiede, Schwinden und Kriechen werden in Abschn. 9 behandelt.

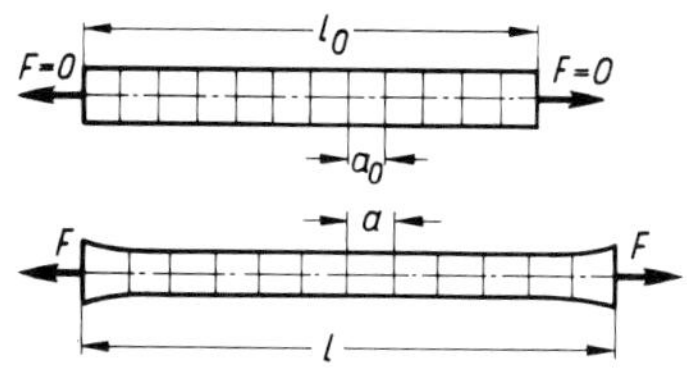

1.5 Die Querschnittsentfernung a im belasteten Zustand ist größer als die Querschnittsentfernung a_0 im unbelasteten Zustand: $a > a_0$

1.4 Dehnungen

Zur Beurteilung des Dehnverhaltens von Baustoffen werden Vergleichswerte benötigt. Es wird daher eine stattfindende Verlängerung (oder Verkürzung) auf die ursprüngliche Länge des Bauteils bezogen. Dieses Verhältnis der Verlängerung Δl (Delta l) zur ursprünglichen Länge l_0 wird bezeichnet als Dehnung ε (epsilon).

$$\textbf{Dehnung} = \frac{\textbf{Verlängerung}}{\textbf{ursprüngliche Länge}} \qquad \text{Gl. (1.3)}$$

$$\boldsymbol{\varepsilon = \frac{\Delta l}{l_0}} \quad \text{ohne Einheit oder z.B. in } \frac{\text{mm}}{\text{m}} = ‰$$

Die Dehnung ε gibt die Längenänderung je Längeneinheit an, z.B. in m je m. Da sich hierbei die Einheit m/m wegkürzt, haben Dehnungen keine Einheit. Es ist häufig jedoch sinnvoll und stets besser vorstellbar, Dehnungen in mm je m oder in Promille bzw. in Prozent anzugeben.

Die Dehnung ε ist bei Verlängerungen positiv (+), bei Verkürzungen negativ (–). Negative Dehnungen, die durch Verkürzungen entstehen, werden auch als „Stauchungen" bezeichnet.

Beispiele zur Erläuterung

1. Ein 3 m langes Bauteil wird bei Zugbeanspruchung um 0,75 mm verlängert.
Die Dehnung beträgt:

$$\varepsilon = \frac{\Delta l}{l_0} = \frac{+\,0{,}75\ \text{mm}}{3000\ \text{mm}}$$
$$= +\,0{,}25 \cdot 10^{-3}$$
$$= +\,0{,}25\ \text{mm/m}$$
$$= +\,0{,}25‰$$

2. Eine 6 m lange Wand verlängert sich bei Erwärmung im Sommer gegenüber der Herstellänge im Frühjahr um 1,5 mm.

Die Dehnung beträgt:

$$\varepsilon = \frac{\Delta l}{l_0} = \frac{+1{,}5 \text{ mm}}{6000 \text{ mm}}$$
$$= +0{,}25 \cdot 10^{-3}$$
$$= +0{,}25 \text{ mm/m}$$
$$= +0{,}25 ‰$$

3. Eine 3 m hohe Stütze wird bei Druckbeanspruchung um 0,6 mm verkürzt.

Die Dehnung beträgt:

$$\varepsilon = \frac{\Delta l}{l_0} = \frac{-0{,}6 \text{ mm}}{3000 \text{ mm}}$$
$$= -0{,}2 \cdot 10^{-3}$$
$$= -0{,}2 \text{ mm/m}$$
$$= -0{,}2 ‰$$

4. Eine 6 m lange Wand verkürzt sich bei Abkühlung im Winter gegenüber der Herstellänge im Frühjahr um 1,2 mm.

Die Dehnung beträgt:

$$\varepsilon = \frac{\Delta l}{l_0} = \frac{-1{,}2 \text{ mm}}{6000 \text{ mm}}$$
$$= -0{,}2 \cdot 10^{-3}$$
$$= -0{,}2 \text{ mm/m}$$
$$= -0{,}2 ‰$$

1.5 Spannungs-Dehnungs-Linie

Um Festigkeitseigenschaft und Dehnbarkeit eines Stahles zu überprüfen, kann ein Zerreißversuch durchgeführt werden. Hierbei wird ein Versuchsstab aus Rundstahl in eine Zerreißmaschine eingespannt. Dort wird er durch eine langsam anwachsende, stoßfreie Zugkraft bis zum Zerreißen belastet. Die aufgewandte Zugkraft F wird auf den ursprünglichen Stabquerschnitt A_0 bezogen. Damit ergibt sich die Zugspannung σ_Z:

$$\textbf{Zugspannung } \boldsymbol{\sigma_Z} = \frac{\textbf{Zugkraft } \boldsymbol{F}}{\textbf{ursprüngliche Querschnittsfläche } \boldsymbol{A_0}}$$

$$\boldsymbol{\sigma_Z = \frac{F}{A_0}} \qquad \text{Gl. (1.4)}$$

Einer jeweiligen Spannung σ ist eine entsprechende Dehnung ε zugeordnet. In einem Achsenkreuz (Koordinatensystem) werden die Spannungen σ auf der senkrechten Achse und die Dehnung ε auf der waagerechten Achse angetragen (Bild **1.**6).

Während des Versuches zeichnet die Prüfmaschine die jeweils wirkenden Spannungen σ mit den zugehörigen Dehnungen ε selbsttätig auf. Es entsteht dadurch eine Linie, die Spannungs-Dehnungs-Linie (Bild **1.**7).

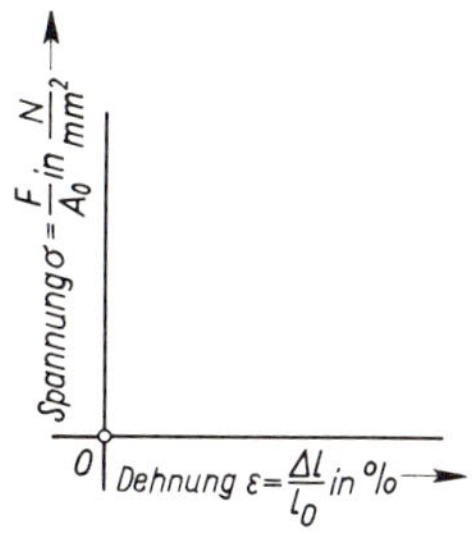

1.6 Achsenkreuz als Koordinatensystem für die Spannungs-Dehnungs-Linie

Alle Festigkeiten, die auf den Ausgangsquerschnitt bezogen sind, erhalten die Bezeichnung β (beta). β ist allgemein das Zeichen für Festigkeit. Die Zugfestigkeit des Stahls entspricht der größtmöglichen Zugspannung σ_Z.

$$\text{Zugfestigkeit}\ \beta_Z = \frac{F}{A_0} \qquad \text{Gl. (1.5)}$$

Nach den europäisierten Normen werden die Festigkeiten mit f bezeichnet. Für den Grenzzustand bzw. den Bruchzustand wird der Index u verwendet (u = ultimate = engl. letzt…, End…; gesprochen altimit).

Die Zugfestigkeit im Bruchzustand wird mit f_u bezeichnet:

$$\text{Zugfestigkeit}\ f_u = \frac{\max F}{A_0} \qquad \text{Gl. (1.6)}$$

Die Zugfestigkeit entspricht der maximal wirksamen Zugspannung σ_Z.

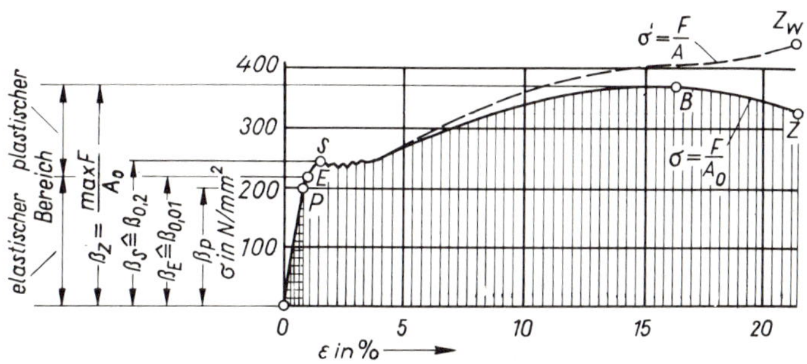

1.7 Spannungs-Dehnungs-Linie für Stahl

Der Verlauf der Spannungs-Dehnungs-Linie macht folgendes deutlich:

Zunächst beginnt bei 0 ein stetiges Ansteigen der Spannung, dem eine geringe Dehnung entspricht. Bis zum Punkt P ist die Dehnung elastisch und wächst im gleichen Verhältnis wie die Spannung. Spannung σ und Dehnung ε sind bis hier verhältnisgleich, also proportional. Der Punkt P gibt die Proportionalitätsgrenze β_P an. Oberhalb davon beginnt die Dehnung ε bereits stärker zuzunehmen als die Spannung; es werden nun bleibende, nicht mehr elastische Dehnungen gemessen. Der bisherige geradlinige Verlauf der Spannungs-Dehnungs-Linie wird durch eine Kurve fortgesetzt.

In diesen Bereich fällt der Punkt E, die Elastizitätsgrenze $\beta_{0,01}$ (bzw. $f_{0,01}$). Bis zu ihr sind die bleibenden Dehnungen noch sehr gering. Die Elastizitätsgrenze ist in ihrer

Lage nicht genau zu erkennen. Sie ist aber ein wichtiger Belastungskennwert. Daher wurde für sie die Spannung festgelegt, bei der eine bleibende Dehnung von $\varepsilon = 0{,}01\,\%$ der Meßlänge nicht überschritten wird. Diese bleibende Dehnung ist so gering, daß das Verhalten des Stahles praktisch noch als elastisch angesehen wird. Die Punkte P und E liegen dicht beieinander, so daß in Vorschriften die Proportionalitätsgrenze auch mit $\beta_{0,01}$ (bzw. $f_{0,01}$) bezeichnet wird.

Der nächste Belastungswert ist der Punkt S, er kennzeichnet die Steckgrenze β_s (bzw. f_y). Wenn die Belastung über den elastischen Bereich erhöht wird, tritt plötzlich ein Absinken der Spannung ein, und eine meist sehr plötzliche und starke Dehnung beginnt. Diese Dehnung, das Strecken oder Fließen des Stahles, ist i. allg. leicht zu erkennen. Die Oberfläche eines blanken Stabes wird matt. Bei härteren Stählen ist jedoch auch die Streckgrenze im Spannungs-Dehnungs-Bild meist nicht eindeutig zu bestimmen. Man hat als Streckgrenze daher allgemein die Spannung bei einer Dehnung von $\varepsilon = 0{,}2\,\%$ der Meßlänge festgelegt. Sie wird dann mit $\beta_{0,2}$ (bzw. $f_{0,2}$) bezeichnet. Alle Dehnungen in diesem Bereich sind plastisch, es sind also bleibende Verformungen.

Nachdem eine große Dehnung infolge des Fließens stattgefunden hat, muß die Spannung wieder zunehmen, damit eine weitere Verformung entstehen kann. Das Werkstoffgefüge hat sich wieder verfestigt. In diesem Bereich ist jetzt die Querschnittsverringerung infolge der großen Dehnung von Bedeutung. Der weitere Verlauf der Spannungs-Dehnungs-Linie hängt also davon ab, ob die Spannung mit dem ursprünglichen Querschnitt A_0 oder mit dem augenblicklichen Querschnitt A errechnet wird. Die Vorschrift verlangt, daß der ursprüngliche Querschnitt A_0 zugrunde zu legen ist.

Der oberste Punkt B der sich daraus ergebenden Kurve ist die Bruchgrenze oder die Zugfestigkeit β_Z. Nach Überschreitung des Punktes B schnürt sich der Stab an einer Stelle stark ein und zerreißt bei Punkt Z. Das ist die Zerreißfestigkeit. Die tatsächliche Spannung $\sigma' = F/A$ wächst bis zum Zerreißen bei Punkt Z_w, der wirklichen Zerreißfestigkeit an (Bild **1**.7).

Beispiele zur Erläuterung

1. Ein Baustahl S235 wird nach seiner Streckgrenze β_S bezeichnet. Der Stahl wird angesetzt mit einer rechnerischen Streckgrenze $\beta_S = f_{y,k} = 235$ N/mm², wenn die Erzeugnisdicke t höchstens 40 mm beträgt oder mit $\beta_S = f_{y,k} = 215$ N/mm², wenn die Erzeugnisdicke t über 40 mm bis höchstens 100 mm beträgt.

Hierbei bedeuten:

f Festigkeit eines Materials
$_y$ Index für Festigkeit an der Streckgrenze
$_k$ Index für einen charakteristischen Wert

2. Für einen Baustahl S 355 ergibt sich die Bezeichnung ebenfalls aus der Streckgrenze $\beta_S = f_{y,k}$. Sie ist festgelegt mit 360 N/mm² (für $t \leq 40$ mm) bzw. mit 335 N/mm² (für $t > 40$ mm bis $t \leq 80$ mm).

1.6 Elastizitätsmodul

Aus der Spannungs-Dehnungs-Linie im Bild **1**.7 ist der geradlinige Spannungsanstieg bis zum Punkt P zu erkennen. In Bild **1**.8 ist dieser Bereich vergrößert dargestellt.

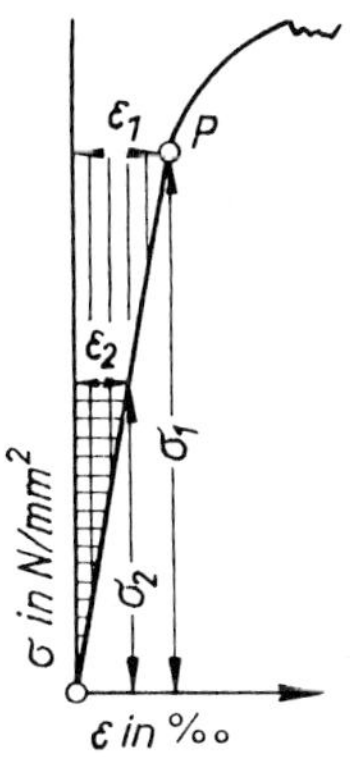

1.8 Spannungen σ und Dehnungen ε sind proportional bis zur Proportionalitätsgrenze P

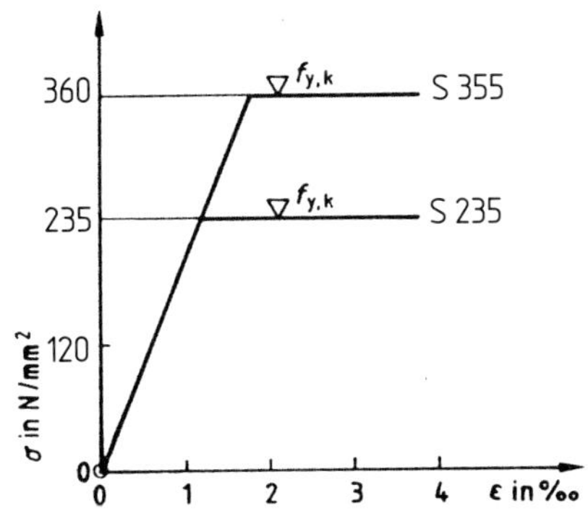

1.9 Vereinfachte (idealisierte) Spannungs-Dehnungs-Linie für die Baustähle S 235 und S 355

Bild **1.9** zeigt die vereinfachten Spannungs-Dehnungs-Linien für die Baustähle S 235 und S 355, die der Bemessung zugrunde gelegt werden.

Aufgrund der Ähnlichkeit der Dreiecke kann die Proportion (Verhältnisgleichung) aufgestellt werden:

$$\varepsilon_1 : \varepsilon_2 = \sigma_1 : \sigma_2$$

– **Die Dehnungen verhalten sich proportional zu den Spannungen.**

Dieser Satz stammt von dem englischen Physiker Robert Hooke, er wird daher das Hookesche Gesetz genannt.

Diese Proportion kann umgeformt werden in

$$\sigma_1 : \varepsilon_1 = \sigma_2 : \varepsilon_2 \quad \text{oder} \quad \frac{\sigma_1}{\varepsilon_1} = \frac{\sigma_2}{\varepsilon_2} \qquad \text{Gl. (1.7)}$$

Das Verhältnis σ/ε liefert im Bereich der Proportionalität für einen bestimmten Werkstoff einen jeweils konstanten, also unveränderlichen Wert. Man kann deswegen dieser konstanten Größe auch einen Namen geben. Da diese Betrachtung im Bereich elastischer Dehnungen stattfindet, bietet sich die Bezeichnung Elastizitätsmaß oder Elastizitätsmodul an.

$$\textbf{Elastizitätsmodul} = \frac{\textbf{Spannung}}{\textbf{Dehnung}} \qquad \text{Gl. (1.8)}$$

$$\boldsymbol{E} = \frac{\boldsymbol{\sigma}}{\boldsymbol{\varepsilon}} \quad \text{in N/mm}^2 \text{ oder MN/m}^2$$

E ist für einen bestimmten Werkstoff eine konstante Größe; er ist eine Werkstoff-Kenngröße und wird in der Regel in N/mm² oder in MN/m² angegeben.

So wie für die Dehnung eines Werkstoffes der Elastizitätsmodul E eine Kenngröße ist, hat bei Schubverformungen der Schubmodul G große Bedeutung. Er wird ebenfalls in N/mm² oder in MN/m² angegeben und ist eine Werkstoff-Kenngröße.

Die für die verschiedenen Werkstoffe in Versuchen ermittelten maßgeblichen Werte sind in Normen festgelegt. Einige Angaben enthält Tafel **1**.1.

Tafel **1**.1 **Rechenwerte für Elastizitätsmodul und Schubmodul** verschiedener Baustoffe

Beton (DIN 1045)	Elastizitätsmodul E in N/mm^2 für Betonfestigkeitsklasse					
	B 10	B 15	B 25	B 35	B 45	B 55
	22000	26000	30000	34000	37000	39000
Mauerwerk (DIN 1053 T2)	Elastizitätsmodul E in N/mm^2 für Steinfestigkeitsklasse					
	2	4	6	12	20	28
Mörtelgruppe IIa	2000	3000	5000	6000	7000	8000
III/IIIa	–	–	–	7000	8000	10000
Stahl (DIN 18800)	Elastizitätsmodul E in N/mm^2 für Zug und Druck			Schubmodul G in N/mm^2		
Baustahl S 235 und S 355 Gußwerkstoff GS 200 und GS 240	210000			81000		
Gußwerkstoff GJS 400	169000			46000		
Holz (DIN 1052)	Elastizitätsmodul E in N/mm^2 parallel der Faser $E_{\parallel}$	rechtwinklig zur Faser $E_{\perp}$	Schubmodul G in N/mm^2			
Nadelholz	10000	300	500			
Eiche, Buche, Teak	12500	600	1000			
Brettschichtholz	11000	300	500			

1.7 Spannungsarten

Die inneren Kräfte, die durch Lasten und andere äußere Kräfte im Innern der Bauteile entstehen, können unterschiedlicher Art sein. Sie wirken nicht immer rechtwinklig zur Querschnittsfläche. Bei schräg wirkenden inneren Kräften entstehen auch ebenso gerichtete Spannungen. Alle Spannungen lassen sich auf zwei Spannungsarten zurückführen: auf Normalspannungen und Tangentialspannungen.

Die Gesamtspannung σ_R kann zerlegt werden in die zwei Komponenten normal und tangential zur Schnittfläche nach Bild **1**.10:

Normalspannung $\sigma_N = \sigma_R \cdot \sin \alpha$ Gl. (1.9)

Tangentialspannung $\sigma_T = \sigma_R \cdot \cos \alpha$ Gl. (1.10)

oder $\tau = \sigma_R \cdot \cos \alpha$ Gl. (1.10 a)

Die nachfolgenden Abschnitte erläutern diese Spannungen näher.

T - Tangentialspannung durch Querkraft
N - Längs- oder Normalkraft
→ Normalspannungen

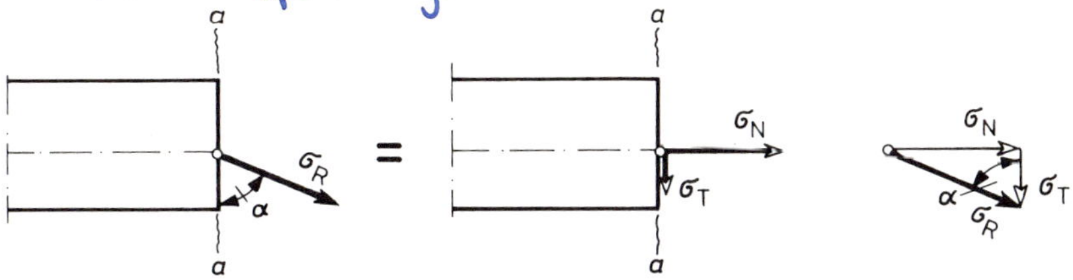

1.10 Die resultierende Spannung σ_R wirkt unter dem Winkel α schräg zur Schnittfläche $a - a$. Sie kann zerlegt werden in die Komponenten σ_N und σ_T. Die tangential zur Schnittfläche wirkende Spannung wird auch mit τ bezeichnet (τ, tau, griechischer Buchstabe t).

1.7.1 Normalspannungen

Wirkt eine innere Kraft bei einem stabförmigen Körper längs der Stabachse, wird sie Längskraft oder Normalkraft N genannt. Sie wirkt dann rechtwinklig (oder normal) zur Querschnittsfläche. Eine Normalkraft erzeugt auf der Schnittfläche des Baukörpers Normalspannungen (Bild **1.**11). Die Querschnittsteilchen werden hierbei voneinander weggezogen oder aufeinander gedrückt. Normalspannungen sind also Zug-, Druck-, Temperatur-, Knick- und Biegespannungen.
Normalspannungen werden bezeichnet mit σ (sigma, griechischer Buchstabe s).
Die Einheit für die Normalspannung ist N/mm² oder MN/m².

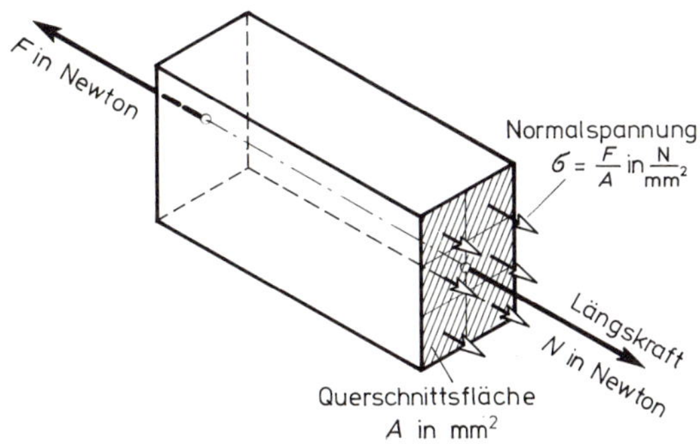

1.11 Normalspannungen wirken rechtwinklig auf die Querschnittsfläche

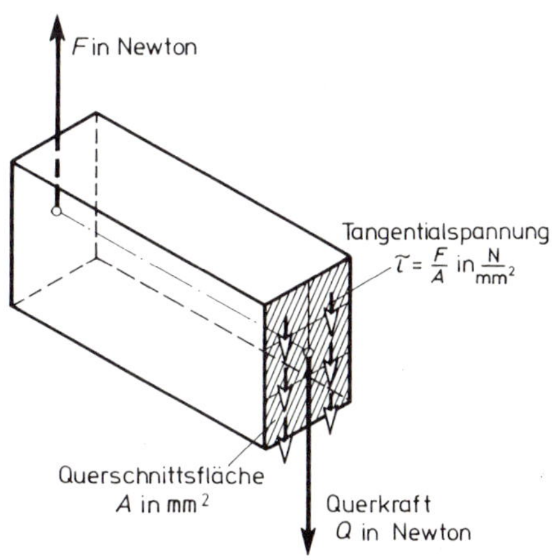

1.12 Tangentialspannungen wirken in der Querschnittsfläche

1.7.2 Tangentialspannungen

Wirkt eine innere Kraft rechtwinklig zur Stabachse, also quer zur Achse, wird sie Querkraft Q oder V genannt. Sie wirkt in der Querschnittsfläche (oder tangential zur Schnittfläche). Eine Querkraft erzeugt in der Schnittfläche des Baukörpers Tangentialspannungen (Bild **1.**12). Die Querschnittsteilchen sollen hierbei gegeneinander verschoben werden. Tangentialspannungen sind also Spannungen, die durch Verschiebungen, Abscheren, Verdrehen oder Verdrillen der Querschnittsteile entstehen.

Tangentialspannungen werden bezeichnet mit τ (tau, griechischer Buchstabe *t*).

Die Einheit für die Tangentialspannung ist ebenfalls N/mm^2 oder MN/m^2.

1.7.3 Resultierende Spannung

An einer Schnittfläche können Normalspannungen σ und Tangentialspannungen τ gleichzeitig wirken. Aus beiden Spannungsarten kann durch geometrisches Zusammensetzen die resultierende Spannung σ_R bestimmt werden. Mit dem rechtwinkligen Kräfteparallelogramm (Krafteck) ergibt sich nach dem Lehrsatz des Pythagoras (Bild **1**.13) folgende Beziehung:

$$\sigma_R^2 = \sigma^2 + \tau^2 \qquad \text{Gl. (1.11)}$$

$$\sigma_R = \sqrt{\sigma^2 + \tau^2} \qquad \text{Gl. (1.12)}$$

Wenn der Winkel α zur Schnittfläche gesucht ist, kann der Tangens des Winkels aus dem Verhältnis σ/τ berechnet werden:

$$\tan \alpha = \frac{\sigma}{\tau} \qquad \text{Gl. (1.13)}$$

Über den Winkel α kann auch die resultierende Spannung berechnet werden:

$$\text{resultierende Spannung } \sigma_R = \frac{\sigma}{\sin\alpha} \quad \text{oder} \quad \sigma_R = \frac{\tau}{\cos\alpha} \qquad \text{Gl. (1.14)}$$

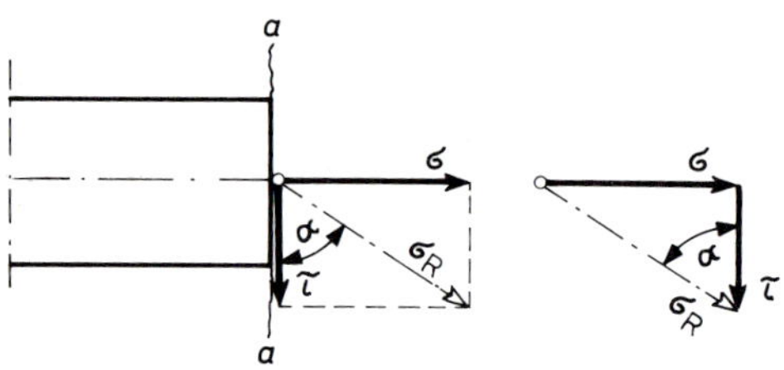

1.13 Ermitteln der resultierenden Spannung σ_R aus der Normalspannung σ und der Tangentialspannung τ durch Anwendung des Kräfteparallelogramms

1.7.4 Linearer Spannungszustand

Die Gesamtwirkung von Spannungen an einem bestimmten Punkt eines Körpers nennt man Spannungszustand.

Ein linearer Spannungszustand liegt vor, wenn die Gesamtwirkung der Spannungen nur in einer Achse liegt, also auf einer Linie. Das ist beispielsweise bei reinen Zugspannungen oder bei reinen Druckspannungen der Fall. Der lineare Spannungszustand wird auch „einachsiger Spannungszustand" genannt. Die Spannungen wirken einachsig.

In einem Stab mit Zugkräften, die in der Stabachse wirken, ist die Tangentialspannung in der Schnittfläche gleich Null: es wirken nur Normalspannungen (Bild **1**.11). Das ist aber nur dann der Fall, wenn die Schnittfläche rechtwinklig zur Stabachse gelegt wird: das ist der Normalschnitt $a - a$.

Die reine Zugspannung σ für die rechtwinklig zur Stabachse gelegte Schnittfläche A ergibt sich aus

$$\sigma = \frac{F}{A} \qquad \text{Gl. (1.1)}$$

Wird jedoch ein zugbeanspruchter Stab unter einem Winkel α im Schnitt 1 – 1 schräg geschnitten, ergeben sich Normalspannungen σ_1 und Tangentialspannungen τ_1 für diese Schnittfläche (Bild **1**.14).

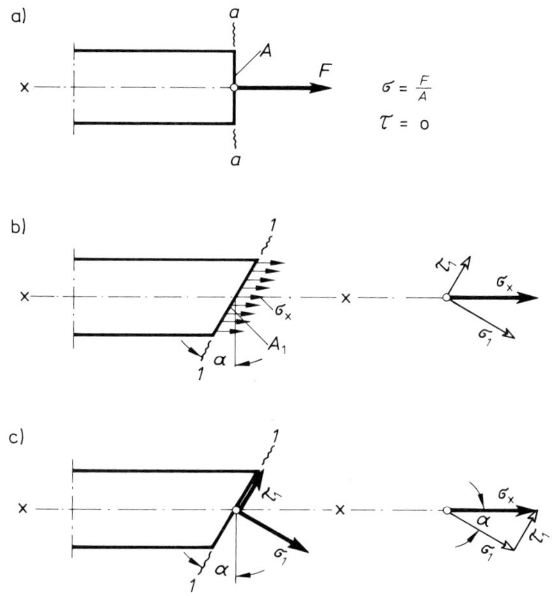

1.14 Zugkraft F an einem Stab
a) für eine Schnittfläche A quer zur Stabachse entstehen nur Normalspannungen σ
b) für eine Schnittfläche A_1 schräg zur Stabachse ergeben sich Normalspannungen σ_1 und Tangentialspannungen τ_1
c) mit einem Spannungseck (entsprechend einem Krafteck) können die Spannungen σ_1 und τ_1 bestimmt werden.

Die in Richtung der Stabachse wirkende Zugspannung σ_x bezogen auf die schräge Schnittfläche A_1 ist

$$\sigma_x = \frac{F}{A_1}$$

Mit der Funktion $\cos\alpha = A/A_1$ und $A_1 = A/\cos\alpha$ erhält man

$$\sigma_x = \sigma \cdot \cos\alpha$$

Damit kann die Normalspannung σ_1 rechtwinklig zur Schnittfläche A_1 berechnet werden

$$\sigma_1 = \sigma_x \cdot \cos\alpha = (\sigma \cdot \cos\alpha) \cdot \cos\alpha$$

$$\boldsymbol{\sigma_1 = \sigma \cdot \cos^2\alpha} \qquad \text{Gl. (1.15)}$$

Entsprechend erhält man die Tangentialspannung τ_1 in der Schnittfläche A_1

$$\tau_1 = \sigma_x \cdot \sin\alpha = (\sigma \cdot \cos\alpha) \cdot \sin\alpha$$

Mit der trigonometrischen Funktion $\sin 2\alpha = 2\sin\alpha \cdot \cos\alpha$ entsteht

$$\boldsymbol{\tau_1 = \frac{\sigma}{2} \cdot \sin 2\alpha} \qquad \text{Gl. (1.16)}$$

Hieraus ergibt sich für einen Winkel $\alpha = 90°$, daß beide Spannungen gleich Null werden:

$$\sigma_1 = 0 \qquad \tau_1 = 0 \qquad \text{Gl. (1.17)}$$

Das bedeutet, daß alle parallel zur Stabachse liegenden Schnittflächen bei Zug- oder Druckbeanspruchung spannungslos sind.

Beispiele zur Erläuterung

1. Ein Rundstab aus Stahl wird in Richtung der Stabachse durch eine Zugkraft von $F = 32$ kN belastet. Die Querschnittsfläche des Stabes mit 16 mm Durchmesser beträgt

$$A = \frac{d^2 \cdot \pi}{4} = \frac{(16\,\text{mm})^2 \cdot \pi}{4} = 201\,\text{mm}^2$$

Es werden Spannungen berechnet, die auf einer Schnittfläche wirken, die um 60° zur Stabachse geneigt ist: $\alpha = 30°$ (Bild **1**.14).

Zugspannung für eine Schnittfläche rechtwinklig zu Stabachse:

$$\sigma = \frac{F}{A} = \frac{32\,000\,\text{N}}{201\,\text{mm}^2}$$

$$\sigma = 159\,\text{N/mm}^2$$

Resultierende Spannung für die schräge Schnittfläche:

$$\sigma_x = \sigma \cdot \cos\alpha$$

$$= 159\frac{\text{N}}{\text{mm}^2} \cdot \cos 30° = 159\frac{\text{N}}{\text{mm}^2} \cdot 0{,}866$$

$$\sigma_x = 138\,\text{N/mm}^2$$

Normalspannung rechtwinklig zur schrägen Schnittfläche A_1:

$$\sigma_1 = \sigma \cdot \cos^2\alpha$$

$$= 159\,\frac{\text{N}}{\text{mm}^2} \cdot \cos^2 30° = 159\,\frac{\text{N}}{\text{mm}^2} \cdot 0{,}866^2$$

$$\sigma_1 = 119\,\text{N/mm}^2$$

Tangentialspannung in der schrägen Schnittfläche A_1:

$$\tau_1 = \frac{\sigma}{2} \cdot \sin 2\alpha = \frac{159\,\text{N/mm}^2}{2} \cdot \sin 2 \cdot 30° = \frac{159\,\text{N/mm}^2}{2} \cdot 0{,}866$$

$$\tau_1 = 69\,\text{N/mm}^2$$

Hinweis: Ein Stahlstab, den man bis zum Zerreißen durch Zug beansprucht, wird nicht einfach glatt durchreißen. Vorher wird der Stahl sehr gedehnt, er „fließt“ bis er schließlich an einer Stelle stark einschnürt und dort reißt. An dem Einschnüren des

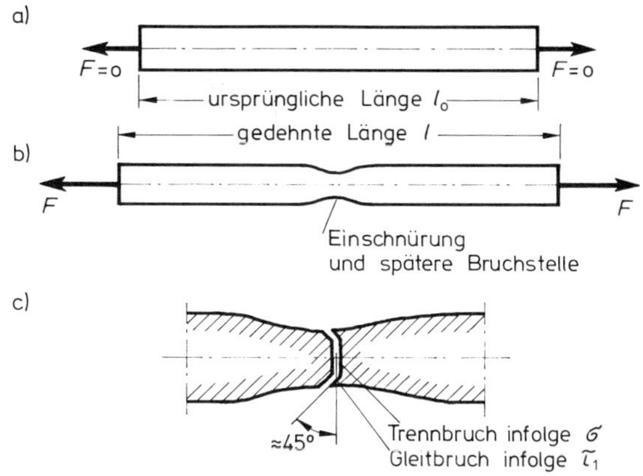

1.15 Stahlstab beim Zerreißversuch (nach Abschnitt 1.5)
a) Stab ohne Belastung
b) Stab mit Belastung (kurz vor dem Zerreißen)
c) Bruchstelle mit Trennbruch durch die Normalspannung σ und anschließendem Gleitbruch infolge der Tangentialspannung τ_1 (vergrößerte Darstellung)

Stabes und dem späteren Gleitbruch sind die schräg zur Stabachse wirkenden Spannungen τ_1 zu erkennen (Bild **1.**15).

2. Ein Würfel aus Beton mit 200 mm Kantenlänge wird in der Prüfmaschine bei der Prüfung auf Druckfestigkeit bis zum Bruch belastet. Die Druckkraft im Bruchzustand beträgt $F_U = 1400$ kN. Die Querschnittsfläche ist 400 cm² groß.

Es werden zunächst die Druckfestigkeit und dann die Spannungen berechnet, die in Richtung einer Bruchfläche wirken. Die Bruchfläche ist um 45° zur Druckbeanspruchung geneigt (Bild **1.**16).

Druckfestigkeit $$\beta_D = \frac{F_U}{A} = \frac{1400\ \text{kN}}{400\ \text{cm}^2} = 3{,}5\ \frac{\text{kN}}{\text{cm}^2}$$

$$\beta_D = 35\ \text{N/mm}^2$$

Tangentialspannung $$\tau_1 = \frac{\beta_D}{2} \cdot \sin 2\alpha = \frac{35\,\text{N/mm}^2}{2} \cdot \sin 2 \cdot 45° = \frac{35\,\text{N/mm}^2}{2} \cdot 1{,}000$$

$$\tau_1 = 17{,}5\,\text{N/mm}^2$$

Hinweis: Ein Betonwürfel, den man bis zum Bruch belastet, wird nicht einfach durch Zusammendrücken zerstört. Es werden stets Bruchflächen entstehen, die zur Druckrichtung geneigt sind, oft um etwa 45°. An diesen Bruchflächen sind die schräg zur Druckrichtung wirkenden Schubspannungen τ_1 zu erkennen (Bild **1.**16).

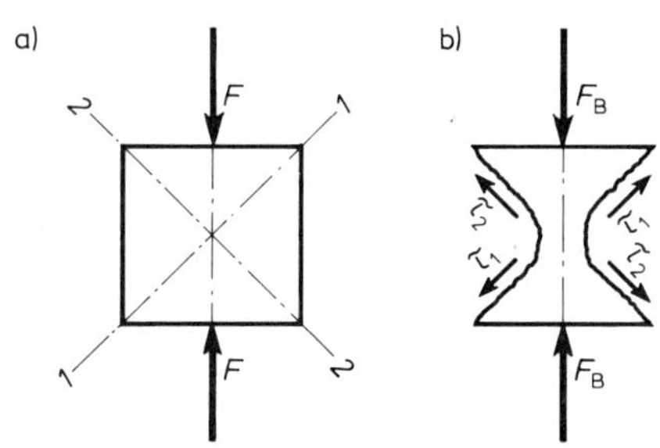

1.16 Betonwürfel beim Druckversuch
a) Würfel bei geringer Belastung mit Schnitten 1–1 und 2–2 unter 45°
b) Würfel mit Bruchlast F_U belastet und Tangentialspannungen τ_1 bzw. τ_2 für die Bruchflächen ≙ Schnittflächen 1–1 und 2–2

1.8 Das neue Sicherheitskonzept

In den europäischen Normen sowie in der Stahlbaunorm DIN 18800 werden wegen der internationalen Abstimmung einige andere Begriffe verwendet. Diese anderen Begriffe werden nachstehend erläutert.

1.8.1 Einwirkungen

Einwirkungen sind die Ursachen von Kraftgrößen und Verformungsgrößen im Tragwerk. Zu den Einwirkungen gehört z. B. die Schwerkraft, durch die die Eigenlasten der Bauteile entstehen. Weitere Einwirkungen sind z. B. Verkehrslasten, Wind und Temperatur.

Die Einwirkungen werden allgemein mit F bezeichnet (F = force = engl. Kraft). Sie werden nach ihrer zeitlichen Veränderlichkeit und Häufigkeit unterschieden:

- ständige Einwirkungen F_G bzw. G
- veränderliche Einwirkungen F_Q bzw. Q
- außergewöhnliche Einwirkungen F_A bzw. A

Einwirkungsgrößen sind die zur Beschreibung der Einwirkungen verwendeten Größen.

1.8.2 Widerstand

Als Widerstand wird im Bereich des Bauwesens der Widerstand eines Tragwerks, seiner Bauteile und Verbindungen gegen Einwirkungen verstanden.

Widerstandsgrößen sind die zur Beschreibung des Widerstandes verwendeten Größen. Festigkeiten und Steifigkeiten sind Widerstandsgrößen. Sie sind aus Werkstoffkennwerten und geometrischen Größen abgeleitet. Deren Streuung ist zu berücksichtigen. Widerstandsgrößen werden allgemein mit M gekennzeichnet (M = Material).

Beispiele zur Erläuterung

- Geometrische Größen sind z. B. Querschnittswerte, also die Querschnittsflächen der Bauteile.
- Werkstoffkennwerte sind z. B. die Festigkeiten der Baustoffe.
- Ein Beispiel für die Steifigkeit ist die Biegesteifigkeit. Sie beinhaltet Werkstoffkenngröße, Querschnittsfläche und Querschnittsform.

1.8.3 Charakteristische Werte

Sowohl bei den Einwirkungen als auch bei den Widerständen werden Streuungen wirksam. Da die Streuungen zu berücksichtigen sind, wird mit den sogenannten charakteristischen Werten gearbeitet.

Die charakteristischen Werte für die Einwirkungsgrößen und Widerstandsgrößen sind die Bezugsgrößen für die Bemessung. Charakteristische Werte werden durch den Index k gekennzeichnet (k = charakteristisch).

Charakteristische Werte der Einwirkungsgrößen (F_k)

Als charakteristische Werte der Einwirkungsgrößen F_k gelten die Werte der entsprechenden Normen für Lastannahmen. Diese Werte sind für das jeweilige Bauwerk bzw. Bauteil festzulegen. Zu diesen festzulegenden charakteristischen Werten von Einwirkungen gehören z. B. die von Nutzlasten und die von Lasten in Bauzuständen, wie Montagegerät.

Charakteristische Werte der Widerstandsgrößen (M_k)

Zur Vereinfachung werden alle Streuungen des Widerstandes den Festigkeiten und den Steifigkeiten zugeordnet.

Charakteristische Werte der Festigkeiten (f_k)

Die charakteristischen Werte von Festigkeiten f_k sind auf die Querschnittswerte bezogene Querschnittsfestigkeiten. Die wichtigsten sind z. B. beim Stahl die Streckgrenze und die Zugfestigkeit. Diese charakteristischen Werte der Festigkeiten sind für die jeweiligen Werkstoffe in Tabellen festgelegt, mit ihnen wird die Bemessung durchgeführt.

Charakteristische Werte der Steifigkeiten ($E_k \cdot I_k$)

Die charakteristischen Werte der Steifigkeiten sind aus den Nennwerten der Querschnittswerte (Flächenmoment I) und den charakteristischen Werten für den Elastizitätsmodul E zu berechnen. Für die jeweiligen Werkstoffe können die in Tabellen genannten Werte als charakteristische Werte angenommen werden. So beträgt z. B. der charakteristische Elastizitätsmodul für Baustahl $E_k = 210\,000$ N/mm^2.

1.8.4 Bemessungswerte

Bemessungswerte sind diejenigen Werte der Einwirkungsgrößen und Widerstandsgrößen, die für die Nachweise anzunehmen sind. Die Bemessungswerte beschreiben den Fall ungünstiger Einwirkungen auf Tragwerke mit ungünstigen Eigenschaften. Dieser Fall ist mit sehr großer Wahrscheinlichkeit nicht ungünstiger zu erwarten.

Die Bemessungswerte werden im allgemeinen durch den Index d gekennzeichnet.

Für die statische Berechnung ist es wichtig, die Bemessungswerte von den charakteristischen Werten zu unterscheiden, z. B. durch Verwendung des Index d für die Bemessungswerte bzw. des Index k für die charakteristischen Werte.

Bemessungswerte der Einwirkungsgrößen (F_d)

Aus den charakteristischen Werten F_k der Einwirkungsgrößen entstehen durch Vervielfachung mit einem Teilsicherheitsbeiwert γ (gamma) und gegebenenfalls mit einem Kombinationswert ψ (psi) die Bemessungswerte F_d der Einwirkungsgrößen:

$$F_d = \gamma_F \cdot \psi \cdot F_k \qquad \text{Gl. (1.18)}$$

Ständige Einwirkungen G werden im allgemeinen mit einem Teilsicherheitsbeiwert multipliziert, der meistens $\gamma_F = 1{,}35$ beträgt.

$$G_d = \gamma_F \cdot G_k \qquad \text{mit } \gamma_F = 1{,}35 \qquad \text{Gl. (1.19)}$$

Alle ungünstig wirkenden veränderlichen Einwirkungen Q werden für die Bemessung mit einem Teilsicherheitsbeiwert γ_F und einem Kombinationswert ψ multipliziert. Sofern in den Fachnormen nichts anderes angegeben ist, kann folgende Regel gelten:

$$Q_d = \gamma_F \cdot \psi \cdot Q_k \qquad \text{mit } \gamma_F = 1{,}50 \text{ und } \psi = 0{,}9 \qquad \text{Gl. (1.20)}$$

Bemessungswerte der Widerstandsgrößen (M_d)

Die Bemessungswerte M_d der Widerstandsgrößen ergeben sich im allgemeinen aus den charakteristischen Werten M_k der Widerstandsgrößen durch Dividieren mit dem Teilsicherheitsbeiwert γ_M:

$$M_d = M_k/\gamma_M \qquad \text{mit } \gamma_M = 1{,}10 \qquad \text{Gl. (1.21)}$$

Dieser Teilsicherheitsbeiwert gilt, wenn in Normen kein anderer festgelegt ist.

1.8.5 Beanspruchungen S_d und Beanspruchbarkeiten R_d

Beanspruchungen S_d

Im Sinne des neuen Bemessungskonzepts sind Beanspruchungen die von den Einwirkungen verursachten Zustandsgrößen im Tragwerk (vorhandene Größen). Sie werden mit den Bemessungswerten der Einwirkungen berechnet und mit S bezeichnet (S: engl. stress).

Für die Kennzeichnung der Beanspruchung ist im allgemeinen der Index S, d zu verwenden, um Verwechselungen von Beanspruchungen zu vermeiden.

Beanspruchungen sind beispielsweise:

- Schnittgrößen (z. B. Normalkräfte $N_{S,d}$, Querkräfte $V_{S,d}$, Biegemomente $M_{S,d}$)
- Spannungen (z. B. vorh σ, vorh τ)
- Dehnungen (z. B. vorh ε)
- Durchbiegungen.

Grenzzustände

Grenzzustände sind Zustände des Tragwerks, die den Bereich der Beanspruchung begrenzen, in dem das Tragwerk tragsicher und gebrauchstauglich ist. Grenzzustände können bezogen sein auf Bauteile, Querschnitte, Werkstoffe, Verbindungsmittel.

Beanspruchbarkeiten R_d

Im Sinne der neuen Bemessungskonzepte sind Beanspruchbarkeiten die den Grenzzuständen zugehörigen Zustandsgrößen des Tragwerks (R = engl. resistance). Die Beanspruchbarkeiten R_d sind aus den Bemessungswerten der Widerstandsgrößen M_d zu berechnen oder gegebenenfalls durch Versuche zu bestimmen. Die Beanspruchbarkeiten werden auch als Grenzgrößen bezeichnet. Zur Vereinfachung der Streuung der Widerstandsgröße wird vereinfachend die Festigkeit und in bestimmten Fällen auch die Steifigkeit ($E \cdot I$) durch den Teilsicherheitsbeiwert γ_M geteilt.

Für die Kennzeichnung der Beanspruchbarkeit ist im allgemeinen der Index R, d zu verwenden. Der Index R kann entfallen, wenn keine Verwechselungen möglich sind.

Beanspruchungen sind beispielsweise:
– Grenzschnittgrößen M_d (bisher zul M)
– Grenzspannungen f_d (z. B. $\sigma_{R,d}$ oder $\tau_{R,d}$; bisher zul σ, zul τ)
– Grenzdehnungen $\varepsilon_{R,d}$, bisher zul ε.

1.8.6 Sicherheitsnachweise

Die Tragsicherheit und die Gebrauchstauglichkeit für das Tragwerk, seiner Teile und der Verbindungen sind nachzuweisen.

Nachweis der Tragsicherheit

Mit dem Tragsicherheitsnachweis wird belegt, daß das Tragwerk und seine Teile während der Errichtung und während der geplanten Nutzung gegen Versagen (Einsturz) genügend sicher sind. Dies setzt beispielsweise voraus, daß während der Nutzung des Bauwerks keine Beeinträchtigungen auftreten, die die Standsicherheit gefährden können (z. B. Korrosion).

Es ist nachzuweisen, daß die Beanspruchungen S_d (stress) die Beanspruchbarkeiten R_d (resistance) nicht überschreiten. Es gilt also:

$$S_d/R_d \leqq 1 \qquad \text{Gl. (1.22)}$$

Abhängig vom gewählten Nachweisverfahren und von den betrachteten Tragwerksteilen können die Nachweise als Schnittgrößennachweise, als Spannungsnachweise oder als Tragwerksnachweise geführt werden.

Das nachstehende Bild **1.**17 zeigt in einem Ablaufschema, wie der Tragsicherheitsnachweis geführt werden kann.

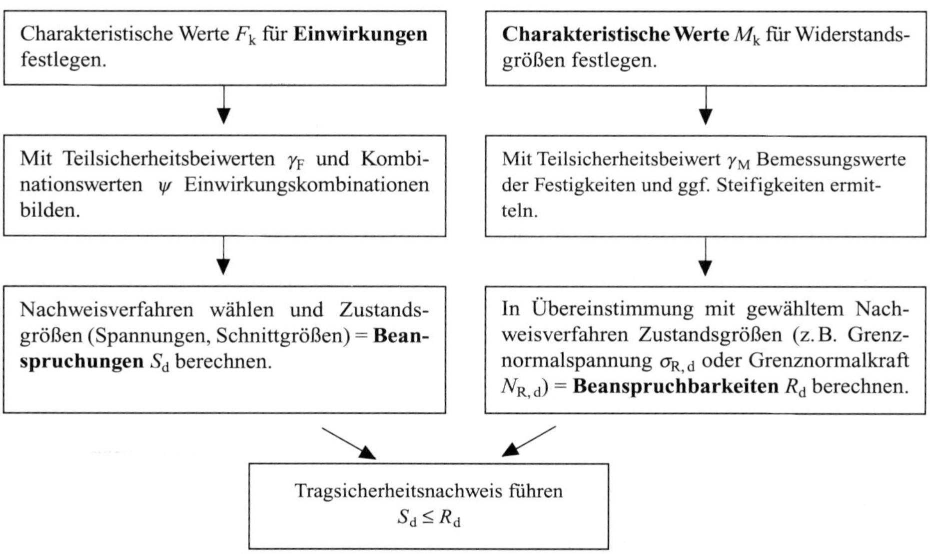

1.17 Ablaufschema (Flußdiagramm) für den Nachweis der Tragsicherheit im Sinne des neuen Bemessungskonzepts

Nachweis der Gebrauchstauglichkeit

Die Gebrauchstauglichkeit eines Bauwerks kann je nach Anwendungsbereich einen zusätzlichen Nachweis erforderlich machen. In den meisten Fällen ist der Nachweis der Gebrauchstauglichkeit ein Nachweis der Größe von Verformungen.

Für den Nachweis der Gebrauchstauglichkeit gilt im allgemeinen eine einfache Sicherheit, falls nicht in anderen Grundnormen oder Fachnormen andere Werte festgelegt sind.

Sicherheitsbeiwert für die Gebrauchstauglichkeit:

$\gamma_M = 1{,}0$ Gl. (1.23)

Wenn mit dem Verlust der Gebrauchstauglichkeit eine Gefährdung von Leib und Leben verbunden ist, gelten für die Berechnung der Beanspruchungen die Regeln für den Nachweis der Tragsicherheit. Hierfür ist der Nachweis der Gebrauchstauglichkeit mit einem größeren Sicherheitsbeiwert durchzuführen. Dieses ist beispielsweise der Fall, wenn durch die Begrenzung von Verformungen an Leitungen Undichtigkeiten ausgeschlossen werden müssen, besonders dann, wenn es sich z. B. um giftige Gase handelt.

1.9 Nachweise mit zulässigen Spannungen und Sicherheitsbeiwerten

Für das Tragwerk, für seine Teile sowie für alle Verbindungen und Lager sind verschiedene Nachweise zu erbringen. Es sind nachzuweisen:

- Tragsicherheit,
- Lagesicherheit,
- Gebrauchstauglichkeit.

Ein Tragwerk darf nicht so stark beansprucht werden, daß ein Versagen eintritt. Das bedeutet:

- Es dürfen keine bleibenden Formänderungen entstehen,
- die Verformungen müssen im elastischen Bereich bleiben,
- in den Tragwerken darf kein Bruch eintreten,
- es muß stets eine ausreichende Sicherheit vorhanden sein.

Gewisse Unsicherheiten entstehen z. B. durch folgende Einflüsse:

- Annahmen bei der Lastermittlung,
- vereinfachende Annahmen beim statischen System,
- Art des Bemessungsverfahrens,
- Ungenauigkeiten bei der Bauausführung,
- Abweichungen bei den Eigenschaften der Baustoffe.

Tragsicherheit

Der Nachweis der Tragsicherheit belegt, daß das Tragwerk und seine Teile sowohl während der Errichtung als auch während der geplanten Nutzung gegen Versagen ausreichend sicher sind: ein Einsturz kann nicht stattfinden. Dabei wird vorausgesetzt, daß während der Nutzung des Bauwerks keine Veränderungen eintreten, die die Standsicherheit beeinträchtigen, z. B. durch Korrosion.

Lagesicherheit

Der Nachweis der Lagesicherheit betrifft in der Regel nur die Lager. In vielen Fällen ist von vornherein erkennbar, daß ein solcher Nachweis entbehrlich ist. Das ist beispielsweise dann der Fall, wenn am Lager ein Verschieben oder Abheben des Tragwerks nicht möglich ist.

Gebrauchstauglichkeit

Die Gebrauchstauglichkeit des Bauwerks kann je nach Anwendungsbereich bestimmte Beschränkungen erfordern. Solche Beschränkungen können über Erfordernisse hinausgehen, die die Tragsicherheit betreffen. Sie können sich beispielsweise auf Formänderungen oder Schwingungen beziehen. Das ist z. B. erforderlich, wenn durch große Durchbiegungen von Geschoßdecken die Nutzungsfähigkeit beeinträchtigt würde.

Sicherheitsbeiwert und zulässige Spannung

Das neue Sicherheitskonzept ist in der Stahlbaunorm DIN 18800 verwirklicht. Den anderen Baunormen liegt noch das bisherige Bemessungssystem zu Grunde. Um hiermit die zulässige Beanspruchung zu erhalten, wird von der Festigkeit des verwendeten Baustoffs ausgegangen. Die von einem Bauteil ertragbare Beanspruchung kann ausgedrückt werden durch die zulässige Spannung zul σ.

Die zulässige Spannung zul σ läßt sich somit berechnen aus der Festigkeit β, geteilt durch einen Sicherheitsbeiwert γ (Gamma)

$$\textbf{zulässige Spannung} = \frac{\textbf{Festigkeit}}{\textbf{Sicherheitsbeiwert}} \qquad \text{Gl. (1.24)}$$

$$\textbf{zul}\ \boldsymbol{\sigma} = \frac{\boldsymbol{\beta}}{\boldsymbol{\gamma}} \quad \text{in N/mm}^2 \text{ oder MN/m}^2$$

Die in den verschiedenen Normen genannten zulässigen Spannungen berücksichtigen einen bestimmten Sicherheitsbeiwert.

Bei der Berechnung der Bauteile ist nachzuweisen, daß die zulässigen Spannungen nicht überschritten werden.

Ein Bauwerk befindet sich bei seiner Nutzung im Gebrauchszustand. Damit der Versagensfall während der Nutzung durch Erschöpfung der Tragfähigkeit nicht eintreten kann, muß ein genügend großer Sicherheitsabstand vorhanden sein. Diese Sicherheit wird durch den Sicherheitsbeiwert γ (Gamma) erfaßt. Vereinfacht kann gesagt werden:

$$\text{Gebrauchszustand} = \frac{\text{Erschöpfungszustand}}{\text{Sicherheitsbeiwert}}$$

Die Sicherheitsbeiwerte γ müssen in jenen Gebieten des Bauens um so größer sein, in denen das Bauen mit größeren Unsicherheiten behaftet ist. Die Sicherheitsbeiwerte müssen dabei den gesamten Arbeitsbereich von der Planung bis zur Ausführung abdecken. Die folgenden Abschnitte zeigen die erforderlichen Sicherheitsbeiwerte und zulässigen Spannungen in verschiedenen Bereichen des Bauens (Abschn. 1.9.1 bis 1.9.5).

Teilsicherheitsbeiwerte

In verschiedenen Bereichen des Bauens wird mit Teilsicherheitsbeiwerten gearbeitet. Damit ist ein genaueres Erfassen der erforderlichen Sicherheiten in den Bereichen und in der Größe möglich, wo ein Sicherheitsbedarf in bestimmter Größenordnung besteht. Dieses entspricht auch dem neuen Sicherheitskonzept, wie es in den europäischen Normen festgelegt ist (Abschn. 1.8).

1.9.1 Grundbau

Im Grundbau werden die Nachweise für die Tragfähigkeit mit zulässigen Spannungen (zulässige Bodenpressungen) oder mit zulässigen Drucklasten geführt.

Gründungskörper haben die Aufgabe, die Bauwerkslasten in den Baugrund zu übertragen. Hierbei werden Flachgründungen und Pfahlgründungen unterschieden.

Flachgründungen

Flachgründungen sind Gründungskörper mit geringer Einbindetiefe und einer Lastübertragung überwiegend in der Gründungssohle, z. B. Streifenfundamente und Einzelfundamente.

Flächengründungen sind Gründungskörper, bei denen die Lasten über die Gründungssohle flächig übertragen werden, z. B. durchgehende, gleichmäßig dicke Bauwerkssohlplatte.

Bei starren Fundamenten kann nach DIN 1054 „Baugrund – zulässige Belastung" angenommen werden, daß eine gradlinige Verteilung des Sohldrucks erfolgt. In Wirklichkeit findet jedoch eine ungleichmäßige Sohldruckverteilung statt. Die mittlere Bodenpressung wird mit σ_0 bezeichnet.

In einfachen Fällen dürfen als Bemessungswert die Bodenpressungen nach den Tafeln **1**.2 und **1**.3 angesetzt werden. Dieses sind zulässige mittlere Bodenpressungen, die mit zul σ_0 bezeichnet werden.

Die Anwendung der Tafeln **1**.2 und **1**.3 ist an folgende Voraussetzungen gebunden:

- Zuverlässige Einschätzung der Eigenschaften des Bodens, erforderlichenfalls durch genauere Untersuchung des Baugrundes (DIN 1054, 4.2).
- Der Baugrund wird unter der Gründungssohle nicht schlechter; und zwar bis zu einer Tiefe, die der zweifachen Fundamentbreite entspricht.
- Die Geländeoberfläche und eventuelle Schichtgrenzen im Boden verlaufen annähernd waagerecht.
- Die Fundamentbreite beträgt höchstens 5 m.
- Die Gründungssohle liegt frostfrei, mindestens aber 0,80 m unter Gelände.

  Hiervon darf abgewichen werden bei Gründungen auf Fels, bei geringer Flächenbelastung oder bei Bauwerken von untergeordneter Bedeutung (z. B. Einzelgaragen, einstöckige Schuppen).
- Der Baugrund ist gegen Auswaschungen und Verringerung seiner Lagerungsdichte durch strömendes Wasser gesichert.
- Bindiger Boden ist während der Bauzeit gegen Aufweichen und Auffrieren gesichert.
- Das Fundament wird nicht regelmäßig oder überwiegend dynamisch beansprucht. In bindigen Schichten entsteht kein nennenswerter Porenwasserdruck.

Tafel 1.2 **Zulässige mittlere Bodenpressung** zul σ_0 in kN/m² für Streifenfundamente auf nichtbindigen und schwach feinkörnigen Böden (Bodengruppe GE, GW, GI, SE, SW, SI, GU, GT, SU, ST)*)

Bauwerk		setzungsempfindlich						setzungsunempfindlich			
Breite des Streifenfundaments b bzw. b' in m		0,5	1,0	1,5	2,0	2,5	3,0	0,5	1,0	1,5	2,0
Einbindetiefe in m	0,5	200	300	330	280	250	220	200	300	400	500
	1,0	270	370	360	310	270	240	270	370	470	570
	1,5	340	440	390	340	290	260	340	440	540	640
	2,0	400	500	420	360	310	280	400	500	600	700
bei kleinen Bauwerken		150 mit Breiten $b \geqq 0{,}3$ m und Gründungstiefen $t \geqq 0{,}3$ m									

*) Kennbuchstaben siehe Fußnote Tafel 1.3

– Bei schräg angreifenden Lasten ist eine ausreichende Sicherheit gegen Gleiten nachgewiesen.

Erhöhung der zulässigen Bodenpressung um 20% bei Rechteckfundamenten mit einem Seitenverhältnis bis 1:2 und bei Kreisfundamenten. Bei Fundamenten bis 1 m Breite und bei setzungsempfindlichen Bauwerken jedoch nur dann, wenn die Einbindetiefe $t \geqq 0{,}6b$ bzw. $0{,}6b'$ ist.

Erhöhung der zulässigen Bodenpressung um 50% bei nachgewiesener Lagerungsdichte des Bodens unter der Gründungssohle.

Verminderung der zulässigen Bodenpressung um 40% bei setzungsunempfindlichen Bauwerken im Grundwasser (siehe DIN 1054, 4.2.1.2).

Verminderung der zulässigen Bodenpressung bei setzungsunempfindlichen Bauwerken mit waagerecht angreifenden Kräften (siehe DIN 1054, 4.2.1.4).

Verminderung der zulässigen Bodenpressung der jeweils letzten Tabellenspalte um 10%, also:

– bei setzungsempfindlichen Bauwerken mit Fundamentbreiten $b > 3{,}0$ m,
– bei setzungsunempfindlichen Bauwerten mit Fundamentbreiten $b > 2{,}0$ m.

Die maßgebende Breite b eines Fundaments und die maßgebende Einbindetiefe t des Fundaments in den Baugrund sind aus Bild 1.18 zu ersehen.

1.18 Fundamente im Baugrund mit maßgebender Breite b und Einbindetiefe t nach DIN 1054
a) bei üblichen Streifenfundamenten
b) bei unregelmäßigen Fundamentformen

Die Bodenpressungen der Tafel **1**.2 für setzungsempfindliche Bauwerke können zu Setzungen führen, die jedoch folgende Maße nicht überschreiten werden:

- 1 cm bei Fundamentbreiten bis 1,5 m,
- 2 cm bei Fundamentbreiten über 1,5 m.

Ähnlich wie bei nichtbindigen Böden kann die Tragfähigkeit von gemischtkörnigen Böden mit geringem Feinkornanteil bis 15% angenommen werden (SU, ST, GU, GT). Tafel **1**.3 enthält zulässige mittlere Bodenpressungen für bindige und gemischtkörnige Böden je nach Bodenart und der Konsistenz des Bodens.

Tafel **1**.3 **Zulässige mittlere Bodenpressung** zul σ_0 in kN/m² für Streifenfundamente auf bindigem und gemischtkörnigem Baugrund

Bodenart		reiner Schluff	gemischtkörniger Boden, der Korngrößen vom Ton- bis in den Sand-, Kies- oder Steinbereich enthält			tonig-schluffiger Boden			fetter Ton		
Bodengruppe *)		UL	$S\bar{U}$, ST, $S\bar{T}$, $G\bar{U}$, $G\bar{T}$			UM, TL, TM			TA		
Konsistenz		steif bis halbfest	steif	halbfest	fest	steif	halbfest	fest	steif	halbfest	fest
Einbindetiefe [1]) in m	0,5	130	150	220	330	120	170	280	90	140	200
	1	180	180	280	380	140	210	320	110	180	240
	1,5	220	220	330	440	160	250	360	130	210	270
	2	250	250	370	500	180	280	400	150	230	300

*) Kennbuchstaben für Bodengruppen nach DIN 18196:

Haupt- und Nebenbestandteile
G = Kies
S = Sand
U = Schluff
T = Ton
$S\bar{U}$ = Sand-**Schluff**-Gemisch
$S\bar{T}$ = Sand-**Ton**-Gemisch

Bodenphysikalische Eigenschaften
E = enggestuft
W = weitgestuft
I = intermittierend gestuft
L = leicht plastisch
M = mittelplastisch
A = ausgeprägt plastisch

Voraussetzung für die Anwendung der Tabellenwerte:

1. Bindiger Boden mindestens in steifem Zustand
2. Verhältnis der horizontalen zur vertikalen Belastung $H : V \leqq 1 : 4$
3. Allmähliche Lastaufbringung bei steifer Konsistenz. Bei schneller Belastung oder bei weicher Konsistenz Nachweis der zulässigen Bodenpressung mit Setzungs- und Grundbruchberechnungen (siehe DIN 1054)
4. Verträglichkeit der Setzungen von 2 bis 4 cm
5. Mittiger Lastangriff. Bei ausmittigem Lastangriff Verringerung der Belastungsfläche erforderlich (siehe DIN 1054) (Beispiele siehe Abschnitt 8.4).

Erhöhung der zulässigen Bodenpressung um 20% bei Rechteckfundamenten mit einem Seitenverhältnis bis 1 : 2 und bei Kreisfundamenten, wenn die Einbindetiefe $t \leqq 0{,}6\,b$ ist.

Verminderung der zulässigen Bodenpressung um 10% bei Fundamentbreiten zwischen 2 bis 5 m je m zusätzlicher Fundamentbreite.

Die Konsistenz des Bodens kann im Feldversuch nach DIN 4022 T1 bestimmt werden:

- steif: Boden läßt sich schwer kneten, aber in der Hand zu 3 mm dicken Röllchen ausrollen, ohne zu reißen oder zu zerbröckeln;
- halbfest: Boden reißt beim vorbeschriebenen Rollversuch, läßt sich aber noch wegen ausreichender Feuchtigkeit zu einem Klumpen formen;
- fest (hart): Boden läßt sich nicht mehr kneten, sondern nur zerbrechen.

Bei Flächengründungen können die zulässigen mittleren Bodenpressungen zul σ_0 in Regelfällen ebenfalls als zulässige Belastung des Baugrundes angenommen werden. Für Flächengründungen auf Fels gelten die Werte der Tafel **1**.4.

Tafel **1**.4 **Zulässige Bodenpressung zul σ_0** in kN/m² bei Flächengründungen auf Fels

Fels		Zustand des Gesteins	
		nicht brüchig, nicht oder nur wenig angewittert	brüchig oder mit deutlichen Verwitterungsspuren
Lagerungszustand des Gesteins	Fels in gleichmäßig festem Verband	4000	1500
	Fels in wechselnder Schichtung oder klüftig	2000	1000

Pfahlgründungen

Im Gegensatz zu Flachgründungen können die Bauwerkslasten auch durch Pfahlgründungen in den Baugrund eingeleitet werden. Pfahlgründungen werden meistens dann gewählt, wenn eine genügende Tragfähigkeit nicht direkt unter der Bauwerkssohle angetroffen wird, sondern erst in größeren Tiefen.

Für Pfahlgründungen können verschiedene Pfahlarten zur Anwendung kommen:

- Rammpfähle aus Holz, Stahlbeton, Spannbeton oder Stahl nach DIN 4026,
- Bohrpfähle aus Stahlbeton mit Pfahldurchmessern von 30 cm bis 3 m nach DIN 4014,
- Verpreßpfähle durch Verpressen des Bodens mit Beton oder Zementmörtel nach DIN 4128,
  - Ortbetonpfähle aus Stahlbeton mit Pfahldurchmessern von 15 cm bis unter 30 cm nach DIN 4128,
  - Verbundpfähle mit vorgefertigtem Tragglied aus Stahlbeton oder Stahl (runder Vollstab, Rohr oder Profilstahl) mit Pfahldurchmessern von 10 cm bis unter 30 cm nach DIN 4128.

Die Tragfähigkeit von Pfählen soll in der Regel mit Hilfe von Probebelastungen ermittelt werden.

Bei Rammpfählen nach DIN 4026 können für die Tragfähigkeit der Pfähle die Erfahrungswerte nach Tafel **1**.5 angenommen werden.

Tafel **1**.5 **Rammpfähle** aus Holz, Stahl, Stahlbeton und Spannbeton; **zulässige Drucklast** in kN (nach DIN 4026)

Pfahlart	$d_{\text{Fuß}}$[1]) in cm	Einbindetiefe in tragfähigen Boden 3 m	4 m	5 m	6 m	7 m	8 m
Holzpfähle	15	100	150	–	–	–	–
	20	150	200	300	–	–	–
	25	200	300	400	–	–	–
	30	300	400	500	–	–	–
	35	400	500	600	–	–	–
Stahlträgerpfähle	30	–	–	450	550	600	700
	35	–	–	550	650	750	850
Stahlrohr- und Stahlkastenpfähle[2])	35 bzw. 30	350	450	550	650	700	800
	40 bzw. 35	450	600	700	800	900	1000
	45 bzw. 40	550	700	850	1000	1100	1200
Stahl- und Spannbetonpfähle mit quadratischem Querschnitt[3])	20	200	250	–	–	–	–
	25	250	350	400			
	30	350	450	550	650	–	–
	35	450	600	700	800	–	–
	40	550	700	850	1000	–	–

[1]) – für Stahlträgerpfähle: $d \triangleq b$ oder h des Trägers
– für Kastenpfähle: d = mittlere Seitenlänge von annähernd quadratischen oder flächeninhaltsgleichen rechteckigen Kastenpfählen
– für Stahlrohrpfähle: $d \triangleq$ äußerem ∅ Rohr bzw. mittlerem ∅ eines zusammengesetzten, radial symmetrischen Pfahles
– Stahl- und Spannbetonpfähle: $d \triangleq$ mittlere Seitenlänge des Querschnitts

[2]) Werte gelten für Pfähle mit geschlossener Spitze. 90% weniger bei unten offenen Pfählen, wenn sich mit Sicherheit innerhalb des Pfahles ein fester Bodenpfropfen bildet.

[3]) gilt auch für annähernd quadratische Querschnitte

Voraussetzungen für die Anwendung der Tafel **1**.5:

- die Rammpfähle müssen insgesamt 5 m in den Baugrund und mindestens 3 m in den tragfähigen Baugrund einbinden, sofern nicht bei sehr fest gelagerten Böden im Hinblick auf die Gefahr des Abrammens oder Stauchens ein geringeres Maß empfehlenswert ist;
- die erforderliche Tiefe des tragfähigen Baugrundes unter einzeln wirkenden Rammpfählen soll mindestens dem vierfachen Pfahldurchmesser entsprechen und mindestens 1,5 m betragen;
- der tragfähige Baugrund muß in ausreichender Mächtigkeit mindestens bestehen aus tragfähigem nicht bindigem Boden oder
aus annähernd halbfestem bindigem Boden.

Die zulässigen Drucklasten der Tafel **1**.5 können ohne Probebelastung um 25 % erhöht werden, wenn die tragenden Schichten aus besonders tragfähigen nichtbindigen Böden oder festen bindigen Böden bestehen.

Sicherheiten

Bei Flachgründungen sind bei Anwendung der zulässigen Bodenpressungen nach DIN 1054 in den Tafeln **1**.2 und **1**.3 keine weiteren Sicherheitsbeiwerte zu berücksichtigen (Regelfälle).

In besonderen Fällen muß die Sicherheit gegen Grundbruch und gegen Gleiten oder gegen Auftrieb nachgewiesen werden. Hierbei bestimmt man dann zulässige Lasten statt Spannungen. Man verwendet hierfür die Sicherheit η (eta).

Grundbruch ↓ **Gleiten** ↔ **Auftrieb** ↑

$$\text{zul } V = \frac{\text{vorh } V_b}{\eta_p} \qquad \text{zul } H = \frac{\text{vorh } H}{\eta_g} \qquad \text{zul } F_A = \frac{\text{vorh } G}{\eta_a} \qquad \text{Gl. (1.25 ... 1.27)}$$

Die Sicherheiten sind abhängig vom Lastfall (s. Tafel **1**.6)

Tafel **1**.6 **Lastfälle und Sicherheiten** bei Flachgründungen im Grundbau (nach DIN 1054)

Lastfall		Grundbruch-sicherheit η_p	Gleit-sicherheit η_g	Auftrieb-sicherheit η_a
1	Ständige Lasten und regelmäßig auftretende Verkehrslasten (auch Wind)	2,00	1,50	1,10
2	Außer den Lasten des Lastfalles 1: nicht regelmäßig auftretende große Verkehrslasten, Belastungen während der Bauzeit	1,50	1,35	1,10
3	Außer den Lasten des Lastfalles 2: gleichzeitig mögliche außerplanmäßige Lasten (z. B. Ausfall von Sicherheitsvorrichtungen, Belastung infolge von Unfällen)	1,30	1,20	1,05

Bei Pfahlgründungen mit Rammpfählen sind die Sicherheiten der Tafel **1**.6 zu berücksichtigen, wenn die Tragfähigkeit durch Probebelastungen ermittelt wird. Die zulässige Drucklast ergibt sich aus der Grenzlast dividiert durch den Sicherheitsbeiwert η nach Tafel **1**.7.

Tafel **1.7** **Lastfälle und Sicherheiten** bei Pfahlgründungen (nach DIN 1054)

	Lastfall	Sicherheitsbeiwert η für Pfahlart		
		Druckpfähle (Anzahl n)		Pfähle mit größerer Wechselbeanspruchung Druck/Zug
		$n = 1$	$n \geqq 2$	$n \geqq 2$
1	Ständige Lasten und regelmäßig auftretende Verkehrslasten (auch Wind)	2,00	1,75	2,00
2	Außer den Lasten des Lastfalls 1: nicht regelmäßig auftretende große Verkehrslasten, Belastungen während der Bauzeit	1,75	1,50	2,00
3	Außer den Lasten des Lastfalls 2: gleichzeitig mögliche außerplanmäßige Lasten (z.B. Ausfall von Sicherheitsvorrichtungen, Belastungen infolge von Unfällen)	1,50	1,30	1,75

Anmerkung: Die Anwendung mit entsprechenden Beispielen wird in Abschnitt 2.2.1 und 8.4 gezeigt.

1.9.2 Betonbau

Bei Bauten aus unbewehrtem Beton richtet sich die zulässige Beanspruchung nach DIN 1045 „Beton und Stahlbeton, Bemessung und Ausführung". Die zulässige Druckspannung ist die rechnerische Betonfestigkeit β_R geteilt durch den Sicherheitsbeiwert γ. Die Rechenwerte β_R der Betonfestigkeit sind abhängig von den Betonfestigkeitsklassen (Betongüten).

Unbewehrter Beton für druckbeanspruchte Bauteile ist so zu bemessen, daß der Sicherheitsbeiwert nach DIN 1045 eingehalten wird:

Sicherheitsbeiwert für Beton B 5 bis B 55: $\gamma = 2{,}1$

Tafel **1.8** **Zulässige Betondruckspannungen** zul σ_D unter Berücksichtigung der rechnerischen Betonfestigkeit β_R und des Sicherheitsbeiwertes γ

Betonfestigkeitsklasse	zul. Betondruckspannung zul $\sigma_D = \beta_R/\gamma$ in N/mm² bzw. MN/m²
B 5	β_R/γ = 3,5/2,1 = 1,67
B 10	= 7,0/2,1 = 3,33
B 15	= 10,5/2,1 = 5,0
B 25	= 17,5/2,1 = 8,33
B 35 ... B55	= 23,0/2,1 = 10,95

Bei Fundamenten aus unbewehrtem Beton darf für die Ausbreitung der Last eine Neigung 1 : *n* angenommen werden (anstelle einer Neigung 1 : 2 zur Lastrichtung). Die Werte *n* sind abhängig von der Betonfestigkeitsklasse und der Bodenpressung. Sie sind in Tafel **1.9** angegeben (Bild **1.19**). Die Fundamentdicke *d* muß also ein Vielfaches (1,0 ... 2,0fach) des Überstandes sein.

Tafel **1.9** Werte *n* für die **Lastverteilung 1 : *n*** bei unbewehrten Betonfundamenten

Betonfestigkeitsklasse	Werte *n* bei einer Bodenpressung σ_0 in kN/m²				
	100	200	300	400	500
B 5	1,6	2,0	2,0	unzulässig	
B 10	1,1	1,6	2,0	2,0	2,0
B 15	1,0	1,3	1,6	1,8	2,0
B 25	1,0	1,0	1,2	1,4	1,6
B 35 ... B 55	1,0	1,0	1,0	1,2	1,3

Mit den Werten *n* der Tafel **1.9** können die erforderlichen Fundamentdicken bestimmt werden (siehe Beispiel 9 Abschn. 2.2.1).

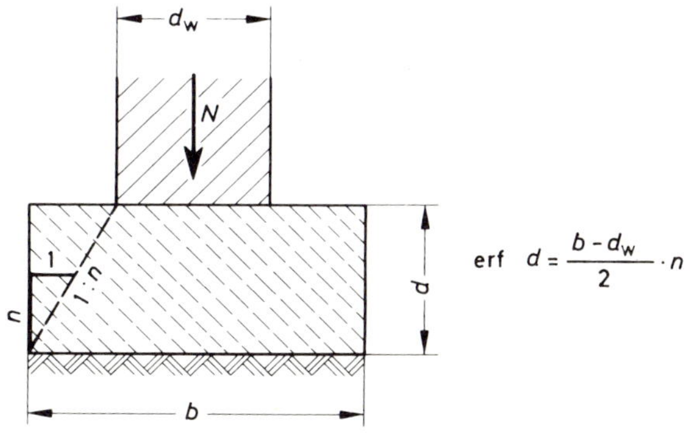

1.19 Zulässige Lastausbreitung in unbewehrten Fundamenten abhängig von Betonfestigkeitsklasse und Bodenpressung

Stahlbeton benötigt z. T. geringere Sicherheiten. Es wird für die Festlegung des Sicherheitsbeiwertes in DIN 1045 danach unterschieden, ob sich das Versagen der Stahlbetonkonstruktion vorher ankündigt oder nicht (s. Tafel **1.**10).

Tafel **1.**10 **Sicherheitsbeiwerte im Stahlbetonbau**

Art des Versagens	Sicherheitsbeiwert
Bei Versagen des Querschnitts mit Vorankündigung (z. B. Zug- oder Biegebeanspruchung: es entstehen Risse)	$\gamma = 1{,}75$
Bei Versagen des Querschnitts ohne Vorankündigung (z. B. Druckbeanspruchung: plötzliches Ausknicken)	$\gamma = 2{,}10$

Die Bemessung von Beton- und Stahlbetonbauteilen wird im Buch „Stahlbetonbau" [8] im einzelnen erläutert.

1.9.3 Mauerwerksbau

DIN 1053 „Mauerwerk, Berechnung und Ausführung" enthält die Angaben für die zulässigen Beanspruchungen des Mauerwerks.

Druckspannungen

Die Grundwerte der zulässigen Druckspannungen für Mauerwerk aus künstlichen Steinen sind in Tafeln **1.**11 und **1.**12, diejenigen für Natursteinmauerwerk in Tafel **1.**13 abgedruckt. Die Bemessung von Mauerwerk wird in Abschnitt 7.4 gezeigt.

Tafel **1.**11 **Grundwerte σ_0 der zulässigen Druckspannungen** für Mauerwerk aus künstlichen Steinen mit Normalmörtel (DIN 1053 Teil 1)

Steinfestigkeitsklasse	Grundwerte σ_0 in MN/m² Normalmörtel der Mörtelgruppe				
	I	II	IIa	III	IIIa
2	0,3	0,5	0,5 [1])	–	–
4	0,4	0,7	0,8	0,9	–
6	0,5	0,9	1,0	1,2	–
8	0,6	1,0	1,2	1,4	–
12	0,8	1,2	1,6	1,8	1,9
20	1,0	1,6	1,9	2,4	3,0
28	–	1,8	2,3	3,0	3,5
36	–	–	–	3,5	4,0
48	–	–	–	4,0	4,5
60	–	–	–	4,5	5,0

[1]) $\sigma_0 = 0{,}6$ MN/m² bei Außenwänden mit Dicken $\geqq 300$ mm. Diese Erhöhung gilt jedoch nicht für den Nachweis der Auflagerpressung nach Abschnitt 7.2.3 DIN 1053 Teil 1.

Tafel **1.**12 **Grundwerte σ_0 der zulässigen Druckspannungen** für Mauerwerk aus künstlichen Steinen mit Dünnbett- und Leichtmörtel (DIN 1053 Teil 1)

Steinfestigkeitsklasse	Grundwerte σ_0 in MN/m²		
	Dünnbettmörtel [1])	Leichtmörtel LM 21	LM 36
2	0,6	0,5 [2])	0,5 [2]) [3])
4	1,0	0,7 [4])	0,8 [5])
6	1,4	0,7	0,9
8	1,8	0,8	1,0
12	2,0	0,9	1,1
20	2,9	0,9	1,1
28	3,4	0,9	1,1

[1]) Verwendung nur bei Porenbeton-Plansteinen nach DIN 4165 und bei Kalksand-Plansteinen. Die Werte gelten für Vollsteine. Für Kalksand-Lochsteine und Kalksand-Hohlblocksteine nach DIN 106 Teil 1 gelten die entsprechenden Werte der Tafel **1.**11 bei Mörtelgruppe III bis Steinfestigkeitsklasse 20.

[2]) Für Mauerwerk mit Mauerziegeln nach DIN 105 Teil 1 bis Teil 4 gilt $\sigma_0 = 0{,}4$ MN/m².

[3]) $\sigma_0 = 0{,}6$ MN/m² bei Außenwänden mit Dicken $\geqq$ 300 mm. Diese Erhöhung gilt jedoch nicht für den Nachweis der Auflagerpressung nach Abschnitt 7.2.3 DIN 1053 Teil 1.

[4]) Für Kalksandsteine nach DIN 106 Teil 1 der Rohdichteklasse $\geqq$ 0,9 und für Mauerziegel nach DIN 105 Teil 1 bis Teil 4 gilt $\sigma_0 = 0{,}5$ MN/m².

[5]) Für Mauerwerk mit den in Fußnote [4]) genannten Mauersteinen gilt $\sigma_0 = 0{,}7$ MN/m².

Tafel **1.**13 **Grundwerte σ_0 der zulässigen Druckspannungen** für Natursteinmauerwerk mit Normalmörtel (DIN 1053 Teil 1)

Güteklasse	Steinfestigkeit β_{St} in MN/m²	Grundwerte σ_0 [1]) in MN/m² Mörtelgruppe I	II	II a	III
N 1 (Bruchsteinmauerwerk)	$\geqq$ 20	0,2	0,5	0,8	1,2
	$\geqq$ 50	0,3	0,6	0,9	1,4
N 2 (hammerrechtes Schichtenmwk.)	$\geqq$ 20	0,4	0,9	1,4	1,8
	$\geqq$ 50	0,6	1,1	1,6	2,0
N 3 (Schichtenmauerwerk)	$\geqq$ 20	0,5	1,5	2,0	2,5
	$\geqq$ 50	0,7	2,0	2,5	3,5
	$\geqq$ 100	1,0	2,5	3,0	4,0
N 4 (Quadermauerwerk)	$\geqq$ 20	1,2	2,0	2,5	3,0
	$\geqq$ 50	2,0	3,5	4,0	5,0
	$\geqq$ 100	3,0	4,5	5,5	7,0

[1]) Bei Fugendicken über 40 mm sind die Grundwerte σ_0 um 20% zu vermindern.

Mauerwerk aus künstlichen Steinen darf unter Beachtung der nachstehenden Bedingungen mit den Werten der Tafeln **1**.11 und **1**.12 bemessen werden:

- **Mindestmaße** tragender Wände 11,5 cm,
  Mindestmaße tragender Pfeiler 11,5 cm × 36,5 cm
  bzw. 17,5 cm × 24,0 cm.
- **Wände für Zwischenauflager oder einseitige Auflager** bis zu Schlankheiten $h_K/d \leqq 10$, bei größeren Schlankheiten muß wegen Knickgefahr eine Abminderung vorgenommen werden (s. Abschn. 7.4).
- **Wände für einseitige Auflager** nur bis Deckenspannweiten von 4,20 m, da sonst wegen Verdrehungen am Endauflager eine Abminderung nötig ist. Der Abminderungsfaktor beträgt $k = 1{,}7 - l/6$ für l über 4,20 m bis 6,00 m: zul $\sigma = k \cdot \sigma_0$
- **Pfeiler und „kurze Wände"** dürfen nur mit dem **0,8fachen Wert** der zulässigen Druckspannung berechnet werden: zul $\sigma = 0{,}8 \cdot \sigma_0$

  Dazu gehören Querschnitte, die aus weniger als zwei ungeteilten Steinen bestehen oder deren Querschnittsflächen kleiner als 0,10 m^2 sind.

Natursteinmauerwerk kann mit den Werten der Tafel **1**.13 bei Berücksichtigung folgender Angaben bemessen werden:

- Mindestwanddicke für tragendes Natursteinmauerwerk 24 cm, Mindestquerschnitt 0,10 m^2
- für Natursteinmauerwerk nur Normalmörtel verwenden
- Wände bis zu Schlankheiten von $h_K/d \leqq 10$, sonst Abminderung der Grundwerte erforderlich
- Einstufung des Natursteinmauerwerks entsprechend der Ausführungsart in folgende Güteklassen:

  Güteklasse N 1 für Bruchsteinmauerwerk
  N 2 hammerrechtes Schichtenmauerwerk
  N 3 Schichtenmauerwerk
  N 4 Quadermauerwerk
- für die Mindestdruckfestigkeiten einiger Gesteinsarten gelten die Erfahrungswerte nach Tafel **1**.14.

Tafel **1**.14 **Mindestdruckfestigkeiten der Gesteinsarten** (DIN 1053 Teil 1)

Mindestdruckfestigkeit in MN/m^2	Gesteinsarten
20	Kalkstein, Travertin, vulkanische Tuffsteine
30	weiche Sandsteine mit tonigem Bindemittel und dergleichen
50	dichte Kalksteine, Dolomite, Marmor, Basaltlava und dergleichen
80	quarzistische Sandsteine (mit kieseligem Bindemittel), Grauwacke und dergleichen
100	Granit, Syenit, Diorit, Quarzporphyr, Melaphyr, Diabas und dergleichen

Zugspannungen

Bei Mauerwerk aus künstlichen Steinen dürfen in tragenden Wänden Zugspannungen rechtwinklig zur Lagerfuge nicht in Rechnung gestellt werden.

Bei Natursteinmauerwerk der Güteklassen N 1, N 2 und N 3 sind Zugspannungen jeder Art unzulässig.

Bei Mauerwerk aus künstlichen Steinen dürfen Biegezugspannungen σ_Z in Wandrichtung parallel zur Lagerfuge bis zu folgenden Höchstwerten in Rechnung gestellt werden:

$$\text{zul}\,\sigma_Z = 0{,}4 \cdot \sigma_{Z0} + 0{,}12 \cdot \sigma_D \leqq \max \sigma_Z \qquad \text{Gl. (1.28)}$$

Hierin bedeuten:

zul σ_Z	Biegezugspannung parallel zu Lagerfugen
σ_D	zugehörige Druckspannung rechtwinklig zu Lagerfugen
σ_{Z0}	Grundwert der Zugspannung nach Tafel **1.**15
max σ_Z	Maximalwert der zulässigen Biegezugspannung nach Tafel **1.**16

Bei Natursteinmauerwerk der Güteklasse N 4 gilt für den Maximalwert der zulässigen Biegezugspannung:

$$\max \sigma_Z = 0{,}20\ \text{MN/m}^2 \qquad \text{Gl. (1.29)}$$

Tafel **1.**15 **Grundwert σ_{Z0} der zulässigen Zugspannungen** für Mauerwerk aus künstlichen Steinen (DIN 1053 Teil 1)

Mörtelgruppe	I	II	II a	III	III a
σ_{Z0} [1])in MN/m²	0,01	0,04	0,09 [2])	0,11 [3])	0,11

[1]) Für Mauerwerk mit unvermörtelten Stoßfugen sind die Werte σ_{Z0} zu halbieren. Als vermörtelt gilt eine Stoßfuge, bei der etwa die halbe Wanddicke oder mehr verfüllt ist.

[2]) Dieser Wert gilt auch für Leichtmörtel LM 21 und LM 36.

[3]) Dieser Wert gilt auch für Dünnbettmörtel.

Tafel **1.**16 **Maximale Werte max σ_Z der zulässigen Biegezugspannungen** für Mauerwerk aus künstlichen Steinen (DIN 1053 Teil 1)

Steinfestigkeitsklasse	2	4	6	8	12	20	≧ 28
max σ_Z in MN/m²	0,01	0,02	0,04	0,05	0,10	0,15	0,20

Sicherheiten

Die großen Unterschiede zwischen den Grundwerten der zulässigen Spannungen und den Steinfestigkeitsklassen haben nichts mit Sicherheiten zu tun. Die Sicherheiten im Mauerwerksbau sind nicht größer als in anderen Bereichen.

Der Sicherheitsbeiwert beträgt:

für Rezeptmauerwerk RM entsprechend DIN 1053 Teil 2 $\gamma = 2{,}67$

für Mauerwerk nach Eignungsprüfung EM entspr. DIN 1053 Teil 1
bei Wänden $\gamma = 2{,}00$
bei Pfeilern und kurzen Wänden $\gamma = 2{,}50$
Beispiele zur Erläuterung siehe Abschnitte 2.2.1, 5.6 und 7.4.

1.9.4 Holzbau

Im Holzbau sind die zulässigen Spannungen abhängig von Art und Güte des Holzes, von der Beanspruchung und von der Richtung des Kraftangriffs zur Holzfaser. Hierfür ist DIN 1052 „Holzbauwerke, Berechnung und Ausführung" maßgebend.

Für tragende Bauteile wird hauptsächlich Bauschnittholz (für Kanthölzer, Bohlen, Bretter und Latten) aus Nadelhölzern eingesetzt; Rundhölzer kommen nur in Ausnahmefällen zur Anwendung. Bauschnittholz aus Laubhölzern wird seltener gebraucht. Zu unterscheiden ist zwischen Vollholz und Brettschichtholz.

Vollholz wurde früher den Güteklassen GK I, GK II und GK III zugeordnet. Für die Bemessung von Holzbauwerken wird nun nach Sortierklassen unterschieden. Die Tafeln für zulässige Spannungen geben folgende Sortierklassen an:
S 7, S 10 und S 13 (Sortierung nach Augenschein)
MS 7, MS 10, MS 13 und MS 17 (maschinelle Sortierung)

Die Zahlenwerte nennen i.a. die zulässigen Spannungen bei Biegung.

Folgende Sortierklassen entsprechen ungefähr den früheren Güteklassen:
- Sortierklassen S 7 und MS 7: früher Güteklasse GK III
- Sortierklassen S 10 und MS 10: früher Güteklasse GK II
- Sortierklassen S 13 und MS 13: früher Güteklasse GK I

In den Sortierklassen werden außer dem Zuschnitt des Holzes (Baumkanten) insbesondere auch die Wuchsmerkmale und -fehler des Holzes berücksichtigt (z. B. Ästigkeit, Risse, Krümmungen, Verfärbungen).

Für tragende Holzbauteile wird fast ausschließlich Holz der Sortierklassen S 10 und MS 10 verwendet.

Die zulässigen Spannungen für Vollholz enthält Tafel **1**.17.

Daraus ergeben sich folgende Sicherheitsbeiwerte γ:
Sicherheitsbeiwert bei Biegung

Lastfall H: $$\gamma = \frac{\beta_B}{\text{zul}\,\sigma_B} = \frac{30\ldots50\,\text{N/mm}^2}{10\,\text{N/mm}^2} = 3{,}0 \text{ bis } 5{,}0$$

Lastfall HZ: $$\gamma = \frac{\beta_B}{\text{zul}\,\sigma_B} = \frac{30\ldots50\,\text{N/mm}^2}{1{,}25\cdot 10\,\text{N/mm}^2} = 2{,}4 \text{ bis } 4{,}0$$

Sicherheitsbeiwert bei Druck parallel zur Faser

Lastfall H: $$\gamma = \frac{\beta_{D\|}}{\text{zul}\,\sigma_{D\|}} = \frac{20\ldots30\,\text{N/mm}^2}{8{,}5\,\text{N/mm}^2} = 2{,}35 \text{ bis } 3{,}53$$

Lastfall HZ: $$\gamma = \frac{\beta_{D\|}}{\text{zul}\,\sigma_{D\|}} = \frac{20\ldots30\,\text{N/mm}^2}{1{,}25\cdot 8{,}5\,\text{N/mm}^2} = 1{,}88 \text{ bis } 2{,}82$$

Tafel **1**.17 **Zulässige Spannungen für Vollholz** in N/mm² (oder MN/m²) für Lastfall H nach DIN 1052 (für Lastfall HZ Erhöhung um 25%)

Art der Beanspruchung	Vollholz (Nadelhölzer) Fichte, Kiefer, Tanne, Lärche, Douglasie, Southern Pine, Western Hemlock, Yellow Cedar					Vollholz (Laubhölzer)		
						Eiche Buche Teak Keruing (Yang)	Afzelia Merbau Angélique (Basralocus)	Azobé (Bongossi) Greenheart
	Sortierklasse					Holzartgruppe		
	S 7/ (MS 7)	S 10/ (MS 10)	S 13	MS 13	MS 17	A	B	C
						mittlere Güte (≧ S 10)		
Biegung zul σ_B	7	10	13	15	17	11	17	25
Zug ‖ zul $\sigma_{Z\parallel}$	0 (4)	7	9	10	12	10	10	15
Zug ⊥ zul $\sigma_{Z\perp}$	0 (0,05)	0,05	0,05	0,05	0,05	0,05	0,05	0,05
Druck ‖ zul $\sigma_{D\parallel}$	6	8,5	11	11	12	10	13	20
Druck ⊥[1] zul $\sigma_{D\perp}$	2 [2,5]	2 [2,5]	2 [2,5]	2,5 [3]	2,5 [3]	3 [4]	4 –	8 –
Abscheren zul τ_a	0,9	0,9	0,9	1	1	1	1,4	2
Schub aus Querkraft zul τ_Q	0,9	0,9	0,9	1	1	1	1,4	2
Torsion zul τ_T	0	1	1	1	1	1,6	1,6	2

[1]) Bei Ausnutzung der zulässigen Spannungen, die in eckigen Klammern stehen, ist mit größeren Eindrückungen zu rechnen. Diese sind erforderlichenfalls konstruktiv zu berücksichtigen.

Brettschichtholz (BSH) wird bei solchen tragenden Holzbauteilen verwendet, wo Vollholz üblicher Abmessungen statisch nicht ausreichend ist oder wo größere Kantholz-Querschnitte zu Nachteilen führen, z. B. zu hohe Einbaufeuchte wegen schwieriger Trocknung oder zu befürchtende Schwindrisse. Brettschichtholz kann höhere optische Ansprüche erfüllen, es bietet größere Sicherheit gegen eindringende Feuchtigkeit.

Brettschichtholz wird aus Nadelhölzern hergestellt und besteht aus parallel übereinander liegenden, mit einander verleimten Brettlagen von 6 mm bis 33 mm Dicke, in Sonderfällen bis 40 mm. Bei der Herstellung werden die einzelnen Brettlagen wegen des Verlaufs der Jahresringe so angeordnet, daß nur „rechte" Seiten mit „linken" Seiten verleimt werden (Bild **1**.20). Die Herstellung erfolgt werkmäßig in hierfür geeigneten und zugelassenen Betrieben.

Brettschichtholz wird aus Lamellen der Sortierklassen S 10 bis MS 17 hergestellt und in den Sortierklassen BS 11, BS 14, BS 16 und BS 18 verwendet. Die zulässigen Spannungen sind in Tafel **1**.18 angegeben.

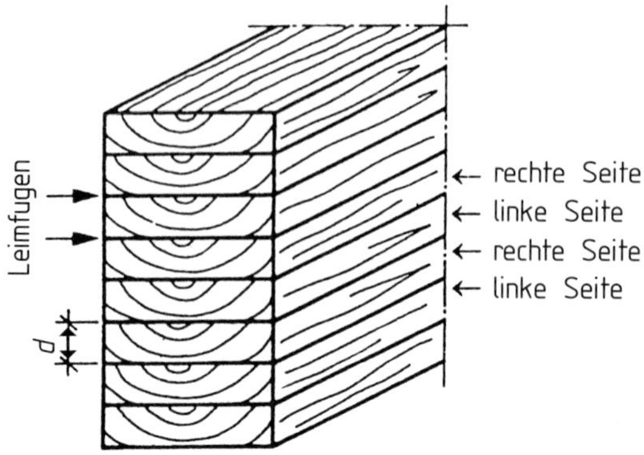

1.20 Brettschichtholz (BSH) mit Anordnung und Dicke der Brettlagen, d = 6 mm bis 33 mm (40 mm)

Tafel **1**.18 **Zulässige Spannungen für Brettschichtholz** in N/mm² (oder MN/m²) für Lastfall H nach DIN 1052 (für Lastfall HZ Erhöhung um 25%)

Art der Beanspruchung		Brettschichtholz aus Holzarten (Nadelhölzer) der Tafel **1**.17			
		BS 11	BS 14	BS 16	BS 18
		Sortierklasse der Lamellen			
		S 10/MS 10	S 13	MS 13	MS 17
Biegung	zul σ_B	11	14	16	18
Zug $\parallel$	zul $\sigma_{Z\parallel}$	8,5	10,5	11	13
Zug $\perp$	zul $\sigma_{Z\perp}$	0,2	0,2	0,2	0,2
Druck $\parallel$	zul $\sigma_{D\parallel}$	8,5	11	11,5	13
Druck $\perp$ [1)]	zul $\sigma_{D\perp}$	2,5 [3]	2,5 [3]	2,5 [3]	2,5 [3]
Abscheren	zul τ_a	0,9	0,9	1	1
Schub aus Querkraft	zul τ_Q	1,2	1,2	1,3	1,5
Torsion	zul τ_T	1,6	1,6	1,6	1,6

[1)] Bei Ausnutzung der zulässigen Spannungen, die in eckigen Klammern stehen, ist mit größeren Eindrückungen zu rechnen. Diese sind erforderlichenfalls konstruktiv zu berücksichtigen.

Übliches Bauholz entspricht der Sortierklasse S 10 (Güteklasse GK II). Für Zughölzer darf Holz der Sortierklasse S 7 (Güteklasse III) nicht verwendet werden.

Bei Sparren, Pfetten und Deckenbalken aus Kanthölzern und Bohlen dürfen in der Regel die zulässigen Spannungen der Sortierklasse S 13 nicht angewendet werden, dafür kommt nur die zulässige Spannung für S 10 in Frage.

Bei Rundhölzern in Bereichen ohne Schwächung der Randzone dürfen die zulässigen Spannungen für Biegung und Druck parallel zur Faserrichtung um 20 % erhöht werden:

Erhöhungsfaktor $k_B = 1{,}2$ Gl. (1.30)

$k_{D\|} = 1{,}2$ Gl. (1.31)

Bei schrägem Kraftangriff entsprechend Bild **1**.21 können die zulässigen Druckspannungen der Tafel **1**.19 entnommen werden.

Tafel **1**.19 **Zulässige Druckspannungen bei schrägem Kraftangriff** in N/mm² (oder MN/m²) für verschiedene Holzarten, Lastfall H

Holzart	α = Winkel zwischen Kraft- und Faserrichtung von 0° bis 90°									
	0	10	20	30	40	50	60	70	80	90
Nadelholz S 10/MS 10	8,5	7,4	6,3	5,2	4,3	3,5	2,9	2,4	2,1	2,0
Brettschichtholz BS 11	8,5	7,5	6,4	5,5	4,6	3,9	3,3	2,9	2,6	2,5
Brettschichtholz BS 14	11	9,5	8,1	6,8	5,5	4,5	3,6	3,0	2,6	2,5

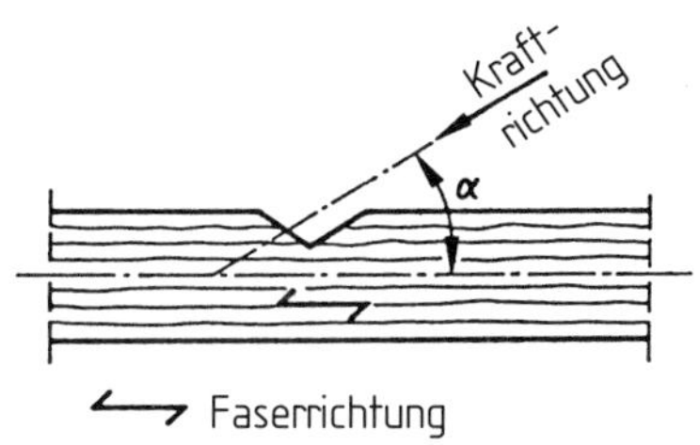

1.21 Winkel α zwischen Kraftrichtung und Faserrichtung des Holzes

Beispiele zur Erläuterung siehe Abschnitte 2 bis 9.

1.9.5 Stahlbau

Für die Beanspruchbarkeit von Bauteilen aus Stahl gelten die Stahlbau-Grundnormen DIN 18800 Teil 1 bis 3 sowie eine Reihe weiterer Anwendungsnormen, wie z.B. DIN 18801 für den Stahlhochbau. In diesen Normen sind Bemessung, Konstruktion und Herstellumg von Stahlbauten festgelegt. Damit wurde das neue Sicherheitskonzept verwirklicht.

Die Stähle für den allgemeinen Stahlbau werden nach der Europäischen Norm EN 10025 hergestellt. Die Bezeichnung der Stähle erfolgt nach EN 10027. Tafel **1.**20 zeigt in einer Gegenüberstellung die neuen Bezeichnungen nach EN 10027 im Vergleich zu den früheren Bezeichnungen nach DIN 17100.

Tafel **1.**20 **Bezeichnung der Stähle**, Auswahl

Stähle nach DIN EN	Bezeichnung der Stahlsorten neu nach		früher nach	
	EN 10027-1 (9.92)	EN 10027-2 (9.92)	DIN 17100	DIN 10025:1990
10025 (3.94)	S235JR	1.0037	St 37-2	Fe 360 B
	S235JRG1	1.0036	USt 37-2	Fe 360 BFU
	S235JRG2	1.0038	RSt 37-2	Fe 360 BFN
	S235JO	1.0114	St 37-3 U	Fe 360 C
	S235J2G3	1.0116	St 37-3 N	Fe 360 D1
	S275JR	1.0044	St 44-2	Fe 430 B
	S275JO	1.0143	St 44-3 U	Fe 430 C
	S275J2G3	1.0144	St 44-3 N	Fe 430 D1
	S355JO	1.0553	St 52-3 U	Fe 510 C
	S355J2G3	1.0570	St 52-3 N	Fe 510 D1
10155 (8.93)	S235J2W	1.8961	WTSt 37-3	Fe 360 D KI
	S355J2G1W	1.8963	WTSt 52-3	Fe 519 D2 KI
10113-2 (4.93)	S355N	1.0545	StE 355	FeE 355 KGN
	S355NL	1.0546	TStE 355	FeE 355 KTN

Stähle für den allgemeinen Stahlbau werden mit S bezeichnet, gefolgt von dem Mindestwert der Streckgrenze in N/mm^2, z.B. 235. Damit ergeben sich die Hauptsymbole für die Bezeichnungen der Stähle, z.B.:

Hauptsymbole der Stähle: S235 S275 S355

Die an diese Hauptsymbole angefügten Bezeichnungen sind Zusatzsymbole für bestimmte Eigenschaften, Herstellungsarten oder besondere Stahlerzeugnisse.

Zur Ermittlung der Beanspruchbarkeiten von Walzstahl und Gußwerkstoffen sind die charakteristischen Werkstoffkennwerte in Tafel **1.**21 entsprechend DIN 1800 T1 zusammengestellt.

Tafel **1.**21 **Walzstahl und Gußwerkstoffe**, charakteristische Werte (nach DIN 18800-1)

	Stahl	Erzeugnisdicke t mm	Streckgrenze $f_{y,k}$ N/mm²	Zugfestigkeit $f_{u,k}$ N/mm²	E-Modul E N/mm²	Schubmodul G N/mm²	Temperaturdehnzahl α_T K^{-1}
1	S235	$t \leq 40$	240	360			
2		$40 < t \leq 100$	215				
3	Baustahl S275	$t \leq 40$	275	410			
4		$40 < t \leq 80$	255				
5	S355	$t \leq 40$	360	510			
6		$40 < t \leq 80$	335				
7	S275N u. NL	$t \leq 40$	275	370			
8	Feinkornbaustahl	$40 < t \leq 80$	255				
9	S355N u. NL	$t \leq 40$	360	510			
10		$40 < t \leq 80$	335				
11	C35 + N	$t \leq 16$	300	550	210000	81000	$12 \cdot 10^{-6}$
12	Vergütungsstahl	$16 < t \leq 100$	270	520			
13	C45 + N	$t \leq 16$	340	620			
14		$16 < t \leq 100$	305	580			
15	GS200 + N	$t \leq 100$	200	380			
16	GS240 + N		240	450			
17	G17Mn5 + QT	$t \leq 50$					
	Gußwerkstoffe						
18	G20Mn5 + QT	$t \leq 100$	300	500			
19	GJS400−15	$t \leq 60$	250	390	169000	46000	$12{,}5 \cdot 10^{-6}$
20	GJS400−18−LT		230				
21	GJS400−18−RT		250				

Beispiele zur Erläuterung

1. Baustahl S235 hat bei Profilen bis $t \leqq 40$ mm Dicke eine Streckengrenze $f_{y,k} = 240$ N/mm² und eine Zugfestigkeit $f_{u,k} = 360$ N/mm².

2. Baustahl S355 hat bei Profilen bis $t \leqq 40$ mm Dicke eine Streckengrenze $f_{y,k} = 360$ N/mm² und eine Zugfestigkeit $f_{u,k} = 510$ N/mm².

Tragsicherheitsnachweise sind so zu führen, daß die Beanspruchungen S_d (stress) die Beanspruchbarkeiten R_d (resistance) nicht überschreiten. Damit wird belegt, daß sowohl das Tragwerk als Ganzes als auch in seinen Teilen während der Errichtung und während der geplanten Nutzung gegen Versagen ausreichend sicher ist, z. B. gegen Einsturz. Es gilt daher:

$$\frac{S_d}{R_d} \leq 1 \qquad \text{Gl. (1.32)}$$

Im Stahlbau sind die Nachweise nach einem der drei in Tafel **1.**22 genannten Verfahren zu führen.

Tafel **1.**22 **Nachweisverfahren** und Bezeichnungen (nach DIN 18800 T1)

Grenzzustände	Nachweisverfahren	Berechnung der Beanspruchungen S_d nach	Berechnung der Beanspruchbarkeiten R_d nach
Fließbeginn	Elastisch-Elastisch	Elastizitätstheorie	Elastizitätstheorie
Durchplastizieren eines Querschnittes	Elastisch-Plastisch	Elastizitätstheorie	Plastizitätstheorie
Ausbildung einer Fließgelenkkette	Plastisch-Plastisch	Plastizitätstheorie	Plastizitätstheorie
Bruch	z. B. bei Schrauben und Seilen		

Das wichtige Nachweisverfahren Elastisch-Elastisch wird in den Beispielen der folgenden Abschnitte erläutert.

Abhängig vom gewählten Verfahren und von den betrachteten Tragwerksteilen kann der Tragsicherheitsnachweis auch als Spannungsnachweis geführt werden.

Spannungsnachweise sind so zu führen, daß die mit den entsprechenden Querschnittswerten berechneten Spannungen $\sigma_{S,d}$ den Grenzspannungen $\sigma_{R,d}$ gegenübergestellt werden:

$$\frac{\sigma_{S,d}}{\sigma_{R,d}} \leq 1 \qquad \text{Gl. (1.33)}$$

Die Grenzspannung $\sigma_{R,d}$ ergibt sich aus der Steckgrenze $f_{y,k}$ dividiert durch den Teilsicherheitsbeiwert γ_M:

$$\sigma_{R,d} = f_{y,d} = \frac{f_{y,k}}{\gamma_M} \qquad \text{Gl. (1.34)}$$

Die Beanspruchung errechnet sich aus der Kraft N bezogen auf die maßgebende Querschnittsfläche A_n:

$$\sigma_{S,d} = \frac{N_{S,d}}{A_n} \qquad \text{Gl. (1.35)}$$

Die Teilsicherheitsbeiwerte γ_F berücksichtigen die Streuung der Einwirkungen F. Die Teilsicherheitsbeiwerte γ_M erfassen die Streuung der Widerstandsgrößen M. Diese Teilsicherheitsbeiwerte und die Kombinationswerte sind in DIN 18800 festgelegt und in den Tafeln **1.**23 bis **1.**25 wiedergegeben.

Tafel **1.23** **Teilsicherheitsbeiwert γ_F der Einwirkungen** (nach DIN 18800 T1)

γ_F	Anwendung
1,35	für ständige Einwirkungen *G*
1,5	für ungünstig wirkende veränderliche Einwirkungen *Q*
1,0	wenn ständige Einwirkungen *G* Beanspruchungen aus veränderlichen Einwirkungen *Q* verringern, z. B. beim Tragsicherheitsnachweis von Dächern bei Windsog
1,0	wenn neben einer außergewöhnlichen Einwirkung F_A ständige Einwirkungen *G* und veränderliche Einwirkungen *Q* wirken, für alle drei Einwirkungen

Tafel **1.24** **Teilsicherheitsbeiwert γ_M der Widerstandsgrößen** (nach DIN 18800 T1)

γ_M	Anwendung
1,1	zur Berechnung der Bemessungswerte der Festigkeiten beim Nachweis der Tragsicherheit
1,1	zur Berechnung der Bemessungswerte der Steifigkeiten beim Nachweis der Tragsicherheit
1,0	zulässig, falls sich eine abgeminderte Steifigkeit weder erhöhend auf die Beanspruchung noch ermäßigend auf die Beanspruchbarkeit auswirkt
1,0	zulässig zur Berechnung der Bemessungswerte der Steifigkeiten, falls kein Nachweis der Biegeknick- und Biegedrillknicksicherheit erforderlich ist
1,0	bei der Berechnung von Schnittgrößen aus Zwängungen nach der Elastizitätstheorie, wenn $\gamma_M = 1{,}1$ die Zwängungsbeanspruchungen reduzieren würde
1,0	für den Nachweis der Gebrauchstauglichkeit, wenn *keine* Gefahr für Leib und Leben besteht
1,1	für den Nachweis der Gebrauchstauglichkeit, wenn Gefahr für Leib und Leben besteht

Tafel **1.25** **Kombinationswerte ψ** (nach DIN 18800 T1)

ψ	Anwendung
1,0	für ständige Einwirkungen
1,0	bei der Berücksichtigung von jeweils nur *einer* veränderlichen Einwirkung bei der Bildung einer Grundkombination
0,9	bei der Berücksichtigung *aller* ungünstig wirkenden veränderlichen Einwirkungen bei der Bildung einer Grundkombination

Einwirkungskombinationen

Bei der Berechnung der Einwirkungen sind Einwirkungskombinationen zu bilden. Hierbei sind Grundkombinationen, zusätzliche Kombinationen und außergewöhnliche Kombinationen zu unterscheiden.

Grundkombination 1:

Ständige Einwirkungen G und *alle* ungünstig wirkenden veränderlichen Einwirkungen Q_i.

$$G_d = \gamma_F \cdot \psi \cdot G_k = 1{,}35 \cdot 1{,}0 \cdot G_k = 1{,}35 \cdot G_k \qquad \text{Gl. (1.36)}$$

$$Q_{i,d} = \gamma_F \cdot \psi \cdot Q_{i,k} = 1{,}5 \cdot 0{,}9 \cdot Q_{i,k} = 1{,}35 \cdot Q_{i,k} \qquad \text{Gl. (1.37)}$$

Anmerkung: Vertikale Verkehrslasten nach DIN 1055 Teil 3 gelten als eine Einwirkung Q_i.

Grundkombination 2:

Ständige Einwirkungen G und *eine* ungünstig wirkende veränderliche Einwirkung Q_i.

$$G_d = \gamma_F \cdot \psi \cdot G_k = 1{,}35 \cdot 1{,}0 \cdot G_k = 1{,}35 \cdot G_k \qquad \text{Gl. (1.38)}$$

$$Q_{i,d} = \gamma_F \cdot \psi \cdot Q_{i,k} = 1{,}5 \cdot 1{,}0 \cdot Q_{i,k} = 1{,}5 \cdot Q_{i,k} \qquad \text{Gl. (1.39)}$$

Zusätzliche Grundkombinationen,

- wenn ständige Einwirkungen Beanspruchungen aus veränderlichen Einwirkungen verringern:
  $G_d = \gamma_F \cdot \psi \cdot G_k = 1{,}0 \cdot 1{,}0 \cdot G_k = 1{,}0 \cdot G_k$
- wenn die Teile ständiger Einwirkungen die Beanspruchungen aus veränderlichen Einwirkungen vergrößern:
  $G_d = \gamma_F \cdot \psi \cdot G_k = 1{,}1 \cdot 1{,}0 \cdot G_k = 1{,}1 \cdot G_k$
  verkleinern:
  $G_d = \gamma_F \cdot \psi \cdot G_k = 0{,}9 \cdot 1{,}0 \cdot G_k = 0{,}9 \cdot G_k$
  Gl. (1.40) u. (1.41)

Außergewöhnliche Kombinationen,

Ständige Einwirkungen, alle ungünstig wirkenden veränderlichen Einwirkungen und eine außergewöhnliche Einwirkung.

$$G_d = \gamma_F \cdot \psi \cdot G_k = 1{,}0 \cdot 1{,}0 \cdot G_k = 1{,}0 \cdot G_k \qquad \text{Gl. (1.42)}$$

$$Q_{i,d} = \gamma_F \cdot \psi \cdot Q_{i,k} = 1{,}0 \cdot 0{,}9 \cdot Q_{i,k} = 0{,}9 \cdot Q_{i,k} \qquad \text{Gl. (1.43)}$$

$$F_{A,d} = \gamma_F \cdot \psi \cdot F_{A,k} = 1{,}0 \cdot 1{,}0 \cdot F_{A,k} = 1{,}0 \cdot F_{A,k} \qquad \text{Gl. (1.44)}$$

Beispiele zur Erläuterung siehe Abschnitte 2 bis 9.

1.10 Zusammenfassung

Beim Aufstellen der statischen Berechnung ergeben sich aus den **Lastannahmen** die **äußeren Kräfte**. Diese wirken als Belastung auf die Bauteile. Durch die **Belastung** entstehen in den Bauteilen **innere Kräfte**. Diese bewirken die **Beanspruchung**. Als Maß für die Beanspruchung dient die **Spannung**. In den Bauteilen wirkt eine Spannung, es ist die **vorhandene Spannung**. Sie darf die **zulässige Spannung** nicht überschreiten. In den zugehörigen Normen ist entweder die zulässige Spannung angegeben oder es wird die zulässige Beanspruchung mit **Sicherheitsbeiwerten** ermittelt.

Die Anwendung wird mit zahlreichen Beispielen in den Abschnitten 2 bis 9 erläutert.

2 Zug- und Druckbeanspruchung

Zugspannungen entstehen durch Kräfte, die ein Bauteil mittig auf Zug beanspruchen. Druckspannungen entstehen, wenn auf ein Bauteil Druckkräfte wirken.

2.1 Zugbeanspruchung

Äußere Kräfte, die an einem Tragwerk ziehend angreifen, versuchen das Tragwerk zu verlängern, zu dehnen (Bild **2**.1). Es wirken innere Längskräfte (Normalkräfte). Das Bauteil erfährt eine Beanspruchung auf Zug. Wenn die Zugkräfte mittig wirken, kann im allgemeinen eine gleichmäßige Verteilung über den Querschnitt angenommen werden. Es entstehen Zugspannungen σ_Z. Diese erhalten ein positives Vorzeichen (+).

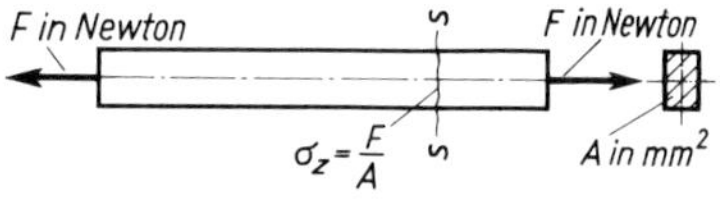

2.1 Eine Zugkraft verursacht Zugspannungen

2.1.1 Querschnittsschwächungen

Der volle Querschnitt ist nicht immer über die gesamte Länge des Bauteils vorhanden: es können Querschnittsschwächungen vorhanden sein. Zur Übertragung der inneren Kräfte ist jedoch nur das Werkstoffgefüge des Querschnitts fähig. Es wird daher derjenige Querschnitt betrachtet, der die meisten Schwächungen erfährt, z. B. durch Löcher für Anschlußmittel oder durch Aussparungen.

Zur Berechnung der größten Beanspruchung ist der kleinste Nutzquerschnitt A_n zu ermitteln. A_n errechnet sich aus der Gesamt-Querschnittsfläche A abzüglich aller Querschnittsschwächungen ΔA im ungünstigsten Schnitt:

$$A_n = A - \Delta A \quad \text{in mm}^2 \text{ oder m}^2 \qquad \text{Gl. (2.1)}$$

Holzbauteile

Bei Holzbauteilen sind alle Querschnittsschwächungen zu berücksichtigen, wie z. B. Bohrungen, Zapfenlöcher, Einschnitte und dergleichen. In Faserrichtung hintereinander liegende Schwächungen brauchen nur einmal abgezogen zu werden. Versetzt zur Faserrichtung angeordnete Querschnittsschwächungen sind nur einmal abzuziehen, wenn ihr Lichtabstand in Faserrichtung mehr als 15 cm beträgt.

Bei Nagelverbindungen sind bei Nägeln mit $d_n \geqq 4{,}2$ mm und bei allen vorgebohrten Nagellöchern die im gleichen Querschnitt liegenden Lochflächen abzuziehen.

Bei Vollholzbauteilen muß die Mindestdicke 24 mm und die Querschnittsfläche $A_n \geqq 14$ cm² betragen, bei Lattungen $\geqq 11$ cm².

Stahlbauteile

Bei Stahlbauteilen ist der kleinste Nutzquerschnitt A_n aus der Gesamt-Querschnittsfläche abzüglich aller Lochflächen in der ungünstigsten Rißlinie zu berechnen (Gl. 2.8).

Wenn die Zugbeanspruchung in der Schwerachse des Querschnitts wirkt, kann eine gleichmäßige Verteilung der Zugspannungen über den Querschnitt angenommen werden. Bei Querschnittsschwächungen (z.B. durch Bohrlöcher für Schrauben oder Niete) ist das jedoch nicht mehr der Fall: Hier entstehen ungleichförmige Spannungsverteilungen und Spannungserhöhungen am Rande der Löcher. Aber diese Spannungsspitzen können die Streckgrenze des Stahls nicht überschreiten. Damit stellt sich bei zunehmender Zugbeanspruchung ein immer gleichförmigerer Spannungszustand ein. Deshalb kann auch hierbei eine gleichmäßige Spannungsverteilung über den verbleibenden Nutzquerschnitt A_n angenommen werden.

Bei Schrauben mit Zugbeanspruchung in Richtung der Schraubenachse wird mit der vorhandenen Querschnittsfläche A_{Sp} gerechnet. A_{Sp} ist der sogenannte Spannungsquerschnitt. Er errechnet sich aus dem Mittelwert von Nenn-Flankendurchmesser d_{Fl} und Nenn-Kerndurchmesser d_K der Schraube:

$$A_{Sp} = \frac{\pi}{4} \cdot \left(\frac{d_{Fl} + d_K}{2}\right)^2 \qquad \text{Gl. (2.2)}$$

2.1.2 Größte Zugspannung

Die größte Zugbeanspruchung ergibt sich im Bereich des geringsten Nutzquerschnitts. An dieser Stelle ist die Zugspannung zu berechnen:

$$\textbf{Zugspannung} = \frac{\textbf{Zugkraft}}{\textbf{Nutzquerschnitt}} \qquad \text{Gl. (2.3)}$$

$$\boldsymbol{\sigma_Z = \frac{F}{A_n}} \text{ in } \frac{\text{N}}{\text{mm}^2} \text{ bzw. } \frac{\text{MN}}{\text{m}^2}$$

mit F in N bzw. MN
und A_n in mm² bzw. m²

Die errechnete Spannung σ_Z ist die vorhandene Zugspannung vorh σ_Z. Die vorhandene, also die wirkende Spannung, darf die in den Vorschriften festgelegte zulässige Spannung zul σ_Z nicht überschreiten.
Die zulässigen Beanspruchungen sind in den entsprechenden DIN-Vorschriften festgelegt. Sie sind auszugsweise in Tafel **1.**8 bis **1.**25 zusammengestellt.

Zugspannungen in Holzbauteilen

Zum Abschluß einer Berechnung ist die vorhandene Spannung der zulässigen Spannung gegenüberzustellen. Dieses ist der Spannungsnachweis.

Eine andere Möglichkeit ist es, die vorhandene Tragfähigkeit auf die zulässige Tragfähigkeit zu beziehen. Dieses ist der Tragfähigkeitsnachweis.

Formeln für den Spannungsnachweis:

$$\text{vorh}\,\sigma_Z = \frac{\text{vorh}\,F}{\text{vorh}\,A_n} \quad \text{in} \quad \frac{\text{N}}{\text{mm}^2} \quad \text{bzw.} \quad \frac{\text{MN}}{\text{m}^2} \qquad \text{Gl. (2.4)}$$

$$\frac{\text{vorh}\,\sigma_Z}{\text{zul}\,\sigma_Z} \leqq 1 \qquad \text{Gl. (2.5)}$$

Formel für die Bemessung:

$$\text{erf}\,A_n = \frac{\text{vorh}\,F}{\text{zul}\,\sigma_Z} \quad \text{in} \quad \text{mm}^2 \quad \text{bzw.} \quad \text{m}^2 \qquad \text{Gl. (2.6)}$$

Formel für die Tragfähigkeit:

$$\text{zul}\,F = \text{vorh}\,A_n \cdot \text{zul}\,\sigma_Z \quad \text{in} \quad \text{N} \quad \text{bzw.} \quad \text{MN} \qquad \text{Gl. (2.7)}$$

Der Nachweis im Rahmen des neuen Sicherheitskonzepts erfolgt auf andere Weise. Diese Art des Nachweises wird im folgenden für Stahlbauteile erläutert.

Zunächst folgen einige Beispiele für die Anwendung im Holzbau.

Beispiele zur Erläuterung

1. Der Zugbalken eines Holztragwerks hat einen Nutzquerschnitt von 140 mm · 220 mm. Die Größe der zulässigen Zugkraft wird berechnet.

Nadelholz Sortierklasse S10

zulässige Spannung für Zug: zul σ_Z = 7,0 N/mm² (Tafel **1.**17)

Querschnittsfläche des ungeschwächten Holzes:

$$\text{vorh}\,A = b \cdot h = 140 \cdot 220 = 30\,800\ \text{mm}^2$$

Zulässige Zugkraft

$$\begin{aligned}\text{zul}\,F &= \text{vorh}\,A \cdot \text{zul}\,\sigma_Z \\ &= 30\,800 \cdot 7{,}0 = 215\,600\ \text{N} \\ &= 215{,}6\ \text{kN}\end{aligned}$$

2. Der Zugbalken hat im Anschlußbereich (Bild **2.**2) zwei Löcher für Paßbolzen 16 mm ∅ in einer Rißlinie. d_b = 16 mm. Nadelholz Sortierklasse S10.

Querschnittsfläche des geschwächten Holzes:

$$\begin{aligned}\text{vorh}\,A_n &= A - \Delta A = A - 2 \cdot d_b \cdot b \\ &= 30\,800 - 2 \cdot 16 \cdot 140 = 30\,800 - 4480 \\ &= 26\,320\ \text{mm}^2\end{aligned}$$

Zulässige Zugkraft

$$\begin{aligned}\text{zul}\,F_n &= \text{vorh}\,A_n \cdot \text{zul}\,\sigma_Z \\ &= 26\,320 \cdot 7{,}0 = 184\,240\ \text{N} \\ &= 184{,}2\ \text{kN}\end{aligned}$$

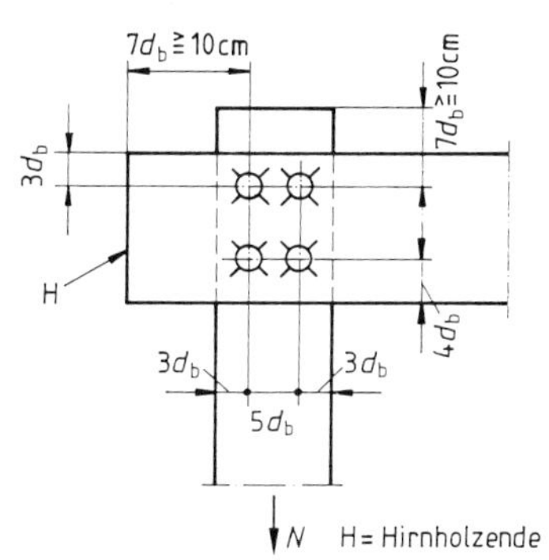

2.2 Zugbalken, gehalten von 4 Paßbolzen (Anschluß nach DIN 1052 T2, Bild 12)

3. Der Zugbalken hat eine Zugkraft von vorh $Z = 180$ kN zu übertragen.

Nachweis der Tragfähigkeit

$$\frac{\text{vorh } Z}{\text{zul } Z} = \frac{180}{184{,}2} = 0{,}98 < 1$$

Das Ergebnis besagt, daß der Querschnitt zu 98% ausgelastet ist.

4. Für den Zugbalken kann anstelle des Nachweises der Tragfähigkeit auch der Spannungsnachweis geführt werden.

Größte Zugspannung

$$\text{vorh } \sigma_Z = \frac{\text{vorh } N}{\text{vorh } A_n} = \frac{180000}{26320}$$
$$= 6{,}84 \text{ N/mm}^2$$

Spannungsnachweis

$$\frac{\text{vorh } \sigma_Z}{\text{zul } \sigma_Z} = \frac{6{,}84}{7{,}0} = 0{,}98 < 1$$

Durch dieses Ergebnis wird ebenfalls ausgedrückt, daß der Querschnitt zu 98% auf Zug beansprucht wird. Der Wert 1 ($\triangleq$ 100%) darf nicht überschritten werden.

Zugspannungen in Stahlbauteilen

Der Tragsicherheitsnachweis bei zugbeanspruchten Bauteilen aus Stahl ist so zu führen, daß die Beanspruchungen S_d (stress) die Beanspruchbarkeiten R_d (resistance) nicht überschreiten. Es ist daher folgende Bedingung einzuhalten:

$$\frac{S_d}{R_d} \leqq 1 \qquad \text{Gl. (1.22)}$$

Falls eine Ausmittigkeit auftritt, ist diese zu berücksichtigen. Bei Winkelprofilen mit mindestens zwei Schrauben hintereinander darf die Ausmittigkeit unberücksichtigt bleiben, wenn das Verhältnis der Beanspruchung zur Beanspruchbarkeit höchstens 0,8 beträgt:

$$\frac{S_d}{R_d} \leqq 0{,}8 \qquad \text{Gl. (2.8)}$$

Der Tragsicherheitsnachweis kann aber auch in Form eines Spannungsnachweises nach Gl. (1.30) geführt werden:

Beanspruchung durch Längskraft

$$\sigma_{S,d} = \frac{N_{S,d}}{A_n} \quad \text{mit } A_n \text{ als kleinster Nutzquerschnitt} \qquad \text{Gl. (1.32)}$$

Grenzspannung

$$\sigma_{R,d} = f_{y,d} = \frac{f_{y,k}}{\gamma_M} \qquad \text{Gl. (1.31)}$$

oder

$$\sigma_{R,d} = f_{y,d} = \frac{f_{u,k}}{1{,}25 \cdot \gamma_M} \qquad \text{Gl. (1.31 a)}$$

Spannungsnachweis

$$\frac{\sigma_{S,d}}{\sigma_{R,d}} \leqq 1 \qquad \text{Gl. (1.30)}$$

Bei Schrauben kann die Grenzzugkraft $N_{R,d}$ direkt aus Tafel **3.**5a entnommen werden. Sie ist dann der Bemessungszugkraft gegenüberzustellen.

$$\frac{N_{S,d}}{N_{R,d}} \leqq 1 \qquad \text{Gl. (2.9)}$$

Beispiele zur Erläuterung

1. Ein Vierkantstab aus S235 von 8 mm Kantenlänge wird durch eine charakteristische Zugkraft F_k = 10 kN belastet (Bild **2.**3).

Es wird zunächst der Tragsicherheitsnachweis und dann (nur zum Vergleich) der Spannungsnachweis geführt.

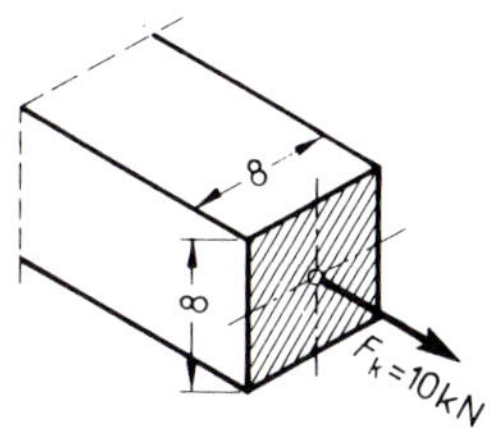

2.3 Vierkantstab als Zugstab

S. 18
Index Sd vorh. Größen im Tragw.

Tragsicherheitsnachweis

Bemessungswert der Zugkraft

$$F_{S,d} = \gamma_G \cdot \psi \cdot F_k = 1{,}35 \cdot 1{,}0 \cdot 10 = 13{,}5 \text{ kN}$$

(γ_G aus Tafel **1.**22, ψ aus Tafel **1.**24)

Grenzspannung

$$\sigma_{R,d} = \frac{f_{y,k}}{\gamma_M} = \frac{240}{1{,}1} = 218 \text{ N/mm}^2$$

($f_{y,k}$ aus Tafel **1.**20, γ_M aus Tafel **1.**23)

Grenzwert der Zugkraft

$$F_{R,d} = \sigma_{R,d} \cdot A = 218 \cdot 8 \cdot 8 = 13952 \text{ N} = 13{,}95 \text{ kN}$$

Nachweis der Tragsicherheit

$$\frac{F_{S,d}}{F_{R,d}} = \frac{13{,}5}{13{,}95} = 0{,}97 < 1$$

Spannungsnachweis

Bemessungswert der Zugkraft

$$F_{S,d} = \gamma_G \cdot \psi \cdot F_k = 1{,}35 \cdot 1{,}0 \cdot 10 = 13{,}5 \text{ kN}$$

Bemessungswert der Zugspannung

$$\sigma_{S,d} = \frac{F_{S,d}}{A} = \frac{13\,500}{8 \cdot 8} = 211 \text{ N/mm}^2$$

Grenzwert der Zugspannung

$$\sigma_{R,d} = \frac{f_{y,k}}{\gamma_M} = \frac{240}{1{,}1} = 218 \text{ N/mm}^2$$

Spannungsnachweis

$$\frac{\sigma_{S,d}}{\sigma_{R,d}} = \frac{211}{218} = 0{,}97 < 1$$

2. Eine Sechskantschraube M 20-4.6 (rohe Schraube, metrisches Gewinde 20 mm Durchmesser, Festigkeitsklasse 4.6) hat eine ständig einwirkende Zugkraft N = 45 kN aufzunehmen. Der Grenzwert der Zugkraft beträgt $N_{R,d}$ = 62,31 kN.

Der Tragsicherheitsnachweis ist zu führen.

Bemessungswert der Zugkraft

$$N_{S,d} = \gamma_G \cdot \psi \cdot F_k = 1{,}35 \cdot F_k = 1{,}35 \cdot 45 = 60{,}75 \text{ kN}$$

Tragsicherheitsnachweis

$$\frac{N_{S,d}}{N_{R,d}} = \frac{60{,}75}{62{,}31} = 0{,}97 < 1$$

3. Ein gleichschenkliger Winkelstahl ∟ 60 · 8 aus S235 wird mit Schrauben M 16 befestigt. Die Bohrungen in einem Schenkel haben einen Durchmesser von d_1 = 17 mm (Bild **2**.4).

Die größtmögliche Zugkraft, die das Winkelprofil aufnehmen kann, ist zu ermitteln.

Querschnittsfläche aus Profiltafel:

$$A = 9{,}03 \text{ cm}^2 = 903 \text{ mm}^2$$

$$A_n = A - \Delta A = A - d_L \cdot s = 903 - 17 \cdot 8$$
$$= 903 - 136 = 767 \text{ mm}^2$$

Grenzspannung

$$\sigma_{R,d} = \frac{f_{y,k}}{\gamma_M} = \frac{240}{1{,}1} = 218 \text{ N/mm}^2$$

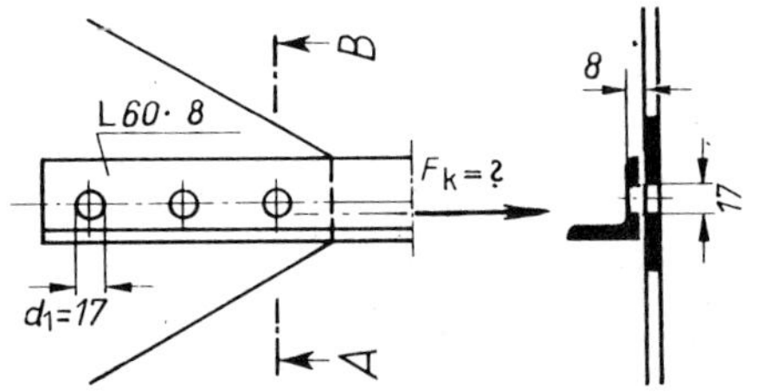

2.4 Winkelstahl mit Bohrungen als Zugstab

Grenzwert der Zugkraft

$$F_{R,d} = \sigma_{R,d} \cdot A_n = 218 \cdot 767 = 167\,206 \text{ N} \approx 167 \text{ kN}$$

Größtmögliche Zugkraft = charakteristische, ständig wirkende Zugkraft

$$\max F = \frac{0{,}8 \cdot F_{R,d}}{\gamma_G} = \frac{0{,}8 \cdot 167}{1{,}35} = 99 \text{ kN}$$

$$F_k \leqq 99 \text{ kN}$$

Anmerkung:

Durch den einseitigen Anschluß des Winkels wirkt die Zugkraft ausmittig. Diese Ausmittigkeit kann unberücksichtigt bleiben, wenn die Beanspruchung höchstens den 0,8fachen Grenzwert erreicht:

$$\sigma \leqq 0{,}8 \cdot \sigma_{R,d} \qquad \text{Gl. (2.10)}$$

bzw. $F_k \leqq 0{,}8 \cdot F_{R,d}$

4. Ein Zugstab aus zwei Flachstählen 120 · 20 mm S235 wird von einem Knotenblech mit vier Schrauben M24 gehalten (Bild **2**.5). Die ständig zu übertragende Zugkraft beträgt $N = 410$ kN.

Der Tragfähigkeitsnachweis ist zu erbringen.

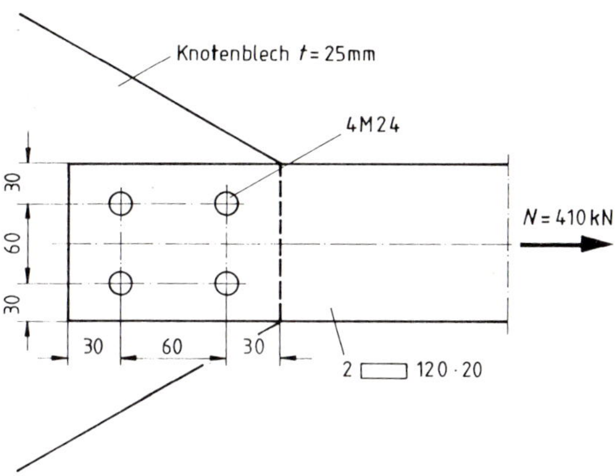

2.5 Zugstab aus 2 ▭ 120 · 20 mit 4 M 24 an ein Knotenblech angeschlossen

Bemessungswert der Zugkraft

$$N_{S,d} = \gamma_G \cdot \psi \cdot N = 1{,}35 \cdot 1{,}0 \cdot 410 = 553{,}5 \text{ kN}$$

Querschnittsfläche

$$A = 2 \cdot 120 \cdot 20 = 4800 \text{ mm}^2$$

$$A_n = A - \Delta A = A - m \cdot n \cdot d_L \cdot s$$

$$= 4800 - 2 \cdot 2 \cdot 25 \cdot 20 = 4800 - 2000 = 2800 \text{ mm}^2$$

Loch ⌀ für M24

Grenzspannung

$$\sigma_{R,d} = \frac{f_{y,k}}{\gamma_M} = \frac{240}{1{,}1} = 218 \text{ N/mm}^2$$

Grenzwert der Zugkraft

$$N_{R,d} = \sigma_{R,d} \cdot A_n = 218 \cdot 2800 = 610\,400 \text{ N} = 610{,}4 \text{ kN}$$

Tragfähigkeitsnachweis

$$\frac{N_{S,d}}{N_{R,d}} = \frac{553{,}5}{610{,}4} = 0{,}91 < 1$$

5. Ein Zugseil dient der Abspannung einer Hallenkonstruktion gegen Winddruck. Die aufzunehmende Zugkraft beträgt $Z = 8{,}5$ kN.

Das Abspannseil wird hergestellt als Spiralseil aus 37 Einzeldrähten von 1,4 mm Durchmesser mit Kauschen und Seilklemmen (Bild **2**.6). Die Zugfestigkeit der Einzeldrähte wird vom Herstellwerk angegeben mit $f_{u,k} = 510$ N/mm². Der Tragsicherheitsnachweis ist zu führen.

Bemessungswert der Zugkraft

$$Z_{S,d} = \gamma_Q \cdot Z = 1{,}5 \cdot 8{,}5 = 12{,}75 \text{ kN}$$

Die Bruchlast $Z_{B,k}$ wird nach Gl. (2.11) ermittelt:

$$\boldsymbol{Z_{B,k} = A_m \cdot f_{u,k} \cdot k_s \cdot k_e} \qquad \text{Gl. (2.11)}$$

Hierbei sind:

A_m metallischer Querschnitt
k_s Verseilfaktor; bei offenen Spiralseilen $k_s = 0{,}9$ bis 0,87
k_e Verlustfaktor; bei Verankerung mit Drahtseilklemmen $k_e = 0{,}85$

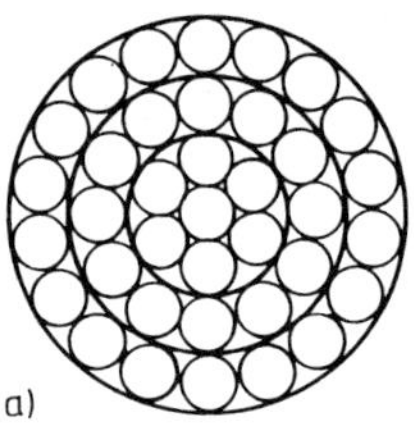
a)

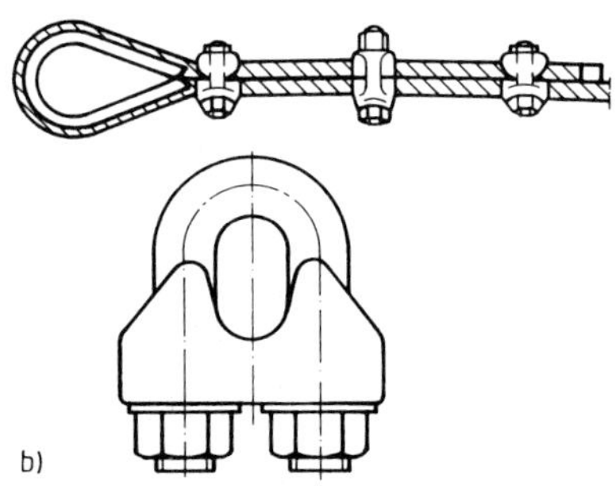
b)

2.6 Offenes Spiralseil als Zugseil zur Abspannung einer Hallenkonstruktion
a) Querschnitt
b) Seilanschluß mit Kausche und Seilklemmen

Bestimmung der rechnerischen Bruchkraft

$$\text{cal } Z_{B,k} = A_m \cdot f_{u,k} \cdot k_s \cdot k_e$$
$$= 37 \cdot \frac{1{,}4^2 \cdot \pi}{4} \cdot 510 \cdot 0{,}87 \cdot 0{,}85$$
$$= 21\,470 \text{ N} = 21{,}47 \text{ kN}$$

Grenzwert der Zugkraft

$$\boldsymbol{Z_{R,d} = \frac{Z_{B,k}}{1{,}5 \cdot \gamma_M}} \qquad \text{Gl. (2.12)}$$
$$= \frac{21{,}47}{1{,}5 \cdot 1{,}1} = 13{,}01 \text{ kN}$$

Nachweis der Tragsicherheit

$$\frac{Z_{S,d}}{Z_{R,d}} = \frac{12{,}75}{13{,}01}$$
$$= 0{,}98 < 1$$

Beispiel zur Übung

1. Ein Profil aus Stahl S235 hat eine charakteristische Zugkraft von F_k = 270 kN aufzunehmen. Das erforderliche Profil ist zu ermitteln.

2. Ein Stahlprofil IPE 200 (Bild **2.**7) hat im Steg jeweils 2 nebeneinanderliegende Bohrungen von 21 mm Durchmesser für Schrauben M 20.
Die Größe der maximalen Zugkraft F_k ist zu bestimmen.

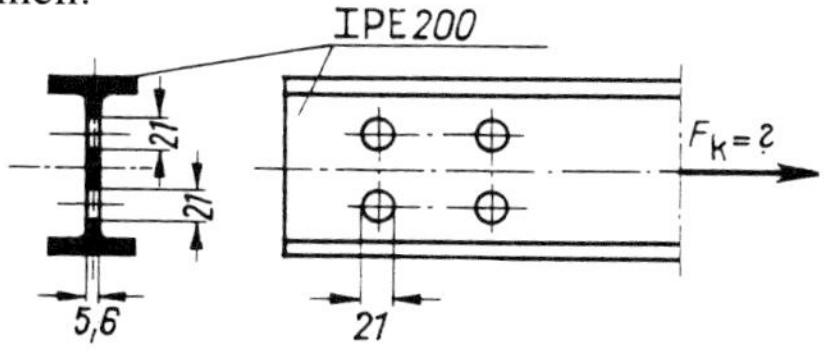

2.7 IPE-Profil mit Bohrungen als Zugstab

3. Der Zugstab einer Stahlkonstruktion besteht aus einem Flachstahl und wird mit 2 Laschen gestoßen (Bild **2.**8). Die Zugkraft beträgt F_k = 180 kN.
Der Tragfähigkeitsnachweis ist zu führen.

4. Der Diagonalstab eines Fachwerkbinders aus Stahl S235 besteht aus 2 Winkelprofilen ∟ 100 · 65 · 9. Für die Schraubenverbindung sind Bohrungen von 25 mm Durchmesser hintereinander angeordnet. Die charakteristische Zugkraft beträgt 300 kN.
Der Tragfähigkeitsnachweis ist zu führen.
Die Bedingung nach Gl. (2.8) ist zu beachten.

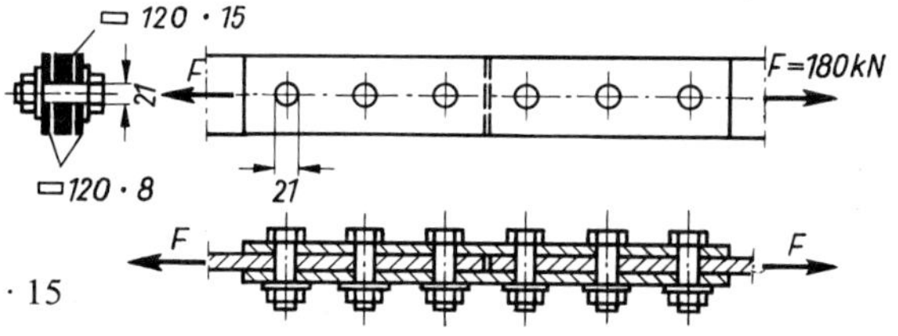

2.8 Stoß in einem Flachstahl ▭ 120 · 15

2.1.3 Verlängerungen

Bei Einwirkung von Zugkräften entstehen Verlängerungen der beanspruchten Bauteile. Diese Verlängerungen sind Formänderungen. Sie wurden schon in Abschn. 1.3 näher erläutert.

Das Maß der Verlängerung wird mit Δl angegeben. Die Verlängerung errechnet sich aus der Länge l während der Beanspruchung, abzüglich der ursprünglichen Länge l_0 ohne Beanspruchung:

$$\Delta l = l - l_0 \quad \text{in mm} \qquad \text{Gl. (1.2)}$$

Ein Beispiel soll die Zusammenhänge zwischen Verlängerung, Dehnung, Zugspannung und Elastizitätsmodul verdeutlichen.

Beispiel zur Erläuterung

Ein Probestab aus Stahl hat einen Durchmesser von 20 mm und eine Meßlänge von l_0 = 500 mm. Er wird in eine Zerreißmaschine gespannt und mit 43,5 kN belastet. Dabei tritt eine Verlängerung ein; der Stab hat nun eine Meßlänge von l = 500,33 mm.

Verlängerung

$$\Delta l = l_0 = 500{,}33 - 500 = 0{,}33 \text{ mm}$$

Dehnung

$$\varepsilon = \frac{\Delta l}{l_0} = \frac{0{,}33}{500} = 0{,}66 \cdot 10^{-3} = 0{,}66\,‰$$

Querschnittsfläche des unbelasteten Stabes

$$A_0 = \frac{d^2 \cdot \pi}{4} = \frac{20^2 \cdot \pi}{4} = 314 \text{ mm}^2$$

Zugspannung

$$\sigma_Z = \frac{F}{A_0} = \frac{43\,500}{314} = 138{,}5 \text{ N/mm}^2$$

Elastizitätsmodul des Werkstoffes

$$E = \frac{\sigma_Z}{\varepsilon} = \frac{138{,}5}{0{,}66 \cdot 10^{-3}} = 210\,000 \text{ N/mm}^2$$

Direkte Berechnung des Elastizitätsmoduls

$$E = \frac{F \cdot l_0}{A_0 \cdot \Delta l} = \frac{43{,}5 \cdot 500}{314 \cdot 0{,}33} = 210 \text{ kN/mm}^2 = 210\,000 \text{ N/mm}^2$$

Beispiele zur Übung

1. Ein Zugband aus Stahl von 26 mm Durchmesser und 6 m Länge hat eine Kraft von 70 kN aufzunehmen. $E = 210000$ N/mm². Wie groß ist die elastische Verlängerung des Zugbandes?

2. An dem Zugstab einer Brückenkonstruktion wurde bei der Belastung durch den Verkehr eine Verlängerung von 3 mm gemessen. Der Stab hat einen Querschnitt von 37 cm² und eine Länge von 4,50 m. Wie groß ist die Belastung des Stabes?

3. Ein Spannstahl von 5 mm Durchmesser und 10 m Länge wird durch eine Spannung von 240 N/mm² beansprucht. Der Elastizitätsmodul beträgt 210 000 N/mm².

a) Wie groß ist die Dehnung des Spannstahles? b) Wie groß ist die Verlängerung?

2.2 Druckbeanspruchung

Äußere Kräfte, die auf einen Baukörper drücken, versuchen den Baukörper zu verkürzen, zu stauchen (Bild **2.9**). Es wirken innere Längskräfte (Normalkräfte). Das Bauteil erfährt eine Beanspruchung auf Druck. Wenn die Druckkräfte mittig wirken, kann im allgemeinen eine gleichmäßige Verteilung über den Querschnitt angenommen werden. Es entstehen Druckspannungen σ_D. Diese erhalten ein negatives Vorzeichen (–).

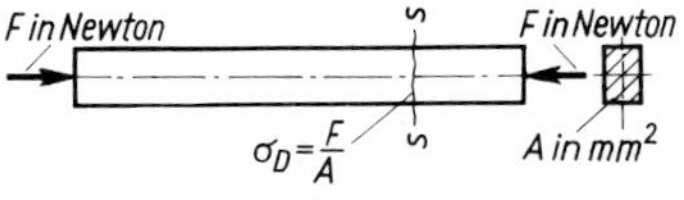

2.9 Eine Druckkraft verursacht Druckspannungen

Bei schlanken Traggliedern kann durch eine Druckkraft ein seitliches Ausknicken erfolgen, bevor die Druckkraft diesen Körper zusammenpressen würde. Dadurch entstehen Beanspruchungen auf Knicken. Berechnungen für derartige Bauteile erfolgen in Abschn. 7.

Auch bei der Druckbeanspruchung ist zur Übertragung der inneren Kräfte nur das Werkstoffgefüge in der Lage. Querschnittsschwächungen brauchen aber nur dann abgezogen zu werden, wenn diese nicht vollwertig ausgefüllt sind.

Die Druckspannung, also die Größe der Beanspruchung, errechnet sich aus:

$$\textbf{Druckspannung} = \frac{\textbf{Druckkraft}}{\textbf{Querschnittsfläche}}$$

$$\boldsymbol{\sigma_D} = \frac{\boldsymbol{F}}{\boldsymbol{A}} \quad \text{in } \frac{\text{N}}{\text{mm}^2} \quad \text{bzw.} \quad \frac{\text{MN}}{\text{m}^2} \qquad \text{Gl. (2.13)}$$

mit F in N bzw. MN und A in mm² bzw. m²

Auch hierbei ist die vorhandene Spannung der zulässigen Spannung gegenüber zu stellen. Die zulässigen Druckspannungen sind in den zugehörigen DIN-Vorschriften festgelegt (s. Tafel **1**.8 bis **1**.24).

Formeln für den Spannungsnachweis:

$$\textbf{vorh } \boldsymbol{\sigma_D} = \frac{\textbf{vorh } \boldsymbol{F}}{\textbf{vorh } \boldsymbol{A}} \quad \text{in N/mm}^2 \text{ bzw. MN/m}^2 \qquad \text{Gl. (2.14)}$$

$$\frac{\text{vorh } \sigma_D}{\text{zul } \sigma_D} \leqq 1 \qquad \text{Gl. (2.15)}$$

Formel für die Bemessung:

$$\textbf{erf } \boldsymbol{A} = \frac{\textbf{vorh } \boldsymbol{F}}{\textbf{zul } \boldsymbol{\sigma_A}} \quad \text{in mm}^2 \text{ bzw. m}^2 \qquad \text{Gl. (2.16)}$$

Formel für die Belastbarkeit:

$$\textbf{zul } \boldsymbol{F} = \textbf{vorh } \boldsymbol{A} \cdot \textbf{zul } \boldsymbol{\sigma_D} \quad \text{in N bzw. MN} \qquad \text{Gl. (2.17)}$$

2.2.1 Flächenpressung

Bei der direkten Kraftübertragung von einem Bauteil zum anderen wird von Flächenpressung gesprochen. Sie wird genauso wie die Druckspannung berechnet, wenn die Kraft mittig auf die Übertragungsfläche wirkt.

$$\textbf{Flächenpressung} = \frac{\textbf{Druckkraft}}{\textbf{Übertragungsfläche}} \qquad \text{Gl. (2.18)}$$

$$\boldsymbol{\sigma_0} = \frac{\boldsymbol{F}}{\boldsymbol{A}} \quad \text{in } \frac{\text{N}}{\text{mm}^2} \quad \text{bzw.} \quad \frac{\text{MN}}{\text{m}^2}$$

mit F in N bzw. MN und A in mm² bzw. m²

Die Tragfähigkeit ergibt sich hierbei aus der Beanspruchbarkeit des Bauteils mit der geringeren Festigkeit.

Bei Auflagerplatten unter Trägern auf Mauerwerk ist die zulässige Spannung des Mauerwerks maßgebend (Bild **2**.10). Bei Fundamenten gilt die zulässige Pressung des Bodens (Bild **2**.11).

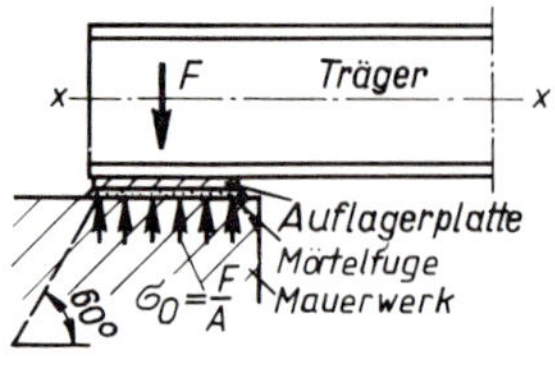

2.10 Flächenpressung bei einem Trägerauflager

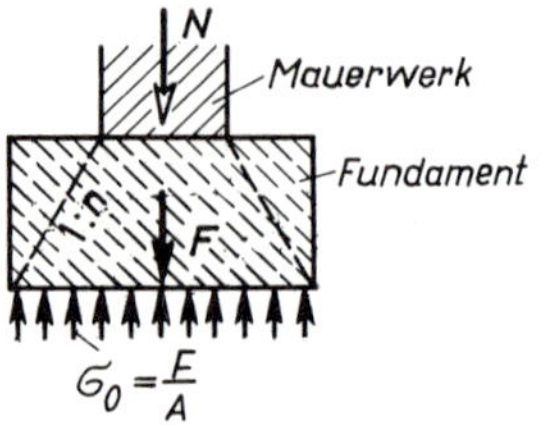

2.11 Flächenpressung bei einem Fundament

Die Belastung verteilt sich nach unten mit einer Abnahme der Beanspruchung des Baukörpers auf eine immer größer werdende Fläche.

Bei Mauerwerk darf mit einer Lastverteilung unter 60° zur Waagerechten bzw. 30° zur Lotrechten gerechnet werden (Bild **2**.10).

Bei unbewehrtem Beton darf für eine Lastausbreitung eine Neigung 1 : *n* nach Tafel **1**.8 in Rechnung gestellt werden (Bild **2**.11).

Bei Holzstützen auf Schwellen oder bei Holzträgern über Stützen ist an der Kontaktfläche die Beanspruchung auf Druck rechtwinklig zur Faser maßgebend. Bei voller Ausnutzung der zulässigen Druckspannung zul $\sigma_{D\perp}$ entsprechend Tafel **1**.17 sind folgende Überstände *ü* und Zwischenabstände *a* einzuhalten (Bild **2**.12):

$ü \geq 100$ mm bei h > 60 mm
$ü \geq 75$ mm bei h ≤ 60 mm
$a \geq 150$ mm zwischen zwei Druckflächen

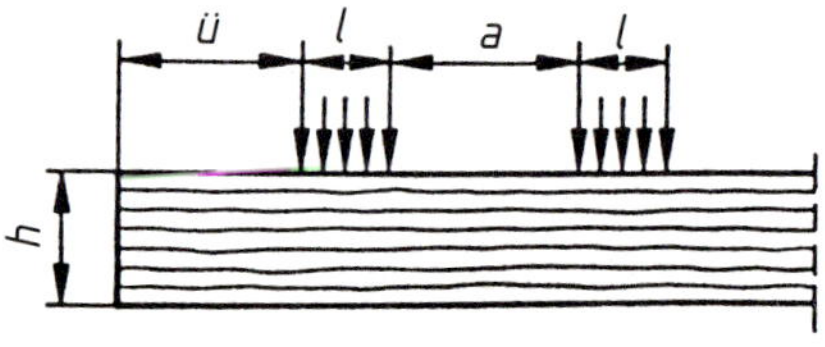

2.12 Belastungsanordnung mit Überstand *ü* und Zwischenabstand *a*, sowie der Länge *l* bei kurzen Druckflächen

Bei kleineren Überständen *ü* ist die zulässige Druckspannung zul $\sigma_{D\perp}$ um 20% zu ermäßigen, bzw. mit folgendem Faktor zu rechnen:

$$\text{Ermäßigungsfaktor } k_{D\perp} = 0{,}8 \qquad \text{Gl. (2.19)}$$

Bei kurzen Druckflächen mit $l < 150$ mm kann die zulässige Spannung nach Gleichung 2.20 mit dem Faktor $k_{D\perp}$ erhöht werden:

$$\text{Erhöhungsfaktor } k_{D\perp} = \sqrt[4]{150 / l} \leq 1{,}8 \quad \text{mit } l \text{ in mm} \qquad \text{Gl. (2.20)}$$

Beispiel zur Erläuterung

1. Ein Mauerpfeiler von 24 cm · 24 cm und 2,01 m Höhe hat eine Nutzlast von 60 kN aufzunehmen. Aus welcher Mauerwerksgüte muß der Pfeiler hergestellt werden?

Belastung

$$G = V \cdot \gamma = b \cdot d \cdot h \cdot \gamma = 0{,}24 \cdot 0{,}24 \cdot 2{,}01 \cdot 18 = 2{,}1 \text{ kN}$$
$$F = N + G = 60 + 2{,}1 = 62{,}1 \text{ kN}$$

Druckspannung

$$\text{vorh } \sigma_D = \frac{F}{A} = \frac{62{,}1}{24 \cdot 24} = 0{,}108 \text{ kN/cm}^2 = 1{,}08 \text{ MN/mm}^2$$

Schlankheit $h_K/d = 2{,}01/0{,}24$
$= 8{,}4 < 10$ - (1.11)

gewählt: Mz 12 Mörtelgruppe IIa mit $\sigma_0 = 1{,}6$ MN/m² (Tafel **1.**10)

$$\text{zul } \sigma_D = 0{,}8 \cdot \sigma_0 = 0{,}8 \cdot 1{,}6 = 1{,}28 \text{ MN/m}^2$$

Spannungsnachweis

$$\frac{\text{vorh } \sigma_D}{\text{zul } \sigma_D} = \frac{1{,}08}{1{,}28} = 0{,}84 < 1$$

2. Ein gemauerter Torpfeiler aus Mz 12 Mörtelgr. III mit Anschlägen ist 2,51 m hoch (Bild **2.**12). Wie groß ist die Nutzlast des Pfeilers?

Querschnittsfläche

$$\text{ges } A = 1332 + 2 \cdot 6{,}25 \cdot 11{,}5 = 1332 + 144 = 1476 \text{ cm}^2$$

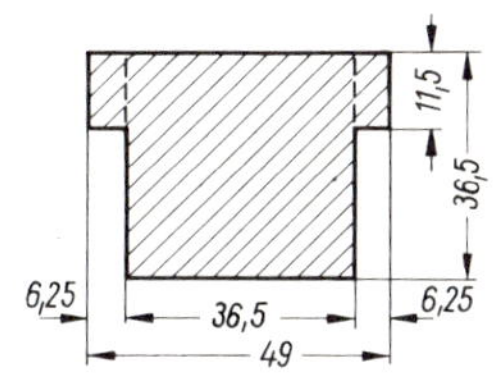

2.13 Mauerpfeiler mit Anschlägen

Eigenlast

$$G = \text{ges } A \cdot h \cdot \gamma = 0{,}1476 \cdot 2{,}51 \cdot 18 = 6{,}7 \text{ kN}$$

Schlankheit $h_K/d = 2{,}51/0{,}365$
$= 6{,}9 < 10$

zulässige Druckspannung

$$\sigma_o = 1{,}8 \text{ MN/m}^2 \text{ (Tafel 1.11)}$$
$$\text{zul } \sigma_D = 0{,}8 \cdot 1{,}8 = 1{,}44 \text{ MN/m}^2 = 0{,}144 \text{ kN/cm}^2$$

zulässige Nutzlast

$$\text{zul } N = A \cdot \text{zul } \sigma_D - G = 1476 \cdot 0{,}144 - 6{,}7 = 212{,}5 - 6{,}7 = 205{,}8 \text{ kN}$$

3. Das Betonfundament unter dem Mauerpfeiler des Beispiels 1 hat eine Größe von 60 cm · 60 cm und eine Tiefe von 90 cm. Nichtbindiger Baugrund (s. Tafel **1.**2). Wie groß ist die Bodenpressung σ_0 in der Sohlfuge des Fundamentes?

Nutzlast $N = 62{,}1$ kN

Eigenlast $G = l \cdot b \cdot h \cdot \gamma = 0{,}6 \cdot 0{,}6 \cdot 0{,}9 \cdot 24 = 7{,}8$ kN

Gesamtlast $F = N + G = 62{,}1 + 7{,}8 = 69{,}9$ kN

vorhandene Bodenpressung

$$\text{vorh } \sigma_0 = \frac{F}{A} = \frac{69{,}9}{0{,}60 \cdot 0{,}60} = 194 \text{ kN/m}^2$$

4. Ein Stahlbetonfundament von 1 m Breite und 2,5 m Länge wird 2 m unter Gelände gegründet auf nichtbindigem Boden. Es hat eine Höhe von 60 cm. Wie groß ist die aufnehmbare Nutzlast des Fundamentes?

zulässige Bodenpressung

$$\text{zul } \sigma_0 = 500 \text{ kN/m}^2 \text{ (s. Tafel 1.2)}$$

Eigenlast

$$G = l \cdot b \cdot h \cdot \gamma = 2{,}5 \cdot 1{,}0 \cdot 0{,}6 \cdot 25 = 37{,}5 \text{ kN}$$

zulässige Gesamtlast

$$\text{zul } F = A \cdot \text{zul } \sigma_0 = 2{,}50 \cdot 1{,}00 \cdot 500 = 1250 \text{ kN}$$

zulässige Nutzlast

$$\text{zul } N = \text{zul } F - \text{vorh } G = 1250 - 37{,}5 = 1212{,}5 \text{ kN}$$

5. Ein Pfeiler aus regelmäßigem Schichtenmauerwerk in natürlichen Steinen (Dolomit) mit Mörtelgr. II von 75 cm · 50 cm Größe und 4,50 m Höhe hat eine mittige Druckkraft von 550 kN aufzunehmen. Ist diese Ausführungsart zulässig?

Eigenlast

$$\text{vorh } G = b \cdot d \cdot h \cdot \gamma = 0{,}75 \cdot 0{,}50 \cdot 4{,}5 \cdot 27 = 45{,}6 \text{ kN} \approx 46 \text{ kN}$$

Gesamtlast

$$\text{vorh } F = N + G = 550 + 46 = 596 \text{ kN}$$

vorhandene Druckspannung

$$\text{vorh } \sigma_D = \frac{F}{A} = \frac{596}{75 \cdot 50} = 0{,}16 \text{ kN/cm}^2 = 1{,}6 \text{ N/mm}^2$$

Schlankheit $h_K/d = 4{,}50/0{,}50 = 9{,}0 < 10$

zulässige Druckspannung

$$\text{zul } \sigma_D = \sigma_0 = 2{,}0 \text{ MN/m}^2 \text{ für Güteklasse N3 (Tafel 1.13)}$$

Spannungsnachweis

$$\frac{\text{vorh } \sigma_D}{\text{zul } \sigma_D} = \frac{1{,}6}{2{,}0} = 0{,}8 < 1$$

Ausführungsart zulässig, da vorh $\sigma_D <$ zul σ_D.

6. Ein Holzstiel von 14 cm · 14 cm soll in eine Schwelle aus Eiche mit einem 4 cm breiten Zapfen verzapft werden (Bild **2**.14). Wie groß ist die zulässige Druckkraft an der Verbindungsstelle?

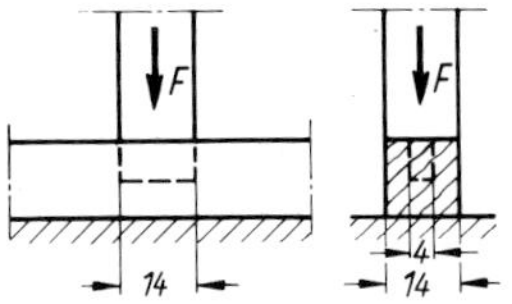

2.14 Holzstiel durch Zapfen mit der Schwelle verbunden

Nutzquerschnitt

$$A_n = (14 - 4) \cdot 14 = 140 \text{ cm}^2$$

zulässige Druckspannung

$$\text{zul } \sigma_{D\perp} = 3 \text{ N/mm}^2 = 0{,}3 \text{ kN/cm}^2 \text{ (s. Tafel } \mathbf{1}.17)$$

$$\text{Erhöhungsfaktor } k_{D\perp} = \sqrt[4]{150/140} = 1{,}017 \quad \text{(Gl. 2.20)}$$

zulässige Druckkraft

$$\text{zul } F = A_n \cdot \text{zul } \sigma_{D\perp} \cdot k_{D\perp} = 140 \cdot 0{,}3 \cdot 1{,}017 = 42{,}7 \text{ kN}$$

7. Eine 24 cm dicke Wand belastet ein Betonfundament aus B 10 mit 270 kN/m. Die zulässige Bodenpressung beträgt 300 kN/m² (Bild **2**.11). Wie breit und wie hoch muß das Fundament werden?

erforderliche Fundamentfläche

$$\text{erf } A \approx \frac{\text{vorh } N}{\text{zul } \sigma_0} \approx \frac{270}{300} \approx 0{,}9 \text{ m}^2$$

erforderliche Fundamentbreite

$$\text{erf } b \approx \frac{\text{erf } A}{l} \approx \frac{0{,}9}{1{,}0} \approx 0{,}9 \text{ m}$$

Gewählt: b = 1,0 m

erforderliche Fundamentdicke für Lastverteilung $1:n = 1:2{,}0$ (s. Tafel **1**.9)

$$\text{erf } d = \frac{b - d_w}{2} \cdot n = \frac{1{,}0 - 0{,}24}{2} \cdot 2{,}0 = 0{,}76 \text{ m}$$

gewählt: $d = 0{,}80$ m

Fundamentgröße $b/d = 1{,}00/0{,}80$ m

Eigenlast $G = b \cdot d \cdot l \cdot \gamma = 1{,}00 \cdot 0{,}80 \cdot 1{,}00 \cdot 23 = 18{,}4$ kN

Gesamtlast

$$\text{vorh } F = N + G = 270 + 18{,}4 = 288{,}4 \text{ kN}$$

vorhandene Bodenpressung

$$\text{vorh } \sigma_0 = \frac{\text{vorh } F}{\text{vorh } A} = \frac{288{,}4}{1{,}00 \cdot 1{,}00} = 288{,}4 \text{ kN/m}^2$$

zulässige Bodenpressung

$$\text{zul } \sigma_0 = 300 \text{ N/mm}^2$$

Spannungsnachweis

$$\frac{\text{vorh } \sigma_0}{\text{zul } \sigma_0} = \frac{288{,}4 \text{ N/mm}^2}{300 \text{ N/mm}^2} = 0{,}96 < 1$$

8. Das Auflager eines Stahlträgers erhält zur besseren Kraftübertragung eine Auflagerplatte mit Zentrierstück (Bild **2**.15). Die Lagerkraft beträgt $F = 64$ kN. Das Mauerwerk besteht aus Mz 12, MG II. Wie groß muß die quadratische Auflagerplatte werden?

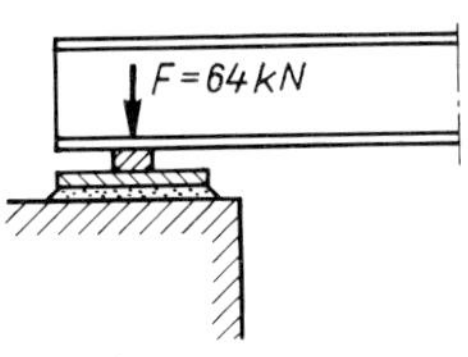

2.15 Trägerauflager

zulässige Druckspannung

$$\text{zul}\ \sigma_D = 1{,}20\ \text{MN/m}^2 = 0{,}12\ \text{kN/cm}^2\ (\text{s. Tafel } \mathbf{1}.10)$$

erforderliche Auflagerfläche

$$\text{erf}\ A = \frac{F}{\text{zul}\ \sigma_D} = \frac{64}{0{,}12} = 533\ \text{cm}^2$$

Auflagerplatte gewählt 240 mm · 240 mm mit $A = 576\ \text{cm}^2$

vorhandene Druckspannung

$$\text{vorh}\ \sigma_D = \frac{F}{\text{vorh}\ A} = \frac{64}{576} = 0{,}111\ \text{kN/cm}^2 = 1{,}11\ \text{MN/m}^2$$

Spannungsnachweis

$$\frac{\text{vorh}\ \sigma_D}{\text{zul}\ \sigma_D} = \frac{1{,}11\ \text{MN/m}^2}{1{,}20\ \text{MN/m}^2} = 0{,}93 < 1$$

Anmerkung:

Es wird vorausgesetzt, daß die Auflagerplatte steif genug ist, um mit einer gleichmäßigen Verteilung der Druckspannung unter der Auflagerplatte rechnen zu können.

9. Eine Stahlrohrstütze wird durch eine Druckkraft von 280 kN belastet. Sie ist sehr kurz, so daß die Gefahr des Knickens nicht besteht. Welches Stahlrohrprofil aus S355 ist erforderlich?
Bemessungswert der ständig wirkenden Druckkraft

$$N_{S,d} = \gamma_G \cdot N_k = 1{,}35 \cdot 280 = 378\ \text{kN}$$

Grenzspannung

$$\sigma_{R,d} = \frac{f_{y,k}}{\gamma_M} = \frac{360}{1{,}1} = 327\ \text{N/mm}^2$$

Querschnittsfläche

$$\text{erf}\ A = \frac{N_{S,d}}{\sigma_{R,d}} = \frac{378\,000}{327} = 1156\ \text{mm}^2$$

Gewählt: Stahlrohr R○ 114,3 · 3,6 mit $A = 12{,}5\ \text{cm}^2 = 1250\ \text{mm}^2$
Spannungsnachweis

$$\sigma_{S,d} = \frac{N_{S,d}}{A} = \frac{378\,000}{1250} = 302{,}4\ \text{N/mm}^2$$

$$\frac{\sigma_{S,d}}{\sigma_{R,d}} = \frac{302{,}4}{327} = 0{,}92 < 1$$

Beispiele zur Übung

1. Das Betonfundament unter einer tragenden Wand ist 0,6 m breit und 0,4 m hoch. Die Wand belastet das Fundament mit 103 kN je m Fundamentlänge. Wie groß ist die auftretende Sohlpressung des Fundamentes?

2. Ein Mauerpfeiler von 36,5 cm · 24 cm hat eine Höhe von 2,26 m. Er wird aus Mz 20, Mörtelgr. III hergestellt. Wie groß ist die zulässige Nutzlast des Pfeilers? Rohdichte-Klasse 2,0 kg/dm³.

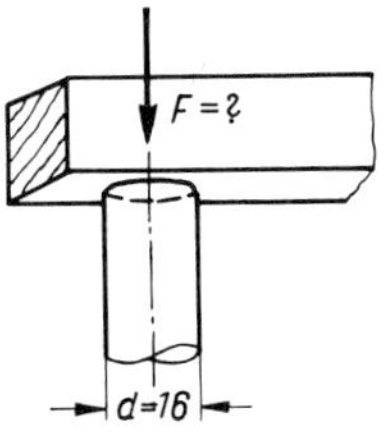

2.16 Rundholzstütze unter Deckenbalken

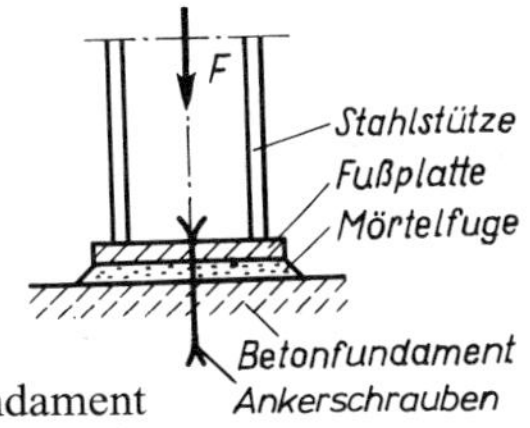

2.17 Stahlstütze auf Betonfundament

3. Eine Rundholzstütze für die Abfangung eines Gebäudes hat einen Zopfdurchmesser von 16 cm und unterstützt einen Deckenbalken aus Nadelholz Sortierklasse S 10 vollflächig (Bild **2.**16). Wie groß darf die Druckkraft an dieser Stelle werden?

4. Die Auflagerplatte unter einem Träger soll eine Breite von 12 cm bekommen. Die Auflagerkraft beträgt 38 kN (vgl. Bild **2.**15); wie lang muß die Auflagerplatte bei Mauerwerk Mz 12, Mörtelgr. III werden?

5. Eine Stahlstütze bringt eine Gesamtlast von 1240 kN auf ein Betonfundament mit zul σ_D = 4 N/mm² (Bild **2.**17). Wie groß muß die quadratische Fußplatte werden?

6. Wie groß ist die zulässige Nutzlast eines Stahlbetonfundamentes, das auf nichtbindigem Boden 1,5 m unter Gelände gegründet wird und die Abmessungen 2,0 m · 0,75 m · 0,4 m ($l \cdot b \cdot h$) hat (Bild **2.**18)?

7. Eine Schalungs-Patentstütze hat eine Fußplatte von 20 cm · 20 cm (Bild **2.**19). Welche Tragfähigkeit hätte sie, wenn die Kraftübertragung an der Fußplatte maßgebend wäre und die Stütze auf eine Bohle aus Nadelholz aufgestellt ist? Welche Kraft wäre bei größeren Eindrückungen zulässig?

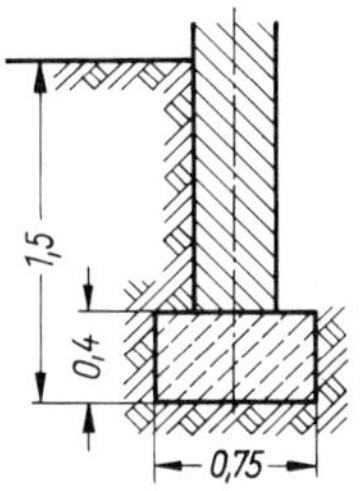

2.18 Belastung eines Fundaments

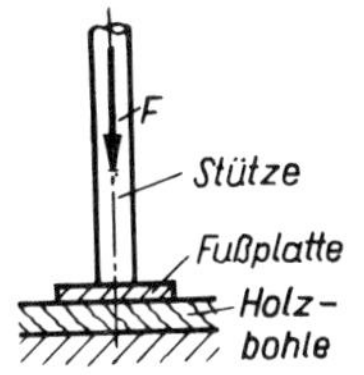

2.19 Schalungsstütze auf Holzbohle

2.2.2 Lochleibungsspannung

Eine besondere Art von Flächenpressung wirkt im Stahlbau bei Schrauben- und Nietverbindungen an den Lochwandungen. Die Schrauben und Niete haben die Aufgabe, mehrere Stahlstäbe miteinander zu verbinden (Bild **2.**20). Die Ränder der Bohrlöcher, die Lochleibungen, werden dann durch Flächenpressung beansprucht, obwohl die äußeren Kräfte als Zugkräfte wirken. Es entsteht dort die Lochleibungsspannung σ_l. Man nimmt auch hier eine gleichmäßige Verteilung der Spannung an. Als Fläche zur Spannungsverteilung steht die Rechteckfläche $A_l = d \cdot t$ zur Verfügung. t ist die Blechdicke, d der Durchmesser des Bolzens (Schraube oder Niet), durch den in Kraftrichtung die Kräfte auf das Blech übertragen werden. Die größte Lochleibungsspannung entsteht bei der geringsten Summe der Blechdicke in e i n e r Kraftrichtung. Das kann in zweischnittiger Verbindung nach Bild **2.**20b entweder t_1 sein oder $t_2 + t_3$ in der anderen Richtung.

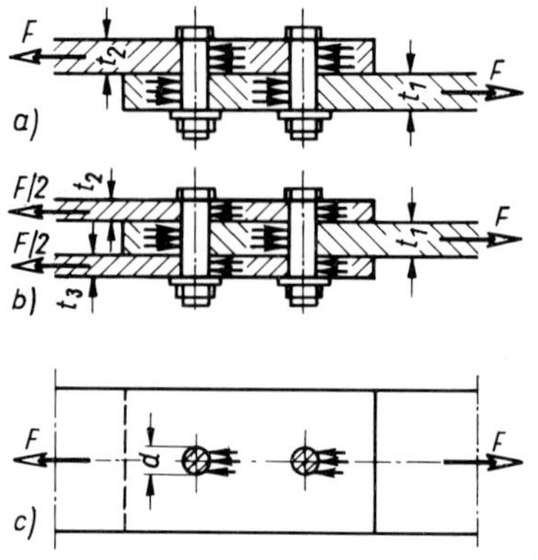

2.20 Schraubenverbindung
a) einschnittig
b) zweischnittig
c) Draufsicht mit Schnitt durch Bolzen

Bei mehreren Bolzen hintereinander wird ebenfalls eine gleichmäßige Verteilung auf alle Bolzen angenommen. Die Anzahl der Bolzen ist n. Es sind mindestens eine Schraube oder zwei Nieten anzuordnen.

Die Lochleibungsspannung σ_l wird auf folgende Weise berechnet:

$$\sigma_l = \frac{\text{Zugkraft } F}{\text{Anzahl der Bolzen } n \cdot \text{kleinste Lochleibungsfläche } A_1}$$

$$\boldsymbol{\sigma_l = \frac{F}{n \cdot d \cdot \min \sum t}} \quad \text{in N/mm}^2 \text{ oder MN/m}^2 \qquad \text{Gl. (2.19)}$$

mit F in N
sowie d und t in mm

Formeln für den Spannungsnachweis:

$$\boldsymbol{\sigma_{l,\mathrm{S,d}} = \mathrm{vorh}\ \sigma_l = \frac{\mathrm{vorh}\ F}{\mathrm{vorh}\ n \cdot d \cdot \min \sum t}} \qquad \text{Gl. (2.20)}$$

$$\boldsymbol{\frac{\sigma_{l,\mathrm{S,d}}}{\sigma_{l,\mathrm{R,d}}} \leqq 1} \qquad \text{Gl. (2.21)}$$

Formel für die Bemessung der Anzahl der Bolzen:

$$\boldsymbol{\mathrm{erf}\ n = \frac{\mathrm{vorh}\ F}{\sigma_{l,\mathrm{S,d}} \cdot \mathrm{vorh}\ d \cdot \min \sum t}} \qquad \text{Gl. (2.22)}$$

Formel für die Belastbarkeit:

$$\boldsymbol{F_{l,\mathrm{S,d}} = \mathrm{zul}\ F_l = \mathrm{vorh}\ n \cdot d \cdot \min \sum t \cdot \mathrm{zul}\ \sigma_l} \qquad \text{Gl. (2.23)}$$

Beispiel zur Erläuterung

Ein gleichschenkliger Winkelstahl ∟ 60 · 8 wird mit 3 Schrauben M 16 an einem 12 mm dicken Blech befestigt. Der Winkel kann eine maximale Zugkraft von max F = 99 kN aufnehmen (siehe Erläuterungsbeispiel 3 Abschnitt 2.1.2).

Wie groß ist die Lochleibungsspannung?

$$\text{vorh } \sigma_l = \frac{\max F}{\text{vorh } n \cdot d \cdot \min \sum t} = \frac{99\,000}{3 \cdot 16 \cdot 8} = 258 \text{ N/mm}^2$$

Beispiel zur Übung

Der Zugstab einer Stahlkonstruktion besteht aus einem Flachstahl ▭ 120 · 15, der gestoßen wird. Die Verbindung hat eine Zugkraft von F_k = 180 kN aufzunehmen. Auf jeder Seite des Stoßes sollen 3 Schrauben M 20 die Kraft übertragen (Bild **2**.8). Wie groß ist die Lochleibungsspannung im Flachstahl?

2.2.3 Verkürzungen

Druckspannungen bewirken in einem Baukörper Verkürzungen (Bild **2**.21). Diese Formänderungen werden hier ähnlich wie Verlängerungen bei Zugspannungen berechnet (s. Abschnitte 1.3 und 1.4).

Die Verkürzung Δl berechnet sich aus der Länge l des Baukörpers bei Belastung abzüglich der ursprünglichen Länge l_0:

Verkürzung

$$\Delta l = l - l_0 \text{ in mm} \qquad \text{Gl. (1.2)}$$

Hierdurch ergibt sich zwangsläufig ein negativer Wert für die Längenänderung.

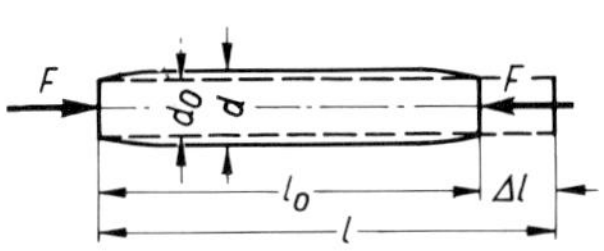

2.21 Verkürzung infolge einer Druckkraft

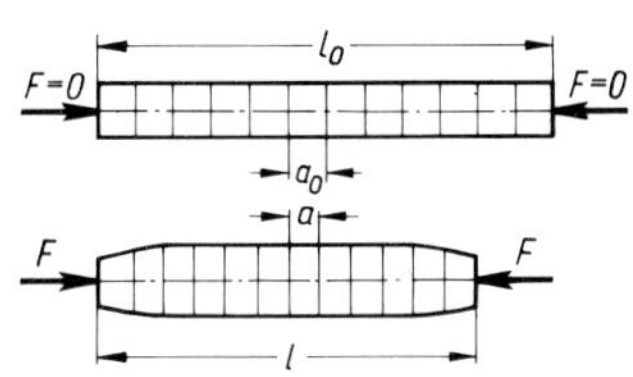

2.22 Die Querschnittsentfernung a_0 im unbelasteten Zustand ist größer als die Querschnittsentfernung a im belasteten Zustand

Auch hier wird angenommen, daß sich die Verkürzungen gleichmäßig über die Länge des Baukörpers verteilen. Die einzelnen Querschnitte werden einander nähergedrückt; ihr Abstand wird geringer (Bild **2**.22). Die Verkürzung hat eine Querschnittsvergrößerung zur Folge. Die Stauchung ist also eine Dehnung in umgekehrter Richtung. Es kann auch hier mit der gleichen Formel gerechnet werden wie bei Zugbeanspruchung (s. Abschn. 1.4 und 2.1.1):

$$\textbf{Dehnung (Stauchung)} = \frac{\textbf{Längenänderung}}{\textbf{ursprüngliche Länge}}$$

$$\varepsilon = \frac{\Delta l}{l_0} \qquad \text{Gl. (2.24)}$$

Beispiel zur Erläuterung

Der Gummipuffer unter einem Maschinenfundament hat einen Durchmesser von 150 mm und ist 100 mm hoch. Er wird durch eine Druckkraft von 33,5 kN belastet und drückt sich dabei auf 80 mm zusammen (Bild **2**.23). Wie groß ist der Elastizitätsmodul des Werkstoffes? (Vergleiche Abschn. 2.1.1).

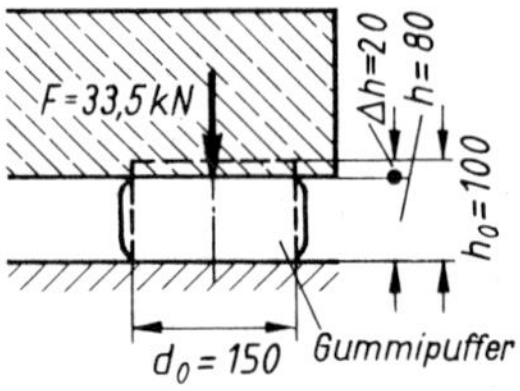

2.23 Gummipuffer für Maschinenfundament

Querschnittsfläche

$$A_0 = \frac{d^2 \cdot \pi}{4} = \frac{150^2 \cdot \pi}{4} = 17\,670 \text{ mm}^2$$

Verkürzung

$$\Delta h = h - h_0 = 80 - 100 = -20 \text{ mm}$$

$$E = \frac{\sigma_D}{\varepsilon} = \frac{F \cdot h_0}{A_0 \cdot \Delta h} = \frac{(-33\,500) \cdot 100}{17\,670 \cdot (-20)} = 9{,}5 \text{ N/mm}^2$$

3 Scherbeanspruchung

Äußere Kräfte, die an einem Baukörper abscherend angreifen, versuchen die Teile eines Baukörpers gegeneinander zu verschieben. Es wirken innere Scherkräfte (Querkräfte). Der Baukörper erfährt eine Beanspruchung auf Abscheren. Es entstehen Scherspannungen τ (Bild **3**.1).

Scherspannungen entstehen durch Verschiebungskräfte oder Abscherkräfte. Scherspannungen wirken in der Schnittfläche eines Bauteils oder in der Grenzfläche zwischen zwei verschiedenen Bauteilen. Es sind also Tangentialspannungen (Abschnitt 1.7.2); im Gegensatz zu Normalspannungen (Abschnitt 1.7.1). Scherspannungen wirken rechtwinklig zur Stabachse.

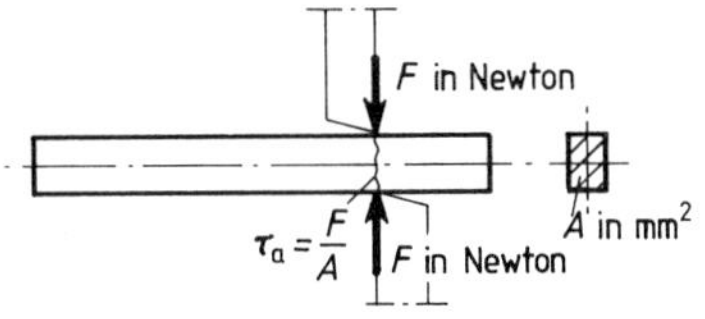

3.1 Eine Scherkraft verursacht Scherspannungen

Auch bei der Beanspruchung auf Abscheren nimmt man im allgemeinen eine gleichmäßige Verteilung der Scherspannungen über die Querschnittsfläche an.

Die Scherspannung errechnet sich aus

$$\textbf{Scherspannung} = \frac{\textbf{Schnittkraft}}{\textbf{Querschnittsfläche}}$$

$$\tau_a = \frac{F}{A_a} \quad \text{in } \frac{\text{N}}{\text{mm}^2} \quad \text{bzw.} \quad \frac{\text{MN}}{\text{m}^2} \qquad \text{Gl. (3.1)}$$

mit F in N bzw. MN und A_a in mm² bzw. m²

3.1 Abscheren bei verschiedenen Bauteilen

Die Größe der Beanspruchung auf Abscheren muß nachgewiesen werden. Das bedeutet, daß die vorhandene Scherspannung zu berechnen ist und der zulässigen Scherspannung gegenübergestellt werden muß. Auf diesen Spannungsnachweis kann verzichtet werden, wenn die Beanspruchung auf Abscheren sehr gering bleibt.

Die zulässigen Scherspannungen sind in den Normen der verschiedenen Fachgebiete festgelegt.

Formeln für den Spannungsnachweis:

$$\mathbf{vorh}\ \tau_a = \frac{\mathbf{vorh}\ F}{\mathbf{vorh}\ A_a} \quad \text{in } \frac{\text{N}}{\text{mm}^2} \quad \text{bzw. } \frac{\text{MN}}{\text{m}^2} \qquad \text{Gl. (3.2)}$$

$$\frac{\text{vorh}\ \tau_a}{\text{zul}\ \tau_a} \leqq 1 \qquad \text{Gl. (3.3)}$$

Formel für die Bemessung:

$$\mathbf{erf}\ A_a = \frac{\mathbf{vorh}\ F}{\mathbf{zul}\ \tau_a} \quad \text{in mm}^2 \qquad \text{Gl. (3.4)}$$

Formel für die Belastbarkeit:

$$\mathbf{zul}\ F = \mathbf{vorh}\ A_a \cdot \mathbf{zul}\ \tau_a \quad \text{in N} \qquad \text{Gl. (3.5)}$$

Grundbau (DIN 1054)

Eine Scherbeanspruchung zwischen Bauwerk und Baugrund entsteht, wenn eine horizontale Kraft auf das Bauwerk wirkt. Ein Bauwerk gleitet auf dem Baugrund, wenn die waagerechte Kraft in der Sohlfläche größer ist als die entgegenwirkende Scherkraft des Baugrundes. Diese Scherkraft ist abhängig vom Reibungsbeiwert μ (mü) (s. Abschnitt 5.2 Teil 1).

Mauerwerksbau (DIN 1053)

Auf Mauerwerk können horizontale Kräfte wirken, wie z. B. Windlasten oder Erddruck. Diese horizontale Kräfte können im Mauerwerk abscherend wirken, und zwar in der Fuge zwischen Stein und Mörtel. Entscheidend ist hierbei die Haftfestigkeit (Kohäsion) des Mörtels am Stein. Eine reine Scherbeanspruchung des Mauerwerks ist jedoch sehr selten. Für Mauerwerk kann im allgemeinen ein Nachweis der Scherspannung entfallen. In besonderen Fällen ist allerdings die dabei entstehende Schubbeanspruchung zu untersuchen (s. Abschn. 5.6).

Bei Naturstein kann die Scherbeanspruchung in Sonderfällen eine Bedeutung haben, z. B. bei Konsolen. In den Normen sind keine Werte für Scherfestigkeiten festgelegt. Diese können für Naturstein aufgrund alter Erfahrungen näherungsweise mit 1/10 der zulässigen Druckspannungen angenommen werden.

Für die zulässige Scherspannung ergibt sich hiermit nach Gl. (3.6):

$$\text{zul}\ \tau = {}^1/_{10} \cdot \sigma_0 \qquad \text{Gl. (3.6)}$$

Hierbei ist σ_0 der Grundwert der zulässigen Druckspannung für Natursteinmauerwerk nach Tafel **1**.13

Stahlbau (DIN 18800)

Bei Verbindungen im Stahlbau können Scherspannungen auftreten. Das trifft sowohl für Schrauben- und Nietverbindungen als auch für Schweißverbindungen zu. Diese Verbindungen werden in Abschnitt 3.2.1 gesondert beschrieben.

Holzbau (DIN 1052)

Bei verschiedenen Holzbauteilen und Anschlüssen kann es zu einer Beanspruchung auf Abscheren in Faserrichtung kommen. Typisch hierfür ist das Abscheren der Vorholzlänge bei einem Versatz, wenn z.B. Sparren mit Deckenbalken verbunden werden (Bild **3.7**). Bei einer Beanspruchung auf Abscheren rechtwinklig zur Faserrichtung ist die Scherfestigkeit größer als die Druckfestigkeit.

Tafel **3.1** **Zulässige Scherspannungen τ für Bauholz** im Lastfall H bei Abscherbeanspruchung parallel bzw. rechtwinklig zur Faser

Nadelholz Sortierklasse S7, S10 und S13	zul $\tau_{a\parallel} = 0{,}9$ N/mm²	zul $\tau_{a\perp} > 2{,}0$ N/mm²
Brettschichtholz BS11 und BS14	zul $\tau_{a\parallel} = 0{,}9$ N/mm²	zul $\tau_{a\perp} > 2{,}5$ N/mm²
Eiche und Buche	zul $\tau_{a\parallel} = 1{,}0$ N/mm²	zul $\tau_{a\perp} > 3{,}0$ N/mm²

Verbindungen im Holzbau werden in Abschn. 3.2.2 gesondert behandelt.

Beispiele zur Erläuterung

1. Ein Rundstahl mit ∅ 20 mm soll in einer Schneidemaschine geschnitten werden. Die Abscherfestigkeit des Werkstoffes beträgt 250 N/mm² (Bild **3.2**). Wie groß ist die erforderliche Scherkraft?

$$\text{erf}\,F = A_a \cdot \tau_a = \frac{d^2 \cdot \pi}{4} \cdot \tau_a = \frac{20^2 \cdot \pi}{4} \cdot 250 = 78\,540\text{ N} = 78{,}5\text{ kN}$$

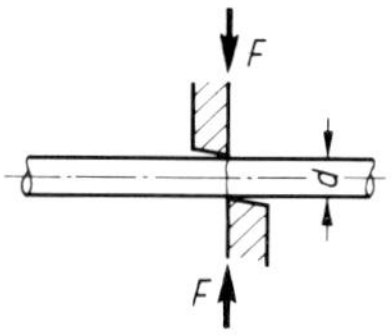

3.2 Abscheren eines Rundstahles

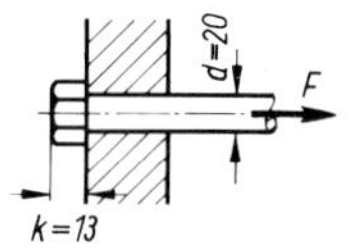

3.3 Abscheren eines Schraubenkopfes

2. Eine Schraube M20 hat als Zuganker eine Kraft von 35 kN aufzunehmen (Bild **3.3**). Wie groß ist die Scherspannung im Schraubenkopf, wenn er 13 mm hoch ist?

$$\text{vorh}\,\tau_a = \frac{F}{A_a} = \frac{F}{d \cdot \pi \cdot k} = \frac{35\,000}{20 \cdot \pi \cdot 13} = 42{,}9\text{ N/mm}^2$$

3. Eine Natursteinkonsole aus Granit von 24 cm Breite und 37,5 cm Höhe in Mauerwerk der Mörtelgruppe IIa hat eine Stütze mit einer Last von $F = 35$ kN zu tragen (Bild **3.4**). Wie groß ist die Scherspannung? Grundwert der zulässigen Druckspannung nach Tafel **1**.13: $\sigma_0 = 5{,}5$ MN/m².

$$\text{vorh}\,\tau_a = \frac{F}{A} = \frac{F}{b \cdot h} = \frac{35\,000}{240 \cdot 375} = 0{,}39\text{ N/mm}^2 = 0{,}39\text{ MN/m}^2$$

$$\text{zul}\,\tau = \frac{1}{10}\,\sigma_0 = 0{,}55\text{ N/mm}^2 \qquad \text{(nach Gl. 3.6)}$$

$$\frac{\text{vorh}\,\tau}{\text{zul}\,\tau} = \frac{0{,}39}{0{,}55} = 0{,}75 < 1$$

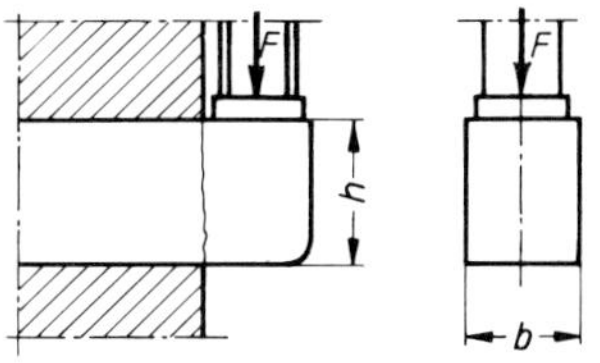

3.4 Natursteinkonsole mit Stahlstütze

4. Ein Fachwerkbalken aus Nadelholz kragt über eine Schwelle aus und erhält eine Belastung von $F = 30$ kN (Bild **3**.5). Sortierklasse S10.

Wie groß ist die ermittelte Scherspannung, wenn der auskragende Balken 14/20 cm oben und unten 2 cm tief für die Verbindung geschwächt wird? zul $\tau_{a\perp} = 2$ N/mm² = 0,2 kN/cm².

Scherfläche:

$$\text{vorh } \tau_a = \frac{F}{A} = \frac{F}{b \cdot h_1} = \frac{30}{14 \cdot (20 - 2 \cdot 2)} = \frac{30}{14 \cdot 16} = 0{,}13 \text{ kN/cm}^2 = 1{,}3 \text{ N/mm}^2$$

$$\text{zul } \tau_a = 2{,}0 \text{ N/mm}^2$$

$$\frac{\text{vorh } \tau_a}{\text{zul } \tau_a} = \frac{1{,}3}{2{,}0} = 0{,}65 < 1$$

Druckfläche:

$$\text{vorh } \sigma_D = \frac{F}{A} = \frac{F}{b_1 \cdot h_2} = \frac{30}{14 \cdot 14} = 0{,}15 \text{ kN/cm}^2 = 1{,}5 \text{ N/mm}^2$$

Die zulässige Druckspannung rechtwinklig zur Faserrichtung ist um 20% zu ermäßigen, wenn der Überstand der Schwellen über die Druckfläche nicht Bild **1**.22 entspricht. Ermäßigungsfaktor $k_{D\perp} = 0{,}8$ (Gl. 2.19).

$$\text{zul } \sigma_D = 2{,}0 \cdot 0{,}8 = 1{,}6 \text{ N/mm}^2$$

$$\frac{\text{vorh } \sigma_D}{\text{zul } \sigma_D} = \frac{1{,}5}{1{,}6} = 0{,}94 < 1$$

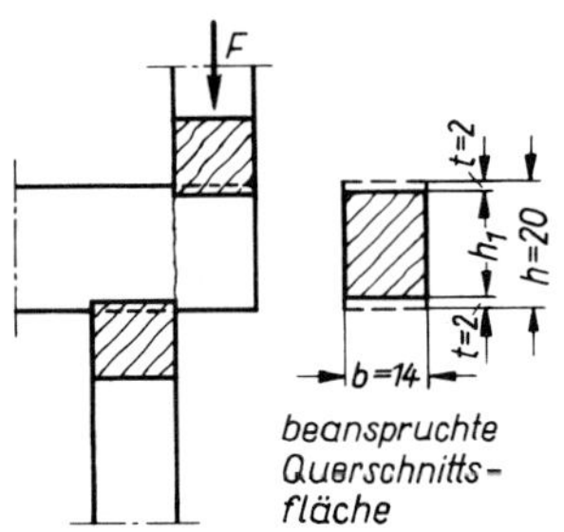

3.5 Fachwerkbalken zwischen versetzten Schwellen

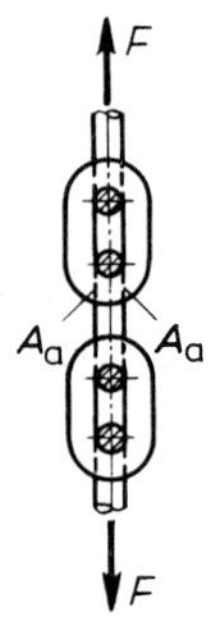

3.6 Abscheren bei einer Rundstahlkette

5. Die Rundstahlkette eines Hebezeuges mit einer Nenndicke von $d = 10$ mm Durchmesser soll eine Last von $F = 10$ kN aufnehmen (Bild **3**.6).

Wie groß ist die Scherspannung?

Hinweis: Ein Aufspalten des Kettengliedes in Kettenachse ist zu erwarten. Für die Berechnung wird jedoch angenommen, daß es in den beiden mit A_a gekennzeichneten elliptischen Flächen, für die vereinfachend die Kreisfläche eingesetzt wird, zum Abscheren kommt.

$$A_a = \frac{d^2 \cdot \pi}{4} = \frac{10^2 \cdot \pi}{4} = 78{,}5 \text{ mm}^2$$

$$\text{vorh } \tau_a = \frac{F}{2A_a} = \frac{10\,000}{2 \cdot 78{,}5} = 63{,}7 \text{ N/mm}^2$$

6. Ein Sparren greift mit einem Fersenversatz in den Deckenbalken ein (Bild **3**.7). Dachneigung $a = 40°$, Druckkraft im Sparren $F = 22$ kN, Sparren- und Deckenbalkenbreite $b = 10$ cm, Versatztiefe $t_v = 4$ cm. Sortierklasse S10.

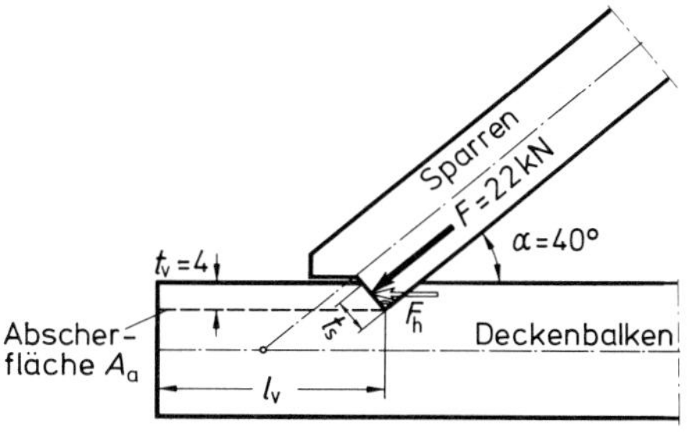

3.7 Fersenversatz zur Verbindung von Sparren und Deckenbalken

Zulässige Druckspannung für S10 bei einem Winkel von 40° zwischen Kraft- und Faserrichtung zul $\sigma_{D\sphericalangle} = 4{,}3$ N/mm² (s. Tafel **1**.18).

Zulässige Spannung auf Abscheren zul $\tau_{\|} = 0{,}9$ N/mm² (s. Tafel **1**.17).

a) Nachweis ausreichender Versatztiefe:

schräge Tiefe des Versatzes

$$t_s = t_v / \cos \alpha = 4/0{,}7660 = 5{,}2 \text{ cm}$$

Druckspannung in der Versatzfläche am Deckenbalken

$$\text{vorh } \sigma_D = \frac{F}{A} = \frac{F}{b \cdot t_s} = \frac{22}{10 \cdot 5{,}2} = 0{,}42 \text{ kN/cm}^2 = 4{,}2 \text{ N/mm}^2$$

$$\text{zul } \sigma_{D\sphericalangle} = 4{,}3 \text{ N/mm}^2$$

$$\frac{\text{vorh } \sigma_D}{\text{zul } \sigma_{D\sphericalangle}} = \frac{4{,}2}{4{,}3} = 0{,}98 < 1$$

b) Nachweis ausreichender Vorholzlänge:

horizontale Komponente der Sparrenkraft

$$F_h = F \cdot \cos \alpha = 22 \cdot 0{,}7660 = 16{,}9 \text{ kN}$$

erforderliche Abscherfläche im Vorholz

$$\text{erf } A_a = F_h / \text{zul } \tau_{a\|} = 16900/0{,}9 = 18778 \text{ mm}^2 \approx 188 \text{ cm}^2$$

erforderliche Vorholzlänge

$$\text{erf } l_v = \text{erf } A_a / \text{vorh } b = 188/10 = 18{,}8 \text{ cm}$$

gewählte Vorholzlänge $l_v = 20$ cm

vorhandene Spannung in der Abscherfläche

$$\text{vorh } \tau_{a\|} = F_h / (l_v \cdot b) = 16900/(200 \cdot 100)$$

$$= 0{,}85 \text{ N/mm}^2$$

$$\text{zul } \tau_{a\|} = 0{,}9 \text{ N/mm}^2$$

$$\frac{\text{vorh } \tau_{a\|}}{\text{zul } \tau_{a\|}} = \frac{0{,}85}{0{,}9} = 0{,}94 < 1$$

3.2 Beanspruchung bei Verbindungen

In den vorhergehenden Abschnitten wurden schon einige Probleme bei Verbindungen aufgezeigt, z. B. im Stahlbau bei Zugverbindungen (Abschn. 2.1.2) und bei der Lochleibungsspannung (Abschn. 2.2.2) sowie im Holzbau bei Zapfenverbindungen (Abschn. 2.2.1), versetzten Schwellen und beim Fersenversatz mit schrägem Kraftangriff (Abschn. 3.1).

Bei der Beanspruchung von Verbindungen hat die Scherspannung eine große Bedeutung. Daher werden nun die im Stahlbau üblichen Schraubenverbindungen (Bild **3**.8) und Niet- und Schweißverbindungen sowie die im Holzbau gebräuchlichen Nagel-, Dübel- und Bolzenverbindungen (Bild **3**.9) gesondert behandelt.

Die Querschnittsflächen der Verbindungsmittel werden auf Abscheren beansprucht. Hierbei unterscheidet man einschnittige, zweischnittige oder mehrschnittige Verbindungen (Bilder **3**.8 und **3**.9). m ist die Anzahl der Scherflächen (Schnittigkeit). Zweischnittige Verbindungen ($m = 2$) tragen auf Abscheren das Doppelte wie einschnittige Verbindungen ($m = 1$).
Besondere Aufmerksamkeit erfordern Stoßverbindungen. Bei Zugstößen sind die Querschnittsschwächungen durch Verbindungsmittel zu berücksichtigen, es darf nur mit dem Nutzquerschnitt (Netto-Querschnittsfläche) gerechnet werden.

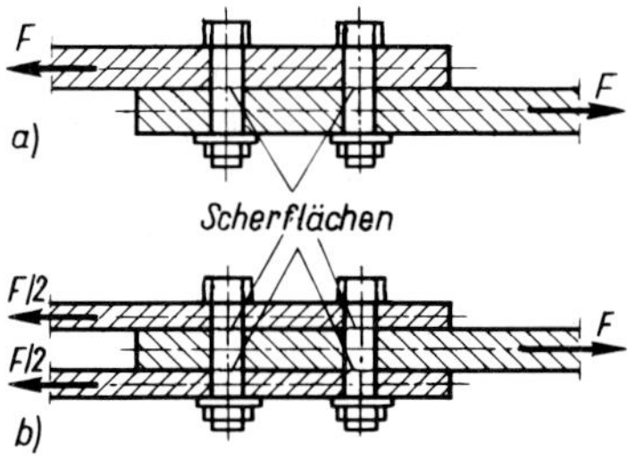

3.8 Schraubenverbindungen im Stahlbau
a) einschnittige Verbindung $m = 1$
b) zweischnittige Verbindung $m = 2$

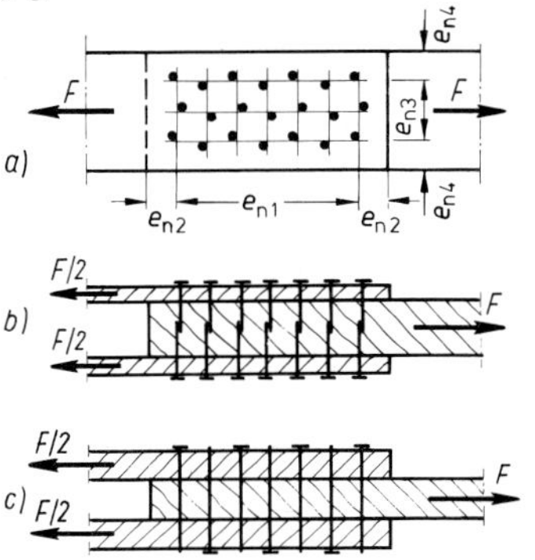

3.9 Nagelverbindungen im Holzbau
a) Ansicht der einschnittigen Nagelverbindung
b) einschnittige Nagelung
c) zweischnittige Nagelung (Maße siehe Tafel **3**.12)

3.2.1 Verbindungen im Stahlbau (DIN 18800)

Im Stahlbau sind außer Schweißverbindungen hauptsächlich Schraubenverbindungen üblich. Nietverbindungen kommen nur noch selten zum Einsatz. Bei kraftbeanspruchten Nietverbindungen sind die einzelnen Bauteile durch mindestens 2 Niete anzuschließen. Schraubenverbindungen sind auch mit einer Schraube zulässig. Bei einschnittigen Verbindungen wirkt ein ausmittiger Kraftverlauf. Deshalb entsteht ein zusätzliches Biegemoment. Die dadurch bedingte größere Beanspruchung ist zu berücksichtigen. Es können starke Verformungen eintreten, wenn diese Verbindung nicht gestützt ist (Bild **3**.10).

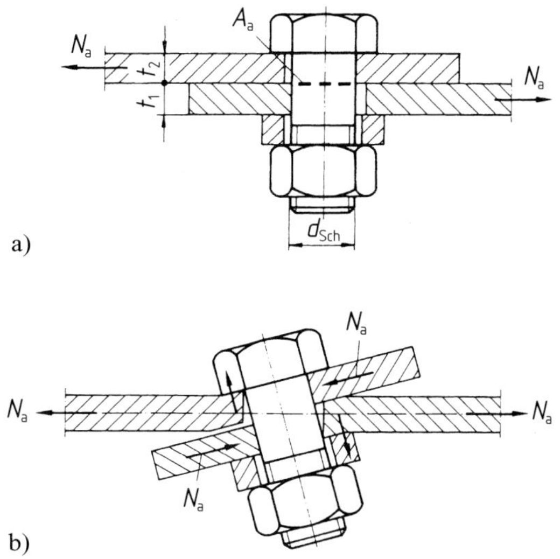

3.10 Einschnittige Schraubenverbindungen sind der Gefahr starker Verformungen ausgesetzt
a) Einschnittige Schraubenverbindung unverformt
b) einschnittige Schraubenverbindung mit starker Verformung

Bei unmittelbaren Stab- und Laschenanschlüssen dürfen in Kraftrichtung höchstens 8 hintereinanderliegende Schrauben rechnerisch berücksichtigt werden.

Bei Schraubenverbindungen sind bestimmte Abstände der Verbindungsmittel einzuhalten, und zwar für die Lochabstände (Abstände von Lochmitte bis Lochmitte) und für die Randabstände (Abstände von Lochmitte bis zum Rand). Die vorgeschriebenen Abstände sind Tafel **3**.2 zu entnehmen. Randabstände und Lochabstände, für die eine größtmögliche Beanspruchbarkeit auf Lochleibung erreicht wird, sind in Tafel **3**.3 zusammengestellt. Bild **3**.11 zeigt die Bezeichnung der Loch- und Randabstände.

Tafel **3**.2 **Randabstände und Lochabstände** von Schrauben (nach DIN 18800 T1)

1	Randabstände			Lochabstände		
2	Kleinster Randabstand	in Kraftrichtung e_1	1,2 d_L	Kleinster Lochabstand	in Kraftrichtung e	2,2 d_L
3		rechtwinklig zur Kraftrichtung e_2	1,2 d_L		rechtwinklig zur Kraftrichtung e_3	2,4 d_L
4	Größter Randabstand	in und rechtwinklig zur Kraftrichtung e_1 bzw. e_2	3 d_L oder 6 t	Größter Lochabstand, e bzw. e_3	zur Sicherung gegen lokales Beulen	6 d_L oder 12 t
5					wenn lokale Beulgefahr nicht besteht	10 d_L oder 20 t

Bei gestanzten Löchern sind die kleinsten Randabstände 1,5 d_L, die kleinsten Lochabstände 3,0 d_L.

Die Rand- und Lochabstände nach Zeile 5 dürfen vergrößert werden, wenn durch besondere Maßnahmen ein ausreichender Korrosionsschutz sichergestellt ist.

Tafel 3.3 **Randabstände und Lochabstände**, für die eine größtmögliche Beanspruchbarkeit auf Lochleibung erreicht wird (nach DIN 18800 T1)

Abstand	e_1	e_2	e	e_3
	$3{,}0 \cdot d_L$	$1{,}5 \cdot d_L$	$3{,}5 \cdot d_L$	$3{,}0 \cdot d_L$

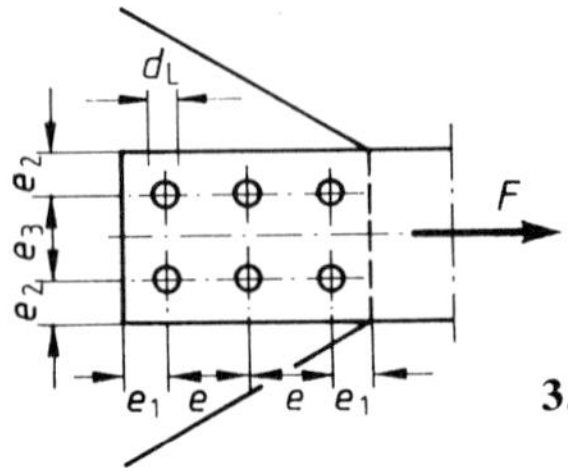

3.11 Abstände bei Schraubenverbindungen im Stahlbau

Bei Anschlüssen ohne Ausmittigkeit, bei denen der Schwerpunkt der Verbindungsmittel auf der Wirkungslinie der anzuschließenden Kraft F liegt, erhält jedes Verbindungsmittel die Kraft $F_{S,d} = F/n$. Die Anzahl der Verbindungsmittel wird mit n bezeichnet. Die zulässigen Kräfte für die Schrauben können den Tafeln **3.**4 und **3.**5 entnommen werden.

Bei Zugstäben mit einem Winkelquerschnitt darf die Biegespannung aus Ausmittigkeit unberücksichtigt bleiben, wenn z. B. bei mindestens 2 hintereinanderliegenden Schrauben die Zugspannung $0{,}8\ \sigma_{R,d}$ nicht überschreitet.

Schraubenverbindungen

Im Stahlbau sind verschiedene Schrauben- und Nietverbindungen üblich. Die Schraubenverbindungen sind in Bild **3.**12 dargestellt. Sie werden in mehreren Festigkeitsklassen verwendet. Die Bezeichnung der Festigkeitsklasse gibt die Zugfestigkeit und die Streckgrenze des Schraubenmaterials an.

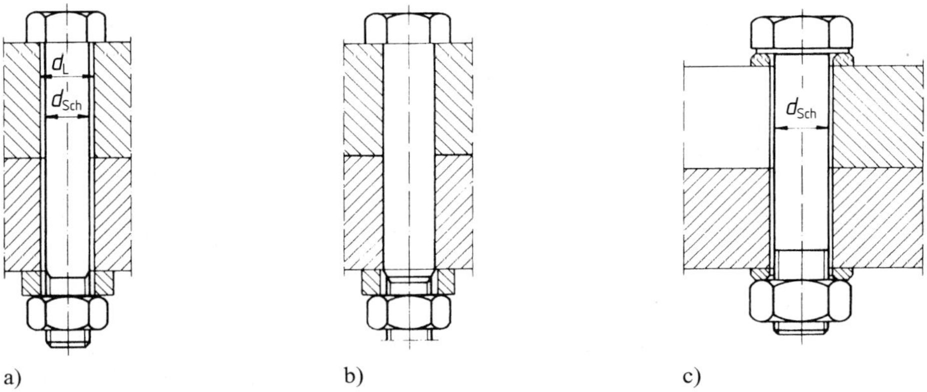

3.12 Schraubenverbindungen (Festigkeitsklassen nach DIN EN 20898)
a) Rohe Schraube (Sechskantschraube) nach DIN 7990 für Festigkeitsklassen 4.6 und 5.6
b) Paßschraube (Sechskant-Paßschraube) nach DIN 7968 für Festigkeitsklasse 5.6
c) Hochfeste Schraube (HV-Schraube) nach DIN 6914 für Festigkeitsklasse 8.8 und 10.9

Beispiele zur Erläuterung

Die Festigkeitsklasse 4.6 bedeutet:

4 = Zugfestigkeit: $f_{u,b,k} = 4 \cdot 100 = 400$ N/mm²
.6 = Streckgrenze: $f_{y,b,k} = 0{,}6 \cdot 400 = 240$ N/mm²

Die Festigkeitsklasse 10.9 bedeutet:

10 = Zugfestigkeit: $f_{u,b,k} = 10 \cdot 100 = 1000$ N/mm²
.9 = Streckgrenze: $f_{y,b,k} = 0{,}9 \cdot 1000 = 900$ N/mm²

SL-Verbindungen sind **S**cher-/**L**ochleibungsverbindungen. Sie sind nur für Bauteile mit vorwiegend ruhender Belastung zulässig. Das Lochspiel beträgt $\Delta d = 0{,}3$ bis 2 mm, üblicherweise 1 mm.

Verwendet werden rohe Schrauben (DIN 7990) der Festigkeitsklasse 4.6 und 5.6 sowie hochfeste Schrauben der Festigkeitsklassen 8.8 und 10.9. Letztere dürfen ohne oder mit teilweiser Vorspannung verwendet werden (Bild **3**.11).

SLP-Verbindungen sind **S**cher-/**L**ochleibungsverbindungen mit **P**aßschrauben oder Nieten. Es kommen hierfür die gleichen Festigkeitsklassen in Frage. Für Niete St 36 gelten die Angaben der Festigkeitsklasse 4.6, für Niete St 44 die Werte der Festigkeitsklasse 5.6.

Das Lochspiel beträgt $\Delta d \leqq 0{,}3$ mm. Für Paßschrauben und Niete wird das Loch 1 mm größer gebohrt als es der Nenndurchmesser der Schraube angibt, z.B. 17 mm für M 16.

GV-Verbindungen sind **G**leitfeste **V**erbindungen mit hochfesten Schrauben der Festigkeitsklasse 10.9. Die Schrauben erhalten eine planmäßige Vorspannung durch eine Vorspannkraft bestimmter Größe. Von dieser Vorspannkraft F_v und dem Schraubendurchmesser ist die zulässig übertragbare Kraft $F_{R,d}$ abhängig. GV-Verbindungen dürfen ein Lochspiel von $\Delta d \leqq 2$ mm haben. Bei einem Lochspiel Δd über 2 bis 3 mm sind die zulässigen Kräfte auf 80% zu ermäßigen. Die Kraftübertragung erfolgt durch Reibung in den besonders vorbehandelten Berührungsflächen der zu verbindenden Bauteile, also rechtwinklig zur Schraubenachse.

GVP-Verbindungen sind **G**leitfeste **V**erbindungen mit **P**aßschrauben, ebenfalls planmäßig vorgespannt und hochfest der Festigkeitsklasse 10.9. GVP-Verbindungen müssen mit einem Lochspiel $\Delta d \leqq 0{,}3$ mm hergestellt werden. Hierbei wird gleichzeitig die Kraftübertragung durch Abscheren und Lochleibungsdruck herangezogen.

Tragfähigkeitsnachweis

Für den Nachweis der Tragfähigkeit von Schraubenverbindungen ist zunächst die Bemessungskraft $F_{S,d}$ zu ermitteln. Die Grenzabscherkraft $F_{a,R,d}$ und die Grenzlochleibungskraft $F_{l,R,d}$ sind mit den Tafeln **3**.4 und **3**.5 zu ermitteln.

Die in Tafel **3**.4 angegebenen Werte $F_{a,R,d}$ für Abscheren gelten für *eine* Scherfuge *einer* Schraube. Bei zweischnittigen Verbindungen ist der Wert für jede Schraube mit 2 zu multiplizieren.

Tafel 3.4 **Grenzabscherkraft $F_{a,R,d}$** in kN einer Schraube für eine Scherfuge

	Schrauben- Ausführungsform	Werkstoff	$f_{u,b,k}$ in N/mm²	Lochdurchmesser für Paßschrauben (Niete) in mm, Schraubengröße 13 M12	17 M16	21 M20	23 M22	25 M24	28 M27	31 M30	37 M36
Glatter Teil des Schafts in der Scherfuge	**SL**	**4.6**	400	24,68	43,87	68,54	82,94	98,70	124,9	154,2	222,1
		5.6	500	30,84	54,84	85,68	103,7	123,4	156,2	192,8	277,6
	SL, SLV, GV	**8.8**	800	49,35	87,74	137,1	165,9	197,4	249,8	308,4	444,2
		10.9	1000	56,55	100,5	157,1	190,1	226,2	286,3	353,4	508,9
	SLP	**5.6**	500	36,20	61,90	94,46	113,3	133,9	167,9	205,8	293,2
	SLP, SLVP, GVP	**8.8**	800	57,92	99,05	151,1	181,3	214,2	268,7	329,4	469,2
		10.9	1000	66,37	113,5	173,2	207,7	245,4	307,9	377,4	537,6
Gewinde in der Scherfuge	**SL**	**4.6**	400	18,39	34,18	53,41	66,20	76,91	100,2	122,3	178,2
		5.6	500	22,98	42,73	66,76	82,75	96,14	125,3	152,9	222,7
	SL, SLV, GV	**8.8**	800	36,77	68,36	106,8	132,4	153,8	200,5	244,6	356,4
		10.9	1000	33,71	62,67	97,92	121,4	141,0	183,8	224,2	326,7

Die Grenzabscherkräfte dürfen innerhalb eines Anschlusses addiert werden.

Die in Tafel **3**.5 angegebenen Werte $F_{l,R,d}$ auf Lochleibungsdruck gelten für eine Schraube je 1 cm Werkstoffdicke. Die Werte sind mit der maßgebenden Bauteildicke min Σt in cm zu multiplizieren. Die Beanspruchbarkeit der Lochleibungen ist von den gewählten Rand- und Lochabständen abhängig. Die größtmögliche, rechnerisch nutzbare Beanspruchbarkeit auf Lochleibungsdruck wird mit den in Tafel **3**.3 angegebenen Rand- und Lochabständen erreicht. Für die Mindestabstände nach Tafel **3**.2 beträgt die Beanspruchbarkeit nur etwa die Hälfte der größtmöglichen Werte.
Sowohl die mit den Tafeln **3**.4 und **3**.5 errechnete Grenzabscherkraft $F_{a,R,d}$ wie auch die Grenzlochleibungskraft $F_{l,R,d}$ sind jeweils der Bemessungskraft $F_{S,d}$ gegenüberzustellen:

Tragfähigkeit auf Abscheren:

$$\frac{F_{S,d}}{F_{a,R,d}} \leqq 1 \qquad \text{Gl. (3.7)}$$

Tragfähigkeit auf Lochleibungsdruck:

$$\frac{F_{S,d}}{F_{l,R,d}} \leqq 1 \qquad \text{Gl. (3.7a)}$$

Das Gleiche gilt für die Grenzzugkraft $N_{R,d}$ nach Tafel **3**.5a.

Tafel **3.5** **Grenzlochleibungskraft $F_{l,R,d}$** in kN/cm je 1 cm Werkstoffdicke für gebräuchliche Lochabstände e oder Randabstände e_1

Bauteil-Werkstoff	Beiwert α_l	Schrauben-Abstand e/d_L ≧	Randabst. e_1/d_L ≧	Ausführungsform	Lochdurchmesser für Paßschrauben (Niete) in mm, Schraubengröße							
					13 M 12	17 M 16	21 M 20	23 M 22	25 M 24	28 M 27	31 M 30	37 M 36
	1,9	2,5	**2,0**	**SL, SLV, GV**	49,75	66,33	82,91	91,20	99,49	111,9	124,4	149,2
				SLP, SLVP, GVP	53,89	70,47	87,05	95,35	103,6	116,1	128,5	153,4
St 37	2,47	**3,0**	2,52	**SL, SLV, GV**	64,67	86,23	107,8	118,6	129,3	145,5	161,7	194,0
				SLP, SLVP, GVP	70,06	91,61	113,2	123,9	134,7	150,9	167,1	199,4
	3,0 (=max)	**3,5**	3,0	**SL, SLV, GV**	78,55	104,7	130,9	144,0	157,1	176,7	196,4	235,6
				SLP, SLVP, GVP	85,09	111,3	137,5	150,5	163,6	183,3	202,9	242,2
[1]	1,9	2,5	**2,0**	**SL, SLV, GV**	74,62	99,49	124,4	136,8	149,2	167,9	186,5	223,9
				SLP, SLVP, GVP	80,84	105,7	130,6	143,0	155,5	174,1	192,8	230,1
St 52 St E355	2,47	**3,0**	2,52	**SL, SLV GV**	97,00	129,3	161,7	177,8	194,0	218,3	242,5	291,0
				SLP, SLVP, GVP	105,1	137,4	169,8	185,9	202,1	226,3	250,6	299,1
	3,0 (=max)	**3,5**	3,0	**SL, SLV, GV**	117,8	157,1	196,4	216,0	235,6	265,1	294,5	353,5
				SLP, SLVP, GVP	127,6	166,9	206,2	225,8	245,5	274,9	304,4	363,3

Die Tafelwerte sind mit der maßgebenden Bauteildicke min Σt (in cm) zu multiplizieren.

Die Tafel gilt für: $e_2/d_L \geqq 1{,}5$ und $e_3/d_L \geqq 3{,}0$, Blechdicke 3 mm $\leqq t \leqq$ 40 mm, glatter Teil des Schafts in der Lochleibung.

[1]) Festigkeitsklasse der Schrauben mindestens 5.6.

Tafel 3.5a **Grenzzugkraft $N_{R,d}$** in kN und Spannungsquerschnitt A_{Sp} in cm² für eine Schraube (nach DIN 18800 T1)

Schrauben-Ausführungsform	Werkstoff	$f_{u,b,k}$ in N/mm²	$f_{y,b,k}$ in N/mm²	Schraubengröße M 12	M 16	M 20	M 22	M 24	M 27	M 30	M 36
SL	4.6	400	240	22,43	39,88	62,31	75,40	89,73	113,6	140,2	201,9
	5.6	500	300	28,04	49,85	77,89	94,25	112,2	142,0	175,3	252,4
SLV, GV (SL)	8.8	800	640	49,03	91,15	142,4	176,5	205,1	267,3	326,2	475,2
	10.9	1000	900	61,28	113,9	178,0	220,7	256,4	334,1	407,7	594,0
SLP	5.6	500	300	30,64	56,28	85,87	103,0	121,7	152,7	187,1	266,6
SLVP, GVP (SLP)	8.8	800	640	49,03	91,15	142,4	176,5	205,1	267,3	326,2	475,2
	10.9	1000	900	61,28	113,9	178,0	220,7	256,4	334,1	407,7	594,0
Spannungsquerschnitt A_{Sp} in cm²				0,843	1,567	2,448	3,034	3,525	4,594	5,606	8,167

Biegesteife Trägerstöße sind häufig bei Pfetten oder ähnlichen Bauteilen erforderlich. Hierfür sind verschiedene Stoßverbindungen typisiert worden (s. Abschn. 4.2.7).

Beispiel zur Erläuterung

1. Eine Schraubenverbindung von 2 Winkelprofilen ∟ 100 · 65 · 9 an einem Knotenblech t = 20 mm ist zu berechnen. Die ständig wirkende Zugkraft in den Profilen aus S235 beträgt F_k = 310 kN; Schrauben M 20 (Bild **3**.13).

a) Wie groß ist die Tragsicherheit in den Winkelprofilen?

b) Wie groß ist die Tragsicherheit auf Lochleibung?

c) Wie groß ist die Tragsicherheit auf Abscheren?

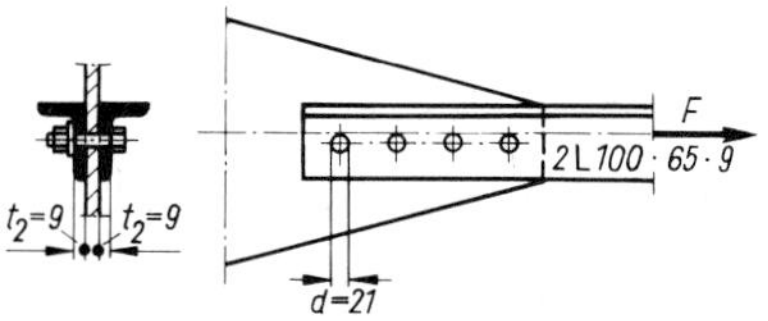

3.13 Schraubenverbindung; 2 Winkelprofile an einem Knotenblech

a) Tragsicherheitsnachweis für die Winkelprofile

Bemessungszugkraft

$$F_{S,d} = \gamma_G \cdot \psi \cdot F_k = 1{,}35 \cdot 1{,}0 \cdot 310 = 418{,}5 \text{ kN}$$

Nutzquerschnitt

$$A_n = 2 \cdot (A_1 - d_L \cdot t_1) \quad \text{mit } A_1 = 14{,}20 \text{ cm}^2 = 1420 \text{ mm}^2$$

$$A_n = 2 \cdot (1420 - 21 \cdot 9) = 2 \cdot (1420 - 189) = 2 \cdot 1231$$

$$= 2462 \text{ mm}^2$$

Grenzspannung

$$\sigma_{R,d} = \frac{f_{y,k}}{\gamma_M} = \frac{240}{1,1} = 218 \text{ N/mm}^2$$

Grenzwert der Zugkraft

$$F_{R,d} = \sigma_{R,d} \cdot A_n = 218 \cdot 2462 = 536716 \text{ N}$$
$$\approx 536,7 \text{ kN}$$

Nachweis der Tragsicherheit

$$\frac{F_{S,d}}{F_{R,d}} = \frac{418,5}{536,7} = 0,78 < 0,8$$

b) Tragsicherheitsnachweis auf Lochleibung
Grenzlochleibungskraft

$$F_{l,R,d} = n \cdot \min \Sigma t \cdot V_{l,R,d}$$
$$= 4 \cdot 2 \cdot 0,9 \cdot 82,91$$
$$= 597 \text{ kN}$$

Tragsicherheit auf Lochleibung

$$\frac{F_{S,d}}{F_{l,R,d}} = \frac{418,5}{597} = 0,70 < 1$$

c) Tragsicherheitsnachweis auf Abscheren
Grenzscherkraft

$$F_{a,R,d} = n \cdot m \cdot V_{a,R,d}$$
$$= 4 \cdot 2 \cdot 68,54$$
$$= 548,3 \text{ kN}$$

Tragsicherheit auf Abscheren

$$\frac{F_{S,d}}{F_{a,R,d}} = \frac{418,5}{548,3} = 0,76 < 1$$

2. Eine Schraubenverbindung von 2 Profilen [180 an ein Knotenblech t = 15 mm ist zu berechnen. Die ständig wirkende Zugkraft beträgt F_k = 750 kN. Schraubendurchmesser d = 20 mm, Lochdurchmesser d_1 = 21 mm (Bild **3.**14). S355, Schrauben 5.6.

a) Wie groß ist die Tragsicherheit in den geschwächten Profilen?

b) Wie groß ist die Tragsicherheit auf Lochleibung?

c) Wie groß ist die Tragsicherheit auf Abscheren in den Schrauben?

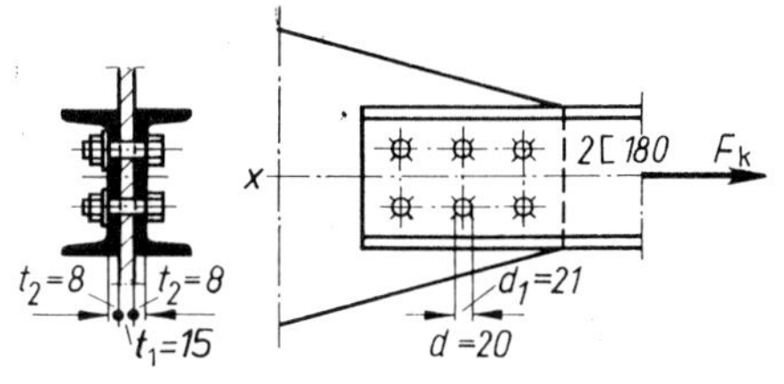

3.14 Schraubenverbindung;
2[-Profile an einem Knotenblech

a) Tragsicherheitsnachweis für die][-Profile
Bemessungszugkraft

$$F_{S,d} = \gamma_G \cdot \psi \cdot F_k = 1{,}35 \cdot 1{,}0 \cdot 750 = 1012{,}5 \text{ kN}$$

Nutzquerschnitt

$$A_n = 2 \cdot (A_1 - 2 \cdot d_L \cdot t_1) \quad \text{mit } A_1 = 28{,}00 \text{ cm}^2 = 2800 \text{ mm}^2$$

$$A_n = 2 \cdot (2800 - 2 \cdot 8 \cdot 21) = 2 \cdot (2800 - 336)$$

$$= 4928 \text{ mm}^2$$

Grenzspannung

$$\sigma_{R,d} = \frac{f_{y,k}}{\gamma_M} = \frac{360}{1{,}1} = 327 \text{ N/mm}^2$$

Grenzwert der Zugkraft

$$F_{R,d} = \sigma_{R,d} \cdot A_n = 327 \cdot 4928 = 1\,611\,456 \text{ N}$$

$$\approx 1611 \text{ kN}$$

Nachweis der Tragsicherheit

$$\frac{F_{S,d}}{F_{R,d}} = \frac{1012{,}5}{1611} = 0{,}63 < 1$$

b) Tragsicherheitsnachweis auf Lochleibung
Grenzlochleibungskraft

$$F_{l,R,d} = n \cdot \min \Sigma t \cdot V_{l,R,d}$$

$$= 6 \cdot 1{,}5 \cdot 124{,}4$$

$$= 1120 \text{ kN}$$

Tragsicherheit auf Lochleibung

$$\frac{F_{S,d}}{F_{l,R,d}} = \frac{1012{,}5}{1120} = 0{,}9 < 1$$

c) Tragsicherheitsnachweis auf Abscheren
Grenzscherkraft

$$F_{a,R,d} = n \cdot m \cdot V_{a,R,d}$$

$$= 6 \cdot 2 \cdot 85{,}68$$

$$= 1028 \text{ kN}$$

Tragsicherheit auf Abscheren

$$\frac{F_{S,d}}{F_{a,R,d}} = \frac{1012{,}5}{1028} = 0{,}98 < 1$$

Beispiele zur Übung

1. Berechnung für eine Schraubenverbindung entsprechend vorstehendem Erläuterungsbeisp. 1, jedoch mit 2 ∟ 120 · 80 · 10, S235, F = 420 kN, M 24, 4.6, Knotenblech t = 18 mm.

2. Berechnung für eine Schraubenverbindung entsprechend vorstehendem Erläuterungsbeisp. 1, jedoch mit 2 ∟ 120 · 50 · 10, S355, F = 370 kN, Schrauben M 20, 5.6, Knotenblech t = 15 mm.

Schweißverbindungen

Anschlüsse von Stahlprofilen können durch Schweißverbindungen hergestellt werden. Diese Schweißverbindungen bestehen aus Schweißnähten. Es werden unterschiedliche Arten von Schweißnähten eingesetzt. Häufig angewendete Schweißnähte sind Kehlnähte.

Die rechnerische Fläche A_w einer Schweißnaht ergibt sich aus:

$$A_w = \Sigma\,(a \cdot l) \qquad \text{Gl. (3.8)}$$

Hierbei sind:

a Nahtdicke; sie ist bei Kehlnähten gleich der Höhe des einschreibbaren gleichschenkligen Dreiecks nach Tafel **3.6**

l rechnerische Länge der Schweißnaht entsprechend ihrer geometrischen Länge nach Tafel **3.7**.

Die kleinste rechnerische Kehlnahtlänge beträgt

$$l \geqq 6a, \quad \text{jedoch } l \geqq 30\text{ mm} \qquad \text{Gl. (3.9)}$$

Tafel **3.6** Rechnerische **Schweißnahtdicken *a*** (nach DIN 18800 T1)

Nahtart	Bild	Rechnerische Nahtdicke *a*	
Kehlnaht	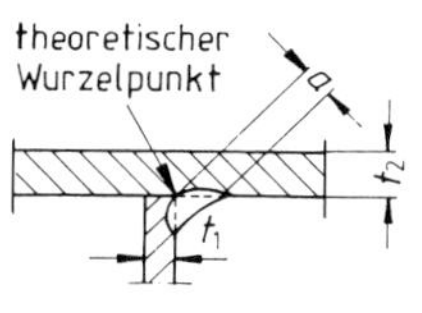	Nahtdicke *a* ist gleich der bis zum theoretischen Wurzelpunkt gem. Höhe des einschreibbaren gleichschenkligen Dreiecks	Empfohlene Grenzwerte für *a* bei $t \geqq 3$ mm: min *a* $\geqq 2$ mm $\geqq \sqrt{\max t} - 0{,}5$ max *a* $\leqq 0{,}7 \min t$ (*a* und *t* in mm)
Doppelkehlnaht	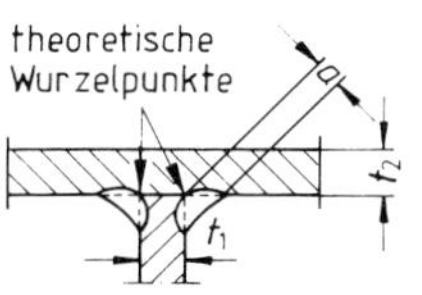		

Größte rechnerische Nahtlänge für Flankenkehlnähte in Laschen- und Stabanschlüssen:

$$l \leqq 150\,a \qquad \text{Gl. (3.10)}$$

Die Summe der Schweißnahtlänge erstreckt sich über die Nähte, die einwandfrei ausgeführt werden können und die vorzugsweise imstande sind, die Schnittgrößen zu übertragen, wie z.B.:

- bei Längskraft:
  alle Nähte mit gleicher Steifigkeit der Anschlußebene;
- bei Querkraft:
  nur die Stegnähte von I-Trägern, [-Trägern und ähnlichen Profilen.

Tafel **3**.7 Rechnerische **Schweißnahtlängen Σ*l*** bei unmittelbaren Stabanschlüssen (nach DIN 18 800 T1)

	Nahtart	Ansicht	Σl
1	Flankenkehlnähte	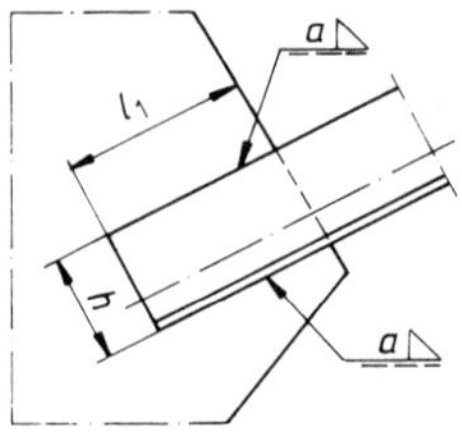	$\Sigma l = 2 l_1$
2	Stirn- und Flankenkehlnähte	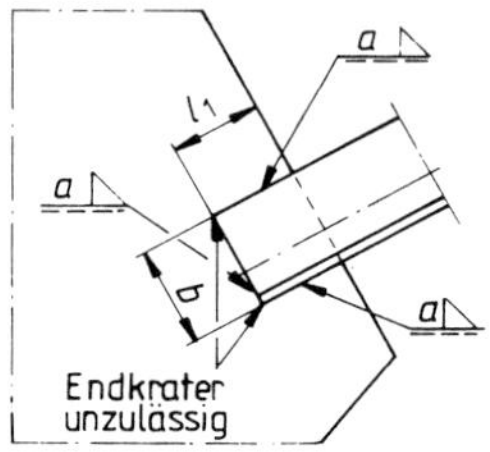	$\Sigma l = b + 2 l_1$
3	Ringsumlaufende Kehlnaht – Schwerachse näher zur längeren Naht	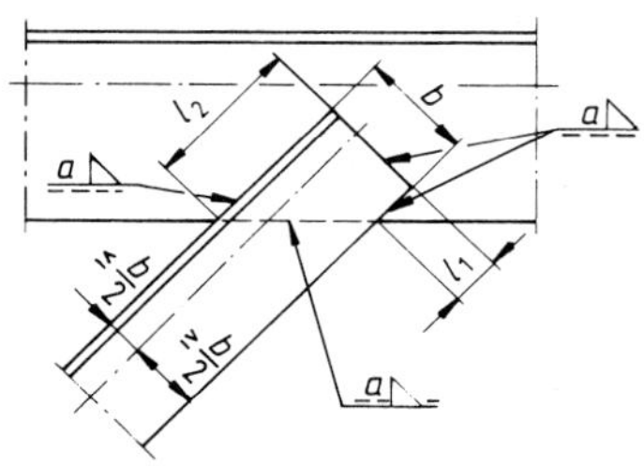	$\Sigma l = l_1 + l_2 + 2b$
4	Ringsumlaufende Kehlnaht – Schwerachse näher zur kürzeren Naht	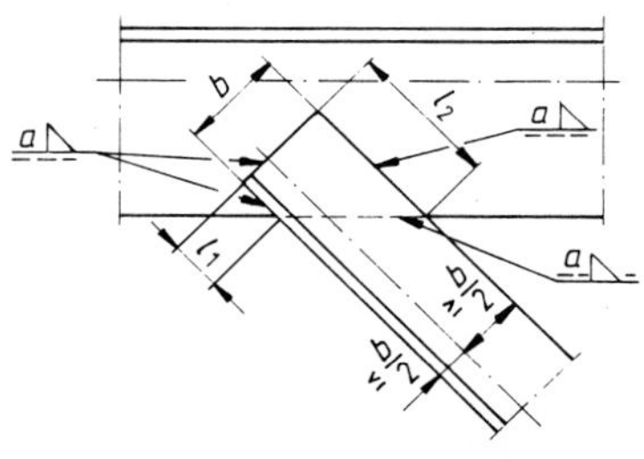	$\Sigma l = 2 l_1 + 2b$

Grenzwerte für die rechnerische Nahtdicke a von Kehlnähten bei Bauteildicken $t \geqq 3$ mm:

$$\min a \geqq 2 \text{ mm}$$

$$\geqq \sqrt{\max t} - 0{,}5 \qquad \text{Gl. (3.11)}$$

$$\max a \leqq 0{,}7 \min t \qquad \text{Gl. (3.12)}$$

Tafel **3**.8 erläutert die zeichnerische Darstellung von Kehlnähten. Eine Kehlnaht wird durch ein gleichschenkliges Dreieck symbolisch dargestellt. Die Nahtdicke a wird stets vor dem Symbol angegeben. Die Nahtlänge l steht hinter dem Symbol. Sie ist immer dann anzugeben, wenn die Naht nicht ununterbrochen über die gesamte Länge des Werkstückes verläuft.

Die Grenzschweißnahtspannung $\sigma_{w,R,d}$ beträgt für alle Nähte

$$\boldsymbol{\sigma_{w,R,d} = \alpha_w \cdot f_{y,k}/\gamma_M} \qquad \text{Gl. (3.13)}$$

Hierbei sind:

$f_{y,k}$ Streckgrenze aus Tafel **1**.20

a_w = 0,95 für S235

= 0,80 für S355

Tafel **3**.8 **Kehlnähte;** Benennung und zeichnerische Darstellung (nach DIN 1912 T5)

Benennung	Darstellung erläuternd	Darstellung symbolisch
Doppelkehlnaht unterbrochen, gegenüberliegend; $n = 3$ Nähte, Nahtdicke $a = 4$ mm, Nahtlänge je 70 mm, Zwischenraum $e = 50$ mm	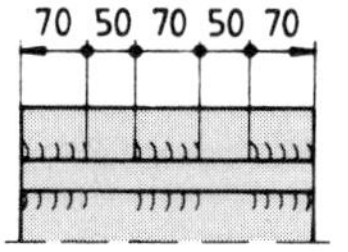	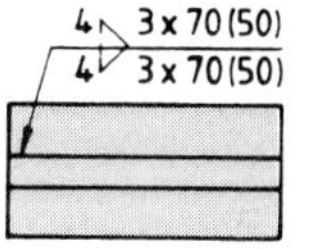
Doppelkehlnaht unterbrochen, versetzt mit Vormaß $v = 50$ mm, $a =$ 4 mm	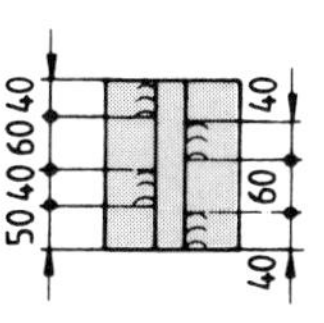	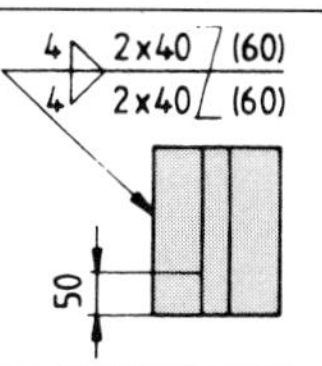
Kehlnaht ringsum-verlaufend $a = 5$ mm	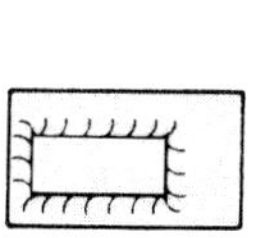	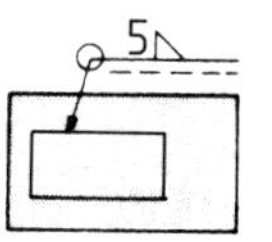

Anschlüsse und Querstöße von Trägern dürfen ohne weiteren Tragfähigkeitsnachweis nach Tafel **3**.9 ausgeführt werden. Das gilt für alle Walzträger mit I-Querschnitt nach DIN 1025 und für andere Träger mit ähnlichen Abmessungen, wie z. B. geschweißte Träger, die in ihrer Form und ihren Abmessungen nur unwesentlich von Walzträgern nach DIN 1025 abweichen.

Die nachfolgenden Beispiele zeigen den Tragfähigkeitsnachweis für Kehlnähte, die auf Abscheren beansprucht werden.

Ein biegefester Anschluß wird in Abschn. 10.5.2 gezeigt und im Beispiel erläutert.

Tafel **3**.9 **Trägeranschluß** oder Trägerquerstoß ohne weiteren Tragsicherheitsnachweis

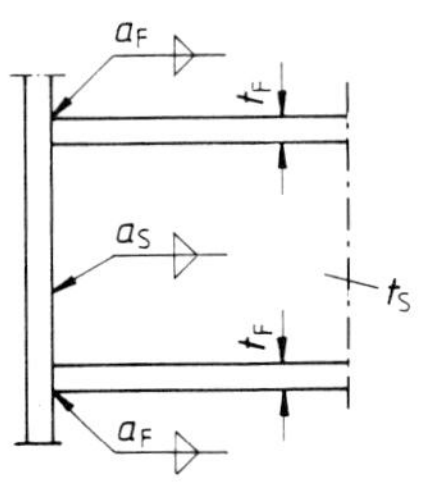

Werkstoff	Nahtdicken
S235	$a_F \geqq 0,5\ t_F$ $a_S \geqq 0,5\ t_S$
S275	$a_F \geq 0,6\ t_F$ $a_S \geq 0,6\ t_S$
S355 S355N	$a_F = 0,7\ t_F$ $a_S = 0,7\ t_S$

Beispiele zur Erläuterung

1. Eine **Schweißverbindung** bei 2 Winkelprofilen ∟ 100 · 65 · 9 soll die vorher berechnete Schraubenverbindung ersetzen (Bild **3**.15).

Zugkraft $F_k = 310$ kN.

Die Schweißnähte werden auf Abscheren beansprucht.

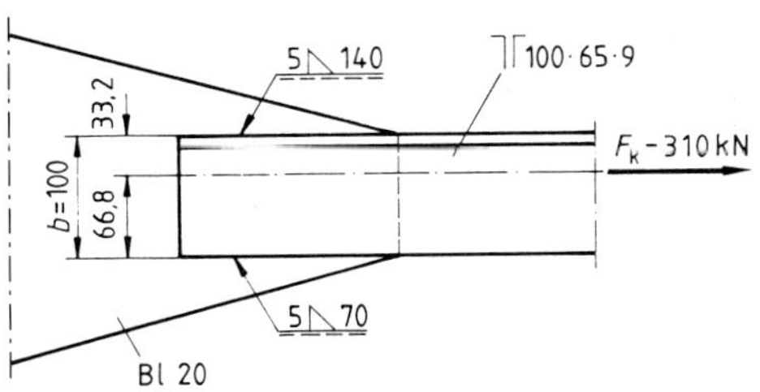

3.15 Schweißverbindung bei zwei Winkelprofilen an einem Knotenblech mit Flankenkehlnähten

a) Tragsicherheitsnachweis für die Winkelprofile

Bemessungszugkraft

$$F_{S,d} = \gamma_G \cdot \psi \cdot F_k = 1,35 \cdot 1,0 \cdot 310 = 418,5 \text{ kN}$$

Querschnitt

$$A = 2 \cdot A_1 = 2 \cdot 14,20 = 28,40 \text{ cm}^2 = 2840 \text{ mm}^2$$

Grenzspannung

$$\sigma_{R,d} = \frac{f_{y,k}}{\gamma_M} = \frac{240}{1,1} = 218 \text{ N/mm}^2$$

Grenzwert der Zugkraft

$$F_{R,d} = \sigma_{R,d} \cdot A = 218 \cdot 2840 = 619\,120 \text{ N}$$
$$\approx 619{,}1 \text{ kN}$$

Nachweis der Tragsicherheit

$$\frac{F_{S,d}}{F_{R,d}} = \frac{418{,}5}{619{,}1} = 0{,}68 < 0{,}8$$

b) Tragsicherheitsnachweis der Schweißnähte
Anschluß mit Flankenkehlnähten oben und unten
Grenzschweißnahtspannung

$$\sigma_{w,R,d} = \frac{\alpha_w \cdot f_{y,k}}{\gamma_M} = \frac{0{,}95 \cdot 240}{1{,}1} = 207 \text{ N/mm}^2$$

Schweißnahtfläche

$$\text{erf } A_w = \frac{f_{S,d}}{\sigma_{w,R,d}} = \frac{418\,500}{207} = 2022 \text{ mm}^2$$

Schweißnahtdicke

$$\max a \leqq 0{,}7 \cdot \min t = 0{,}7 \cdot 9 = 6{,}3 \text{ mm}$$
$$\min a \geqq \sqrt{\max t} - 0{,}5 = \sqrt{20} - 0{,}5 = 4{,}0 \text{ mm}$$
$$\text{gew } a = 5 \text{ mm}$$

Schweißnahtlänge

$$\text{erf } \sum l_w = \frac{\text{erf } A_w}{\text{gew } a} = \frac{2022}{5} = 404 \text{ mm}$$

Aufteilung entsprechend den Abständen von der Stabachse

$$e_y = 33{,}2 \text{ mm}$$
$$a - e_y = 100 - 33{,}2 = 66{,}8 \text{ mm}$$

Schweißnaht oben

$$l_{w,o} = \frac{\sum l_w}{2} \cdot \frac{b - e_y}{b} = \frac{404}{2} \cdot \frac{66{,}8}{100} = 135 \text{ mm}$$

Schweißnaht unten

$$l_{w,u} = \frac{\sum l_w}{2} \cdot \frac{e_y}{b} = \frac{404}{2} \cdot \frac{33{,}2}{100} = 67 \text{ mm}$$

Grenzwerte der Schweißnahtlänge

$$\max l_w \leqq 150\,a = 150 \cdot 5 = 750 \text{ mm}$$
$$\min l_w \geqq 6\,a = 6 \cdot 5 = 30 \text{ mm}$$

Gewählte Schweißnähte

$$\begin{aligned} &\text{oben 2 Nähte } a = 5\text{ mm},\ l_{w,o} = 2 \cdot 140\text{ mm} < \max l_w \\ &\text{unten 2 Nähte } a = 5\text{ mm},\ l_{w,u} = 2 \cdot \ \ 70\text{ mm} > \min l_w \\ &\hphantom{\text{unten 2 Nähte } a = 5\text{ mm},\ } \sum l_w = 420\text{ mm} \end{aligned}$$

Tragsicherheit der Schweißnähte

$$\frac{F_{S,d}}{F_{w,R,d}} = \frac{F_{S,d}}{\sigma_{w,R,d} \cdot a \cdot \sum l_w} = \frac{418\,500}{207 \cdot 5 \cdot 420}$$
$$= 0{,}96 < 1$$

2. Die **Schweißverbindung** von][-Profilen an ein Knotenblech ist anstelle der vorher berechneten Schraubenverbindung nachzuweisen (Bild **3**.16). Ständig wirkende Zugkraft $F_k = 750$ kN. Die Schweißnähte werden auf Abscheren beansprucht.

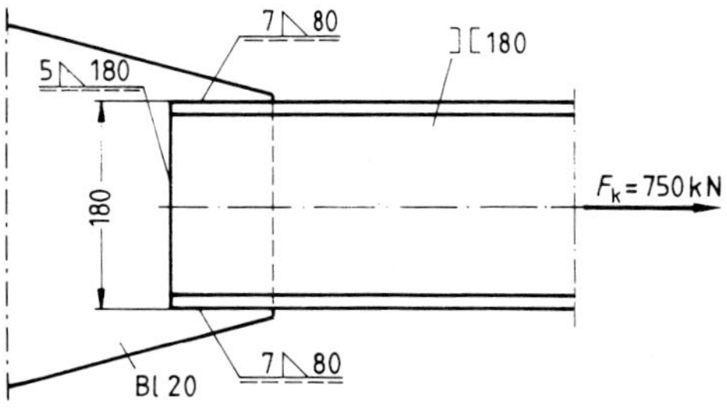

3.16 Schweißverbindung von][-Profilen an einem Knotenblech mit Flankenkehlnähten

a) Tragsicherheitsnachweis für][-Profile
Bemessungszugkraft

$$F_{S,d} = \gamma_G \cdot \psi \cdot F_k = 1{,}35 \cdot 1{,}0 \cdot 750 = 1012{,}5\text{ kN}$$

Querschnitt

$$A = 2 \cdot A_1 = 2 \cdot 28{,}00 = 56{,}00\text{ cm}^2 = 5600\text{ mm}^2$$

Grenzspannung

$$\sigma_{R,d} = \frac{f_{y,k}}{\gamma_M} = \frac{360}{1{,}1} = 327\text{ N/mm}^2$$

Grenzwert der Zugkraft

$$F_{R,d} = \sigma_{R,d} \cdot A = 327 \cdot 5600 = 1\,831\,200\text{ N}$$
$$= 1831{,}2\text{ kN}$$

Nachweis der Tragsicherheit

$$\frac{F_{S,d}}{F_{R,d}} = \frac{1012{,}5}{1831{,}2} = 0{,}55 < 1$$

b) Tragsicherheitsnachweis der Schweißnähte
Anschluß mit Flankenkehlnähten oben und unten sowie Stirnkehlnaht
Grenzschweißnahtspannung

$$\sigma_{w,R,d} = \frac{\alpha_w \cdot f_{y,k}}{\gamma_M} = \frac{0{,}80 \cdot 360}{1{,}1}$$
$$= 262 \text{ N/mm}^2$$

Schweißnahtfläche

$$\text{erf } A_w = \frac{F_{S,d}}{\sigma_{w,R,d}} = \frac{1\,012\,500}{262}$$
$$= 3865 \text{ mm}^2$$

Schweißnahtdicke Stirnnähte

$$\max a_1 \leqq 0{,}7 \cdot \min t = 0{,}7 \cdot 8 = 5{,}6 \text{ mm}$$
$$\min a_1 \geqq \sqrt{\max t} - 0{,}5 = \sqrt{20} - 0{,}5 = 4{,}0 \text{ mm}$$
$$\text{gew } a_1 = 5 \text{ mm}$$

Schweißnahtlänge Stirnnähte

$$l_1 = 180 \text{ mm bei } [180$$
$$A_1 = n \cdot a_1 \cdot l_1 = 2 \cdot 5 \cdot 180$$
$$= 1800 \text{ mm}^2$$

Tragfähigkeit Stirnnähte

$$F_{R,d,1} = n \cdot a_1 \cdot l_1 \cdot \sigma_{w,R,d} = 2 \cdot 5 \cdot 180 \cdot 262 = 471\,600 \text{ kN}$$
$$= 471{,}6 \text{ kN}$$

Bemessungskraft für Flankenkehlnähte

$$F_{S,d,2} = F_{S,d} - F_{R,d,1} = 1831{,}2 - 471{,}6$$
$$= 1359{,}6 \text{ kN}$$

Schweißnahtfläche für Flankennähte

$$A_2 = \text{erf } A_w - A_1 = 3865 - 1800$$
$$= 2065 \text{ mm}^2$$

Schweißnahtdicke Flankennähte

$$\max a_2 \leqq 0{,}7 \cdot \min t = 0{,}7 \cdot 11 = 7{,}7 \text{ mm}$$
$$\min a_2 = \min a_1 = 4{,}0 \text{ mm}$$
$$\text{gew } a_2 = 7 \text{ mm}$$

Schweißnahtlänge Flankennähte

$$l_2 = A_2/(2 \cdot 2 \cdot a_2) = 2065/(2 \cdot 2 \cdot 7)$$
$$= 73{,}8 \text{ mm}$$
$$\text{gew } l_2 = 80 \text{ mm}$$

Tragfähigkeitsnachweis Schweißnähte

$$\frac{F_{S,d}}{F_{w,R,d}} = \frac{F_{S,d}}{\sigma_{w,R,d} \cdot a \cdot \sum a \cdot l} = \frac{1012500}{262 \cdot (2 \cdot 5 \cdot 180 + 4 \cdot 7 \cdot 80)}$$
$$= 0{,}96 < 1$$

3.2.2 Verbindungen im Holzbau (DIN 1052, Teil 2)

Im Holzbau sind neben Leimverbindungen (z. B. Keilzinkung, Schäftung) mehrere Arten mechanischer Verbindungen gebräuchlich. Unter Scherbelastung treten hierbei im Gegensatz zu Leimverbindungen lastabhängige Verschiebungen der miteinander verbundenen Teile auf. Diese Verschiebungen werden durch Lochleibungsverformungen der verbundenen Teile und zusätzlich durch Verformungen der Verbindungsmittel verursacht. Die mechanischen Verbindungsmittel können auch in Axialrichtung beansprucht werden. Mechanische Verbindungen sind:

- Nagelverbindungen mir runden Drahtstiften oder Maschinenstiften, sowie Sondernägeln mit profilierter Schaftausbildung (Schraubnägel, Rillennägel),
- Nagelverbindungen mit Stahlblechen und Stahlteilen,
- Dübelverbindungen mit Hartholzdübeln, Einlaßdübeln, oder Einpreßdübeln,
- Stabdübel- und Bolzenverbindungen,
- Klammerverbindungen,
- Holzschraubenverbindungen,
- Nagelplattenverbindungen,
- Bauklammerverbindungen (nur für untergeordnete Zwecke),
- Versätze.

Tragende einteilige Einzelquerschnitte von Vollholzbauteilen müssen eine Mindestdicke von 24 mm und mindestens 14 cm² Querschnittsfläche (11 cm² für Lattungen) haben, soweit nicht wegen der Verbindungsmittel größere Mindestmaße erforderlich sind.

Stöße und Anschlüsse sind in der Regel symmetrisch zu den Stabachsen auszuführen. Dabei sind einseitig beanspruchte Holzteile für die 1,5fache anteilige Zugkraft zu bemessen (z. B. Seitenhölzer bei Zugstößen):

$$\text{Erhöhungsfaktor } k_{Z\parallel} = 1{,}5 \qquad \text{Gl. (3.14)}$$

Bei genagelten Zugstößen oder -anschlüssen ist die zulässige Zugspannung für diejenigen Stoß- und Anschlußteile, die nicht für die 1,5fache anteilige Zugkraft zu bemessen sind, um 20 % zu ermäßigen (z. B. für Mittelholz bei Zugstößen):

$$\text{Ermäßigungsfaktor } k_{Z\parallel} = 0{,}8 \qquad \text{Gl. (3.15)}$$

Nagelverbindungen

Bei Beanspruchungen rechtwinklig zur Nagelachse sind im allgemeinen in jeder Fuge der Verbindung mindestens 4 Nagelscherflächen erforderlich.

Das gilt nicht für die Befestigung von

- Schalungen und Latten (Trag- und Konterlatten),
- Windrispen,

- Sparren oder Pfetten auf Bindern und Rähmen,
- Querriegeln an Rahmenhölzern.

Die zulässige Nagelbelastung im Lastfall H errechnet sich bei Nadelholz für eine Scherfläche nach folgender Gleichung

$$\mathbf{zul}\ \boldsymbol{N_1} = \frac{\mathbf{500 \cdot} \boldsymbol{d_n^2}}{\mathbf{10 +} \boldsymbol{d_n}} \quad \text{in N} \qquad \text{Gl. (3.16)}$$

Hierbei ist d_n der Nageldurchmesser in mm.

Die Tragfähigkeit von Nägeln kann direkt Tafel **3.**10 entnommen werden.

Bei Stößen und Anschlüssen mit mehr als 10 Nägeln hintereinander ist die wirksame Anzahl ef *n* anzunehmen

$$\mathbf{ef}\ \boldsymbol{n} = \mathbf{10} + \frac{\mathbf{2}}{\mathbf{3}}(\boldsymbol{n} - \mathbf{10}) \qquad \text{Gl. (3.17)}$$

Hierbei sind: ef *n* wirksame (effektive) Anzahl der Nägel
n tatsächliche Anzahl der hintereinander liegenden Nägel

Mehr als 30 Nägel hintereinander dürfen nicht in Rechnung gestellt werden.

Die Tragfähigkeit einer Nagelverbindung errechnet sich aus

$$\mathbf{zul}\ \boldsymbol{F} = \boldsymbol{m} \cdot \boldsymbol{r} \cdot \mathbf{ef}\ \boldsymbol{n} \cdot \mathbf{zul}\ \boldsymbol{N_1} \quad \text{in N} \qquad \text{Gl. (3.18)}$$

Hierbei sind: *m* Schnittigkeit der Verbindung
r Anzahl der Nagelreihen
ef *n* wirksame Anzahl nach Gl. (3.17)
zul N_1 zulässige Nagelbelastung nach Tafel **3.**10

Für die Schnittigkeit *m* darf die Scherfläche in einer Nagelverbindung nur dann als voll wirksam angesehen werden, wenn die Einschlagtiefen nach Tafel **3.**11 und Bild **3.**17 eingehalten werden.

Bei runden Draht- und Maschinenstiften sowie Sondernägeln der Tragfähigkeitsklasse I sind zwei- und mehrschnittige Verbindungen von beiden Seiten zu nageln.

Die Abstände bei tragenden Nägeln sollen folgende Werte nicht überschreiten:

$\leqq 40\ d_n$ in Faserrichtung

$\leqq 20\ d_n$ rechtwinklig zur Faserrichtung

Bei genagelten Zugstößen oder -anschlüssen sind die zulässigen Zugspannungen in denjenigen Stoß- und Anschlußteilen um 20% abzumindern, die nicht für die 1,5fache anteilige Zugkraft zu bemessen sind (DIN 1052 Teil 1 Abschn. 5.1.10).

Bei der Anordnung der Nägel sind die Mindestabstände der Tafel **3.**12 zu beachten (Bild **3.**9).

Bei Beanspruchung auf Herausziehen ist zwischen kurzfristig und ständig wirkender Beanspruchung zu unterscheiden. Runde Draht- und Maschinenstifte sowie Sondernägel der Tragfähigkeitsklasse I dürfen nur kurzfristig (z. B. Windsog) auf Herausziehen beansprucht werden. Dafür muß die Einschlagtiefe mindestens 12 d_n betragen.

Tafel **3.**10 **Tragfähigkeit** zul N_1 in kN **von Nägeln** im Lastfall H

Nagelgröße [1]) d_n in 1/10 mm mal l_n in mm	Mindestholzdicke d_{ho} in mm bei Nagellöchern ohne Vorbohrung	Mindestholzdicke d_{ho} in mm bei Nagellöchern mit Vorbohrung	Mindest-einschlagtiefe t_n in mm einschnittig	Mindest-einschlagtiefe t_n in mm mehrschnittig	zul. Nagelbelastung N_1 in kN für eine Scherfläche bei Nadelholz ohne Vorbohrung	zul. Nagelbelastung N_1 in kN für eine Scherfläche bei Nadelholz mit Vorbohrung	Eiche, Buche stets vorgebohrt
22 · 45 50	24 *20* [2])		27	18	0,200	0,250	0,300
25 · 55 60	24 *20*		30	20	0,250	0,310	0,375
28 · 65	24 *20*		34	23	0,305	0,380	0,460
31 · 65 70 80	24 *20*		38	25	0,365	0,460	0,550
34 · 80	24 *22*		41	27	0,430	0,540	0,650
38 · 100	24		46	30	0,525	0,655	0,785
42 · 110	26		51	34	0,620	0,775	0,930
46 · 130	30	28	56	37	0,725	0,905	1,090
55 · 140 160	40	35	66	44	0,975	1,220	1,465
60 · 180	50	35	72	48	1,125	1,405	1,690
70 · 210	60	45	84	56	1,440	1,800	2,160
76 · 230 260	70	45	92	62	1,640	2,050	2,460
80 · 260	90	55	106	70	2,060	2,570	3,090

[1]) Die Tafel enthält nur die in DIN 1151 angegebenen Nageldurchmesser und -längen.
[2]) Die *kursiv gedruckten Werte* gelten für die *Mindestholzdicke bei Schalungen*.

Tafel **3.11** **Nagelverbindungen**
erforderliche Einschlagtiefen s bei ein- und mehrschnittigen Verbindungen (DIN 1052 T2)

Einschnittige Verbindungen	$s \geqq 12\ d_n$	für runde Draht- und Maschinenstifte und für Sondernägel der Tragfähigkeitsklasse I
	$s \geqq 8\ d_n$	für Sondernägel der Tragfähigkeitsklassen II und III
Zwei- und mehrschnittige Verbindungen	$s \geqq 8\ d_n$	für alle Nägel

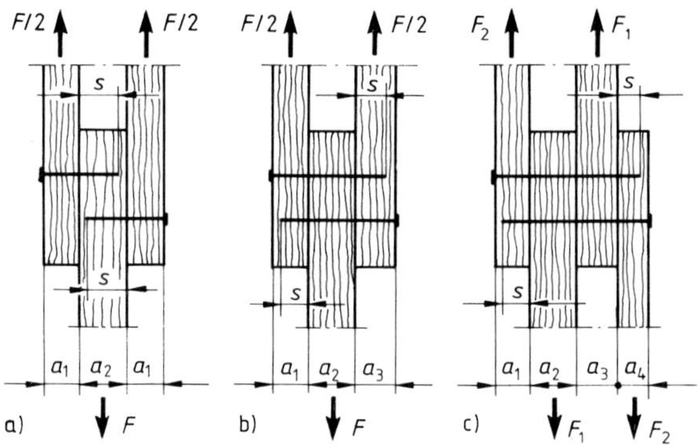

3.17 Nagelverbindungen
Holzdicken a_1 bis a_4 und Einschlagtiefen s (nach DIN 1052)
a) einschnittige Nagelung
b) zweischnittige Nagelung
c) dreischnittige Nagelung

Tafel **3.12** **Mindest-Nagelabstände** im dünnsten Holz (s. Bilder **3.9** und **3.18**)

Werte in ( ) gelten für $d_n > 4{,}2$ mm	Lage zur Faserrichtung	Nagelabstände parallel der Kraftrichtung nicht vorgebohrt	vorgebohrt
untereinander	‖ parallel	$10\ d_n\ (12\ d_n)$	$5\ d_n$
	⊥ rechtwinklig	$5\ d_n$	
vom belasteten Rand	‖ parallel	$15\ d_n$	$10\ d_n$
	⊥ rechtwinklig	$7\ d_n\ (10\ d_n)$	$5\ d_n$
vom unbelasteten Rand	‖ parallel		
	⊥ rechtwinklig	$5\ d_n$	$3\ d_n$

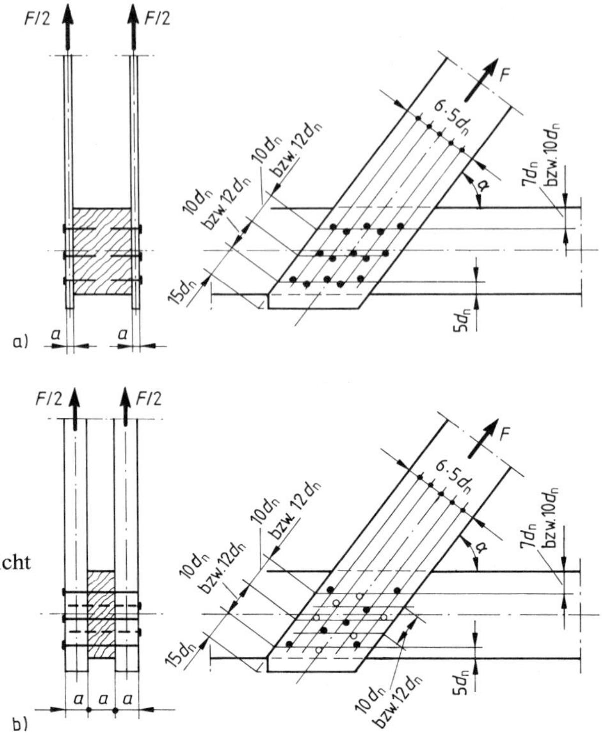

3.18 Nagelverbindungen
Mindest-Nagelabstände bei nicht vorgebohrten Nagelungen (nach DIN 1052)
a) einschnittige Nagelung
b) zweischnittige Nagelung
• Nagel-Vorderseite
○ Nagel-Rückseite

Querschnittsschwächungen

Bei Nägeln mit Durchmesser >4,2 mm und stets bei Nägeln mit vorgebohrten Nagellöchern sind die Querschnittsschwächungen mit dem Nageldurchmesser zu berücksichtigen.

Beispiel zur Erläuterung

Eine Nagelverbindung als Zugstoß eines Kantholzes 100/140 mm mit 2 Seitenhölzern 45/180 mm und Nägeln 46 · 130 ist zu berechnen. Die Zugkraft beträgt $F = 64$ kN (Bild **3**.19).

Nadelholz Sortierklasse S10, Lastfall H.

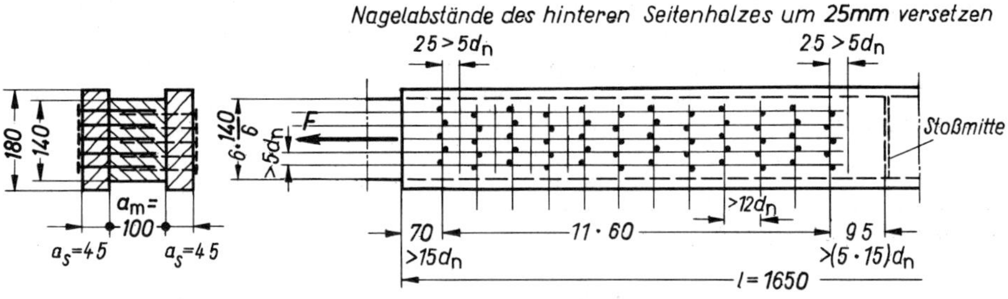

3.19 Nagelverbindung bei einem Zugstoß mit Seitenhölzern

Zugspannung Mittelholz

$$\text{vorh}\ \sigma_{Zm} = \frac{\text{vorh}\ F}{A_m} = \frac{64000}{100 \cdot (140 - 5 \cdot 4{,}6)} = \frac{64000}{11700} = 5{,}47\ \text{N/mm}^2$$

$$\text{zul}\ \sigma = 0{,}8 \cdot \text{zul}\ \sigma_Z = 0{,}8 \cdot 7{,}0\ \text{N/mm}^2 = 5{,}6\ \text{N/mm}^2\ \text{(Gl. 3.15)}$$

$$\frac{\text{vorh}\ \sigma_{Zm}}{\text{zul}\ \sigma} = \frac{5{,}47}{5{,}6} = 0{,}98 < 1$$

Spannung Seitenhölzer

$$\text{vorh}\ \sigma_{Zs} = \frac{1{,}5 \cdot \text{vorh}\ F}{2 \cdot A_s} = \frac{1{,}5 \cdot 64000}{2 \cdot 45 \cdot (180 - 5 \cdot 4{,}6)} = 6{,}79\ \text{N/mm}^2$$

$$\text{zul}\ \sigma_Z = 7{,}0\ \text{N/mm}^2$$

$$\frac{\text{vorh}\ \sigma_{Zs}}{\text{zul}\ \sigma_Z} = \frac{6{,}79}{7{,}0} = 0{,}97 < 1$$

Nagelverbindung

gewählt $60 \cdot 2 = 120$ Nägel $46 \cdot 130$ einschnittig ohne Vorbohrung
zul $N_1 = 0{,}725$ kN (nach Tafel **3.**10)
je Seite 60 Nägel in $r = 5$ Reihen ≙ 12 Nägel hintereinander

wirksame Nagelanzahl

$$\text{ef}\,n = 10 + \frac{2}{3}(n - 10) = 10 + \frac{2}{3}(12 - 10) = 11\tfrac{1}{3}\ \text{Nägel} \qquad \text{(Gl. 3.17)}$$

zulässige Nagelbelastung

$$\text{zul}\ F = m \cdot r \cdot \text{ef}\,n \cdot \text{zul}\ N_1 = 2 \cdot 5 \cdot 11\tfrac{1}{3} \cdot 0{,}725 = 82{,}2\ \text{kN} \quad \text{(Gl. 3.18)}$$

$$\text{vorh}\ F = 64{,}0\ \text{kN}$$

$$\frac{\text{vorh}\ F}{\text{zul}\ F} = \frac{64{,}0}{82{,}2} = 0{,}78 < 1$$

Anmerkung:
Nägel $42 \cdot 110$ würden für die vorhandene Zugkraft F und für die Einschlagtiefe s ausreichen.

Dübelverbindungen

Als Dübelverbindungen gelten alle überwiegend auf Druck und Abscheren beanspruchten Verbindungsmittel, die in vorbereitete, passende Vertiefungen des Holzes eingelegt (Einlaßdübel, Stabdübel) oder die in das Holz eingepreßt werden (Einpreßdübel, mit oder ohne Ausfräsungen). Dazu gehören ferner Dübel, die teils eingelassen, teils eingepreßt werden (Einlaß-Einpreßdübel).

Alle Dübelverbindungen, mit Ausnahme der Stabdübel, müssen durch in der Regel nachziehbare Schraubenbolzen aus Stahl zusammengehalten werden, wobei jeder Dübel durch einen Bolzen gesichert sein muß.

Dübel dürfen nur für die Verbindung von Vollholz und Brettschichtholz aus Nadelhölzern mindestens der Sortierklasse S10, Einlaßdübel auch für die Verbindungen von Laubhölzern angewendet werden.

Besondere Regelungen bestehen für Stahldübel.

Querschnittsschwächungen

Zusätzlich zur gesamten Schwächung durch die Bohrlöcher für die Verbolzung sind die Dübelfehlflächen abzuziehen. Maßgebend sind die Dübelfehlflächen ΔA nach Tafel **3.**14 Spalte 6. Bei Verbindungen zweier Hölzer bezieht sich die Dübelfehlfläche auf jedes Holz. Bei Zugverbindungen mit Mittelhölzern sind für das Mittelholz zwei Dübelfehlflächen zu berücksichtigen. Für den Bolzenabzug ist der Durchmesser des Bohrloches (d_b + 1 mm) maßgebend.

Die zulässigen Belastungen der Dübel sind bei Stößen und Anschlüssen mit mehr als 2 in Kraftrichtung hintereinanderliegenden Dübeln geringer. Daher ist die Anzahl der Dübel auf die wirksame (effektive) Anzahl ef n zu verringern:

$$\text{ef}\, n = 2 + \left(1 - \frac{n}{20}\right) \cdot (n - 2) \qquad \text{Gl. (3.19)}$$

Die damit errechneten Werte können Tafel **3.**13 entnommen werden.

Tafel **3.**13 **Wirksame Anzahl** ef n der in Kraftrichtung hintereinanderliegenden Dübel für $n > 2$ bis 10 (nach Gl. (3.19))

Anzahl n der hintereinanderliegenden Dübel	3	4	5	6	7	8	9	10
wirksame Dübelanzahl ef n	2,85	3,60	4,25	4,80	5,25	5,60	5,85	6,00

Die Tragfähigkeiten einiger Dübelverbindungen sind in Tafel **3.**14 angegeben. Mehr als 10 hintereinanderliegende Dübel dürfen bei Stößen oder Anschlüssen nicht in Rechnung gestellt werden (Bild **3.**20)

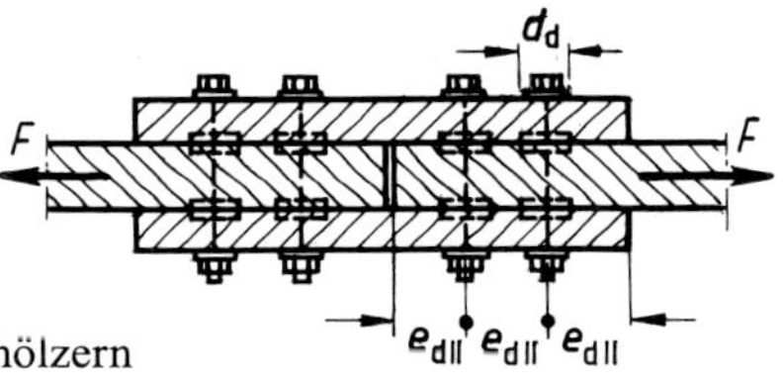

3.20 Dübelverbindung bei einem Zugstoß mit Seitenhölzern

Beispiel zur Erläuterung

Eine Dübelverbindung als Zugstoß eines Kantholzes 140/180 mm mit 2 Laschen 80/180 mm ist zu berechnen. Je Stoßseite 6 runde Einpreßdübel 95 · 27 mm Typ D mit Bolzen M24; Zugkraft F = 110 kN (Bild **3.**21). Nadelholz Sortierklasse S10.

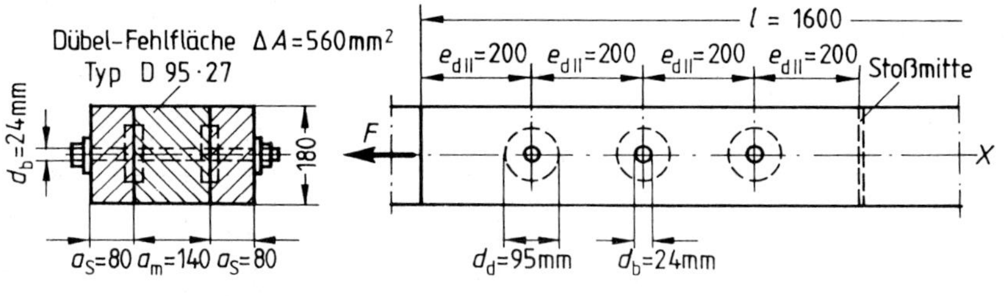

3.21 Dübelverbindung bei einem Zugstoß mit Seitenhölzern

Tafel 3.14 **Tragfähigkeit** zul N_1 und Abmessungen für einige **Dübel** besonderer Bauart

1	2	3	4	5	6	7	8	9	10	11	12	13	14	15
Dübel (s. Bild 3.20) System	Abmessungen der Dübel					Verbolzung			Mindestabmessungen der Hölzer bei einer Dübelreihe und Neigung der Kraft- zur Faserrichtung		Mindestdübelabstand u. -verholzlänge $e_{d\parallel}$ bei einer Dübelreihe	zul. Belastung eines Dübels **zul** N_1 in kN im Lastfall H bei Neigung der Kraft zur Faserrichtung		
	Außen-∅	Höhe	Dicke	Anzahl der Zähne	Dübel-Fehlfläche	Sechskantschrauben nach DIN 601	runde Scheiben Durchmesser/Dicke	Vierkantscheiben Seitenlänge/Dicke	0 ··· 30 °	> 30 ··· 90°		0 ··· 30°	> 30 ··· 60°	> 60 ··· 90°
												Anzahl der in der Kraftrichtung hintereinander liegenden Dübel		
	d_d	h_d	s		ΔA	d_b	d_s/t_s	d_s/t_s	b/a	b/a	$e_{d\parallel}$	1 oder 2	1 oder 2	1 oder 2
	mm				cm²	mm			mm	mm	mm	kN		
zwei- und einseitige Ringkeildübel **Typ A**	65		5		7,8				100/40	110/40	140	11,5	10,0	9,0
	80	30			10,1				110/50	130/50	180	14,0	12,5	11,0
	95		6		12,3	M12	58/6	50/6	120/60	150/60	220	17,0	14,5	12,5
	126			–	17,0				160/60	200/60	250	20,0	17,0	14,0
	128		8		25,9				160/60	200/60	300	28,0	23,5	19,0
	160	45			32,2	M16	68/6	60/6	200/100	240/100	340	34,0	27,5	21,5
	190		10		39,9				230/100	280/100	430	48,0	38,5	29,0
Rundholzdübel aus Eiche **Typ B**	66	32	–	–	8,2	M12	58/6	50/6	100/40 od. 90/60	100/40 od. 90/60	130	11,0	9,0	9,0
	100	40	–	–	16,8				130/60	160/60	200	18,0	15,5	13,5
runde Einpreßdübel **Typ C**	48	12,5	1,0		0,9	M12	58/6	50/6	100/40 od. 80/60	100/40	120	5,0	4,5	4,5
	62	16	1,2		2,0				100/40 od. 90/60	110/40		7,0	6,5	6,0
	75	19,5	1,25		2,6	M16	68/6	60/6	100/50	120/50	140	9,0	8,5	8,0
	95	24	1,35	–	4,7				120/50	140/50		12,0	11,0	10,5
	117	29,5	1,5		6,9	M20	80/8	70/8	150/80	180/80	170	16,0	15,0	14,0
	140	31	1,65		8,7	M24	92/8	80/8	170/80	200/100	200	22,0	20,0	18,5
	165	33	1,8		11,0	M24	105/8	95/8	190/80	230/100	230	30,0	27,0	24,0
quadratische Einpreßdübel **Typ C**	100/100	16	1,35	–	2,7	M20	80/8	70/8	130/60	160/60	170	17,0	15,5	14,5
	130/130	20	1,5	–	4,5	M24	92/8	80/8	160/60	190/80	200	23,0	21,0	19,0
runde Einpreßdübel **Typ D**	50			8	3,4	M12	58/6	50/6	100/40 od. 80/60	100/40 od. 90/60	120	8,0	7,5	7,0
	65			12 od. 14	4,5	M16	68/6	60/6	100/40 od. 90/60	110/40 od. 100/60	140	11,5	11,0	10,0
	85	27	3	22	5,5	M20	80/8	70/8	110/50	130/50	170	17,0	16,0	14,5
	95			24	6,9	M24	92/8	80/8	120/60	140/60	200	21,0	19,5	17,5
	115			30 od. 32	8,6	M24	105/8	95/8	140/60	170/60	230	27,0	24,5	21,5
Einlaß-/Einpreßdübel **Typ E**	55	30	3,5	16	3,9	M12	58/6	50/6	100/40 od. 80/60	100/40 od. 90/60	120	10,0	9,5	9,0
	80	37	5	20	7,9				110/50	120/50	150	15,0	13,5	12,0

Zugspannung Mittelholz

$$\text{vorh } A_m = b \cdot a_m - (2 \cdot \Delta A + d_b \cdot a_m)$$
$$= 180 \cdot 140 - (2 \cdot 560 + 25 \cdot 140)$$
$$= 25\,200 - (1120 + 3500) = 20\,580 \text{ mm}^2$$

$$\text{vorh } \sigma_{Zm} = \frac{\text{vorh } F}{\text{vorh } A_m} = \frac{110\,000}{20\,580} = 5{,}34 \text{ N/mm}^2$$

$$\text{zul } \sigma_{Z\|} = 7{,}0 \text{ N/mm}^2 \text{ (Tafel 1.17)}$$

$$\frac{\text{vorh } \sigma_{Zm}}{\text{zul } \sigma_{Z\|}} = \frac{5{,}34}{7{,}0} = 0{,}63 < 1$$

Spannung Seitenhölzer

$$\text{vorh } A_S = n \cdot b \cdot a_S - (2 \cdot \Delta A + 2 \cdot d_n \cdot a_S)$$
$$= 2 \cdot 180 \cdot 80 - (2 \cdot 560 + 2 \cdot 25 \cdot 80)$$
$$= 28\,800 - (1120 + 4000) = 23\,680 \text{ mm}^2$$

$$\text{vorh } \sigma_{Zs} = \frac{1{,}5 \cdot \text{vorh } F}{\text{vorh } A_s} = \frac{1{,}5 \cdot 110\,000}{23\,680} = 6{,}97 \text{ N/mm}^2$$

$$\text{zul } \sigma_{Z\|} = 7{,}0 \text{ N/mm}^2 \text{ (Tafel 1.17)}$$

$$\frac{\text{vorh } \sigma_{Zs}}{\text{zul } \sigma_{Z\|}} = \frac{6{,}97}{7{,}0} = 0{,}82 < 1$$

Zulässige Tragkraft der Dübel

$$\text{zul } F = m \cdot \text{ef } n \cdot \text{zul } N_1 \text{ (ef } n \text{ aus Tafel 3.13)}$$
$$= 2 \cdot 2{,}85 \cdot 21{,}0 = 119{,}7 \text{ kN}$$

$$\text{vorh } F = 110 \text{ kN}$$

$$\frac{\text{vorh } F}{\text{zul } F} = \frac{110}{119{,}7} = 0{,}92 < 1$$

Beispiele zur Übung

1. Berechnung für eine Nagelverbindung entsprechend vorstehendem Erläuterungsbeispiel jedoch Mittelholz 100/120 mm, 2 Seitenhölzer 40/140 mm, Nägel 42 · 110, $F = 49$ kN.

2. Berechnung für eine Dübelverbindung entsprechend vorstehendem Erläuterungsbeispiel jedoch Ringkeildübel 126 · 30 Typ A, $F = 105$ kN, Bolzen M 12.

Stabdübel

Stabdübel sind nicht profilierte, glatte zylindrische Stäbe ohne Kopf und Mutter, Durchmesser mindestens 8 mm. Hergestellt sind sie mindestens aus Stahl S 235. Sie werden in vorgebohrte Löcher eingetrieben, die dem Nenndurchmesser der Stabdübel entsprechen. An den Enden sind die Stabdübel leicht angefast. Dadurch wird das Eintreiben erleichtert und ein Aufsplittern des Holzes vermieden. Der gute Paßsitz der Stabdübel im Holz sichert eine gute Klemmwirkung der Verbindung. Stabdübelverbindungen dürfen für alle Holzbauwerke und -bauteile bei vorwiegend ruhender Belastung verwendet werden, z. B. auch für Rahmenecken im Holzbau (Bild **3.**22 a) und b)).

Bild **3.**22 Beispiele für Rahmenecken
a) verdübelte Rahmenecke mit Dübeln oder Stabdübeln besonderer Bauart in einem Dübelkreis
b) wie vor, in zwei Dübelkreisen
c) keilgezinkte Rahmenecke mit einer Keilzinkung
d) keilgezinkte Rahmenecke mit Zwischenstück und zwei Keilzinkungen

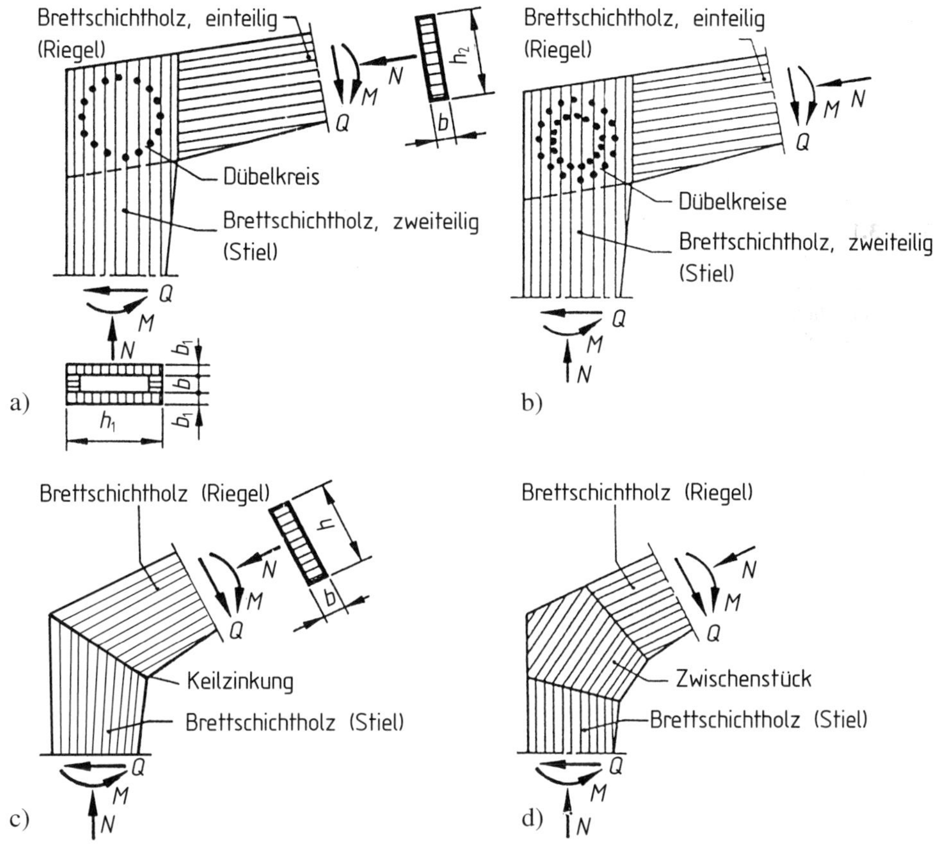

Paßbolzen

Paßbolzen sind Stabdübel mit Kopf und Mutter oder mit beidseitigen Muttern sowie zugehöriger Unterlegscheiben. Sie dienen zur Verbesserung der Klemmwirkung in Holz-Holz-Verbindungen oder auch zur Sicherung außenliegender Stahlteile (z.B. Stahlplatten). Paßbolzen können zusätzlich Zugkräfte in Richtung der Paßbolzen-Längsachse übertragen.

Bei Stabdübelverbindungen mit mehr als sechs Stabdübeln wird in DIN 1052 T2 empfohlen, etwa jeden sechsten Stabdübel als Paßbolzen auszuführen, um die Klemmwirkung zu erhöhen. Paßbolzen und Stabdübel dürfen in einem Anschluß gleichzeitig verwendet werden, denn das Tragverhalten ist etwa gleich groß.

Die zulässigen Belastungen zul N_{st} von Stabdübeln oder Paßbolzen kann für Kraftangriff in Faserrichtung nach Gleichungen (3.20) und (3.21) unabhängig von der Sortierklasse des Holzes berechnet werden:

$$\text{zul}\, N_{st} = \text{zul}\, \sigma_l \cdot a \cdot d_{st} \quad \text{in N} \qquad \text{Gl. (3.20)}$$

$$\text{zul}\, N_{st} = B \cdot d^2_{st} \quad \text{in N} \qquad \text{Gl. (3.21)}$$

Hierbei sind:

- zul σ_l zulässige Lochleibungsspannung des Holzes in N/mm² nach Tafel **3.**15
- a Holzdicke in mm
- d_{st} Durchmesser der Stabdübel bzw. Paßbolzen in mm
- B Festwert nach Tafel **3.**15

Tafel **3.**15 **Stabdübel- und Paßbolzenverbindungen**
Zulässige Belastungen von nach DIN 1052 T2

<table>
<tr><td colspan="2" rowspan="3">NH Nadelholz
LH Laubholz der Gruppe A, B, C nach Tafel 8.1
BSH Brettschichtholz</td><td colspan="4">einschnittig
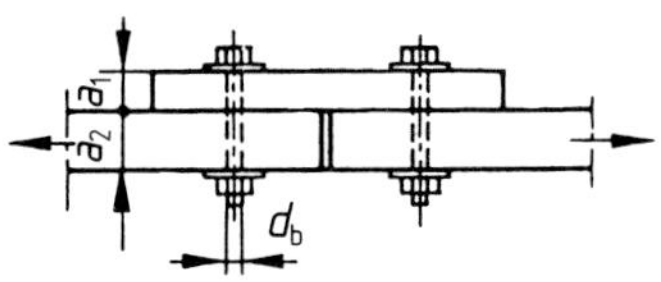</td><td colspan="8">zweischnittig
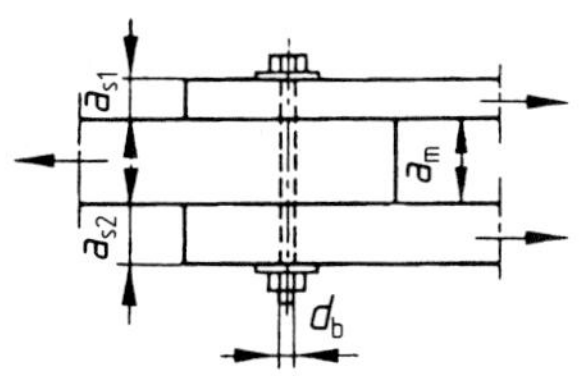</td></tr>
<tr><td colspan="4"></td><td colspan="4">Mittelholz</td><td colspan="4">Seitenholz</td></tr>
<tr><td>NH, BSH</td><td>LH A</td><td>LH B</td><td>LH C</td><td>NH, BSH</td><td>LH A</td><td>LH B</td><td>LH C</td><td>NH, BSH</td><td>LH A</td><td>LH B</td><td>LH C</td></tr>
<tr><td rowspan="2">Bolzen</td><td>zul σ_l</td><td>4,0</td><td>5,0</td><td>6,1</td><td>9,4</td><td>8,5</td><td>10,0</td><td>13,0</td><td>20,0</td><td>5,5</td><td>6,5</td><td>8,4</td><td>13,0</td></tr>
<tr><td>B</td><td>17,0</td><td>20,0</td><td>24,0</td><td>30,0</td><td>38,0</td><td>45,0</td><td>52,0</td><td>65,0</td><td>26,0</td><td>30,0</td><td>34,0</td><td>42,0</td></tr>
<tr><td rowspan="2">Stabdübel, Paßbolzen</td><td>zul σ_l</td><td>4,0</td><td>5,0</td><td>6,1</td><td>9,4</td><td>8,5</td><td>10,0</td><td>13,0</td><td>20,0</td><td>5,5</td><td>6,5</td><td>8,4</td><td>13,0</td></tr>
<tr><td>B</td><td>23,0</td><td>27,0</td><td>30,0</td><td>36,0</td><td>51,0</td><td>60,0</td><td>65,0</td><td>80,0</td><td>33,0</td><td>39,0</td><td>42,0</td><td>52,0</td></tr>
</table>

Bei Kraftangriff rechtwinklig oder schräg zur Faserrichtung des Holzes sind die zulässigen Belastungen mit dem Faktor k_{st} für Stabdübel bzw. Paßbolzen abzumindern:

$$k_{st} = 1 - \alpha/360° \qquad \text{Gl. (3.22)}$$

Hierbei ist α der Winkel zwischen Kraft- und Faserrichtung zwischen 0° und 90°

Anzahl, Durchmesser und Scherflächen in Stabdübel- und Paßbolzenverbindungen richten sich nach Tafel **3.**16.

In Kraftrichtung hintereinander liegende Stabdübel und Paßbolzen sollten die Zahl von sechs Stück nicht überschreiten. Bei mehr als sechs hintereinander liegenden Stabdübeln oder Paßbolzen ist die rechnerisch wirksame Anzahl abzumindern und Tafel **3.**17 zu entnehmen.

Tafel **3.**16 **Stabdübel und Paßbolzen**
Zulässige Durchmesser, Anzahl und Scherflächen in tragenden Verbindungen nach DIN 1052 T2

	Durchmesser in mm		Anzahl	Scherflächen	Bohrloch-durchmesser
	min.	max.	min.	min.	
Bolzen	$d_b = 12$	d_b, $d_{st} \leqq 30$	$n \geqq 2$	$m \geqq 2$	$d_b + 1$ mm
Stabdübel	$d_{st} = 8$		$n \geqq 2$	$m \geqq 4$	d_{st}
Paßbolzen			$n \geqq 2$	$m \geqq 2$	

Tafel **3.**17 **Stabdübel und Paßbolzen**
Rechnerisch wirksame Anzahl von in Kraftrichtung hintereinander liegenden Stabdübeln und Paßbolzen bei Anschlüssen und Stößen

Anzahl n der hintereinanderliegenden Stabdübel und Paßbolzen	6	7	8	9	10	11	$\leqq 12$
wirksame Anzahl ef n	6	6,7	7,3	8	8,7	9,3	10

Tafel **3.**18 **Stabdübel und Paßbolzen**
Mindestabstände nach DIN 1052 T2

		Mindestabstände ∥ Kraftrichtung bei Stabdübeln, Paßbolzen	Mindestabstände ∥ Kraftrichtung bei Bolzen
untereinander	∥ Faserrichtung ⊥ Faserrichtung	$5\,d_{st}$ $3\,d_{st}$	$7\,d_b$, $\geqq 100$ mm $5\,d_b$
vom beanspruchten Rand	∥ Faserrichtung ⊥ Faserrichtung	$6\,d_{st}$ $3\,d_{st}$	$7\,d_b$, $\geqq 100$ mm $4\,d_b$
vom unbeanspruchten Rand	∥ Faserrichtung ⊥ Faserrichtung	$3\,d_{st}$ $3\,d_{st}$	$3\,d_b$ $3\,d_b$

Die Mindestabstände von Stabdübeln und Paßbolzen sind Tafel **3.**18 und Bild **3.**23 zu entnehmen. Bei Schräganschlüssen dürfen die Mindestabstände in Faserrichtung durch Interpolieren der Werte aus Tafel **3.**18 ermittelt werden.

Ein Beispiel zur Erläuterung des rechnerischen Nachweises von Stabbolzenverbindungen bei Rahmenecken enthält Abschnitt 10.5.1.

Bolzen

Bolzen sind zylinderische Stäbe mit Kopf und Mutter einschl. der zugehörigen Unterlegscheiben. Sie werden mit geringem Spiel in vorgebohrte Bolzenlöcher (∅ + 1 mm) eingebaut.

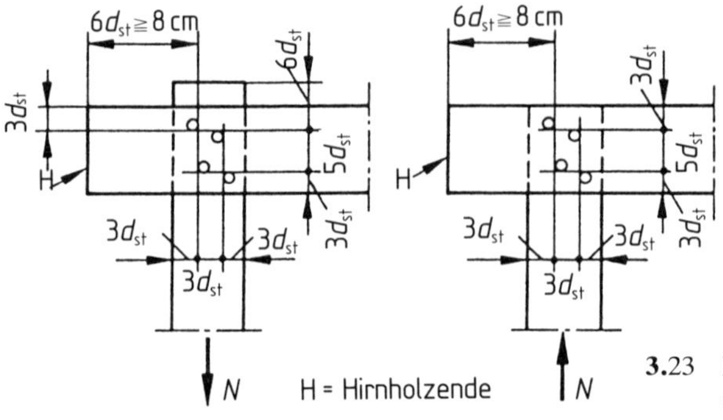

3.23 Mindestabstände von Stabdübeln und Paßbolzen nach DIN 1052 T2

Tragende Bolzen sind zur Kraftübertragung bei der Beanspruchung auf Abscheren nur für untergeordnete Bauteile zu verwenden, z. B. bei einfachen landwirtschaftlichen Bauten oder bei Gerüsten und Fliegenden Bauten nach DIN 4112.

Keilzinkung

Keilzinkungen sind Leimverbindungen zur Herstellung tragender Längsstöße oder biegesteifer Rahmenecken (Bild **3**.22 c) und d) sowie Bild **3**.24).

3.24 Keilzinkenverbindung als verleimter, tragender Längsstoß von Hölzern, insbesondere von Brettschichtholz nach DIN 68140
Hierbei sind:
l Zinkenlänge t Zinkenteilung b Breite des Zinkengrundes
s Zinkenspiel α Flankenwinkel $v = b/t$ Schwächungsgrad

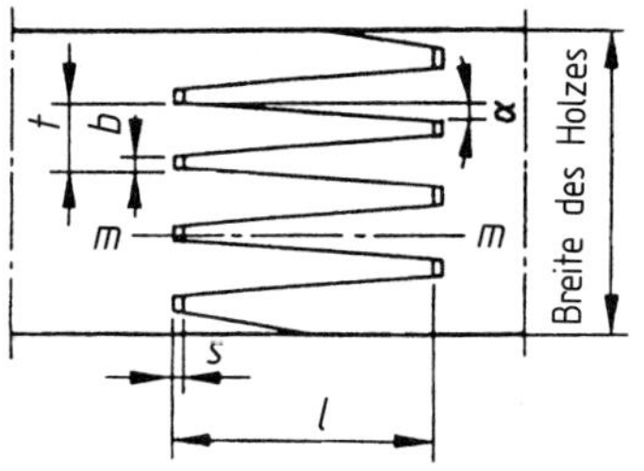

Bei Keilzinkenverbindungen darf der Schwächungsgrad v nicht zu groß sein. Er muß die Bedingung nach Gl. 3.16 erfüllen:

$$v = b/t \leq 0{,}18 \qquad \text{Gl. (3.16)}$$

Der Flankenwinkel darf nicht zu groß gewählt werden:

Bei Zinkenlängen $l \leq 10$ mm: Flankenwinkel $\alpha \leq 7{,}5°$ (1 : 7,6)
$l > 10$ mm: $\alpha \leq 7{,}1°$ (1 : 8)

Firstpunkte bei Rahmenriegeln aus Brettschichtholz können ebenfalls mit Keilzinkenverbindung hergestellt werden, ähnlich wie bei Rahmenecken.

Ein Beispiel zur Erläuterung des rechnerischen Nachweises von Keilzinkenverbindungen bei Rahmenecken enthält Abschnitt 10.5.1.

4 Biegebeanspruchung

Biegespannungen entstehen durch Lasten, die die Bauteile auf Biegung beanspruchen. Hierbei sind einfache Biegung (Abschn. 4.1) und zweiachsige Biegung (Abschn. 4.4) zu unterscheiden.

4.1 Einfache Biegung

Träger haben Belastungen aufzunehmen und diese Lasten auf die Auflager zu übertragen. Infolge der Belastung biegen sich Träger nach unten durch. Diese Biegung kann jedoch nur stattfinden, wenn der untere Trägerbereich gedehnt und der obere Trägerteil gestaucht wird (Bild **4**.1). Dehnungen entstehen bei Zugbeanspruchung, Stauchungen werden bei Druckbeanspruchung bewirkt. Zwischen Dehnungen und Stauchungen ist eine Übergangszone ohne Formänderungen. Dort wirken auch keine Spannungen, es ist die Spannungsnullinie. Diese liegt in Höhe der Schwerachse des Trägers. Von dieser neutralen Faser, in der es keine Verlängerungen oder Verkürzungen gibt, nehmen die Dehnungen und Stauchungen zu den äußeren Rändern ständig zu (Bild **4**.1b). Demzufolge sind die Spannungen auch an den Rändern am größten. Damit ist klar zu erkennen, daß sich die Spannungen nicht gleichmäßig über die Querschnittsfläche verteilen (Bild **4**.1c).

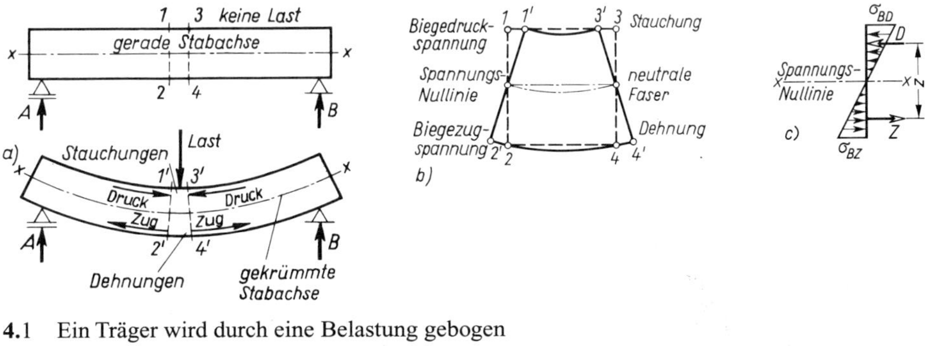

4.1 Ein Träger wird durch eine Belastung gebogen
a) Belastung und Durchbiegung des Trägers
b) Verformungsbild mit Stauchungen im oberen Trägerbereich und Dehnungen im unteren Trägerbereich
c) Spannungsbild mit Biege**druck**spannungen σ_{BD} im oberen und Biege**zug**spannungen σ_{BZ} im unteren Trägerbereich

4.1.1 Wirkungsweise der Biegebeanspruchung

Zum Berechnen der Biegespannung reichen die bisherigen Spannungsformeln nicht aus. Daher sind weitere Erläuterungen erforderlich. Ein großes Biegemoment ruft große Biegespannungen hervor. Der Widerstand gegen Biegung ist nicht nur von der Größe des Querschnittes abhängig, sondern auch von der Form und der Lage des Querschnittes.

Beispiel zur Erläuterung

Ein Kantholz kann hochkant größere Biegemomente aufnehmen und biegt sich weniger durch, als wenn das gleiche Kantholz flach verlegt wird (Bild **4**.2).

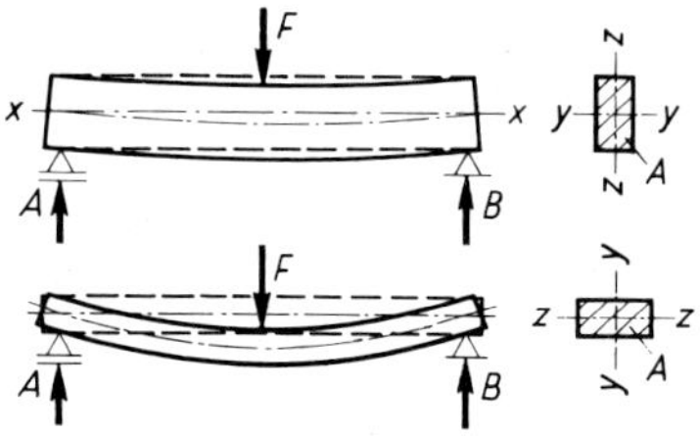

4.2 Ein flachverlegter Träger erfährt größere Verformungen als ein hochkant verlegter Träger bei gleicher Belastung

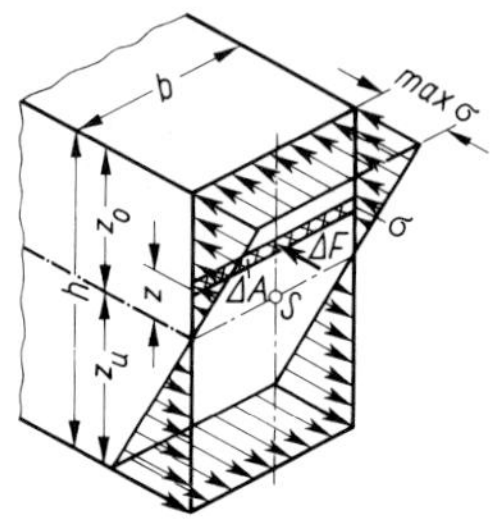

4.3 Räumlich dargestelltes Spannungsbild

4.1.2 Erklärung des Biegemoments

Auf eine beliebige Teilfläche ΔA des Querschnittes (Bild **4**.3) wirkt eine Spannung σ. Die Teilfläche überträgt damit eine Teilkraft:

$$\Delta F = \Delta A \cdot \sigma \quad \text{(entstanden aus } \sigma = \frac{F}{A},\ F = A \cdot \sigma\text{)}$$

Diese Teilkraft hat zur Spannungsnullinie den Wirkabstand z. Sie bildet damit ein Teilmoment:

$$\Delta M = \Delta F \cdot z$$

$$\Delta M = \Delta A \cdot \sigma \cdot z$$

Die Biegespannung wird zu den Rändern um so größer, je größer der Abstand von der Nullinie wird. Die Spannung σ verhält sich zur maximalen Spannung max σ am Rand wie der Abstand z zum Randabstand z_0:

$$\sigma/\max\sigma = z/z_0$$

$\sigma = \max\sigma \cdot z/z_0$ wird eingesetzt in die Gleichung $\Delta M = \Delta A \cdot \sigma \cdot z$:

$$\Delta M = \Delta A \cdot \max\sigma \cdot z^2/z_0$$

Alle kleinen Teilmomente ΔM des gesamten Querschnittes zusammen müssen dem angreifenden Biegemoment max M das Gleichgewicht halten:

$$\max M = \Sigma \, \Delta M \qquad \max M = \Sigma \, \Delta A \cdot \max \sigma \cdot \frac{z^2}{z_0}$$

$$\max M = \frac{\max \sigma}{z_0} \cdot \Sigma \, \Delta A \cdot z^2 \qquad \text{Gl. (4.1)}$$

4.1.3 Erklärung für Flächenmoment und Widerstandsmoment

Der Ausdruck $\Sigma \, \Delta A \cdot z^2$ in Gl. (4.1) bedeutet, daß die Summe aller kleinen Teilflächen ΔA des gesamten Querschnitts mit dem Quadrat ihres jeweiligen Abstandes z von der Spannungsnullinie multipliziert werden (Teilfläche mal Abstand mal Abstand). Es kann daher gesagt werden, daß es sich um Momente von Flächen handelt: es sind Flächenmomente zweiter Ordnung. Da der Abstand z mit seinem Quadrat als z^2 in die Rechnung eingeht, bezeichnet man sie als Flächenmomente 2. Grades. Sie erhalten das Formelzeichen I (groß i). Flächenmomente 2. Grades wurden früher als Trägheitsmomente bezeichnet.

Flächenmoment

$$\boldsymbol{I = \Sigma \, \Delta A \cdot z^2} \qquad \text{Gl. (4.2)}$$

In Gl. (4.1) für das maximale Biegemoment wird für $\Sigma \, \Delta A \cdot z^2$ das Flächenmoment I eingesetzt:

$$\max M = \frac{\max \sigma}{z_0} \cdot \Sigma \, \Delta A \cdot z^2$$

$$\max M = \frac{\max \sigma}{z_0} \cdot I \quad \text{oder}$$

$$\max M = \max \sigma \cdot \frac{I}{z_0} \qquad \text{Gl. (4.3)}$$

Der Ausdruck I/z_0 in Gl. (4.3) bedeutet, daß das Flächenmoment I durch den Randabstand z_0 dividiert wird. Man kann den Ausdruck I/z_0 ersetzen durch das Formelzeichen W und erhält damit das sogenannte Widerstandsmoment:

$$W = \frac{I}{z_0} \qquad \text{Gl. (4.4)}$$

4.1.4 Biegehauptgleichung

Aus den Gleichungen (4.3) und (4.4) ergibt sich für das Biegemoment die Gleichung:

$$\max M = \max \sigma \cdot W \qquad \text{Gl. (4.5)}$$

Umgewandelt entsteht daraus die Gleichung für die maximale Biegespannung

$$\max \sigma = \frac{\max M}{W} \qquad \text{Gl. (4.6)}$$

Dieses ist die Biegehauptgleichung:

$$\textbf{Biegespannung} = \frac{\textbf{Biegemoment}}{\textbf{Widerstandsmoment}} \qquad \boldsymbol{\sigma = \frac{M}{W}} \qquad \text{Gl. (4.7)}$$

Einheiten: Biegespannung σ in N/mm² mit M in Nmm und W in mm³
oder σ in kN/cm² mit M in kNcm und W in cm³

Die Einheit der Biegespannung mit Newton je Quadratmillimeter (N/mm²) ist zahlenmäßig günstig, es ergeben sich keine allzu großen und auch keine sehr kleinen Zahlenwerte. Das Biegemoment wird jedoch beim Ermitteln der Schnittgrößen meist in kNm errechnet und die Widerstandsmomente werden in Zahlentafeln stets in cm³ angegeben. Das bedingt ein Umwandeln der Krafteinheit von Kilonewton in Newton und der Längeneinheit von m oder cm in mm.

Zweckmäßig ist zunächst das Rechnen mit Biegemomenten in kNcm und Widerstandsmomenten in cm³. Erst abschließend wird dann die erhaltene Biegespannung von kN/cm² in N/mm² umgewandelt.

Zur Umrechnung:

$$\mathbf{1\,\frac{kN}{cm^2} = 10\,\frac{N}{mm^2}}$$

Die in Zahlentafeln angegebene Einheit des Widerstandsmomentes (cm³) hat nichts mit einem Kubikzentimeter (cm³) zu tun. Die Einheit des Flächenmomentes (cm⁴) ist ebenfalls nicht vorstellbar und nur aus der Multiplikation von Fläche (cm²) mal Abstand zum Quadrat (cm · cm) zu erklären.

Widerstandsmomente und Flächenmomente sind geometrische Werte. Es sind unvorstellbare Rechenwerte. Diese Rechenwerte sind nur von der Größe und von der Form des Querschnitts abhängig, nicht aber von der Art des Werkstoffes.

- **Das Widerstandsmoment ist ein Maß für die Biegefestigkeit eines Trägers.**
  Es dient z.B. zur Berechnung der Biegespannung (s. Abschn. 4.1.1).
- **Das Flächenmoment ist ein Maß für die Biegesteifigkeit eines Trägers.**
  Es dient z.B. zur Berechnung der Durchbiegung (s. Abschn. 4.3.2).

Für genormte Querschnitte (z.B. für Stahl- oder Holzprofile) sind in Tabellen außer den Querschnittswerten auch die Flächenmomente I und die Widerstandsmomente W angegeben.

Zur Bestimmung von Flächenmomenten I oder Widerstandsmomenten W werden durch den Schwerpunkt des Querschnitts zwei rechtwinklig zueinander stehende Achsen gelegt. Die horizontale Achse ist die y-Achse; die vertikale Achse wird z-Achse genannt (Bild **4.**4).

Belastungen, die rechtwinklig auf der y-Achse stehen, erzeugen Biegemomente M_y (Bild **4.**5). Dafür gelten Widerstandsmomente W_y und Flächenmomente I_y.

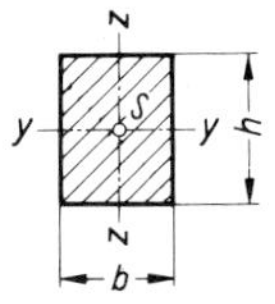

4.4 Die Hauptachsen eines Querschnittes gehen durch den Schwerpunkt

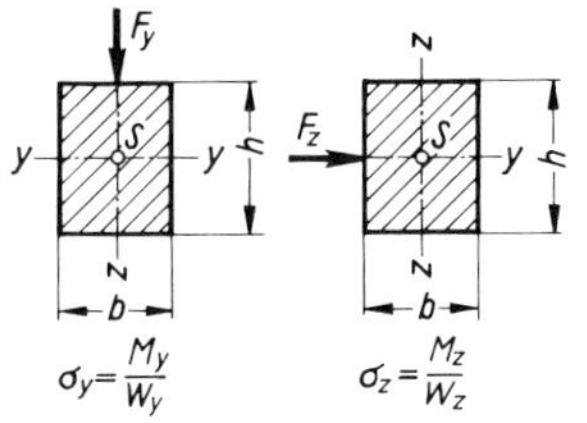

4.5 Belastungen rechtwinklig zur y-Achse und rechtwinklig zur z-Achse

Für Belastungen rechtwinklig zur z-Achse erhalten die Biegemomente, Flächenmomente und Widerstandsmomente den Index z.

Flächenmomente und Widerstandsmomente werden immer auf Achsen bezogen, die durch den Flächenschwerpunkt gehen.

Formeln für den Spannungsnachweis $\textbf{vorh } \boldsymbol{\sigma}_{\mathbf{B}} = \dfrac{\textbf{vorh } \boldsymbol{M}}{\textbf{vorh } \boldsymbol{W}}$ in N/mm² Gl. (4.8)

$$\frac{\text{vorh } \sigma_B}{\text{zul } \sigma_B} \leqq 1{,}0 \qquad \text{Gl. (4.9)}$$

Formel für die Bemessung $\textbf{erf } \boldsymbol{W} = \dfrac{\textbf{vorh } \boldsymbol{M}}{\textbf{zul } \boldsymbol{\sigma}_{\mathbf{B}}}$ in mm³ Gl. (4.10)

Formel für die Belastbarkeit $\textbf{zul } \boldsymbol{M} = \textbf{vorh } \boldsymbol{W} \cdot \textbf{zul } \boldsymbol{\sigma}_{\mathbf{B}}$ in Nmm Gl. (4.11)

Die Berechnung der Biegespannung in der gezeigten Weise setzt folgende Annahmen voraus:

1. **Die Länge des Trägers ist viel größer als seine Breite und Höhe.**
2. **Die Querkräfte werden vernachlässigt.**
3. **Die Trägerachse ist gerade oder nur schwach gekrümmt.**
4. **Die Belastung wirkt nur rechtwinklig zur Stabachse** (ohne Längskräfte). **Die Lastebene verläuft durch die Schwerachse der Querschnittsfläche.**
5. **Die Spannungen verändern sich linear mit dem Abstand von der Nullinie** (Hookesches Gesetz und Navierische Annahme).
6. **Die ebenen Querschnitte bleiben auch bei der Durchbiegung eben und stehen rechtwinklig zur Stabachse** (Bernoullisches Gesetz).
7. **Die Querschnitte haben mindestens eine Symmetrieachse.**

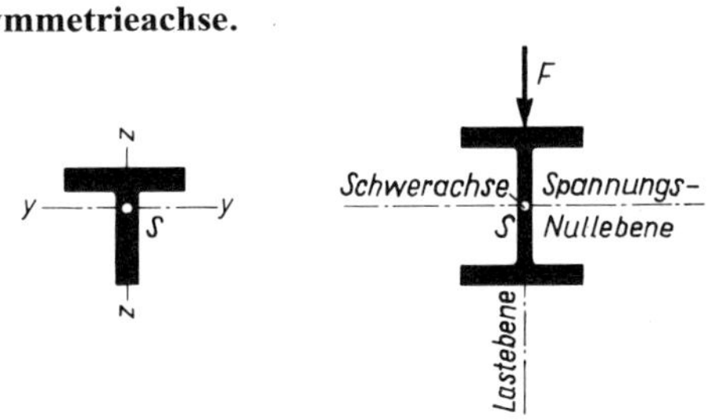

4.6 Lastebene und Spannungsnullebene kreuzen sich in der Schwerachse des Querschnittes

4.1.5 Biegefestigkeit

Die Berechnung der Biegespannung dient dem Nachweis einer ausreichenden Biegefestigkeit. Dazu wird das Widerstandsmoment des Trägerquerschnitts benötigt.

Bei der Ermittlung des Widerstandsmoments sind Querschnittsschwächungen (z. B. durch Bohrlöcher) zu berücksichtigen (s. Abschn. 8.1).

Die nachfolgenden Beispiele zeigen die Berechnung zum Nachweis der Biegespannung. Es ist dabei die vorhandene Biegespannung (vorh σ_B) der zulässigen Biegespannung (zul σ_B) bzw. der Grenzspannung $\sigma_{R,d}$ gegenüberzustellen.

Der Nachweis der Biegesteifigkeit wird in Abschnitt 4.3.2 gezeigt.

Biegefestigkeit von Holzbauteilen

Mit den ermittelten Biegemomenten und dem Widerstandsmoment des Querschnitts ist nachzuweisen, daß die zulässigen Spannungen nach Tafel **1.**15 Zeile 1 eingehalten sind.

Als Stützweite ist der Abstand der Auflagermitten in Rechnung zu stellen. Bei Auflagerung auf Mauerwerk oder Beton ist als Stützweite der Abstand der Auflagermitten anzunehmen, bei Einfeldträgern jedoch höchstens das 1,05fache der lichten Weite:

Stützweite $l = 1{,}05\, l_w$ Gl. (4.12)

Durchlaufende Bretter, Bohlen oder Platten aus Holzwerkstoffen sind in der Regel als frei drehbar gelagerte Träger auf zwei Stützen zu berechnen.

Pfetten und Balken mit Kopfbändern dürfen mit ihrer größten Feldweite l_1, l_2, l_3 oder l_4 nach Bild **4.**7 als frei drehbar gelagerter Träger auf zwei Stützen berechnet werden, wenn folgende Voraussetzungen zutreffen:

- in allen Feldern wirkt eine vorwiegend gleichmäßig verteilte Belastung oder gleiche, in kleinen Abständen stehende Einzellasten (Sparren)
- benachbarte Stützenabstände l nach Bild **4.**7 dürfen nicht mehr als 1/5 voneinander abweichen.

Pfetten und Balken mit Sattelhölzern ohne Kopfbänder sind stets mit dem Achsabstand ihrer Unterstützungen als Stützweite zu berechnen.

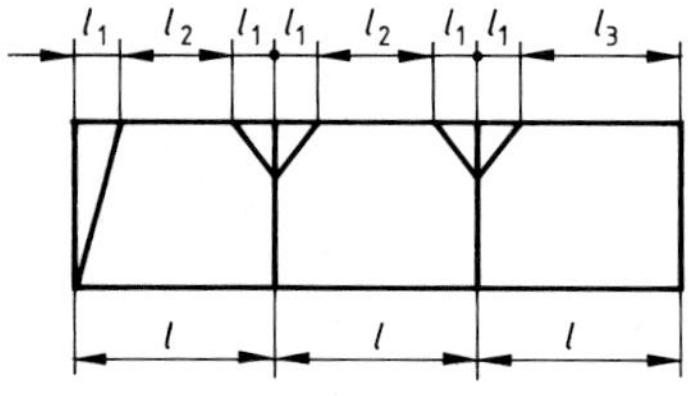

4.7 Feldweiten bei Kopfbandbalken (nach DIN 1052 Teil 1)

Beispiele zur Erläuterung

1. Ein Holzbalken hat eine Belastung von $q = 2$ kN/m zu tragen. Die Stützweite beträgt $l = 2{,}85$ m, die zulässige Biegespannung $\sigma_{BD} = 10$ N/mm² = 1 kN/cm².

Welcher Kantholzquerschnitt ist erforderlich?

$$\max M = \frac{q \cdot l^2}{8} = \frac{2\ \text{kN/m} \cdot (2{,}85\ \text{m})^2}{8} = 2{,}03\ \text{kNm} = 203\ \text{kNcm}$$

$$\text{erf}\ W_y = \frac{\max M}{\text{zul}\ \sigma_{BD}} = \frac{203\ \text{kNcm}}{1\ \text{kN/cm}^2} = 203\ \text{cm}^3$$

Gewählt: Kantholz **70/140 mm** mit $W_y = 229\ \text{cm}^3$

$$\text{vorh}\ \sigma_{BD} = \frac{\max M}{\text{vorh}\ W_y} = \frac{203\ \text{kNcm}}{229\ \text{cm}^3} = 0{,}89\ \text{kN/cm}^2 = 8{,}9\ \text{N/mm}^2$$

$$\text{zul}\ \sigma_{BD} = 10\ \text{N/cm}^2$$

$$\frac{\text{vorh}\ \sigma_{BD}}{\text{zul}\ \sigma_{BD}} = \frac{8{,}9\ \text{N/mm}^2}{10\ \text{N/mm}^2} = 0{,}89 < 1{,}0$$

2. Die Belastung eines Pfettendaches aus Eigenlast und Schneelast beträgt $g + s = 0{,}74 + 0{,}56 = 1{,}30\ \text{kN/m}^2$ Grundfläche. Die rechtwinklig auf die Dachfläche wirkende Windlast beträgt $w = 0{,}24\ \text{kN/m}^2$ Dachfläche. Dachneigung $\alpha = 40°$. Sparrenabstand $e = 70$ cm. Die Sparren werden als schräge Träger bemessen. Die Durchlaufwirkung wird nicht berücksichtigt, da die Sparren zur Auflagerung auf der Mittelpfette ausgeklinkt werden (Bld **4.**8). Nadelholz Sortierklasse S10, Lastfall HZ.

Wind- und Schneelast je Sparrenfeld:

$$W + S = (w_D + s) \cdot e \cdot l = (0{,}24 + 0{,}56) \cdot 0{,}70 \cdot 3{,}10 = 1{,}74\ \text{kN} < 2{,}0\ \text{kN}$$

Reparaturlast als Einzellast $F = 1{,}0$ kN

Biegemoment aus Eigenlast + Schnee + Wind

$$M_y = \frac{(g + s + w) \cdot l^2}{8} \cdot e + \frac{w \cdot h^2}{8} \cdot e = \frac{(g + s) \cdot l_1^2}{8} \cdot e + \frac{w \cdot l_s^2}{8} \cdot e$$

$$= \frac{(0{,}74 + 0{,}56) \cdot 3{,}10^2}{8} \cdot 0{,}70 + \frac{0{,}24 \cdot 4{,}05^2}{8} \cdot 0{,}70 = 1{,}09 + 0{,}34$$

$$= 1{,}43\ \text{kNm} = 143\ \text{kNcm}$$

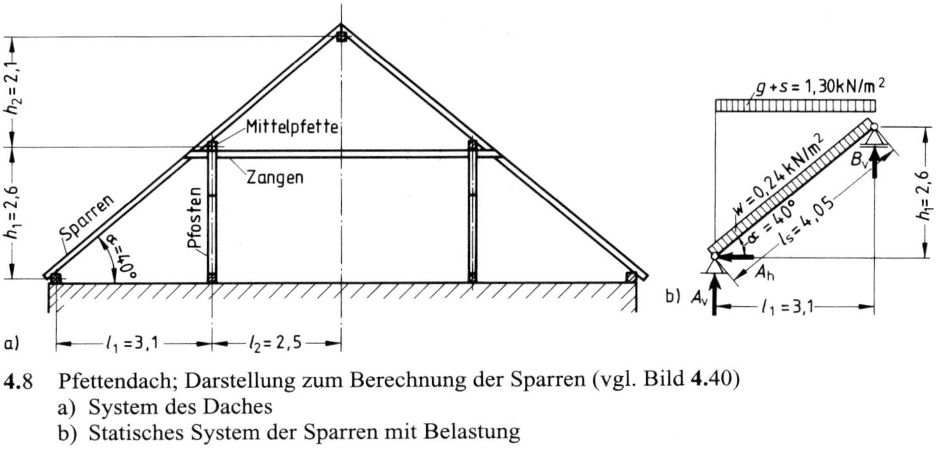

4.8 Pfettendach; Darstellung zum Berechnung der Sparren (vgl. Bild **4.**40)
a) System des Daches
b) Statisches System der Sparren mit Belastung

Biegemoment aus Eigenlast + Reparaturlast

$$M_y = \frac{g \cdot l^2}{8} \cdot e + \frac{F \cdot l}{4}$$

$$= \frac{0{,}74 \cdot 3{,}10^2}{8} \cdot 0{,}70 + \frac{1{,}0 \cdot 3{,}10}{4} = 0{,}62 + 0{,}78$$

$$= 1{,}40 \text{ kNm} = 140 \text{ kNcm}$$

Bemessung

$$\text{erf } W_y = \frac{\max M}{\text{zul } \sigma_B} = \frac{143}{1{,}0} = 143 \text{ cm}^3$$

Gewählt: Sparren **80/120 mm** mit $W_y = 192$ cm³

Spannungsnachweis für Lastfall HZ (Erhöhung von zul σ_B um 25%)

$$\text{vorh } \sigma_{BD} = \frac{\max M}{\text{vorh } W_y} = \frac{143}{192} = 0{,}74 \text{ kN/cm}^2 = 7{,}4 \text{ N/mm}^2$$

$$\text{zul } \sigma = 1{,}25 \cdot 10 \text{ N/mm}^2 = 12{,}5 \text{ N/mm}^2$$

$$\frac{\text{vorh } \sigma_{BD}}{\text{zul } \sigma} = \frac{7{,}4 \text{ N/mm}^2}{12{,}5 \text{ N/mm}^2} = 0{,}59 < 1$$

Biegefestigkeit von Stahlbauteilen

Mit den ermittelten Biegemomenten und dem Widerstandsmoment des Querschnitts ist nachzuweisen, daß die Grenzspannungen eingehalten sind.

Als Stützweite darf bei Auflagerung auf Mauerwerk oder Beton die um 5% bzw. mindestens um 12 cm vergrößerte Lichtweite angenommen werden:

Stützweite $l = 1{,}05\, l_w$ bzw. $l = l_w + 12$ cm Gln. (4.13) (4.14)

Durchlaufträger mit gleichmäßig verteilter Belastung dürfen unter bestimmten Bedingungen vereinfacht für folgende Biegemomente bemessen werden:

Biegemomente in den Endfeldern: $M_E = p \cdot l^2/11$ Gl. (4.15)

in den Innenfeldern: $M_I = p \cdot l^2/16$ Gl. (4.16)

an den Innenstützen: $M_S = -p \cdot l^2/16$ Gl. (4.17)

Für die Feldmomente M_E und M_I sind die Belastung p und die Stützweite l der jeweiligen Felder anzusetzen. Für das Stützmoment M_S sind jedoch stets p und l desjenigen angrenzenden Feldes anzusetzen, das den größeren Wert liefert.

Unter der Belastung p ist die gleichmäßig verteilte Belastung zu verstehen, die sich ergibt aus der ständigen Last g multipliziert mit dem Teilsicherheitsbeiwert γ_g und der veränderlichen Last (Nutzlast) q vervielfältigt mit dem Teilsicherheitsbeiwert γ_q

$p = g \cdot \gamma_g + q \cdot \gamma_q$ in kN/m Gl. (4.18)

Voraussetzungen für die vereinfachte Berechnung der Biegemomente sind:

- der Träger hat einen doppelt-symmetrischen Querschnitt,
- evtl. Stöße weisen volle Querschnittsdeckung auf,
- die Belastung ist feldweise gleichmäßig verteilt und insgesamt gleichgerichtet,
- bei unterschiedlichen Feldlängen darf die kleinste Feldlänge nicht kleiner als 0,8 der größten Feldlänge sein,
- örtliches Ausbeulen und Kippen sind zu beachten (s. Abschn. 10.2 und 10.3).

Insgesamt gilt:

Aussteifende Verbände und Rahmen sind so zu bemessen, daß sie die auf das Tragwerk wirkenden Lasten (z. B. Wind) ableiten und das Bauwerk sowie seine Teile gegen Ausweichen sichern (s. Abschn. 10.4).

Beispiele zur Erläuterung

1. Ein Stahlträger IPB 220 aus S235 mit einem Widerstandsmoment $W_y = 736\ \text{cm}^3$ hat bei einer Stützweite von $l = 3{,}2$ m eine gleichmäßig verteilte Last von $g + q = 35 + 25$ kN/m aufzunehmen. Die Biegespannung wird nachgewiesen.

Bemessungsbiegemoment

$$M_{y,d} = \frac{(g \cdot \gamma_g + q \cdot \gamma_g) \cdot l^2}{8} = \frac{(35 \cdot 1{,}35 + 25 \cdot 1{,}5) \cdot 3{,}2^2}{8}$$

$$= \frac{(47{,}3 + 37{,}5) \cdot 3{,}2^2}{8} = 108{,}5\ \text{kNm}$$

$$= 10\,850\ \text{kNcm}$$

Biegespannung

$$\sigma_y = \frac{M_{y,d}}{W_y} = \frac{10850}{736} = 14{,}7\ \text{kN/cm}^2$$

$$= 147\ \text{N/mm}^2$$

Grenzspannung

$$\sigma_{R,d} = \frac{f_{y,k}}{\gamma_M} = \frac{240}{1{,}1} = 218\ \text{N/mm}^2$$

Spannungsnachweis

$$\frac{\sigma_y}{\sigma_{R,d}} = \frac{147}{218} = 0{,}67 < 1$$

2. Bei einem Stahlträger IPE 270 darf bei Biegebeanspruchung die Streckgrenze für S235 nicht überschritten werden. Der Träger ist 3,8 m weit gespannt.

a) Wie groß ist die Grenzspannung $\sigma_{R,d}$?

b) Wie groß ist der Grenzwert des Biegemoments $M_{y,d}$?

c) Wie groß ist der Grenzwert für die Belastung p, wenn mit einem Teilsicherheitsbeiwert der Einwirkung $\gamma_F = 1{,}5$ gerechnet wird?

a) Grenzspannung

$$\sigma_{R,d} = \frac{f_{y,k}}{\gamma_M} = \frac{240}{1{,}1} = 218\ \text{N/mm}^2 = 21{,}8\ \text{kN/cm}^2$$

b) Biegemoment

$$M_y = \sigma_{R,d} \cdot W_y = 21{,}8 \cdot 429 = 9352 \text{ kNcm}$$
$$\approx 93{,}5 \text{ kNm}$$

Bemessungsbiegemoment $M_{y,d} = M_y/\gamma_F = 93{,}5/1{,}5 = 62{,}3$ kNm

c) Belastung

Aus der Formel für das Bemessungsbiegemoment $M_{y,d}$ ergibt sich die Größe für die Belastung p:

$$M_{y,d} = \frac{p \cdot l^2}{8}$$

$$p = \frac{8\,M}{l^2} = \frac{8 \cdot 62{,}3 \text{ kNm}}{(3{,}8 \text{ m})^2}$$
$$= 34{,}5 \text{ kN/m}$$

Bei einer Aufteilung der Grenzlast p in die ständige Last g und die veränderliche Last q können die zugehörigen Teilsicherheitsbeiwerte y_F entsprechend Gl. (4.18) berücksichtigt werden.

4.2 Widerstandsmomente und Flächenmomente 2. Grades

Widerstandsmomente und Flächenmomente wurden bereits in Abschnitt 4.1.3 in allgemeingültiger Form erklärt. Für häufig vorkommende Querschnitte können aus den allgemeinen Formeln die Widerstandsmomente für einfache Querschnitte abgeleitet werden. Dabei ist nach symmetrischen und unsymmetrischen Querschnitten zu unterscheiden. Besondere Vereinfachungen ergeben sich für Rechteckquerschnitte.

4.2.1 Rechteckige Querschnitte

Die Widerstandsmomente und Flächenmomente 2. Grades für Rechteckquerschnitte sind aus folgenden Überlegungen zu ermitteln.

Im unteren Trägerbereich entstehen bei positiven Biegemomenten Zugspannungen, im oberen Trägerbereich Druckspannungen. Es wirken resultierend die Kräfte Z und D im Schwerpunkt der Spannungsdreiecke (Bild **4.9**). Der Abstand der beiden gleich großen, aber entgegengesetzt gerichteten Kräfte ist $z = 2/3\,h$. Beide Kräfte bilden ein Kräftepaar. Das daraus entstehende Moment ist das innere Moment M_i, welches dem äußeren Moment max M aus der Belastung das Gleichgewicht halten muß:

$$\sum M = M_i + \max M = 0 \qquad |M_i| = \max M$$

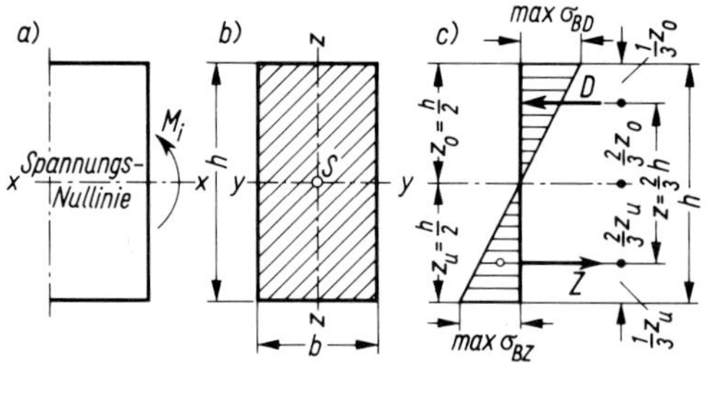

4.9
Biegebeanspruchter Rechteckquerschnitt
a) Längsansicht mit innerem Moment M_i
b) Querschnitt mit den Hauptachsen (y-Achse und z-Achse) im Schwerpunkt S, durch den auch die Spannungsnullinie geht
c) Spannungsbild mit den inneren Kräften D und Z als Resultierende aus den Spannungskeilen

Damit ergibt sich

$$\max M = |M_i| = |D| \cdot z \quad \text{bzw.} \quad \max M = |Z| \cdot z \qquad \text{Gl. (4.19)}$$

Die inneren Kräfte D und Z sind aus dem Inhalt der Spannungskeile zu berechnen (s. Bild **4.**3). Hierbei werden zweckmäßigerweise die absoluten Größen ohne Vorzeichen verwendet.

$$|D| = |Z| = \max \sigma_B \cdot \frac{h}{2} \cdot \frac{1}{2} \cdot b = \frac{\max \sigma_B \cdot h \cdot b}{4} \qquad \text{Gl. (4.20)}$$

In Gleichung (4.19) wird für $|D|$ bzw. $|Z|$ die Gleichung (4.20) eingesetzt. Für z wird Gleichung (4.21) eingefügt.

$$z = \frac{2}{3} h \quad \text{(s. Bild 4.9)} \qquad \text{Gl. (4.21)}$$

Damit erhält das Biegemoment folgende Form:

$$\max M = D \cdot z = \frac{\max \sigma_B \cdot h \cdot b}{4} \cdot \frac{2}{3} h$$

$$\max M = \max \sigma_B \cdot \frac{b \cdot h^2}{6} \qquad \text{Gl. (4.22)}$$

Da die Grundgleichung $\max M = \max \sigma_B \cdot W$ gilt, ist in der Gleichung der Ausdruck $\frac{b \cdot h^2}{6}$ das Widerstandsmoment W. Also gilt für Rechteckquerschnitte:

$$\boldsymbol{W_y = \frac{b \cdot h^2}{6} \qquad W_z = \frac{h \cdot b^2}{6}} \qquad \text{Gln. (4.23) (4.24)}$$

Aus der Bedingung $W = \frac{I}{z_0}$ mit $z_0 = \frac{h}{2}$ folgt für die Flächenmomente 2. Grades

$$\boldsymbol{I_y = \frac{b \cdot h^3}{12} \qquad I_z = \frac{h \cdot b^3}{12}} \qquad \text{Gln. (4.25) (4.26)}$$

Diese Flächenmomente wurden früher auch als Trägheitsmomente bezeichnet.

Beispiele zur Erläuterung

1. Die Flächenmomente I_y und I_z eines Holzbalkens 160/180 mm bzw. 16/18 cm werden berechnet.

$$I_y = \frac{b \cdot h^3}{12} = \frac{16\ \text{cm} \cdot (18\ \text{cm})^3}{12} = 7776\ \text{cm}^4$$

$$I_z = \frac{h \cdot b^3}{12} = \frac{18\ \text{cm} \cdot (16\ \text{cm})^3}{12} = 6144\ \text{cm}^4$$

2. Die Widerstandsmomente W_y und W_z für den Holzbalken 160/180 mm bzw. 16/18 cm werden berechnet.

$$W_y = \frac{I_y}{h/2} = \frac{7776\ \text{cm}^4}{18\ \text{cm}/2} = 864\ \text{cm}^3 \quad \text{oder} \quad W_y = \frac{b \cdot h^2}{6} = \frac{16\ \text{cm} \cdot (18\ \text{cm})^2}{6} = 864\ \text{cm}^3$$

$$W_z = \frac{I_z}{b/2} = \frac{6144\ \text{cm}^4}{16\ \text{cm}/2} = 768\ \text{cm}^3 \quad \text{oder} \quad W_z = \frac{h \cdot b^2}{6} = \frac{18\ \text{cm} \cdot (16\ \text{cm})^2}{6} = 768\ \text{cm}^3$$

4.2.2 Statische Werte für Bauholz

In DIN 4070 sind die genormten Querschnitte der Kanthölzer, Balken und Dachlatten angegeben. Diese Querschnitte sind auf Vorrat eingeschnitten und sollen bevorzugt verwendet werden. Die Querschnittsmaße, Widerstands- und Flächenmomente sowie Trägheitsradien (s. Abschn. 7.1.2) sind in Tafel **4.**1 zusammengestellt. Dieses sind die statischen Werte des Querschnitts.

4.2.3 Symmetrische Querschnitte

Flächenmomente für Querschnitte, die aus rechteckigen Teilflächen mit gemeinsamer Symmetrieachse gebildet werden, sind durch Erweiterung der bisherigen Grundformeln zu berechnen.

a) Querschnitte aus zusammengesetzten rechteckigen Teilflächen (Bild **4.**10):

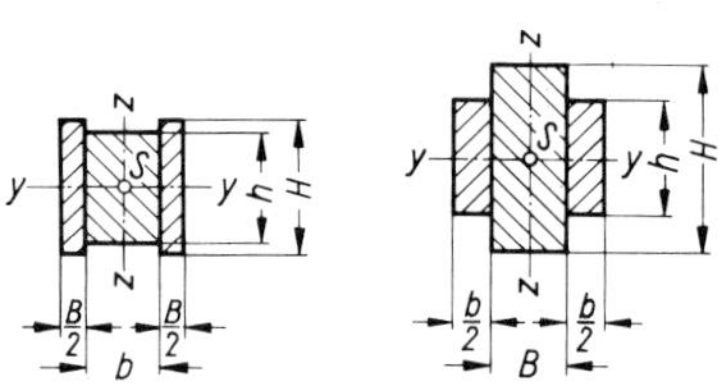

4.10 Flächenmomente 2. Grades für Querschnitte aus zusammengesetzten Rechtecken mit gemeinsamer Symmetrieachse

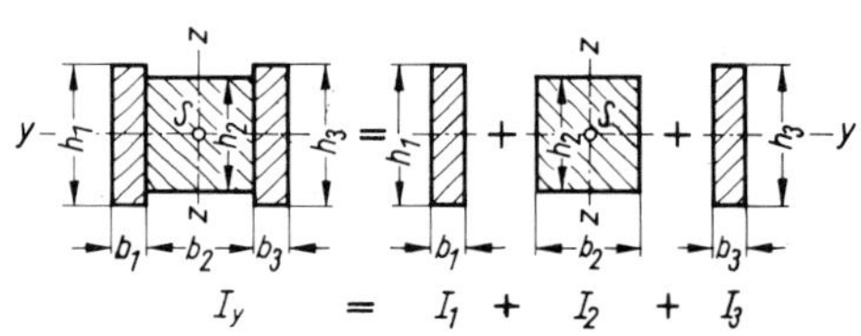

4.11 Das Flächenmoment 2. Grades I_y des Gesamtquerschnittes ergibt sich aus der Addition der Flächenmomente I_1 bis I_3 aller Teilquerschnitte

– Das Flächenmoment des gesamten Querschnittes ist gleich der Summe der Flächenmomente aller einzelnen Rechteckquerschnitte (Bild **4.**11):

$$I_y = I_1 + I_2 + I_3 + \cdots \qquad \text{in cm}^4 \qquad \text{Gl. (4.27)}$$

$$I_y = \frac{b_1 \cdot h_1^3}{12} + \frac{b_2 \cdot h_2^3}{12} + \frac{b_3 \cdot h_3^3}{12} + \cdots \qquad \text{Gl. (4.28)}$$

oder

$$I_y = \frac{B \cdot H^3}{12} + \frac{b \cdot h^3}{12} \qquad \text{Gl. (4.29)}$$

Tafel **4.1** **Bauholz** nach DIN 4070: Querschnittsmaße und statische Werte

Benennung	Breite und Höhe *b/d* cm	Querschnittsfläche A cm^2	W_y cm^3	I_y cm^4	W_z cm^3	I_z cm^4	i_y cm	i_z cm
Kantholz	6/6	36	36	108	36	108	1,73	1,73
	6/8	48	64	256	48	144	2,31	1,73
	6/12	72	144	864	72	216	3,46	1,73
	8/8	64	85	341	85	341	2,31	2,31
	8/10	80	133	667	107	427	2,89	2,31
	8/12	96	192	1152	128	512	3,46	2,31
	8/16	128	341	2731	171	683	4,62	2,31
	10/10	100	167	833	167	833	2,89	2,89
	10/12	120	240	1440	200	1000	3,46	2,89
	12/12	144	288	1728	288	1728	3,46	3,46
	12/14	168	392	2744	336	2016	4,04	3,46
	12/16	192	512	4096	384	2304	4,62	3,46
	14/14	196	457	3201	457	3201	4,04	4,04
	14/16	224	597	4779	523	3659	4,62	4,04
	16/16	256	683	5461	683	5461	4,62	4,62
	16/18	288	864	7776	768	6144	5,20	4,62
Balken	10/20	200	667	6667	333	1667	5,78	2,89
	10/22	220	807	8873	367	1833	6,35	2,89
	12/20	240	800	8000	480	2880	5,77	3,46
	12/24	288	1152	13824	576	3456	6,93	3,46
	16/20	320	1067	10667	853	6827	5,77	4,62
	18/22	396	1452	15972	1188	10692	6,35	5,20
	20/20	400	1333	13333	1333	13333	5,77	5,77
	20/24	480	1920	23040	1600	16000	6,93	5,77
Dachlatten	mm							
	24/48	11,5	9,2	22,1	4,57	5,5	1,39	0,69
	30/50	15,0	12,5	31,3	7,5	11,3	1,45	0,87
	40/60	24,0	24,0	72,0	16,0	32,0	1,73	1,16

b) Querschnitte mit fehlenden rechteckigen Teilflächen (Bild **4**.12):

– Das Flächenmoment des vorhandenen Querschnittes ist gleich dem Flächenmoment des ganzen Rechteckes, abzüglich der Flächenmomente der fehlenden Rechtecke (Bild **4**.13):

$$I_y = I_1 - I_2 - I_3 - \cdots \quad \text{in cm}^4 \qquad \text{Gl. (4.30)}$$

$$I_y = \frac{b_1 \cdot h_1^3}{12} - \frac{b_2 \cdot h_2^3}{12} - \frac{b_3 \cdot h_3^3}{12} - \cdots \qquad \text{Gl. (4.31)}$$

oder

$$I_y = \frac{B \cdot H^3}{12} - \frac{b \cdot h^3}{12} \qquad \text{Gl. (4.32)}$$

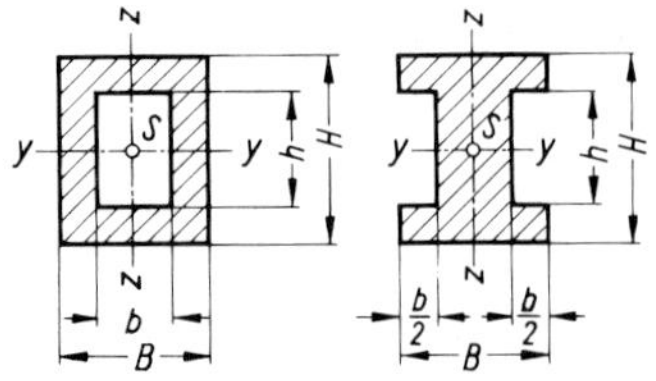

4.12 Flächenmomente 2. Grades für Querschnitte mit fehlenden Rechtecken bei gemeinsamer Symmetrieachse

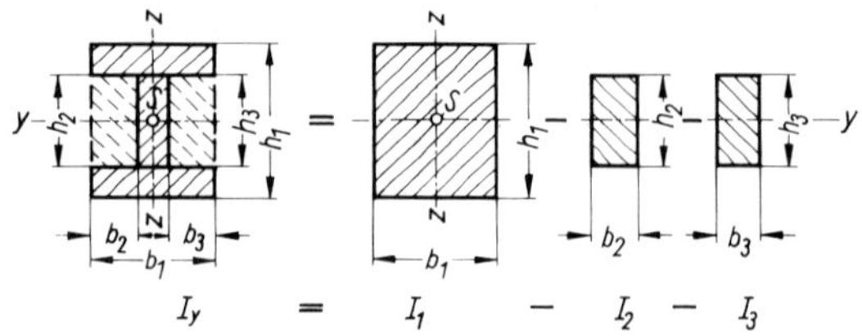

4.13 Das Flächenmoment 2. Grades I_y des vorhandenen Querschnittes ergibt sich aus dem Flächenmoment I_1 des umhüllenden Rechteckes, abzüglich der Flächenmomente I_2 und I_3 der fehlenden Rechtecke

Die Widerstandsmomente W werden berechnet aus den Flächenmomenten I, geteilt durch den Randabstand z_0 bzw. y_0:

$$\boldsymbol{W_y = \frac{I_y}{z_0}} \qquad \boldsymbol{W_z = \frac{I_z}{y_0}} \qquad \text{in cm}^3 \qquad \text{mit } I \text{ in cm}^4 \quad y_0 \text{ und } z_0 \text{ in cm} \qquad \text{Gl. (4.33)}$$

Beispiele zur Erläuterung

1. Für ein rechteckiges Hohlprofil (Bild **4.**14) wird die Berechnung der Flächenmomente I_y und I_z sowie der Widerstandsmomente W_y und W_z durchgeführt.

$$I_y = \frac{B \cdot H^3}{12} - \frac{b \cdot h^3}{12} = \frac{18\text{ cm} \cdot (24\text{ cm})^3}{12} - \frac{10\text{ cm} \cdot (20\text{ cm})^3}{12}$$

$$= 20\,736\text{ cm}^4 - 6667\text{ cm}^4 = 14\,069\text{ cm}^4$$

$$I_y = \frac{H \cdot B^3}{12} - \frac{h \cdot b^3}{12} = \frac{24\text{ cm} \cdot (18\text{ cm})^3}{12} - \frac{20\text{ cm} \cdot (10\text{ cm})^3}{12}$$

$$= 11\,664\text{ cm}^4 - 1667\text{ cm}^4 = 9997\text{ cm}^4$$

$$W_y = \frac{I_y}{z_0} = \frac{I_y}{H/2} = \frac{14\,069\text{ cm}^4}{24\text{ cm}/2} = 1172\text{ cm}^3$$

$$W_z = \frac{I_z}{z_0} = \frac{I_z}{B/2} = \frac{9997\text{ cm}^4}{18\text{ cm}/2} = 1111\text{ cm}^3$$

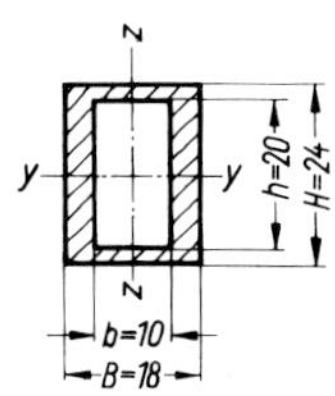

4.14 Hohlquerschnitt (Maße in cm)

2. Das Flächenmoment I_y und das Widerstandsmoment W_y für das Holzprofil nach Bild **4.**15 werden berechnet.

$$I_y = \frac{B \cdot H^3}{12} - \frac{b \cdot h^3}{12} = \frac{14\text{ cm} \cdot (28\text{ cm})^3}{12} - \frac{8\text{ cm} \cdot (18\text{ cm})^3}{12}$$

$$= 25\,611\text{ cm}^4 - 3888\text{ cm}^4 = 21\,723\text{ cm}^4$$

$$W_y = \frac{I_y}{z_0} = \frac{I_y}{H/2} = \frac{21\,723\text{ cm}^4}{28\text{ cm}/2} = 1552\text{ cm}^3$$

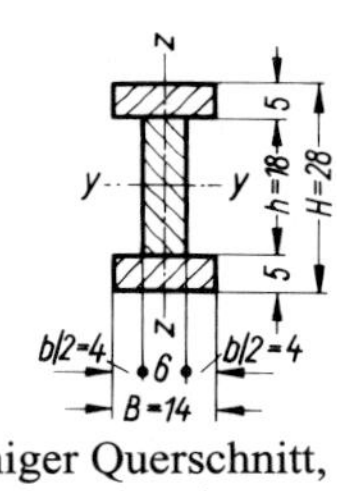

4.15 I-förmiger Querschnitt, hochkant stehend (Maße in cm)

3. Das Flächenmoment I_z und das Widerstandsmoment W_z für das gleiche Holzprofil nach Bild **4.**16 werden bestimmt.

$$I_z = \frac{B \cdot H^3}{12} + \frac{b \cdot h^3}{12} = \frac{10\ \text{cm} \cdot (14\ \text{cm})^3}{12} + \frac{18\ \text{cm} \cdot (6\ \text{cm})^3}{12}$$

$$= 2287\ \text{cm}^4 + 324\ \text{cm}^4 = 2611\ \text{cm}^4$$

$$W_z = \frac{I_z}{y_0} = \frac{I_z}{H/2} = \frac{2611\ \text{cm}^4}{14\ \text{cm}/2} = 373\ \text{cm}^3$$

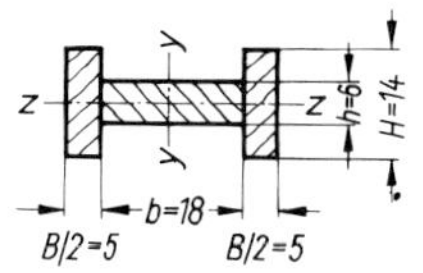

4.16 I-förmiger Querschnitt, flachliegend (Maße in cm)

4.2.4 Statische Werte für Formstahl

In DIN 1025 sind Querschnittsmaße und statische Werte für genormte Stahlträger angegeben. In den nachstehenden Tafeln sind auszugsweise die Träger aufgeführt, die der bevorzugten Verwendung empfohlen werden.

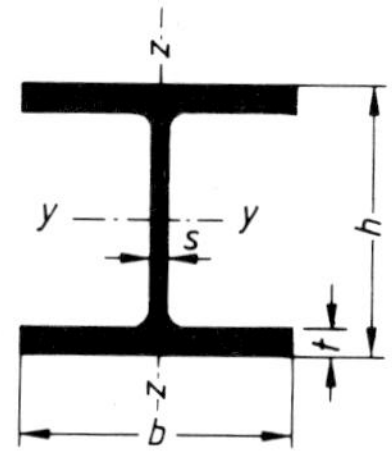

Tafel **4.2** **Stahlträger IPB 100 bis IPB 1000** nach DIN 1025 (Auswahl) bzw. HE 100 B bis HE 1000 B nach Euronorm 53–62

Kurzzeichen IPB HE-B	Profilmaße mm				A	g	Statische Werte für die Biegeachse $y-y$				$z-z$				
	h	b	s	t	cm²	kg/m	I_y cm⁴	W_y cm³	i_y cm	S_y cm³	I_z cm⁴	W_z cm³	i_z cm	i_{zG} cm	I_T cm⁴
100	100	100	6	10	26,0	20,4	450	89,9	4,16	52,1	167	33,5	2,53	2,69	9,29
120	120	120	6,5	11	34,0	26,7	864	144	5,04	82,6	318	52,9	3,06	3,24	13,9
140	140	140	7	12	43,0	33,7	1510	216	5,93	123	550	78,5	3,58	3,80	20,1
160	160	160	8	13	54,3	42,6	2490	311	6,78	177	889	111	4,05	4,31	31,3
180	180	180	8,5	14	65,3	51,2	3830	426	7,66	241	1360	151	4,57	4,87	42,3
200	200	200	9	15	78,1	61,3	5700	570	8,54	321	2000	200	5,07	5,39	59,5
240	240	240	10	17	106	83,2	11260	938	10,3	527	3920	327	6,08	6,47	103
260	260	260	10	17,5	118	93,0	14920	1150	11,2	641	5130	395	6,58	6,99	124
300	300	300	11	19	149	117	25170	1680	13,0	934	8560	571	7,58	8,06	186
340	340	300	12	21,5	171	134	36660	2160	14,6	1200	9690	646	7,53	8,05	258
360	360	300	12,5	22,5	181	142	43190	2400	15,5	1340	10140	676	7,49	8,03	293
400	400	300	13,5	24	198	155	57680	2880	17,1	1620	10820	721	7,40	7,99	357
450	450	300	14	26	218	171	79890	3550	19,1	1990	11720	781	7,33	7,97	442
500	500	300	14,5	28	239	187	107200	4290	21,2	2410	12620	842	7,27	7,94	540
600	600	300	15,5	30	270	212	171000	5700	25,2	3210	13530	902	7,08	7,84	669
700	700	300	17	32	306	241	256900	7340	29,0	4160	14440	963	6,87	7,73	833
800	800	300	17,5	33	334	262	359100	8980	32,8	5110	14900	994	6,68	7,61	948
1000	1000	300	19	36	400	314	644700	12890	40,1	7430	16280	1090	6,38	7,43	1260

Tafel **4.3** **Stahlträger I 180 bis I 400** nach DIN 1025 (Auswahl)
Querschnittsmaße und statische Werte

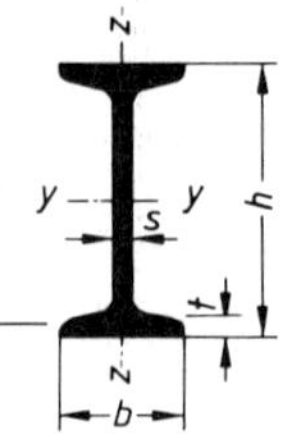

Kurzzeichen I	Profilmaße mm				A	g	Statische Werte für die Biegeachse $y-y$				$z-z$			
	h	b	s	t	cm²	kg/m	I_y cm⁴	W_y cm³	i_y cm	I_z cm⁴	W_z cm³	i_z cm	i_{zG} cm	I_T cm⁴
80	80	42	3,9	5,9	7,57	5,94	77,8	19,5	3,20	6,29	3,00	0,91	1,02	0,87
100	100	50	4,5	6,8	10,6	8,34	171	34,2	4,01	12,2	4,88	1,07	1,21	1,60
120	120	58	5,1	7,7	14,2	11,1	328	54,7	4,81	21,5	7,41	1,23	1,39	2,71
140	140	66	5,7	8,6	18,2	14,3	573	81,9	5,61	35,2	10,7	1,40	1,58	4,32
160	160	74	6,3	9,5	22,8	17,9	935	117	6,40	54,7	14,8	1,55	1,76	6,57
180	180	82	6,9	10,4	27,9	21,9	1450	161	7,20	81,3	19,8	1,71	1,95	9,58
200	200	90	7,5	11,3	33,4	26,2	2140	214	8,00	177	26,0	1,87	2,14	13,5
240	240	106	8,7	13,1	46,1	36,2	4250	354	9,59	221	41,7	2,20	2,51	25,0
260	260	113	9,4	14,1	53,3	41,9	5740	442	10,4	288	51,0	2,32	2,66	33,5
300	300	125	10,8	16,2	69,0	54,2	9800	653	11,9	451	72,2	2,56	2,94	56,8
320	320	131	11,5	17,3	77,7	61,0	12510	782	12,7	555	84,7	2,67	3,08	72,5
340	340	137	12,2	18,3	86,7	68,0	15700	923	13,5	674	98,4	2,80	3,22	90,4
360	360	143	13,0	19,5	97,0	76,1	19610	1090	14,2	818	114	2,90	3,36	115
400	400	155	14,4	21,6	118	92,4	29210	1460	15,7	1160	149	3,13	3,64	170

Tafel **4.4** **Stahlträger IPE 120 bis IPE 600** nach DIN 1025 (Auswahl)
bzw. Euronorm 19-57
Querschnittsmaße und statische Werte

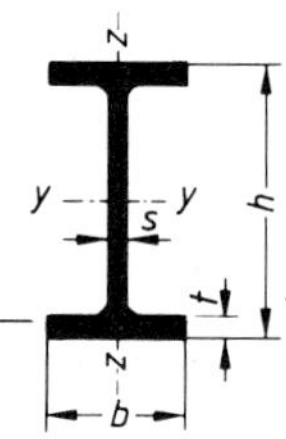

Kurzzeichen IPE	Profilmaße mm				A	g	Statische Werte für die Biegeachse $y-y$			$z-z$				
	h	b	s	t	cm²	kg/m	I_y cm⁴	W_y cm³	i_y cm	I_z cm⁴	W_z cm³	i_z cm	i_{zG} cm	I_T cm⁴
120	120	64	4,4	6,3	13,2	10,4	318	53,0	4,90	27,7	8,65	1,45	1,63	1,74
140	140	73	4,7	6,9	16,4	12,9	541	77,3	5,74	44,9	12,3	1,65	1,87	2,45
160	160	82	5,0	7,4	20,1	15,8	869	109	6,58	68,3	16,7	1,84	2,08	3,62
180	180	91	5,3	8,0	23,9	18,8	1320	146	7,42	101	22,2	2,05	2,32	4,81
200	200	100	5,6	8,5	28,5	22,4	1940	194	8,26	142	28,5	2,24	2,52	7,01
240	240	120	6,2	9,8	39,1	30,7	3890	324	9,97	284	47,3	2,69	3,03	12,9
270	270	135	6,6	10,2	45,9	36,1	5790	429	11,2	420	62,2	3,02	3,41	16,0
300	300	150	7,1	10,7	53,8	42,2	8360	557	12,5	604	80,5	3,35	3,79	20,2
330	330	160	7,5	11,5	62,6	49,1	11770	713	13,7	788	98,5	3,55	4,02	28,3
360	360	170	8,0	12,7	72,7	57,1	16270	904	15,0	1040	123	3,79	4,29	37,5
400	300	180	8,6	13,5	84,5	66,3	23130	1160	16,5	1320	146	3,95	4,49	51,3
450	450	190	9,4	14,6	98,8	77,6	33740	1500	18,5	1680	176	4,12	4,72	67,2
500	500	200	10,2	16,0	116	90,7	48200	1930	20,4	2140	214	4,31	4,96	89,6
600	600	220	12,0	19,0	156	122	92080	3070	24,3	3390	308	4,66	5,41	166

Tafel **4.5** **Runde Stahlrohre** nach DIN EN 10210 bzw. DIN 2458 (Auszug); Querschnittsmaße und statische Werte

Kurzzeichen **Ro** $d_a \times t$		d_i mm	A cm²	g kg/m	$I = 1/2\, I_T$ cm⁴	$W = 1/2\, W_T$ cm³	i cm
	2,3	37,8	**2,90**	2,27	5,84	**2,76**	1,42
42,4 ×	**2,6**	37,2	**3,25**	2,55	6,46	**3,05**	1,41
	8,8	24,8	9,29	7,29	14,0	6,61	1,23
	2,3	43,7	**3,32**	2,61	8,81	**3,65**	1,64
48,3 ×	**2,6**	43,1	**3,73**	2,93	9,78	**4,05**	1,62
	8,8	30,7	10,9	8,57	22,3	9,26	1,43
	2,3	55,7	**4,19**	3,29	17,7	**5,85**	2,05
60,3 ×	**2,9**	54,5	**5,23**	4,11	21,6	**7,16**	2,03
	10	40,3	15,8	12,4	52,0	17,2	1,81
	2,6	70,9	**6,00**	4,71	40,6	**10,7**	2,60
76,1 ×	**2,9**	70,3	**6,67**	5,24	44,7	**11,8**	2,59
	10	56,1	20,8	16,3	116	30,5	2,36
	2,9	83,1	**7,84**	6,15	72,5	**16,3**	3,04
88,9 ×	**3,2**	82,5	**8,62**	6,76	79,2	**17,8**	3,03
	10	68,9	24,8	19,5	196	44,1	2,81
	2,9	95,8	**8,99**	7,06	110	**21,6**	3,49
101,6 ×	**3,6**	94,4	**11,1**	8,70	133	**26,2**	3,47
	10	81,6	28,8	22,6	305	60,1	3,26
	3,2	107,9	**11,2**	8,77	172	**30,2**	3,93
114,3 ×	**3,6**	107,1	**12,5**	9,83	192	**33,6**	3,92
	11	92,3	35,7	28,0	482	84,3	3,67
	3,6	132,5	**15,4**	12,1	357	**51,1**	4,81
139,7 ×	**4**	131,7	**17,1**	13,4	393	**56,2**	4,80
	11	117,7	44,5	34,9	928	133	4,57
	4	160,3	**20,6**	16,2	697	**82,8**	5,81
168,3 ×	**4,5**	159,3	**23,2**	18,2	777	**92,4**	5,79
	11	146,3	54,4	42,7	1690	201	5,57
	4,5	210	**30,3**	23,8	1750	**159**	7,59
219,1 ×	**6,3**	206,5	**42,1**	33,1	2390	**218**	7,53
	12,5	194,1	81,1	63,7	4340	397	7,32
	5	263,0	**42,1**	33,0	3780	**277**	9,48
273 ×	**6,3**	260,4	**52,8**	41,4	4700	**344**	9,43
	12,5	248,0	102	80,3	8700	637	9,22
	5,6	312,7	**56,0**	44,0	7090	**438**	11,3
323,9 ×	**7,1**	309,7	**70,7**	55,5	8870	**548**	11,2
	12,5	298,9	122	96,0	14850	917	11,0
	5,6	344,4	**61,6**	48,3	9430	**530**	12,4
355,6 ×	**8**	339,6	**87,4**	68,6	13200	**742**	12,3
	12,5	330,6	135	106	19850	1120	12,1
	6,3	393,8	**79,2**	62,2	15850	**780**	14,1
406,4 ×	**8,8**	388,8	**110**	86,3	21730	**1070**	14,1
	12,5	381,4	155	121	30030	1480	13,9
	6,3	444,4	**89,2**	70,0	22650	**991**	15,9
457 ×	**10**	437,0	**140**	110	35090	**1540**	15,8
	12,5	432,0	175	137	43140	1890	15,7
	6,3	495,4	**99,3**	77,9	31250	**1230**	17,7
508 ×	**11**	486,0	**172**	135	53060	**2090**	17,6
	16	476,0	247	194	74910	2950	17,4

Tafel **4.6** **Quadratische Stahl-Hohlprofile** nach DIN EN 10210 (Auszug); Querschnittsmaße, statische Werte

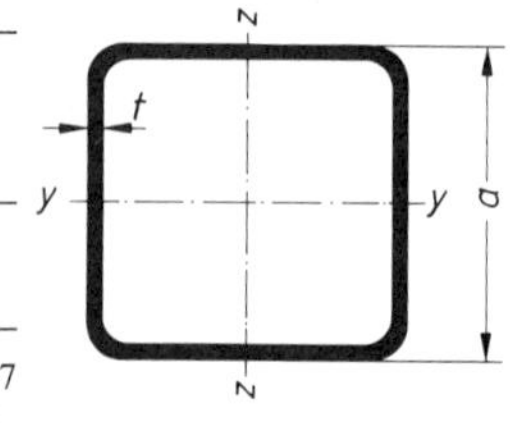

Nennmaß					Statische Werte für die Biegeachse $y-y=z-z$			für die Verdrehung	
a mm	t mm	A cm²	g kg/m	U m²/m	I_y cm⁴	W_y cm³	i_y cm	I_T cm⁴	W_T cm³
40	2,9	**4,23**	3,32	0,155	9,66	**4,83**	1,51	15,0	7,97
	4,0	**5,62**	4,41	0,153	12,1	**6,05**	1,47	19,0	10,3
50	2,9	**5,39**	4,23	0,195	19,8	**7,94**	1,92	30,7	12,9
	4,0	**7,22**	5,67	0,193	25,4	**10,1**	1,87	39,5	16,9
	2,9	**6,55**	5,14	0,235	35,5	**11,8**	2,33	54,5	18,9
60	4,0	**8,82**	6,93	0,233	45,9	**15,3**	2,28	71,2	25,1
	5,0	**10,8**	8,47	0,231	54,1	**18,0**	2,24	84,5	30,2
	3,2	**8,46**	6,64	0,275	62,7	**17,9**	2,72	96,3	28,5
70	4,0	**10,4**	8,18	0,273	75,3	**21,5**	2,69	116	34,8
	5,0	**12,8**	10,0	0,271	89,6	**25,6**	2,65	139	42,2
	3,6	**10,9**	8,55	0,314	106	**26,4**	3,11	162	42,0
80	4,5	**13,4**	10,5	0,312	127	**31,7**	3,08	196	51,3
	5,6	**16,4**	12,9	0,310	151	**37,6**	3,03	234	61,9
	3,6	**12,3**	9,68	0,354	153	**34,0**	3,52	234	53,7
90	4,5	**15,2**	11,9	0,352	185	**41,0**	3,48	284	65,8
	5,6	**18,6**	14,6	0,350	220	**39,0**	3,44	341	79,7
	4,0	**15,2**	12,0	0,393	233	**46,6**	3,91	357	73,7
100	5,0	**18,8**	14,7	0,391	281	**56,3**	3,87	433	90,2
	6,3	**23,3**	18,3	0,389	339	**67,8**	3,82	525	111
	4,5	**20,5**	16,1	0,469	452	**75,3**	4,70	702	120
120	5,6	**25,1**	19,7	0,467	544	**90,6**	4,65	852	146
	6,3	**28,0**	22,0	0,465	598	**99,7**	4,62	942	163
	5,6	**29,6**	23,3	0,547	885	**126**	5,47	1380	202
140	7,1	**37,0**	29,0	0,543	1080	**154**	5,40	1690	250
	8,8	**45,0**	35,3	0,539	1280	**182**	5,33	2030	302
	6,3	**37,7**	29,6	0,618	1460	**183**	6,23	2330	297
160	8,0	**47,0**	36,9	0,613	1780	**222**	6,15	2880	368
	10,0	**57,4**	45,1	0,606	2100	**263**	6,05	3470	446
	6,3	**42,8**	33,6	0,698	2120	**236**	7,05	3360	379
180	8,0	**53,4**	41,9	0,693	2590	**288**	6,97	4160	471
	10,0	**65,4**	51,4	0,686	3090	**343**	6,87	5040	574
	6,3	**47,8**	37,5	0,778	2960	**296**	7,86	4660	472
200	8,0	**59,8**	46,9	0,773	3620	**362**	7,78	5780	588
	10,0	**73,4**	57,6	0,766	4340	**434**	7,69	7020	718
	6,3	**52,8**	41,5	0,858	3980	**362**	8,68	6250	574
220	8,0	**66,2**	52,0	0,853	4890	**445**	8,60	7770	717
	10,0	**81,4**	63,9	0,846	5890	**535**	8,50	9470	878
	7,1	**70,5**	55,4	1,02	7450	**573**	10,3	11660	907
260	8,8	**86,4**	67,8	1,01	8980	**691**	10,2	14200	1110
	11,0	**106**	83,6	1,00	10830	**833**	10,1	17350	1360

Tafel **4.7** **Rechteckige Stahl-Hohlprofile** nach DIN EN 10210 (Auszug); Querschnittsmaße, statische Werte

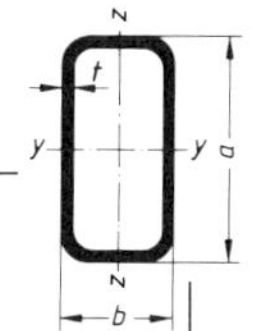

Nennmaße					Statische Werte für die Biegeachse $y-y$			$z-z$			für die Verdrehung	
$a \times b$	t	A	g	U	I_y	W_y	i_y	I_z	W_z	i_z = min i	I_T	W_T
mm	mm	cm^2	kg/m	m^2/m	cm^4	cm^3	cm	cm^4	cm^3	cm	cm^4	cm^3
50 × 30	2,9	**4,23**	3,32	0,155	13,4	**5,36**	1,78	5,88	3,92	**1,18**	12,9	7,39
	4,0	**5,62**	4,41	0,153	16,9	**6,75**	1,73	7,25	4,83	**1,14**	16,2	9,54
60 × 40	2,9	**5,39**	4,23	0,195	26,0	**8,67**	2,20	13,7	6,83	**1,59**	28,0	12,3
	4,0	**7,22**	5,67	0,193	33,3	**11,1**	2,15	17,3	8,65	**1,55**	35,9	16,1
70 × 40	2,9	**5,97**	4,69	0,215	38,1	**10,9**	2,53	15,7	7,83	**1,62**	34,9	14,4
	4,0	**8,02**	6,30	0,213	49,2	**14,1**	2,48	19,9	9,95	**1,58**	44,9	19,0
	2,9	**6,55**	5,14	0,235	53,1	**13,3**	2,85	17,7	8,83	**1,64**	42,0	16,6
80 × 40	4,0	**8,82**	6,93	0,233	69,0	**17,3**	2,80	22,5	11,3	**1,60**	54,2	21,9
	5,0	**10,8**	8,47	0,231	81,7	**20,4**	2,75	26,2	13,1	**1,56**	63,6	26,2
	3,2	**8,46**	6,64	0,275	89,7	**19,9**	3,26	35,5	14,2	**2,05**	79,8	26,0
90 × 50	4,0	**10,4**	8,18	0,273	108	**24,0**	3,22	42,3	16,9	**2,02**	95,9	31,6
	5,0	**12,8**	10,0	0,271	129	**28,7**	3,18	49,9	19,9	**1,98**	114	38,2
	3,6	**10,2**	7,98	0,294	129	**25,8**	3,56	42,9	17,2	**2,05**	102	32,2
100 × 50	4,5	**12,5**	9,83	0,292	155	**31,0**	3,52	50,9	20,4	**2,02**	122	39,1
	5,6	**15,3**	12,0	0,290	184	**36,8**	3,47	59,4	23,8	**1,97**	144	46,9
	3,6	**10,9**	8,55	0,314	146	**29,1**	3,66	65,2	21,7	**2,45**	141	39,1
100 × 60	4,5	**13,4**	10,5	0,312	176	**35,1**	3,62	77,9	26,0	**2,41**	169	47,7
	5,6	**16,4**	12,9	0,310	209	**41,8**	3,57	91,8	30,6	**2,37**	201	57,4
	4,0	**13,5**	10,6	0,350	247	**41,1**	4,27	82,7	27,6	**2,47**	199	51,9
120 × 60	5,0	**16,6**	13,0	0,348	296	**49,3**	4,22	98,2	32,7	**2,43**	239	63,1
	6,3	**20,5**	16,1	0,345	354	**59,0**	4,16	116	38,6	**2,38**	286	76,6
	4,0	**16,7**	13,1	0,430	438	**62,5**	5,12	183	45,7	**3,31**	408	82,6
140 × 80	5,0	**20,6**	16,2	0,428	529	**75,6**	5,07	220	55,0	**3,27**	496	101
	6,3	**25,5**	20,0	0,425	639	**91,3**	5,01	263	65,8	**3,21**	601	124
	4,5	**21,2**	16,6	0,485	715	**89,4**	5,81	293	65,1	**3,72**	672	119
160 × 90	5,6	**25,9**	20,4	0,481	858	**107**	5,75	350	77,7	**3,67**	814	145
	7,1	**32,2**	25,3	0,476	1030	**129**	5,67	418	92,9	**3,60**	991	179
	5,6	**29,3**	23,0	0,541	1240	**137**	6,50	496	99,1	**4,11**	1150	184
180 × 100	7,1	**36,4**	28,6	0,536	1500	**167**	6,41	597	119	**4,05**	1410	227
	8,8	**44,2**	34,7	0,530	1760	**196**	6,32	696	139	**3,97**	1680	272
	6,3	**37,7**	29,6	0,618	2010	**201**	7,30	910	152	**4,91**	2030	277
200 × 120	8,0	**47,0**	36,9	0,613	2440	**244**	7,21	1100	183	**4,84**	2490	342
	10,0	**57,4**	45,1	0,606	2890	**289**	7,10	1290	216	**4,75**	2990	414
	6,3	**40,2**	31,6	0,658	2540	**231**	7,95	992	165	**4,97**	2320	305
220 × 120	8,0	**50,2**	39,4	0,653	3100	**281**	7,85	1200	200	**4,89**	2850	378
	10,0	**61,4**	48,2	0,646	3680	**335**	7,74	1410	236	**4,80**	3420	458
	6,3	**47,8**	37,5	0,778	4260	**328**	9,44	1630	233	**5,85**	3800	426
260 × 140	8,0	**59,8**	46,9	0,773	5220	**402**	9,35	1990	284	**5,77**	4700	530
	10,0	**73,4**	57,6	0,766	6260	**481**	9,23	2370	339	**5,68**	5690	646
	6,3	**52,8**	41,5	0,858	5070	**390**	9,80	2880	320	**7,39**	5820	554
260 × 180	8,0	**66,2**	52,0	0,853	6240	**480**	9,71	3540	393	**7,31**	7220	692
	10,0	**81,4**	63,9	0,846	7510	**578**	9,60	4240	472	**7,22**	8790	846

Beispiel zur Erläuterung

1. Das Kurzzeichen IPB 260 nach DIN 1052 entspricht dem Kurzzeichen HE-B 260 nach Euronorm 53-62.

2. Die Bezeichnung eines Trägers der IPB-Reihe mit 300 mm Höhe aus Stahl S235 bzw. der Werkstoffnummer 1.0037 lautet:

IPB 300 DIN 1025 – S235 oder
IPB 300 DIN 1025 – 1.0037

3. Beispiel für die Bestellung:

12 Träger IPB 140 – DIN 1025 – S235 in Genaulänge 5200 ± 10

4.2.5 Unsymmetrische Querschnitte

Für andere Querschnitte mit einer oder ohne Symmetrieachse (Bild **4.**17) stehen ebenfalls Formeln zur Verfügung. Eine allgemein gültige Formel zur Berechnung der Flächenmomente beliebiger Flächen (Bild **4.**18) ist von Steiner entwickelt worden. Solche Flächen werden in Teilflächen aufgeteilt, deren Einzelschwerpunkte bekannt sind (s. Baustatik Teil 1, Abschn. 3.2.2).

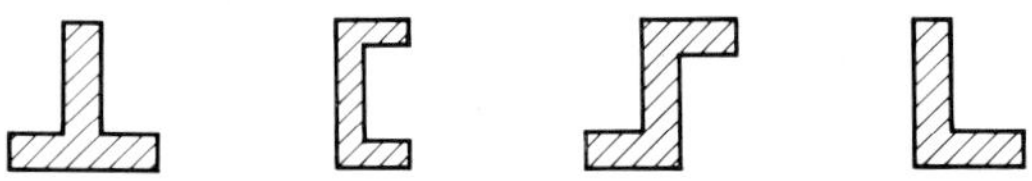

4.17 Querschnitte mit einer oder ohne Symmetrieachse

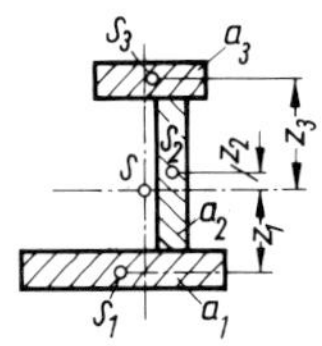

4.18 Aufteilung beliebiger Querschnitte in Teilflächen mit bekannten Schwerpunktlagen

Der Satz von Steiner besagt:

– Das Flächenmoment einer Gesamtfläche A um eine Achse ist gleich der Summe aller Flächenmomente der Teilflächen A_n um ihre zu der Achse parallelen Schwerachse, zuzüglich der Summe aller Produkte aus den Teilflächen A_n und dem Quadrat ihres jeweiligen Schwerpunktabstandes z_n von dieser Achse.

$$I = I_1 + A_1 \cdot (z_1)^2 + I_2 + A_2 \cdot (z_2)^2 + I_3 + A_3 \cdot (z_3)^2 + \cdots I_i + A_i \cdot (z_i)^2 \quad \text{Gl. (4.34)}$$

in cm^4 mit A in cm^2, z in cm

Die Widerstandsmomente W_y und W_z werden aus den Flächenmomenten berechnet. Der Schwerpunkt hat zum unteren und oberen Rand unterschiedliche Abstände z_u und z_o. Daraus ergeben sich für den unteren und oberen Rand auch unterschiedliche Widerstandsmomente W_{yu} und W_{yo}:

$$W_{yu} = \frac{I_y}{z_u} \qquad W_{yo} = \frac{I_y}{z_o} \quad \text{in cm}^3 \quad \text{mit } I \text{ in cm}^4 \quad z_0 \text{ in cm} \qquad \text{Gln. (4.35) (4.36)}$$

Ebenso werden für den linken und rechten Rand mit y_l und y_r die Widerstandsmomente verschieden groß:

$$\boldsymbol{W_{zl}} = \frac{\boldsymbol{I_z}}{\boldsymbol{y_l}} \qquad \boldsymbol{W_{zr}} = \frac{\boldsymbol{I_z}}{\boldsymbol{y_r}} \quad \text{in cm}^3 \qquad \text{Gln. (4.37) (4.38)}$$

Daraus ergeben sich unterschiedlich große Randspannungen:

- Randspannung am unteren Rand $\sigma_{yu} = M_y / W_{yu}$ Gl. (4.39)
- Randspannung am oberen Rand $\sigma_{yo} = M_y / W_{yo}$ Gl. (4.40)
- Randspannung am linken Rand $\sigma_{yl} = M_z / W_{zl}$ Gl. (4.41)
- Randspannung am rechten Rand $\sigma_{yr} = M_z / W_{zr}$ Gl. (4.42)

Beispiele zur Erläuterung

1. Ein Holzbalken aus 2 miteinander verleimten Bohlen 40/100 mm hat bei einer Spannweite von l = 2,5 m eine Belastung von q = 0,8 kN/m zu tragen. Die Biegezugspannung am unteren Rand und die Biegedruckspannung am oberen Rand werden berechnet (Bild **4.**19). Lastfall H, Sortierklasse S10.

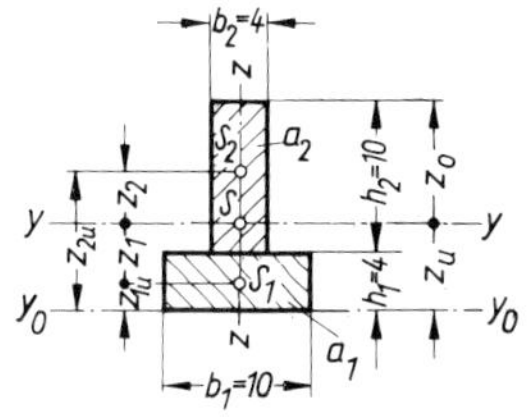

4.19 Zusammengesetzter Holzquerschnitt (Maße in cm)

Schwerpunkt

$$A_1 = 10 \text{ cm} \cdot 4 \text{ cm} = 40 \text{ cm}^2; \qquad A_2 = 4 \text{ cm} \cdot 10 \text{ cm} = 40 \text{ cm}^2$$

$$z_u = \frac{\sum A_i \cdot z_{iu}}{A} = \frac{A_1 \cdot z_{1u} + A_2 \cdot z_{2u}}{A_1 + A_2} = \frac{40 \text{ cm}^2 \cdot 2 \text{ cm} + 40 \text{ cm}^2 \cdot 9 \text{ cm}}{40 \text{ cm}^2 \cdot 40 \text{ cm}^2}$$

$$= \frac{80 \text{ cm}^3 + 360 \text{ cm}^3}{80 \text{ cm}^2} = 5{,}5 \text{ cm}$$

$$z_o = h_1 + h_2 - z_u = 4{,}0 + 10{,}0 - 5{,}5 = 8{,}5 \text{ cm}$$

$$z_1 = z_u - \frac{h_1}{2} = 5{,}5 - \frac{4{,}0}{2} = 3{,}5 \text{ cm}$$

$$z_2 = \frac{h_2}{2} + h_1 - z_u = \frac{10{,}0}{2} + 4{,}0 - 5{,}5 = 3{,}5 \text{ cm}$$

Flächenmoment

$$I_y = I_{y1} + A_1 \cdot (z_1)^2 + I_{y2} + A_2 \cdot (z_2)^2 = \frac{b_1 \cdot (h_1)^3}{12} + A_1 \cdot (z_1)^2 + \frac{b_2 \cdot (h_2)^3}{12} + A_2 \cdot (z_2)^2$$

$$= \frac{10 \text{ cm} \cdot (4 \text{ cm})^3}{12} + 40 \text{ cm}^2 \cdot (3{,}5 \text{ cm})^2 + \frac{4 \text{ cm} \cdot (10 \text{ cm})^3}{12} + 40 \text{ cm}^2 \cdot (3{,}5 \text{ cm})^2$$

$$= 53 \text{ cm}^4 + 490 \text{ cm}^4 + 333 \text{ cm}^4 + 490 \text{ cm}^4 = 1366 \text{ cm}^4$$

Widerstandsmomente

$$W_{yu} = \frac{I_y}{z_u} = \frac{1366\ \text{cm}^4}{5{,}5\ \text{cm}} = 248\ \text{cm}^3 \qquad W_{yo} = \frac{I_y}{z_o} = \frac{1366\ \text{cm}^4}{8{,}5\ \text{cm}} = 161\ \text{cm}^3$$

Biegemoment

$$\max M = \frac{q \cdot l^2}{8} = \frac{0{,}8\ \text{kN/m} \cdot (2{,}5\ \text{m})^2}{8} = 0{,}63\ \text{kNm} = 63\ \text{kNcm}$$

Biegespannungen

$$\text{vorh}\ \sigma_{yu} = \frac{\max M}{W_{yu}} = \frac{63\ \text{kNcm}}{248\ \text{cm}^3} = 0{,}25\ \text{kN/cm}^2 = 2{,}5\ \text{N/mm}^2$$

$$\text{zul}\ \sigma_B = 10\ \text{N/mm}^2$$

$$\frac{\text{vorh}\ \sigma_{yu}}{\text{zul}\ \sigma_B} = \frac{2{,}5}{10} = 0{,}25 < 1$$

$$\text{vorh}\ \sigma_{yo} = \frac{\max M}{W_{yo}} = \frac{63\ \text{kNcm}}{161\ \text{cm}^3} = 0{,}39\ \text{kN/cm}^2 = 3{,}9\ \text{N/mm}^2$$

$$\text{zul}\ \sigma_B = 10\ \text{N/mm}^2$$

$$\frac{\text{vorh}\ \sigma_{yo}}{\text{zul}\ \sigma_B} = \frac{3{,}9}{10} = 0{,}39 < 1$$

2. Ein Stahlträger aus 2 miteinander verbundenen Profilen I280 und [160 hat in vertikaler Richtung ein maximales Biegemoment aus ständigen Einwirkungen $M_{y,G} = 50$ kNm und aus veränderlichen Einwirkungen $M_{y,Q} = 30$ kNm aufzunehmen.

Der Tragsicherheitsnachweis auf Biegung wird für Baustahl S235 geführt (Bild **4**.20).

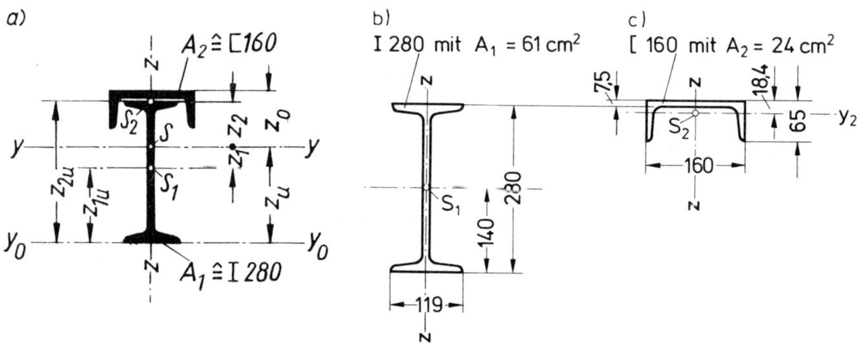

4.20 Zusammengesetzter Stahlträger

Bemessungsbiegemoment

$$\begin{aligned} M_{S,d} &= M_{y,G} \cdot \gamma_G + M_{y,Q} \cdot \gamma_Q \\ &= 50 \cdot 1{,}35 + 30 \cdot 1{,}5 = 67{,}5 + 45 \\ &= 112{,}5\ \text{kNm} \end{aligned}$$

Schwerpunkt

$$A_1 = 61\ \text{cm}^2;\quad A_2 = 24\ \text{cm}^2;\quad I_{y1} = 7590\ \text{cm}^4;\quad I_{y2} = 85{,}3\ \text{cm}^4$$

$$z_u = \frac{A_1 \cdot z_{1u} + A_2 \cdot z_{2u}}{A_1 + A_2} = \frac{61\ \text{cm}^2 \cdot 14\ \text{cm} + 24\ \text{cm}^2 \cdot (28 + 0{,}75 - 1{,}84)\ \text{cm}}{61\ \text{cm}^2 + 24\ \text{cm}^2}$$

$$= \frac{61\ \text{cm}^2 \cdot 14\ \text{cm} + 24\ \text{cm}^2 \cdot 26{,}91\ \text{cm}}{85\ \text{cm}^2} = \frac{854\ \text{cm}^3 + 646\ \text{cm}^3}{85\ \text{cm}^2} = \frac{1500\ \text{cm}^3}{85\ \text{cm}^2} = 17{,}65\ \text{cm}$$

$$z_o = 28{,}0 + 0{,}75 - 17{,}65 = 11{,}10\ \text{cm}$$

$$z_1 = z_u - z_{1u} = 17{,}65 - 14{,}0 = 3{,}65\ \text{cm} \qquad z_2 = z_{2u} - z_u = 26{,}91 - 17{,}65 = 9{,}26\ \text{cm}$$

Flächenmoment

$$I_y = I_{y1} + A_1 \cdot (z_1)^2 + I_{y2} + A_2 \cdot (z_2)^2$$
$$= 7590\ \text{cm}^4 + 61\ \text{cm}^? \cdot (3{,}65\ \text{cm})^2 + 85{,}3\ \text{cm}^4$$
$$+ 24\ \text{cm}^2 \cdot (9{,}26\ \text{cm})^2$$
$$= 7590\ \text{cm}^4 + 813\ \text{cm}^4 + 85\ \text{cm}^4 + 2058\ \text{cm}^4 = 10\,546\ \text{cm}^4$$

Widerstandsmoment

$$\min W_y = W_{yu} = \frac{I_y}{z_u} = \frac{10\,546\ \text{cm}^4}{17{,}65\ \text{cm}} = 598\ \text{cm}^3 \qquad W_{yo} = \frac{I_y}{z_o} = \frac{10\,546\ \text{cm}^4}{11{,}10\ \text{cm}} = 950\ \text{cm}^3$$

Grenzbiegespannung

$$\sigma_{R,d} = \frac{f_{y,k}}{\gamma_M} = \frac{240}{1{,}1} = 218\ \text{N/mm}^2 = 21{,}8\ \text{kN/cm}^2$$

Grenzwert des Biegemoments

$$M_{R,d} = \sigma_{R,d} \cdot \min W_y = 21{,}8 \cdot 598 = 13\,036\ \text{kNm}$$
$$\approx 130{,}4\ \text{kNm}$$

Nachweis der Tragsicherheit auf Biegung

$$\frac{M_{S,d}}{M_{R,d}} = \frac{112{,}5}{130{,}4} = 0{,}86 < 1$$

3. Der gleiche Träger aus Beispiel 2 aus zwei miteinander verbundenen Profilen I280 und ⊏160 hat nur in horizontaler Richtung aus ständigen Einwirkungen ein maximales Biegemoment $M_{z,G} = 1{,}5$ kNm und aus veränderlichen Einwirkungen $M_{z,Q} = 0{,}5$ kNm aufzunehmen.
Der Tragsicherheitsnachweis auf Biegung wird für Baustahl S235 geführt (Bild **4.**20).

Bemessungswert des Biegemoments

$$M_{S,d} = M_{z,G} \cdot \gamma_G + M_{z,Q} \cdot \gamma_Q$$
$$= 1{,}5 \cdot 1{,}35 + 0{,}5 \cdot 1{,}5 = 2{,}03 + 0{,}75$$
$$= 2{,}78\ \text{kNm}$$

Flächenmoment

$$I_z = I_{z1} + A_1 \cdot (z_1)^2 + I_{z1} + A_2 \cdot (z_2)^2 = I_{z1} + 0 + I_{z2} + 0 = I_{z1} + I_{z2}$$
$$= 364\ \text{cm}^4 + 925\ \text{cm}^4 = 1289\ \text{cm}^4$$

Widerstandsmoment

$$W_{zl} = W_{zr} = \frac{I_z}{y_1} = \frac{1289\ \text{cm}^4}{16\ \text{cm}/2} = 161\ \text{cm}^3$$

Grenzbiegespannung

$$\sigma_{R,d} = \frac{f_{y,k}}{\gamma_M} = \frac{240}{1{,}1} = 218\ \text{N/mm}^2 = 21{,}8\ \text{kN/cm}^2$$

Grenzwert des Biegemoments

$$M_{R,d} = \sigma_{R,d} \cdot \min W_z = 21{,}8 \cdot 161 = 3510\ \text{kNcm} = 35{,}1\ \text{kNm}$$

Nachweis der Tragsicherheit auf Biegung

$$\frac{M_{S,d}}{M_{R,d}} = \frac{2{,}78}{35{,}1} = 0{,}08 < 1$$

4.2.6 Verstärkungen für Träger

Die Träger können durch sinnvolle Verstärkungen der Gurte oder Stege größere Flächenmomente erhalten. Die Tragfähigkeit wird dadurch erhöht.

Bei Stahlträgern sind Verstärkungen durch zusätzliche Gurtplatten auf den Flanschaußenseiten (Bild **4.**21) am wirkungsvollsten. Verstärkungen der Stege sind nicht lohnend, da das Flächenmoment dadurch nicht wesentlich vergrößert wird.

Bei Holzträgern sind wegen erforderlicher gleicher Trägerhöhe oft nur seitliche Verstärkungen möglich (Bild **4.**22).

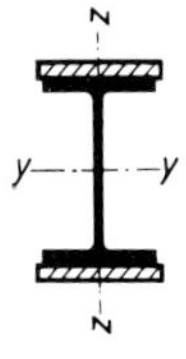

4.21 Verstärkung eines Stahlträgers durch Gurtplatten

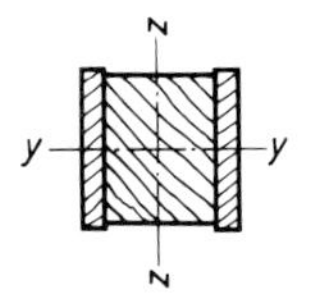

4.22 Seitliche Verstärkung eines Holzträgers

Die Verstärkungen werden im Bereich der größten Beanspruchung zur Deckung der Biegemomente herangezogen. Die erforderliche Länge einer Verstärkung kann zeichnerisch durch die Momentendeckungslinie ermittelt werden (Bild **4.**23). Es wird zunächst die Momentenfläche für das Bemessungsbiegemoment (vorh M) dargestellt. Der normale Trägerquerschnitt kann ein bestimmtes Biegemoment aufnehmen; die zugehörige Momentenfläche des Grenzbiegemoments (zul M_0) wird eingetragen. Die Verstärkung des Trägers nimmt ein zusätzliches Biegemoment auf. Beim Eintragen der zugehörigen Momentenfläche (zul M_1) darf es zu keiner Einschneidung in die Fläche des Bemessungsbiegemoments (vorh M) kommen.

Dadurch ist die theoretische Länge der Verstärkung gegeben. Zur vollen Kraftaufnahme durch die Verstärkung ist ein Überstand $l_ü$ erforderlich (Anschluß der Kraft im Verstärkungsblech).

Bei Bolzenverbindungen (Niete oder Schrauben im Stahlbau; Nägel oder Dübel im Holzbau) beträgt der Überstand:

$l_ü = e_1 + e_2$ (s. auch Abschn. 2.2 und 3).

Bei Schweißnähten im Stahlbau soll der Überstand mindestens der halben Gurtplattenbreite entsprechen:

$l_ü \geqq 1/2\, b$.

Die tatsächliche Gurtplattenlänge ist damit:

Gurtplattenlänge $l_G = l_1 + 2\,l_ü$ Gl. (4.43)

Die erforderliche Länge der Verstärkung kann auch rechnerisch ermittelt werden. Aus der Verhältnisgleichung $l^2 : (l_1)^2 =$ vorh M : (vorh $M - M_0$) entsteht durch Umstellung die Formel:

$$\boldsymbol{l_1 = l \cdot \sqrt{1 - \frac{M_0}{\text{vorh } M}}}$$ mit l in m; M in kNm Gl. (4.44)

(In der Verhältnisgleichung müssen die Längen im Quadrat eingesetzt werden, da die Momentenfläche eine Parabel ist. Die Parabel ist die Darstellung einer Gleichung 2. Grades, also einer quadratischen Gleichung.)

Beispiele zur Erläuterung

1. Ein Stahlträger I 320 hat eine Belastung von g = 35 kN/m und q = 16 kN/m, also p = 51 kN/m aufzunehmen. Spannweite l = 5,0 m. Vorgesehen ist eine Verstärkung durch angeschweißte Gurtplatten ▭ 160 × 8 mm (Bild **4**.23).

Welche Gurtplattenlänge ist erforderlich, wenn der Überstand mit $ü$ = 100 mm angegeben ist? Bemessung für S235.

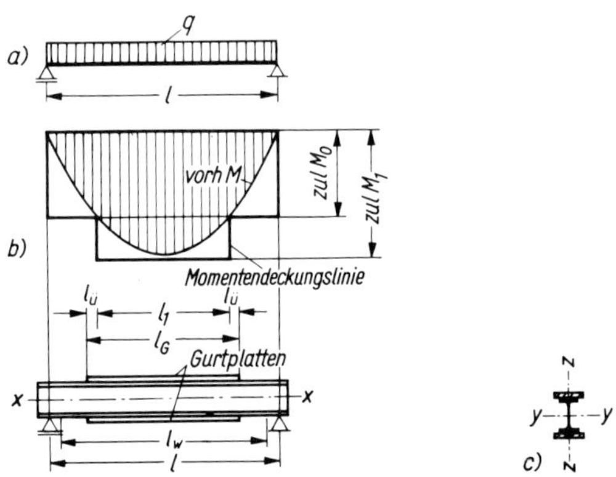

4.23 Ermittlung einer Verstärkung durch Gurtplatten
a) Statisches System des Trägers
b) Momentenlinie und Momentendeckungslinie
c) Querschnitt des Trägers

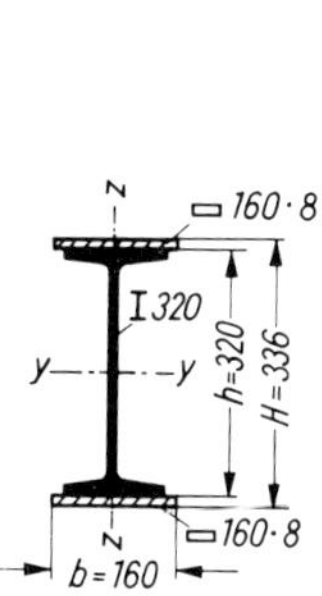

4.24 Verstärkung des Trägers durch Gurtplatten

Querschnittswerte für Träger ohne Verstärkung

$$\text{vorh } I_{y0} = 12\,510 \text{ cm}^4 \qquad \text{vorh } W_{y0} = 782 \text{ cm}^3$$

Querschnittswerte für Träger mit Verstärkung

$$\text{vorh } I_{y1} = I_{y0} + I_{\text{Gurte}} = 12\,510 + \frac{b \cdot H^3}{12} - \frac{b \cdot h^3}{12}$$

$$= 12\,510 + \frac{16 \cdot 33{,}6^3 - 16 \cdot 32{,}0^3}{12}$$

$$= 12\,510 + 6890 = 19\,400 \text{ cm}^4$$

$$\text{vorh } W_{y1} = I_{y1}/z_0 = 19\,400/(33{,}6/2) = 1155 \text{ cm}^3$$

Bemessungsbiegemoment

$$M_{S,d} = (g \cdot \gamma_g + q \cdot \gamma_q) \cdot l^2/8$$

$$= (35 \cdot 1{,}35 + 16 \cdot 1{,}5) \cdot 5{,}0^2/8 = (47{,}3 + 24{,}0) \cdot 5{,}0^2/8$$

$$= 222{,}8 \text{ kNm}$$

Grenzbiegespannung

$$\sigma_{R,d} = \frac{f_{y,k}}{\gamma_M} = \frac{240}{1{,}1} = 218 \text{ N/mm}^2 = 21{,}8 \text{ kN/cm}^2$$

Grenzbiegemoment ohne Verstärkung

$$M_{o,R,d} = \sigma_{R,d} \cdot W_{yo} = 21{,}8 \cdot 782 = 17\,048 \text{ kNcm}$$

$$\approx 170{,}5 \text{ kNm}$$

Grenzbiegemoment mit Verstärkung

$$M_{1,R,d} = \sigma_{R,d} \cdot W_{y1} = 21{,}8 \cdot 1155 = 25\,179 \text{ kNcm}$$

$$\approx 251{,}8 \text{ kNm}$$

Länge der wirksamen Verstärkung

$$l_1 = l \cdot \sqrt{1 - \frac{M_{o,R,d}}{M_{S,d}}} = 5{,}0 \cdot \sqrt{1 - \frac{170{,}5}{222{,}8}} = 5{,}0 \cdot 0{,}485$$

$$= 2{,}42 \text{ m}$$

erforderliche Gurtplattenlänge

$$l_G = l_1 + 2\,l_ü = 2{,}42 + 2 \cdot 0{,}10 = 2{,}62 \text{ m}$$

$$\text{gew } l_G = 2{,}70 \text{ m}$$

Nachweis der Tragsicherheits auf Biegung

$$\frac{M_{S,d}}{M_{1,R,d}} = \frac{222{,}8}{251{,}8} = 0{,}88 < 1$$

Die Verstärkung durch Gurtplatten erhöht die Biegefestigkeit und die Biegesteifigkeit erheblich. Der Zuwachs des Grenzbiegemoments von 170,5 kNm auf 251,8 kNm entspricht +47%. Die Erhöhung des Flächenmomentes von 12510 cm^4 auf 19400 cm^4 macht +55% aus.

Die Verstärkung des Trägers durch Gurtplatten ist daher sehr sinnvoll.

2. Ein Stahlträger I320 soll durch die gleichen Platten wie im Beisp. 1, jedoch am Steg verstärkt werden (Bild **4.25**). Belastung und Spannweite wie Beispiel 1.

Querschnittswerte für Träger ohne Verstärkung

$$\text{vorh } I_{y0} = 12\,510 \text{ cm} \qquad \text{vorh } W_{y0} = 782 \text{ cm}^3$$

Querschnittswerte für Träger mit Verstärkung

$$\text{vorh } I_{y2} = I_{y0} + I_{\text{Steg}} = 12\,510 + \frac{b_2 \cdot h_2^3}{12}$$

$$= 12510 + \frac{2 \cdot 0{,}8 \cdot 16^3}{12} = 12510 + 546 = 13\,056 \text{ cm}^4$$

$$\text{vorh } W_{y2} = \frac{I_{y2}}{z_0/2} = \frac{13\,056}{32/2} = 816 \text{ cm}^3$$

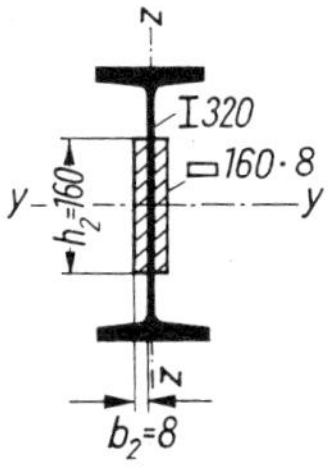

4.25 Verstärkung des Trägers durch Stegplatten

Grenzwert des Biegemoments ohne Verstärkung

$$M_{o,R,d} = \sigma_{R,d} \cdot W_{yo} = 21{,}8 \cdot 782 = 17\,048 \text{ kNm}$$
$$\approx 170{,}5 \text{ kNm}$$

Grenzwert des Biegemoments mit Verstärkung

$$M_{2,R,d} = \sigma_{R,d} \cdot W_{y2} = 21{,}8 \cdot 816 = 17\,789 \text{ kNm}$$
$$\approx 177{,}9 \text{ kNm}$$

Die Verstärkung durch Stegplatten bringt keine nennenswerte Steigerung der Biegefestigkeit und der Biegesteifigkeit. Die Erhöhung des Flächenmoments von 12510 cm⁴ auf 13056 cm⁴ macht nur +4% aus. Der Zuwachs des Grenzbiegemoments von 170,5 kNm auf 177,9 kNm entspricht ebenfalls +4% (nur 1/11 gegenüber der Verstärkung durch Gurtplatten).

Die Verstärkung des Trägers durch Stegplatten ist daher wenig sinnvoll, sie reicht auch für die erforderliche Tragsicherheit nicht aus.

Nachweis der Tragsicherheit

$$\frac{M_{S,d}}{M_{2,R,d}} = \frac{222{,}8}{177{,}9} = 1{,}25 > 1, \quad \text{also unzulässig}$$

4.2.7 Biegefeste Trägerstöße

Stöße von Trägern mit 2 symmetrischen Laschen und zweischnittig wirkenden Schrauben werden häufig verwendet, z.B. für Pfettenstöße bei Dachkonstruktionen. Die Träger werden hierbei über ihre gesamte Länge biegesteif über den Auflagern durchgeführt. Die Stoßausbildung erfolgt grundsätzlich über den Auflagern, so daß die Auflagerkräfte direkt abgeleitet werden können.

In den Tafeln **4.8** und **4.9** sind einige typisierte Trägerstöße zusammengestellt.

Diese typisierten Stoßausführungen sind ohne zusätzliche Querkraftbeanspruchung lediglich für das Biegemoment M_y bemessen. Die Stoßlaschen ersetzen das volle Widerstandsmoment W_y des Trägers.

Bei stark geneigten Trägern sind die zusätzlichen Beanspruchungen in Querrichtung durch Bestimmung des Biegemoments M_z zu ermitteln. Für diese Träger sind möglichst Laschen aus U-Profilen zu verwenden.

Tafel **4.8** **Biegefeste Trägerstöße** für Pfetten; typisierte Abmessungen mit Flachstahl-Laschen (nach Stahlbau-Kalender 1990)

Schrauben M 16 — Stoßlaschen: ▯▯-Stähle*)

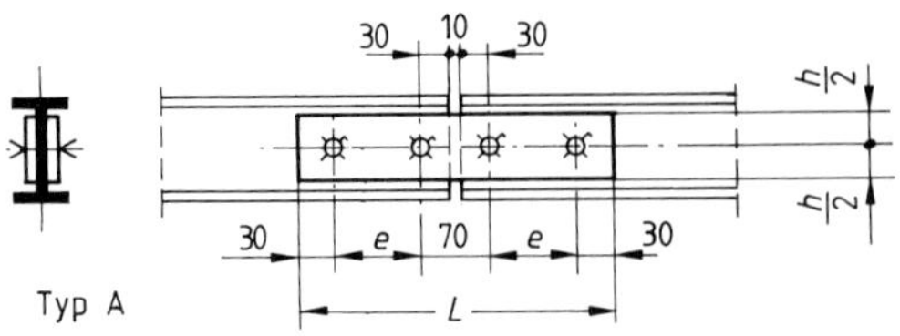

Typ A

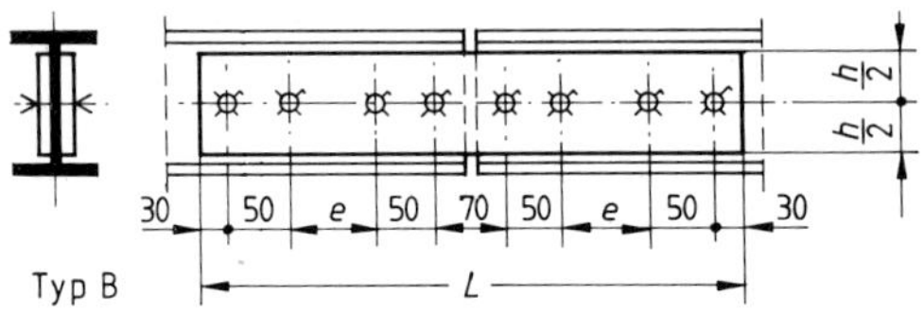

Typ B

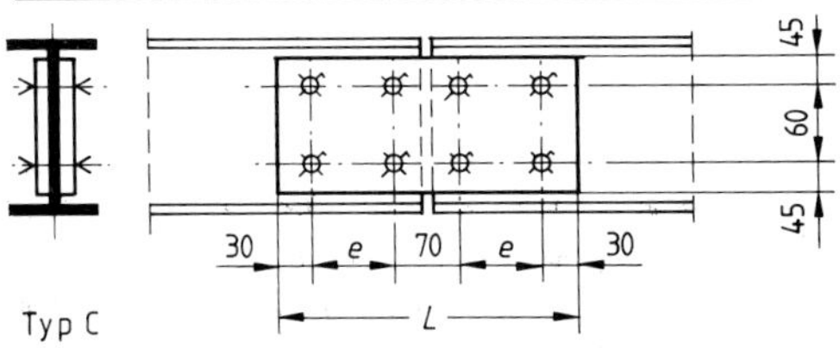

Typ C

Pfetten-profil IPE	Stoßprofil × L $(h \cdot t)$	e mm	Schrauben
100	▯▯ 80 × 20– 730	300	M 16 × 70
120	▯▯ 100 × 20– 930	400	M 16 × 70
140	▯▯ 120 × 20– 830	250	M 16 × 70
160	▯▯ 130 × 20–1030	350	M 16 × 70
180	▯▯ 150 × 20–1030	450	M 16 × 70

*) Stoßdeckung kann auch mit einseitigem ▯-Stahl mit doppelter Dicke erfolgen

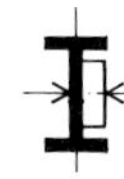

Schrauben M 20 — Stoßlaschen: ▯▯-Stähle*)

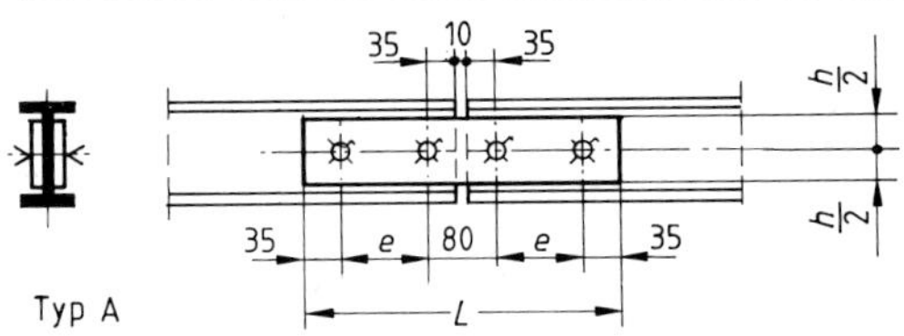

Typ A

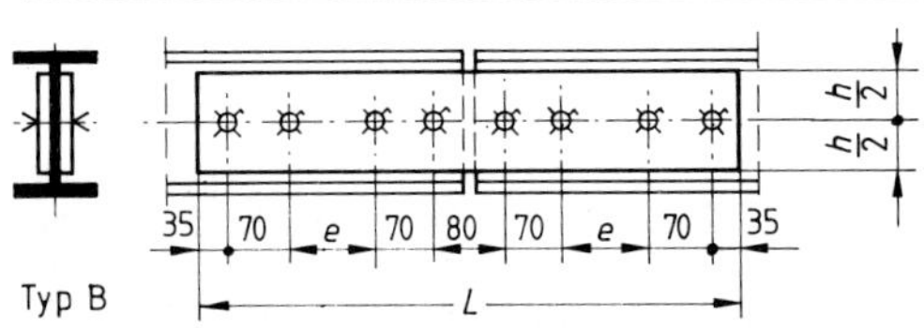

Typ B

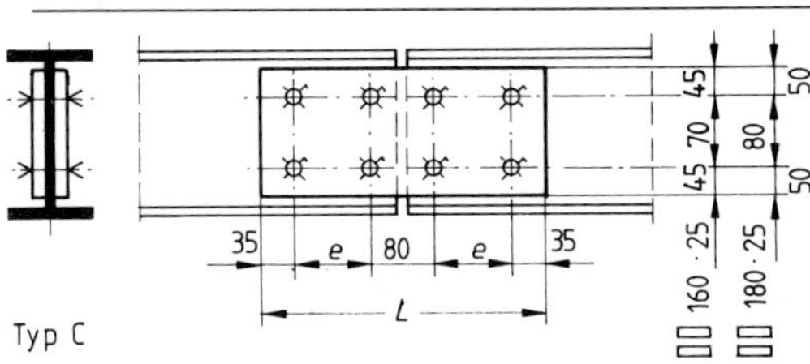

Typ C

Pfetten-profil IPE	Stoßprofil × L $(h \cdot t)$	e mm	Schrauben
120	▯▯ 100 × 20– 750	300	M 20 × 75
140	▯▯ 120 × 20–1050	450	M 20 × 75
160	▯▯ 130 × 20–1030	300	M 20 × 75
180	▯▯ 150 × 20–1130	350	M 20 × 75
200	▯▯ 160 × 25–1050	450	M 20 × 75
220	▯▯ 180 × 25–1250	550	M 20 × 85

*) Stoßdeckung kann auch mit einseitigem ▯-Stahl mit doppelter Dicke erfolgen

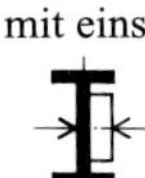

Tafel **4.9** **Biegefeste Trägerstöße** für Pfetten; typisierte Abmessungen mit Profilstahl-Laschen (nach Stahlbau-Kalender 1990)

Schrauben M 16	Stoßlaschen:][-Profile			
	Pfetten-profil IPE	Stoßprofile × L	e mm	Schrauben
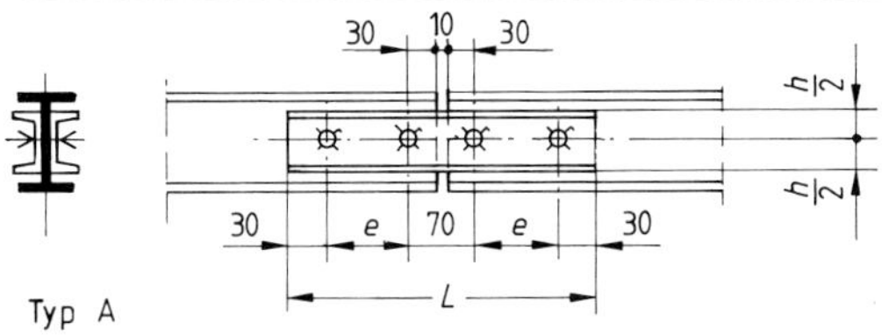 Typ A	100	][80– 730	300	M 16 × 45
	120	][100– 930	400	M 16 × 45
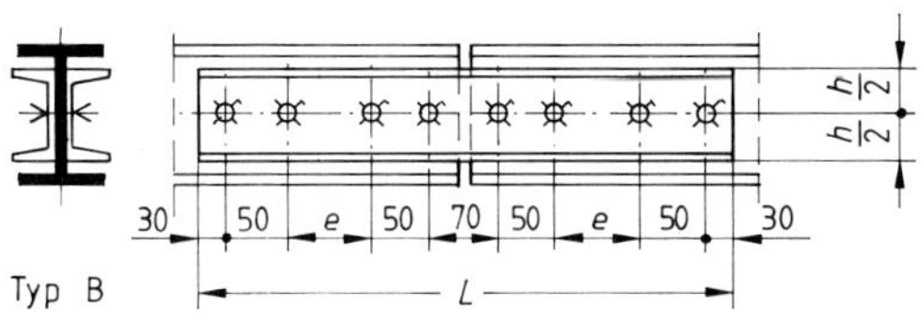 Typ B	140	][100– 830	250	M 16 × 45
	160	][120–1030	350	M 16 × 45
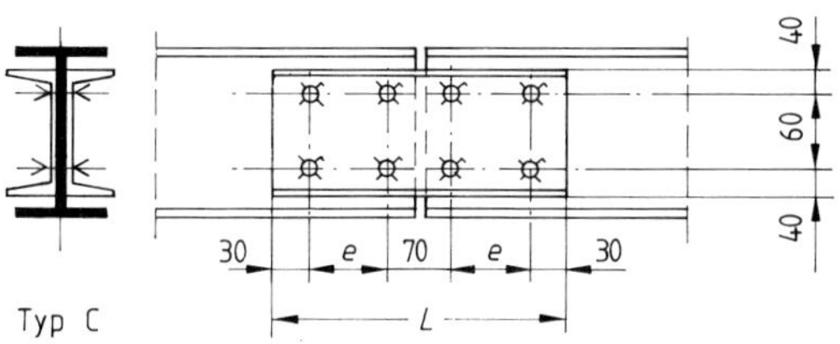 Typ C	180	][140–1030	450	M 16 × 45

Schrauben M 20	Stoßlaschen:][-Profile			
	Pfetten-profil IPE	Stoßprofil × L	e mm	Schrauben
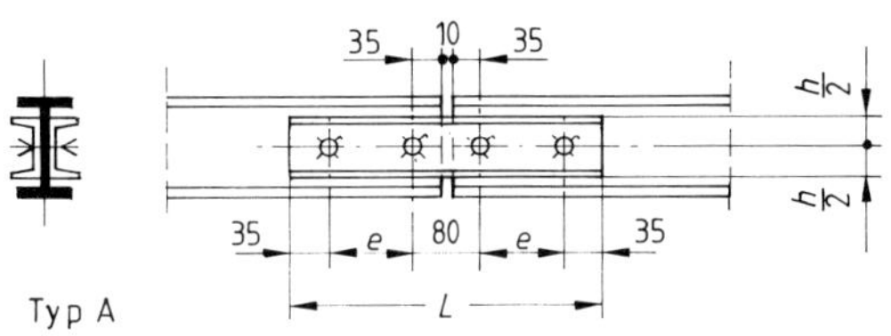 Typ A	120	][100– 750	300	M 20 × 45
	140	][100–1050	450	M 20 × 45
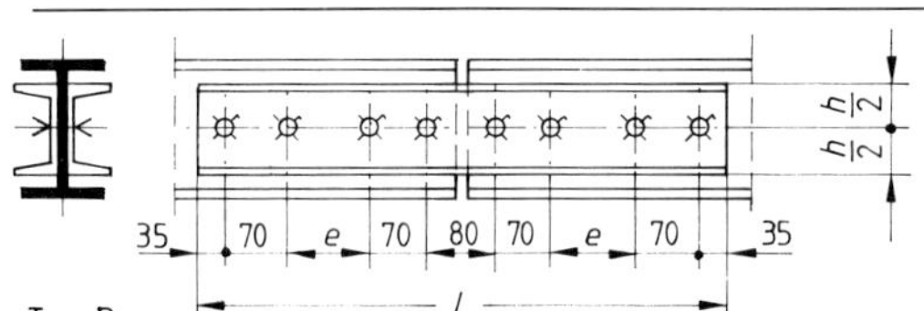 Typ B	160	][120–1030	300	M 20 × 50
	180	][140–1130	350	M 20 × 50
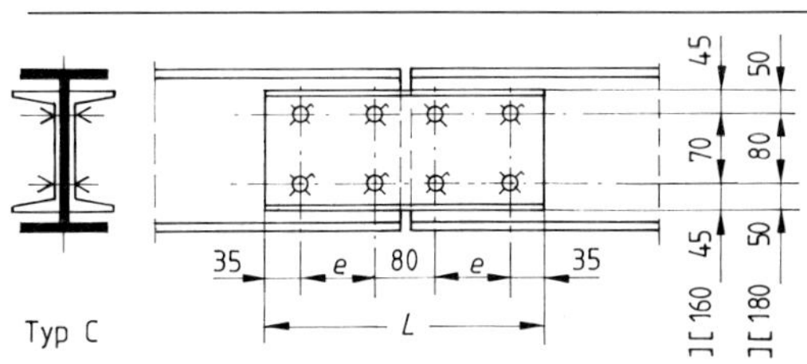 Typ C	200	][160–1050	450	M 20 × 50
	220	][180–1250	550	M 20 × 50

4.3 Verformungen bei einfacher Biegung

Infolge einer Biegebeanspruchung stellt sich bei einem Tragwerk als Verformung eine Durchbiegung ein. Die ursprünglich gerade Achse des Trägers wird hierbei gebogen. Es entsteht die sogenannte Biegelinie. Diese Biegelinie bildet an den Lagern die Winkel α und β zur ursprünglichen Achse. Zwischen den Lagern des Tragwerkes gibt das Maß f die Größe der Durchbiegung an (Bild **4**.26).

Sie wird beeinflußt durch die Belastung und das statische System des Trägers, durch das Flächenmoment I des Querschnittes sowie den Elastizitätsmodul E des verwendeten Werkstoffes.

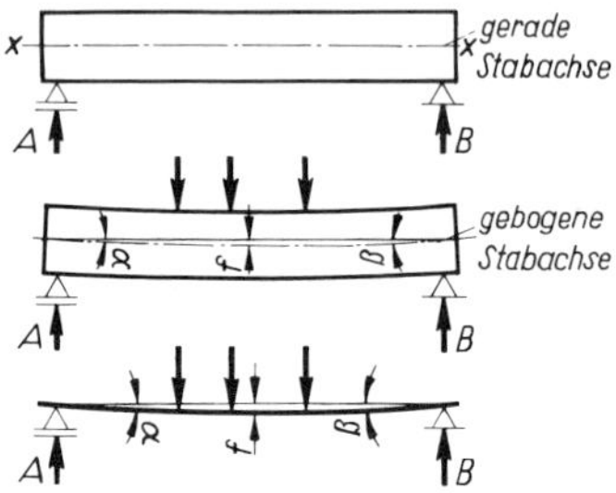

4.26 Die gerade Stabachse wird bei einem belasteten Träger gebogen; f ist das Maß der Durchbiegung

Mit komplizierten Rechnungen sind für verschiedene Laststellungen Formeln zum Bestimmen der Durchbiegung ermittelt worden (s. z. B. Wendehorst: Bautechnische Zahlentafeln). Für einfache Laststellungen kann bei Trägern mit symmetrischen Querschnitt die Durchbiegung berechnet werden mit der Formel:

$$\textbf{vorh}\, f = \frac{\textbf{vorh}\, \sigma_B \cdot l^2}{h \cdot k_f} \quad \text{in cm} \qquad \text{Gl. (4.45)}$$

mit vorh σ_B in N/mm²; h in cm; l in m

Die Beiwerte k_f sind von der Laststellung und vom Werkstoff abhängig (s. Tafel **4**.10). Der Nachweis der Durchbiegung ist immer dann erforderlich, wenn bauliche und konstruktive Gründe eine Beschränkung der Formänderung erfordern.

Tafel **4**.10 **Beiwerte k_f** für Durchbiegungen

Laststellung / Werkstoff	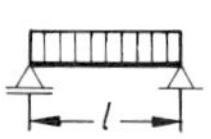	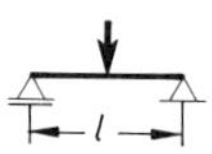	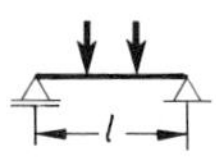	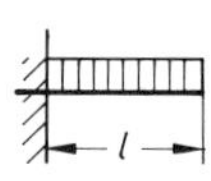	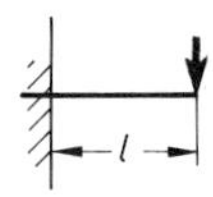
Baustahl $E = 210000$ N/mm²	101	126	99	42	31,5
Nadelholz $E = 10000$ N/mm²	4,8	6,0	4,7	2,0	1,5

Im Holzbau ist bei Trägern mit Vollholzstegen oder Plattenstegen der zusätzliche Durchbiegungsanteil aus der Schubverformung zu berücksichtigen (s. Abschnitt 5.5).

4.3.1 Zulässige Durchbiegungen

In verschiedenen Baubestimmungen wird eine obere Grenze für die zulässige Durchbiegung vorgeschrieben. Die Größe der Durchbiegung ist dann zu berechnen. Die vorhandene Durchbiegung ist der zulässigen gegenüberzustellen. Die zulässige Durchbiegung ist abhängig von der Stützweite l, von der Art des Trägers und von seiner Nutzung.

Stahlbau (DIN 18800)
Für Stahlbaukonstruktionen wird von der Norm kein Nachweis der Durchbiegung gefordert. Es heißt jedoch ganz allgemein: „Der Nachweis der Gebrauchstauglichkeit ist in den meisten Fällen ein Nachweis der Größe der Verformungen. Bei der Verformungsberechnung ist gegebenenfalls auch das plastische Verhalten zu berücksichtigen".
Für Stahlhochbauten heißt es in DIN 18801:
„Eine Berücksichtigung der Formänderungen hinsichtlich der Gebrauchsfähigkeit kann z.B. zur Vermeidung von Wassersäcken auf Dächern, zur Vermeidung von Rissen in massiven Bauteilen oder zur Sicherung des Betriebes von Maschinen erforderlich werden".

Zu empfehlen ist eine Beschränkung der Durchbiegung in Abhängigkeit von der Stützweite l auf folgende Werte:

Einfeldträger über 5 m Stützweite	zul $f \leqq l/300$
Kragträger	zul $f \leqq l/200$

Im Eurocode 3 werden die Grenzwerte nach Tafel **4.**11 für lotrechte Verformungen und waagerechte Auslenkungen empfohlen. Die Länge von Kragträgern ist mit der doppelten Bauteillänge einzusetzen.

Tafel **4.**11 **Grenzwerte für Verformungen** bei Stahlbauteilen (nach EC 3)

Lotrechte Verformungen	$f_{max} \leqq$	$f_Q \leqq$
Dächer generell	$l/200$	$l/250$
Decken allgemein und begehbare Dächer	$l/250$	$l/300$
Decken und Dächer mit Putz oder anderen spröden Deckschichten	$l/250$	$l/350$
Decken, die Stützen tragen	$l/400$	$l/500$
Wenn das Aussehen des Gebäudes beeinträchtigt wird	$l/250$	–
Waagerechte Auslenkungen am oberen Ende der Stützen		
Portalrahmen ohne Krangerüst	$h/150$	
Andere eingeschossige Gebäude	$h/300$	
Mehrgeschossige Gebäude: In jedem Stockwerk	$h/300$	
Im gesamten Stockwerk	$h_{ges}/500$	

Im Einzelfall sollten – wenn erforderlich – vor dem Aufstellen der statischen Berechnung die zulässigen Durchbiegungen mit dem Auftraggeber abgesprochen und mit dem Prüfingenieur abgestimmt werden.

Bei symmetrischen Querschnitten ergeben sich mit den Werten der Tafel **4.**10 zum Einhalten zulässiger Durchbiegungen bei Einfeldträgern und Kragträgern folgende erforderliche Trägerhöhen h bzw. Flächenmomente I:

Einfeldträger mit gleichmäßig verteilter Belastung für zul $f \leqq 1/300$:

$$\text{erf}\, h \geqq l/27 \qquad \text{Gl. (4.46)}$$

$$\text{erf}\, I \geqq 15 \cdot M \cdot l \quad \text{mit } I \text{ in cm}^4, M \text{ in kNm}, l \text{ in m} \qquad \text{Gl. (4.47)}$$

Kragträger mit gleichmäßig verteilter Belastung für zul $f \leqq l/200$:

$$\text{erf}\, h \geqq l/13 \qquad \text{Gl. (4.48)}$$

$$\text{erf}\, I \geqq 54 \cdot M \cdot l \quad \text{mit } I \text{ in cm}^4, M \text{ in kNm}, l \text{ in m} \qquad \text{Gl. (4.49)}$$

Kragträger mit Einzellast am Kragarmende für zul $f \leqq l/200$:

$$\text{erf}\, h \geqq l/10 \qquad \text{Gl. (4.50)}$$

$$\text{erf}\, I \geqq 72 \cdot M \cdot l \quad \text{mit } I \text{ in cm}^4, M \text{ in kNm}, l \text{ in m} \qquad \text{Gl. (4.51)}$$

Bei kurzen Trägern ist ein weiterer Einfluß auf die Durchbiegung aus der Schubbeanspruchung zu berücksichtigen, der die Durchbiegung vergrößert (s. Abschn. 5.4).

Holzbau (DIN 1052; Teil 1)

Für die Gebrauchsfähigkeit der Konstruktion und für die Sicherheit der Bauteile sind Grenzwerte der Durchbiegungen einzuhalten. Dieses gilt für die Verkehrslasten und für die Gesamtlast, jeweils einschließlich Wind- und Schneelast, jedoch ohne Schwing- und Stoßbeiwerte.

Bei der Berechnung der Durchbiegung darf der ungeschwächte Querschnitt eingesetzt werden. Bei zusammengesetzten Trägern ist jedoch ein genauer Nachweis zu führen (DIN 1052 Teil 1 Abschnitt 8.3.4). Für die rechnerisch zulässigen Durchbiegungen von Vollwandträgern, Brettschichtholzträgern, zusammengesetzten Trägern sowie von Fachwerkträgern gelten die in Tafel **4.**12 und für Bauteile aus Holz die in Tafel **4.**13 angegebenen Werte in Abhängigkeit von der Stützweite l.

Tafel **4.**12 **Zulässige Durchbiegungen von biegebeanspruchten Trägern** aus Holz (nach DIN 1052 Teil 1)

Last	Ausführung mit Überhöhung			Ausführung ohne Überhöhung		
	BSH-Träger, zusammengesetzte Träger, Vollwandträger	Fachwerkträger[1]) Näherungsberechnung	Fachwerkträger[1]) genauere Berechnung	BSH-Träger, zusammengesetzte Träger, Vollwandträger	Fachwerkträger[1]) Näherungsberechnung	Fachwerkträger[1]) genauere Berechnung
Verkehrslast	$l/300$	$l/600$	$l/300$	–	–	–
Gesamtlast	$l/200$	$l/400$	$l/200$	$l/300$	$l/600$	$l/300$

[1]) einschließlich einsinnig verbretterter Vollwandträger

Bei auskragenden Bauteilen darf die rechnerische Durchbiegung am Ende des Kragarms den doppelten Wert von Tafel **4.**12 erreichen.

In DIN 1052 sind außerdem Werte für rechnerisch zulässige Durchbiegungen bestimmter Bauteile enthalten. Sie sind in Tafel **4.**13 abhängig von der Stützweite l zusammengestellt.

Tafel **4.**13 **Zulässige Durchbiegungen max f bestimmter biegebeanspruchter Bauteile** aus Holz in Abhängigkeit von der Stützweite l (nach DIN 1052 Teil 1)

Bauteile	max f
Decken unter und über Wohn-, Büro- und ähnlichen Räumen	$l/300$
Decken unter Fabrik- und Werkstatträumen	$l/300$
Pfetten, Sparren und Balken im Bereich des oberen Raumabschlusses von Wohn-, Büro- und ähnlichen Räumen	$l/300$
Pfetten und Sparren allgemein	$l/200$
Balken von Stalldecken, Scheunen und dergleichen	$l/200$
Vollwand- und Fachwerkträger ohne Überhöhung im landwirtschaftlichen Bauwesen	$l/200$
Fachwerkträger ohne Überhöhung im landwirtschaftlichen Bauwesen nach der Näherungsberechnung	$l/400$
Dachschalungen und unmittelbar belastete Deckenschalungen unter Gesamtlast	$l/200$ 10 mm
Dach- und Deckenbeplankungen unter Gesamtlast	$l/200$ 10 mm
Dachschalungen und unmittelbar belastete Deckenschalungen unter Eigenlast und Einzellast von 1 kN (Mannlast)	$l/100$ 20 mm
Dach- und Deckenbeplankungen unter Eigenlast und Einzellast von 1 kN (Mannlast)	$l/100$ 20 mm

4.3.2 Biegesteifigkeit

Die Berechnung der Durchbiegung dient dem Nachweis einer ausreichenden Biegesteifigkeit. Dieser Nachweis ist zusätzlich zum Nachweis der Biegefestigkeit erforderlich (s. Abschn. 4.1.1). Für das Berechnen der Durchbiegung werden das Flächenmoment des Trägerquerschnitts und der Elastizitätsmodul des verwendeten Werkstoffes benötigt. Es können für einfache Lastfälle auch vereinfachte Formeln verwendet werden (s. Gleichung 4.45).

Bei Trägern aus dem gleichen Werkstoff mit dem gleichen Querschnitt ist die Durchbiegung abhängig von der Laststellung, von der Größe der vorhandenen Biegespannung und von der Stützweite l.

Die Stützweite l geht in die Rechnung zum Quadrat ein. Das bedeutet:

- ein Träger erfährt bei gleicher Länge und doppelter Biegespannung die doppelte Durchbiegung,
- ein Träger erfährt bei doppelter Länge und gleicher Biegespannung die vierfache Durchbiegung.

Die nachfolgenden Beispiele zeigen den zusätzlichen Nachweis der Durchbiegung. Bei Trägern mit großen Stützweiten ist dieser Nachweis gegenüber dem der ausreichenden Biegefestigkeit der wichtigere. Hier kann das Maß der zulässigen Durchbiegung oft schon bei geringen Biegespannungen überschritten werden. Das ist jedoch nicht erlaubt. Der Träger ist dann steifer auszubilden oder es ist ein Träger mit größerem Flächenmoment zu wählen.

Bei zusammengesetzten Trägern, mit Vollholz- oder Plattenstegen ist auch der Durchbiegungsanteil aus der Schubverformung zu berücksichtigen (s. Abschn. 5, Beispiel 2). Bei verdübelten Balken und genagelten Trägern ist dieser Nachweis sehr umfangreich.

Beispiele zur Erläuterung

1. Ein Deckenbalken aus Holz erhält eine Belastung von q = 6 kN/m; lichte Raumweite l_w = 3,76 m. Der Balken wird bemessen. zul σ_{BD} = 10 N/mm² = 1,0 kN/cm² für Lastfall H, Nadelholz Sortierklasse S10.

Stützweite

$$l = 1{,}05 \cdot l_w = 1{,}05 \cdot 3{,}76 = 3{,}95 \text{ m}$$

Biegemoment

$$\max M = \frac{q \cdot l^2}{8} = \frac{6{,}0 \cdot 3{,}95^2}{8} = 11{,}7 \text{ kNm} = 1170 \text{ kNcm}$$

Bemessung

$$\text{erf } W_u = \frac{\max M}{\text{zul } \sigma_B} = \frac{1170}{1{,}0} = 1170 \text{ cm}^3$$

Gewählt: **160/220 mm** mit W_y = 1291 cm³

$$\text{vorh } \sigma_B = \frac{\max M}{\text{vorh } W_y} = \frac{1170}{1291} = 0{,}91 \text{ kN/cm}^2 = 9{,}1 \text{ N/mm}^2$$

$$\text{zul } \sigma_B = 10 \text{ N/mm}^2 \quad \text{zul } \sigma_B = 10 \text{ N/mm}^2 \text{ (Tafel } \mathbf{1}.17)$$

$$\frac{\text{vorh } \sigma_B}{\text{zul } \sigma_B} = \frac{9{,}1}{10} = 0{,}91 < 1$$

Durchbiegung

$$\text{vorh } f = \frac{\text{vorh } \sigma_B \cdot l^2}{h \cdot k_f} = \frac{9{,}1 \cdot 3{,}95^2}{22 \cdot 4{,}8} = 1{,}34 \text{ cm}^3$$

$$\text{zul}\, f = \frac{l}{300} = \frac{395}{300} = 1{,}32 \text{ cm}$$

$$\frac{\text{vorh}\, f}{\text{zul}\, f} = \frac{1{,}34}{1{,}32} = 1{,}02 \approx 1$$

2. Ein Stahlträger IBP hat eine Einzellast in Feldmitte von $F = 28$ kN und eine gleichmäßig verteilte Last von $g = 5$ kN/m zu tragen; Stützweite $l = 5{,}4$ m.
Die Durchbiegung wird berechnet mit $\gamma_F = 1{,}0$; $\gamma_M = 1{,}0$. St 37-2.

Biegemoment

$$\max M = \frac{g \cdot l^2}{8} + \frac{F \cdot l}{4} = \frac{5{,}0 \cdot 5{,}4^2}{8} + \frac{28{,}0 \cdot 5{,}4}{4} = 18{,}2 + 37{,}8$$

$$= 56{,}0 \text{ kNm} = 5600 \text{ kNcm}$$

Gewählt: **IPB 180** mit $W_y = 426$ cm³

$$\text{vorh}\, \sigma_B = \frac{M_g}{W_y} + \frac{M_F}{W_y} = \frac{1820}{426} + \frac{3780}{426} = 4{,}27 + 8{,}87 = 13{,}14 \text{ kN/cm}^2 = 131{,}4 \text{ N/mm}^2$$

Nachweis der Gebrauchstauglichkeit

Durchbiegung

$$\text{vorh}\, f = \frac{\text{vorh}\, \sigma_B \cdot l^2}{h \cdot k_f} = \frac{42{,}7 \cdot 5{,}4^2}{18 \cdot 101} + \frac{88{,}7 \cdot 5{,}4^2}{18 \cdot 126} = 0{,}68 + 1{,}14 = 1{,}82 \text{ cm}$$

$$\text{zul}\, f = \frac{l}{300} = \frac{540}{300} = 1{,}80 \text{ cm}$$

$$\frac{\text{vorh}\, f}{\text{zul}\, f} = \frac{1{,}82}{1{,}80} = 1{,}01 \approx 1$$

Tragsicherheit

Bemessungsbiegemoment

$$M_{S,d} = M_g \cdot \gamma_g + M_F \cdot \gamma_F$$
$$= 18{,}2 \cdot 1{,}35 + 37{,}8 \cdot 1{,}5 = 24{,}6 + 56{,}7$$
$$= 81{,}3 \text{ kNm}$$

Grenzbiegemoment

$$M_{R,d} = \sigma_{R,d} \cdot W_y = \frac{f_{y,k}}{\gamma_M} \cdot W_y = \frac{24{,}0}{1{,}1} \cdot 426 = 9294{,}5 \text{ kNcm}$$
$$\approx 92{,}9 \text{ kNm}$$

Nachweis der Tragsicherheit

$$\frac{M_{S,d}}{M_{R,d}} = \frac{81{,}3}{92{,}9} = 0{,}88 < 1$$

Beispiele zur Übung

Für Träger mit nachstehenden Angaben sind die Bemessungen durchzuführen, die Spannung nachzuweisen und die Durchbiegung zu bestimmen.

1.	$l = 5{,}20$ m	$g = 8$ kN/m	$F = 20$ kN in Feldmitte, IPB
2.	$l = 3{,}20$ m	$g = 3$ kN/m	Kantholz
3.	$l = 2{,}50$ m	$g = 4$ kN/m	$F_1 = F_2 = 8$ kN in den Drittelpunkten; Kantholz
4.	$l = 6{,}00$ m	$g = 12$ kN/m	$q = 8$ kN/m; IPE

4.3.3 Durchbiegung bei geneigten Trägern

Die Durchbiegung von geneigten Trägern ist wie bei waagerechten Trägern zu berechnen. Zu berücksichtigen ist jedoch, daß die Verformung durch die Querkraft- und Biegebeanspruchung über die schräge Länge l_s erfolgt. In der Gleichung ist also anstelle von l^2 mit l_s^2 zu rechnen. Bei geknickten Trägern sollte als Länge die Abwicklung der Trägerachse angenommen werden.

Beispiele zur Erläuterung

1. Ein geneigter Träger (Holzsparren) hat eine vertikale Belastung von 1,0 kN/m je m Grundlänge zu tragen (Bild **4.27**) (s. Beispiel in Abschnitt 6.10.1 Teil 1)

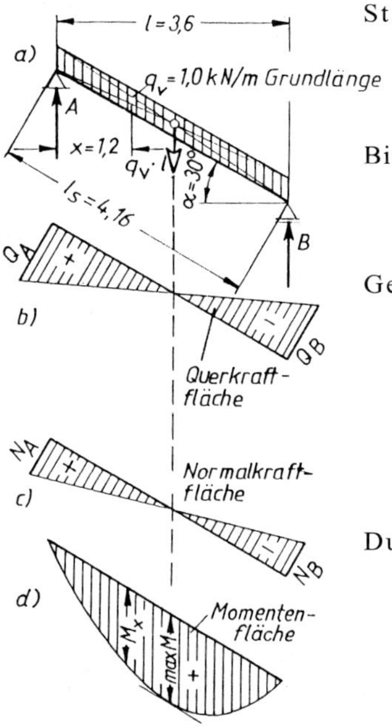

4.27 Geneigter Träger mit vertikalwirkender, gleichmäßig verteilter Belastung
a) statisches System, b) Querkraftfläche, c) Normalkraftfläche, d) Momentenfläche

Statisches System

$l = 3{,}6$ m $\quad \alpha = 30°$ $\quad \cos\alpha = 0{,}866$

$l_s = l/\cos\alpha = 3{,}6/0{,}866 = 4{,}16$ m

Biegemoment

$$\max M = \frac{q_v \cdot l^2}{8} = \frac{1{,}0 \cdot 3{,}6^2}{8} = 1{,}62\,\text{kNm} = 162\,\text{kNcm}$$

Gewählt: **80/160 mm** mit $W_y = 341$ cm³

$$\text{vorh}\,\sigma_B = \frac{\max M}{\text{vorh}\,W_y} = \frac{162}{341} = 0{,}48\,\text{kN/cm}^2 = 4{,}8\,\text{N/mm}^2$$

$$\text{zul}\,\sigma_B = 10\,\text{N/mm}^2$$

$$\frac{\text{vorh}\,\sigma_B}{\text{zul}\,\sigma_B} = \frac{4{,}8}{10} = 0{,}48 < 1$$

Durchbiegung

$$\text{vorh}\,f = \frac{\text{vorh}\,\sigma_B \cdot l_s^2}{h \cdot k_f} = \frac{4{,}8 \cdot 4{,}16^2}{16 \cdot 4{,}8} = 1{,}08\,\text{cm}$$

$$\text{zul}\,f = \frac{l_s}{300} = \frac{416}{300} = 1{,}39\,\text{cm}$$

$$\frac{\text{vorh}\,f}{\text{zul}\,f} = \frac{1{,}08}{1{,}39} = 0{,}78 < 1$$

2. Die Sparren des Pfettendaches entsprechend Bild **4.**8 von Beispiel 2 aus Abschnitt 4.1.4 werden für Durchbiegung berechnet (Bild **4.**28).

waagerechte Länge	$l_1 = 3{,}10$ m
schräge Länge	$l_s = 4{,}05$ m
Neigung	$\alpha = 40°$
Sparrenquerschnitt	**80/120 mm**
Biegespannung	vorh $\sigma_B = 7{,}4$ N/mm²

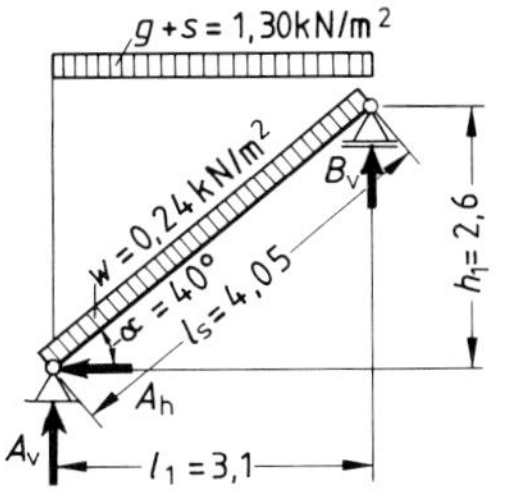

4.28 Statisches System mit Belastung

Durchbiegung

$$\text{vorh } f = \frac{\text{vorh } \sigma_B \cdot l_s^2}{h \cdot k_f} = \frac{7{,}4 \cdot 4{,}05^2}{12 \cdot 4{,}8} = 2{,}11 \text{ cm}$$

$$\text{zul } f = \frac{l_s}{200} = \frac{405}{200} = 2{,}03 \text{ cm}$$

$$\frac{\text{vorh } f}{\text{zul } f} = \frac{2{,}11}{2{,}03} = 1{,}04 \approx 1$$

Anmerkung

Eine geringe Überschreitung der zulässigen Durchbiegung ist unbedeutend.

Begründung: Der Träger wurde als Einfeldträger berechnet, obwohl eine teilweise bestehende Durchlaufwirkung vorhanden ist. Diese Durchlaufwirkung über der Mittelpfette verringert die Durchbiegung in den Feldern erheblich.

4.4 Zweiachsige Biegung

Die Träger werden auf zweiachsige Biegung beansprucht, wenn rechtwinklig auf die Querschnittsachsen die Belastungen q_y und q_z wirken. Dadurch entstehen Biegemomente M_y und Biegemomente M_z zu gleicher Zeit (Bild **4.**29). Diese Biegung wird auch als Doppelbiegung bezeichnet.

Ein Sonderfall ist die schiefe Biegung. Bei der schiefen Biegung wirkt die Belastung nur in einer Ebene, wobei jedoch diese Ebene schräg zu den beiden Querschnittsachsen liegt und durch die Hauptachse geht (Bild **4.**30).

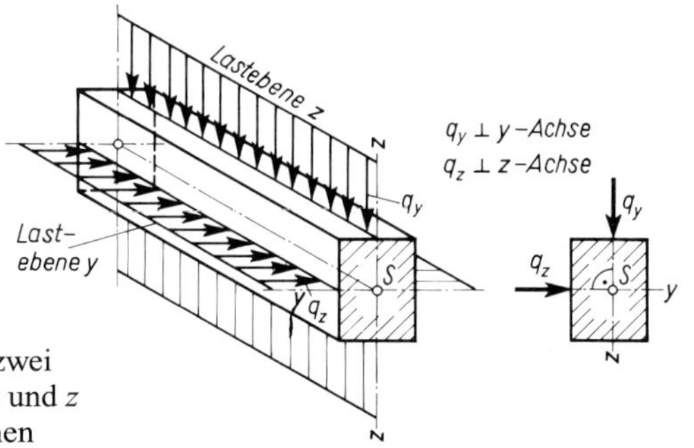

4.29 Zweiachsige Biegung: Lastangriff in zwei Lastebenen, die in den Hauptachsen y und z liegen und durch die Schwerachse gehen

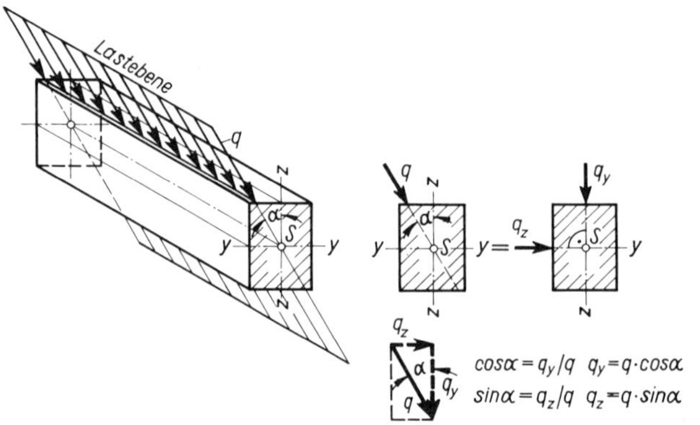

4.30 Schiefe Biegung: Lastangriff in einer Lastebene, die nicht in einer Hauptachse liegt

Die schräg wirkende Belastung q kann in die Komponenten q_y und q_z zerlegt werden:

$$q_y = q \cdot \cos \alpha \qquad q_z = q \cdot \sin \alpha \qquad \text{Gln. (4.52) (4.53)}$$

Daraus entstehen die Biegemomente M_y und M_z. Somit ergeben sich die gleichen Bedingungen wie bei zweiachsiger Biegung (Bild **4.**30).

Das Biegemoment M_y wird berechnet mit der gleichmäßig verteilten Belastung q_y und mit der Länge l_y.

$$\mathbf{max}\ \boldsymbol{M_y = \frac{q_y \cdot l_y^2}{8}} \qquad \text{Gl. (4.54)}$$

Die gleichmäßig verteilte Belastung q_y wirkt rechtwinklig auf die y-Achse des Querschnittes. Die Länge l_y ist die statische Länge des Trägers, über die der Träger durch die Belastung q_y verformt wird.

Das Biegemoment M_z wird entsprechend berechnet:

$$\mathbf{max}\ \boldsymbol{M_z = \frac{q_z \cdot l_z^2}{8}} \qquad \text{Gl. (4.55)}$$

Die gleichmäßig verteilte Belastung q_z wirkt rechtwinklig auf die z-Achse des Querschnittes. Da y-Achse und z-Achse rechtwinklig zueinander stehen, wirken auch q_y und q_z rechtwinklig zueinander. Die Länge l_z ist die statische Länge des Trägers, über die der Träger durch die Belastung q_z verformt wird. l_y und l_z können, bedingt durch Zwischenabstützungen des Trägers, verschieden lang sein (Bild **4.**31).

Im Abschn. 4.1 sind die Biegespannungen $\sigma_y = \frac{M_y}{W_y}$ und $\sigma_z = \frac{M_z}{W_z}$ schon bestimmt worden. Da beide Biegemomente gleichzeitig auftreten, müssen beide Spannungen zur Gesamtspannung max σ addiert werden (Bild **4.**32).

$$\mathbf{max}\ \boldsymbol{\sigma_B = \pm \sigma_y \pm \sigma_z} \qquad \text{Gl. (4.56)}$$

$$\mathbf{max}\ \boldsymbol{\sigma_B = \pm \frac{M_y}{W_y} \pm \frac{M_z}{W_z}} \qquad \text{Gl. (4.57)}$$

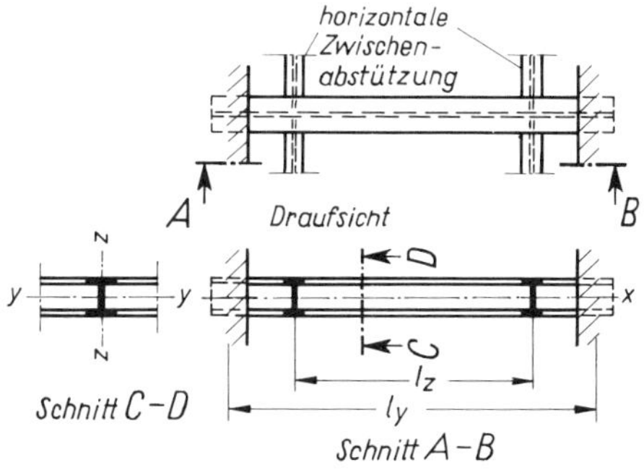

4.31 Träger mit verschiedenen Stützweiten l_y und l_z

Das Ermitteln der Gesamtspannung soll noch einmal zeichnerisch gezeigt werden. Infolge des Biegemomentes M_y aus der vertikalen Belastung entsteht die Biegespannung σ_y entsprechend dem Spannungsbild. Die horizontale Belastung mit dem Biegemoment M_z erzeugt die Biegespannung σ_z. Am unteren Rand entsteht die größte Biegezugspannung σ_y und am rechten Rand die größte Biegezugspannung σ_z (Bild **4.33**).

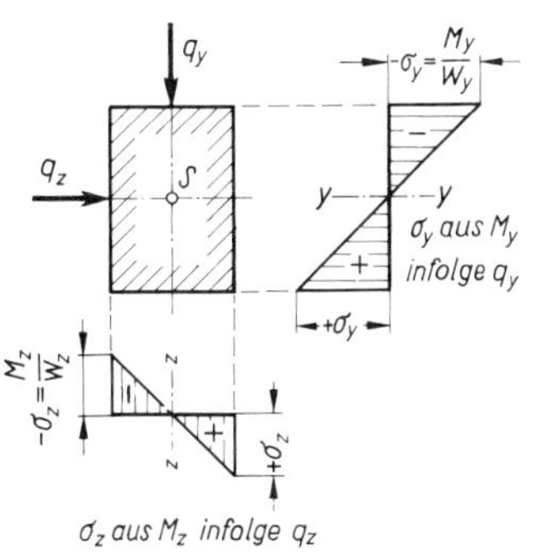

4.32 Spannungsbilder σ_y und σ_z für zweiachsige Biegung

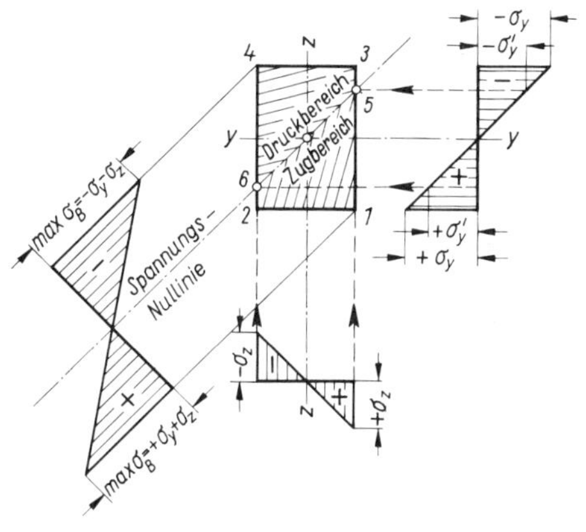

4.33 Ermitteln der Gesamtspannung und der Spannungsnullinie bei zweiachsiger Biegung

Beide Ränder treffen sich in der Ecke 1. Dort überlagern sich auch beide Biegezugspannungen zur Gesamtzugspannung $\sigma_1 = +\sigma_y + \sigma_z$. An der Ecke 4 überlagern sich die beiden Biegedruckspannungen: $\sigma_4 = -\sigma_y - \sigma_z$. Wenn man nun z.B. die Spannung $+\sigma_z$ am rechten Rand mit einer gleichgroßen Spannung $-\sigma_y'$ überlagert, ist an der Stelle 5 die Spannung $\sigma_B = +\sigma_z = \sigma_y' = 0$. Am linken Rand kann man mit $-\sigma_z$ und $+\sigma_y'$ entsprechend verfahren und findet so den Punkt 6. Durch diese Punkte, an denen die Spannung Null ist, kann man eine Linie ziehen; es ist die Spannungsnullinie. In dieser Richtung werden die Gesamtspannungen $\max \sigma_B = \sigma_1$ bzw. σ_4 angetragen.

4.4.1 Zweiachsige Biegung bei Holzträgern

Die Bemessung bei Holzträgern, die zweiachsig belastet werden, kann durch Bemessungsnomogramme erleichtert werden. Damit kann zunächst für die wirkenden Biegemomente M_y und M_z ein Holzquerschnitt gewählt werden. Für den gewählten Querschnitt werden dann die Biegespannung und die Durchbiegung nachgewiesen.

Bild **4.**34 gilt für eine zulässige Biegespannung von zul $\sigma_B = 10$ N/mm² (s. Tafel **1.**17). Für andere zulässige Spannungen sind die Biegemomente im entsprechenden Verhältnis umzurechnen.

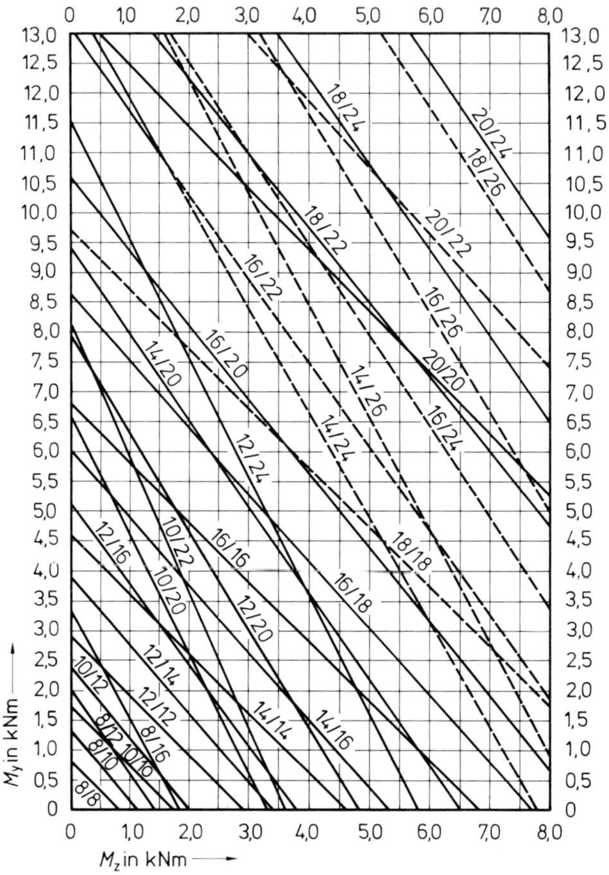

4.34 Nomogramm zur Abschätzung von Holzquerschnitten mit zweiachsiger Biegung
(Lastfall H, Nadelholz Sortierklasse S10 mit zul $\sigma_B = 10$ N/mm², Querschnitte in cm/cm)

Beispiel zur Erläuterung

Eine Holzpfette (Bild **4.**35) erhält eine vertikale Belastung von $q_y = 6$ kN/m und eine horizontale Belastung von $q_z = 1{,}9$ kN/m. Die Stützweiten betragen $l_y = 4{,}0$ m, $l_z = 3{,}8$ m. Die Pfette wird bemessen. Lastfall H, Nadelholz Sortierklasse S10.

$$\max M_y = \frac{q_y \cdot l_y^2}{8} = \frac{6{,}0 \cdot 4{,}0^2}{8} = 12 \text{ kNm} = 1200 \text{ kNcm}$$

$$\max M_z = \frac{q_y \cdot l_z^2}{8} = \frac{1{,}9 \cdot 3{,}8^2}{8} = 3{,}43 \text{ kNm} = 343 \text{ kNcm}$$

Gewählt: **180/240 mm** mit $W_y = 1728$ cm³, $W_z = 1296$ cm³ (nach Tafel **4.**3)

$$\text{vorh } \sigma_B = \frac{\max M_y}{\text{vorh } W_y} + \frac{\max M_z}{\text{vorh } W_z} = \frac{1200}{1728} + \frac{343}{1296} = 0{,}69 + 0{,}26$$

$$= 0{,}95 \text{ kN/cm}^2 = 9{,}5 \text{ N/mm}^2$$

$$\text{zul } \sigma_{BD} = 10 \text{ N/mm}^2 \text{ (Tafel 1.17)}$$

$$\frac{\text{vorh } \sigma_B}{\text{zul } \sigma_{BD}} = \frac{9{,}5 \text{ N/mm}^2}{10 \text{ N/mm}^2} = 0{,}95 < 1$$

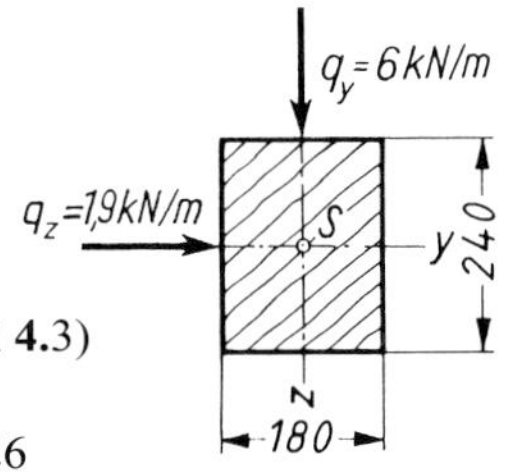

4.35 Holzpfette mit zweiachsiger Biegung

Beispiele zur Übung

Die nachstehenden Angaben gelten für Träger, die auf zweiachsige Biegung beansprucht werden. Die Träger sind zu bemessen. Der Spannungsnachweis ist zu führen.

1. $q_y = 5$ kN/m $q_z = 2{,}5$ kN/m $l_y = 4{,}0$ m $l_z = 3{,}0$ m Kantholz

2. $q_y = 9$ kN/m $q_z = 4$ kN/m $l_y = l_z = 2{,}0$ m Kantholz

4.4.2 Zweiachsige Biegung bei Stahlträgern

Für Stahlträger kann die Bemessung bei zweiachsiger Biegung ähnlich wie bei Holzträgern mit Nomogrammen erleichtert werden. Die Lasten müssen hierbei ebenfalls in den Hauptachsen angreifen (Bild **4.**36).

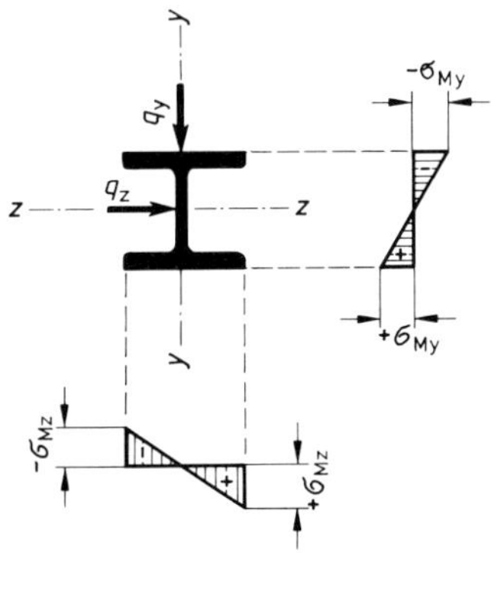

4.36 Spannungsbilder σ_{My} und σ_{Mz} für zweiachsige Biegung bei einem Stahlträger

Bei zweiachsiger Biegung entsteht die größte Biegespannung in den Ecken des Querschnitts (Bild **4**.33). Bei gleichzeitiger Beanspruchung durch die Biegemomente M_y (σ_{My}) und M_z (σ_{Mz}) sind die ermittelten Spannungsanteile für die maßgebenden Rand- bzw. Eckpunkte zu überlagern und der Grenzspannung gegenüber zu stellen:

$$\frac{|\sigma_{My}| + |\sigma_{Mz}|}{\sigma_{R,d}} \leqq 1 \qquad \text{Gl. (4.58)}$$

Wenn bei zweiachsiger Biegung die Spannungen σ_{My} und σ_{Mz} je für sich das 0,8fache der Grenzspannung $\sigma_{R,d}$ nicht überschreiten, darf die maximale Eckspannung das 1,1fache der Grenzspannung $\sigma_{R,d}$ betragen:

1. Bedingung:

$$\frac{|\sigma_{My}|}{\sigma_{R,d}} \leqq 0{,}8 \qquad \text{Gl. (4.59)}$$

$$\frac{|\sigma_{Mz}|}{\sigma_{R,d}} \leqq 0{,}8 \qquad \text{Gl. (4.60)}$$

2. Bedingung:

$$\frac{|\sigma_{My}| + |\sigma_{Mz}|}{\sigma_{R,d}} \leqq 1{,}1 \qquad \text{Gl. (4.61)}$$

Bild **4**.37 gilt zur Abschätzung des erforderlichen Profils für IPB-Träger aus S235. Es ist zu empfehlen, den Nachweis mit dem nächst kleineren Profil zu führen, da dieses häufig ausreicht.

Beispiel zur Erläuterung

Ein Stahlträger aus S235 erhält eine vertikale Belastung von $g_y = 20$ kN/m und $q_y = 15$ kN/m sowie eine horizontale Belastung von $g_z = 0$ und $q_z = 10$ kN/m. Die Stützweiten sind $l_y = l_z = 5{,}4$ m.

Grenzspannung

$$\sigma_{R,d} = \frac{f_{y,k}}{\gamma_M} = \frac{240}{1{,}1} = 218 \text{ N/mm}^2 = 21{,}8 \text{ kN/cm}^2$$

Biegemomente

$$\max M_y = \frac{(g_y \cdot \gamma_g + q_y \cdot \gamma_g) \cdot l_y^2}{8} = \frac{(20 \cdot 1{,}35 + 15 \cdot 1{,}5) \cdot 5{,}4^2}{8}$$

$$= 180{,}4 \text{ kNm} = 18\,040 \text{ kNcm}$$

$$\max M_z = \frac{g_z \cdot \gamma_g + q_z \cdot \gamma_g) \cdot l_z^2}{8} = \frac{(0 + 10 \cdot 1{,}5) \cdot 5{,}4^2}{8}$$

$$= 54{,}7 \text{ kNm} = 5470 \text{ kNcm}$$

Gewählt nach Nomogramm Bild **4**.37 das nächst kleinere Profil:

IPB 300 mit $W_y = 1680$ cm³, $W_z = 571$ cm³

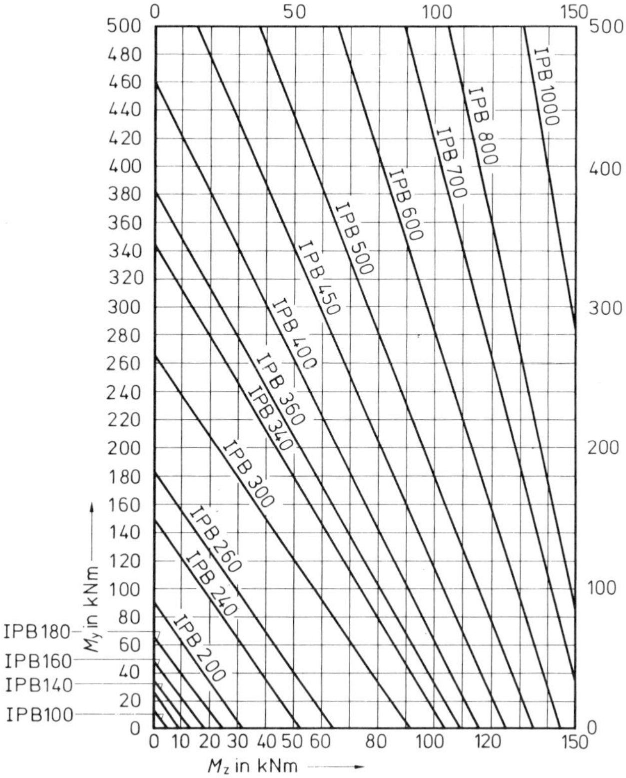

4.37 Nomogramm zur Abschätzung von IPB-Trägern mit zweiachsiger Biegung aus S235

Biegespannungen und Spannungsnachweis

$$\max \sigma_{My} = \frac{\max M_y}{W_y} = \frac{18\,040}{1680} = 10{,}7 \text{ kN/cm}^2$$
$$= 107 \text{ N/mm}^2$$

$$\frac{\max \sigma_{My}}{\sigma_{R,d}} = \frac{107}{218} = 0{,}49 < 0{,}8$$

$$\max \sigma_{Mz} = \frac{\max M_z}{W_z} = \frac{5470}{571} = 9{,}6 \text{ kN/cm}^2$$
$$= 96 \text{ N/mm}^2$$

$$\frac{\max \sigma_{Mz}}{\sigma_{R,d}} = \frac{96}{218} = 0{,}44 < 0{,}8$$

$$\max \sigma_B = \max \sigma_{My} + \max \sigma_{Mz} = 107 + 96$$
$$= 203 \text{ N/mm}^2$$

$$\frac{\max \sigma_B}{\sigma_{R,d}} = \frac{203}{218} = 0{,}93 < 1{,}1$$

Beispiele zur Übung

1. IPB-Profil $g_y = 16$ kN/m, $q_y = 8$ kN/m $g_z = 0$, $q_z = 8$ kN/m $l_y = l_y = 4{,}0$ m
2. IPB-Profil $g_y = 22$ kN/m, $q_y = 8$ kN/m $g_z = 0$, $q_z = 7{,}5$ kN/m $l_y = 5{,}0$ m $l_z = 4{,}5$ m

4.5 Verformungen bei zweiachsiger Biegung

Die Durchbiegung erfolgt bei zweiachsiger Biegung in schräger Richtung. Die resultierende Durchbiegung max f errechnet sich bei symmetrischen Querschnitten aus der Durchbiegung f_y rechtwinklig zur y-Achse und der Durchbiegung f_z rechtwinklig zur z-Achse mit Hilfe des Lehrsatzes von Pythagoras $f_y^2 + f_z^2 = f^2$ (Bild **4**.38).

$$\max f = \sqrt{f_y^2 + f_z^2} \qquad \text{Gl. (4.62)}$$

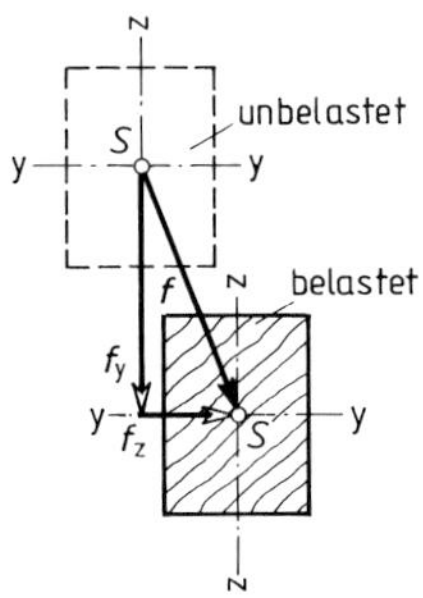

4.38 Die Gesamtdurchbiegung errechnet sich aus den Einzeldurchbiegungen rechtwinklig zu den Hauptachsen y und z des Querschnittes

Beispiele zur Erläuterung

1. **Ein Stahlträger** IPB 200 erhält eine vertikale Belastung von $g_y = 20$ kN/m und $q_y = 12$ kN/m sowie eine horizontale Belastung von $q_z = 5$ kN/m (Bild **4**.39). Stützweiten: $l_y = 3{,}5$ m; $l_z = 3{,}1$ m. S 235.

Die Biegespannung und die Durchbiegung werden berechnet.

Die Nachweise der Tragsicherheit und der Gebrauchstauglichkeit werden geführt.

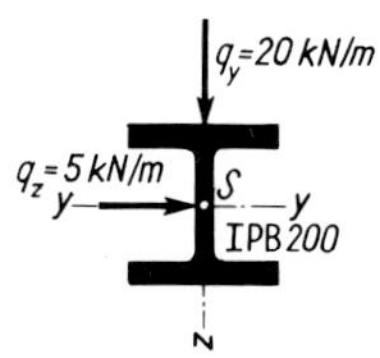

4.39 Stahlträger mit zweiachsiger Biegung

Nachweis der Tragsicherheit

Grenzwert der Biegespannung

$$\sigma_{R,d} = \frac{f_{y,k}}{\gamma_M} = \frac{240}{1{,}1} = 218 \text{ N/mm}^2 = 21{,}8 \text{ kN/cm}^2$$

Biegemomente

$$\max M_y = \frac{g_y \cdot l_y^2}{8} \cdot \gamma_g + \frac{q_y \cdot l_y^2}{8} \cdot \gamma_q$$

$$= \frac{20 \cdot 3{,}5^2}{8} \cdot 1{,}35 + \frac{12 \cdot 3{,}5^2}{8} \cdot 1{,}5 = 30{,}6 \cdot 1{,}35 + 18{,}4 \cdot 1{,}5$$

$$= 41{,}3 + 27{,}6 = 68{,}9 \text{ kNm}$$

$$= 6890 \text{ kNcm}$$

$$\max M_z = \frac{g_y \cdot l_z^2}{8} \cdot \gamma_g + \frac{q_z \cdot l_z^2}{8} \cdot \gamma_q$$

$$= 0 + \frac{5 \cdot 3{,}1^2}{8} \cdot 1{,}5 = 6{,}0 \cdot 1{,}5 = 9{,}0 \text{ kNm}$$

$$= 900 \text{ kNcm}$$

Biegespannungen

$$\max \sigma_{My} = \frac{\max M_y}{W_y} = \frac{6890}{570} = 12{,}1 \text{ kN/cm}^2$$

$$= 121 \text{ N/mm}^2$$

$$\max \sigma_{Mz} = \frac{\max M_z}{W_z} = \frac{900}{200} = 4{,}5 \text{ kN/cm}^2$$

$$= 45 \text{ N/mm}^2$$

$$\max \sigma_B = \max \sigma_{My} + \max \sigma_{Mz} = 121 + 45$$

$$= 166 \text{ N/mm}^2$$

Tragsicherheitsnachweis

$$\frac{\max \sigma_B}{\sigma_{R,d}} = \frac{166}{218} = 0{,}76 < 1$$

Nachweis der Gebrauchstauglichkeit (Teilsicherheitsbeiwert $\gamma_F = 1{,}0$)

Maßgebende Biegemomente für die Durchbiegung

$$M_{y,f} = (M_{gy,f} + M_{gy,f}) \cdot \gamma_F = (30{,}6 + 18{,}4) \cdot 1{,}0 = 49{,}0 \text{ kNm}$$

$$= 4900 \text{ kNcm}$$

$$M_{z,f} = (M_{gz,f} + M_{pz,f}) \cdot \gamma_F = (0 + 6{,}0) \cdot 1{,}0 = 6{,}0 \text{ kNm}$$

$$= 600 \text{ kNcm}$$

Maßgebende Biegespannungen für die Durchbiegung

$$\sigma_{y,f} = \frac{M_{y,f}}{W_y} = \frac{4900}{570} = 8{,}6 \text{ kN/cm}^2$$

$$= 86 \text{ N/mm}^2$$

$$\sigma_{z,f} = \frac{M_{z,f}}{W_z} = \frac{600}{200} = 3{,}0 \text{ kN/cm}^2$$

$$= 30 \text{ N/mm}^2$$

Durchbiegung

$$\text{vorh } f_y = \frac{\sigma_{y,f} \cdot l_y^2}{h_y \cdot k_f} = \frac{86 \cdot 3{,}5^2}{20 \cdot 101}$$
$$= 0{,}52 \text{ cm}$$

$$\text{vorh } f_z = \frac{\sigma_{z,f} \cdot l_z^2}{h_z \cdot k_f} = \frac{30 \cdot 3{,}1^2}{20 \cdot 101}$$
$$= 0{,}14 \text{ cm}$$

$$\max f = \sqrt{f_y^2 + f_z^2} = \sqrt{0{,}52^2 + 0{,}14^2} = \sqrt{0{,}29}$$
$$= 0{,}54 \text{ cm}$$

Gebrauchstauglichkeit

$$\frac{\max f}{\text{zul} f} = \frac{0{,}54}{350/300} = \frac{0{,}54}{1{,}17}$$
$$= 0{,}46 < 1$$

2. Die Belastung eines Daches aus Eigenlast und Schneelast beträgt $g + s = 1{,}30$ kN/m² Grundfläche. Die rechtwinklig auf die Dachfläche wirkende Windlast beträgt $w = 0{,}24$ kN/m² Dachfläche. Dachneigung $\alpha = 40°$ (Bild **4**.40). Binderabstand $l = 4{,}0$ m. Die Mittelpfette wird durch Kopfbänder unterstützt. Die Stützweite l_y ist dadurch verkürzt: $l_y = l - 2 \cdot a$. Die Eigenlast der Pfette kann geschätzt werden mit 50 ··· 100 N/m² Grundfläche ≙ 0,15 ··· 0,30 kN/m.

Die Pfette wird bemessen (s. Abschn. 4.1 Beispiel 4). Lastfall HZ, Nadelholz S10.

Belastung

$$q_y = (g + s + w) \cdot \frac{l_1 + l_2}{2} + g_{Pf} = (1{,}30 + 0{,}24) \cdot \frac{3{,}1 + 2{,}5}{2} + 0{,}29 = 4{,}60 \text{ kN/m}$$

$$q_y = w \cdot \frac{h_1 + h_2}{2} = 0{,}24 \cdot \frac{2{,}6 + 2{,}1}{2} = 0{,}56 \text{ kN/m}$$

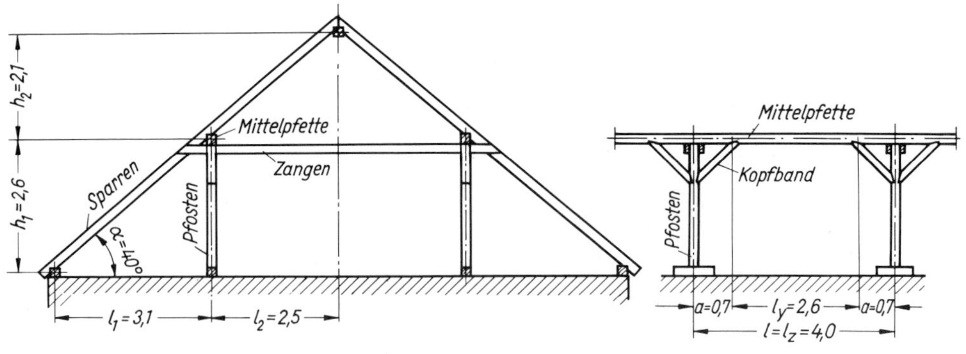

4.40 Pfettendach; Darstellung zum Berechnen der Mittelpfette (s. Bild **4**.8)

Biegemomente

$$\max M_y = \frac{q_y \cdot l_y^2}{8} = \frac{4{,}60 \cdot 2{,}6^2}{8} = 3{,}89 \text{ kNm} = 389 \text{ kNcm}$$

$$\max M_z = \frac{q_z \cdot l_z^2}{8} = \frac{0{,}56 \cdot 4{,}0^2}{8} = 1{,}12 \text{ kNm} = 112 \text{ kNcm}$$

Bemessung

Gewählt (nach Nomogramm für Bemessung auf Doppelbiegung Bild **4**.34):

120/200 mm mit $W_y = 800 \text{ cm}^3$, $W_z = 480 \text{ cm}^3$

Spannungsnachweis für Lastfall HZ (Erhöhung von zul σ_B um 25%)

$$\text{vorh } \sigma_B = \frac{M_y}{W_y} + \frac{M_z}{W_z} + \frac{389}{800} + \frac{112}{480} = 0{,}49 + 0{,}23 = 0{,}72 \text{ kN/cm}^2 = 7{,}2 \text{ N/mm}^2$$

$$\text{zul } \sigma_{BD} = 1{,}25 \cdot 10 \text{ N/mm}^2 = 12{,}5 \text{ N/mm}^2$$

$$\frac{\text{vorh } \sigma_B}{\text{zul } \sigma_{BD}} = \frac{7{,}2}{12{,}5} = 0{,}58 < 1$$

Durchbiegung

$$\text{vorh } f_y = \frac{\text{vorh } \sigma_y \cdot l_y^2}{h_y \cdot k_f} = \frac{5{,}2 \cdot 2{,}6^2}{20 \cdot 4{,}8} = 0{,}37 \text{ cm}$$

$$\text{vorh } f_z = \frac{\text{vorh } \sigma_z \cdot l_z^2}{h_z \cdot k_f} = \frac{3{,}6 \cdot 4{,}0^2}{12 \cdot 4{,}8} = 1{,}00 \text{ cm}$$

$$\max f = \sqrt{f_y^2 + f_y^2} = \sqrt{0{,}37^2 + 1{,}00^2} = \sqrt{1{,}14} = 1{,}07 \text{ cm}$$

$$\max f = l_z/200 = 400/200 = 2{,}00 \text{ cm}$$

$$\frac{\max f}{\text{zul } f} = \frac{1{,}07}{2{,}00} = 0{,}54 < 1$$

3. Für ein Hallendach werden auf die Fachwerkbinder die Sparrenpfetten entsprechend der Dachneigung in Abständen von $e_s = 1{,}10$ m verlegt (Bild **4**.41a).

Die Belastung aus Eigenlast des Daches und Schneelast beträgt $g + s = 1{,}20 \text{ kN/m}^2$ Grundfläche.

Windlast $w = c_p \cdot q + 25\% = 0{,}36 \cdot 0{,}5 \cdot 1{,}25 = 0{,}23 \text{ kN/m}^2$ Dachfläche.

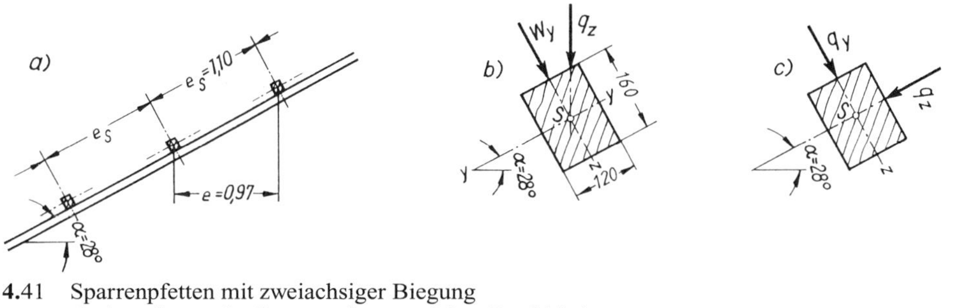

4.41 Sparrenpfetten mit zweiachsiger Biegung
a) Anordnung der Sparrenpfetten auf dem Dachbinder
b) Belastung aus den vertikalen Lasten und aus Windlast,
c) Belastung für die Hauptachsen

Binderabstand (= Stützweite) $l = 4{,}0$ m, Dachneigung $\alpha = 28°$, Eigenlast der Pfette = 0,10 kN/m. Lastfall HZ, Nadelholz S10.

$$e = e_s \cdot \cos\alpha = 1{,}10 \cdot 0{,}8829 = 0{,}97 \text{ m}$$

Belastung der Pfette (Bild **4.**41b):

$$q_v = (g + s)\, e + g_{Pf} = 1{,}20 \cdot 0{,}97 + 0{,}10 = 1{,}16 + 0{,}10 = 1{,}26 \text{ kN/m}$$

$$w_y = w \cdot e_s = 0{,}23 \cdot 1{,}10 = 0{,}25 \text{ kN/m}$$

Belastung für die Hauptachsen (Bild **4.**41c):

$$q_y = q_v \cdot \cos\alpha + w_y = 1{,}26 \cdot 0{,}8829 + 0{,}25 = 1{,}11 + 0{,}25 = 1{,}36 \text{ kN/m}$$

$$q_z = q_v \cdot \sin\alpha = 1{,}26 \cdot 0{,}4695 = 0{,}59 \text{ kN/m}$$

Biegemomente

$$\max M_y = \frac{q_y \cdot l^2}{8} = \frac{1{,}36 \cdot 4{,}0^2}{8} = 2{,}72 \text{ kNm} = 272 \text{ kNcm}$$

$$\max M_z = \frac{q_z \cdot l^2}{8} = \frac{0{,}59 \cdot 4{,}0^2}{8} = 1{,}18 \text{ kNm} = 118 \text{ kNcm}$$

Bemessung und Spannungsnachweis

Gewählt: **120/160 mm** mit $W_y = 512 \text{ cm}^3$, $W_z = 384 \text{ cm}^3$

$$\text{vorh } \sigma_B = \frac{M_y}{W_y} + \frac{M_z}{W_z} = \frac{272}{512} + \frac{118}{384} = 0{,}53 + 0{,}31$$

$$= 0{,}84 \text{ kN/cm}^2 = 8{,}4 \text{ N/mm}^2$$

$$\text{zul } \sigma_{BD} = 1{,}15 \cdot 10 \text{ kN/mm}^2 = 11{,}5 \text{ N/mm}^2$$

$$\frac{\text{vorh } \sigma_B}{\text{zul } \sigma_{BD}} = \frac{8{,}4}{11{,}5} = 0{,}73 < 1$$

Durchbiegung

$$\text{vorh } f_y = \frac{\text{vorh } \sigma_y \cdot l^2}{h_y \cdot k_f} = \frac{5{,}3 \cdot 4{,}0^2}{16 \cdot 4{,}8} = 1{,}10 \text{ cm}$$

$$\text{vorh } f_z = \frac{\text{vorh } \sigma_z \cdot l^2}{h_z \cdot k_f} = \frac{3{,}1 \cdot 4{,}0^2}{12 \cdot 4{,}8} = 0{,}86 \text{ cm}$$

$$\max f = \sqrt{f_y^2 + f_y^2} = \sqrt{1{,}10^2 + 0{,}86^2} = 1{,}40 \text{ cm}$$

$$\text{zul } f = l/200 = 400/200 = 2{,}00 \text{ cm}$$

$$\frac{\max f}{\text{zul } f} = \frac{1{,}40}{2{,}00} = 0{,}7 < 1$$

Beispiele zur Übung

Die Durchbiegung für die in Abschn. 4.4 berechneten Träger ist zu bestimmen.

1. Kantholz	$q_y = 5$ kN/m	$q_z = 2{,}5$ kN/m	$l_y = 4{,}0$ m	$l_z = 3{,}0$ m
2. Kantholz	$q_y = 9$ kN/m	$q_z = 4$ kN/m	$l_y = l_z = 2{,}0$ m	
3. IPB-Profil	$q_y = 15$ kN/m	$q_z = 8$ kN/m	$l_y = l_z = 4{,}0$ m	
4. IPB-Profil	$q_y = 20$ kN/m	$q_z = 5$ kN/m	$l_y = 5{,}0$ m	$l_z = 4{,}5$ m

4.6 Sonderfall der zweiachsigen Biegung

In der Praxis tritt auch ein Sonderfall der Beanspruchung auf, bei dem nicht beide Lastebenen durch die Schwerachse des Trägers gehen, sondern eine Lastebene außerhalb der Schwerachse liegt (Bild **4.**42). Durch die Ausmittigkeit *e* entsteht zusätzlich zu den Biegemomenten ein Drehmoment. Dieses möchte den Träger verdrehen.

Für einen genaueren Nachweis müßte dieses Drehmoment (Torsionsmoment) berechnet werden und es wäre ein Nachweis der Torsionsspannung erforderlich (Abschnitt 6) oder es müßte ein Kippsicherheitsnachweis (Abschn. 10.2) geführt werden.

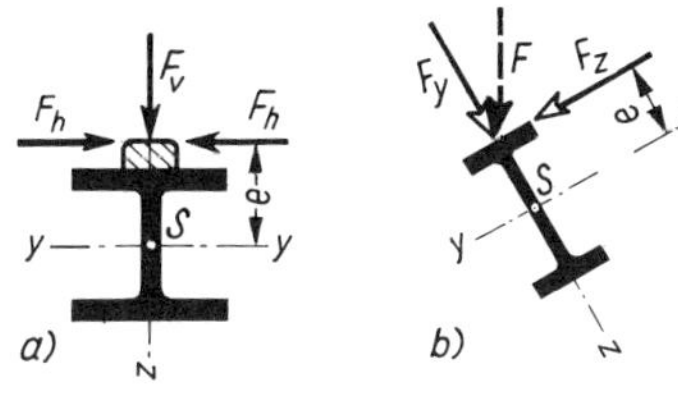

4.42 Zweiachsige Biegung: Lastangriff in zwei Lastebenen, wobei eine Lastebene parallel zur Hauptachse *y* liegt
a) IPB-Träger
b) Dachpfette

In einfachen Fällen kann für eine überschlägige Abschätzung der Beanspruchung folgende vereinfachende Annahme getroffen werden, wenn die ausmittige Lastebene in Höhe des Trägerflansches liegt:

- Berechnung der Biegespannung aus der in Stegrichtung wirkenden Belastung mit dem vollen Widerstandsmoment für diese Richtung (z.B. rechtwinklig auf die *y*-Achse),
- Berechnung der Biegespannung aus der in Flanschhöhe wirkenden Belastung mit dem halben Widerstandsmoment für diese Richtung (z.B. rechtwinklig auf die *z*-Achse),
- Überlagerung der beiden Biegespannungen zur Gesamtspannung nach Gl. (4.63),
- nur teilweise Ausnutzung des Grenzwerts der Biegedruckspannung.

$$\text{ges}\, \sigma_B \approx \pm \frac{M_y}{W_y} \pm \frac{M_z}{W_z/2} \qquad \text{Gl. (4.63)}$$

Beispiele zur Erläuterung

1. Ein IPB-Träger hat eine vertikale Belastung $g_y = 2$ kN/m und $q_y = 20$ kN/m aufzunehmen, die horizontale Belastung greift mit $q_z = 1{,}5$ kN/m am oberen Flansch an (Bild **4.**43). Die Biegespannung in dem 4,5 m langen Träger IPB 300 aus S235 wird berechnet.

Der Tragsicherheitsnachweis wird geführt.

vorh $W_y = 1680$ cm³ vorh $W_z = 571$ cm³

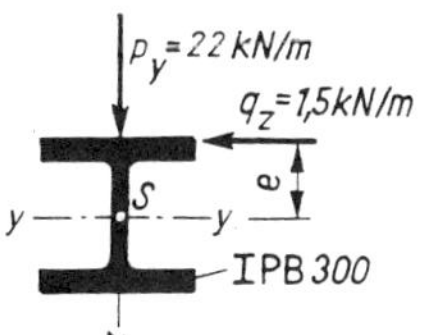

4.43 IPB-Träger mit ausmittiger Doppelbiegung durch Lastangriff am oberen Flansch

Nachweis der Tragsicherheit

Grenzwert der Biegespannung

$$\sigma_{R,d} = \frac{f_{y,k}}{\gamma_M} = \frac{240}{1,1} = 218 \text{ N/mm}^2 = 21,8 \text{ kN/cm}^2$$

Biegemomente

$$\max M_y = \frac{g_y \cdot l_y^2}{8} \cdot \gamma_g + \frac{q_y \cdot l_y^2}{8} \cdot \gamma_q$$

$$= \frac{2 \cdot 4,5^2}{8} \cdot 1,35 + \frac{20 \cdot 4,5^2}{8} \cdot 1,5 = 5,1 \cdot 1,35 + 50,6 \cdot 1,5$$

$$= 6,9 + 75,9 = 82,8 \text{ kNm}$$

$$= 8280 \text{ kNcm}$$

$$\max M_z = \frac{g_z \cdot l_z^2}{8} \cdot \gamma_g + \frac{q_z \cdot l_z^2}{8} \cdot \gamma_q$$

$$= 0 + \frac{1,5 \cdot 4,5^2}{8} \cdot 1,5 = 3,8 \cdot 1,5 = 5,7 \text{ kNm}$$

$$= 570 \text{ kNcm}$$

Biegespannungen

$$\sigma_{My} = \frac{\max M_y}{W_y} = \frac{8280}{1680} = 4,9 \text{ kN/cm}^2$$

$$= 49 \text{ N/mm}^2$$

$$\sigma_{Mz} = \frac{\max M_z}{W_z/2} = \frac{570}{571/2} = 2,0 \text{ kN/cm}^2$$

$$= 20 \text{ N/mm}^2$$

$$\sigma_{BD} = \sigma_{My} + \sigma_{Mz} = 49 + 20$$

$$= 69 \text{ N/mm}^2$$

Tragsicherheitsnachweis

$$\frac{\sigma_{BD}}{\sigma_{R,d}} = \frac{69}{218} = 0,32 < 1$$

2. Dachpfetten aus Stahl I120 sind auf Fachwerkbinder mit 22° Dachneigung im Abstand $e_s = 1,45$ m montiert (Bild **4.**44). Vertikale Belastung $g + s = 1,10$ kN/m² Dachfläche. Die rechtwinklig auf die Dachfläche wirkende Windlast beträgt $w = c_p \cdot q \cdot 1,25 = -0,6 \cdot 0,8 \cdot 1,25 = -0,60$ kN/m², Eigenlast der Pfette 0,11 kN/m, Binderabstand $l = 3,6$ m. S235.

$$e = e_s \cdot \cos\alpha = 1,45 \cdot 0,9272 = 1,35 \text{ m}$$

Belastung der Pfette

$$p_v = (g + s)\, e + g_{Pf} = 1,10 \cdot 1,35 + 0,11 = 1,49 + 0,11 = 1,60 \text{ kN/m}$$

$$w_y = w \cdot e_s = -0,60 \cdot 1,45 = -0,87 \text{ kN/m (entlastende Wirkung)}$$

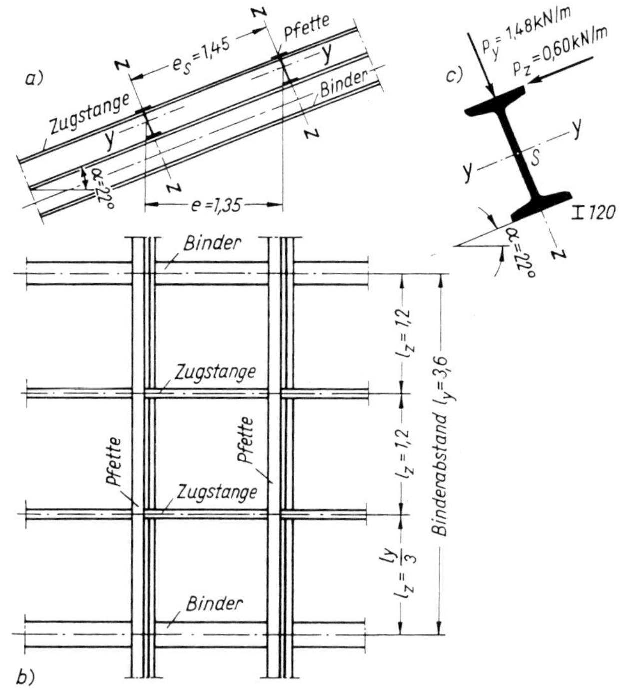

4.44 Dachpfetten aus Stahl mit ausmittiger Doppelbiegung
a) und b) Anordnung der Pfetten auf dem Dachbinder
c) Belastung rechtwinklig auf die Hauptachsen

Belastung rechtwinklig auf die Hauptachsen

$$p_y = p_v \cdot \cos\alpha = 1,60 \cdot 0,9272 = 1,48 \text{ kN/m}$$

$$p_z = p_v \cdot \sin\alpha = 1,60 \cdot 0,3746 = 0,60 \text{ kN/m}$$

Vereinfachte Berechnung nach Gl. (4.63)

Biegemomente für die Endfelder des Durchlaufträgers nach Gl. (4.15)

$$\max M_y = \frac{p_y \cdot l_y^2}{11} \cdot \gamma_F = \frac{1,48 \cdot 3,6^2}{11} \cdot 1,5 = 2,62 \text{ kNm} = 262 \text{ kNcm}$$

$$\max M_z = \frac{p_z \cdot l_z^2}{11} \cdot \gamma_F = \frac{0,60 \cdot 3,6^2}{11} \cdot 1,5 = 1,06 \text{ kNm} = 106 \text{ kNcm}$$

Spannungsnachweis

$$\text{vorh}\,\sigma_B = \sigma_{My} + \sigma_{Mz} = \frac{M_y}{W_y} + \frac{M_z}{W_z/2} = \frac{262}{54,7} + \frac{106}{7,41/2} = 4,79 + 28,61$$

$$= 33,40 \text{ kN/cm}^2 = 334 \text{ N/mm}^2$$

$$\sigma_{R,d} = f_{y,k}/\gamma_M = 240/1,1 = 218 \text{ N/mm}^2$$

$$\frac{\text{vorh}\,\sigma_B}{\text{zul}\,\sigma_{R,d}} = \frac{334}{218} = 1,53 > 1$$

Die Biegespannung σ_{Mz} ist hier trotz geringer Dachneigung im Verhältnis zur Biegespannung σ_{My} sehr groß. Es ist daher zweckmäßig, die Pfetten in den Drittelpunkten der Stützweite durch 2 Zugstangen am oberen Flansch zu halten. Stützweite $l_z = l_y/3$.

B i e g e m o m e n t

$$M_z = \frac{q_z \cdot l_z^2}{11} \cdot \gamma_F = \frac{0{,}60 \cdot (3{,}6/3)^2}{11} \cdot 1{,}5 = 0{,}12 \text{ kNm} = 12 \text{ kNcm}$$

B i e g e s p a n n u n g

$$\text{vorh } \sigma_B = \sigma_{My} + \sigma_{Mz} = \frac{M_y}{W_y} + \frac{M_z}{W_z/2} = \frac{262}{54{,}7} + \frac{12}{7{,}41/2} = 4{,}79 + 3{,}24$$

$$= 8{,}03 \text{ kN/cm}^2 = 80{,}3 \text{ N/mm}^2$$

$$\frac{\text{vorh } \sigma_B}{\text{zul } \sigma_{R,d}} = \frac{80{,}3}{218} = 0{,}37 < 0{,}5$$

A n m e r k u n g :

Für diese Dachpfetten erfolgt eine genauere Bemessung in Beispiel 1 Abschnitt 6.4. Die hier durchgeführte vereinfachte Berechnung kann für den Nachweis der Beanspruchung bei einfachen Konstruktionen genügen.

Für einen genaueren Nachweis ist die Torsionsspannung zu berechnen (Abschn. 6) oder der Sicherheitsnachweis für Biegeknicken zu führen (Abschn. 10.2).

5 Schubbeanspruchung

Bei Trägern entstehen durch die von ihnen zu tragenden Belastungen stets Biegemomente. Durch die quer zur Längsachse wirkenden Lasten entstehen Querkräfte. Bei der Berechnung der Biegespannungen wurden die Querkräfte zunächst vernachlässigt. In vielen Fällen ist die Wirkung der Querkräfte unbedeutend. In anderen Fällen kann die Wirkung der Querkräfte entscheidend für die Festlegung von Querschnittsgröße und -art sein. Ihre Wirkung soll im folgenden näher erklärt werden.

Die äußeren Kräfte verursachen eine Verschiebung nebeneinanderliegender Querschnitte (Bild **5**.1). Diesen Verschiebungen müssen innere Kräfte entgegenwirken.

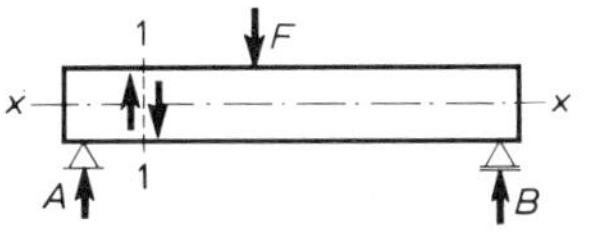

5.1 Am Querschnitt eines Trägers wird deutlich, daß durch die äußeren Kräfte eine gegenseitige Verschiebung der beiden Schnittufer bewirkt werden soll

Da sich die Träger bei der Belastung durchbiegen, wird der untere Bereich gezogen und der obere Bereich gedrückt. Dadurch entstehen Verschiebungen übereinanderliegender Längsschnitte. Das ist an einem Träger, der aus zwei aufeinanderliegenden Teilen besteht, zu erkennen (Bild **5**.2)

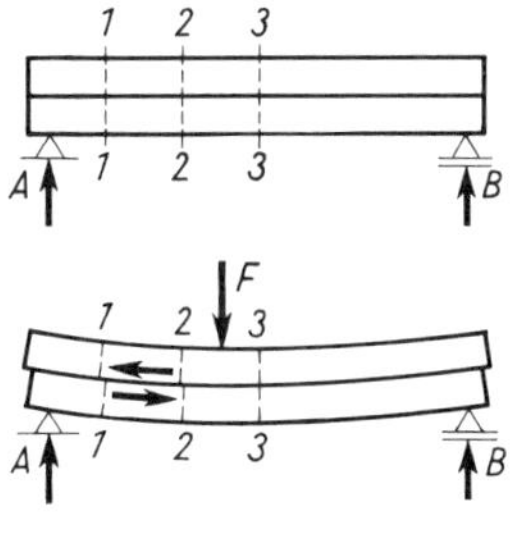

5.2 In der Längsfuge zwischen zwei aufeinanderliegenden Trägerteilen sind die Verschiebungen in Längsrichtung zu erkennen

Beispiele zur Erläuterung

1. Auf einer Baustelle soll für den Baubetrieb ein Fundamentgraben überbrückt werden. Es wird eine Gerüstbohle über den Graben gelegt. Beim Begehen biegt sich die Gerüstbohle stark durch, der Polier legt eine zweite Bohle darüber. Diese Durchbiegung ist geringer. Es ist zu erkennen, daß sich die beiden Bohlen besonders zu den Auflagern hin immer mehr verschoben haben.

Beide Bohlen haben die doppelte Tragfähigkeit gegenüber der einzelnen Bohle.

2. Der Polier verbindet die beiden Bohlen mit Nägeln. Er ordnet die Nägel an den Auflagern enger an und läßt sie in Feldmitte ganz fort, da dort die Verschiebung gleich Null ist.

Beide Bohlen haben nun die vierfache Tragfähigkeit und eine wesentlich geringere Durchbiegung.

An den Auflagern sind die Verschiebungen am größten, zur Feldmitte hin werden sie Null. Je größer die Verschiebungen in Längsrichtungen sind, um so größer sind die dabei entstehenden Längskräfte. Sie sind an den Auflagern am größten. Wenn Verschiebungen vermieden werden sollen, müssen die Längskräfte von dem Werkstoff aufgenommen werden.

Zur näheren Betrachtung stelle man sich ein kleines Teilchen des Trägers herausgeschnitten vor. An den Oberflächen des Teilchens wirken die Verschiebungen in vertikaler und horizontaler Richtung. Diese Verschiebungen verursachen Spannungen in Richtung der Oberflächen des Teilchens (Bild **5**.3).

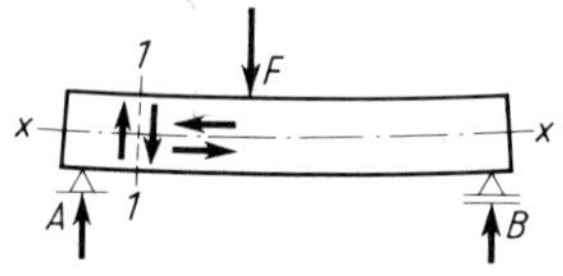

5.3 Im Schnitt 1–1 des Trägers wirken Querverschiebungen und Längsverschiebungen gleichzeitig

Bei den Spannungen handelt es sich um Tangentialspannungen, da sie in der Schnittfläche liegen. Sie werden als Schubspannungen τ (tau) bezeichnet (Bild **5**.4).

Es wirken vertikal gerichtete Querschubspannungen τ_v und horizontal gerichtete Längsschubspannungen τ_h. Auch die Längsschubspannungen sind von der Querkraft V abhängig. Die außerdem wirkenden Biegespannungen σ sind zur Vereinfachung in Bild **5**.6 nicht dargestellt.

Querkräfte werden mit V bezeichnet, um Verwechslungen mit der veränderlichen Einwirkung Q zu vermeiden. Lotrecht wirkende Querkräfte wirken in Richtung der z-Achse und werden daher mit V_z bezeichnet.

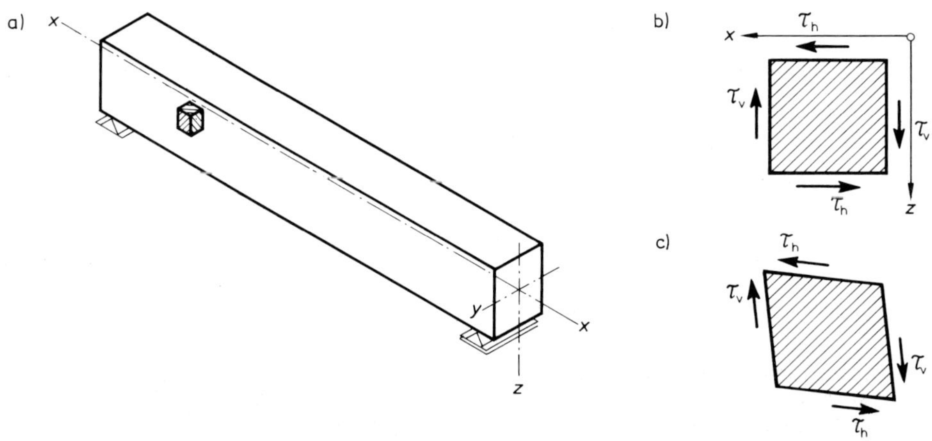

5.4 Aus einem Träger wird zur näheren Betrachtung ein kleines Teilchen herausgeschnitten
a) Kleines Teilchen im Träger
b) Vergrößerte Seitenansicht des Teilchens mit vertikalen Querschubspannungen τ_v und horizontalen Längsschubspannungen τ_h
c) Verschobenes Teilchen infolge der Wirkung von Quer- und Längsschubspannungen

An jeder Stelle eines Trägers sind die vertikalen Querschubspannungen gleich den horizontalen Längsschubspannungen $\tau_v = \tau_h$. Diese Schubspannungen sind nicht gleichmäßig über die Trägerlänge verteilt, ebenfalls nicht gleichmäßig über die Trägerhöhe. In der Biegespannungs-Nullinie sind sie am größten. Am unteren und oberen Trägerrand sind die Schubspannungen gleich Null.

Die Schubspannung τ kann berechnet werden mit der Formel

$$\boldsymbol{\tau = \frac{V \cdot S}{b \cdot I}} \quad \text{in N/mm}^2 \text{ oder MN/m}^2 \qquad \text{Gl. (5.1)}$$

τ = Schubspannung in der untersuchten Faser
V = Querkraft an der untersuchten Trägerstelle in N
S = statisches Moment (Flächenmoment 1. Grades) der oberhalb der untersuchten Faser liegenden Querschnittsfläche bezogen auf die Nullinie (Bild **5**.5)

$$S = \sum A_i \cdot z_i = \sum A_1 \cdot z_1 + A_2 \cdot z_2 + A_3 \cdot z_3 + \cdots A_i \cdot z_i$$

I = Flächenmoment 2. Grades der ganzen Querschnittsfläche, bezogen auf die Biegespannungs-Nullinie in mm^4
b = Breite des Querschnittes in der untersuchten Faser in mm

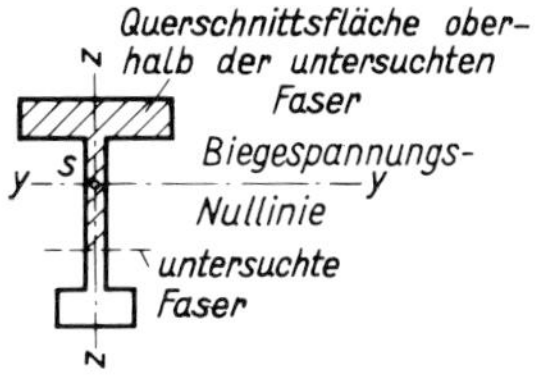

5.5 Statisches Moment (Flächenmoment 1. Grades) einer Teilfläche

Die größte Schubspannung wirkt in der Biegespannungs-Nullinie. Aus dem Flächenmoment 2. Grades I, geteilt durch das statische Moment S, erhält man den Abstand z der resultierenden inneren Druck- und Zugkräfte (Bild **5**.6) in der Druck- und Zugzone des Querschnittes:

$$z = \frac{I}{S} \quad \text{in mm} \qquad \text{Gl. (5.2)}$$

Damit kann die maximale Schubspannung in der Nullinie berechnet werden

$$\boldsymbol{\max \tau = \frac{V}{b \cdot z}} \quad \text{in N/mm}^2 \qquad \text{Gl. (5.3)}$$

Für Rechteckquerschnitte wird mit $z = 2/3\, h$ und $A = b \cdot h$ die maximale Schubspannung

$$\max \tau = \frac{3\,V}{b \cdot z} \quad \text{in N/mm}^2 \qquad \text{Gl. (5.4)}$$

5.6 Biege- und schubbeanspruchter Rechteckquerschnitt
a) Längsschnitt mit Querkraft und und Biegemomenten
b) Querschnitt
c) Biegespannungsbild mit max σ_{BD} und max σ_{BZ}
d) Schubspannungsbild mit max τ

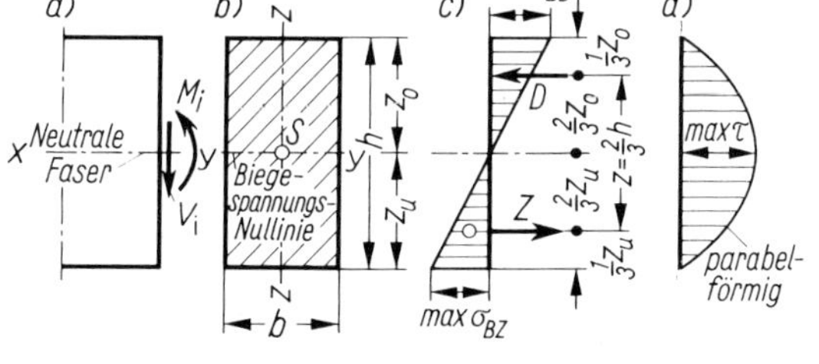

5.1 Ebener Spannungszustand

In Abschnitt 1.7.4 wurde bereits der lineare Spannungszustand beschrieben. Bei üblichen biegebeanspruchten Trägern erzeugt die Gesamtwirkung der Biege- und Schubspannungen einen Spannungszustand in der Ebene. Beide Spannungen – Biegespannungen σ und Schubspannungen τ – überlagern sich zu einer Gesamtspannung. Diese Gesamtspannung kann größer als die Biegespannung allein oder als Schubspannung allein sein. Die folgenden Betrachtungen sollen die Wirkung der Spannungen verdeutlichen.

Aus einem Träger denke man sich ein kleines Teilchen herausgeschnitten (Bild **5**.7). An den Rändern der sichtbaren Flächen (Schnittufer) werden die wirkenden Spannungen angebracht. Es sind Normalspannungen σ (Biegespannungen) und Tangentialspannungen τ (Schubspannungen).

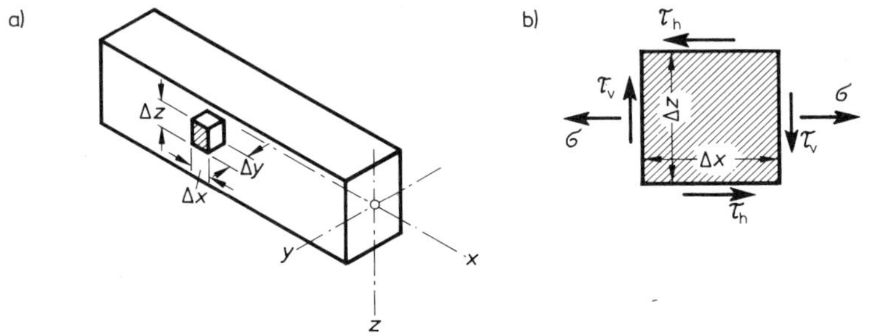

5.7 Ebener Spannungszustand bei einem Träger
a) Träger mit einem herausgeschnittenen gedachten kleinen Teilchen
b) Fläche des herausgeschnittenen Teilchens mit den wirkenden Spannungen

Die längs des Trägers wirkenden Normalspannungen σ stehen im Gleichgewicht. In gleicher Weise stehen die horizontalen Schubspannungen τ_h und die vertikal wirkenden Schubspannungen τ_v miteinander im Gleichgewicht.

$$\Sigma H = 0 \qquad + \sigma - \sigma + \tau_h - \tau_h = 0 \qquad \text{Gl. (5.5)}$$

$$\Sigma V = 0 \qquad + \tau_v - \tau_v = 0 \qquad \text{Gl. (5.6)}$$

Aus diesen Bedingungen ergibt sich der Satz von der Gleichheit der zugeordneten Schubspannungen

$$\tau_h = \tau_v = \tau \qquad \text{Gl. (5.7)}$$

Die Schubspannungen in beliebigen rechtwinklig zueinander angeordneten Schnittflächen sind gleich groß und entweder gegeneinander gerichtet oder voneinander weg gerichtet (Bild **5**.8).

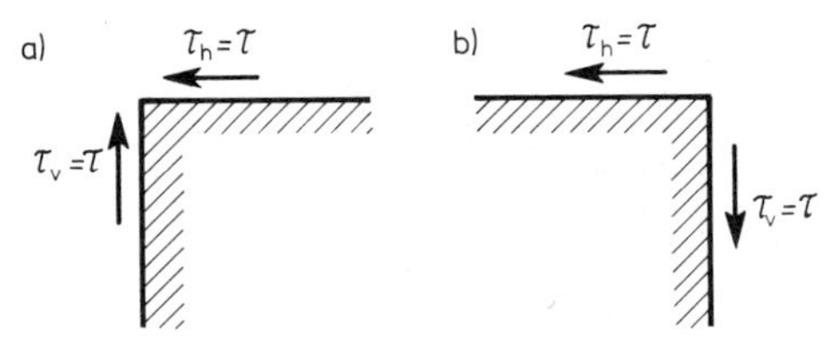

5.8 Zuordnung der Schubspannungen τ_h und τ_v
a) gegeneinander gerichtet
b) voneinander weg gerichtet

5.2 Hauptspannung

Bauteile werden häufig durch Normalspannungen σ und durch Schubspannungen τ gleichzeitig beansprucht. Das ist bei biegebeanspruchten Trägern der Fall. Hierbei ist das Kennen der absolut größten Spannung oft wichtig. Bei Trägern und ähnlichen Bauteilen entstehen jedoch die größten Normalspannungen und Schubspannungen nicht an derselben Stelle. Dort, wo die Normalspannungen ihren größten Wert erreichen, sind die Schubspannungen gleich Null.

Wenn eine Stelle eines Trägers gleichzeitig Normalspannungen σ und Schubspannungen τ ausgesetzt ist, stellt man sich an dieser Stelle ein kleines Teilchen herausgeschnitten vor (Bild **5**.7). Es läßt sich für jedes Teilchen eine Schnittrichtung finden, für welche die Schubspannungen τ zu Null werden und die Normalspannungen σ ihren Größtwert erreichen. Diese maximalen Normalspannungen werden als Hauptspannungen bezeichnet.

Das Teilchen wird also um einen Winkel α gedreht. Der Winkel α, für den die Schubspannungen gleich Null werden, läßt sich aus den vorhandenen Spannungen am herausgeschnittenen Teilchen berechnen.

Richtungswinkel α der Hauptspannungen

$$\tan 2\alpha = \frac{\tau}{\frac{1}{2}\sigma} = \frac{2\tau}{\sigma} \qquad \text{Gl. (5.8)}$$

α ist der Winkel, den die größte Hauptspannung zur Waagerechten bildet (Bild **5**.9).

Aus den Überlegungen für den ebenen Spannungszustand entstehen die Gleichungen für die Hauptspannungen in den beiden rechtwinklig zueinander stehenden Richtungen.

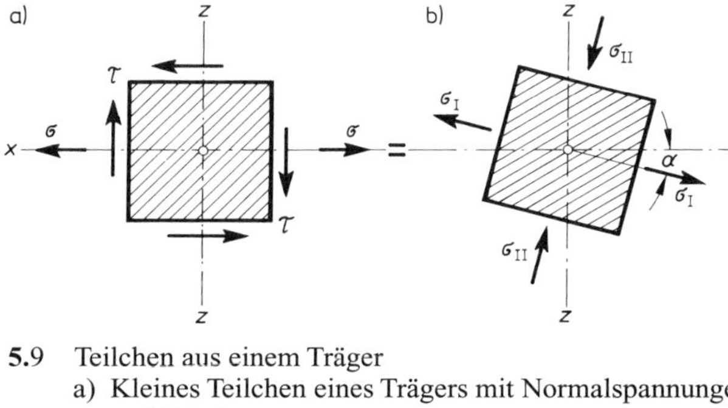

5.9 Teilchen aus einem Träger
a) Kleines Teilchen eines Trägers mit Normalspannungen σ und Schubspannungen τ
b) Teilchen um den Winkel α gedreht mit den Hauptspannungen σ_I und σ_{II}
Zugehörige Schubspannungen $\tau = 0$

Hauptspannungen

$$\sigma_{\mathrm{I}} = \frac{\sigma}{2} + \sqrt{\left(\frac{\sigma}{2}\right)^2 + \tau^2} \quad \text{in N/mm}^2 \qquad \text{Gl. (5.9)}$$

$$\sigma_{\mathrm{II}} = \frac{\sigma}{2} - \sqrt{\left(\frac{\sigma}{2}\right)^2 + \tau^2} \quad \text{in N/mm}^2 \qquad \text{Gl. (5.10)}$$

Bei den Hauptspannungen ist σ_{I} der absolut größte Wert:

$$\max \sigma = \sigma_{\mathrm{I}}$$

Die zugehörigen Schubspannungen werden für den Fall der Normalspannung zu Null:

$$\tau = 0 \qquad \text{Gl. (5.11)}$$

σ_{I} hat das Vorzeichen von σ. Die Hauptspannung σ_{II} ist stets kleiner und kann auch ein entgegengesetztes Vorzeichen haben. σ_{II} wirkt rechtwinklig zu σ_{I}.

Für Träger mit zweiachsiger Biegung gilt die gleiche Rechenweise. Allerdings sind die Biegespannungen aus den beiden Biegemomenten M_y und M_z zusammenzuzählen, ebenso die Schubspannungen aus den Querkräften V_y und V_z.

In die Gleichungen (5.9) und (5.10) sind für σ und τ also einzusetzen:

$$\sigma = \sigma_{\mathrm{My}} + \sigma_{\mathrm{Mz}} \qquad \tau = \tau_{\mathrm{Vy}} + \tau_{\mathrm{Vz}} \qquad \text{Gln. (5.12)} \quad (5.13)$$

Beispiel zur Erläuterung

Ein Träger wird so beansprucht, daß an einem herausgeschnitten gedachten Teilchen die Spannungen entsprechend Bild **5**.10 wirken:

$\sigma = 100$ N/mm² $\qquad \tau = 25$ N/mm²

Die Hauptspannungen werden berechnet.

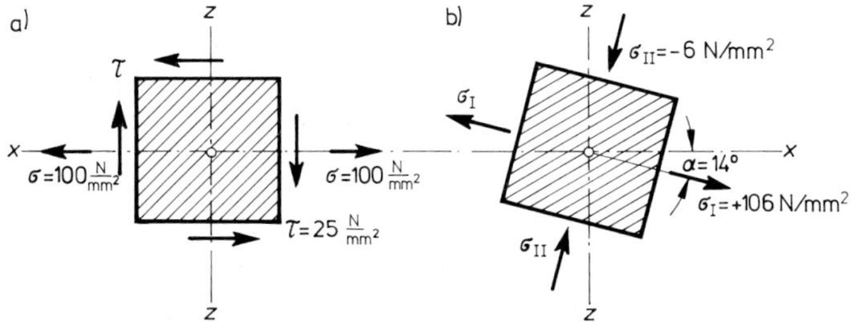

5.10 Teilchen aus einem Träger
a) an den Schnittufern wirken die vorhandenen Spannungen $\sigma = 100$ N/mm² und $\tau = 25$ N/mm²
b) an den Schnittufern sind die Hauptspannungen σ_{I} und σ_{II} angetragen. Schubspannnungen $\tau = 0$

Hauptspannungen

$$\sigma_{I,II} = \frac{\sigma}{2} + \sqrt{\left(\frac{\sigma}{2}\right)^2 + \tau^2}$$

$$= \frac{100}{2} \pm \sqrt{\left(\frac{100}{2}\right)^2 + 25^2} = 50 \pm \sqrt{2500 + 625}$$

$$\sigma_{I,II} = 50 \pm 56$$

$$\sigma_I = +106 \text{ N/mm}^2$$

$$\sigma_{II} = -\ \ 6 \text{ N/mm}^2$$

Die Hauptspannung σ_I ist größer als die Normalspannung σ.
Richtungswinkel α der Hauptspannungen:

$$\tan 2\alpha = \frac{2\tau}{\sigma} = \frac{2 \cdot 25}{100} = 0{,}50$$

$$2\alpha = 26{,}6° \qquad \alpha = 13{,}3° \approx 14°$$

5.3 Vergleichsspannung bei Schub

Die Formeln für die Hauptspannungen haben sich aus der Überlegung ergeben, wie bei einem mehrachsigen Spannungszustand die größten Normalspannungen ermittelt werden können. Für spröde Baustoffe (z.B. Spannbeton) wird damit das Tragverhalten recht genau erfaßt. Das Verhalten von Baustahl ist jedoch anders. Stahl ist ein zähplastischer Baustoff.

Für Stahlbauteile ist nach DIN 18800 der Nachweis der Vergleichsspannung zu führen, wenn gleichzeitig Normalspannungen σ und Schubspannungen τ wirken.
Die Vergleichsspannung σ_v ist mit Gl. (5.14) zu berechnen:

$$\boldsymbol{\sigma_V = \sqrt{\sigma_x^2 + \sigma_y^2 + \sigma_z^2 - \sigma_x \cdot \sigma_y - \sigma_x \cdot \sigma_z - \sigma_y \cdot \sigma_z + 3 \cdot \tau_{xy}^2 + 3 \cdot \tau_{xz}^2 + 3 \cdot \tau_{yz}^2}} \qquad \text{Gl. (5.14)}$$

Diese allgemeingültige Gleichung wird wesentlich einfacher, wenn die Vergleichsspannung für doppeltsymmetrische Profile mit I-Querschnitt und mit Beanspruchungen N, M_y und V_z nachzuweisen ist. Dann darf die Vergleichsspannung σ_V wie folgt berechnet werden:

$$\sigma_V = \sqrt{\sigma^2 + 3 \cdot \tau^2} \qquad \text{Gl. (5.15)}$$

Der Nachweis der Vergleichsspannung gilt als erfüllt und die Vergleichsspannung muß nicht berechnet werden, wenn die Normalspannung σ oder die Schubspannung τ jeweils den halben Wert der Grenzspannung nicht überschreiten, wenn also:

$$\frac{\sigma}{\sigma_{R,d}} \leqq 0{,}5 \qquad \text{oder} \qquad \frac{\tau}{\tau_{R,d}} \leqq 0{,}5 \qquad \text{Gl. (5.16))}$$

Für Baustahl St 37-2 betragen die Grenzspannungen:

$$\sigma_{R,d} = \frac{f_{y,k}}{\gamma_M} = \frac{240}{2{,}1} \approx 218 \text{ N/mm}^2$$

$$\tau_{R,d} = \frac{f_{y,k}}{\sqrt{3} \cdot \gamma_M} = \frac{240}{\sqrt{3} \cdot 1{,}1} \approx 126 \text{ N/mm}^2$$

5.4 Spannungs- und Verformungsnachweise für Holzbauteile

Für Holzträger erfolgt der Nachweis mit der allgemeinen Formel (5.1) zur Berechnung der Schubspannung:

$$\max \tau = \frac{V \cdot S}{b \cdot I} \quad \text{in N/mm}^2 \qquad \text{Gl. (5.1)}$$

Für Rechteckquerschnitte ergibt sich daraus die vereinfachte Formel (5.4):

$$\max \tau = \frac{3V}{2A} \quad \text{in N/mm}^2 \qquad \text{Gl. (5.4)}$$

Die maximale Schubspannung darf die zulässigen Werte der Tafel **1.**17 nicht überschreiten:

$$\frac{\mathbf{max}\ \boldsymbol{\tau}}{\mathbf{zul}\ \boldsymbol{\tau}} \leqq \mathbf{1} \qquad \text{Gl. (5.17)}$$

Bei Trägern mit Vollholzstegen oder mit Plattenstegen ist zusätzlich zur Biegeverformung die rechnerische Durchsenkung aus Schubverformung zu ermitteln.

Für Vollwandträger auf zwei Stützen kann diese Durchsenkung in Balkenmitte berechnet werden mit

$$\boldsymbol{f_\tau} = \frac{\boldsymbol{q \cdot l^2}}{\mathbf{8} \cdot \boldsymbol{G} \cdot \boldsymbol{A}_{\mathbf{St}}} \qquad \text{Gl. (5.18)}$$

G Schubmodul in N/mm² aus Tafel **1.**1
A_{St} Stegfläche in mm² aus Stegdicke b und Trägerhöhe h

Andere Belastungen können auf eine stellvertretende, gleichmäßig verteilte Last q umgerechnet werden. Durchlaufträger kann man näherungsweise ebenfalls mit Gl. (5.18) berechnen. l ist die Stützweite des betrachteten Feldes.

Die gesamte Durchbiegung ist

$$\mathbf{max}\, \boldsymbol{f} = \boldsymbol{f_y} + \boldsymbol{f_\tau} \qquad \text{Gl. (5.19)}$$

$$\frac{\max f}{\text{zul}\, f} \leqq 1 \qquad \text{Gl. (5.20)}$$

f_y Durchbiegung aus Biegung ⊥ zur y-Achse
f_τ Durchsenkung aus Schubverformung
zul f zulässige Durchbiegung nach Tafel **4.**13

Für Biegeträger mit zusammengesetztem Querschnitt sind weitere Nachweise erforderlich (siehe hierzu DIN 1052 Teil 1 und 2).

Beispiel zur Erläuterung

Ein geleimter Holzträger (Bild **5.**11) hat eine Belastung von 3,80 kN/m bei einer Spannweite von 5,10 m aufzunehmen. Die Biegespannung und die Schubspannung werden berechnet.

Lastfall H, Sortierklasse S10.

Weitere Nachweise für Leimfugen und Gurte sind erforderlich.
Sie werden hier nicht vorgeführt.

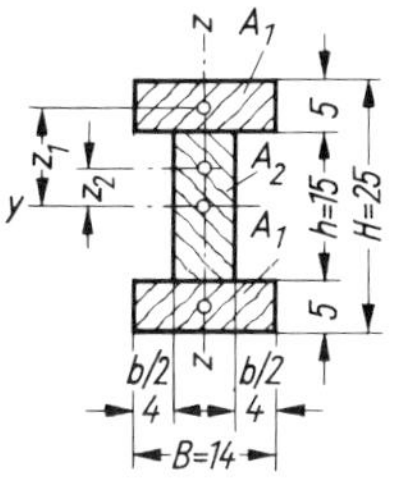

5.11 Geleimter Holzträger (Maße in cm)

Biegemoment in Feldmitte

$$\max M = \frac{q \cdot l^2}{8} = \frac{3{,}80 \cdot 5{,}10^2}{8} = 12{,}4 \text{ kNm} = 1240 \text{ kNcm} = 1240 \cdot 10^4 \text{ Nmm}$$

Querkraft am Auflager

$$V = \max A = \frac{q \cdot l}{2} = \frac{3{,}80 \cdot 5{,}10}{2} = 9{,}69 \text{ kN}$$

Flächenmoment 2. Grades

$$I_y = \frac{B \cdot H^3}{12} - \frac{b \cdot h^3}{12} = \frac{14 \cdot 25^3}{12} - \frac{2 \cdot 4 \cdot 15^3}{12} = 18230 - 2250 = 15980 \text{ cm}^4$$

Widerstandsmoment

$$W_y = \frac{I_y}{H/2} = \frac{15980}{25/2} = 1278 \text{ cm}^3$$

Statisches Moment

$$S_y = S_{y1} + S_{y2} = A_1 \cdot z_1 + \frac{A_2}{2} \cdot z_2 = 14 \cdot 5 \cdot (12{,}5 - 2{,}5) + 6 \cdot \frac{15}{2} \cdot \frac{15}{4}$$

$$= 14 \cdot 5 \cdot 10 + 6 \cdot 7{,}5 \cdot 3{,}75 = 700 + 169 = 869 \text{ cm}^3$$

Biegespannung in Feldmitte

$$\max \sigma_B = \frac{\max M}{\text{vorh } W_y} = \frac{1240}{1278} = 0{,}97 \text{ kN/cm}^2 = 9{,}7 \text{ N/mm}^2$$

$$\text{zul } \sigma_B = 10 \text{ N/mm}^2 \qquad \text{(Tafel 1.17)}$$

$$\frac{\max \sigma_B}{\text{zul } \sigma_B} = \frac{9{,}7}{10} = 0{,}97 < 1$$

Schubspannung am Auflager

$$\max \tau = \frac{\max V \cdot S_y}{b \cdot I_y} = \frac{9{,}69 \cdot 869}{6 \cdot 15\,980} = 0{,}09 \text{ kN/cm}^2 = 0{,}9 \text{ N/mm}^2$$

$$\text{zul } \tau = 0{,}9 \text{ N/mm}^2 \qquad \text{(Tafel } \mathbf{1}.17)$$

$$\frac{\max \tau}{\text{zul } \tau} = \frac{0{,}9}{0{,}9} = 1$$

Schubspannung in der Leimfuge

$$\tau_1 = \frac{\max V \cdot S_{y1}}{b \cdot I_y} = \frac{9{,}69 \cdot 700}{6 \cdot 15\,980} = 0{,}07 \text{ kN/cm}^2 = 0{,}7 \text{ N/mm}^2$$

$$\text{zul } \tau = 0{,}9 \text{ N/mm}^2$$

$$\frac{\tau_1}{\text{zul } \tau} = \frac{0{,}7}{0{,}9} = 0{,}78 < 1$$

Nachweis der Durchbiegung in Feldmitte

Biegeverformung (Gl. (4.45)

$$f_y = \frac{\max \sigma_B \cdot l^2}{h \cdot k_f} = \frac{9{,}7 \cdot 5{,}1^2}{25 \cdot 4{,}8} = 2{,}10 \text{ cm} = 21{,}0 \text{ mm}$$

Schubverformung (Gl. 5.18)

$$f_\tau = \frac{q \cdot l^2}{8 \cdot G \cdot A_{St}} = \frac{M}{G \cdot A_{St}} = \frac{1240 \cdot 10^4}{500 \cdot 60 \cdot 250} = 1{,}7 \text{ mm}$$

Gesamtverformung in Feldmitte (Gl. 5.19)

$$\max f = f_y + f_\tau = 21{,}0 + 1{,}7 = 22{,}7 \text{ mm}$$

Zulässige Verformung (Tafel **4**.12)

$$\text{zul } f = l/200 = 5100/200 = 25{,}5 \text{ mm}$$

$$\frac{\max f}{\text{zul } f} = \frac{22{,}7}{25{,}5} = 0{,}89 < 1$$

Der Träger ist mit Überhöhung herzustellen.

Beispiele zur Übung

Für nachstehende Träger sind die Biegespannung, die Schubspannung und die Durchbiegung zu berechnen.

1. Kantholz 140/180 mm $q = 2$ kN/m $l = 4{,}0$ m Nadelholz II

2. Kantholz 180/240 mm $q = 4$ kN/m $l = 3{,}2$ m Nadelholz II

5.5 Spannungs- und Verformungsnachweise für Stahlbauteile

Für Stahlträger mit Beanspruchung durch Querkraft und Biegung ist zunächst der normale Spannungsnachweis für max σ und max τ getrennt zu führen.

$$\frac{\max \sigma}{\sigma_{R,d}} \leqq 1 \qquad \frac{\max \tau}{\tau_{R,d}} \leqq 1 \qquad \text{Gln. (5.21) (5.22)}$$

Wenn die einzelnen Spannungsteile aus Biegung oder Schub den halben Wert der Grenzspannung $\sigma_{R,d}$ bzw. $\tau_{R,d}$ überschreiten, ist die Vergleichsspannung nachzuweisen. Nachweis der Vergleichsspannung ist erforderlich, wenn

$$\frac{\max \sigma}{\sigma_{R,d}} > 0{,}5 \qquad \frac{\max \tau}{\tau_{R,d}} > 0{,}5 \qquad \text{Gln. (5.23) (5.24)}$$

Bei einfacher Beanspruchung durch Biegung und Querkraft gilt für die Vergleichsspannung

$$\boldsymbol{\sigma_V = \sqrt{\sigma^2 + 3\,\tau^2}} \qquad \frac{\sigma_V}{\sigma_{R,d}} \leqq 1{,}1 \qquad \text{Gln. (5.25) (5.26)}$$

Die Vergleichsspannung σ_V darf die Grenzspannung $\sigma_{R,d} = f_{y,k}/\gamma_M$ um 10% überschreiten. Für diesen Spannungsnachweis werden allerdings nicht die maximalen Spannungen eingesetzt, sondern diejenigen Spannungen, die in ihrer Überlagerung den ungünstigsten Wert ergeben. Der hierfür zutreffende Bereich ist z.B. bei I-Trägern der Übergang vom Steg zum Flansch.

Die größten Biegespannungen wirken bei üblich belasteten Einfeldträgern in Feldmitte am unteren Rand als Biegezugspannungen und am oberen Rand als Biegedruckspannungen.

Die größten Schubspannungen wirken bei Trägern mit gleichmäßig verteilter Belastung an den Auflagern und zwar im Bereich der Schwerachse der Träger.

Die größte Vergleichsspannungergibt sich bei ungünstigster Kombination von Biegespannungen und Schubspannungen. Das ist bei Trägern mit I-Querschnitt am Übergang vom Steg zum Flansch der Fall.

Biegespannung σ

Die Biegespannung σ am Übergang vom Steg zum Flansch bei I-Trägern wird näherungsweise aus der Verhältnisgleichung berechnet. Das ist möglich, da die Biegespannung von Null in der Schwerachse auf den maximalen Wert am Rand geradlinig anwächst (Bild **5**.12):

$$\text{vorh } \sigma : \max \sigma = \frac{s_y}{2} : \frac{h}{2}$$

Daraus ergibt sich die maßgebende vorhandene Spannung σ:

$$\boldsymbol{\text{vorh } \sigma = \max \sigma \cdot \frac{s_y}{h}} \quad \text{in N/mm}^2 \qquad \text{Gl. (5.27)}$$

Hierbei sind:

h Trägerhöhe in mm

$s_y = I_y/S_y$ Abstand zwischen Druck- und Zugmittelpunkt in mm (Bild **5**.12), zu berechnen aus den Profilwerten der Tafel **4**.2 bis **4**.4).

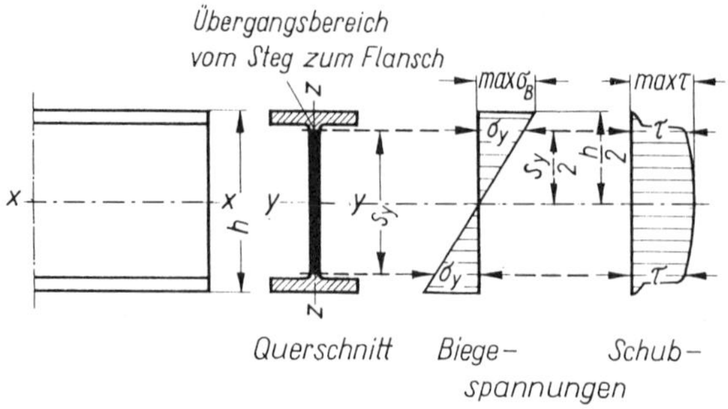

5.12 Verteilung der Biegespannungen σ_B und der Schubspannungen τ bei einem I-förmigen Querschnitt

Diese Biegespannung darf den halben Wert der Grenzspannung $\sigma_{R,d}$ nicht überschreiten, sonst ist die Vergleichsspannung nachzuweisen:

$$\frac{\text{vorh } \sigma}{\sigma_{R,d}} \leqq 0{,}5; \quad \text{sonst Nachweis der Vergleichsspannung erforderlich} \qquad \text{Gl. (5.28)}$$

Schubspannung τ

Die Schubspannung τ am Übergang vom Flansch zum Steg wird nach Gleichung (5.1) berechnet. Für Träger mit I-Querschnitt ergibt sich daraus folgende Formel:

$$\text{vorh } \tau = \frac{V_z \cdot S_y}{s \cdot I_y} \quad \text{bzw.} \quad \text{vorh } \tau = \frac{V_z}{s \cdot s_y} \quad \text{in N/mm}^2 \qquad \text{Gln. (5.29) (5.30)}$$

Hierbei bedeuten:

V_z Querkraft an der untersuchten Trägerstelle in Richtung der z-Achse in N
s Stegdicke in mm (siehe Profiltafeln)
S_y statisches Moment bzw. Flächenmoment 1. Grades des halben Querschnitts um die y-Achse in mm³ (in Profiltafeln angegeben in cm³)
I_y Flächenmoment 2. Grades der ganzen Querschnittsfläche, bezogen auf die y-Achse in mm⁴ (in Profiltafeln angegeben in cm⁴)
$s_y = I_y/S_y$ Abstand zwischen Druck- und Zugmittelpunkt in mm (Bild **5.**12)

Die Schubspannung darf ohne Nachweis der Vergleichsspannung den halben Wert der Grenzspannung $\tau_{R,d}$ nicht überschreiten

$$\frac{\text{vorh } \tau}{\tau_{R,d}} \leqq 0{,}5; \quad \text{sonst Nachweis der Vergleichsspannung erforderlich} \qquad \text{Gl. (5.31)}$$

Für den Nachweis der Vergleichsspannung mit Gleichung (5.15) kann anstelle der Schubspannung τ vereinfacht der Mittelwert τ_m eingesetzt werden:

$$\tau_m = \frac{V_z}{A_{Steg}} = \frac{V_z}{s \cdot h_m} \qquad \text{Gl. (5.32)}$$

Die Fläche A_{Steg} zur Aufnahme von Querkräften errechnet sich aus der Stegdicke s und der Steghöhe zwischen den Flanschmitten h_m (Bild **5.**13).

$$A_{Steg} = s \cdot h_m = s \cdot \left(h - 2 \cdot \frac{t}{2}\right)$$

$$A_{Steg} = s \cdot (h - t) \qquad \text{Gl. (5.33)}$$

Der Mittelwert der Schubspannung kann berechnet werden mit:

$$\tau_m = \frac{V_z}{s \cdot (h - t)} \quad \text{in N/mm}^2 \qquad \text{Gl. (5.34)}$$

Die Grenzschubspannung ist abhängig von der Streckgrenze $f_{y,k}$ des Stahls. Die Grenzschubspannung $\tau_{R,d}$ wird berechnet mit:

$$\tau_{R,d} = \frac{f_{y,k}}{\sqrt{3} \cdot \gamma_M} \qquad \text{Gl. (5.35)}$$

Die Streckgrenze des Stahls ist Tafel **1.**20 zu entnehmen.

Schubverformung

Bei kurzen Trägern kann die Durchbiegung durch große Querkräfte verstärkt werden. Diese Schubverformung aus Querkrafteinfluß sollte dadurch berücksichtigt werden, daß die Biegeverformung nicht voll ausgenutzt wird. Andernfalls wäre ein rechnerischer Nachweis erforderlich, der sehr aufwendig ist und hier nicht näher erläutert werden soll.

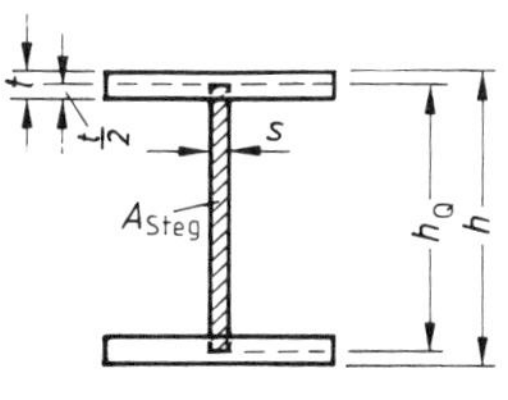

5.13 Träger mit I-Querschnitt: die Stegfläche A_{Steg} nimmt die Querkräfte auf. $A_{Steg} = s \cdot (h - t)$

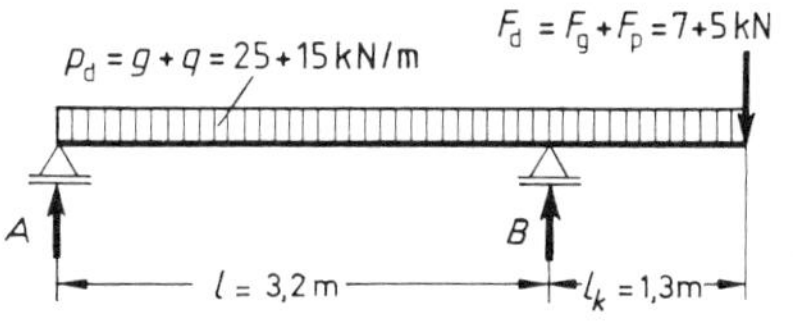

5.14 Stahlträger mit Kragarm. Statisches System

Beispiel zur Erläuterung

Ein IPB-Träger von $l = 3{,}2$ m Spannweite mit einem Kragarm von $l_k = 1{,}3$ m Länge hat eine gleichmäßig verteilte Belastung von $g + q = 25 + 15$ kN/m und an der Kragarmspitze eine Einzellast von $F_G + F_Q = 7$ kN + 5 kN aufzunehmen. Der Träger aus S235 ist zu bemessen (Bild **5.**14).

Einwirkungen

$$p_d = g \cdot \gamma_g + q \cdot \gamma_q = 25 \cdot 1{,}35 + 15 \cdot 1{,}5 = 33{,}8 + 22{,}5$$
$$= 56{,}3 \text{ kN/m}$$
$$F_d = F_G \cdot \gamma_G + F_Q \cdot \gamma_Q = 7 \cdot 1{,}35 + 5 \cdot 1{,}5 = 9{,}5 + 7{,}5$$
$$= 17 \text{ kN}$$

Kragmoment

$$\min M_B = -\frac{p_d \cdot l_k^2}{2} - F_d \cdot l_k = -\frac{56{,}3 \cdot 1{,}3^2}{2} - 17 \cdot 1{,}3$$
$$= -47{,}6 - 22{,}1 = -69{,}7 \text{ kNm} = -6970 \text{ kNcm}$$

Querkräfte

$$V_A = \frac{p_d \cdot l}{2} + \frac{M_B}{l} = \frac{56{,}3 \cdot 3{,}2}{2} + \frac{-69{,}7}{3{,}2}$$

$$= 90{,}1 - 21{,}8 = +68{,}3 \text{ kN}$$

$$V_{Bl} = V_A - q_d \cdot l = +68{,}3 - 56{,}3 \cdot 3{,}2 = 68{,}3 - 180{,}2 = -111{,}9 \text{ kN}$$

$$V_{Br} = +q_d \cdot l_k + F_d = +56{,}3 \cdot 1{,}3 + 17 = +90{,}2 \text{ kN}$$

Feldmoment

$$\max M_F = V_A^2/(2 \cdot p_d) = +68{,}3^2/(2 \cdot 56{,}3) = +41{,}4 \text{ kNm}$$

Bemessung

$$\text{erf } W_y = \frac{\min M_B}{\sigma_{R,d}} = \frac{6970}{21{,}8} = 320 \text{ cm}^3$$

gewählt: **IPB 180** mit $W_y = 426$ cm³; $I_y = 3830$ cm⁴

$t = 1{,}4$ cm; $s = 0{,}85$ cm; $S_y = 241$ cm³

$s_y = I_y/S_y = 3830/241 = 15{,}9$ cm

$h_m = h - t = 18{,}0 - 1{,}4 = 16{,}6$ cm

Biegespannung am Auflager B

$$\max \sigma_B = \frac{\min M_B}{\text{vorh } W_y} = \frac{4760}{426} + \frac{2210}{426} = 11{,}2 + 5{,}2 = 16{,}4 \text{ kN/cm}^2 = 164 \text{ N/mm}^2$$

$$\frac{\max \sigma_B}{\sigma_{R,d}} = \frac{164}{218} = 0{,}75 > 0{,}5 < 1$$

Schubspannung am Auflager B

$$\max \tau = \frac{V_{Bl} \cdot S_y}{s \cdot I_y} = \frac{111{,}9 \cdot 241}{0{,}85 \cdot 3850} = 8{,}2 \text{ kN/cm}^2 = 82 \text{ N/mm}^2$$

$$\tau_{R,d} = \frac{f_{y,k}}{\sqrt{3} \cdot \gamma_M} = \frac{240}{\sqrt{3} \cdot 1{,}1} = 126 \text{ N/mm}^2$$

$$\frac{\max \tau}{\tau_{R,d}} = \frac{82}{126} = 0{,}65 > 0{,}5 < 1$$

Biegespannung und Schubspannung liegen innerhalb der zulässigen Bereiche. Da jedoch beide Spannungen jeweils größer als die Hälfte der Grenzspannungen sind, wird ein Nachweis der Vergleichsspannung σ_V erforderlich (s. Abschnitt 5.3).

Biegespannung am Übergang vom Steg zum Flansch (s. Bild **5**.12).

$$\sigma_y = \max \sigma_B \cdot \frac{s_y}{h} = 164 \cdot \frac{15{,}9}{18} = 145 \text{ N/mm}^2$$

Schubspannung am Übergang vom Steg zum Flansch bzw. Mittelwert τ_m

$$\tau_m = \frac{V_{Bl}}{s \cdot (h - t)} = \frac{111{,}9}{0{,}85 \cdot (18{,}0 - 1{,}4)} = 7{,}9 \text{ kN/cm}^2 = 79 \text{ N/mm}^2$$

Vergleichsspannung

$$\sigma_V = \sqrt{\sigma_y^2 + 3\,\tau_m^2} = \sqrt{145^2 + 3 \cdot 79^2} = \sqrt{21\,025 + 18\,723} = 199 \text{ N/mm}^2$$

$$\frac{\sigma_V}{\sigma_{R,d}} = \frac{199}{218} = 0{,}91 < 1{,}1$$

Nachweis der Durchbiegung im Feld nicht erforderlich, da $l < 5$ m (s. Abschnitt 4.3.1).

Nachweis der Durchbiegung an der Kragarmspitze

$$f_p = \frac{(g+q) \cdot l_k}{24 \cdot E \cdot I} \cdot [l_k^2 \cdot (4 \cdot l + 3 \cdot l_k) - l^3]$$

$$= \frac{(0{,}25 + 0{,}15) \cdot 130}{24 \cdot 21\,000 \cdot 3830} \cdot [130^2 \cdot (4 \cdot 320 + 3 \cdot 130) - 320^3]$$

$$= 0{,}027 \cdot [28{,}2 - 32{,}8] = -\,0{,}12 \text{ cm} = -\,1{,}2 \text{ mm}$$

$$f_F = \frac{(F_G + F_Q) \cdot l_k^2}{3 \cdot E \cdot I} \cdot (l_k + l)$$

$$= \frac{12 \cdot 130^2}{3 \cdot 21\,000 \cdot 3830} \cdot (130 + 320) = 0{,}38 \text{ cm} = 3{,}8 \text{ mm}$$

$$\text{vorh}\, f = f_p + f_F = -\,1{,}2 + 3{,}8 = 2{,}6 \text{ mm}$$

$$\text{zul}\, f = l_k/200 = 1300/200 = 6{,}5 \text{ mm (Abschn. 4.3.1)}$$

$$\frac{\max f}{\text{zul}\, f} = \frac{2{,}6}{6{,}5} = 0{,}4 < 1$$

Beispiele zur Übung

Für folgende Kragträger sind die Biegespannung, die Schubspannung, und falls erforderlich, die Vergleichsspannung zu berechnen.

1.	IPE 240	$g = 12$ kN/m	$q = 50$ kN/m	$l_k = 1{,}2$ m	St 37-2
2.	IPE 300	$g = 20$ kN/m	$q = 130$ kN/m	$l_k = 1{,}5$ m	St 37-2

5.6 Spannungsnachweise für Mauerwerk

Für Mauerwerk kann nach DIN 1053 im allgemeinen ein Schubspannungsnachweis entfallen. Das trifft dann zu, wenn die waagerechten Kräfte (z. B. Windlasten, Erddruck, Lasten aus Schrägstellung des Gebäudes) sicher in den Baugrund weitergeleitet werden können. Dazu sind z. B. erforderlich:

- Geschoßdecken, die als steife Scheiben ausgebildet sind (z. B. Massivdecken), bzw. statisch nachgewiesene Ringbalken
- genügend lange aussteifende Wände in Längs- und Querrichtung, die bis auf die Fundamente geführt sind.

Wenn jedoch ein Schubspannungsnachweis erforderlich ist, darf für Rechteckquerschnitte der Nachweis in nachstehender Weise geschehen:

Berechnung der Schubspannung

$$\textbf{vorh}\ \boldsymbol{\tau} = \frac{\mathbf{1{,}5}\ \boldsymbol{Q}}{\boldsymbol{A}} \qquad \text{Gl. (5.36)}$$

Zulässige Schubspannung

$$\textbf{zul } \sigma = \sigma_{Z0} + 0{,}2 \cdot \sigma_{Dm} \qquad \text{Gl. (5.37)}$$

Spannungsnachweis

$$\frac{\textbf{vorh } \tau}{\textbf{zul } \tau} \leqq 1 \quad \text{bzw.} \quad \frac{\textbf{vorh } \tau}{\textbf{max } \tau} \leqq 1$$

Hierin bedeuten:

Q Querkraft
A überdrückte Querschnittsfläche
σ_{Z0} Grundwert der zulässigen Zugspannung nach Tafel **1**.15
σ_{Dm} mittlere zugehörige Druckspannung rechtwinklig zur Lagerfuge im ungerissenen Querschnitt A
max τ = 0,30 MN/m² für Natursteinmauerwerk
max τ = $0{,}010 \cdot \beta_{NSt}$ für Hohlblocksteine
= $0{,}012 \cdot \beta_{NSt}$ für Hochlochsteine und Steine mit Grifföffnungen oder Grifflöchern
= $0{,}014 \cdot \beta_{NSt}$ für Vollsteine ohne Grifföffnungen oder Grifflöcher
β_{NSt} Nennwert der Steindruckfestigkeit (Steinfestigkeitsklasse) entsprechend Tafel **1**.11

Beispiel zur Erläuterung

Das Kellermauerwerk eines Wohngebäudes aus Mz 12/IIa erhält eine vertikale Belastung von N = 110 kN je m Wand (Bild **5**.15). Die horizontale Kraft aus dem Erdreich beträgt $E = 3 \cdot h^2 = 3 \cdot 2{,}3^2 \approx 16$ kN auf 1 m Wandlänge (s. Teil 1 Abschn. 4.5.3 Beispiel 2).

Druckspannung in der unteren Wandfuge

$$\text{vorh } \sigma_D = \frac{N}{A} = \frac{0{,}110}{1{,}0 \cdot 0{,}365} = 0{,}301 \text{ MN/m}^2$$

$$l = 4{,}76 + \frac{0{,}24}{2} + \frac{0{,}365}{3} = 5{,}00 \text{ m}$$

$$k = 1{,}7 - l/6 = 1{,}7 - 5{,}00/6 = 0{,}87 \quad \text{(s. Abschn. 1.9.3)}$$

$$\text{zul } \sigma_D = k \cdot \sigma_0 = 0{,}87 \cdot 1{,}6 = 1{,}39 \text{ MN/m}^2$$

$$\text{vorh } \sigma_D/\text{zul } \sigma_D = 0{,}301/1{,}39 = 0{,}22 < 1$$

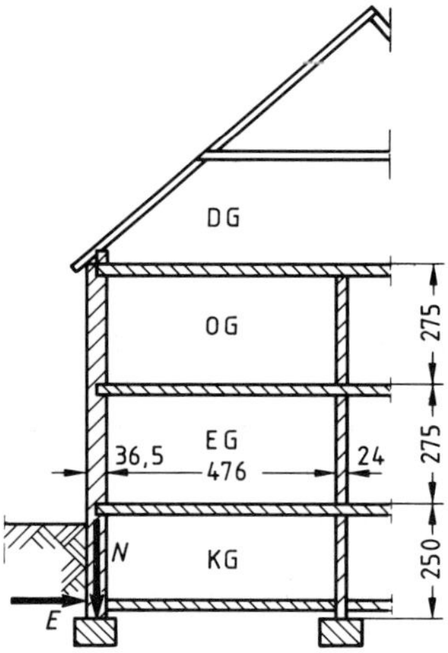

5.15 Belastung für ein Fundament unter einem Wohngebäude (Maße in cm)

Scherspannung in der unteren Wandfuge am aussteifenden Betonboden

$$\text{vorh } \tau = \frac{1{,}5 \cdot E}{A} = \frac{1{,}5 \cdot 0{,}016}{1{,}0 \cdot 0{,}365} = 0{,}066 \text{ MN/m}^2$$

$$\text{max } \tau = 0{,}012 \cdot \beta_{NSt} = 0{,}012 \cdot 12 = 0{,}144 \text{ MN/m}^2$$

$$\sigma_{Z0} = 0{,}09 \text{ MN/m}^2 \text{ (nach Tafel } \textbf{1}.15)$$

$$\text{zul } \tau = \sigma_{Z0} + 0{,}2 \cdot \sigma_D = 0{,}09 + 0{,}2 \cdot 0{,}301 = 0{,}15 \text{ MN/m}^2$$

$$\text{vorh } \tau/\text{zul } \tau = 0{,}066/0{,}15 = 0{,}44 < 1$$

$$\text{vorh } \tau/\text{max } \tau = 0{,}066/0{,}144 = 0{,}46 < 1$$

6 Torsionsbeanspruchung

Bauteile können durch Torsion beansprucht werden. Torsion ist Verdrehung; sie wird auch als Drillung bezeichnet. Torsionsbeanspruchte Bauteile werden längs ihrer x-Achse verdreht (Bild **6.**1).

Die Torsion kann vereinfacht als reine Drillung ohne Behinderung von Längsverschiebungen der Stabfasern parallel zur Stabachse angenommen werden. Man spricht dann von zwangfreier Torsion nach Saint-Venant.

Bei dieser „reinen Torsion" bleiben die Querschnitte eben, sie verwölben sich nicht.

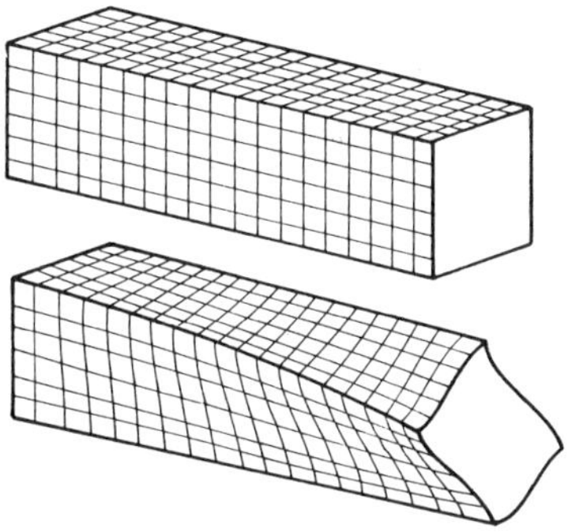

6.1 Darstellung der Torsion (Verdrehung) bei einem Rechteckrohr

Die Beanspruchung und das Verhalten der Bauteile ist jedoch nicht derart ideal. Damit die Berechnungen nicht noch komplizierter werden, sind diese Annahmen jedoch zulässig. Bei theoretischen Betrachtungen spielt demgegenüber noch die „Zwängungstorsion" eine Rolle. Außerdem wird unterschieden zwischen „wölbfreien Querschnitten" und „nicht wölbfreien Querschnitten". Nur in Sonderfällen sind die bei Zwängungstorsion und bei nicht wölbfreien Querschnitten entstehenden Wölbspannungen nachzuweisen.

Es kann jedoch von wirtschaftlicher Bedeutung sein, einen genaueren Nachweis der zusätzlichen Spannungen zu erbringen, statt ohne Nachweis aus „Sicherheitsgründen" ein stärkeres Profil zu wählen. Dies wurde früher häufig dadurch getan, indem mit verringerten Widerstandsmomenten bemessen wurde. Wichtig ist, daß durch sinnvolles Konstruieren von vornherein eine Torsionsbeanspruchung vermieden werden kann. Bild **6.**2 zeigt ein solches Beispiel mit unterschiedlichen Befestigungen von Wandelementen an U-Profilen.

An verschiedenen Beispielen soll gezeigt werden, wie es bei Bauteilen zu Torsionsbeanspruchungen kommen kann.

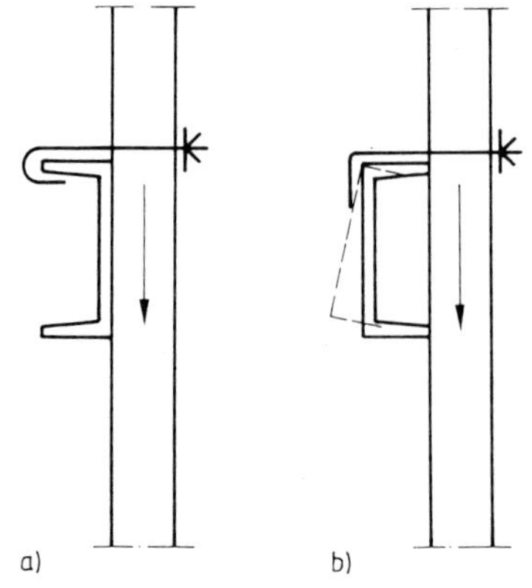

6.2 Befestigung von Wandelementen an U-Profilen
a) Das]-Profil erfährt keine oder nur eine geringe Beanspruchung auf Torsion: Es wird sich nicht verdrehen.
b) Dieses [-Profil wird sehr stark auf Torsion beansprucht: Es besteht die Gefahr einer Verdrehung.

Beispiel

Eine Decke, die am Ende mit einem Randträger verbunden ist, wird infolge ihrer Durchbiegung den Randträger verdrehen. Am Randträger wirkt ein Drehmoment. In dem Randträger entsteht eine Torsionsbeanspruchung, wenn er an seinen Auflagern durch eine Einspannung in Stützen oder Querträgern an der Verdrehung behindert wird. Der Randträger wird also durch die Decke torsionsbeansprucht; an ihm wirkt ein Torsionsmoment. Dieses Torsionsmoment m_T ist je Längeneinheit gleich dem Einspannmoment m_E der Decke (Bild **6**.3).

Das Torsionsmoment M_T an den beiden Enden eines Trägers ergibt sich aus dem Einspannmoment m_E je Längeneinheit multipliziert mit der Länge l_T, über die das Moment für die

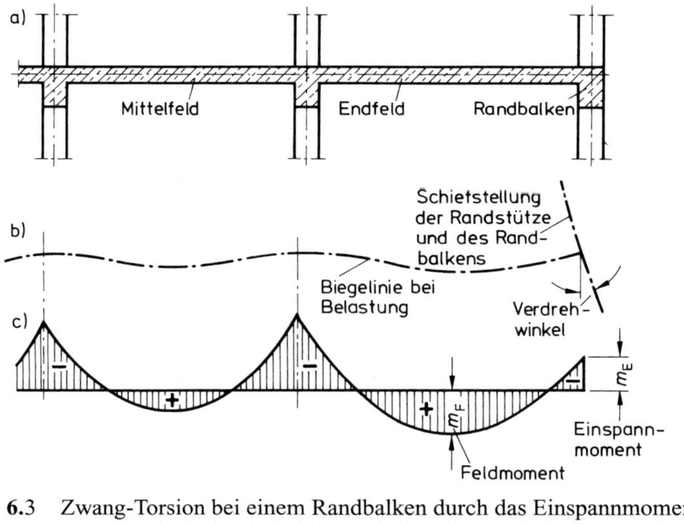

6.3 Zwang-Torsion bei einem Randbalken durch das Einspannmoment aus der Decke
a) Querschnitt durch Stahlbetondecke mit Randbalken und Stützen
b) Biegelinie und Schiefstellung des Randbalkens und der Stütze
c) Momentenfläche mit Einspannmoment m_E der Decke im Randbalken

Einspannstelle wirksam ist. Wenn ein torsionsbeanspruchter Träger an seinen beiden Enden eingespannt ist, ergibt sich die Torsionslänge l_T aus der halben Trägerlänge:

$$l_T = l/2 \qquad \text{Gl. (6.1)}$$

Das Torsionsmoment M_T am Trägerende ist gleich dem Einspannmoment M_E des Trägers in der Stütze bzw. im Querträger (Bild **6**.4)

$$M_E = m_E \cdot l/2 = M_T = m_T \cdot l/2 \qquad \text{Gl. (6.2)}$$

Die vorgenannten Torsionsmomente entstehen durch Zwang, also durch Behinderung der Verformung:

Die Decke will sich durchbiegen, sie ist aber mit dem Randträger verbunden. Dieser wird sich soweit verdrehen, wie es seine eigene Steifigkeit und die Einspannung in den Stützen zulassen.

Die Torsionssteifigkeit ist wesentlich geringer als die Biegesteifigkeit. Dadurch werden die Einspannmomente stark abgemindert.

Für die Bemessung des Randträgers können diese Momente durch Einspann-Torsion meistens vernachlässigt werden. Sehr wohl sind aber die Einspannmomente in ihrer Auswirkung auf die Stützen zu berücksichtigen.

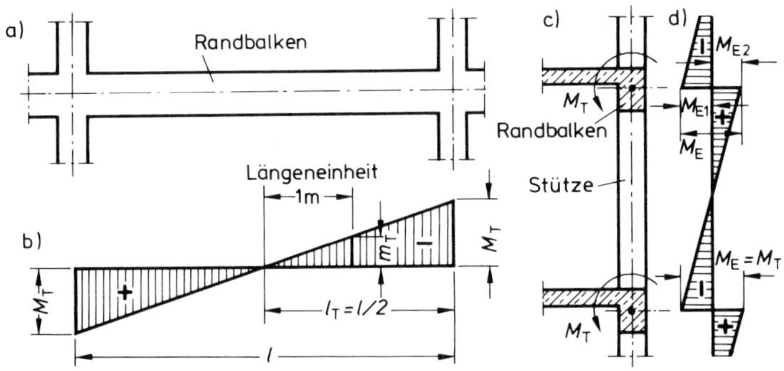

6.4 Randbalken mit Zwang-Torsion durch Einspannung der Decke
a) Ansicht des Randbalkens mit Stützen
b) Torsions-Momentenfläche mit dem Einspannmoment m_E aus der Randeinspannung der Decke und Torsionsmoment M_T für den Randbalken
c) Querschnitt durch Randbalken mit Decke und Stützen
d) Momentenfläche für Stützen mit $M_E = M_T$ und $M_E = M_{E1} + M_{E2}$

Beispiel

Eine Kragplatte, die in einen Randbalken eingespannt ist, beansprucht den Randbalken auf Torsion. Das Torsionsmoment m_T des Randbalkens ist gleich dem Einspannmoment m_E der Kragplatte. Gleichgewicht ist jedoch nur dann möglich, wenn die Torsionsmomente M_T an den Balkenenden von anderen Konstruktionsteilen aufgenommen und weitergeleitet werden. Ohne Aufnahme der Torsionsmomente würde die Konstruktion versagen: die Kragplatte würde herunterklappen (Bild **6**.5).

Beispiel

Torsion kann auch durch ausmittig angreifende Querkräfte entstehen. Das Torsionsmoment ergibt sich hier aus der Größe der Querkraft V mal der Ausmitte e als Hebelarm (Bild **6**.25).

$$\boldsymbol{M_T = V \cdot e} \qquad \text{Gl. (6.3)}$$

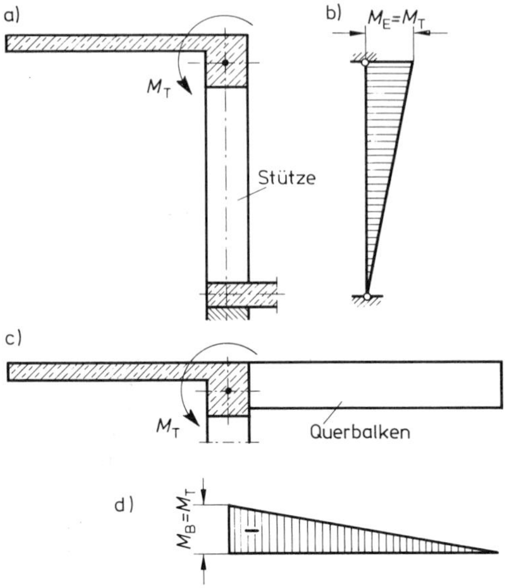

6.5 Last-Torsion bei Kragplatten
a) Kragplatte mit Einspannbalken und Stützen
b) Momentenflächen für die Stützen
c) Kragplatte mit Einspannbalken und Querbalken
d) Momentenfläche für die Querbalken

Die Berechnung der Beanspruchung erfolgt durch Aufteilung in einzelne Beanspruchungsarten (Biegung, Schub, Torsion) und anschließende Überlagerung.

Die Aufnahme der Torsionsmomente ist nachzuweisen, wenn die Torsionsmomente für das Gleichgewicht erforderlich sind oder einen wesentlichen Teil der Beanspruchung ausmachen.

Torsionsmomente M_T allein ohne gleichzeitige Wirkung von Querkräften, Längskräften oder Biegemomenten entstehen in der Baupraxis kaum. Meistens entsteht Torsion gemeinsam mit Querkraftbiegung: alleinige Torsion ist ein theoretischer Fall. Für diese kombinierten Beanspruchungen werden vereinfachte Näherungsverfahren angewendet.

6.1 Reine Torsionsbeanspruchung

Bei Torsion verdreht sich der Querschnitt durch unterschiedliche Dehnung der Längsfasern (Bild **6**.6). Durch diese Verdrehung des Querschnitts um den Mittelpunkt entsteht ein System schiefer Hauptdruck- und Hauptzugkräfte unter 45° und 135°. Diese Druck- und Zugkräfte laufen als Torsionskräfte schraubenförmig um den Balken herum: in der einen Richtung sind es Druckkräfte und rechtwinklig dazu sind es Zugkräfte (Bild **6**.7).

Die hierbei entstehenden Spannungen sind Schubspannungen. Sie sind an den Außenflächen am größten (Bild **6**.8).

Die Berechnung der Schubspannungen infolge Torsion geschieht auf andere Weise als die Berechnung der Schubspannungen infolge Querkraftbeanspruchung.

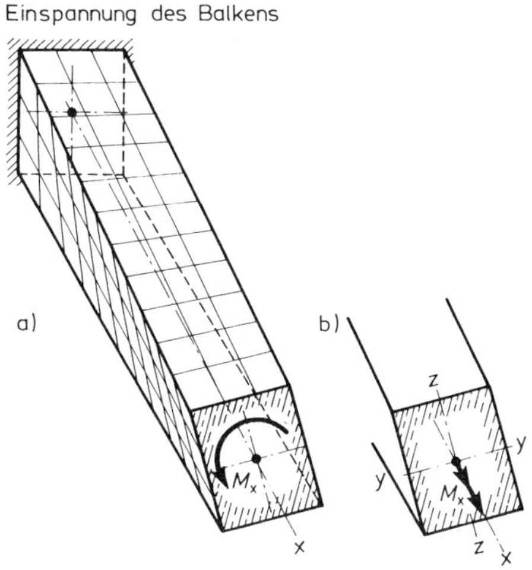

6.6 Verformungen eines Balkens infolge Torsion
a) Darstellung des Torsionsmomentes $M_T = M_x$ im Drehsinn
b) Darstellung des Torsionsmomentes $M_T = M_x$ als Vektor. Ein Torsionsmomenten-Vektor steht rechtwinklig auf der Querschnittsfläche. Er wird mit 2 Pfeilspitzen dargestellt. Der Vektor weist in die Richtung, die beim Drehen einer rechtsgängigen Schraube entsteht: rechtsdrehend: (die Schraube wird angezogen) Schraube und Vektor drücken auf die Fläche; linksdrehend: (die Schraube wird gelockert) Schraube und Vektor ziehen an der Fläche.

Dem Torsionsmoment wirkt ein Widerstandsmoment entgegen. Die Torsionsspannung τ_T ergibt sich aus dem Torsionsmoment $M_T = M_x$ bezogen auf das Torsions-Widerstandsmoment W_T

$$\boldsymbol{\tau_T = \frac{M_T}{W_T}} \quad \text{oder} \quad \begin{array}{l} \text{in N/mm}^2 \text{ mit } M_T \text{ in Nmm und } W_T \text{ in mm}^3 \\ \text{in kN/cm}^2 \text{ mit } M_T \text{ in kNcm und } W_T \text{ in cm}^3 \end{array} \qquad \text{Gl. (6.4)}$$

Die Torsions-Schubspannungen werden also in ähnlicher Weise wie die Biegespannungen berechnet. Es handelt sich aber um Schubspannungen (Tangentialspannungen) und nicht um Normalspannungen. Sie wirken nicht wie Normalspannungen rechtwinklig zur Querschnittsfläche. Torsionsspannungen wirken in der Querschnittsfläche.

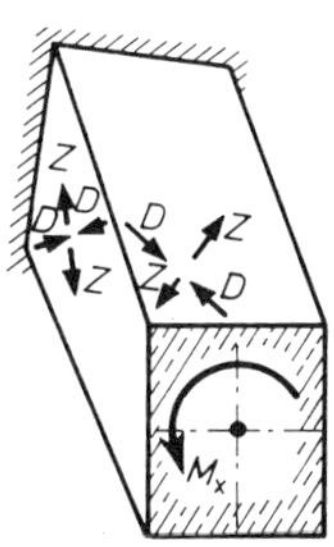

6.7 Druckkräfte und Zugkräfte an den Außenflächen eines Balkens infolge Torsion

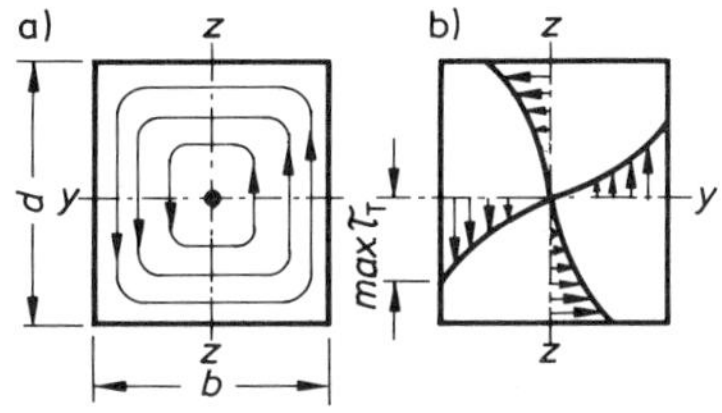

6.8 Schubspannungen infolge Torsion
a) Querschnitt mit Darstellung des Schubflusses
b) Querschnitt mit Torsionsspannungen in den Hauptachsen

6.2 Querschnittsformen bei Torsion

Die Größe der Torsions-Beanspruchung ist außer vom Torsionsmoment sehr stark von der Querschnittsform abhängig. Entscheidend hierbei ist jeweils, wie die Torsionskräfte durch den Stabquerschnitt fließen können (Bild **6.**9).

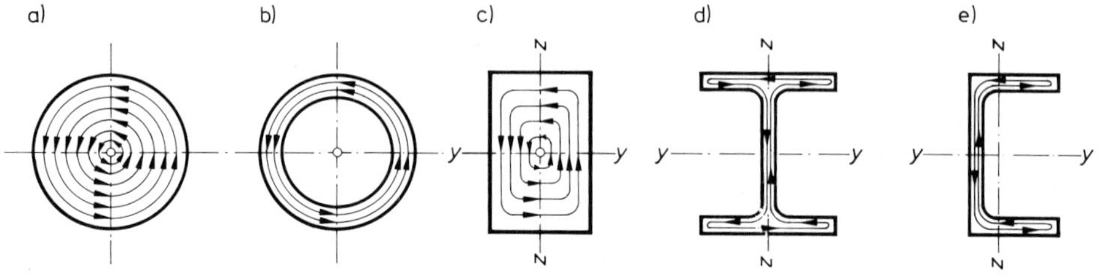

6.9 Torsionskraft-Fluß durch verschiedene Querschnittsflächen
a) Kreisquerschnitt
b) Kreisringquerschnitt
c) Rechteckquerschnitt
d) I-Profil
e) [-Profil

Bei torsionsbeanspruchten Bauteilen sind infolge der stattfindenden Verformungen zwei Möglichkeiten zu unterscheiden:

1. Die Endquerschnitte des Bauteils bleiben eben, sie verwölben sich nicht; die Querschnitte sind wölbfrei.

   Zu den wölbfreien Querschnitten gehören nur wenige Querschnitte. Die wichtigsten sind Kreis, Kreisring und quadratischer Hohlquerschnitt mit gleichbleibender Wanddicke.

2. Die Endquerschnitte des Bauteils verwölben sich; die Querschnitte sind nicht-wölbfrei. Zu den nicht-wölbfreien Querschnitten gehören die meisten bautechnischen Querschnitte. Dieses sind insbesondere die offen dünnwandigen Stahlbau-Profile.

Eine Reihe von Querschnitten gehören zwar zu den nicht wölbfreien Querschnitten, bei ihnen sind jedoch die bei Torsionsbeanspruchung auftretenden Verschiebungen vernachlässigbar gering. Das ist bei Vollquerschnitten und dickwandigen Hohlquerschnitten der Fall, z.B. im Stahlbetonbau und Holzbau.

Bei nicht-wölbfreien Querschnitten können zusätzlich zu den Torsions-Schubspannungen noch Wölbspannungen auftreten (Abschnitt 6.3).

6.2.1 Runde Vollquerschnitte (Rundhölzer)

Die Torsionsspannungen nehmen bei Kreisquerschnitten vom Mittelpunkt zum Außenrand stetig zu. Sie haben am Umfang ihren Größtwert (Bild **6.**10).

$$\max \tau_T = \frac{M_T}{W_T} \qquad \boldsymbol{W_T = \frac{\pi}{16} \cdot d^3} \qquad \text{Gl. (6.5)}$$

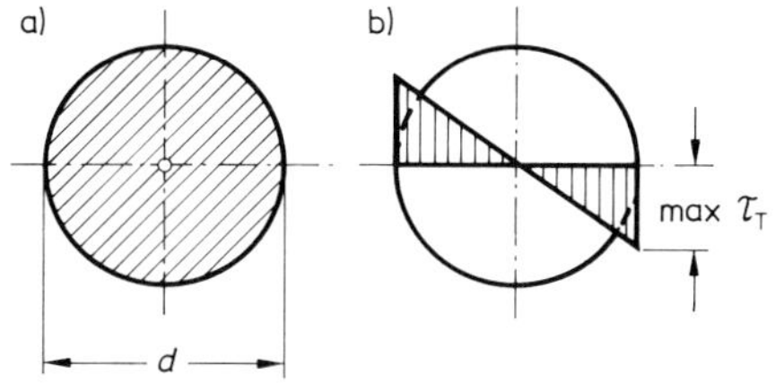

6.10 Runder Vollquerschnitt
a) Querschnitt
b) Torsionsspannungen τ_T

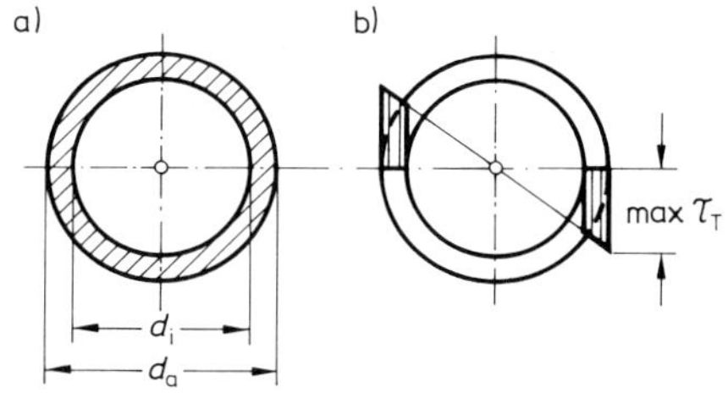

6.11 Runder Hohlquerschnitt
a) Querschnitt
b) Torsionsspannungen τ_T

6.2.2 Runde Hohlquerschnitte (Rohre)

Die Torsionsspannungen wirken bei Kreisring-Querschnitten nur im Bereich der Wandung zwischen Außendurchmesser d_a und Innendurchmesser d_i, und zwar zum Außenrand linear zunehmend (Bild 6.11)

$$\max \tau_T = \frac{M_T}{W_T} \qquad \boldsymbol{W_T = \frac{\pi}{16} \cdot \frac{d_a^4 - d_i^4}{d_a}} \qquad \text{Gl. (6.6)}$$

Für Stahlrohre kann das Torsions-Widerstandsmoment aus Profiltafeln entnommen werden. Es ist doppelt so groß wie das Widerstandsmoment für Biegung (Tafel 4.5)

$$\boldsymbol{W_T = 2\,W} \qquad \text{Gl. (6.7)}$$

6.2.3 Rechteckige Vollquerschnitte (Balken)

Die Torsionsspannungen sind im Nullpunkt von Rechteck-Querschnitten gleich Null. Sie nehmen zu den Außenrändern zu, jedoch nicht stetig (Bild 6.12). Die maximalen Torsionsspannungen ergeben sich in der Mitte der Längsseiten, also stets dort, wo der Querschnitt über den Mittelpunkt gemessen die kleinste Abmessung hat.

$$\max \tau_T = \frac{M_T}{W_T} \qquad \boldsymbol{W_T = \beta_T \cdot b^2 \cdot d} \qquad \text{Gl. (6.8)}$$

Die Beiwerte β_T sind Tafel 6.1 zu entnehmen.

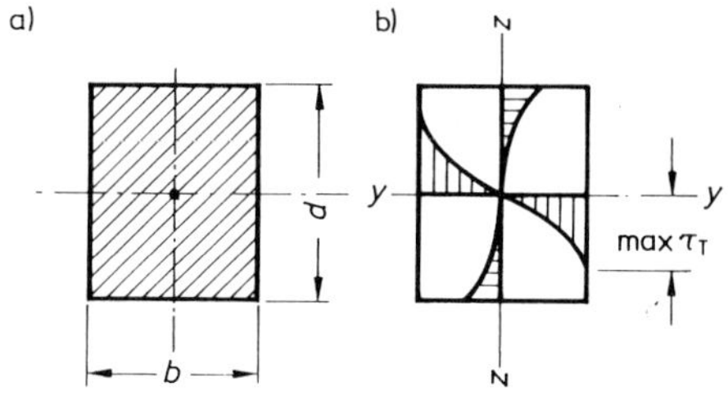

6.12 Rechteckiger Vollquerschnitt
a) Querschnitt
b) Torsionsspannungen τ_T

Tafel 6.1 Beiwerte β_T zur **Berechnung des Torsions-Widerstandsmoments** bei Rechteck-Querschnitten

d/b	1,0	1,25	1,5	2,0	3,0	4,0	6,0	10,0	∞
β_T	0,208	0,221	0,231	0,246	0,267	0,282	0,299	0,313	0,333

6.2.4 Dünnwandige Hohlquerschnitte (Hohlkästen)

Bei geschlossenen Hohlquerschnitten wird ein gleichmäßig umlaufender Schubfluß $S = \tau_T \cdot t$ angenommen. Das bedeutet, daß die Torsionsspannung dort am größten ist, wo die Wanddicke t am dünnsten ist. Die Torsionsspannung ist für jede Stelle des Querschnitts zu berechnen mit

$$\tau_T = \frac{M_T}{W_T} \qquad \boldsymbol{W_T = 2 \cdot A_m \cdot t} \qquad \text{Gl. (6.9)}$$

t ist die jeweilige Wanddicke
A_m ist die von der Mittellinie der Wandungen eingeschlossene Fläche (Bild 6.13).

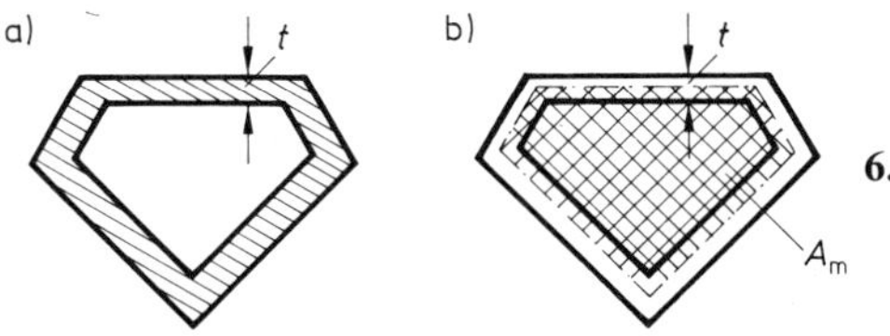

6.13 Dünnwandiger geschlossener Hohlkasten
a) Querschnitt
b) Fläche A_m, die von der Mittellinie der Wandungen eingeschlossen wird

Rechteck-Rohre und Quadrat-Rohre

Die Torsions-Widerstandsmomente W_T sind den Tafeln für Hohlprofile des Stahlbaus zu entnehmen und müssen nicht berechnet werden (siehe Tafel **4.**6 und **4.**7).

6.2.5 Dünnwandige offene Profile (Stahlprofile)

Bei offenen Querschnitten kann die Berechnung des Torsions-Widerstandsmomentes durch Zerlegen in einzelne Rechtecke von der Länge b und der Dicke t erfolgen (Bild **6.**14):

$$\tau_T = \frac{M_T}{W_T} \qquad \boldsymbol{W_T = \frac{1}{t} \cdot \sum \frac{b_i \cdot t_i^3}{3}} \qquad \text{Gl. (6.10)}$$

Offene Querschnitte nach Bild **6.**14 können zur Berechnung des Torsionswiderstandes in 2 oder mehrere rechteckige Teilflächen zerlegt werden. Das Torsions-Widerstandsmoment W_T für die maximale Torsionsspannung ergibt sich in folgender Weise:

$$W_T = \frac{\beta_T}{\max t} \cdot \left(\frac{b_1 \cdot t_1^3}{3} + \frac{b_2 \cdot t_2^3}{3} + \frac{b_3 \cdot t_3^3}{3} \right) \qquad \text{Gl. (6.11)}$$

Die maximale Torsionsspannung max τ_T entsteht im Bereich der maximalen Dicke max t. β_T ist ein Beiwert nach Bild **6.**14 und Tafel **6.**1.

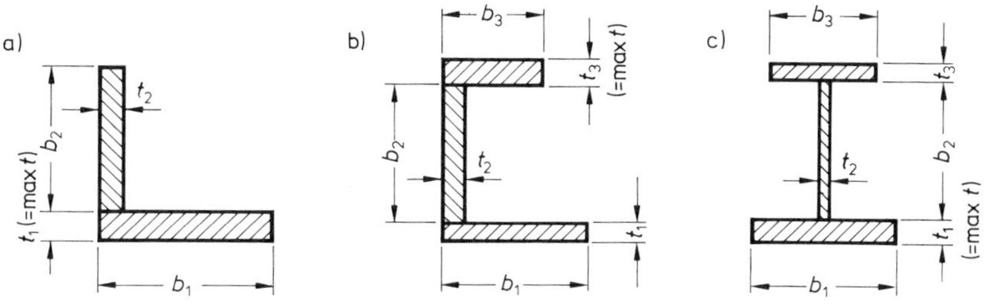

6.14 Dünnwandige offene Querschnitte
a) L-förmiger Querschnitt mit $\beta_T = 1{,}0$
b) [-förmiger Querschnitt mit $\beta_T = 1{,}12$
c) I-förmiger Querschnitt mit $\beta_T = 1{,}15$

Stahlbau-Profile

Die Torsions-Widerstandsmomente W_T können den Profiltafeln nicht direkt entnommen werden (siehe Tafel **4**.2 bis **4**.4). In den Tafeln ist jedoch das Torsions-Flächenmoment 2. Grades enthalten. Aus diesem Wert kann das Torsions-Widerstandsmoment berechnet werden:

$$W_T = \frac{I_T}{\max t} \qquad \text{Gl. (6.12)}$$

max t ist die größte Dicke, also die Flanschdicke.

Die größte Torsionsspannung entsteht bei Stahlbau-Profilen mit I-Querschnitt stets in den Flanschen, da dort die größte Bauteildicke vorhanden ist:

$$\max \tau = M_T \cdot \max t / I_T \qquad \text{Gl. (6.13)}$$

Die nachfolgenden Beispiele sollen verdeutlichen, daß offene dünnwandige Querschnitte für Torsionsbeanspruchungen ungünstig sind. Es sollten daher geschlossene Querschnitte, z. B. Hohlkästen oder Rohrprofile, angestrebt werden. Sie sind technisch günstiger und auch wesentlich wirtschaftlicher in der Anwendung.

Beispiele zur Erläuterung

1. Ein Stahlträger I260 wird durch ein Torsionsmoment $M_T = 2$ kNm beansprucht.

Das Torsions-Flächenmoment 2. Grades I_t und die maximale Dicke max t werden Tafel **4**.2 entnommen.

Torsions-Flächenmoment	I_T	$= 33{,}5\ \text{cm}^3$
maximale Dicke	max t	$= 14{,}1\ \text{mm} = 1{,}41\ \text{cm}$
Querschnittsfläche	A	$= 53{,}3\ \text{cm}^2$

Torsions-Widerstandsmoment

$$W_T = \frac{I_T}{\max t} = \frac{33{,}5}{1{,}41} = 23{,}76\ \text{cm}^3$$

Torsionsspannung

$$\tau_T = \frac{M_T}{W_T} = \frac{200\ \text{kNcm}}{23{,}76\ \text{cm}^3} = 8{,}42\ \text{kN/cm}^3 = 84{,}2\ \text{N/mm}^2$$

2. Ein IPB-Profil ist günstiger als ein I-Profil in der Aufnahme von Torsionsmomenten.

Welches IPB-Profil hat das gleiche Torsions-Widerstandsmoment wie der Träger I260 des vorigen Beispiels?

Aus der Profiltabelle kann der Torsionswert I_T und die Flanschdicke t entnommen werden, nicht aber das Torsions-Widerstandsmoment. Es ist zu ersehen, daß die in Frage kommenden Profile jeweils Flanschdicken um $t \approx 15$ mm = 1,5 cm aufweisen. Damit erhält man das erforderliche Torsions-Flächenmoment:

$$\text{erf}\, I_T = W_T \cdot t \approx 23{,}76 \cdot 1{,}5 \approx 35 \text{ cm}^4$$

gewählt: **IPB 160**

Torsions-Flächenmoment	$I_T = 31{,}3 \text{ cm}^4$
Flanschdicke	$\max t = 13 \text{ mm} = 1{,}3 \text{ cm}$
Querschnittsfläche	$A = 54{,}3 \text{ cm}^2$

Torsions-Widerstandsmoment

$$W_T = \frac{I_T}{\max t} = \frac{31{,}3}{1{,}3} = 24{,}08 \text{ cm}^3$$

Torsionsspannung

$$\tau_T = \frac{M_T}{W_T} = \frac{200 \text{ kNcm}}{24{,}08 \text{ cm}^3} = 8{,}31 \text{ kN/cm}^3 = 83{,}1 \text{ N/mm}^2$$

3. Ein Stahlrohr hat gegen Torsionsbeanspruchung den günstigsten Querschnitt.

Es soll das erforderliche Stahlrohr ermittelt werden, welches ein gleiches Torsions-Widerstandsmoment besitzt wie die Profile I260 oder IPB 160 der vorigen Beispiele.

Aus der Profiltafel **4.**5 kann das axiale Widerstandsmoment W für Biegung entnommen werden.

Torsions-Widerstandsmoment $\quad W_T = 2\,W$

Biegungs-Widerstandsmoment

$$\text{erf}\, W = \frac{\text{erf}\, W_T}{2} \approx \frac{23{,}76}{2} = 11{,}88 \text{ cm}^3$$

gewählt: **Ro 76,1 × 2,9**

Biegungs-Widerstandsmoment	$W = 11{,}8 \text{ cm}^3$
Querschnittsfläche	$A = 6{,}67 \text{ cm}^2$

Torsions-Widerstandsmoment

$$W_T = 2 \cdot W = 2 \cdot 11{,}8 = 23{,}6 \text{ cm}^3$$

Torsionsspannung

$$\tau_T = \frac{M_T}{W_T} = \frac{200 \text{ kNcm}}{23{,}6 \text{ cm}^3} = 8{,}47 \text{ kN/cm}^3 = 84{,}7 \text{ N/mm}^2$$

4. Der Vergleich der drei verschiedenen Stahlprofile mit etwa gleich großer Beanspruchbarkeit durch Torsion zeigt die hervorragende Eignung des Stahlrohrs. Es besitzt die kleinste Querschnittsfläche und die geringste Außenabmessung.

Tafel 6.2 Vergleichsrechnung

Stahlprofile	Torsions-Widerstandsmoment		Querschnittsfläche		Außenabmessung	
	cm³	%	cm²	%	mm	%
I260	23,76	100	53,3	100	260	100
IPB 160	24,08	101	54,3	102	160	61,5
Ro 76,1 × 2,9	23,6	99	6,67	12,5	76,1	29,3

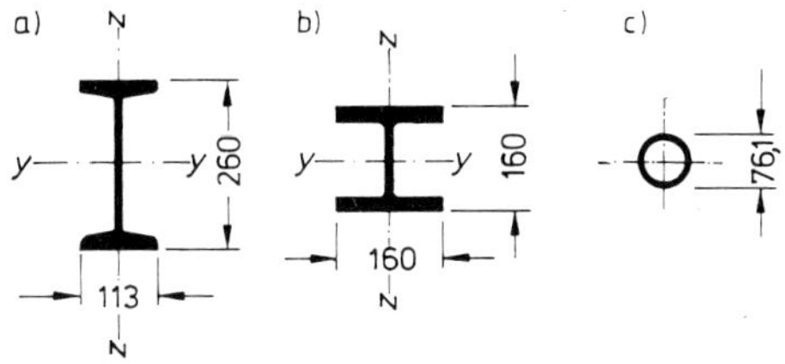

6.15 Drei unterschiedliche Profile mit gleicher Torsionssteifigkeit
a) Stahlprofil I260
b) Stahlprofil IPB 160
c) Stahlrohr Ro 76,1 × 2,9

6.2.6 Stahlträger mit [-, Z- und L-Querschnitt

Bei Stahlträgern mit Querschnitten ohne lotrechte Symmetrieachse kann während einer Biegebeanspruchung sehr leicht ein seitliches Ausweichen stattfinden. Das ist z. B. bei U-, Z- oder L-Profilen der Fall. Hierbei können sowohl der Druckgurt als auch der Zuggurt seitlich ausweichen, so daß sich der gesamte Querschnitt verdreht (Bild **6**.16).

Für die praktische Arbeit sind [-Profile von besonderem Interesse. Das Verhalten dieser Querschnitte soll deshalb näher erläutert werden.

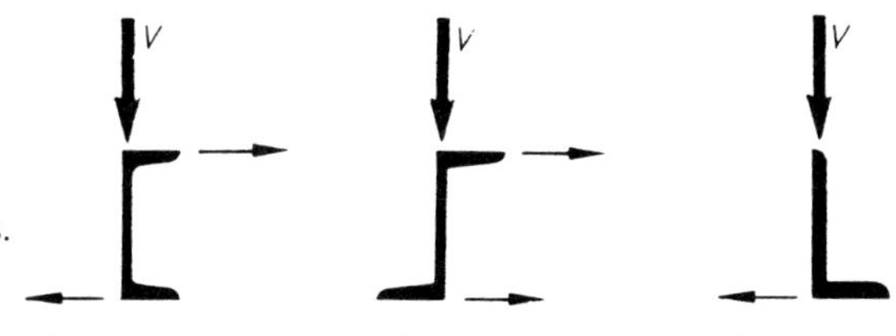

6.16 Querschnitte ohne lotrechte Symmetrieachse weichen bei lotrechter Belastung seitlich aus.
a) [-Profil.
b) Z-Profil.
c) L-Profil

[-Profile werden dann noch verdreht bzw. verdrillt, wenn die Lastebene in die Stegebene verlegt wird (Bild **6**.17). Dieses Verdrehen bewirken die waagerechten Schubkräfte in den Flanschen. Verlegt man jedoch die Lastebene noch weiter seitlich neben das Profil, dann wird die Drehwirkung immer kleiner. Die waagerechten Schubkräfte in den Flanschen werden zu Null: das Profil wird nicht mehr auf Torsion beansprucht. Schiebt man die Lastebene seitlich über einen Punkt hinweg, findet ein Verdrehen nach der anderen Richtung statt. Der Punkt, bei dem die Verdrehung zu Null wird, ist der sogenannte Schubmittelpunkt M (Bild **6**.17).

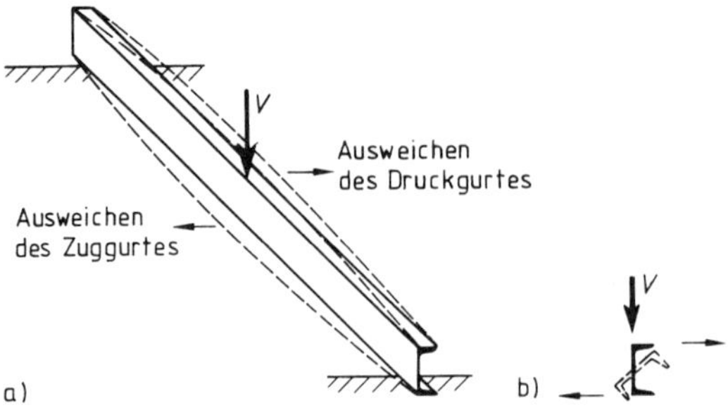

6.17 Ein lotrecht belastetes ⊏-Profil wird sich nicht nur nach unten durchbiegen: es wird auch seitlich ausweichen.
a) der Druckgurt eines ⊏-Profils weicht in die Richtung des abstehenden Flansches aus, der Zuggurt entgegengesetzt
b) das ⊏-Profil wird verdreht, also auf Torsion beansprucht

Der Schubmittelpunkt M hat vom Schwerpunkt S des Querschnitts den Abstand y_M. Dieses Maß ist in Profiltabellen angegeben (Bild **6.**18).

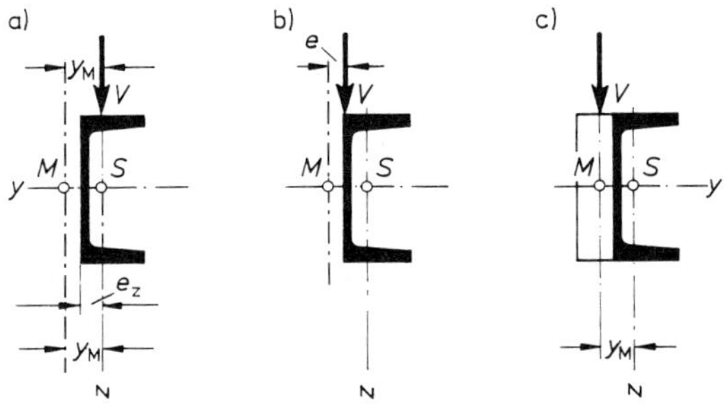

6.18 ⊏-Profil mit Schwerpunkt S und Schubmittelpunkt M sowie Abstand y_M
a) Wirkungslinie der Belastung im Schwerpunkt, daher $e = y_M$: Torsionsmoment $M_T = V \cdot y_M$
b) Belastung auf Stegkante, daher $e = y_M - e_z$: Torsionsmoment $M_T = V \cdot (y_M - e_z)$
c) Wirkungslinie der Belastung im Schubmittelpunkt M, daher $e = 0$: Torsionsmoment $M_T = 0$

Querkräfte, die nicht durch den Schubmittelpunkt gehen, verursachen ein Drillmoment. Das Drillmoment ist ein Torsionsmoment

$$M_T = V \cdot e \qquad \text{Gl. (6.14)}$$

Die Ausmitte e ist der Abstand der Lastebene vom Schubmittelpunkt M.

Die Torsionsspannungen werden in gleicher Weise wie bei anderen torsionsbeanspruchten Querschnitten bestimmt:

$$\tau_T = \frac{M_T}{W_T} \quad \text{in N/mm}^2 \qquad \text{Gl. (6.15)}$$

Mit dem Torsionswert I_T und der Flanschdicke t erhält man für $W_T = I_T/t$ und $M_T = V \cdot e$ die Berechnungsformel für die Torsionspannung:

$$\boldsymbol{\tau_T = \frac{t}{I_T} \cdot V \cdot e} \qquad \text{in N/mm}^2 \qquad \text{Gl. (6.16)}$$

Diese Torsionsspannung (Drillspannung) wird mit der Biegespannung σ und der Schubspannung τ_V zur Vergleichsspannung σ_V umgerechnet:

$$\sigma_V = \sqrt{\sigma^2 + 3\,(\tau_V + \tau_T)^2} \qquad \text{Gl. (6.17)}$$

$$\frac{\sigma_V}{\sigma_{R,d}} \leqq 1{,}1 \qquad \text{Gl. (6.18)}$$

Der Spannungsnachweis ist der gleiche wie in Abschnitt 6.4.

Beispiel zur Erläuterung

Ein Stahlträger aus einem Stahlprofil ⊏ 180 hat eine lotrechte Gesamtlast von $p_d = 7$ kN/m zu tragen. Trägerlänge $l = 4{,}5$ m (Bild **6.**19).

Der Spannungsnachweis wird geführt.

Stahlprofil ⊏ **180**, $A = 28{,}0\ \text{cm}^2$, $W_y = 150\ \text{cm}^3$
$A_{Steg} = 13{,}5\ \text{cm}^2$, $I_T = 9{,}55\ \text{cm}^4$
$t = 1{,}1$ cm, $y_m = 3{,}75$ cm

Schnittgrößen (Bild **6.**19)

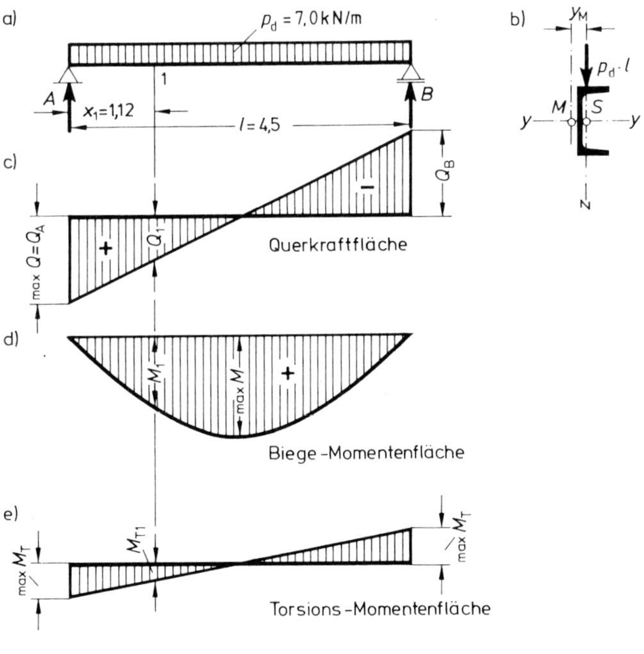

6.19 Stahlträger mit ⊏-Querschnitt
a) Statisches System mit Belastung
b) Querschnitt
c) Querkraftfläche
d) Biege-Momentenfläche
e) Torsions-Momentenfläche (ähnlich wie Querkraftfläche)

Biegemoment in Feldmitte

$$\max M_y = \frac{p_d \cdot l^2}{8} = \frac{7{,}0 \cdot 4{,}5^2}{8} = 17{,}72 \text{ kNm} = 1772 \text{ kNcm}$$

Querkräfte an den Auflagern

$$\max V = \frac{p_d \cdot l}{2} = \frac{7{,}0 \cdot 4{,}5}{2} = 15{,}75 \text{ kN}$$

Torsionsmomente an den Auflagern

$$\max M_T = V \cdot e = V \cdot y_m = 15{,}75 \cdot 3{,}75 = 59 \text{ kNcm}$$

Spannungsnachweis

Biegespannung in Feldmitte

$$\max \sigma_{B\,y} = \frac{\max M}{W_y} = \frac{1772}{150} = 11{,}81 \text{ kN/cm}^2 = 118{,}1 \text{ N/mm}^2$$

$$\sigma_{R,d} = \frac{f_{y,k}}{\gamma_M} = \frac{240}{2{,}1} = 218 \text{ N/mm}^2$$

$$\frac{\max \sigma_{B\,y}}{\sigma_{R,d}} = \frac{118{,}1}{218} = 0{,}54 > 0{,}5 < 1$$

Schubspannung am Auflager

$$\tau_y = \frac{\max V}{A_{\text{Steg}}} = \frac{15{,}75}{13{,}5} = 1{,}17 \text{ kN/cm}^2 = 11{,}7 \text{ N/mm}^2$$

$$\tau_{R,d} = \frac{f_{y,k}}{\sqrt{3} \cdot \gamma_M} = \frac{240}{\sqrt{3} \cdot 1{,}1} = 126 \text{ N/mm}^2$$

$$\frac{\tau_y}{\tau_{R,d}} = \frac{11{,}7}{126} = 0{,}09 < 1$$

Torsionsspannung am Auflager

$$\tau_T = \frac{t}{I_T} \cdot M_T = \frac{1{,}1}{9{,}55} \cdot 59 = 6{,}80 \text{ kN/cm}^3 = 68{,}0 \text{ N/mm}^2$$

$$\tau_{R,d} = \frac{f_{y,k}}{\sqrt{3} \cdot \gamma_M} = \frac{240}{\sqrt{3} \cdot 1{,}1} = 126 \text{ N/mm}^2$$

$$\frac{\tau_T}{\tau_{R,d}} = \frac{68{,}0}{126} = 0{,}54 > 0{,}5 < 1$$

Vergleichsspannung im Feld bei x_1

In Feldmitte wirken nur Biegespannungen, die Schub- und Torsionsspannungen sind dort Null. An den Auflagern wirken nur Schub- und Torsionsspannungen, die Biegespannungen sind dort Null.

Es wird eine Schnittstelle bei $x_1 = l/4 = 1{,}12$ m untersucht.

Biegemoment

$$M_1 = \frac{p_d \cdot x}{2} \cdot (l - x) = \frac{7{,}0 \cdot 1{,}12}{2} \cdot (4{,}5 - 1{,}12) = 13{,}25 \text{ kNm} = 1325 \text{ kNcm}$$

Biegespannung an der Flanschaußenseite

$$\sigma_1 = \frac{M_1}{W_y} = \frac{1325}{150} = 8{,}83 \text{ kN/cm}^2 = 83{,}3 \text{ N/mm}^2$$

Biegespannung am Übergangsbereich zwischen Flansch und Steg

$$\sigma_1' = \sigma_1 \cdot \frac{s_y}{h} = 83{,}3 \cdot \frac{15{,}1}{18} = 69{,}9 \text{ N/mm}^2$$

Querkraft

$$V_1 = \max V - p_d \cdot x_1 = 15{,}75 - 7{,}0 \cdot 1{,}12 = 7{,}91 \text{ kN}$$

Schubspannung an der Flanschaußenseite

$$\tau_{y1} = 0$$

Schubspannung am Übergangsbereich

$$\tau'_{y1} = \frac{V_1}{A_{Steg}} = \frac{7{,}91}{13{,}5} = 0{,}59 \text{ kN/cm}^2 = 5{,}9 \text{ N/mm}^2$$

Torsionsmoment

$$M_{T1} = V_1 \cdot y_M = 7{,}91 \cdot 3{,}75 = 30 \text{ kNcm}$$

Torsionsspannung an der Flanschaußenseite

$$\tau_{T1} = \frac{t}{I_T} \cdot M_{T1} = \frac{1{,}1}{9{,}55} \cdot 30 = 3{,}46 \text{ kN/cm}^2 = 34{,}6 \text{ N/mm}^2$$

Torsionsspannung am Übergangsbereich im Steg

$$\tau'_{T1} = \frac{s}{I_T} \cdot M_{T1} = \frac{0{,}8}{9{,}55} \cdot 30 = 2{,}51 \text{ kN/cm}^2 = 25{,}1 \text{ N/mm}^2$$

Vergleichsspannung Flanschaußenkante

$$\sigma_{V1} = \sqrt{\sigma_1^2 + 3\,(\tau_{y1} + \tau_{T1})^2}$$
$$= \sqrt{(83{,}3^2 + 3\,(0 + 34{,}6)^2} = \sqrt{6939 + 3591} = 102{,}6 \text{ N/mm}^2$$

$$\frac{\sigma_{V1}}{\sigma_{R,d}} = \frac{102{,}6}{218} = 0{,}47 < 1{,}1$$

Vergleichsspannung am Übergangsbereich

$$\sigma'_{V1} = \sqrt{\sigma_1'^2 + 3\,(\tau'_{y1} + \tau'_{T1})^2}$$
$$= \sqrt{(69{,}9^2 + 3\,(5{,}9 + 25{,}1)^2} = \sqrt{4886 + 2883} = 88{,}1 \text{ N/mm}^2$$

$$\frac{\sigma'_{V1}}{\sigma_{R,d}} = \frac{88{,}1}{218} = 0{,}40 < 1$$

Die Vergleichsspannungen einschließlich Schub und Torsion sind kleiner als die zulässige Biegespannung. Die Drillsicherheit ist damit nachgewiesen. Die Berechnung zeigt außerdem, daß in diesem Beispiel beide Vergleichsspannungen kleiner als die maximale Biegespannung sind.

6.3 Wölbspannung bei Torsion

Bei Torsionsbeanspruchung nicht wölbfreier Querschnitte können neben den Torsionsspannungen auch Wölbspannungen auftreten. Nicht-wölbfreie Querschnitte sind insbesondere offene dünnwandige Querschnitte, z. B. dünnwandige Stahlbau-Profile. Diese Wölbspannungen beanspruchen die Querschnitte zusätzlich; sie überlagern als Normalspannungen die Biegespannungen.

Wölbspannungen entstehen dann, wenn die Querschnittsverwölbung behindert wird, z. B. durch Einspannung der Endquerschnitte, durch Stirnplatten oder durch Änderung des Torsionsmoments in Längsrichtung des Bauteils.

Die Gesamt-Normalspannungen max σ ergeben sich aus der Überlagerung durch Addieren der Biegespannungen σ_B und der Wölbspannungen σ_w:

$$\max \sigma = \pm \sigma_B \pm \sigma_w \qquad \text{Gl. (6.19)}$$

Die Wölbspannung σ_w kann mit folgender Gleichung berechnet werden:

$$\sigma_w = M_w \cdot w_M / I_w \qquad \text{Gl. (6.20)}$$

Hierbei sind:

M_w Wölbbimoment.
Dieses Wölbbimoment tritt an den mit (a) bezeichneten Stellen auf, und zwar in der Größe, wie es mit Gleichung (6.21) zu berechnen ist mit dem in Bild **6.**21 angegebenen Vorzeichen:

$$\max M_w = M_x \cdot \tanh(\lambda \cdot l)/\lambda \qquad \text{Gl. (6.21)}$$

M_x Torsionsmoment nach Bild **6.**20

tan *h* Hyperbeltangens (Exponentialfunktion). Die zugehörigen Werte sind mathematischen Tabellenwerken zu entnehmen, (z.B. Beton-Kalender)

$$\tanh x = \sinh x / \cosh x$$

l Torsionslänge nach Bild **6.**20

λ Abklingfaktor in 1/cm = cm^{-1}, für Stahlbau-Profile nach Tafel **6.**3 bis **6.**5

w_M Faktor für den Verlauf der Hauptverwölbung in cm^2 (Wölbflächenmoment 2. Grades), für Stahlbau-Profile nach Tafel **6.**3 bis **6.**5, für geschweißte I-Profile gilt:

$$w_M = \pm h \cdot b/4$$

mit der Breite b und dem Abstand h der Flansch-Mittellinien

I_w Wölbwiderstand des Querschnitts in cm^6 nach Angaben der Stahlbau-Profiltafeln, (z. B. Bautechnische Zahlentafeln Wendehorst)

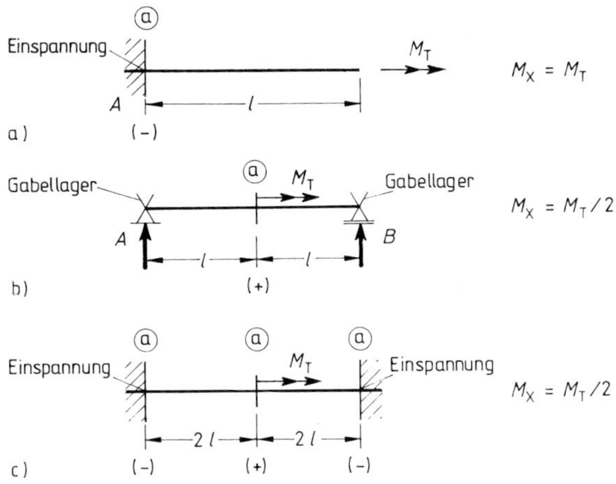

6.20 Torsionsbeanspruchung bei unterschiedlich gelagerten Trägern
a) Kragträger
b) Einfeldträger mit Gabellagerung
c) Eingespannter Einfeldträger

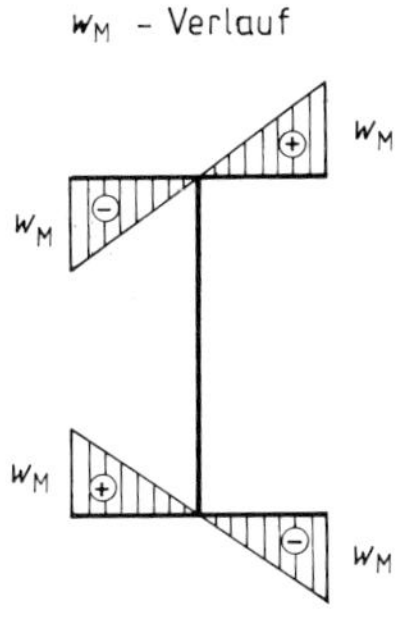

Tafel **6.3** **Wölbverformungen bei Stahlträgern**
Hauptverwölbung w_M in cm^2, Abklingfaktor λ in cm^{-1}

Profil-größe mm	I		IPE		IPBl (HE-A)		IPB (HE-B)		IPBv (HE-M)	
	w_M	λ	w_M	λ	w_M	λ	w_M	λ	w_M	λ
100	11,7	0,0479	13,0	0,0364	22,0	0,0280	22,5	0,0325	26,5	0,0515
120	16,3	0,0390	18,2	0,0275	31,8	0,0189	32,7	0,0238	37,5	0,0378
140	21,7	0,0329	24,3	0,0218	43,6	0,0144	44,8	0,0186	50,4	0,0292
160	27,8	0,0284	31,3	0,0188	57,2	0,0122	58,8	0,0159	65,2	0,0241
180	34,8	0,0249	39,1	0,0158	72,7	0,00974	74,7	0,0132	81,8	0,0198
200	42,5	0,0222	47,9	0,0144	90,0	0,00867	92,5	0,0116	100	0,0170
220	50,9	0,0201	58,0	0,0124	109	0,00754	112	0,0100	121	0,0146
240	60,1	0,0183	69,1	0,0115	131	0,00699	134	0,00902	148	0,0145
260	69,5	0,0171	–	–	154	0,00626	158	0,00796	173	0,0127
270	–	–	87,7	0,00933	–	–	–	–	–	–
280	78,8	0,0162	–	–	180	0,00553	183	0,00701	199	0,0111
300	88,7	0,0154	108	0,00785	207	0,00524	211	0,00651	233	0,0111
320/305	–	–	–	–	–	–	–	–	222	0,00892
320	99,1	0,0147	–	–	221	0,00525	225	0,00648	246	0,0108
330	–	–	127	0,00739	–	–	–	–	–	–
340	110	0,0140	–	–	235	0,00519	239	0,00636	260	0,0102
360	122	0,0135	148	0,00678	249	0,00514	253	0,00626	273	0,00974
400	147	0,0125	174	0,00635	278	0,00498	282	0,00600	301	0,00888
450	181	0,0114	207	0,00571	314	0,00476	318	0,00569	336	0,00798
500	219	0,0105	242	0,00526	350	0,00460	354	0,00544	370	0,00728
550	260	0,00936	280	0,00503	387	0,00434	391	0,00511	407	0,00666
600	305	0,00905	320	0,00474	424	0,00413	428	0,00484	442	0,00616
650	–	–	–	–	460	0,00396	464	0,00462	479	0,00571
700	–	–	–	–	497	0,00385	501	0,00447	514	0,00535
800	–	–	–	–	572	0,00355	575	0,00409	586	0,00478
900	–	–	–	–	645	0,00337	649	0,00386	657	0,00431
1000	–	–	–	–	719	0,00315	723	0,00359	731	0,00391

Tafel **6.4** **Wölbverformungen bei ⊏-Stahl**
Hauptverwölbung w_M in cm², Abklingfaktor λ in cm⁻¹

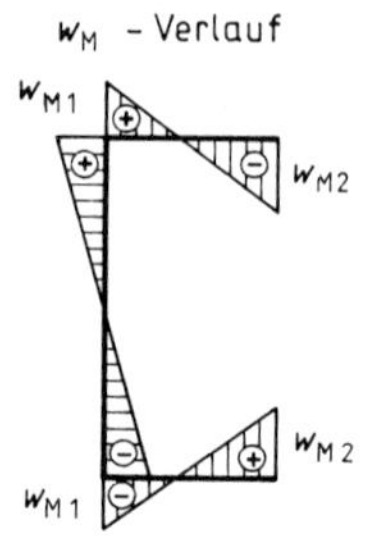

Profil-größe mm	⊏-Stahl[1]		
	w_{M1}	w_{M2}	λ
30 × 15	0,526	1,08	0,395
30	1,27	1,93	0,284
40 × 20	0,998	1,97	0,257
40	1,97	3,03	0,180
50 × 25	1,58	3,05	0,202
50	2,81	4,39	0,124
60	2,36	4,70	0,129
65	4,08	6,69	0,0895
80	5,35	9,18	0,0704
100	7,54	13,2	0,0511
120	9,71	18,0	0,0421
140	12,6	23,1	0,0348
160	15,4	29,1	0,0295
180	18,6	35,8	0,0257
200	21,9	43,2	0,0225
220	25,7	50,8	0,0205
240	29,5	59,5	0,0185
260	34,0	68,2	0,0172
280	39,1	77,5	0,0157
300	45,0	87,0	0,0144
320	43,8	95,0	0,0163
350	45,6	108	0,0144
380	53,3	119	0,0125
400	59,9	135	0,0119

[1]) Die Vorzeichen für w_M kehren sich um, wenn das Profil gegenüber der Abbildung seitenverkehrt angeordnet ist.

Tafel **6.5** **Wölbverformungen bei ⅂-Stahl**
Hauptverwölbung w_M in cm², Abklingfaktor λ in cm⁻¹

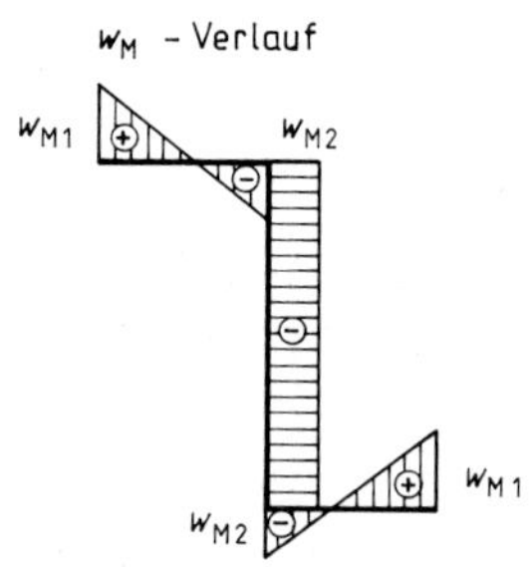

Profil-größe mm	⅂-Stahl[1]		
	w_{M1}	w_{M2}	λ
30	2,87	1,72	0,111
40	4,31	2,30	0,0838
50	6,05	2,96	0,0674
60	7,78	3,70	0,0557
80	12,1	5,08	0,0438
100	17,0	6,80	0,0353
120	22,6	8,76	0,0296
140	29,1	10,6	0,0263
160	36,1	12,9	0,0231

Beispiel zur Erläuterung

Ein Kragträger wird durch Biegung und Torsion beansprucht. Die maximalen Biegespannungen und Torsionsspannungen wirken an der Einspannstelle (Bild **6.**21).

Stahlträger IPBv 260

$W_y = 2160\ \text{cm}^3$

$I_T = 722\ \text{cm}^4$

$\max t = 32{,}5\ \text{mm}$

$w_M = \pm 173\ \text{cm}^2$

$\lambda = 0{,}0127\ \text{cm}^{-1}$

$I_w = 1728 \cdot 10^3\ \text{cm}^6$

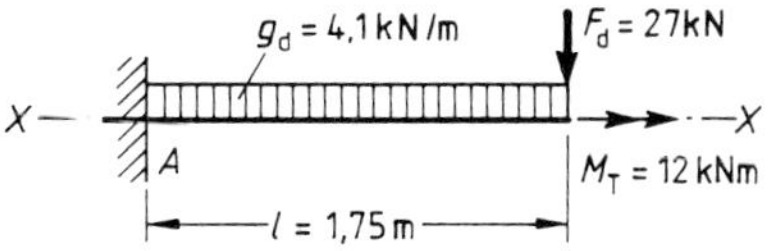

6.21 Statisches System des Kragträgers IPBv 260

Einwirkungen

$g_d = g \cdot \gamma_g = 3{,}0 \cdot 1{,}35 = 4{,}1\ \text{kNm}$

$F_d = F \cdot \gamma_F = 18 \cdot 1{,}5 = 27\ \text{kN}$

Querkraft

$V_A = g_d \cdot l + F_d = 4{,}1 \cdot 1{,}75 + 27 = 34{,}2\ \text{kN}$

Biegemoment

$$M_A = -\left(\frac{g_d \cdot l^2}{2}\right) + F_d \cdot l = -\left(\frac{4{,}1 \cdot 1{,}75^2}{2} + 27 \cdot 1{,}75\right)$$

$$= -(6{,}3 + 47{,}3) = -53{,}6\ \text{kNm} = -5360\ \text{kNcm}$$

Biegespannung

$\max \sigma_B = M_A/W_y = \pm 5360/2160$

$= \pm 2{,}48\ \text{kN/cm}^2 = \pm 24{,}8\ \text{N/mm}^2$

Torsionsmoment

$M_x = M_T = 12\ \text{kNm} = 1200\ \text{kNcm}$

(Torsionsspannung $\tau_T = M_x/W_T = M_x \cdot \max t/I_T = 1200 \cdot 3{,}25/722$
$= 5{,}40\ \text{kN/cm}^2 = 54\ \text{N/mm}^2$)

Wölbbimoment

$M_w = -M_x \cdot \tanh(\lambda \cdot l)/\lambda$

$= -1200 \cdot \tanh(0{,}0127 \cdot 175)/(0{,}0127)$

$= -1200 \cdot 0{,}976/0{,}0127 = -92\,220\ \text{kNcm}^2$

Wölbspannung

$\max \sigma_w = M_w \cdot w_M/I_w = \pm 92\,220 \cdot 173/(1728 \cdot 10^3)$

$= \pm 9{,}23\ \text{kN/cm}^2 = \pm 92{,}3\ \text{N/mm}^2$

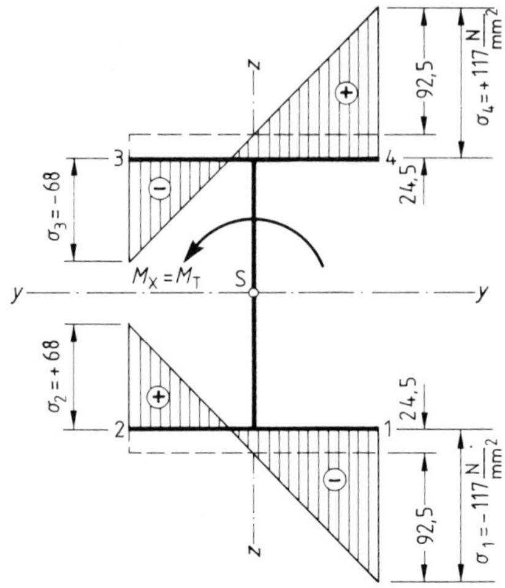

6.22 Verlauf der Normalspannungen am oberen und unteren Flansch des Trägers

Gesamt-Normalspannungen (Bild **6.**22)
rechte Flansch-Außenkante unten

$\sigma_1 = -\max \sigma_B - \max \sigma_w = -2{,}48 - 9{,}23$
$= -11{,}7 \text{ kN/cm}^2 = -117 \text{ N/mm}^2$

linke Flansch-Außenkante unten

$\sigma_2 = -\max \sigma_B - \max \sigma_w = -2{,}48 + 9{,}23$
$= +6{,}8 \text{ kN/cm}^2 = +68 \text{ N/mm}^2$

rechte Flansch-Außenkante oben

$\sigma_3 = +\max \sigma_B + \max \sigma_w = +2{,}48 + 9{,}23$
$= +11{,}7 \text{ kN/cm}^2 = +117 \text{ N/mm}^2$

linke Flansch-Außenkante oben

$\sigma_4 = +\max \sigma_B - \max \sigma_w = +2{,}48 - 9{,}23$
$= -6{,}8 \text{ kN/cm}^2 = -68 \text{ N/mm}^2$

Größte Gesamt-Zugspannung

$\max \sigma_Z = \sigma_3 = +117 \text{ N/mm}^2$

Größte Gesamt-Druckspannung

$\max \sigma_D = \sigma_1 = -117 \text{ N/mm}^2$

Spannungsnachweis siehe Abschnitt 6.4 Beispiel 2. Die Berechnung der Verformung erfolgt in Abschnitt 6.5.

6.4 Spannungsnachweis bei Torsion

Stahlhochbau (DIN 18800)

Für Stahlquerschnitte mit Beanspruchungen durch Querkraft, Biegung und Torsion ist entsprechend DIN 18800 (wie in Abschnitt 5.4 geschildert) zunächst der normale Spannungsnachweis für Biegung, für Querkraft und für Torsion getrennt zu führen:

$$\frac{\max \sigma}{\sigma_{R,d}} \leqq 1 \qquad \frac{\max \tau_V}{\tau_{R,d}} \leqq 1 \qquad \frac{\max \tau_T}{\tau_{R,d}} \leqq 1 \qquad \text{Gl. (6.22)}$$

Wenn die Spannungsanteile aus Biegung oder aus Querschub + Torsionsschub den halben Wert der Grenzspannung $\sigma_{R,d}$ bzw. $\tau_{R,d}$ überschreiten, ist die Vergleichsspannung nachzuweisen.

Nachweis der Vergleichsspannung σ_V erforderlich, wenn:

$$\frac{\max \sigma}{\sigma_{R,d}} > 0{,}5 \qquad \text{oder} \qquad \frac{(\tau_V + \tau_T)}{\tau_{R,d}} > 0{,}5 \qquad \text{Gl. (6.23)}$$

Für die Schubspannung ist die Stelle im Querschnitt zu wählen, an der sich der größte Wert für $\tau_V + \tau_T$ durch Überlagerung ergibt. Am Querschnittsrand kann zwar die Torsionsspannung am größten sein, dort hat jedoch die Schubspannung nicht ihren Größtwert.

Die Vergleichsspannung σ_V ist nach Gleichung (6.24) zu ermitteln:

$$\boldsymbol{\sigma_V = \sqrt{\sigma^2 + 3\,(\tau_V + \tau_T)^2}} \qquad \text{Gl. (6.24)}$$

Nachweis der Vergleichsspannung:

$$\boldsymbol{\frac{\sigma_V}{\sigma_{R,d}} \leqq 1{,}1} \qquad \text{Gl. (6.25)}$$

Die ungünstigste Kombination von Biege- und Schubspannungen ergibt sich bei Trägern mit I-Querschnitt ebenfalls am Übergangsbereich vom Steg zum Flansch.

Die Grenzspannungen betragen für Baustahl S235:

$$\sigma_{R,d} = \frac{f_{y,k}}{\gamma_M} = \frac{240}{1{,}1} \approx 218 \text{ N/mm}^2$$

$$\tau_{R,d} = \frac{f_{y,k}}{\sqrt{3}\cdot\gamma_M} = \frac{240}{\sqrt{3}\cdot 1{,}1} \approx 126 \text{ N/mm}^2$$

Beispiele zur Erläuterung

1. Eine **Dachpfette** aus Stahl I120 (siehe Beispiel 2 Abschnitt 4.6 Bild **4.**44) erhält außer den Biegemomenten M_y und M_z ein Torsionsmoment $M_T = M_x$ durch Lastangriff am oberen Flansch (Bild **6.**23).

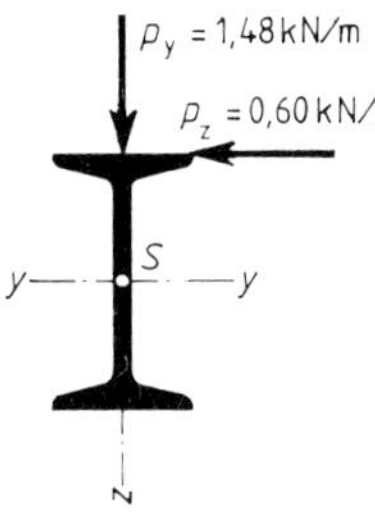

6.23 Dachpfette aus Stahl I120 mit Doppelbiegung und Torsion

Querschnittswerte $h = 120$ mm, $b = 58$ mm, $s = 5{,}1$ mm, $t = 7{,}7$ mm,

$W_y = 54{,}7$ cm³, $W_z = 7{,}41$ cm³, $A_{Vy} = 5{,}73$ cm², $I_T = 2{,}71$ cm⁴

Stützweiten

$l_y = 3{,}60$ m, $l_z = l_y/3 = 3{,}60/3 = 1{,}20$ m

Einwirkungen

⊥ zur y-Achse: $q_{y,d} = p_y \cdot \gamma_q = 1{,}48 \cdot 1{,}5 = 2{,}2$ kN/mm

⊥ zur z-Achse: $q_{z,d} = p_z \cdot \gamma_q = 0{,}60 \cdot 1{,}5 = 0{,}9$ kN/mm

Abstand zur y-Achse: $h/2 = 120/2 = 60$ mm $= 6$ cm

Biegemomente für Durchlaufträger-Endfeld

$$\max M_y = \frac{q_{y,d} \cdot l_y^2}{11} = \frac{2{,}2 \cdot 3{,}60^2}{11} = 2{,}59 \text{ kNm} = 259 \text{ kNcm}$$

$$\max M_z = \frac{q_{z,d} \cdot l_z^2}{11} = \frac{0{,}9 \cdot 1{,}20^2}{11} = 0{,}12 \text{ kNm} = 12 \text{ kNcm}$$

Biegespannungen

$$\sigma_{My} = \frac{M_y}{W_y} = \frac{259}{54{,}7} = 4{,}73 \text{ kN/cm}^2 = 47{,}3 \text{ N/mm}^2$$

$$\sigma_{Mz} = \frac{M_z}{W_z} = \frac{12}{7{,}41} = 1{,}62 \text{ kN/cm}^2 = 16{,}2 \text{ N/mm}^2$$

$$\max \sigma_B = \sigma_{My} + \sigma_{Mz} = 47{,}3 + 16{,}2 = 63{,}5 \text{ N/mm}^2$$

$$\sigma_{R,d} = \frac{f_{y,k}}{\gamma_M} = \frac{240}{1{,}1} \approx 218 \text{ N/mm}^2$$

$$\frac{\max \sigma_B}{\sigma_{R,d}} = \frac{63{,}5}{218} = 0{,}29 < 0{,}5$$

Querkräfte

$$V_y = 1{,}25 \cdot q_{y,d} \cdot l_y = 1{,}25 \cdot 2{,}2 \cdot 3{,}60 = 9{,}9 \text{ kN}$$

$$V_z = 1{,}25 \cdot q_{z,d} \cdot l_z = 1{,}25 \cdot 0{,}9 \cdot 1{,}20 = 1{,}4 \text{ kN}$$

Schubspannungen

$$\tau_{Vy} = \frac{V_y}{A_{Vy}} \approx \frac{V_y}{s \cdot (h-t)} = \frac{9{,}9}{0{,}51 \cdot (12{,}0 - 0{,}77)}$$

$$= 1{,}73 \text{ kN/cm}^2 = 17{,}3 \text{ N/mm}^2$$

$$\tau_{Vz} = \frac{V_z}{A_{Vz}} = \frac{V_z}{t \cdot b} = \frac{1{,}4}{0{,}77 \cdot 5{,}8}$$

$$= 0{,}31 \text{ kN/cm}^2 = 3{,}1 \text{ N/mm}^2$$

Torsionsmoment

$$M_T = q_{z,d} \cdot \frac{h}{2} \cdot \frac{l_z}{2} = 0{,}9 \cdot \frac{0{,}12}{2} \cdot \frac{1{,}20}{2}$$

$$= 0{,}032 \text{ kNm} = 3{,}2 \text{ kNcm}$$

Torsionswiderstandsmoment

$$W_T = \frac{I_T}{t} = \frac{2{,}71}{0{,}77} = 3{,}52 \text{ cm}^3$$

Torsionsspannung

$$\tau_T = \frac{M_T}{W_T} = \frac{3{,}2}{3{,}52} = 0{,}91 \text{ kN/cm}^2 = 9{,}1 \text{ N/mm}^2$$

Summe der Schub- und Torsionsspannungen

$$\text{ges } \tau = \tau_{Vy} + \tau_{Vz} + \tau_T = 17{,}3 + 3{,}1 + 9{,}1 = 29{,}5 \text{ N/mm}^2$$

$$\tau_{R,d} = \frac{f_{y,k}}{\sqrt{3} \cdot \gamma_M} = \frac{240}{\sqrt{3} \cdot 1{,}1} \approx 126 \text{ N/mm}^2$$

$$\frac{\text{ges } \tau}{\tau_{R,d}} = \frac{29{,}5}{126} = 0{,}23 < 0{,}5$$

Der Nachweis der Vergleichsspannung σ_v ist erforderlich, da sowohl die Biegespannungen als auch die Schub- und Torsionsspannungen nicht größer als das 0,5fache der jeweiligen Grenzspannung sind.

2. Für den **Kragträger** IPBv 260 des Beispiels in Abschnitt 6.3 wird der Spannungsnachweis geführt (Bild **6**.21).

Querschnittswerte: $h = 29$ cm, $s = 1{,}8$ cm, $t = 3{,}25$ cm, $s_y = 24{,}8$ cm

a) Größte Gesamt-Normalspannung an den Flansch-Außenkanten durch Biegung und Verwölben:

$$\max \sigma = \max \sigma_B + \max \sigma_w = +\,24{,}8 + 92{,}3 = 117{,}1 \text{ N/mm}^2 \approx 117 \text{ N/mm}^2$$

$$\sigma_{R,d} = \frac{f_{y,k}}{\gamma_M} = \frac{240}{1{,}1} \approx 218 \text{ N/mm}^2$$

$$\frac{\max \sigma}{\sigma_{R,d}} = \frac{117}{218} = 0{,}54 > 0{,}5$$

b) Größte Normalspannung im Übergangsbereich vom Steg zum Flansch (s. Abschn. 5.5):

$$\text{vorh } \sigma = \max \sigma_B \cdot s_y/h = 24{,}8 \cdot 24{,}8/29{,}0 = 21{,}2 \text{ N/mm}^2 \qquad \text{Gl. (5.27)}$$

$$\sigma_{R,d} = 218 \text{ N/mm}^2$$

$$\frac{\text{vorh } \sigma}{\sigma_{R,d}} = \frac{21{,}2}{218} = 0{,}10 < 0{,}5$$

c) Größte Schubspannung im Steg durch Querkraft:

$$\max \tau_V = V_A/(s \cdot s_y) = 34{,}2/(1{,}8 \cdot 24{,}8)$$
$$= 0{,}77 \text{ kN/cm}^2 = 7{,}7 \text{ N/mm}^2 \qquad \text{Gl. (5.29)}$$

$$\tau_{R,d} = \frac{f_{y,k}}{\sqrt{3} \cdot \gamma_M} = \frac{240}{\sqrt{3} \cdot 1{,}1} \approx 126 \text{ N/mm}^2$$

$$\frac{\tau_V}{\tau_{R,d}} = \frac{7{,}7}{126} = 0{,}06 < 0{,}5$$

d) Größte Torsionsschubspannung im Flansch durch Torsion:

$$\max \tau_T = M_x \cdot t/I_T = 1200 \cdot 3{,}25/722$$
$$= 5{,}40 \text{ kN/cm}^2 = 54 \text{ N/mm}^2$$

$$\tau_{R,d} = \frac{f_{y,k}}{\sqrt{3} \cdot \gamma_M} = \frac{240}{\sqrt{3} \cdot 1{,}1} \approx 126 \text{ N/mm}^2$$

$$\frac{\max \tau_T}{\tau_{R,d}} = \frac{54}{126} = 0{,}43 < 0{,}5$$

Nachweis der Vergleichsspannung erforderlich, da die Normalspannung max σ den halben Wert der Grenzspannung überschreitet.

Ungünstigste Kombination von Normal- und Schubspannungen für Flansch-Außenseiten mit max σ und max τ_T. Die Schubspannung aus Querkraft ist an den Flansch-Außenseiten gleich Null.

e) Vergleichsspannung

$$\sigma_v = \sqrt{\max \sigma^2 + 3 \cdot \max \tau_T^2}$$

$$= \sqrt{117 + 3 \cdot 54} = \sqrt{13689 + 8748}$$

$$\sigma_v = 150 \text{ N/mm}^2$$

$$\sigma_{R,d} = \frac{f_{y,k}}{\gamma_M} = \frac{240}{1,1} \approx 218 \text{ N/mm}^2$$

$$\frac{\sigma_v}{\sigma_{R,d}} = \frac{150}{218} = 0,69 < 1,1$$

3. Der **Mast für ein Schild** erfährt durch Winddruck zusätzlich zur Biegebeanspruchung noch eine Torsionsbeanspruchung (Bild **6**.24).

Für den Mast ist ein Quadrat-Rohr vorgesehen:
gewählt Hohlprofil **100 × 100 × 4,0** DIN EN 10210.

a) Lastermittlung

Windlast	Schild	$W_1 = c_f \cdot q \cdot A \cdot \gamma_F = 1,2 \cdot 0,50 \cdot 1,5 \cdot 1,0 \cdot 1,5$	$= 1,35$ kN
Windlast	Mast	$W_2 = c_f \cdot q \cdot A \cdot \gamma_F = 1,2 \cdot 0,50 \cdot 0,10 \cdot (4,80 + 0,70) \cdot 1,5$	$= 0,45$ kN
Eigenlast	Schild	$G_1 =$ (Rahmen und Tafeln) $\cdot \gamma_F$	$= 0,70$ kN
Eigenlast	Mast	$G_2 = g \cdot h_2 \cdot \gamma_F = 0,12 \cdot (4,80 + 0,70) \cdot 1,35$	$= 1,00$ kN

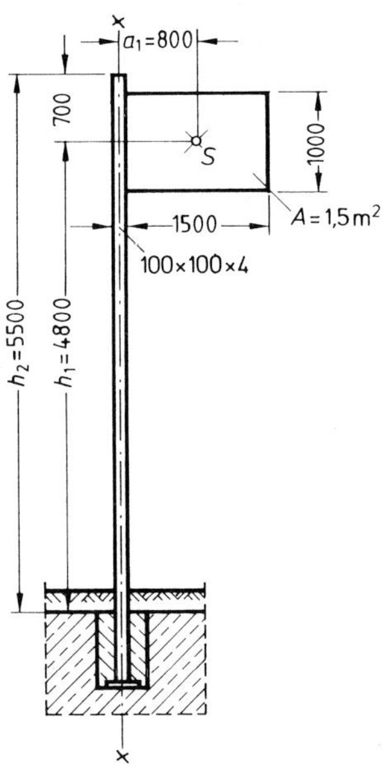

6.24 Torsionsbeanspruchter Mast

b) Schnittgrößen
Torsionsmoment am Mast

$$M_T = W_1 \cdot a_1 = 1,35 \cdot 0,80 = 1,08 \text{ kNm} = 108 \text{ kNcm}$$

Biegemoment an Fundament-Oberkante

$$M_B = M_1 + M_2 = W_1 \cdot h_1 + W_2 \cdot h_2/2$$

$$= 1,35 \cdot 4,80 + 0,45 \cdot 5,50/2 = 6,48 + 1,24$$

$$= 7,72 \text{ kNm} = 772 \text{ kNcm}$$

Druckkraft am Mastfuß

$$N = G_1 + G_2 = 0,70 + 1,00 = 1,70 \text{ kN}$$

Querkraft am Schildanschluß

$$V = W_1 + W_2 = 1,35 + 0,45 = 1,80 \text{ kN}$$

c) Spannungsnachweis für den Mastfuß
Hohlprofil **100 × 100 × 4,0** mit

$A = 15,2 \text{ cm}^2$ $\quad I_T = 357 \text{ cm}^4$

$W_y = 46,6 \text{ cm}^3$ $\quad W_T = 73,7 \text{ cm}^3$

$A_v \approx A/2 = 7,6 \text{ cm}^2$

Torsionsspannung

$$\tau_T = \frac{M_T}{W_T} = \frac{108}{73{,}7} = 1{,}47 \text{ kN/cm}^2 = 14{,}7 \text{ N/mm}^2$$

$$\tau_{R,d} = \frac{f_{y,k}}{\sqrt{3} \cdot \gamma_M} = \frac{240}{\sqrt{3} \cdot 1{,}1} \approx 126 \text{ N/mm}^2$$

$$\frac{\tau_T}{\tau_{R,d}} = \frac{14{,}7}{126} = 0{,}12 < 1$$

Schubspannung

$$\tau_v = \frac{V}{A_v} = \frac{1{,}80}{15{,}2/2} = 0{,}24 \text{ kN/cm}^2 = 2{,}4 \text{ N/mm}^2$$

$$\tau_{R,d} = 126 \text{ N/mm}^2$$

$$\frac{\tau_v}{\tau_{R,d}} = \frac{2{,}4}{126} = 0{,}02 < 1$$

Druckspannung

$$\sigma_D = \frac{N}{A} = \frac{1{,}70}{15{,}2} = 0{,}11 \text{ kN/cm}^2 = 1{,}1 \text{ N/mm}^2$$

$$\sigma_{R,d} = \frac{f_{y,k}}{\gamma_M} = \frac{240}{1{,}1} \approx 218 \text{ N/mm}^2$$

$$\frac{\sigma_D}{\sigma_{R,d}} = \frac{1{,}1}{218} = 0{,}01 < 1$$

Biegespannung

$$\sigma_B = \frac{M_B}{W_y} = \frac{772}{46{,}6} = 16{,}57 \text{ kN/cm}^2 = 165{,}7 \text{ N/mm}^2$$

$$\sigma_{R,d} = 218 \text{ N/mm}^2$$

$$\frac{\sigma_B}{\sigma_{R,d}} = \frac{165{,}7}{218} = 0{,}76 > 0{,}5 < 1$$

Vergleichsspannung

$$\sigma_V = \sqrt{\sigma^2 + 3\,\tau^2}$$

$$= \sqrt{(1{,}1 + 165{,}7)^2 + 3 \cdot (14{,}7 + 2{,}4)^2} = \sqrt{27\,822 + 877}$$

$$\sigma_V = 169{,}4 \text{ N/mm}^2$$

$$\sigma_{R,d} = 218 \text{ N/mm}^2$$

$$\frac{\sigma_V}{\sigma_{R,d}} = \frac{169{,}4}{218} = 0{,}78 < 1{,}1$$

Die Größe der Verformung wird in Abschnitt 6.5 nachgewiesen.

Anmerkung
Biegespannung und Torsionsspannung haben am äußeren Rand des Hohlprofils ihren Größtwert. Die Druckspannung ist über den Querschnitt gleichmäßig verteilt. Die Schubspannung jedoch wird zum Rand hin Null. Hierfür hätte ein wesentlich geringerer Wert eingesetzt werden können. Da jedoch ihr Anteil insgesamt sehr gering ist, kann auf eine Umrechnung verzichtet werden.

Holzbauwerke (DIN 1052 Teil 1)

Bauteile aus Holz werden nur selten auf Torsion beansprucht. Da es sich bei diesen Bauteilen meistens um Rechteck-Querschnitte handelt, kann die Torsionsspannung nach Abschnitt 6.2.3 Gleichung (6.8) berechnet werden. Für den Nachweis der Torsionsspannungen sind die zulässigen Spannungen zul τ_T der Tafel **1**.17 maßgebend.

Bei gleichzeitiger Wirkung von Schubspannungen aus Torsion τ_T und Querkraft τ_V muß folgende Bedingung eingehalten werden:

$$\text{für Nadelholz:} \quad \frac{\text{vorh } \tau_T}{\text{zul } \tau_T} + \left(\frac{\text{vorh } \tau_V}{\text{zul } \tau_V}\right)^2 \leqq 1 \qquad \text{Gl. (6.26)}$$

$$\text{für Laubholz:} \quad \frac{\text{vorh } \tau_T}{\text{zul } \tau_T} + \frac{\text{vorh } \tau_V}{\text{zul } \tau_V} \leqq 1 \qquad \text{Gl. (6.27)}$$

Die anderen Spannungsnachweise für Zug-, Druck- und Biegebeanspruchung bleiben hiervon unberührt. Eine Vergleichsspannung wie im Stahlbau ist nicht nachzuweisen.

6.5 Verformung bei Torsion

Ein Bauteil, das auf Torsion beansprucht wird, erhält in seinem Querschnitt nicht nur Torsionsspannungen sondern es verdreht sich auch. Obwohl in den Vorschriften der Nachweis der Verdrehung nicht gefordert wird, kann die Größenordnung der Verdrehung für das Verhalten des Bauteils interessieren.

Der Drehwinkel ϑ (theta) kann aus dem Torsionsmoment M_T, dem Gleitmodul G des Baustoffs und dem Torsions-Flächenmoment I_T berechnet werden.

$$\text{Drehwinkel } \vartheta = \frac{M_T}{G \cdot I_T} \text{ in } \frac{1}{\text{mm}} \text{ mit } \begin{array}{l} M_T \text{ in Nmm} \\ G \text{ in N/mm}^2 \text{ und } I_T \text{ in mm}^4 \end{array} \qquad \text{Gl. (6.28)}$$

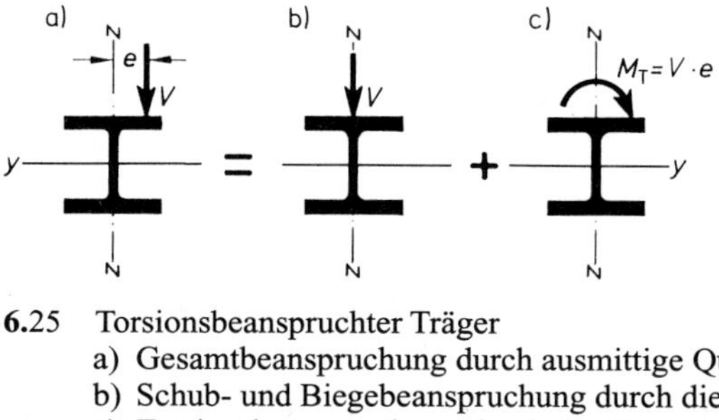

6.25 Torsionsbeanspruchter Träger
a) Gesamtbeanspruchung durch ausmittige Querkraft V
b) Schub- und Biegebeanspruchung durch die in der Mitte verschobene Querkraft V
c) Torsionsbeanspruchung durch das Torsionsmoment $M_T = V \cdot e$

Der Gleitmodul G ist für Schubbeanspruchung eine ähnliche Baustoff-Kenngröße wie der Elastizitätsmodul E für Biegebeanspruchung (siehe Tafel **1**.1).

Mit dem Drehwinkel ϑ kann man die gegenseitige Verdrehung ϑ_T zweier Querschnitte errechnen, die im Abstand l_T voneinander entfernt sind:

Torsionswinkel (im Bogenmaß) $$\boldsymbol{\vartheta_T = \frac{M_T \cdot l_T}{G \cdot I_T}}$$ Gl. (6.29)

Der Torsionswinkel kann auch im Gradmaß angegeben werden (Bild **6**.26):

$$\boldsymbol{\vartheta° = \frac{\vartheta_T \cdot 180}{\pi}}$$ in Grad Gl. (6.30)

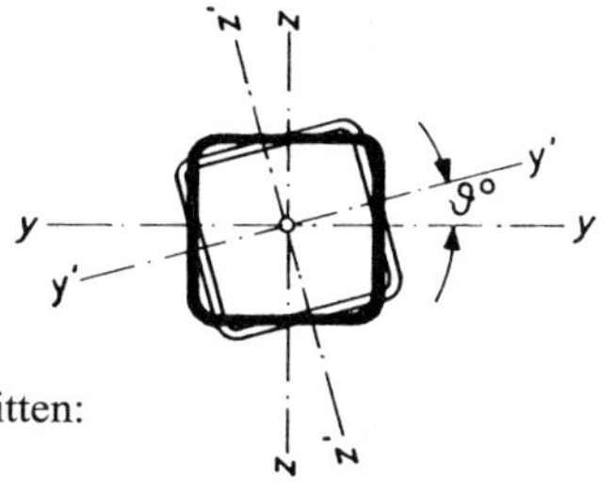

6.26 Torsionswinkel $\vartheta°$ bei torsionsbeanspruchten Querschnitten: Das Profil hat sich um den Winkel $\vartheta°$ verdreht.

Beispiele zur Erläuterung

1. Der Mast für ein Schild des Beispiels 3 in Abschnitt 6.4 wird sich bei Wind verdrehen. Die Größe der Verdrehung wird berechnet.

Hohlprofil **100 × 100 × 4,0** mit $I_T = 357\ \text{cm}^4 = 3{,}57 \cdot 10^6\ \text{mm}^4$

Gleitmodul $G = 81\,000\ \text{N/mm}^2 = 81 \cdot 10^3\ \text{N/mm}^2$

Torsionsmoment $M_T = 1{,}08\ \text{kNm} = 1{,}08 \cdot 10^6\ \text{Nmm}$

Torsionslänge $l_T = h_1 = 4{,}80\ \text{m} = 4{,}8 \cdot 10^3\ \text{mm}$

Torsionswinkel $$\vartheta_T = \frac{M_T \cdot l_T}{G_T \cdot I_T} = \frac{1{,}08 \cdot 10^6 \cdot 4{,}80 \cdot 10^3}{81 \cdot 10^3 \cdot 3{,}57 \cdot 10^6} = 0{,}018$$

$$\vartheta° = \frac{\vartheta_T \cdot 180}{\pi} = \frac{0{,}018 \cdot 180}{3{,}14} = 1{,}0°$$

Torsionsmaß für Außenkante Schild

$$f_T = \vartheta_T \cdot (a_1 + b/2) = 0{,}018 \cdot (800 + 1500/2) = 27{,}9\ \text{mm}$$

$$f_T \approx 28\ \text{mm}$$

Anmerkung

Das Ergebnis besagt, daß die äußere Kante des Schildes bei starkem Winddruck durch Verdrehung des Mastes um etwa 28 mm seitlich bewegt wird. Hier hinzu kommt noch die Verformung des Schildes selbst.

2. Für einen Kragträger (Beispiel Abschn. 63, Bild **6**.21), der auf Torsion beansprucht wird, soll die dabei auftretende Verdrehung berechnet werden.

Die Verdrehung ϑ an der Spitze eines eingespannten Trägers kann berechnet werden mit Gleichung (6.31):

$$\vartheta = \frac{M_x}{E \cdot I_w \cdot \lambda^3} \cdot [\lambda \cdot l - \tan h\,(\lambda \cdot l)] \qquad \text{Gl. (6.31)}$$

Für vorstehenden Träger gelten folgende Werte:

$$M_x = 12\ \text{kNm} = 1200\ \text{kNcm}$$

$$E = 210\,000\ \text{N/mm}^2 = 21\,000\ \text{kN/cm}^2$$

$$I_w = 1728 \cdot 10^3\ \text{cm}^6$$

$$\lambda = 0{,}0127\ \text{cm}^{-1}$$

$$l = 1{,}75\ \text{m} = 175\ \text{cm}$$

$$\tan h\,(\lambda \cdot l) = \tan h\,(0{,}0127 \cdot 175) = 0{,}976$$

Verdrehung

$$\vartheta° = \frac{M_x}{E \cdot I_w \cdot \lambda^3} \cdot [\lambda \cdot l - \tan h\,(\lambda \cdot l) \cdot \frac{180}{\pi}$$

$$= \frac{1200}{21\,000 \cdot 1728 \cdot 10^3 \cdot 0{,}0127^3} \cdot [0{,}0127 \cdot 175 - 0{,}976] \cdot \frac{180}{\pi}$$

$$\vartheta° = 1{,}15°$$

Die Spitze des Kragträgers verdreht sich gegenüber der Einspannstelle um lediglich $\vartheta° = 1{,}15°$. In den meisten Fällen der Praxis ist der Nachweis der Verdrehung durch Torsion nicht erforderlich.

7 Knickbeanspruchung

Bei den bisherigen Festigkeitsberechnungen wurde ein Spannungsnachweis oder ein Tragfähigkeitsnachweis geführt. Damit war eine ausreichende Sicherheit nachgewiesen. Es gibt aber Bauteile, bei denen durch plötzlich sehr stark zunehmende Verformungen die Standsicherheit des Bauwerkes nicht mehr gegeben ist, obwohl noch eine relativ geringe vorhandene Druckbeanspruchung herrscht. Schlanke Bauteile, wie z. B. Stützen oder Wände, können seitlich ausknicken (Bild **7**.1).

Eine gerade Stütze wird bei der kritischen Belastung durch eine mittig angreifende und in Achsrichtung wirkende Druckkraft N (Normalkraft) seitlich ausknicken, bevor die zulässige Druckspannung erreicht ist (Bild **7**.2). Die Stütze wird um so leichter ausknicken, je elastischer und schlanker sie ist. Die Knickgefahr ist also abhängig vom Werkstoff und von der Schlankheit des Bauteils. Die Schlankheit wird bestimmt durch die Knicklänge und durch die Größe und Form des Querschnittes. Das Berechnungsverfahren für einteilige Querschnitte (nicht für zusammengesetzte Querschnitte) soll im folgenden gezeigt werden. Das folgende Berechnungsverfahren gilt nicht nur für Stützen, sondern allgemein für Bauteile, die durch Druckkräfte belastet werden.

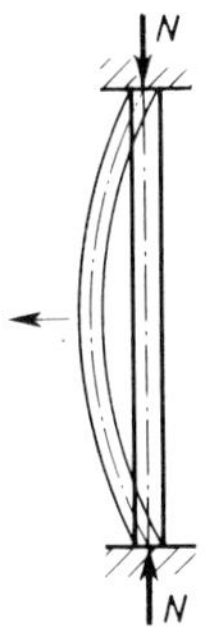

7.1 Biegeknicken bei Stützen

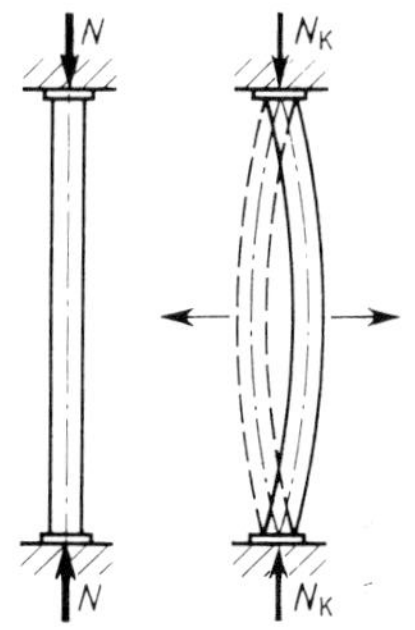

7.2 Die Knicklänge bei einfachen Stützen ist die Länge zwischen Fußplatte und Kopfplatte

Wenn die Druckkraft bei diesen Bauteilen einschließlich Eigenlast G in Längsrichtung wirkt, bezeichnet man sie mit N (Längskraft, Normalkraft). Für die Längskräfte ohne Eigenlast kann die Bezeichnung S (Stabkraft, Schnittkraft) verwendet werden:

$$\boldsymbol{N = G + S} \qquad \text{Gl. (7.1)}$$

Die Längskraft N muß immer kleiner sein als die kritische Knicklast N_K (Bild **7**.2 und **7**.3).

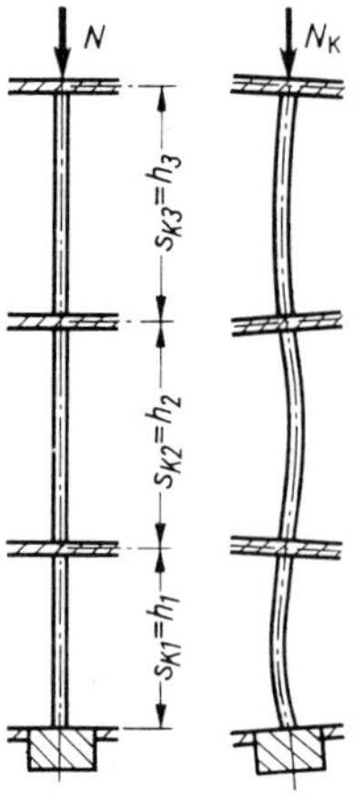

Bei Druckstäben im Stahlbau ergibt sich die Beanspruchung N_d aus den ständigen Einwirkungen G und den veränderlichen Einwirkungen Q, multipliziert mit den jeweiligen Teilsicherheitsbeiwerten γ_G bzw. γ_Q:

$$N_d = G \cdot \gamma_G + Q \cdot \gamma_Q \qquad \text{Gl. (7.2)}$$

7.3 Die Knicklänge bei Geschoßstützen ist die Geschoßhöhe, da sich das Ausknicken wellenförmig durch die Geschosse fortsetzen kann

7.1 Knicklänge

Die Länge, über die ein Stab (z.B. eine Stütze) bei Druckbelastung frei ausknicken kann, wird als Knicklänge s_K bezeichnet. In der Regel kann vorausgesetzt werden, daß die beiden Enden eines Stabes gegen seitliches Ausweichen gehalten sind. Eine Einspannung an den Stabenden wird nur in besonderen Fällen vorhanden sein. Die Stabenden können in allen Normalfällen als gelenkig festgehalten angesehen werden. Die Knicklänge s_K ist hierbei gleich der Stablänge s oder der Stützenhöhe h.

Für die Festlegung der Knicklänge gilt folgendes:

1. Für einfache Stützen gilt als Knicklänge die Länge zwischen Fußplatte und Kopfplatte, wenn beide Enden gegen seitliches Verschieben festgehalten sind (Bild **7.2**).
2. Wenn Stützen in mehreren Stockwerken übereinanderstehen und wenn ihre Enden unverrückbar festgehalten sind, darf die Geschoßhöhe als Knickhöhe angenommen werden (Bild **7.3**).
3. Für eingemauerte, eingeschossige Stützen in 1/2 Stein dicken Wänden gilt als Knicklänge mindestens der Abstand der Riegel, die die Stützen aussteifen (Bild **7.4**).
4. Bei Stäben in Fachwerken ist für das Ausknicken in der Fachwerksebene (Bild **7.5**) das Systemmaß die Knicklänge (z.B. s_{K_1}).
5. Für das Ausknicken rechtwinkelig zur Fachwerksebene gilt als Knicklänge (z.B. s_{K_1}) die Länge zwischen seitlichen Aussteifungen durch Pfetten, Querträger oder Querverbände (Bild **7.5**).

In besonderen Fällen sind statt gelenkiger Lagerungen auch feste Einspannungen der Stabenden möglich. Feste Einspannungen haben einen großen Einfluß auf die freie Knicklänge. Wenn man mit einer festen Einspannung eines Druckstabes rechnen will, muß diese Einspannung mit Sicherheit vorhanden sein. Die feste Einspannung bei einer Stütze entspricht dem eingespannten Lager bei einem Träger (Bild **7.6**). Ein Stab, bei dem ein Ende frei beweglich ist, muß am anderen Ende eingespannt sein.

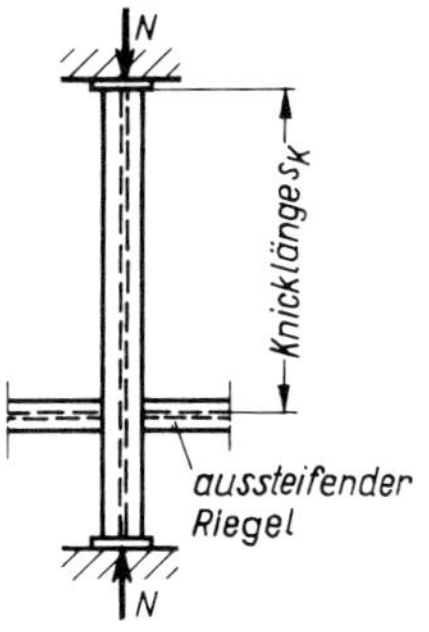

7.4 Die Knicklänge bei ausgesteiften Stützen ist in der Richtung der Aussteifung gleich dem Abstand zwischen den Aussteifungen oder zwischen Aussteifung und Fuß- bzw. Kopfplatte

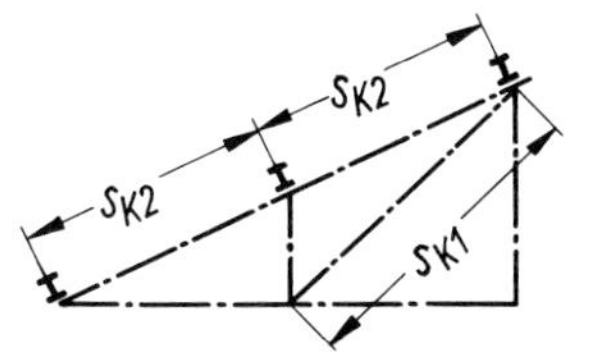

7.5 Die Knicklänge bei Fachwerkstäben für das Ausknicken in der Fachwerksebene ist das Systemmaß (s_{K1}). Die Knicklänge bei Fachwerkstäben für das Ausknicken rechtwinklig zur Fachwerksebene ist die Länge zwischen den Aussteifungen (s_{K2})

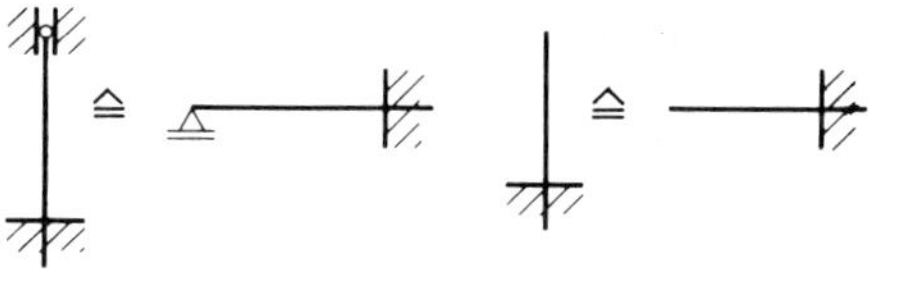

7.6 Die Einspannung einer Stütze entspricht einer Einspannung bei einem Träger

Die ersten Untersuchungen über die Lagerung und Belastbarkeit von Stützen hat Euler schon 1744 angestellt. Nach ihm werden alle vier möglichen Lagerungsfälle von Druckstäben als Eulerfälle benannt (Bild **7.7** und Tafel **7.1**).

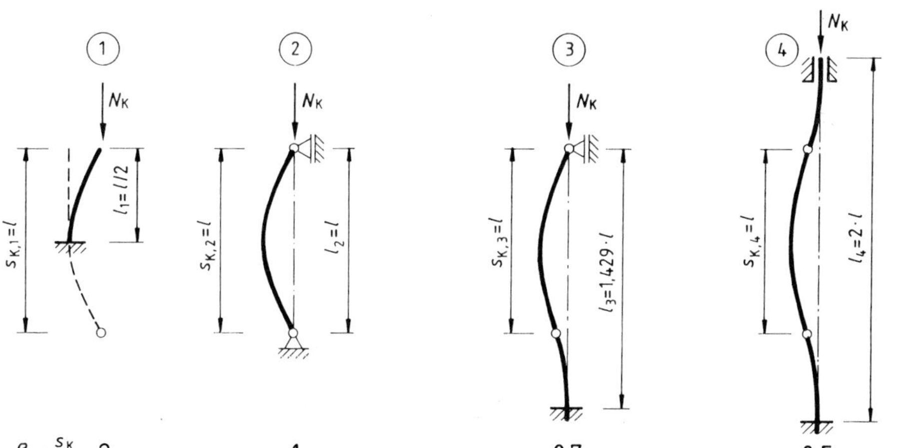

7.7 Die vier Knickfälle nach Euler (Eulerfälle) mit den zugehörigen Knicklängenbeiwerten β_K

Die Knicklänge wird berechnet aus der Stablänge oder Stützenhöhe *h* und dem Knicklängenbeiwert β_K, der von der Lagerung abhängig ist.

$$\text{Knicklänge } s_K = \beta_K \cdot h \qquad \text{Gl. (7.3)}$$

Tafel **7.1** **Beiwerte β_K** für Knicklängen von Stützen (Knicklängenbeiwert)

Fall	Stützenfuß	Stützenkopf	β_K
1	eingespannt	frei beweglich	2,0
2	gelenkig	gelenkig	1,0
3	eingespannt	gelenkig	0,7
4	eingespannt	eingespannt	0,5

Der ungünstigste Fall ist der erste, der günstigste der vierte Eulerfall. Am häufigsten tritt der Eulerfall 2 auf. Bei Annahme des Falles 1, 3 oder 4 muß die Einspannung mit Sicherheit vorhanden sein (Bild **7**.7), ähnlich wie bei einem Freiträger oder bei eingespannten Trägern (Teil 1, Abschn. 7.5).

Die Wirkung einer Einspannung ist unberücksichtigt zu lassen, wenn kein genauerer Nachweis erbracht wird, von Ausnahmefällen abgesehen. Bei einfachen Stützen ist die Knicklänge die tatsächliche Höhe von Stützenfuß bis zum Stützenkopf. Bei Geschoßstützen darf die Geschoßhöhe als Knicklänge zugrunde gelegt werden, wenn die Stützen in den Decken unverrückbar festgehalten werden (Bild **7**.3).

7.2 Trägheitsradius

Für das Biegeknicken eines Stabes sind außer der Belastung und der Knicklänge auch die Größe und die Form des Querschnittes von Bedeutung. Je größer ein Stabquerschnitt ist und je weiter die einzelnen Querschnittsteile von der Stabachse entfernt sind, um so größer ist die Steifigkeit gegen Biegeknicken. Die Steifigkeit eines Stabquerschnittes wird durch das Flächenmoment erfaßt.

Bei der Ableitung der Biegegleichung (Abschn. 4.1) entstand der Ausdruck $\sum \Delta A \cdot z^2$. Dieser Ausdruck wurde als Flächenmoment I bezeichnet. Darin ist z der zugehörige Abstand einer jeden Teilfläche ΔA, bezogen auf die Schwerachse. Man kann statt der Summe aller Teilflächen ($\sum \Delta A$) die gesamte Querschnittfläche A einsetzen und erhält $I = A \cdot z^2$. Mit $z^2 = I/A$ hat man ein bestimmtes Maß für das Verhältnis von Flächenmoment I zu Querschnittsfläche A gefunden.

In diesem Zusammenhang wird dieses Maß nicht mehr z, sondern i genannt. Dieses Maß erhält den Namen Trägheitsradius:

$$i^2 = \frac{I}{A} \qquad \boldsymbol{i = \sqrt{\frac{I}{A}}} \qquad \text{in cm} \quad \text{mit } I \text{ in cm}^4; \quad A \text{ in cm}^2 \qquad \text{Gl. (7.4)}$$

Für eine Querschnittsfläche A mit dem Flächenmoment I_y, bezogen auf die y-Achse des Querschnittes, ergibt sich der Trägheitsradius i_y:

$$i_y = \sqrt{\frac{I_y}{A}} \qquad \text{Gl. (7.5)}$$

Entsprechend wird mit dem Flächenmoment I_z, bezogen auf die z-Achse, der Trägheitsradius i_z bezeichnet:

$$i_z = \sqrt{\frac{I_z}{A}} \qquad \text{Gl. (7.6)}$$

– **Merksatz:**

Der Trägheitsradius ist ein Maß für die Steifigkeit eines Querschnittes gegen Biegeknicken.

Für Querschnitte mit gleicher Steifigkeit rechtwinklig zur y-Achse und rechtwinklig zur z-Achse erhält man gleiche Trägheitsradien $i_y = i_z$. Man kann damit den sogenannten Trägheitskreis in den Querschnitt zeichnen (Bild **7**.8).

Für Querschnitte mit ungleicher Steifigkeit rechtwinklig zur y-Achse und rechtwinklig zur z-Achse erhält man ungleiche Trägheitsradien $i_y \neq i_z$. Man kann mit den beiden Trägheitsradien die sogenannte Trägheitsellipse zeichnen (Bild **7**.9).

Bei rechteckigen Querschnitten sind die Trägheitsradien i_y und i_z direkt abhängig von den Querschnittsabmessungen b und d:

$$i_y = \sqrt{\frac{I_y}{A}} = \sqrt{\frac{b \cdot d^3}{12 \cdot b \cdot d}} = \sqrt{\frac{d^2}{12}} = d \cdot \sqrt{\frac{1}{12}}$$

$$\boldsymbol{i_y = 0{,}289\, d} \qquad \text{Gl. (7.7)}$$

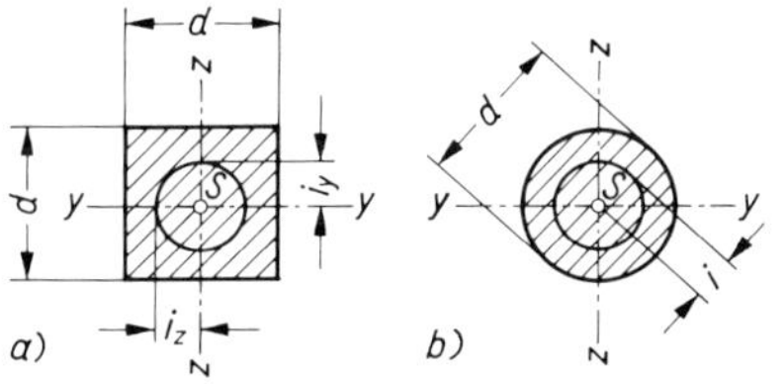

7.8 Trägheitskreis bei Querschnitten mit gleichen Trägheitsradien i_y und i_z bei gleichen Steifigkeiten bezogen auf die y-Achse und die z-Achse
a) Quadratquerschnitt mit $i_y = 0{,}289\, d$ und $i_z = 0{,}289\, d$, also $i_y = i_z$
b) Kreisquerschnitt mit $i = 0{,}25\, d$

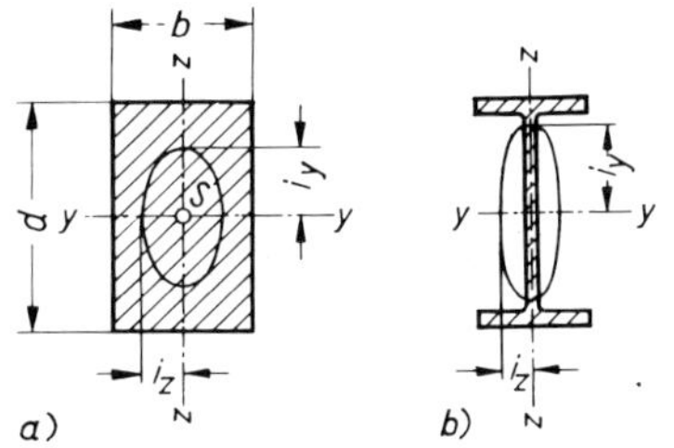

7.9 Trägheitsellipsen bei Querschnitten mit ungleichen Trägheitsradien i_y und i_z bei ungleichen Steifigkeiten, bezogen auf die y-Achse und die z-Achse
a) Rechteckquerschnitt mit $i_y = 0{,}289\, d$ und $i_z = 0{,}289\, b$
b) I-förmiger Profilquerschnitt mit

$$i_y = \sqrt{\frac{I_y}{A}} \quad \text{und} \quad i_z = \sqrt{\frac{I_z}{A}}$$

$$i_z = \sqrt{\frac{I_z}{A}} = \sqrt{\frac{d \cdot b^3}{12 \cdot d \cdot b}} = \sqrt{\frac{b^2}{12}} = b \cdot \sqrt{\frac{1}{12}}$$

$$\boldsymbol{i_z = 0{,}289\, d} \qquad \text{Gl. (7.8)}$$

Für genormte Querschnitte (Holz oder Stahl) ist der Trägheitsradius für die Hauptachsen angegeben in Profiltabellen (s. Tafel **4**.1 bis **4**.7).

Beispiele zur Erläuterung

1. Für eine Holzstütze $b/h = 100/220$ mm werden die Flächenmomente I_y und I_z, sowie die Trägheitsradien i_y und i_z berechnet und können mit den Tabellenwerten verglichen werden.

$$A = b \cdot h = 10 \text{ cm} \cdot 22 \text{ cm} = 220 \text{ cm}^2$$

$$I_y = \frac{b \cdot h^3}{12} = \frac{10 \text{ cm} \cdot (22 \text{ cm})^3}{12} = 8873 \text{ cm}^4 \qquad I_z = \frac{h \cdot b^3}{12} = \frac{22 \text{ cm} \cdot (10 \text{ cm})^3}{12} = 1833 \text{ cm}^4$$

$$i_y = \sqrt{\frac{I_y}{A}} = \sqrt{\frac{8873 \text{ cm}^4}{220 \text{ cm}^2}} = 6{,}35 \text{ cm} \qquad i_z = \sqrt{\frac{I_z}{A}} = \sqrt{\frac{1835 \text{ cm}^4}{220 \text{ cm}^2}} = 2{,}89 \text{ cm}$$

2. Für eine Stahlstütze I 240 werden die Trägheitsradien i_y und i_z berechnet.

$$A = 46{,}1 \text{ cm}^2$$

$$I_y = 4250 \text{ cm}^4 \qquad I_z = 221 \text{ cm}^4$$

$$i_y = \sqrt{\frac{I_y}{A}} = \sqrt{\frac{4250}{46{,}1}} = 9{,}59 \text{ cm} \qquad i_z = \sqrt{\frac{I_z}{A}} = \sqrt{\frac{221}{46{,}1}} = 2{,}20 \text{ cm}$$

7.3 Schlankheitsgrad

Das Verhältnis der Knicklänge s_K zum Trägheitsradius i ist der Schlankheitsgrad λ (Lambda).

$$\text{Schlankheitsgrad} = \frac{\text{Knicklänge}}{\text{Trägheitsradius}} \qquad \boldsymbol{\lambda = \frac{s_K}{i}} \qquad \text{Gl. (7.9)}$$

– **Merksatz:**

Der Schlankheitsgrad gibt die Knickempfindlichkeit eines Druckstabes an in Abhängigkeit von Stablänge, Lagerungsart, Querschnittsgröße und Querschnittsform.

Ein Druckstab wird stets rechtwinklig zur Achse des kleinsten Flächenmomentes ausknicken (Bild **7**.10). Unterschiedliche Knicklängen erhält man, wenn ein Druckstab in den Hauptachsen verschieden gehalten ist (Bild **7**.11). Dann sind die Schlankheitsgrade für beide Hauptachsen zu berechnen:

$$\lambda_y = \frac{s_{Ky}}{i_y} \qquad \lambda_z = \frac{s_{Kz}}{i_z} \qquad \text{Gl. (7.10)}$$

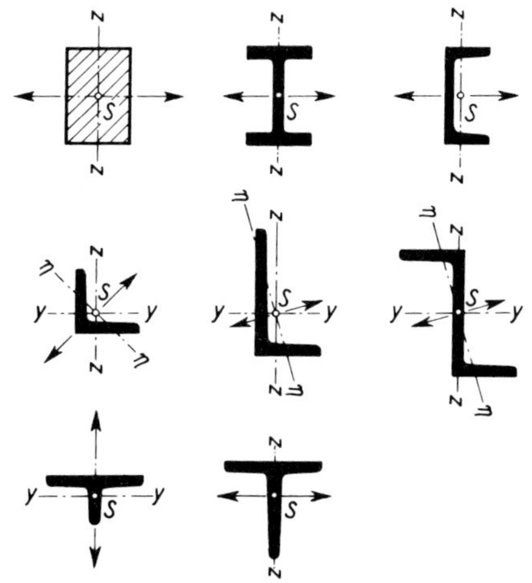

7.10 Druckstäbe knicken rechtwinklig zur Achse mit dem geringsten Flächenmoment

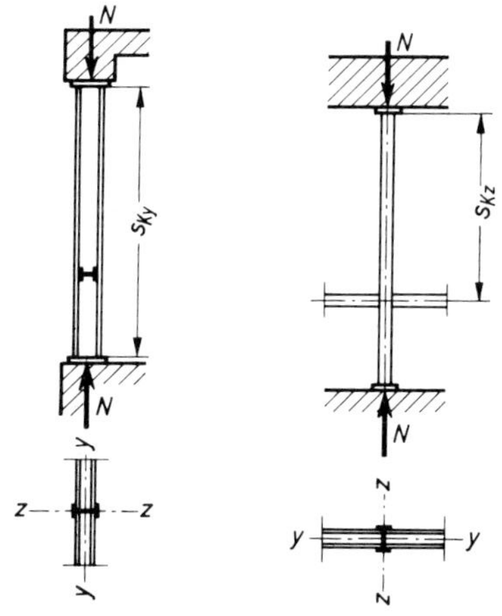

7.11 Unterschiedliche Knicklängen durch Aussteifen mit einem Zwischenriegel

Der größere Schlankheitsgrad ist der maßgebende, er ist für die weitere Berechnung zugrunde zu legen. Im Holzbau dürfen die Schlankheitsgrade bestimmte Grenzwerte nicht überschreiten (Tafel 7.2).

Tafel 7.2 **Zulässige Schlankheitsgrade zul λ** im Holzbau (Höchstwerte)

Art der Stäbe	zul λ
einteilige Druckstäbe	150
zusammengesetzte nichtgeleimte Druckstäbe	175
Druckstäbe in Verbänden und Zugstäbe mit geringer Druckkraft	200
Druckstäbe bei fliegenden Bauten	200

7.4 Druckbeanspruchte Bauteile aus Holz

Für den Holzbau gilt DIN 1052. Dieser Norm liegt noch das „ältere" und einfachere Bemessungsverfahren zugrunde. Das „neuere" Bemessungsverfahren nach Eurocode 5 wird für den Holzbau im folgenden noch nicht angewendet, es wird das einfachere Bemessungsverfahren dargestellt.

7.4.1 Knickzahl

Die Knickzahl ω gibt das Verhältnis der normalen zulässigen Druckspannung des Werkstoffes zur zulässigen Knickspannung an.

$$\omega = \frac{\text{zul } \sigma_D}{\text{zul } \sigma_K} \qquad \text{Gl. (7.11)}$$

Bei dem Schlankheitsgrad wird die Werkstoffgüte nicht berücksichtigt. Es sind für verschiedene Werkstoffe Tabellen aufgestellt worden, aus denen die zugehörige Knickzahl ω (Omega) für den entsprechenden Schlankheitsgrad abgelesen werden kann.

Die Belastung N wird mit der Knickzahl ω vervielfacht. Damit kann der Stabilitätsnachweis, also der Nachweis der Knickspannung, geführt werden:

$$\textbf{vorh } \boldsymbol{\sigma_K} = \frac{\textbf{vorh } \boldsymbol{N \cdot \omega}}{\textbf{vorh } \boldsymbol{A}} \quad \text{in } \frac{\text{N}}{\text{mm}^2} \quad \text{bzw. } \frac{\text{MN}}{\text{m}^2} \qquad \text{Gl. (7.12)}$$

$$\frac{\text{vorh } \sigma_K}{\text{zul } \sigma_D} \leqq 1 \qquad \text{Gl. (7.13)}$$

Die Knickzahl ω steigt mit größerer Schlankheit sehr schnell an (Tafel **7**.3).

7.4.2 Spannungsnachweis bei Druckstäben aus Holz

Der Rechnungsgang für das ω-Verfahren sieht wie folgt aus, wenn die Belastung N, die Stützenhöhe h und die Lagerungsart gegeben sind:

1. Werkstoffgüte wählen
2. Querschnitt schätzen oder mit Hilfstafeln bestimmen
3. Querschnittswerte (Fläche A bzw. Nutzquerschnitt A_n, Trägheitshalbmesser i) notieren bzw. errechnen
4. Knicklänge bestimmen $\quad s_K = \beta \cdot h$
5. Schlankheitsgrade errechnen $\quad \lambda_y = \frac{s_{Ky}}{i_y} \qquad \lambda_z = \frac{s_{Kz}}{i_z}$
6. Knickzahl ω für den größten Schlankheitsgrad max λ aufsuchen (Tafel **7**.3)
7. Knickspannungsnachweis führen $\quad \text{vorh } \sigma_K = \frac{\text{vorh } N \cdot \omega}{\text{vorh } A} \qquad \frac{\text{vorh } \sigma_K}{\text{zul } \sigma_D} \leqq 1$

   (Das Vorzeichen für N kann zweckmäßigerweise entfallen, es wird mit der absoluten Größe gerechnet. $|N| = N$ absolut).
8. Bei Überschreitung der zulässigen Druckspannung $\sigma_K >$ zul σ_D muß ein neuer Querschnitt gewählt werden. Die Berechnung ist zu wiederholen. Der Spannungsnachweis für den endgültigen Querschnitt schließt die Rechnung ab.

Beispiele zur Erläuterung

1. Die Holzstütze eines Dachstuhles erhält aus der Pfette eine Belastung von $N = -31$ kN; $h = 2{,}6$ m $= s_{Ky} = s_{Kz}$ (Bild **7**.12). Holzstütze und Fußschwelle werden bemessen. Lastfall H, Sortierklasse S10.

Für die Kraftübertragung zwischen Stütze und Pfette ist ein Mindestquerschnitt erforderlich von erf A = vorh N/zul $\sigma_{D\perp} = 31/0{,}2 = 155$ cm².

Gewählt: Kantholz **120/160 mm** mit $A = 192$ cm²

$i_y = 4{,}62$ cm $\qquad i_z = 3{,}46$ cm

Tafel **7.3** **Knickzahlen** ω für Bauteile aus Holz nach DIN 1052 [1])

Schlankheitsgrad	Vollholz aus Nadelhölzern	Brettschichtholz aus Nadelhölzern		Vollholz aus Laubhölzern			Bau-Furniersperrholz nach DIN 68705 T3 und T5, Druckkraft parallel zur Faserrichtung der Deckfurniere		Flachpreßplatten nach DIN 68763	
	Sortierklasse	BS 14 BS 16		Holzartgruppe			Lagenanzahl		Plattendicke in mm	
λ	S7 bis MS17	BS 18	BS 11	A	B	C	3	≧5	≦25	>25
0	1,00	1,00	1,00	1,00	1,00	1,00	1,00	1,00	1,00	1,00
10	1,04	1,00	1,00	1,04	1,03	1,03	1,02	1,01	1,03	1,02
20	1,08	1,00	1,00	1,08	1,08	1,07	1,05	1,04	1,07	1,07
30	1,15	1,00	1,00	1,15	1,15	1,15	1,11	1,12	1,15	1,16
40	1,26	1,03	1,03	1,25	1,27	1,29	1,22	1,28	1,28	1,34
50	1,42	1,13	1,11	1,40	1,45	1,50	1,38	1,54	1,49	1,61
60	1,62	1,28	1,25	1,59	1,69	1,79	1,61	1,91	1,78	1,99
70	1,88	1,51	1,45	1,83	2,00	2,17	1,92	2,53	2,15	2,48
80	2,20	1,92	1,75	2,13	2,38	2,67	2,30	3,30	2,60	3,24
90	2,58	2,43	2,22	2,48	2,87	3,38	2,87	4,18	3,22	4,10
100	3,00	3,00	2,74	2,88	3,55	4,17	3,55	5,16	3,98	5,07
110	3,63	3,63	3,32	3,43	4,29	5,05	4,29	6,24	4,82	6,13
120	4,32	4,32	3,95	4,09	5,11	6,01	5,11	7,43	5,73	7,30
130	5,07	5,07	4,63	4,79	5,99	7,05	5,99	8,72	6,73	8,56
140	5,88	5,88	5,37	5,56	6,95	8,18	6,95	10,11	7,80	9,93
150	6,75	6,75	6,17	6,38	7,98	9,39	7,98	11,61	8,96	11,40
160	7,68	7,68	7,02	7,26	9,08	10,68	9,08	13,20	10,19	12,97
170	8,67	8,67	7,92	8,20	10,25	12,06	10,25	14,91	11,50	14,64
175	9,19	9,19	8,39	8,69	10,86	12,78	10,86	15,80	12,19	15,52
180	9,72	9,72	8,88	9,19	11,49	13,52	11,49	16,71	12,90	16,41
190	10,83	10,83	9,89	10,24	12,80	15,06	12,80	18,62	14,37	18,29
200	12,00	12,00	10,96	11,35	14,18	16,69	14,18	20,63	15,92	20,26
210	13,23	13,23	12,08	12,51	15,64	18,40	15,64	22,75	17,55	22,34
220	14,52	14,52	13,26	13,73	17,16	20,19	17,16	24,97	19,27	24,52
230	15,87	15,87	14,50	15,01	18,76	22,07	18,76	27,29	21,06	26,80
240	17,28	17,28	15,78	16,34	20,43	24,03	20,43	29,71	22,93	29,18
250	18,75	18,75	17,13	17,73	22,16	26,08	22,16	32,24	24,88	31,66

[1]) Zwischenwerte dürfen geradlinig interpoliert werden

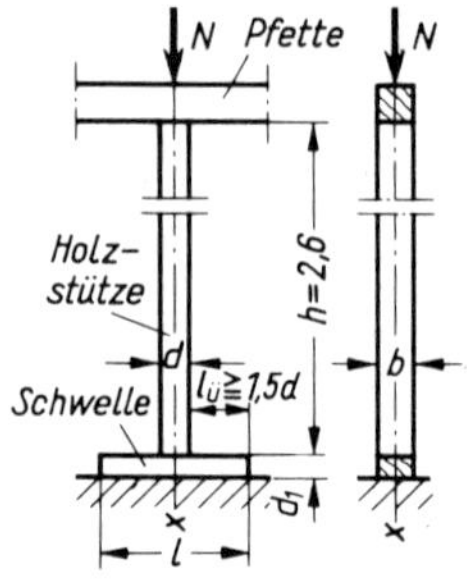

7.12 Holzstütze für einen Dachstuhl

Schlankheiten

$$\lambda_y = \frac{s_{Ky}}{i_z} = \frac{260}{4{,}62} = 56{,}3 \qquad \lambda_z = \frac{s_{Kz}}{i_z} = \frac{260}{4{,}62} = 75{,}1$$

Knickzahl $\omega_z = 2{,}03$ für $\max \lambda = \lambda_z$ (Tafel **7.**3)

Knickspannung $\text{vorh } \sigma_{Kz} = \frac{\text{vorh } N \cdot \omega_z}{\text{vorh } A} = \frac{31 \cdot 2{,}03}{192}$

$$= 0{,}33 \text{ kN/cm}^2 = 3{,}3 \text{ N/mm}^2$$

$\text{zul } \sigma_{D\|} = 8{,}5 \text{ N/mm}^2$ (Tafel **1.**17)

$$\frac{\text{vorh } \sigma_{Kz}}{\text{zul } \sigma_{D\|}} = \frac{3{,}3}{8{,}5} = 0{,}39 < 1$$

Druckspannung $\text{vorh } \sigma_{D\perp} = \frac{\text{vorh } N}{\text{vorh } A} = \frac{31}{192}$

$$= 0{,}16 \text{ kN/cm}^2 = 1{,}6 \text{ N/mm}^2$$

$\text{zul } \sigma_{D\perp} = 2{,}0 \text{ N/mm}^2$ (Tafel **1.**17)

$$\frac{\text{vorh } \sigma_{D\perp}}{\text{zul } \sigma_{D\perp}} = \frac{1{,}6}{2{,}0} = 0{,}80 < 1$$

Die erforderliche Fußschwelle erhält die gleiche Druckspannung wie die Pfette. Die Höhe der Fußschwelle ist abhängig von der Scherspannung. Querkraft $V = N/2$

$$\tau_0 = \frac{3 \cdot V}{2 \cdot A} = \frac{3 \cdot N/2}{2b \cdot d_1}$$

$$\text{erf } d_1 = \frac{3N}{4 \cdot b \cdot \text{zul } \tau_0} = \frac{3 \cdot 31}{4 \cdot 16 \cdot 0{,}09} = 16{,}1 \text{ cm}$$

Gewählt: $d_1 = 18$ cm

Die Schwelle sollte beiderseits einen Überstand haben von $l_ü = 1{,}5\, d_1$, mindestens jedoch 10 cm.

Schwellenlänge $l = d + 2\, l_ü = d + 3\, d_1 = 12 + 3 \cdot 16{,}1 = 60{,}3$ cm

Gewählt: Schwelle **160/180 mm** $l = 65$ cm

Die Schwelle darf kein Zapfenloch erhalten, die Stütze ist durch Knaggen zu sichern.

2. Schalungssteifen aus Rundholz mit einem Zopfdurchmesser von mindestens $\geqq 8$ cm stehen unter Kanthölzern und erhalten jeweils eine Last von $N = -9$ kN, Steifenlänge $l = 2{,}40$ m. Die Knickspannung wird nachgewiesen, ebenso die Flächenpressung am Kantholz.

$\text{zul } \sigma_{D\|} = 1{,}20 \cdot 8{,}5 = 10{,}2 \text{ N/mm}^2$ (s. Tafel **1.**17 und Gl. **1.**30), für Lastfall H, Sortierklasse S 10.

Knicklänge $s_K = l = 2{,}40$ m

Schlankheitsgrad $\lambda = \frac{s_K}{i} = \frac{s_K}{d/4} = \frac{240}{8{,}0/4} = 120 \qquad \omega = 4{,}32$

Knickspannung $\sigma_K = \dfrac{\text{vorh } N \cdot \omega}{\text{vorh } A} = \dfrac{9 \cdot 4{,}32}{50{,}3} = 0{,}77 \text{ kN/cm}^2 = 7{,}7 \text{ N/mm}^2$

$\text{zul } \sigma_{D\|} = 10{,}2 \text{ N/mm}^2$

$\dfrac{\sigma_K}{\text{zul } \sigma_{D\|}} = \dfrac{7{,}7}{10{,}2} = 0{,}75 < 1$

Flächenpressung $\sigma_{D\perp} = \dfrac{\text{vorh } N}{\text{vorh } A} = \dfrac{9}{50{,}3} = 0{,}18 \text{ kN/cm}^2 = 1{,}8 \text{ N/mm}^2$

$\text{zul } \sigma_{D\perp} = 2{,}0 \text{ N/mm}^2$

$\dfrac{\text{vorh } \sigma_{D\perp}}{\text{zul } \sigma_{D\perp}} = \dfrac{1{,}8}{2{,}0} = 0{,}9 < 1$

3. Ein Baugrubenverbau mit waagerechten Bohlen, lotrechten Brusthölzern und Rundholzsteifen wird statisch nachgewiesen (Bild 7.13). Die Auflast auf dem Erdreich wird mit $p = 5$ kN/m² angenommen; Sandboden $\gamma_e = 18$ kN/m³ (s. Teil 1, Abschn. 4.4). Lastfall H, Nadelholz Sortierklasse S 10.

Erddruckkraft (vereinfacht):

$$E = 3\,h^2 + p \cdot h/3 = 3 \cdot 2{,}2^2 + 5{,}0 \cdot 2{,}2/3 = 14{,}5 + 3{,}7 = 18{,}2 \text{ kN/m}$$

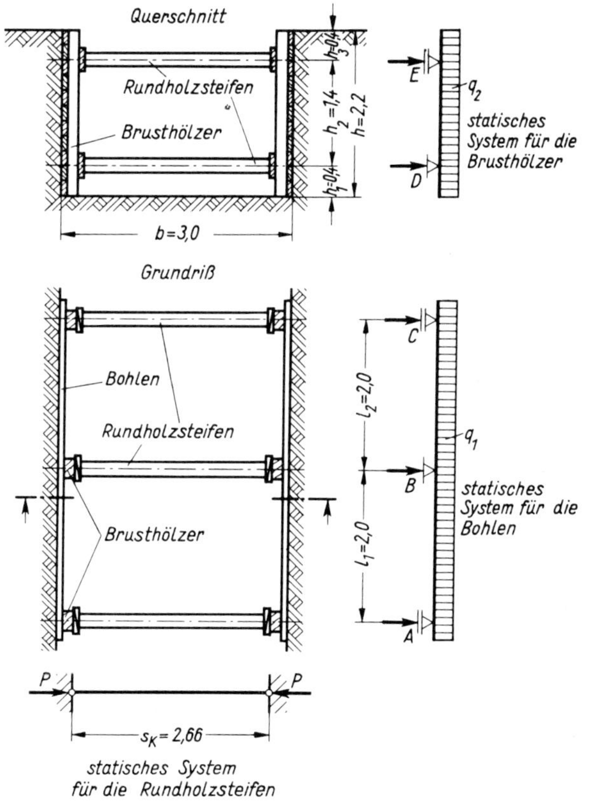

7.13 Baugruben-Verbau mit waagerechten Bohlen und lotrechten Brusthölzern (waagerechter Verbau)

Infolge der Erddruckumlagerung beim Baugrubenverbau kann mit einer gleichmäßigen Verteilung der Erddruckkraft auf die ganze Höhe gerechnet werden. Dadurch erfolgt eine gleichgroße Belastung der Bohlen im unteren und oberen Bereich.

a) Berechnung der waagerechten Bohlen

Belastung

$$q_1 = \frac{E}{h} = \frac{18{,}2}{2{,}2} = 8{,}27 \text{ kN/m}^2$$

Biegemoment

$$\max M = M_B = -0{,}125 \cdot q_1 \cdot l_{1,2}^2 = -0{,}125 \cdot 8{,}27 \cdot 2{,}0^2$$
$$= -4{,}14 \text{ kNm/m} = -414 \text{ kNcm/m}$$

Stützkraft

$$\max B = 1{,}25 \cdot q_1 \cdot l_{1,2} = 1{,}25 \cdot 8{,}27 \cdot 2{,}0 = 20{,}7 \text{ kN/m}$$

Gewählt: **Bohlen 50 mm** dick

$$\text{vorh } W_y = \frac{b \cdot d^2}{6} = \frac{100 \cdot 5{,}0^2}{6} = 417 \text{ cm}^3\text{/m}$$

$$\text{vorh } \sigma_B = \frac{\max M}{\text{vorh } W_y} = \frac{414}{417} = 0{,}99 \text{ kN/cm}^2 = 9{,}9 \text{ N/mm}^2$$

$$\text{zul } \sigma_B = 10 \text{ N/mm}^2 \quad (\text{Tafel } \mathbf{1}.17)$$

$$\frac{\text{vorh } \sigma_B}{\text{zul } \sigma_B} = \frac{9{,}9}{10} = 0{,}99 < 1$$

b) Berechnung der lotrechten Brusthölzer

Belastung

$$q_2 = \max B = 1{,}25 \cdot q_1 \cdot l_{1,2} = 1{,}25 \cdot 8{,}27 \cdot 2{,}0 = 20{,}7 \text{ kN/m}$$

Biegemomente

$$M_D = M_E = -\frac{q_2 \cdot h_3^2}{2} = -\frac{20{,}7 \cdot 0{,}40^2}{2} = -1{,}66 \text{ kNm}$$

$$\max M = \frac{q_2 \cdot h_3^2}{8} + M_D = \frac{20{,}7 \cdot 1{,}4^2}{8} - 1{,}66 = 5{,}07 - 1{,}66 = 3{,}41 \text{ kNm}$$

Stützkraft

$$\max D = \max E = \frac{q_2 \cdot h}{2} = \frac{20{,}7 \cdot 2{,}2}{2} = 22{,}8 \text{ kN}$$

Gewählt: Kanthölzer **120/160 mm** mit $W_z = 384 \text{ cm}^3$ (flach eingebaut)

$$\text{vorh } \sigma_B = \frac{\max M}{W_z} = \frac{341}{384} = 0{,}89 \text{ kN/cm}^2 = 8{,}9 \text{ N/mm}^2$$

$$\text{zul } \sigma_B = 10 \text{ N/mm}^2 \quad (\text{Tafel } \mathbf{1}.17)$$

$$\frac{\text{vorh } \sigma_B}{\text{zul } \sigma_B} = \frac{8{,}9}{10} = 0{,}89 < 1$$

c) Berechnung der Rundholzsteifen

Belastung

$$N = \max D = q_2 \cdot \frac{h}{2} = 20{,}7 \cdot \frac{2{,}2}{2} = 22{,}8 \text{ kN}$$

Knicklänge

$$s_K = b - 2\,(5 + 12) = 300 - 34 = 266 \text{ cm}$$

Gewählt: Rundholz ∅ **160 mm** mit $A = 201 \text{ cm}^2$ $\quad i = 4{,}0$ cm

Schlankheitsgrad

$$\lambda = \frac{s_K}{i} = \frac{266}{4{,}0} = 67 \qquad \omega = 1{,}80$$

Knickspannung

$$\text{vorh } \sigma_K = \frac{N \cdot \omega}{A} = \frac{22{,}8 \cdot 1{,}80}{201} = 0{,}20 \text{ kN/cm}^2 = 2{,}0 \text{ N/mm}^2$$

$$\text{zul } \sigma_{D\|} = 1{,}20 \cdot 8{,}5 \text{ N/mm}^2 = 10{,}2 \text{ N/mm}^2 \quad \text{(Tafel 1.17 und Gl. 1.30)}$$

$$\frac{\text{vorh } \sigma_K}{\text{zul } \sigma_{D\|}} = \frac{2{,}0}{10{,}2} = 0{,}2 < 1$$

Flächenpressung am Brustholz (größere Eindrückungen sind zulässig)

$$\text{vorh } \sigma_{D\perp} = \frac{N}{A \cdot 0{,}8} = \frac{22{,}8}{201 \cdot 0{,}8} = 0{,}14 \text{ kN/cm}^2 = 1{,}4 \text{ N/mm}^2$$

$$\text{zul } \sigma_{D\perp} = 2{,}5 \text{ N/mm}^2 \quad \text{(s. Tafel 1.17)}$$

$$\frac{\text{vorh } \sigma_{D\perp}}{\text{zul } \sigma_{D\perp}} = \frac{1{,}4}{2{,}5} = 0{,}56 < 1$$

Hinweis:

Es sei hier nochmals darauf hingewiesen, daß die gezeigten ω-Verfahren nur für einteilige Querschnitte gelten. Die Berechnung mehrteiliger zusammengesetzter Querschnitte ist umfangreicher. Es soll hier auf die entsprechenden Ausführungen verzichtet werden. Der Nachweis ist mit einem größeren Rechenaufwand verbunden.

Beispiele zur Übung

Für folgende Stützen aus Holz sind die erforderlichen Querschnitte zu schätzen und die Knickspannungsnachweise zu führen.

1.	$N = -11$ kN	$h = 3{,}2$ m	Eulerfall 2	Kantholz	
2.	$N = -23$ kN	$h = 2{,}4$ m	Eulerfall 2	Rundholz	
3.	$N = -21$ kN	$h = 2{,}8$ m	$s_{Ky} = h$	$s_{Kz} = 2{,}1$ m	Kantholz
4.	$N = -16$ kN	$h = 1{,}8$ m	Eulerfall 1	Kantholz	

7.5 Druckbeanspruchte Bauteile aus Stahl

Für Stahlbauten gilt DIN 18800. Mit dieser Norm wurde erstmals das neue Sicherheits- und Bemessungskonzept verwirklicht. Darüber hinaus wird die Norm auch den laufenden Entwicklungen hinsichtlich der europäischen Bemühungen zur Vereinheitlichung gerecht.

DIN 18800 Teil 2 regelt die Tragsicherheitsnachweise für stabilitätsgefährdete Stäbe und Stabwerke aus Stahl.

Folgende Nachweise sind im Rahmen der Tragsicherheitsnachweise zu führen:

- Biegeknicknachweis nach DIN 18800 Teil 2 (Abschn. 7.5.1)
- Biegedrillknicknachweis nach DIN 18800 Teil 2 (Abschn. 7.5.2)
- Betriebsfestigkeitsnachweis (Abschn. 7.5.3).

Knicken

Beim Versagen infolge Knicken treten Verschiebungen rechtwinklig zur Stabachse oder Verdrehungen um die Stabachse auf, oder diese Verformungen kommen gleichzeitig vor. Es wird Biegeknicken und Biegedrillknicken unterschieden.

Biegeknicken

Beim Biegeknicken treten nur Verschiebungen in Richtung der y-Achse oder in Richtung der z-Achse oder in beiden Richtungen auf. Verdrehungen um die Stabachse (x-Achse) treten nicht auf oder dürfen vernachlässigt werden.

Biegedrillknicken

Beim Biegedrillknicken treten Verschiebungen in Richtung der y-Achse und in Richtung der z-Achse und gleichzeitig Verdrehungen um die Stabachse (x-Achse) auf, wobei die Verdrehungen berücksichtigt werden müssen.

Das Biegedrillknicken bei Beanspruchungen durch Biegemomente und Querlasten wurde auch als Kippen bezeichnet (Abschn. 9.2).

Drillknicken

Das Drillknicken, bei dem die Verschiebungen in Richtung der y-Achse und z-Achse gleich Null sind, stellt einen Sonderfall des Biegedrillknickens dar.

7.5.1 Nachweis des Biegeknickens bei Druckbauteilen

Entfallender Biegeknicknachweis

Der Biegeknicknachweis darf entfallen, wenn eine der beiden folgenden Bedingungen und die Bedingung c) erfüllt ist:

a) $$\frac{N_\mathrm{d}}{0{,}1 \cdot N_{\mathrm{K,d}}} \leqq 1 \quad \text{mit} \quad N_{\mathrm{K,d}} = \frac{\pi^2 \cdot (E \cdot I)_\mathrm{d}}{s_\mathrm{K}^2}$$

$$(E \cdot I)_\mathrm{d} = \frac{E \cdot I}{\gamma_\mathrm{M}}$$

$$s_\mathrm{K} = \beta_\mathrm{K} \cdot l$$

b) $\dfrac{\bar{\lambda}_K}{0{,}3 \cdot \sqrt{f_{y,d}/\sigma_N}} \leqq 1$ mit $\bar{\lambda}_K = \dfrac{\lambda_K}{\lambda_a}$

$$\lambda_K = \frac{s_K}{i}$$

$$\lambda_a = \pi \cdot \sqrt{E/f_{y,k}}$$

$\lambda_a = 92{,}9$ für S235 mit $t \leqq 40$ mm

$\lambda_a = 75{,}9$ für S355 mit $t \leqq 40$ mm

$$\sigma_N = \frac{N_d}{A}$$

c) $\beta_K \cdot \varepsilon \leqq 1$ mit $\varepsilon = l \cdot \sqrt{\dfrac{N_d}{(E \cdot I)_d}}$

Hierbei sind:

N_d Beanspruchung als Normalkraft (ohne Vorzeichen)
$\bar{\lambda}_K$ bezogener Schlankheitsgrad
λ_a Bezugsschlankheitsgrad
β_K Knicklängenbeiwert
l Systemlänge
ε Stabkennzahl

Beispiel zur Erläuterung

Eine Stahlstütze ist im Fuß eingespannt. Sie besteht aus einem Profil HE-A 360 (IPBl 360) und hat eine Systemlänge von l = 4,50 m. Normalkraft aus G = 300 kN und Q = 150 kN, Baustahl S235. Die Stütze ist ausgefacht und kann senkrecht zur z-Achse nicht ausknicken (Bild **7**.14).

Beanspruchung

$$N_d = G \cdot \gamma_G + Q \cdot \gamma_Q = 300 \cdot 1{,}35 + 150 \cdot 1{,}5$$
$$= 405 + 225 = 630 \text{ kN}$$

Knicklänge

$$s_{Ky} = \beta_{Ky} \cdot l = 2{,}0 \cdot 4{,}50 = 9{,}00 \text{ m}$$

Querschnittswerte **HEA 360**

$$A = 143 \text{ cm}^2,\ I_y = 33\,090 \text{ cm}^4,\ i_y = 15{,}2 \text{ cm}$$

Bedingung a)

$$N_{K,d} = \frac{\pi^2 \cdot (E \cdot I)}{s_K^2 \cdot \gamma_M} = \frac{\pi^2 \cdot 21\,000 \cdot 33\,090}{900^2 \cdot 1{,}1} = 7697 \text{ kN}$$

$$\frac{N_d}{0{,}1 \cdot N_{K,d}} = \frac{630}{0{,}1 \cdot 7697} = \mathbf{0{,}82 < 1}$$

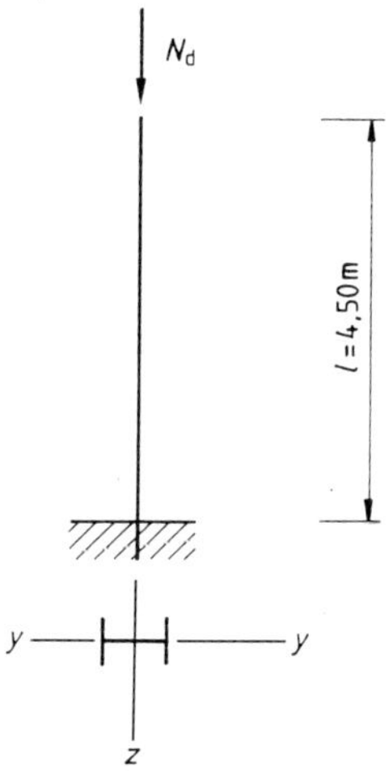

7.14 Statisches System der Stahlstütze, Eulerfall 1

Bedingung b)

$$\lambda_a = \pi \cdot \sqrt{E/f_{y,k}} = \pi \cdot \sqrt{21\,000/24} = 92{,}9$$

$$\lambda_K = s_{Ky}/i_y = 900/15{,}2 = 59{,}2$$

$$\bar{\lambda}_K = \lambda_K/\lambda_a = 59{,}2/92{,}9 = 0{,}64$$

$$\sigma_N = N_d/A = 630/143 = 4{,}41 \text{ kN/cm}^2$$

$$f_{y,d} = f_{y,k}/\gamma_M = 24/1{,}1 = 21{,}8 \text{ kN/cm}^2$$

$$\bar{\lambda}_K/(3{,}0 \cdot \sqrt{f_{y,d}/\sigma_N}) = 0{,}64/(0{,}3 \cdot \sqrt{21{,}8/4{,}41}) = \mathbf{0{,}96 < 1}$$

Bedingung c)

$$\varepsilon = l \cdot \sqrt{N_d/E \cdot I)_d} = 450 \cdot \sqrt{630/(21\,000 \cdot 33\,090/1{,}1)} = 0{,}41$$

$$\beta_K \cdot \varepsilon = 2{,}0 \cdot 0{,}41 = \mathbf{0{,}82 < 1}$$

Für die Stütze dieses Beispiels kann im Rahmen des Tragsicherheitsnachweises der Biegeknicknachweis nach DIN 18 800 Teil 2 entfallen. Nicht nur die Bedingungen a) oder b) und c) sind erfüllt, sondern alle drei Bedingungen.

Durchzuführender Biegeknicknachweis

Der Biegeknicknachweis ist durchzuführen, wenn die vorstehenden Bedingungen nicht erfüllt sind. Im folgenden wird der Berechnungsablauf dargestellt.

Berechnungsablauf

- Ermittlung der Knicklänge

  $s_K = \beta_K \cdot l$ (s. Abschn. 7.1).

- Bestimmung des Schlankheitsgrades

  $\lambda_K = s_{K/i}$ (s. Abschn. 7.2 und 7.3).

- Berechnung des bezogenen Schlankheitsgrades

  $\bar{\lambda}_K = \lambda_K/\lambda_a$ mit $\lambda_a = 92{,}9$ für S235 mit $t \leqq 40$ mm,
  $\lambda_a = 75{,}9$ für S355 mit $t \leqq 40$ mm.

- Zuordnung des Querschnitts zu einer Knickspannungslinie
  Knickspannungslinien a) bis d) nach Tafel **7**.4.

- Abminderungsfaktor $\varkappa$ (kappa) Tafel **7**.5 entnehmen in Abhängigkeit vom bezogenen Schlankheitsgrad $\bar{\lambda}_K$ und von der Knickspannungslinie a, b, c bzw. d.

- Berechnung der Normalkraft im plastischen Zustand $N_{pl,d}$ oder für I-förmige Walzprofile Tafel **7**.6 entnehmen.

- Nachweis der Biegeknicksicherheit

$$\frac{N_d}{\varkappa \cdot N_{pl,d}} \leqq 1$$

Tafel **7.4** **Zuordnung** der Querschnitte zu den Knickspannungslinien (DIN 18 800 T 2 Tab 5)

Querschnitt		Ausweichen rechtwinklig zur Achse	Knickspannungslinie
Hohlprofile 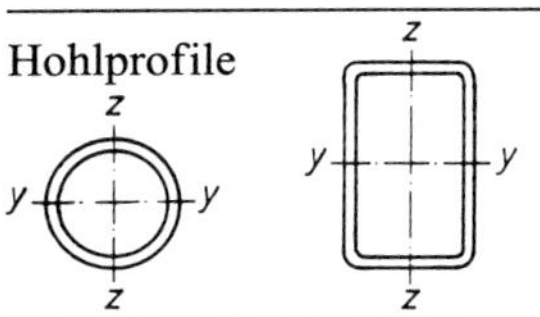	warm gefertigt	$y-y$ $z-z$	a
	kalt gefertigt	$y-y$ $z-z$	b
geschweißte Kastenquerschnitte 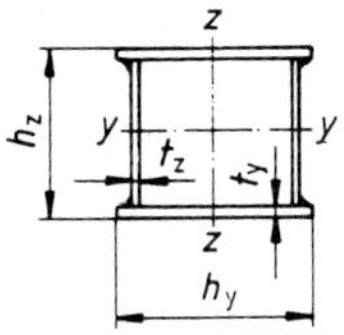		$y-y$ $z-z$	b
	dicke Schweißnaht mit $a \geqq \min t$ und $h_y/t_y < 30$ $h_z/t_z < 30$	$y-y$ $z-z$	c
gewalzte I-Profile 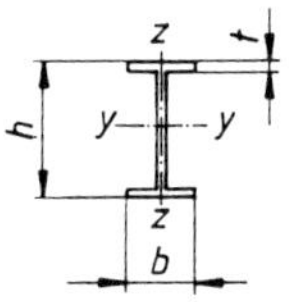	$h/b > 1{,}2$; $t \leqq 40$ mm	$y-y$ $z-z$	a b
	$h/b > 1{,}2$; $40 < t \leqq 80$ mm $h/b \leqq 1{,}2$; $t \leqq 80$ mm	$y-y$ $z-z$	b c
	$t > 80$ mm	$y-y$ $z-z$	d
geschweißte I-Querschnitte 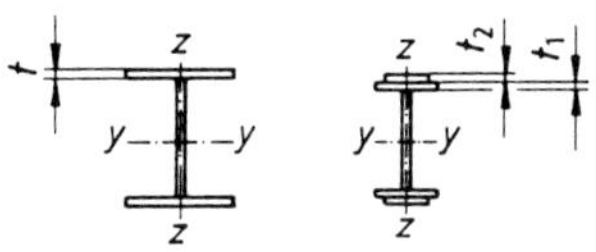	$t_i \leqq 40$ mm	$y-y$ $z-z$	b c
	$t_i > 40$ mm	$y-y$ $z-z$	c d
[-, L-, T- und Vollquerschnitte 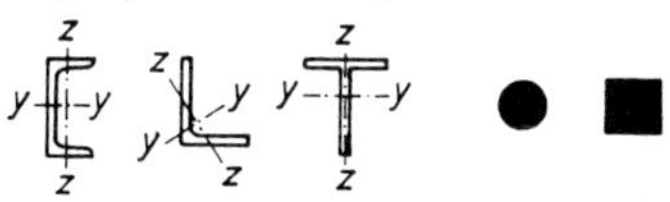 und mehrteilige Stäbe nach Abschnitt 4.4 DIN 18 800 T 2		$y-y$ $z-z$	c

Hier nicht aufgeführte Profile sind sinngemäß einzuordnen. Die Einordnung soll dabei nach den möglichen Eigenspannungen und Blechdicken erfolgen.

Tafel 7.5 **Abminderungsbeiwert** $\varkappa$ für Biegeknicken

Bezogener Schlankheitsgrad $\bar{\lambda}_K$ für Knickspannungslinie:				$\varkappa$	Bezogener Schlankheitsgrad $\bar{\lambda}_K$ für Knickspannungslinie:				$\varkappa$
a	b	c	d		a	b	c	d	
0,20	0,20	0,20	0,20	**1,00**	1,09	1,00	0,90	0,77	**0,60**
0,25	0,23	0,22	0,21	**0,99**	1,11	1,01	0,92	0,78	**0,59**
0,29	0,26	0,24	0,23	**0,98**	1,12	1,03	0,93	0,80	**0,58**
0,33	0,28	0,26	0,24	**0,97**	1,14	1,04	0,95	0,82	**0,57**
0,37	0,31	0,28	0,25	**0,96**	1,15	1,06	0,97	0,83	**0,56**
0,41	0,34	0,30	0,26	**0,95**	1,17	1,08	0,98	0,85	**0,55**
0,45	0,36	0,32	0,28	**0,94**	1,18	1,09	1,00	0,87	**0,54**
0,48	0,39	0,34	0,29	**0,93**	1,20	1,11	1,02	0,88	**0,53**
0,51	0,42	0,36	0,30	**0,92**	1,22	1,13	1,03	0,90	**0,52**
0,54	0,44	0,38	0,32	**0,91**	1,23	1,14	1,05	0,92	**0,51**
0,57	0,46	0,39	0,33	**0,90**	1,25	1,16	1,07	0,94	**0,50**
0,60	0,49	0,41	0,35	**0,89**	1,27	1,18	1,09	0,96	**0,49**
0,63	0,51	0,43	0,36	**0,88**	1,28	1,20	1,11	0,98	**0,48**
0,65	0,53	0,45	0,37	**0,87**	1,30	1,22	1,13	0,99	**0,47**
0,67	0,55	0,47	0,39	**0,86**	1,32	1,23	1,15	1,01	**0,46**
0,70	0,57	0,49	0,40	**0,85**	1,34	1,25	1,17	1,03	**0,45**
0,72	0,59	0,51	0,41	**0,84**	1,36	1,27	1,19	1,05	**0,44**
0,74	0,61	0,52	0,43	**0,83**	1,38	1,29	1,21	1,08	**0,43**
0,76	0,63	0,54	0,44	**0,82**	1,40	1,31	1,23	1,10	**0,42**
0,77	0,65	0,56	0,46	**0,81**	1,42	1,34	1,25	1,12	**0,41**
0,79	0,67	0,58	0,47	**0,80**	1,44	1,36	1,27	1,14	**0,40**
0,81	0,69	0,59	0,48	**0,79**	1,46	1,38	1,30	1,17	**0,39**
0,83	0,71	0,61	0,50	**0,78**	1,48	1,40	1,32	1,19	**0,38**
0,84	0,72	0,63	0,51	**0,77**	1,51	1,43	1,35	1,22	**0,37**
0,86	0,74	0,64	0,53	**0,76**	1,53	1,45	1,37	1,24	**0,36**
0,88	0,76	0,66	0,54	**0,75**	1,56	1,48	1,40	1,27	**0,35**
0,89	0,77	0,68	0,56	**0,74**	1,58	1,51	1,43	1,30	**0,34**
0,91	0,79	0,69	0,57	**0,73**	1,61	1,53	1,45	1,32	**0,33**
0,92	0,81	0,71	0,59	**0,72**	1,64	1,56	1,48	1,35	**0,32**
0,94	0,82	0,72	0,60	**0,71**	1,67	1,59	1,51	1,39	**0,31**
0,95	0,84	0,74	0,61	**0,70**	1,70	1,63	1,55	1,42	**0,30**
0,96	0,86	0,76	0,63	**0,69**	1,75	1,66	1,58	1,45	**0,29**
0,98	0,87	0,77	0,64	**0,68**	1,76	1,69	1,61	1,49	**0,28**
0,99	0,89	0,79	0,66	**0,67**	1,80	1,73	1,65	1,53	**0,27**
1,01	0,90	0,80	0,67	**0,66**	1,84	1,77	1,69	1,56	**0,26**
1,02	0,92	0,82	0,69	**0,65**	1,88	1,81	1,73	1,60	**0,25**
1,04	0,93	0,84	0,70	**0,64**	1,92	1,85	1,78	1,65	**0,24**
1,05	0,95	0,85	0,72	**0,63**	1,97	1,90	1,82	1,69	**0,23**
1,07	0,96	0,87	0,74	**0,62**	2,01	1,95	1,87	1,74	**0,22**
1,08	0,98	0,88	0,75	**0,61**	2,07	2,00	1,92	1,80	**0,21**

Fortsetzung nächste Seite

Tafel 7.5 (Fortsetzung)

Bezogener Schlankheitsgrad $\bar{\lambda}_K$ für Knickspannungslinie: a	b	c	d	$\varkappa$
2,12	2,05	1,98	1,85	**0,20**
2,18	2,11	2,04	1,91	**0,19**
2,24	2,18	2,10	1,98	**0,18**
2,31	2,25	2,17	2,05	**0,17**
2,39	2,32	2,25	2,12	**0,16**
2,47	2,40	2,33	2,21	**0,15**
2,56	2,50	2,42	2,30	**0,14**
2,66	2,60	2,53	2,40	**0,13**
2,78	2,71	2,64	2,52	**0,12**
2,91	2,84	2,77	2,65	**0,11**
3,06	2,99	2,92	2,79	**0,10**

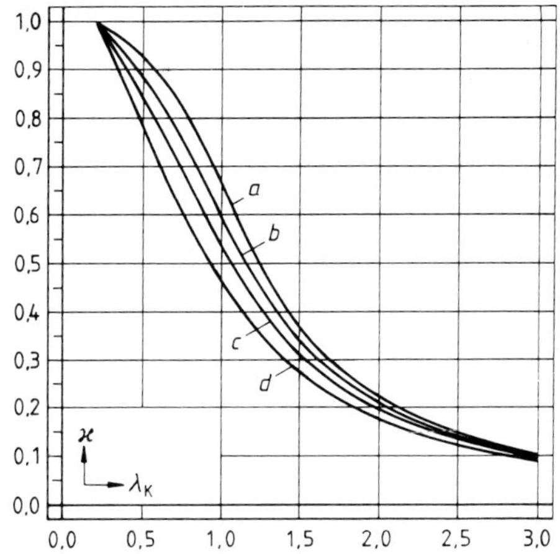

Tafel 7.6 **Normalkraft** $N_{pl,d}$ im plastischen Zustand in kN für Walzprofile aus S235 (für S355 gelten die 1,5fachen Werte)

Nenn-höhe	I	IPEa	IPE	IPEo	IPEv	HE-AA	HE-A (IPBl)	HE-B (IPB)	HE-M (IPBv)
80	165	–	167	–	–	–	–	–	–
100	231	–	225	–	–	340	463	568	1160
120	310	241	288	–	–	405	553	742	1450
140	397	292	358	–	–	502	685	937	1760
160	498	353	438	–	–	662	846	1180	2120
180	609	427	521	591	–	797	987	1420	2470
200	729	512	622	697	–	963	1170	1700	2860
220	862	617	728	816	–	1120	1400	1990	3260
240	1010	727	853	954	–	1320	1680	2310	4360
260	1160	–	–	–	–	1510	1890	2580	4790
270	–	854	1000	1170	–	–	–	–	–
280	1330	–	–	–	–	1700	2120	2870	5240
300	1510	1010	1170	1370	–	1940	2460	3250	6610
320	1700	–	–	–	–	2060	2710	3520	6810
330	–	1190	1370	1580	–	–	–	–	–
340	1890	–	–	–	–	2190	2910	3730	6890
360	2120	1400	1590	1840	–	2330	3120	3940	6960
400	2580	1590	1840	2100	2330	2570	3470	4320	7110
450	3210	1870	2160	2570	2880	2770	3880	4760	7320
500	3910	2210	2520	2980	3580	2990	4310	5210	7510
550	4630	2560	2930	3400	4410	3340	4620	5540	7730
600	5540	2990	3400	4290	5100	3580	4940	5890	7930

Tafel **7.7** **Biegemoment** $m_{pl,y,d}$ im plastischen Zustand in kNm für Walzprofile aus S235 (für S355 gelten die 1,5fachen Werte)

Nenn-höhe	I	IPEa	IPE	IPEo	IPEv	HE-AA	HE-A (IPBl)	HE-B (IPB)	HE-M (IPBv)
80	4,97	–	5,06	–	–	–	–	–	–
100	8,68	–	8,60	–	–	12,9	18,1	22,7	51,5
120	13,9	10,9	13,3	–	–	18,9	26,4	36,0	76,4
140	20,8	15,7	19,3	–	–	27,9	38,6	53,7	108
160	29,7	21,8	27,1	–	–	43,0	54,7	77,4	147
180	40,8	29,8	36,3	41,3	–	58,7	73,1	106	193
200	54,6	40,3	48,3	54,5	–	78,8	96,8	142	248
220	70,7	53,2	62,7	70,3	–	101	128	183	310
240	89,9	69,1	80,6	89,8	–	130	168	233	463
260	112	–	–	–	–	163	208	286	550
270	–	91,5	107	126	–	–	–	–	–
280	138	–	–	–	–	199	251	343	646
300	166	120	139	164	–	243	313	418	890
320	199	–	–	–	–	271	368	480	969
330	–	156	177	207	–	–	–	–	–
340	236	–	–	–	–	303	418	537	1030
360	278	202	225	261	–	338	470	597	1090
400	374	254	289	328	368	410	575	716	1220
450	524	331	373	445	502	490	721	883	1380
500	707	430	480	572	689	577	883	1070	1550
550	925	545	607	711	916	694	1030	1240	1730
600	1190	691	768	977	1160	801	1190	1420	1920

Beispiel zur Erläuterung

Eine Stahlstütze kann am Fuß und am Kopf als gelenkig gelagert angesehen werden. Sie besteht aus einem Profil HE-B 340 (IPB 340) und hat eine Systemlänge von l = 4,00 m.

Normalkraft aus G = 850 kN und Q = 1000 kN, Baustahl S355. Die Stütze ist nicht ausgesteift, maßgebend ist das Ausknicken senkrecht zur z-Achse (Bild **7.**15).

Beanspruchung

$$N_d = G \cdot \gamma_G + Q \cdot \gamma_Q = 850 \cdot 1{,}35 + 1000 \cdot 1{,}5 = 1148 + 1500 = 2648 \text{ kN}$$

Knicklänge

$$s_{Ky} = s_{Kz} = \beta_K \cdot l = 1{,}0 \cdot 4{,}00 = 4{,}00 \text{ m}$$

Querschnittswerte

$$A = 171 \text{ cm}^2,\ I_z = 9690 \text{ cm}^4,\ i_z = 7{,}53 \text{ cm},\ h = 340 \text{ mm},\ b = 300 \text{ mm},\ t = 21{,}5 \text{ mm}$$

Schlankheitsgrad

$$\lambda_K = s_{Kz}/i_z = 400/7{,}53 = 53{,}1$$

bezogener Schlankheitsgrad

$$\bar{\lambda}_K = \lambda_K/\lambda_a = 53{,}1/75{,}9 = 0{,}70$$

Knickspannungslinie

$h/b = 340/300 = 1{,}13 < 1{,}2$; $t = 21{,}5$ mm < 80 mm

nach Tafel 7.4: Knickspannungslinie c

Abminderungsfaktor

nach Tafel 7.5: $\varkappa = 0{,}49$ für $\bar{\lambda}_K = 0{,}70$ und Linie c

Normalkraft im plastischen Zustand

nach Tafel 7.6: $N_{pl,d} = 3730 \cdot 1{,}5 = 5595$ kN für St 52

Biegeknicknachweis

$$\frac{N_d}{\varkappa \cdot N_{pl,d}} = \frac{2648}{0{,}49 \cdot 5595} = 0{,}97 < 1$$

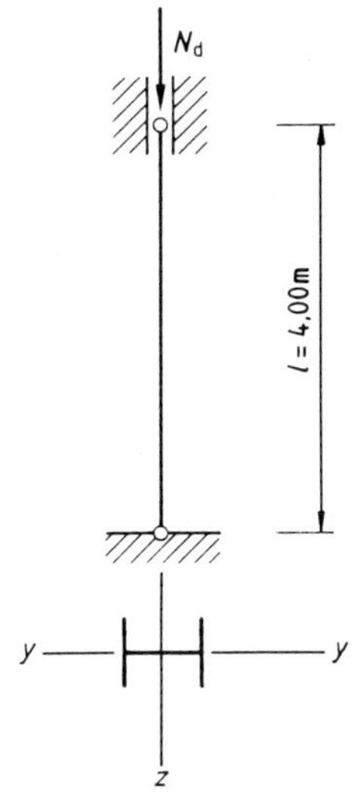

7.15 Statisches System der Stahlstütze, Eulerfall 2

7.5.2 Nachweis des Biegedrillknickens bei Druckbauteilen

Entfallender Biegedrillknicknachweis

Der Tragsicherheitsnachweis für Biegedrillknicken kann entfallen bei Beanspruchung durch planmäßig mittigen Druck für

- Walzprofile mit I-förmigem Querschnitt,
- Träger mit ähnlichen Abmessungen,
- Hohlprofile.

Für diese Profile besteht bei mittigem Druck nicht die Gefahr des Biegedrillknickens.

Durchzuführender Biegedrillknicknachweis

Bei folgenden Druckstäben kann der Tragsicherheitsnachweis formal wie der Biegeknicksicherheitsnachweis geführt werden:

- Stäbe mit beliebiger, aber unterschiedlicher Lagerung der Enden,
- Stäbe mit unveränderlichem Querschnitt,
- Belastung durch konstante Normalkraft.

An Stelle des bezogenen Schlankheitsgrades $\bar{\lambda}_K$ ist der bezogene Vergleichsschlankheitsgrad $\bar{\lambda}_{Vi}$ zu berücksichtigen.

Der Tragsicherheitsnachweis für Biegedrillknicken ist durchzuführen, wenn die vorstehenden Fälle für Druckstäbe nicht zutreffen. Im folgenden wird der Berechnungsablauf dargestellt.

Tafel **7.8** **Querschnittswerte** ausgewählter Profile für den Nachweis auf Biegedrillknicken

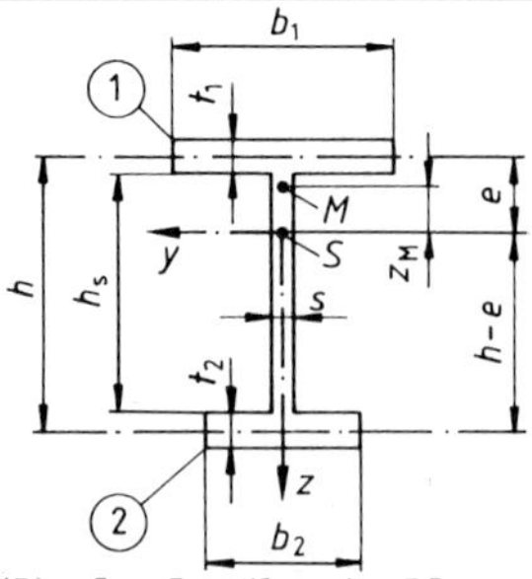

$z_M = -(1/I_z)\cdot[e\cdot I_1 - (h-e)\cdot I_2] = -e + I_2/I_2)\cdot h$

$I_\omega = [(I_1\cdot I_2)/(I_1+I_2)]\cdot h^2 = (I_1\cdot I_2/I_z)\cdot h^2$

$I_T = (b_1\cdot t_1^3 + b_2\cdot t_2^3 + h_s\cdot s^3)/3$

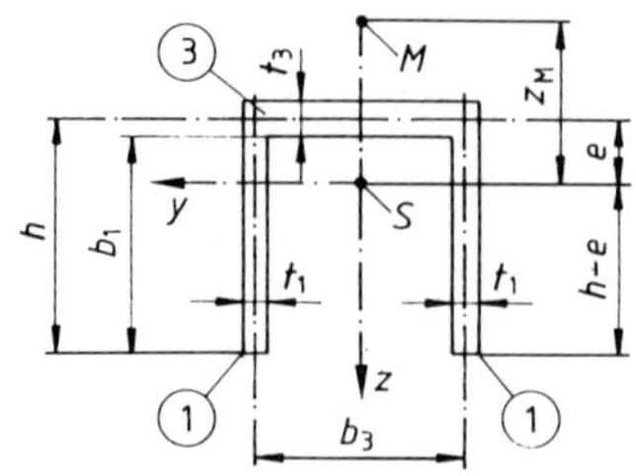

$z_M = -[e + (I_1\cdot h/I_z)];\ I_z = 2\cdot I_1 + I_3$

$I_\omega = [(I_1^2 + 2\cdot I_1\cdot I_3)/I_z]\cdot(h^2/3)$

$I_T = (2\cdot b_1\cdot t_1^3 + b_3\cdot t_3^3)/3$

I_1; I_2;I_3: Flächenmoment 2. Grades einer Teilfläche, bezogen auf die z-Achse des Gesamtquerschnitts

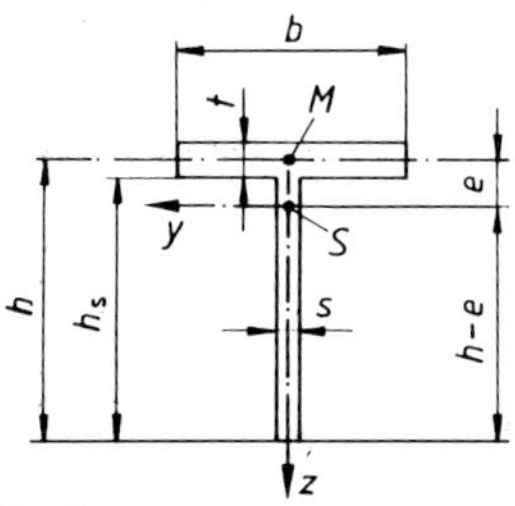

$z_M = -e$

$I_\omega = 0$

$I_T = (b\cdot t^3 + h_s\cdot s^3)/3$

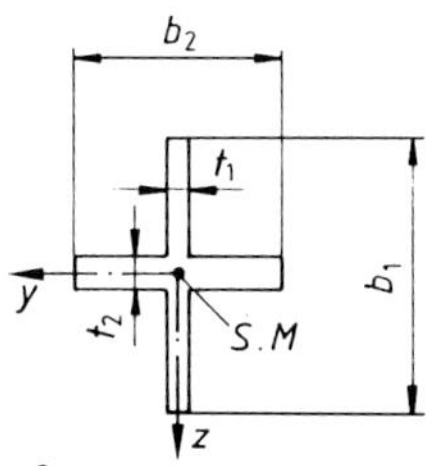

$z_M = 0$

$I_\omega = 0$

$I_T = (b_1\cdot t_1^3 + b_2\cdot t_2^3)/3$

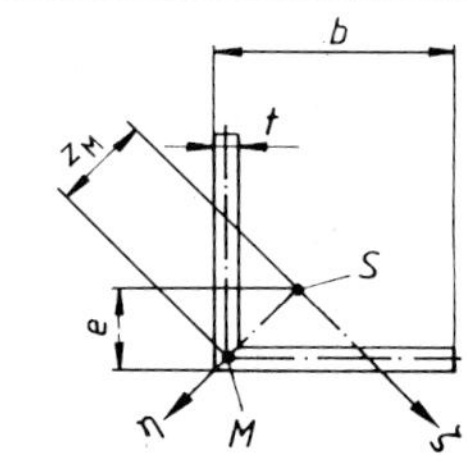

$z_M = [e - (t/2)]\cdot\sqrt{2}$

$I_\omega = 0$

$I_T = (2\cdot b - t)\cdot t^3/3$

Berechnungsablauf

- Ermittlung der Querschnittswerte aus Tafel **7.8**.

  Verwendete Formelzeichen:

  S: Schwerpunkt
  M: Schubmittelpunkt
  z_M: Abstand zwischen Schwerpunkt S und Schubmittelpunkt M
  e: Maß für die Festlegung des Schwerpunktes
  I_ω: Wölbflächenmoment 2. Grades (alternative Bezeichnung C_M)
  I_T: Torsionsflächenmoment 2. Grades

- Drehradius c des Querschnitts berechnen

$$c = \sqrt{\frac{I_\omega + 0{,}039\cdot l^2\cdot I_T}{I_z}}$$

Bei Winkeln ist I_z durch I_η zu ersetzen

– Berechnung des ideellen Vergleichsschlankheitsgrades λ_{Vi}
  Vorwerte:

  $i_p = i_y^2 + i_z^2;\quad i_y^2 = I_y/A;\quad i_z^2 = I_z/A;\quad i_M^2 = i_p^2 + z_M^2$

  i_y; i_z: Trägheitsradius, bezogen auf die Querschnittshauptachsen (bei Winkeln i_η und i_ζ)

  i_p: polarer Trägheitsradius, bezogen auf den Schwerpunkt

  i_M: polarer Trägheitsradius, bezogen auf den Schubmittelpunkt

$$\lambda_{Vi} = \frac{\beta_K \cdot l}{i_z} \cdot \sqrt{\frac{c^2 + i_M^2}{2 \cdot c^2} \cdot \left[1 + \sqrt{1 - \frac{4 \cdot c^2 \cdot i_P^2}{(c^2 + i_M^2)^2}}\right]}$$

Bei Winkeln ist i_z durch i_η zu ersetzen.

– Bestimmung des bezogenen, ideellen Vergleichsschlankheitsgrades $\bar{\lambda}_{Vi}$

$$\bar{\lambda}_{Vi} = \frac{\lambda_{Vi}}{\lambda_a}$$

$\lambda_a = 92{,}9$ für S235 mit $t \leqq 40$ mm
$\lambda_a = 75{,}9$ für S355 mit $t \leqq 40$ mm

– Ermittlung des Abminderungsfaktors $\varkappa$ für $\bar{\lambda}_{Vi}$

  Für die in Tafel **7.8** dargestellten Profile gilt die Knickspannungslinie c entspr. Tafel **7.4**. Der Abminderungsfaktor kann für $\bar{\lambda}_{Vi}$ (entspr. $\bar{\lambda}_K$) der Tafel **7.5** entnommen werden.

– Nachweis der Sicherheit gegen Biegedrillknicken

$$\frac{N_d}{\varkappa \cdot N_{pl,d}} \leqq 1$$

Beispiel zur Erläuterung

Ein Druckstab in einem Fachwerk aus einem gleichschenkligen Winkelstahl L 120 · 12 wird durch eine Druckkraft von $N_d = 260$ kN beansprucht. S235, Knicklänge für die Querschnittshauptachsen $s_{K\eta} = s_{K\zeta} = 1{,}65$ m.

– Biegeknicken

  Normalkraft im plastischen Zustand

$$N_{pl,d} = A \cdot f_{y,k}/\gamma_M = 23{,}2 \cdot 24/1{,}1 = 506 \text{ kN}$$

  Schlankheitsgrad

$$\lambda_{K\zeta} = s_{K\zeta}/i_\zeta = 165/2{,}36 = 69{,}9$$

  bezogener Schlankheitsgrad

$$\bar{\lambda}_K = \lambda_K/\lambda_a = 69{,}9/92{,}9 = 0{,}75$$

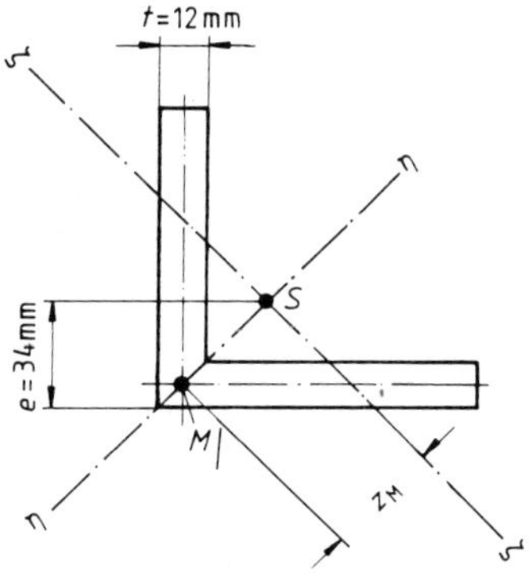

7.16 Winkelprofil mit Querschnittshauptachsen
Querschnittswerte
$A = 23{,}2$ cm²; min $i = i_\zeta = 2{,}36$ cm; $i_\eta = 4{,}63$ cm
$e = 3{,}40$ cm, $I_\eta = 584$ cm⁴

Knickspannungslinie c nach Tafel **7**.4

Abminderungsfaktor $\varkappa$ nach Tafel **7**.5

$$\varkappa = 0{,}53 \text{ für } \bar{\lambda}_K = 0{,}75 \text{ und Linie c}$$

Nachweis der Biegeknicksicherheit

$$\frac{N_d}{\varkappa \cdot N_{pl,d}} = \frac{260}{0{,}53 \cdot 506} = \mathbf{0{,}97 < 1}$$

- Biegedrillknicken
  Querschnittswerte entsprechend Tafel **7**.8

$$z_M = \left(e - \frac{t}{2}\right) \cdot \sqrt{2} = \left(3{,}40 - \frac{1{,}2}{2}\right) \cdot \sqrt{2} = 3{,}96 \text{ cm}$$

$$I_\omega = 0; \quad I_T = \frac{(2 \cdot b \cdot t) \cdot t^3}{3} = \frac{(2 \cdot 12{,}0 - 1{,}2) \cdot 1{,}2^3}{3} = 13{,}13 \text{ cm}^4$$

$$c^2 = (I_\omega + 0{,}039 \cdot s_K^2 \cdot I_T)/I_\eta = (0 + 0{,}039 \cdot 165^2 \cdot 13{,}13)/584 = 23{,}87 \text{ cm}^2$$

$$i_p^2 = i_\eta^2 + i_\zeta^2 = 4{,}63^2 + 2{,}36^2 = 27{,}01 \text{ cm}^2$$

$$i_M^2 = i_p^2 + z_M^2 = 27{,}01 + 3{,}96^2 = 42{,}69 \text{ cm}^2$$

bezogener, ideeller Vergleichsschlankheitsgrad

$$\bar{\lambda}_{Vi} = \frac{s_K}{i_h} \cdot \sqrt{\frac{c^2 + i_M^2}{2 \cdot c^2} \cdot \left[1 + \sqrt{1 - \frac{4 \cdot c^2 + i_P^2}{(c^2 + i_M^2)^2}}\right]}$$

$$= \frac{165}{4{,}63} \cdot \sqrt{\frac{23{,}87 + 42{,}69}{2 \cdot 23{,}87} \cdot \left[1 + \sqrt{1 - \frac{4 \cdot 23{,}87 \cdot 27{,}01}{(23{,}87 + 42{,}69)^2}}\right]}$$

$$= \frac{165}{4{,}63} \cdot \sqrt{1{,}39 \cdot 1{,}65}$$

$$\bar{\lambda}_{Vi}/\lambda_{K\zeta} = 54{,}1/69{,}9 = 0{,}77 < 1$$

Damit ist nachgewiesen, daß das Biegeknicken maßgebend ist und die Sicherheit gegen Biegedrillknicken größer ist. Weitere Beispiele siehe Abschn. 8.2.

7.6 Stützen aus Beton

Der Nachweis der Tragfähigkeit von Betonstützen ohne Stahleinlagen ist nach den Bestimmungen der DIN 1045 „Beton und Stahlbeton; Bemessung und Ausführung" zu führen. Er ist ähnlich wie bei Stützen aus Holz.

Als Stützen gelten stabförmige Druckglieder mit $b \leqq 5 \cdot d$, wobei b die größere und d die kleinere Abmessung des Querschnittes ist. Druckglieder mit $b > 5 \cdot d$ gelten als Wände.

Die Abmessungen bei Vollquerschnitten aus Ortbeton müssen $\geqq$ 20 cm, bei Fertigteilen $\geqq$ 14 cm betragen. Bei aufgelösten Querschnitten (z.B. I-, T- und L-förmige

Querschnitte) oder bei Hohlquerschnitten aus Ortbeton muß die Mindestdicke 14 cm und bei Fertigteilen 7 cm sein.

Für den Nachweis von Stützen aus bewehrtem Beton wird auf das Buch „Stahlbetonbau – Bemessung, Konstruktion, Ausführung“ [9] verwiesen.

7.6.1 Knicklänge und Schlankheit

Für den Tragfähigkeitsnachweis ist zunächst die Knicklänge s_K zu bestimmen aus

$$s_K = \beta_K \cdot h_s \qquad \text{Gl. (7.14)}$$

Der Beiwert β_K wird entsprechend der Lagerung der Stütze am Fuß und am Kopf bestimmt (Tafel 7.1). Der Schlankheitsgrad λ berechnet sich mit

$$\lambda = \frac{s_K}{i} \qquad \text{Gl. (7.15)}$$

Anstelle der Knickzahl ω ist hier der Beiwert $\varkappa$ zu errechnen, durch den die zulässige Belastung bzw. die vorhandene Querschnittsfläche verringert wird. Der Beiwert $\varkappa$ berücksichtigt den Einfluß der Schlankheit auf die Tragfähigkeit der Betonstütze. Bei Stützen mit mittiger Druckkraft ist der Beiwert $\varkappa$ (kappa) aus dem Schlankheitsgrad λ zu berechnen:

$$\varkappa = 1 - \frac{\lambda}{140} \qquad \text{Gl. (7.16)}$$

Schlankheiten von $\lambda = s_K/i > 70$ sind für Betonstützen nicht zulässig.

7.6.2 Spannungsnachweis bei Stützen aus Beton

Als zulässige Druckspannung kann die rechnerische Betonfestigkeit β_R dividiert durch den Sicherheitsbeiwert γ angesehen werden:

$$\textbf{zul}\ \boldsymbol{\sigma_D} = \frac{\boldsymbol{\beta_R}}{\boldsymbol{\gamma}} \quad \text{in N/mm}^2 \qquad \text{Gl. (7.17)}$$

Die Rechenwerte β_R der Betonfestigkeit und der Sicherheitsbeiwert γ sind abhängig von der Betonfestigkeitsklasse (Betongüte) (Tafel 7.9).

Tafel 7.9 **Zulässige Betondruckspannungen zul σ_D**

Betonfestigkeitsklasse	zul. Betondruckspannung zul $\sigma_D = \beta_R/\gamma$ in N/mm² bzw. MN/m²
B 5	β_R/γ = 3,5/2,1 = 1,67
B 10	= 7,0/2,1 = 3,33
B 15	= 10,5/2,1 = 5,0
B 25	= 17,5/2,1 = 8,33
B 35 · · · B 55	= 23,0/2,1 = 10,95

Damit kann der Nachweis der Tragfähigkeit über folgende Formeln geführt werden:

$$\textbf{vorh } \boldsymbol{\sigma}_\mathbf{D} = \frac{\textbf{vorh } \boldsymbol{N}}{\textbf{vorh } \boldsymbol{A}_\mathbf{b} \cdot \boldsymbol{\varkappa}} \quad \text{in N/mm}^2 \text{ bzw. MN/m}^2 \qquad \text{Gl. (7.18)}$$

$$\text{zul } \sigma_D = \frac{\beta_R}{\gamma} \quad \text{in N/mm}^2$$

$$\frac{\text{vorh } \sigma_D}{\text{zul } \sigma_D} \leqq 1$$

Hierbei sind:

vorh N vorhandene Gesamtlast aus Eigenlast G der Stütze und Nutzlast S (Stabkraft) in N

vorh A_b vorhandener Betonquerschnitt aus $b \cdot d$ in mm²

Beispiele zur Erläuterung

1. Eine Stütze aus Beton B 15 hat einen Querschnitt von b/d = 400/300 mm und eine Höhe von h_s = 3,00 m. Sie ist unten und oben als gelenkig gelagert anzusehen. (Eulerfall 2). Die aufzunehmende Nutzlast beträgt $S = -360$ kN.

Wie groß ist die vorhandene Betondruckspannung?

Eigenlast der Stütze $G = b \cdot d \cdot h \cdot \gamma_b = 0{,}40 \cdot 0{,}30 \cdot 3{,}0 \cdot 24{,}0 = 8{,}6$ kN

Gesamtlast der Stütze $N = |S| + G = 360 + 8{,}6 = 368{,}6$ kN

Knicklänge $s_K = \beta_K \cdot h_s = 1{,}0 \cdot 3{,}00 = 3{,}00$ m

Schlankheit $\lambda = s_K/i = s_K/(0{,}289 \cdot d) = 3{,}00/(0{,}289 \cdot 0{,}30) = 34{,}6 < \text{zul } \lambda = 40$

Beiwert $\varkappa = 1 - \lambda/140 = 1 - 34{,}6/140 = 1 - 0{,}25 = 0{,}75$

Druckspannung

$$\text{vorh } \sigma_D = \frac{\text{vorh } N}{\text{vorh } A_b \cdot \varkappa} = \frac{368{,}6}{40 \cdot 30 \cdot 0{,}75} = 0{,}41 \text{ kN/cm}^2 = 4{,}1 \text{ N/mm}^2$$

$$\text{zul } \sigma_D = \frac{\beta_R}{\gamma} = \frac{10{,}5}{2{,}1} = 5{,}0 \text{ N/mm}^2$$

$$\frac{\text{vorh } \sigma_D}{\text{zul } \sigma_D} = \frac{4{,}1}{5{,}0} = 0{,}82 < 1$$

2. Eine Stütze aus Beton hat eine Höhe von 2,75 m und einen Querschnitt von b/d = 365/240 mm. Die Betonfestigkeitsklasse beträgt B 25.

Wie stark darf die Stütze belastet werden?

Eigenlast der Stütze $G = b \cdot d \cdot h \cdot \gamma_b = 0{,}365 \cdot 0{,}24 \cdot 2{,}75 \cdot 24{,}0 = 5{,}8$ kN

Knicklänge $s_K = \beta_K \cdot h_s = 1{,}0 \cdot 2{,}75 = 2{,}75$ m

Schlankheit $\lambda = s_K/i = s_K/(0{,}289 \cdot d) = 2{,}75/(0{,}289 \cdot 0{,}24) = 39{,}7 < \text{zul } \lambda = 40$

Beiwert $\varkappa = 1 - 39{,}7/140 = 1 - 0{,}284 = 0{,}716$

Gesamtlast $\text{zul } N = \frac{\beta_R}{\gamma} \cdot \text{vorh } A_b \cdot \varkappa = \frac{1{,}75}{2{,}1} \cdot 36{,}5 \cdot 24 \cdot 0{,}716 = 522{,}7$ kN

Nutzlast $\text{zul } S = N - G = 522{,}7 - 5{,}8 = 516{,}9$ kN

7.7 Wände aus Beton

Mittig belastete tragende Wände aus Beton werden wie Stützen nach DIN 1045 „Beton und Stahlbeton; Bemessung und Ausführung" berechnet (Abschn. 7.2).

Als Wände gelten solche Druckglieder, bei denen $b > 5 \cdot d$ ist, wobei die Breite b die größere und die Dicke d die kleinere Abmessung des Querschnittes ist. Druckglieder mit $b \leqq 5 \cdot d$ gelten als Stützen.

Zur Berechnung von bewehrten Wänden wird auf das Buch „Stahlbetonbau – Bemessung, Konstruktion, Ausführung" [9] verwiesen.

In Tafel **7.10** sind die Mindestwanddicken für tragende Wände angegeben.

Tafel **7.10** **Mindestwanddicken** für tragende Wände aus Beton

Betonfestigkeitsklasse	Herstellung	Mindestwanddicke d in mm	
		Decken über den Wänden nicht durchlaufend	durchlaufend
B 5 und B 10	Ortbeton	$\geqq 200$	$\geqq 140$
B 15 bis B 35	Ortbeton	$\geqq 140$	$\geqq 120$
	Fertigteil	$\geqq 120$	$\geqq 100$

7.7.1 Knicklänge und Schlankheit

Die Größe der Knicklänge ist abhängig von der Geschoßhöhe h_s und der Aussteifung der Wände. Sie wird berechnet aus

$$s_K = \beta_K \cdot h_s \qquad \text{Gl. (7.19)}$$

Der Beiwert β_K ist entsprechend der Aussteifung der Wände (zwei-, drei- oder vierseitig gehalten) zu berechnen (Bild **7.17**).

Der Schlankheitsgrad λ wird berechnet aus

$$\lambda = \frac{s_K}{i} \qquad \text{Gl. (7.20)}$$

Der Beiwert $\varkappa$ zur Verringerung der zulässigen Belastung bzw. der vorhandenen Querschnittsfläche wird ebenfalls wie bei Stützen aus Beton ermittelt

$$\varkappa = 1 - \frac{\lambda}{140} \qquad \text{Gl. (7.21)}$$

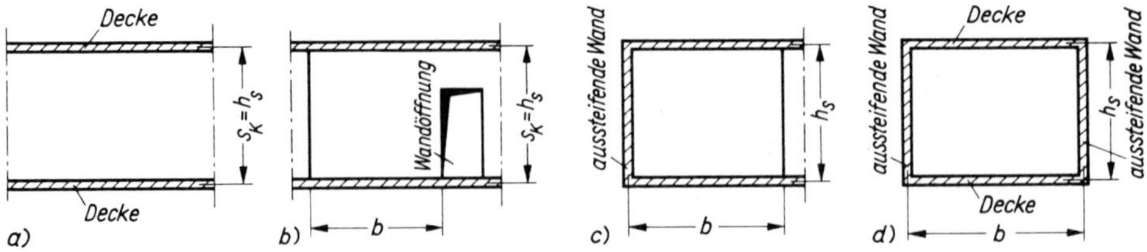

7.17 Beiwert β_K zur Bestimmung der Knicklänge s_K von unbewehrten Betonwänden: $s_K = \beta_K = h_s$

a) und b) zweiseitig gehaltene Wand: $\beta_K = 1{,}0$

c) dreiseitig gehaltene Wand: $\beta_K = \dfrac{1}{1 + \left[\dfrac{h_s}{3\,b}\right]^2} \geqq 0{,}3$ Gl. (7.22)

d) vierseitig gehaltene Wand: $\beta_K = \dfrac{1}{1 + \left[\dfrac{h_s}{b}\right]^2}$ für $h_s \leqq 0{,}3$ $\beta_K = \dfrac{b}{2\,h_s}$ für $h_s > b$ Gln. (7.23) (7.24)

7.7.2 Spannungsnachweis bei Wänden aus Beton

Mittige Belastung der Wände wird vorausgesetzt.
Schlankheiten $\lambda = s_K / i > 70$ sind für Wände aus Beton nicht zulässig.
Der Nachweis der Tragfähigkeit wird sinngemäß wie bei Betonstützen geführt mit

$$\textbf{vorh}\ \boldsymbol{\sigma_D} = \frac{\textbf{vorh}\ \boldsymbol{q}}{\boldsymbol{l \cdot d \cdot \varkappa}} \quad \text{in N/mm}^2 \text{ bzw. MN/m}^2 \qquad \text{Gl. (7.25)}$$

$$\text{zul}\ \sigma_D = \frac{\beta_R}{\gamma} \qquad \text{Gl. (7.26)}$$

$$\frac{\text{vorh}\ \sigma_D}{\text{zul}\ \sigma_D} \leqq 1 \qquad \text{Gl. (7.27)}$$

Beispiele zur Erläuterung

1. Eine zweiseitig gehaltene Wand von 200 mm Dicke und 2,75 m Höhe aus Beton B 10 hat eine Belastung von $p = 285$ kN/m aufzunehmen.
Wie groß ist die vorhandene Betondruckspannung?

Eigenlast der Wand $g = d \cdot h \cdot \gamma_b = 0{,}20 \cdot 2{,}75 \cdot 23{,}0 = 12{,}7$ kN je m Wand

Gesamtlast $q = p + g = 285 + 12{,}7 = 297{,}7$ kN je m Wand

Knicklänge $s_K = \beta_K \cdot h_s = 1{,}0 \cdot 2{,}75 = 2{,}75$ m

Schlankheit $\lambda = s_K / i = s_K / (0{,}289 \cdot d) = 2{,}75 / (0{,}289 \cdot 0{,}20)$
$= 47{,}6 < \text{zul}\ \lambda = 70$

Beiwert $\varkappa = 1 - \lambda/140 = 1 - 47{,}6/140$
$= 1 - 0{,}34 = 0{,}66$

Druckspannung

$$\text{vorh } \sigma_D = \frac{\text{vorh } q}{l \cdot d \cdot \varkappa} = \frac{297{,}7}{100 \cdot 20 \cdot 0{,}66}$$

$$= 0{,}23 \text{ kN/cm}^2 = 2{,}3 \text{ N/mm}^2$$

$$\text{zul } \sigma_D = \beta_R/\gamma = 7{,}0/2{,}1 = 3{,}33 \text{ N/mm}^2$$

$$\frac{\text{vorh } \sigma_D}{\text{zul } \sigma_D} = \frac{2{,}3}{3{,}33} = 0{,}69 < 1$$

2. Eine dreiseitig gehaltene Wand von 150 mm Dicke und 1,30 m Breite sowie 3,00 m Höhe hat eine Last von p = 653 kN/m zu tragen.

Welche Betonfestigkeitsklasse ist für diese Wand zu wählen?

Eigenlast $g = d \cdot h \cdot \gamma_b = 0{,}15 \cdot 3{,}00 \cdot 24{,}0 = 10{,}8$ kN je m Wand

Gesamtlast $\text{vorh } q = g + p = 10{,}8 + 653{,}0 = 663{,}8$ kN je m Wand

Beiwert $$\beta_K = \frac{1}{1 + \left[\frac{h_s}{3b}\right]^2} = \frac{1}{1 + \left[\frac{3{,}00}{3 \cdot 1{,}30}\right]^2} = \frac{1}{1 + 0{,}59} = 0{,}63$$

Knicklänge $s_K = \beta_K \cdot h_s = 0{,}63 \cdot 3{,}00 = 1{,}89$ m

Schlankheit $\lambda = s_K/i = s_K/(0{,}289 \cdot d) = 1{,}89/(0{,}289 \cdot 0{,}15)$

$= 43{,}6 < \text{zul } \lambda = 70$

Beiwert $\varkappa = 1 - \lambda/140 = 1 - 43{,}6/140 = 1 - 0{,}31 = 0{,}69$

Druckspannung $$\text{vorh } \sigma_D = \frac{\text{vorh } q}{l \cdot d \cdot \varkappa} = \frac{663{,}8}{100 \cdot 15 \cdot 0{,}69} = 0{,}64 \text{ kN/cm}^2 = 6{,}4 \text{ N/mm}^2$$

Gewählt: Beton **B 25** mit $\text{zul } \sigma_D = \beta_R/\gamma = 17{,}5/2{,}1 = 8{,}33 \text{ N/mm}^2$

$$\frac{\text{vorh } \sigma_D}{\text{zul } \sigma_D} = \frac{6{,}4}{8{,}33} = 0{,}77 < 1$$

7.8 Mauerwerk

Für Bemessung und Ausführung von Bauten und Bauteilen aus Mauerwerk gilt DIN 1053. Die zulässigen Spannungen für Mauerwerk sind abhängig von:

- Steinfestigkeitsklasse und Mörtelgruppe
- Art des Mauerwerks (Rezeptmauerwerk RM, Mauerwerk nach Eignungsprüfung EM, bewehrtes Mauerwerk)
- Bemessungsverfahren (vereinfachtes Verfahren oder genaueres Verfahren).

Die Grundwerte der zulässigen Spannungen sind in Abschnitt 1.8.3 in den Tafeln **1.**11 bis **1.**13 angegeben.

Bei der Bemessung von Mauerwerk und beim Nachweis der Standsicherheit müssen folgende Voraussetzungen erfüllt sein, wenn das vereinfachte Verfahren nach DIN 1053 Teil 1 angewendet werden soll:

- Gebäudehöhe über Gelände nicht mehr als 20 m. Als Gebäudehöhe darf bei geneigten Dächern das Mittel von First- und Traufhöhe gelten.
- Stützweite der aufliegenden Decken nicht mehr als 6 m, sofern nicht die Biegemomente aus der Deckenverdrehung am Auflager durch konstruktive Maßnahmen begrenzt werden, z. B. durch Zentrierleisten.

  Bei zweiachsig gespannten Decken ist l die kürzere Stützweite.
- Die Angaben der Tafel **7.**11 (entsprechend DIN 1053 Teil 1 Tabelle 1) sind zu beachten.

Deckeneinspannungen oder Ausmittigkeiten der Belastung brauchen beim vereinfachten Verfahren nicht nachgewiesen zu werden.

Tafel **7.**11 **Begrenzung der Geschoßhöhen und der Verkehrslasten** bei Anwendung des vereinfachten Verfahrens (nach DIN 1053 Teil 1)

	Bauteil	Voraussetzungen		
		Wanddicke d mm	Geschoßhöhe h_s	Verkehrslast p kN/m²
1	Innenwände	≧ 115 < 240	≦ 2,75 m	
2		≧ 240	–	≦ 5
3	einschalige Außenwände	≧ 175 [1]) < 240	≦ 2,75 m	
4		≧ 240	≦ 12 · d	
5	Tragschale zweischaliger Außenwände und zweischalige Haustrennwände	≧ 115 [2]) < 175 [2])	≦ 2,75 m	≦ 3 [3])
6		≧ 175 < 240		≦ 5
7		≧ 240	≦ 12 · d	

[1]) Bei eingeschossigen Garagen und vergleichbaren Bauwerken, die nicht zum dauernden Aufenthalt von Menschen vorgesehen sind, auch $d \geqq 115$ mm zulässig.

[2]) Geschoßanzahl maximal zwei Vollgeschosse zuzüglich ausgebautes Dachgeschoß; aussteifende Querwände im Abstand ≦ 4,50 m bzw. Randabstand von einer Öffnung ≦ 2,0 m.

[3]) Einschließlich Zuschlag für nichttragende innere Trennwände.

7.8.1 Druckbeanspruchung

Die Bemessung von Mauerwerk ist für den Gebrauchszustand durchzuführen. Bei Anwendung des vereinfachten Verfahrens ist nachzuweisen, daß die zulässigen Druckspannungen nicht überschritten werden; und zwar auf der Grundlage einer linearen Spannungsverteilung und unter Ausschluß von Zugspannungen:

$$\text{zul}\ \sigma_D = k \cdot \sigma_0 \quad \text{in MN/m}^2 \qquad \text{Gl. (7.28)}$$

Hierbei bedeuten:

σ_0 Grundwerte der zulässigen Druckspannung nach Tafel **1**.11, **1**.12 bzw. **1**.13

k Abminderungsfaktor:
- Wände als Zwischenauflager: $k = k_1 \cdot k_2$
- Wände als einseitiges Auflager: $k = k_1 \cdot k_2$ oder $k = k_1 \cdot k_3$ Gl. (7.29)
  der kleinere Wert ist maßgebend

k_1 Faktor zur Erhöhung des Sicherheitsbeiwertes bei Pfeilern und kurzen Wänden:
$k_1 = 1{,}0$ für Wände
$k_1 = 0{,}8$ für Pfeiler und „kurze Wände", deren Querschnitte aus weniger als zwei ungeteilten Steinen bestehen oder deren Querschnittsflächen kleiner als 0,10 m² sind

k_2 Faktor zur Berücksichtigung der Traglastminderung bei Knickgefahr:
$k_2 = 1{,}0$ für $h_K/d \leqq 10$

$$k_2 = \frac{25 - h_K/d}{15} \quad \text{für } h_K/d > 10 \text{ bis } 25 \text{ mit } h_K \text{ als Knicklänge} \qquad \text{Gl. (7.30)}$$

k_3 Faktor zur Berücksichtigung der Traglastminderung bei Verdrehungen am Endauflager von Decken
$k_3 = 1{,}0$ für $l \leqq 4{,}20$ m
$k_3 = 1{,}7 - l/6$ für $l > 4{,}20$ m bis 6,00 m Gl. (7.31)
mit l als Deckstützweite in m

7.8.2 Knickbeanspruchung

Beim Nachweis der Knicksicherheit nach dem vereinfachten Verfahren berücksichtigen die Faktoren k_2 und k_3 die ungewollten Ausmitten und die Biegemomente aus Auflagerverdrehungen der Decken. Dabei wird vorausgesetzt, daß in halber Geschoßhöhe nur noch Biegemomente aus Windlasten auftreten (s. Abschnitt Windlasten).

Bei Wirkung größerer horizontaler Lasten oder bei Einleitung vertikaler Lasten mit größerer planmäßiger Ausmitte ist ein genauerer Knicksicherheitsnachweis nach DIN 1053 Teil 2 zu führen. Ein Versatz der Wandachsen infolge einer Änderung der Wanddicken gilt dann nicht als größere Ausmitte, wenn der Querschnitt der dickeren Wand den Querschnitt der dünneren Wand umschreibt.

Knicklänge

Die Knicklänge h_K von Wänden ist in Abhängigkeit von der lichten Geschoßhöhe h_s wie folgt in Rechnung zu stellen:

a) Für zweiseitig gehaltene Wände gilt im allgemeinen:

$$h_K = h_s \qquad \text{Gl. (7.32)}$$

Bei Plattendecken und anderen flächig aufgelagerten Massivdecken darf wegen Einspannung der Wand in den Decken die Knicklänge abgemindert werden auf:

$$h_K = \beta \cdot h_s \qquad \text{Gl. (7.33)}$$

Ohne genaueren Nachweis kann für den Knickbeiwert β angenommen werden:

$\beta = 0{,}75$ für Wanddicken $d \leqq 175$ mm

$\beta = 0{,}90$ für Wanddicken $d > 175$ mm bis 250 mm Gl. (7.34)

$\beta = 1{,}00$ für Wanddicken $d > 250$ mm

Die Auflagertiefe a auf den Wänden der Dicke d muß mindestens betragen:

$a \geqq 175$ mm bei $d \geqq 240$ mm

$a = d$ bei $d < 240$ mm Gl. (7.35)

b) Für drei- und vierseitig gehaltene Wände gilt im allgemeinen:

$$h_K = \beta \cdot h_s \qquad \text{Gl. (7.33)}$$

Tafel **7**.12 **Knickbeiwert β zur Bestimmung der Knicklänge** $h_K = h_s$ von drei- und vierseitig gehaltenen Wänden entsprechend Bild **7**.18 [DIN 1053 Teil 1]

dreiseitig gehaltene Wand Wanddicke in mm 240 | 175 | 115	b' m	β	b m	vierseitig gehaltene Wand Wanddicke in mm 115 | 175 | 240 | 300
	0,65	0,35	2,00	
	0,75	0,40	2,25	
	0,85	0,45	2,50	
	0,95	0,50	2,80	
	1,05	0,55	3,10	
	1,15	0,60	3,40	$b \leqq 3{,}45$ m
	1,25	0,65	3,80	
	1,40	0,70	4,30	
$b' \leqq 1{,}75$ m	1,60	0,75	4,80	$b \leqq 5{,}25$ m
	1,85	0,80	5,60	
$b' \leqq 2{,}60$ m	2,20	0,85	6,60	$b \leqq 7{,}20$ m
$b' \leqq 3{,}60$ m	2,80	0,90	8,40	$b \leqq 9{,}00$ m

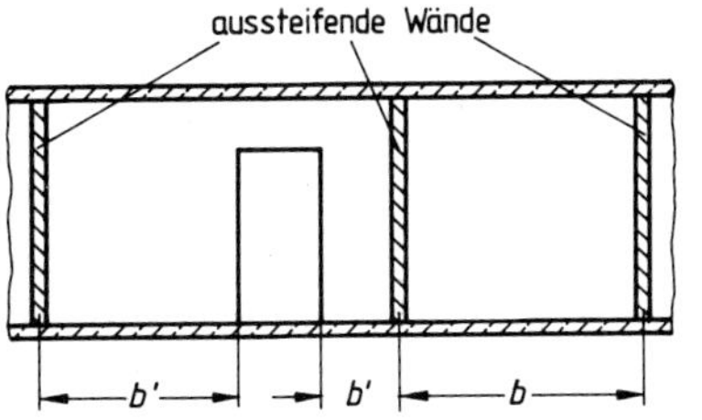

7.18 Aussteifung einer Wand durch Querwände; Darstellung der Abmessungen *b* und *b′* (DIN 1053 Teil 1 Bild 2)

Ohne genaueren Nachweis kann für Wände mit einer lichten Geschoßhöhe $h_s \leqq 3{,}50$ m der Knickbeiwert β nach Bild **7.**18 der Tafel **7.**12 entnommen werden. Mit einem ungünstigeren Faktor β als bei einer zweiseitig gehaltenen Wand braucht nicht gerechnet zu werden.

Tafel **7.**13 **Mindestdicken und Höchstabstände aussteifender Wände** (nach DIN 1053)

	Dicke der auszusteifenden tragenden Wand mm		Geschoß-höhe m	Aussteifende Wand im 1. bis 4. Vollgeschoß von oben Dicke in mm	im 5. und 6. Vollgeschoß von oben Dicke in mm	Abstand in m
1	≧ 115	< 175	≦ 3,25	≧ 115	≧ 175	≦ 4,50
2	≧ 175	< 240				≦ 6,00
3	≧ 240	< 300	≦ 3,50			≦ 8,00
4	≧ 300		≦ 5,00			

Windlasten

Der Einfluß der Windlast rechtwinklig zur Wandebene darf beim Spannungsnachweis nach dem vereinfachten Verfahren in der Regel vernachlässigt werden, wenn ausreichende horizontale Halterungen der Wände vorhanden sind (DIN 1053 Teil 1 Abschnitt 6.3). Als solche Halterungen gelten z. B.:

- Geschoßdecken mit Scheibenwirkung
- statisch nachgewiesene Ringbalken in jedem Geschoß
- Begrenzung der zulässigen Geschoßhöhen nach Tafel **7.**11

Unabhängig davon ist die räumliche Steifigkeit sicherzustellen (Abschn. 10).

7.8.3 Erddruck bei Mauerwerk

Der genaue Nachweis der Kelleraußenwände auf Erddruck darf entfallen, wenn nachstehende Bedingungen erfüllt sind.

- Lichte Höhe der Kellerwand $h_s \leqq 2{,}60$ m, Wanddicke $d \geqq 24$ cm.
- Die Kellerdecke wirkt als Scheibe und kann die aus dem Erddruck entstehenden Kräfte aufnehmen.
- Im Einflußbereich des Erddrucks auf die Kellerwände ist die Verkehrslast auf der Geländeoberfläche $p \leqq 5\,\text{kN/m}^2$, die Geländeoberfläche steigt nicht an, die Anschütthöhe ist nicht größer als die Wandhöhe: $h_e \leqq h_s$.
- Die Auflast N_0 der Kellerwand unterhalb der Kellerdecke liegt innerhalb folgender Grenzen:

$$\max N_0 \geqq N_0 \leqq \min N_0 \qquad \text{Gl. (7.36)}$$

Hierbei sind: $N_0 = 0{,}45 \cdot d \cdot \sigma_0$ (Gl. (7.37)

$\min N_0$	nach Tafel **7.**14
h_s	lichte Höhe der Kellerwand
h_e	Höhe der Anschüttung
d	Wanddicke
σ_0	zulässige Druckspannung nach Tafel **1.**11, **1.**12 und **1.**13.

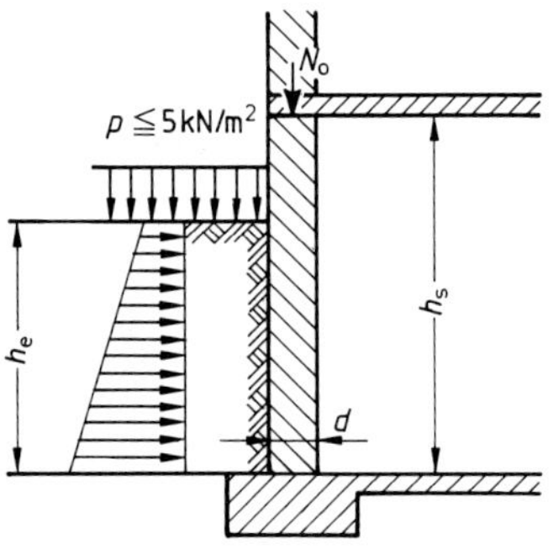

7.19 Lastannahmen für Kellerwände

Tafel **7.**14 **Mindestlast min N_0 für Kellerwände** ohne rechnerischen Nachweis (DIN 1053 Teil 1)

Wanddicke	min N_0 in kNm bei einer Höhe der Anschüttung h_e			
d in mm	1,0 m	1,5 m	2,0 m	2,5 m
240	6	20	45	75
300	3	15	30	50
365	0	10	25	40
490	0	5	15	30

Zwischenwerte sind geradlinig zu interpolieren.

Wenn die dem Erddruck ausgesetzte Kellerwand durch Querwände oder statisch nachgewiesene Bauteile im Abstand b ausgesteift ist, so daß eine zweiachsige Lastabtragung in der Wand stattfinden kann, gelten für N_0 folgende Mindestwerte:

$$N_0 \geqq 0{,}5 \min N_0 \qquad \text{für } b \leqq h_s \qquad \text{Gl. (7.38)}$$

$$N_0 \geqq \min N_0 \qquad \text{für } b \geqq 2\,h_s \qquad \text{Gl. (7.39)}$$

Zwischenwerte sind geradlinig einzuschalten.

7.8.4 Mindestdicken

Für die erforderlichen Mindestdicken gelten außer den Anforderungen, die sich aus Gründen der Standsicherheit, der Bauphysik oder des Brandschutzes ergeben, allgemein folgende Festlegungen der DIN 1053 Teil 1:

Mauerwerk aus künstlichen Steinen:

tragende Innen- und Außenwände:	$d \geqq 115$ mm
tragende Pfeiler:	$b \times d \geqq 115$ mm $\times$ 365 mm
	bzw. $b \times d \geqq 175$ mm $\times$ 240 mm
Kellerwände	
ohne Nachweis des Erddruckes:	$d \geqq 240$ mm
aussteifende Wände:	$d \geqq 115$ mm
	$d \geqq 1/3$ der Dicke der auszusteifenden Wand
geputzte einschalige Außenwände:	$d \geqq 240$ mm
einschaliges Verblendmauerwerk:	$d \geqq 310$ mm
zweischaliges Verblendmauerwerk:	$d \geqq 115$ mm für tragende Innenschale

Mauerwerk aus natürlichen Steinen

tragende Wände:	$d \geqq 240$ mm, Mindestquerschnitt 0,1 m^2

Zusätzlich sind die Anforderungen zu beachten, die sich aus den Tafeln **7.**11 und **7.**12 ergeben.

7.8.5 Aussparungen und Schlitze

Schlitze und Aussparungen, bei denen die Grenzwerte nach Tafel **7.**15 eingehalten werden, dürfen ohne Berücksichtigung bei der Bemessung des Mauerwerks ausgeführt werden (DIN 1053 Teil 1 Abschnitt 8.3).

Vertikale Schlitze und Aussparungen sind auch dann ohne Nachweis zulässig, wenn die Querschnittsschwächung, bezogen auf 1 m Wandlänge, nicht mehr als 6% beträgt und die Wand nicht drei- oder vierseitig gehalten gerechnet ist. Restwanddicke und Mindestabstand müssen Tafel **7.**15 entsprechen.

Alle anderen Schlitze und Aussparungen sind bei der Bemessung des Mauerwerks zu berücksichtigen.

Tafel 7.15 **Schlitze und Aussparungen**, die in tragenden Wänden ohne Nachweis zulässig sind (nach DIN 1053 Teil 1)

1	2	3	4	5	6	7	8	9	10
Wand-dicke	Horizontale und schräge Schlitze [1]) nachträglich hergestellt		Vertikale Schlitze und Aussparungen nachträglich hergestellt			Vertikale Schlitze und Aussparungen in gemauertem Verband			
	Schlitzlänge		Tiefe [4])	Einzel-schlitz-breite [5])	Abstand der Schlitze und Aussparungen von Öffnungen	Breite [5])	Rest-wand-dicke	Mindestabstand der Schlitze und Aussparungen	
	unbe-schränkt Tiefe	≦ 1,25 m lang [2]) Tiefe						von Öffnungen	untereinander
mm	in mm [3])	in mm	mm	mm	mm	mm	mm		
≧ 115	–	–	≦ 10	≦ 100	≧ 115	–	–	≧ 2fache Schlitzbreite bzw. ≧ 365 mm	≧ Schlitzbreite
≧ 175	0	≦ 25	≦ 30	≦ 100		≦ 260	≧ 115		
≧ 240	≦ 15	≦ 25	≦ 30	≦ 150		≦ 385	≧ 115		
≧ 300	≦ 20	≦ 30	≦ 30	≦ 200		≦ 385	≧ 175		
≧ 365	≦ 20	≦ 30	≦ 30	≦ 200		≦ 385	≧ 240		

[1]) Horizontale und schräge Schlitze sind nur zulässig in einem Bereich ≦ 0,4 m ober- oder unterhalb der Rohdecke sowie jeweils an einer Wandseite. Sie sind nicht zulässig bei Langlochziegeln.

[2]) Mindestabstand in Längsrichtung von Öffnungen ≧ 490 mm, vom nächsten Horizontalschlitz zweifache Schlitzlänge.

[3]) Die Tiefe darf um 10 mm erhöht werden, wenn Werkzeuge verwendet werden, mit denen die Tiefe genau eingehalten werden kann. Bei Verwendung solcher Werkzeuge dürfen auch in Wänden ≧ 240 mm gegenüberliegende Schlitze mit jeweils 10 mm Tiefe ausgeführt werden.

[4]) Schlitze, die bis maximal 1 m über den Fußboden reichen, dürfen bei Wanddicken ≧ 240 mm bis 80 mm Tiefe und 120 mm Breite ausgeführt werden.

[5]) Die Gesamtbreite von Schlitzen nach Spalte 5 und Spalte 7 darf je 2 m Wandlänge die Maße in Spalte 7 nicht überschreiten. Bei geringeren Wandlängen als 2 m sind die Werte in Spalte 7 proportional zur Wandlänge zu verringern.

7.8.6 Spannungsnachweis bei Mauerwerk

Beispiele zur Erläuterung

1. Kellermauerwerk von 300 mm Dicke aus Llb 6–9 in Mörtelgruppe II a wird durch eine Auflast aus dem Gebäude von $n_0 = 49$ kN/m belastet. Die Belastung beträgt einschließlich Eigenlast $n_w = 58$ kN/m = 0,058 MN/m. Es wirkt Erddruck von 2,3 m Anschüttungshöhe. Auf dem waagerechten Gelände soll eine Verkehrslast von 5 kN/m² angesetzt werden. Die lichte Geschoßhöhe beträgt $h_s = 2{,}58$ m.

Überprüfung des erforderlichen Nachweises auf Erddruck:

erforderliche Auflast (nach Tafel **7.**14 für Mauerwerk $d = 30$ cm durch Interpolation)

$$\min n_0 = 30 + \frac{0{,}3}{0{,}5} \cdot (50 - 30) = 42 \text{ kN/m}$$

$$\text{vorh } n_0 = 49 \text{ kN/m}$$

$$\frac{\text{vorh } n_0}{\min n_0} = \frac{49}{42} = 1{,}17 > 1$$

zulässige Auflast

$$\max n_0 = 0{,}45 \cdot d \cdot \sigma_0$$

$$= 0{,}45 \cdot 0{,}30 \cdot 1{,}0 = 0{,}135 \text{ MN/m} = 135 \text{ kN/m}$$

$$\text{vorh } n_0 = 49 \text{ kN/m}$$

$$\frac{\text{vorh } n_0}{\max n_0} = \frac{49}{135} = 0{,}36 < 1$$

Der Nachweis auf Erddruck kann entfallen.

Bemessung der Wand mit dem vereinfachten Verfahren:

Knickhöhe

$$h_K = h_s = 2{,}58 \text{ m}$$

$$h_K/d = 2{,}58/0{,}30 = 8{,}6 < 10$$

Abminderungsfaktoren

$$k_1 = 1{,}0 \text{ für Wände}$$

$$k_2 = 1{,}0 \text{ für } h_K/d < 10$$

$$k_3 = 1{,}7 - l/6 = 1{,}7 - 5{,}00/6 = 0{,}87 \text{ für } l = 5{,}00 \text{ m}$$

$$k = k_1 \cdot k_3 = 1{,}0 \cdot 0{,}87 = 0{,}87$$

zulässige Druckspannung

$$\text{zul } \sigma_D = k \cdot \sigma_0 = 0{,}87 \cdot 1{,}0 = 0{,}87 \text{ MN/m}^2$$

vorhandene Druckspannung

$$\text{vorh } \sigma_0 = n_w/d = 0{,}058/0{,}30 = 0{,}19 \text{ MN/m}^2$$

Spannungsnachweis

$$\frac{\text{vorh } \sigma_D}{\text{zul } \sigma_D} = \frac{0{,}19}{0{,}87} = 0{,}22 < 1$$

2. Ein Mauerpfeiler 240/365 mm erhält bei einer Höhe $h = 2{,}88$ m eine Belastung von 150 kN. Wie groß ist die vorhandene Druckspannung, welche Mauerwerksgüte ist erforderlich?

Eigenlast

$$G = d \cdot b \cdot h \cdot \gamma = 0{,}24 \cdot 0{,}365 \cdot 2{,}88 \cdot 22{,}0 = 5{,}6 \text{ kN}$$

Gesamtlast

$$N = |S| + G = 150 + 5{,}6 = 155{,}6 \text{ kN}$$

Druckspannung

$$\text{vorh } \sigma_D = \frac{\text{vorh } N}{\text{vorh } A} = \frac{155{,}6}{24 \cdot 36{,}5} = 0{,}18 \text{ kN/cm}^2 = 1{,}8 \text{ N/mm}^2$$

Schlankheit

$$h_K/d = 2{,}88/0{,}24 = 12 > 10$$

Abminderungsfaktoren

$$k_1 = 0{,}8 \quad \text{für Pfeiler}$$

$$k_2 = \frac{25 - h_k/d}{15} = \frac{25 - 12}{15} = 0{,}87$$

$$k_3 = 1{,}0 \quad \text{für Mittelauflager Unterzug}$$

$$k = k_1 \cdot k_2 = 0{,}8 \cdot 0{,}87 = 0{,}69$$

Gewählt: **KMz 28/III** mit $\sigma_0 = 3{,}0$ MN/m²

$$\text{zul } \sigma_D = k \cdot \sigma_0 = 0{,}69 \cdot 3{,}0 = 2{,}07 \text{ MN/m}^2$$

Spannungsnachweis

$$\frac{\text{vorh } \sigma_D}{\text{zul } \sigma_D} = \frac{1{,}8}{2{,}07} = 0{,}87 < 1$$

3. Eine tragende Wand $d = 175$ mm ist nicht ausgesteift. Die Nutzlast beträgt $S = -120$ kN je m Wand; $h_k = 2{,}60$ m. Endauflager für Decke mit $l = 5{,}50$ m.
Welche Mauerwerksgüte mit Leichtmörtel ist erforderlich?

Eigenlast

$$G = d \cdot b \cdot h \cdot \gamma = 0{,}175 \cdot 1{,}00 \cdot 2{,}60 \cdot 18{,}0 = 8{,}2 \text{ kN}$$

Gesamtlast

$$N = |S| + G = 120 + 8{,}2 = 128{,}2 \text{ kN}$$

Druckspannung

$$\text{vorh } \sigma_D = \frac{\text{vorh } N}{\text{vorh } A} = \frac{128{,}2}{17{,}5 \cdot 100} = 0{,}073 \text{ kN/cm}^2 = 0{,}73 \text{ N/mm}^2$$

Schlankheit

$$h_k/d = 260/17{,}5 = 14{,}9$$

Gewählt: **Mz 20/III** mit zul $\sigma_D = 2{,}2\ \text{N/mm}^2$

Abminderungsfaktoren

$$k_1 = 1{,}0 \quad \text{für Wände}$$

$$k_2 = \frac{25 - h_k/d}{15} = \frac{25 - 14{,}9}{15} = 0{,}67$$

$$k_3 = 1{,}7 - l/6 = 1{,}7 - 5{,}50/6 = 0{,}78$$

$$k = k_1 \cdot k_2 = 1{,}0 \cdot 0{,}67 = 0{,}67$$

Gewählt: **Vbl 12 und LM 36** mit $\sigma_0 = 1{,}1\ \text{MN/m}^2$

$$\text{zul } \sigma_D = k \cdot \sigma_0 = 0{,}67 \cdot 1{,}1 = 0{,}74\ \text{MN/m}^2$$

Spannungsnachweis

$$\frac{\text{vorh } \sigma_D}{\text{zul } \sigma_D} = \frac{0{,}73}{0{,}74} = 0{,}99 < 1$$

8 Beanspruchung bei Längskraft mit Biegung

Bauteile oder Tragwerke können gleichzeitig sowohl durch Längskräfte (Zug, Druck) als auch durch Biegung beansprucht werden. Die auftretenden Beanspruchungen überlagern sich (z. B. Längszug und Biegezug) oder heben sich teilweise gegenseitig auf (z. B. Längszug und Biegedruck).

Stets ist zu klären, ob besondere Nachweise erforderlich sind. Das ist dann der Fall, wenn Stabilitätsprobleme auftreten, wie z. B. durch Biegeknicken bei Druckstäben oder durch Kippen von Druckgurten bei Trägern.

8.1 Zug und einachsige Biegung

Zugspannungen und Biegespannungen sind Normalspannungen. Sie wirken in gleicher Richtung rechtwinklig auf die Querschnittsfläche. Da sie gleichgerichtet sind, können sie zusammengefaßt werden.

Im allgemeinen treten Biegemomente nur in einer Richtung auf und zwar bezogen auf die Hauptachse, die y-Achse. Diese Biegemomente entstehen durch Querkräfte bei Trägern (Bild **8.**1) oder durch ausmittigen Kraftangriff bei Zugstäben (Bild **8.**2).

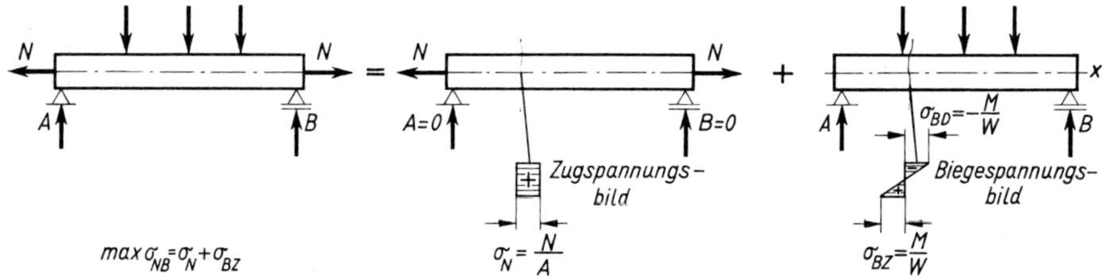

8.1 Die Gesamtspannung bei Zug und Biegung

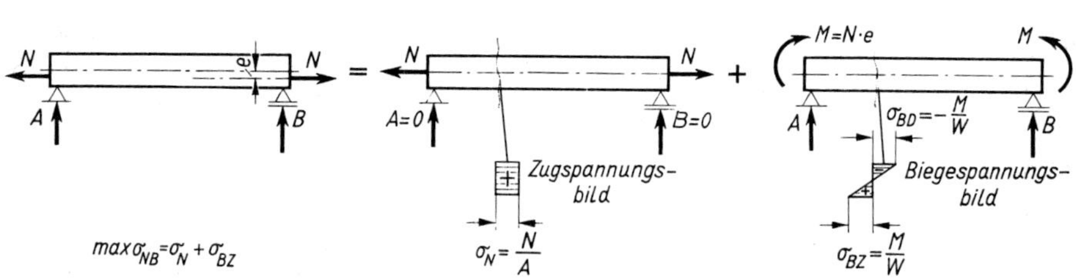

8.2 Eine ausmittige Längskraft kann ersetzt werden durch eine mittige Längskraft N und ein Moment M aus Längskraft N mal Ausmitte e

Die Formel für die Gesamtbeanspruchung aus Normalkraft und Biegemoment lautet:

$$\sigma_{NB} = \frac{|N|}{A} \pm \frac{|M_y|}{W_y} \quad \text{bzw.} \quad \frac{|N|}{A} \pm \frac{|M_z|}{W_z} \quad \text{in N/mm}^2 \text{ oder MN/mm}^2 \qquad \text{Gl. (8.1)}$$

Bei ausmittigem Kraftangriff wächst das Biegemoment mit der Größe der Kraft N und mit der Ausmitte e des Kraftangriffs vom Schwerpunkt des Querschnitts:

$$|M| = |N| \cdot e \qquad \text{Gl. (8.2)}$$

Es ist sinnvoll, mit absoluten Werten der Normalkräfte $|N|$ und der Biegemomente $|M|$ zu rechnen, sie also ohne Vorzeichen in die Rechnung einzusetzen. Die Längszugspannungen aus N/A werden durch Biegezugspannungen $+ M/W$ vergrößert oder durch Biegedruckspannungen $- M/W$ verkleinert. Bei größeren Biegemomenten können die Längszugspannungen sogar überdrückt werden.

Für den Spannungsnachweis gilt:

$$\frac{\sigma_{NB}}{\text{zul } \sigma_Z} \leqq 1 \qquad \text{Gl. (8.3)}$$

8.1.1 Zug und einachsige Biegung bei Holz

Für Zugstäbe aus Holz, die planmäßig ausmittig oder zusätzlich quer zur Stabachse beansprucht werden, ist nachzuweisen, daß die größten im Stab auftretenden Spannungen den Wert zul $\sigma_{Z\|}$ nicht überschreiten.

$$\boldsymbol{\sigma_{NB} = \frac{|N|}{A_n} + \frac{\text{zul } \sigma_{Z\|}}{\text{zul } \sigma_B} \cdot \frac{|M_y|}{W_{y,n}}} \qquad \text{Gl. (8.4)}$$

$$\frac{\sigma_{NB}}{\text{zul } \sigma_{Z\|}} \leqq 1 \qquad \text{Gl. (8.5)}$$

Hierbei ist M_y das Biegemoment und $W_{y,n}$ das Widerstandsmoment des geschwächten Querschnitts bezogen auf die Achse des ungeschwächten Querschnitts.

Beispiel zur Erläuterung

Ein Holzbalkon 140/180 mm erhält eine Längskraft von $N = 80$ kN und eine Einzellast in Feldmitte durch eine Holzstütze von $F = 5$ kN. Die Querschnittsschwächung für das Zapfenloch beträgt 40/60 mm (Bild **8**.3). Lastfall H, Nadelholz S10.

$A = 252 \text{ cm}^2 \qquad \Delta A = 24 \text{ cm}^2 \qquad A_n = 228 \text{ cm}^2 \qquad W_y = 756 \text{ cm}^3 \qquad I_y = 6801 \text{ cm}^4$

$$W_{y,n} = \frac{I_y - \Delta I_y}{e_{y,z}} = \frac{6801 - 4 \cdot 6^3/12 - 4 \cdot 6 \cdot (9-3)^2}{18/2} = \frac{6801 - 72 - 864}{9} = 652 \text{ cm}^3$$

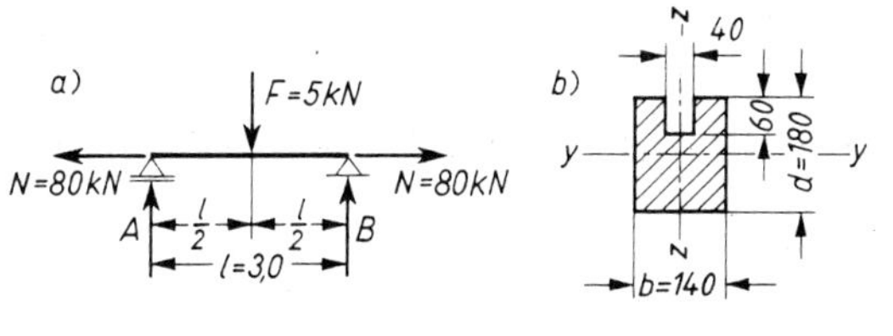

8.3 Holzträger mit Normal- und Querkräften
a) Statisches System
b) Querschnitt mit Zapfenloch

Biegemoment

$$|M_y| = \frac{g \cdot l^2}{8} + \frac{F \cdot l}{4} = \frac{0{,}15 \cdot 3{,}0^2}{8} + \frac{5{,}0 \cdot 3{,}0}{4}$$

$$= 0{,}17 + 3{,}75 = 3{,}92 \text{ kNm} = 392 \text{ kNcm}$$

Spannungsnachweis

$$\sigma_{NB} = \frac{|N|}{A_n} + \frac{\text{zul } \sigma_{Z\|}}{\text{zul } \sigma_B} \cdot \frac{|M_y|}{W_{y,n}} = \frac{80}{228} + \frac{0{,}85}{1{,}00} \cdot \frac{392}{652}$$

$$= 0{,}35 + 0{,}85 \cdot 0{,}60 = 0{,}86 \text{ kN/cm}^2$$

$$= 8{,}6 \text{ N/mm}^2$$

$$\frac{\sigma_{NB}}{\text{zul } \sigma_Z} = \frac{8{,}6}{8{,}5} = 1{,}01 \approx 1$$

Durchbiegung mit vorh $\sigma_B = M_y / W_{y,n}$ in N/mm²

$$\text{vorh } f \approx \frac{(M_y / W_{y,n}) \cdot l^2}{h \cdot k_f} = \frac{(10 \cdot 392/652) \cdot 3{,}0^2}{18 \cdot 6{,}0} = 0{,}5 \text{ cm} \qquad \text{Gl. (4.45)}$$

$$\text{zul } f = \frac{l}{300} = \frac{300}{300} = 1{,}0 \text{ cm}$$

$$\frac{\text{vorh } f}{\text{zul } f} = \frac{0{,}5}{1{,}0} = 0{,}5 < 1$$

8.1.2 Zug und einachsige Biegung bei Stahl

Der Tragsicherheitsnachweis bei Stahlbauteilen, die auf Zug und Biegung beansprucht sind, erfolgt mit den maßgebenden (geschwächten) Querschnittswerten, also unter Berücksichtigung des Abzuges aller Querschnittsschwächungen.

$$\boldsymbol{\sigma_{NB}} = \frac{|\boldsymbol{N}|}{\boldsymbol{A} - \boldsymbol{\Delta A}} + \frac{|\boldsymbol{M}|}{\boldsymbol{W_Z}} \quad \text{mit} \quad W_Z = \frac{I - \Delta I}{e_Z} \qquad \text{Gl. (8.6)}$$

$$\frac{\sigma_{NB}}{\sigma_{R,d}} \leqq 1 \qquad \text{Gl. (8.7)}$$

ΔA ist die Summe der Flächen aller in die ungünstigste Rißlinie fallenden Querschnittsschwächungen, z. B. Löcher für Schrauben

ΔI ist die Summe der Trägheitsmomente aller in die ungünstigste Rißlinie fallenden Querschnittsschwächungen der Zuggurtflächen, bezogen auf die Schwerachse des ungeschwächten Querschnitts. Zu den Gurtflächen gehören nur die abstehenden Querschnittsteile, wie Gurtplatten oder Flansche von Walzträgern.

e_z ist der Abstand der Randfaser am Zugrand von der Schwerachse des ungeschwächten Querschnitts.

W_z maßgebendes Widerstandsmoment für die Zugspannung

Es ist stets zu klären, ob der Träger gegen Kippen gesichert ist. Bei schlanken Trägern und Trägern mit großer Steghöhe ist ein Kippen leicht möglich. Das Kippen von Biegeträgern ist die gleiche Erscheinung, die bei druckbeanspruchten Bauteilen als Biegedrillknicken bezeichnet wird (Abschnitt 7).

Erforderlichenfalls ist ein Stabilitätsnachweis zu führen (Abschnitt 10).

Beispiele zur Erläuterung

1. Ein 4,4 m langer Träger IPB 160 hat außer der gleichmäßig verteilten Belastung $q = 8$ kN/m eine mittig wirkende Längskraft von $N = +300$ kN aufzunehmen (Bild **8**.4). Die Biegezug- und Biegedruckspannungen werden nachgewiesen. S235.

Querschnittswerte

IPB 160 $\quad A = 54{,}3\ \text{cm}^2 \quad W_y = 311\ \text{cm}^3$

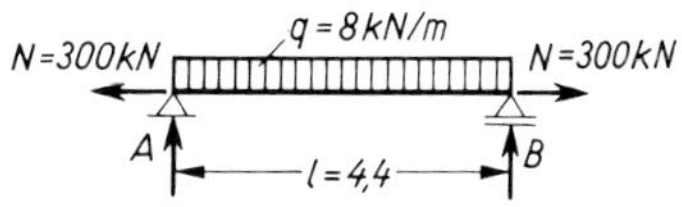

8.4 Träger mit Zug und Biegung

Normalkraft

$$|N_d| = N \cdot \gamma_Q = 300 \cdot 1{,}5 = 450\ \text{kN}$$

Biegemoment

$$|M_y| = \frac{q \cdot \gamma_q \cdot l^2}{8} = \frac{8 \cdot 1{,}5 \cdot 4{,}4^2}{8} = 29{,}04\ \text{kNm} = 2904\ \text{kNcm}$$

Spannung am Zugrand

$$\text{vorh}\ \sigma_{NB} = \frac{|N_d|}{A} + \frac{|M_y|}{W_y} = \frac{450}{54{,}3} + \frac{2904}{311} = 8{,}29 + 9{,}34 = 17{,}63\ \text{kN/cm}^2 = 176{,}3\ \text{N/mm}^2$$

$$\sigma_{R,d} = \frac{f_{y,k}}{\gamma_M} = \frac{240}{1{,}1} = 218\ \text{N/mm}^2$$

$$\frac{\text{vorh}\ \sigma_{NB}}{\sigma_{R,d}} = \frac{176{,}3}{218} = 0{,}81 < 1$$

Spannung am Druckrand

$$\text{vorh}\ \sigma_{NB} = \frac{|N_d|}{A} - \frac{|M_y|}{W_y} = \frac{450}{54{,}3} - \frac{2904}{311} = 8{,}29 - 9{,}34 = -1{,}05\ \text{kN/cm}^2 = -10{,}5\ \text{N/mm}^2$$

$$\sigma_{R,d} = 218\ \text{N/mm}^2$$

$$\frac{\text{vorh}\ \sigma_{NB}}{\sigma_{R,d}} = \frac{10{,}5}{218} = 0{,}05 < 1$$

Wegen geringfügiger Biegedruckspannung erübrigt sich der Nachweis des Biegeknickens und des Biegedrillknickens.

2. Ein **Stahlträger** IPE 270 wird durch eine mittig wirkende Längskraft von $N = 50$ kN und zwei in den Drittelpunkten wirkenden Stützenlasten von $F = 20$ kN belastet. Ständige Last $g = 1{,}5$ kN/m. Der Druckgurt ist gegen Kippen gesichert. S235.

Die Querschnittsschwächungen im Steg und im oberen Flansch durch je 2 Bohrlöcher ∅ 17 mm sind zu berücksichtigen (Bild **8**.5).

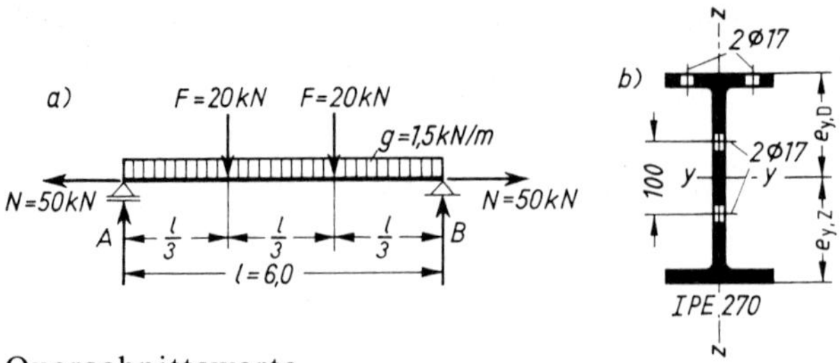

8.5 Stahlträger mit Normal- und Querkräften
a) Statisches System
b) Querschnitt mit Bohrungen

Querschnittswerte

IPE 270 $A = 45{,}9\ \text{cm}^2 \qquad \Delta A = 2 \cdot 1{,}7 \cdot (0{,}66 + 1{,}02) = 5{,}7\ \text{cm}^2$

$$I_y = 5790\ \text{cm}^4 \qquad \Delta I_y = 1{,}7 \cdot 0{,}66 \cdot \left(\frac{10{,}0}{2}\right)^2 + 2 \cdot 1{,}7 \cdot 1{,}02 \cdot (13{,}5 - 0{,}51)^2$$

$$= 28 + 585 = 613\ \text{cm}^4$$

$$W_{y,Z} = \frac{I_y - \Delta I_y}{e_{y,Z}} = \frac{5790 - 613}{27/2} = 383\ \text{cm}^3$$

Normalkraft

$$|N_d| = N \cdot \gamma_Q = 50 \cdot 1{,}5 = 75\ \text{kN}$$

Biegemoment

$$|M_y| = \frac{g \cdot l^2}{8} \cdot \gamma_g + \frac{F \cdot l}{3} \cdot \gamma_Q = \frac{1{,}5 \cdot 6{,}0^2}{8} \cdot 1{,}35 + \frac{20 \cdot 6{,}0}{6} \cdot 1{,}5$$

$$= 6{,}75 \cdot 1{,}35 + 40{,}00 \cdot 1{,}5 = 69{,}11\ \text{kNm} = 6911\ \text{kNcm}$$

Tragfähigkeitsnachweis

$$\sigma_{NB} = \frac{|N_d|}{A - \Delta A} + \frac{|M_y|}{W_{y,Z}} = \frac{75}{45{,}9 - 5{,}7} + \frac{6911}{383} = 1{,}87 + 18{,}04$$

$$= 19{,}91\ \text{kN/cm}^2 = 199{,}1\ \text{N/mm}^2$$

$$\sigma_{R,d} = \frac{f_{y,k}}{\gamma_M} = \frac{240}{1{,}1} = 218\ \text{N/mm}^2$$

$$\frac{\sigma_{NB}}{\sigma_{R,d}} = \frac{199{,}1}{218} = 0{,}91 < 1$$

Durchbiegung

$$\text{vorh}\ \sigma_B = \sigma_g + \sigma_F = \frac{M_g}{W_{y,Z}} + \frac{M_F}{W_{y,Z}} = \frac{675}{383} + \frac{4000}{383}$$

$$= 1{,}76 + 10{,}44 = 12{,}20\ \text{kN/cm}^2 = 122{,}0\ \text{N/mm}^2$$

$$\text{vorh}\, f = \frac{\sigma_g \cdot l^2}{h \cdot k_{f,g}} + \frac{\sigma_F \cdot l^2}{h \cdot k_{f,F}} = \frac{17{,}6 \cdot 6{,}0^2}{27 \cdot 101} + \frac{104{,}4 \cdot 6{,}0^2}{27 \cdot 99}$$

$$= 0{,}23 + 1{,}41 = 1{,}64\ \text{cm}$$

$$\text{zul}\, f = \frac{l}{300} = \frac{600}{300} = 2{,}0\ \text{cm}$$

$$\frac{\text{vorh}\, f}{\text{zul}\, f} = \frac{1{,}64}{2{,}0} = 0{,}82 < 1$$

3. Ein **Zugstab** aus einem Stahlprofil [200 erhält eine ausmittige Zugkraft von N = 250 kN (Bild **8.6**). Die Ausmitte beträgt e = 3,5 cm. Die Querschnittsschwächung im Steg durch 2 Bohrungen von d_1 = 21 mm in einer Rißlinie ist zu berücksichtigen. S235.

Querschnittswerte

[200 $A = 32{,}2\ \text{cm}^2$ $\Delta A = 2 \cdot d_1 \cdot s = 2 \cdot 2{,}1 \cdot 0{,}85 = 3{,}6\ \text{cm}^2$ $W_y = 191\ \text{cm}^3$

$I_y = 1910\ \text{cm}^4$

$$\Delta I_y = 2{,}1 \cdot 0{,}85 \cdot \left(\frac{11{,}0}{2}\right)^2 = 54\ \text{cm}^4$$

$$W_{y,z} = \frac{I_y - \Delta I_y}{e_{y,z}} = \frac{1910 - 54}{20/2} = 186\ \text{cm}^3$$

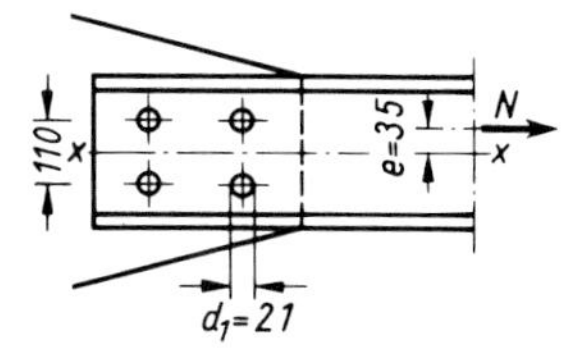

8.6 Zugstab mit ausmittiger Längskraft

Normalkraft

$$|N_d| = N \cdot \gamma_Q = 250 \cdot 1{,}5 = 375\ \text{kN}$$

Biegemoment

$$|M_y| = N_d \cdot e = 375 \cdot 3{,}5 = 1313\ \text{kNcm}$$

Spannungsnachweis

$$\sigma_{NB} = \frac{|N_d|}{A - \Delta A} + \frac{|M_y|}{W_{y,z}} = \frac{375}{32{,}2 - 3{,}6} + \frac{1313}{186} = 13{,}11 + 7{,}06$$

$$= 20{,}17\ \text{kN/cm}^2 = 201{,}7\ \text{N/mm}^2$$

$$\sigma_{R,d} = \frac{f_{y,k}}{\gamma_M} = \frac{240}{1{,}1} = 218\ \text{N/mm}^2$$

$$\frac{\sigma_{NB}}{\sigma_{R,d}} = \frac{201{,}7}{218} = 0{,}93 < 1$$

Anmerkung: Für die Berechnung des Widerstandsmomentes $W_{y,z}$ können Querschnittsschwächungen im Steg wegen ihrer geringen Auswirkung unberücksichtigt bleiben.

8.2 Druck und einachsige Biegung

Für Beanspruchung durch Druck und Biegung gelten die gleichen Gesetzmäßigkeiten wie bei Beanspruchungen durch Zug und Biegung. Stets muß jedoch sichergestellt sein, daß keine Stabilitätsprobleme auftreten. Wenn dieses nicht klar ist oder die Bauteile nicht gegen Knicken gesichert sind, müssen die Nachweise für Biegeknicken und Biegedrillknicken geführt werden (Abschn. 7).

Biegemomente können durch Kräfte entstehen, die quer zur Stabachse angreifen (z. B. Querkräfte bei Trägern) oder durch ausmittig angreifende Längskräfte (z. B. bei Druckstäben).

Die Formel für die Gesamtspannung aus Normalkraft und Biegemoment lautet:

$$\sigma_{NB} = \frac{|N|}{A} \pm \frac{|M_y|}{W_y} \quad \text{bzw.} \quad \frac{|N|}{A} \pm \frac{|M_z|}{W_z} \quad \text{in N/mm}^2 \text{ oder MN/mm}^2 \qquad \text{Gl. (8.8)}$$

Die größte Beanspruchung entsteht durch Überlagerung der Normaldruckspannung mit der Biegedruckspannung.

8.2.1 Druck und einachsige Biegung bei Holz

Für Bauteile aus Holz ist zunächst der einfache Nachweis nach Gleichung (8.9) zu führen:

$$\boldsymbol{\sigma_{NB}} = \frac{|\boldsymbol{N}|}{\boldsymbol{A_n}} + \frac{\textbf{zul}\ \boldsymbol{\sigma_{D||}}}{\textbf{zul}\ \boldsymbol{\sigma_B}} \cdot \frac{|\boldsymbol{M}|}{\boldsymbol{W_n}} \qquad \text{Gl. (8.9)}$$

$$\frac{\sigma_{NB}}{\text{zul}\ \sigma_{D||}} \leqq 1 \qquad \text{Gl. (8.10)}$$

Hierbei sind:

A_n	Nutzquerschnitt bei Querschnittsschwächungen
W_n	Widerstandsmoment des Nutzquerschnitts für die Achse des Biegemoments
zul $\sigma_{D\|\|}$	zulässige Druckspannung parallel zur Faser
zul σ_B	zulässige Biegespannung

Sofern die beanspruchten Bauteile nicht gegen Knicken gesichert sind, ist der zusätzliche Nachweis nach Gleichung (8.11) zu führen:

$$\boldsymbol{\sigma_K} = \frac{|\boldsymbol{N}| \cdot \boldsymbol{\omega}}{\boldsymbol{A}} + \frac{\textbf{zul}\ \boldsymbol{\sigma_{D||}}}{\textbf{zul}\ \boldsymbol{\sigma_B}} \cdot \frac{|\boldsymbol{M}|}{\boldsymbol{W}} \qquad \text{Gl. (8.11)}$$

$$\frac{\sigma_K}{\text{zul}\ \sigma_{D||}} \leqq 1 \qquad \text{Gl. (8.12)}$$

Die Knicklänge s_K ist nach den bekannten Verfahren (Abschn. 7) zu ermitteln. Für die Knickzahl ω ist hierbei ohne Rücksicht auf die Richtung des Ausknickens stets der größte Wert einzusetzen.

Die Knicklänge s_K der Sparren von Kehlbalkendächern darf für das Knicken in der Systemebene näherungsweise angenommen werden mit

$s_K = 0{,}8\ l_s$ bei verschieblichen Kehlbalkendächern,
wenn $l_{s1} < 0{,}7\ l_s$
$l_{s1} > 0{,}3\ l_s$, sonst gilt $s_K = l_s$

$s_K = l_{s1}$ bzw. l_{s2} bei unverschieblichen Kehlbalkendächern.

Für das Knicken aus der Systemebene ist der Abstand der Queraussteifung maßgebend. Dachlatten gelten als Queraussteifung unter folgenden Voraussetzungen (siehe auch Abschn. 10.4.2):

– Breite des Sparren mindestens 40 mm
– Sparrenabstand höchstens 1,25 m
– Querschnittshöhe zu Querschnittsbreite nicht mehr als 4 : 1
– Anschluß der Sparren an einen Verband (Windrispen).

Beispiele zur Erläuterung

1. Ein Dachträger aus Holz erhält außer einer Druckkraft von $N = -80$ kN eine Querbelastung von $q = 8{,}5$ kN/m. Die Länge beträgt $l = 2{,}10$ m (Bild **8.7**). Das Profil wird bemessen. Lastfall H, Nadelholz Sortierklasse S 10.

Biegemoment

$$\max M = \frac{q \cdot l^2}{8} + \frac{8{,}5 \cdot 2{,}10^2}{8} = 4{,}69 \text{ kNm} = 469 \text{ kNcm}$$

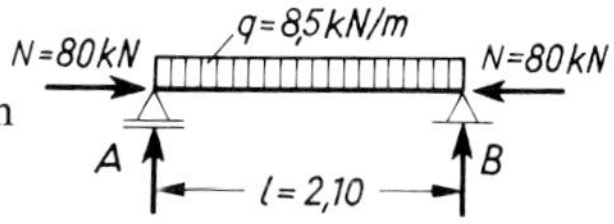

8.7 Holzträger mit Längsdruck und Querbelastung

Knicklängen

$$s_{Ky} = s_{Kz} = l = 2{,}10 \text{ m}$$

Gewählt: Kantholz **140/200 mm** mit $A = 280$ cm²

$$W_y = 933 \text{ cm}^3, \quad i_y = 5{,}77 \text{ cm}, \quad i_z = 4{,}04 \text{ cm}$$

$$\lambda_y = \frac{s_{Ky}}{i_y} = \frac{210}{5{,}77} = 36{,}4 \quad \omega_y = 1{,}21 \qquad \lambda_z = \frac{s_{Kz}}{i_z} = \frac{210}{4{,}04} = 52{,}0 \quad \omega_z = 1{,}46$$

Spannungsnachweis

$$\sigma_{NB} = \frac{|N|}{A_n} + \frac{\text{zul } \sigma_{D\parallel}}{\text{zul } \sigma_B} \cdot \frac{|M|}{W_n} = \frac{80}{280} + \frac{0{,}85}{1{,}00} \cdot \frac{469}{933} = 0{,}29 + 0{,}43$$

$$= 0{,}72 \text{ kN/cm}^2 = 7{,}2 \text{ N/mm}^2$$

$$\text{zul } \sigma_{D\parallel} = 8{,}5 \text{ N/mm}^2$$

$$\frac{\sigma_{NB}}{\text{zul } \sigma_{D\parallel}} = \frac{7{,}2}{8{,}5} = 0{,}85 < 1$$

$$\sigma_{Ky} = \frac{|N| \cdot \omega_z}{A} + \frac{\text{zul } \sigma_{D\parallel}}{\text{zul } \sigma_B} \cdot \frac{|M|}{W} = 0{,}29 \cdot 1{,}46 + \frac{0{,}85}{1{,}00} \cdot \frac{469}{933} = 0{,}42 + 0{,}43$$

$$= 0{,}85 \text{ kN/cm}^2 = 8{,}5 \text{ N/mm}^2$$

$$\text{zul } \sigma_{D\parallel} = 8{,}5 \text{ N/mm}^2$$

$$\frac{\sigma_{Ky}}{\text{zul } \sigma_{D\parallel}} = \frac{8{,}5}{8{,}5} = 1$$

Durchbiegung

$$\text{vorh } \sigma_B = \frac{|M|}{W} = \frac{469}{933} = 0{,}50 \text{ kN/cm}^2 = 5{,}0 \text{ N/mm}^2$$

$$\text{vorh } f = \frac{\text{vorh } \sigma_B \cdot l^2}{h \cdot k_f} = \frac{5{,}0 \cdot 2{,}10^2}{20 \cdot 4{,}8} = 0{,}23 \text{ cm}$$

$$\text{zul } f = \frac{l}{300} = \frac{210}{300} = 0{,}70 \text{ cm}$$

$$\frac{\text{vorh } f}{\text{zul } f} = \frac{0{,}23}{0{,}70} = 0{,}33 < 1$$

2. Die Sparren eines Sparrendaches (Bild **8**.8) werden auf Druck und Biegung beansprucht. Die Bemessung erfolgt für die ungünstigsten Schnittgrößen (vgl. Teil 1, Abschn. 8.2). Lastfall HZ, da die Schnittgrößen mit voller Schneelast und voller Windlast berechnet wurden. Nadelholz Sortierklasse S10.

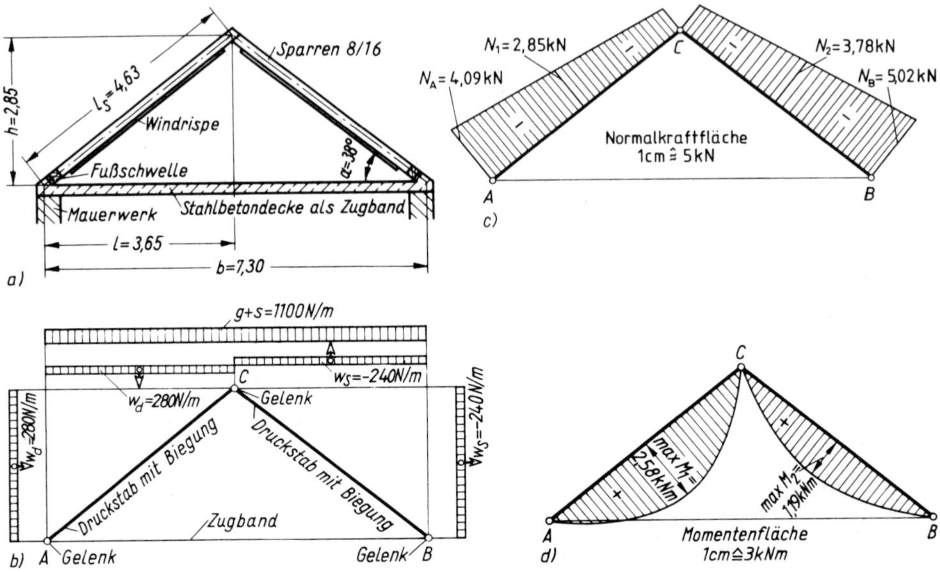

8.8 Einfaches Sparrendach
a) System des Daches
b) Statisches System der Sparren mit Belastung
c) Normalkräfte für die Sparren
d) Momentenfläche für die Sparren

Normalkräfte in den Sparrenfußpunkten (Bild **8**.8c)

$N_A = -4{,}09$ kN $\qquad N_B = -5{,}02$ kN

Normalkräfte in Sparrenmitte (Bild **8**.8c)

$N_1 = -2{,}85$ kN $\qquad N_2 = -3{,}78$ kN

Biegemoment in Sparrenmitte (Bild **8**.8d)

max $M_1 = 2{,}58$ kNm $\qquad$ max $M_2 = 1{,}19$ kNm

Gewählt: Sparren **80/160** mm mit $A = 128\ \text{cm}^2$

$W_y = 341\ \text{cm}^3 \qquad i_y = 4{,}62$ cm $\qquad i_z = 2{,}31$ cm $\qquad s_{Ky} = l_s = 463$ cm

$\lambda_y = s_{Ky}/i_y = 463/4{,}62 = 100{,}2 < 150 \qquad \omega_y = 3{,}00 \qquad s_{Ky} = 32$ cm

Spannungsnachweis

$$\sigma_{NB} = \frac{|N_1|}{A_n} + \frac{\text{zul } \sigma_{D\|}}{\text{zul } \sigma_B} \cdot \frac{|M_{y1}|}{W_{yn}} = \frac{2{,}85}{128} + \frac{0{,}85}{1{,}00} \cdot \frac{258}{341} = 0{,}02 + 0{,}64$$

$$= 0{,}66 \text{ kN/cm}^2 = 6{,}6 \text{ N/mm}^2$$

$$\text{zul } \sigma_{D\|} = 1{,}25 \cdot 8{,}5 \text{ N/mm}^2 = 10{,}6 \text{ N/mm}^2$$

$$\frac{\sigma_{NB}}{\text{zul } \sigma_{D\|}} = \frac{6{,}6}{10{,}6} = 0{,}62 < 1$$

$$\sigma_{Ky} = \frac{|N_2| \cdot \omega_y}{A} + \frac{\text{zul } \sigma_{D\|}}{\text{zul } \sigma_B} \cdot \frac{|M_{y2}|}{W_y} = \frac{3{,}78 \cdot 3{,}00}{128} + \frac{0{,}85}{1{,}00} \cdot \frac{119}{341} = 0{,}09 + 0{,}30$$

$$= 0{,}39 \text{ kN/cm}^2 = 3{,}9 \text{ N/mm}^2$$

$$\text{zul } \sigma_{D\|} = 1{,}25 \cdot 8{,}5 \text{ N/mm}^2 = 10{,}6 \text{ N/mm}^2$$

$$\frac{\sigma_{Ky}}{\text{zul } \sigma_{D\|}} = \frac{3{,}9}{10{,}6} = 0{,}37 < 1$$

Durchbiegung

$$\text{vorh } \sigma_B = \frac{\max M_1}{W_y} = \frac{258}{341} = 0{,}76 \text{ kN/cm}^2 = 7{,}6 \text{ N/mm}^2$$

$$\text{vorh} f = \frac{\text{vorh } \sigma_B \cdot l_s^2}{h \cdot k_f} = \frac{7{,}6 \cdot 4{,}63^2}{16 \cdot 4{,}8} = 2{,}12 \text{ cm}$$

$$\text{zul } f = \frac{l_s}{200} = \frac{463}{200} = 2{,}32 \text{ cm}$$

$$\frac{\text{vorh } f}{\text{zul } f} = \frac{2{,}12}{2{,}32} = 0{,}91 < 1$$

3. **Die Sparren eines Kehlbalkendachs** werden durch Normalkräfte und Biegemomente beansprucht (Bild **8.**9a bis c). Die Bemessung erfolgt für Druck und Biegung. Seitliche Aussteifung der Sparren durch Dachlatten und Windrispen. Die Schnittgrößen ergeben sich aus der Berechnung die in Teil 1, Abschn. 8.3 Beispiel 1 für die Lastkombination aus $g + s + w/2$ durchgeführt wurde. Lastfall H, Nadelholz Sortierklasse S10.

Schnittgrößen

$$N_E = -15{,}28 \text{ kN} \quad M_E = -2{,}61 \text{ kNm} \quad N_1 = -15{,}30 \text{ kN} \quad M_1 = 2{,}28 \text{ kNm}$$

Bemessung

Gewählt: Sparren **100/180 mm** mit $A = 180 \text{ cm}^2$ $W_y = 540 \text{ cm}^3$ $i_y = 5{,}20 \text{ cm}$

$$A_n \approx 150 \text{ cm}^2 \quad W_{yn} \approx 480 \text{ cm}^3$$

$$l_{s1} = l_1/\cos\alpha = 3{,}70/0{,}8192 = 4{,}52$$

$$l_s = l/\cos\alpha = 6{,}00/0{,}8192 = 7{,}32 \text{ m}$$

$$l_{s1}/l_s = 4{,}52/7{,}32 = 0{,}62 < 0{,}7$$

$$s_{Ky} = 0{,}8 \cdot l_s = 0{,}8 \cdot 732 = 586 \text{ cm} \qquad s_{Kz} \approx 30 \text{ cm}$$

$$\lambda_y = s_{Ky}/i_y = 586/5{,}20 = 113 < 150 \qquad \omega_y = 3{,}83$$

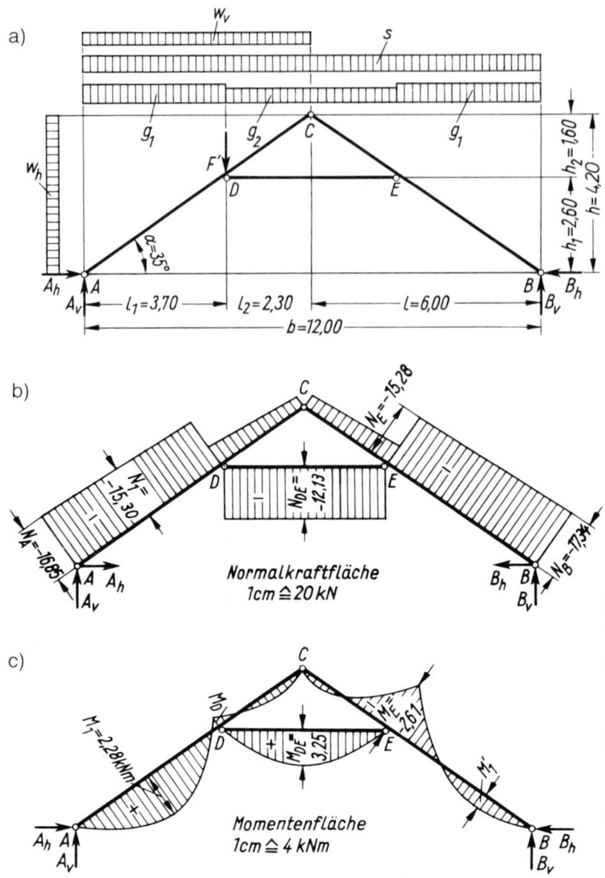

8.9
Verschiebliches Kehlbalkendach
a) Statisches System des Daches mit Belastung (wie **240.**1 Teil 1)
b) Normalkraftfläche für Sparren und Kehlbalken (wie **244.**2 Teil 1)
c) Momentenfläche für Sparren und Kehlbalken (wie **244.**1 Teil 1)

Spannungsnachweis

$$\sigma_{NB} = \frac{|N_E|}{A_n} + \frac{\text{zul}\,\sigma_{D\|}}{\text{zul}\,\sigma_B} \cdot \frac{|M_E|}{W_{yn}} = \frac{15{,}28}{150} + \frac{0{,}85}{1{,}00} \cdot \frac{261}{480} = 0{,}10 + 0{,}46$$

$$= 0{,}56 \text{ kN/cm}^2 = 5{,}6 \text{ N/mm}^2$$

$$\text{zul}\,\sigma_{D\|} = 8{,}5 \text{ N/mm}^2$$

$$\frac{\sigma_{NB}}{\text{zul}\,\sigma_{D\|}} = \frac{5{,}6}{8{,}5} = 0{,}66 < 1$$

$$\sigma_{Ky} = \frac{|N_1| \cdot \omega_y}{A} + \frac{\text{zul}\,\sigma_{D\|}}{\text{zul}\,\sigma_B} \cdot \frac{|M_1|}{W_y} = \frac{15{,}30 \cdot 3{,}83}{180} + \frac{0{,}85}{1{,}00} \cdot \frac{228}{540} = 0{,}33 + 0{,}36$$

$$= 0{,}69 \text{ kN/cm}^2 = 6{,}9 \text{ N/mm}^2$$

$$\text{zul}\,\sigma_{D\|} = 8{,}5 \text{ N/mm}^2$$

$$\frac{\sigma_{Ky}}{\text{zul}\,\sigma_{D\|}} = \frac{6{,}9}{8{,}5} = 0{,}81 < 1$$

Durchbiegung

$$\text{vorh } \sigma_B = \frac{\max M_1}{W_y} = \frac{228}{540} = 0{,}42 \text{ kN/cm}^2 = 4{,}2 \text{ N/mm}^2$$

$$l_s = \frac{l_1}{\cos \alpha} = \frac{3{,}70}{0{,}8192} = 4{,}52 \text{ m}$$

$$\text{vorh} f = \frac{\text{vorh } \sigma_B \cdot l_s^2}{h \cdot k_f} = \frac{4{,}2 \cdot 4{,}52^2}{18 \cdot 4{,}8} = 0{,}99 \text{ cm}$$

$$\text{zul } f = \frac{l_s}{200} = \frac{452}{200} = 2{,}26 \text{ cm}$$

$$\frac{\text{vorh } f}{\text{zul } f} = \frac{0{,}99}{2{,}26} = 0{,}44 < 1$$

4. Die Kehlbalken des Kehlbalkendaches werden bemessen (Bild **8.**9a bis c). Die seitliche Aussteifung erfolgt durch eine geschlossene Bretterlage für den Spitzboden. Die Schnittgrößen wurden in Teil 1 Abschn. 8.3 Beispiel 1 berechnet. Lastfall H, Nadelholz Sortierklasse S 10.

Schnittgrößen

$N_{DE} = -12{,}13$ kN $\qquad M_{DE} = 3{,}25$ kNm

Bemessung

Gewählt: Kantholz **100/180 mm** mit $A = 180$ cm² $\quad W_y = 540$ cm³ $\quad i_y = 5{,}20$ cm

$s_{Ky} = 2\, l_2 = 2 \cdot 230 = 460$ cm $\qquad s_{Kz} = 0$

$\lambda_y = s_{Ky}/i_y = 460/5{,}20 = 88{,}5 < 150 \qquad \omega_y = 2{,}52$

Spannungsnachweis

$$\sigma_{Ky} = \frac{|N_{DE}| \cdot \omega_y}{A} + \frac{\text{zul } \sigma_{D\|}}{\text{zul } \sigma_B} \cdot \frac{|M_{DE}|}{W_y} = \frac{12{,}13 \cdot 2{,}52}{180} + \frac{0{,}85}{1{,}00} \cdot \frac{325}{540} = 0{,}17 + 0{,}51$$

$$= 0{,}68 \text{ kN/cm}^2 = 6{,}8 \text{ N/mm}^2$$

$$\text{zul } \sigma_{D\|} = 8{,}5 \text{ N/mm}^2$$

$$\frac{\sigma_{Ky}}{\text{zul } \sigma_{D\|}} = \frac{6{,}8}{8{,}5} = 0{,}80 < 1$$

Durchbiegung

$$\text{vorh } \sigma_B = \frac{\max M_{DE}}{W_y} = \frac{325}{540} = 0{,}60 \text{ kN/cm}^2 = 6{,}0 \text{ N/mm}^2$$

$$l = 2 \cdot l_2 = 2 \cdot 2{,}30 = 4{,}60 \text{ cm}$$

$$\text{vorh} f = \frac{\text{vorh } \sigma_B \cdot l^2}{h \cdot k_f} = \frac{6{,}0 \cdot 4{,}60^2}{18 \cdot 4{,}8} = 1{,}47 \text{ cm}$$

$$\text{zul } f = \frac{l}{200} = \frac{460}{200} = 2{,}30 \text{ cm}$$

$$\frac{\text{vorh } f}{\text{zul } f} = \frac{1{,}47}{2{,}30} = 0{,}64 < 1$$

5. Der Anschluß der Kehlbalken an die Sparren wird als Nagelverbindung ausgeführt und nachgewiesen (Bild **8**.10).

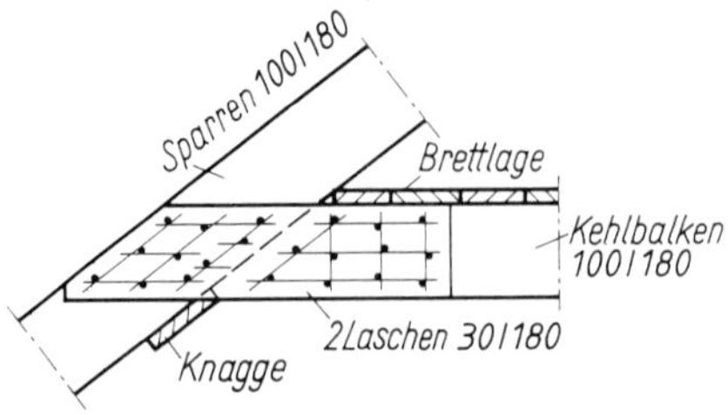

8.10 Kehlbalkenanschluß an Sparren als Nagelverbindung

Normalkraft

$$N = N_{DE} = -12{,}13 \text{ kN}$$

Querkraft

$$Q = Q_D = 2{,}83 \text{ kN}$$

Anschlußkraft

$$F = \sqrt{N^2 + Q^2} = \sqrt{12{,}13^2 + 2{,}83^2} = \sqrt{155{,}1} = 12{,}46 \text{ kN}$$

Spannung Seitenlaschen (s. Abschn. 3.2.2)

$$\text{vorh } \sigma_D = \frac{1{,}5 \cdot F}{2 \cdot A_n} = \frac{1{,}5 \cdot 12{,}46}{2 \cdot 3{,}0\,(18 - 3 \cdot 0{,}46)} = 0{,}19 \text{ kN/cm}^2$$

$$= 1{,}9 \text{ N/mm}^2$$

$$\text{zul } \sigma_{D\sphericalangle} = 2{,}0 \cdots 8{,}5 \text{ N/mm}^2 \text{ (s. Tafel } \mathbf{1}.18)$$

$$\frac{\text{vorh } \sigma_D}{\text{zul } \sigma_{D\sphericalangle}} = \frac{1{,}9}{2{,}0 \cdots 8{,}5} < 1$$

Nagelverbindung

Gewählt: **10 Nägel 46 · 130** je Seite in $r = 3$ Reihen

$$\text{zul } N_1 = 0{,}725 \text{ kN (ohne Verbohrung nach Tafel } \mathbf{3}.10)$$

$$\text{zul } F = m \cdot n \cdot \text{zul } N_1 = 2 \cdot 10 \cdot 0{,}725$$

$$= 14{,}50 \text{ kN}$$

$$\text{vorh } F = 12{,}46 \text{ kN}$$

$$\frac{\text{vorh } F}{\text{zul } F} = \frac{12{,}46}{14{,}50} = 0{,}86 < 1$$

6. Die Sparren des Kehlbalkendaches werden für die Lastkombination $g + s/2 + w$ bemessen (Bild **8**.11). Die Schnittgrößen ergeben sich aus der Berechnung Teil 1 Abschnitt 8.3 Beispiel 2.

Diese Lastkombination $g + s/2 + w$ ergibt zwar kleinere Normalkräfte, dafür aber größere Biegemomente gegenüber der Lastkombination $g + s + w/2$ (s. Beispiel 3). Es gilt der Lastfall H, da nicht mit der Vollast für Schnee gerechnet wird.

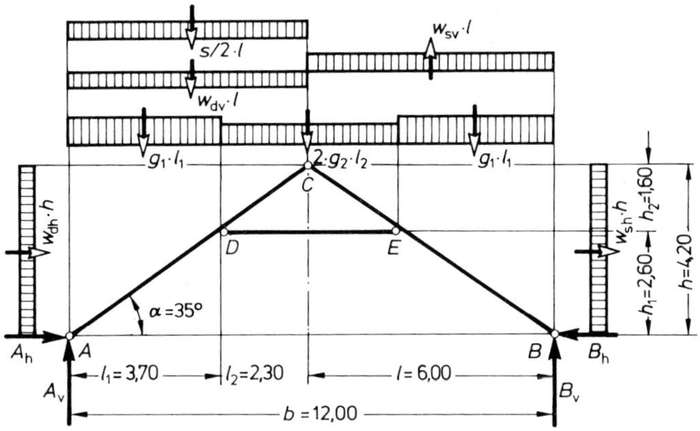

8.11 Statisches System des verschieblichen Kehlbalkendaches mit Belastung $g + s/2 + w$

Schnittgrößen

$N_E = -11{,}39$ kN $\quad M_E = -4{,}26$ kNm $\quad N_1 = -12{,}23$ kN $\quad M_1 = +3{,}06$ kNm

Bemessung

Gewählt: Sparren **100/180 mm** mit $A = 180\ \text{cm}^2 \quad W_y = 540\ \text{cm}^3 \quad i_y = 5{,}20$ cm

$A_n \approx 150\ \text{cm}^2 \quad W_{yn} \approx 480\ \text{cm}^3$

$s_{Ky} = l_{s1} = l_1/\cos\alpha = 370/0{,}8192 = 452$ cm $\quad s_{Ky} \approx 30$ cm

$\lambda_y = s_{Ky}/i_y = 452/5{,}20 = 86{,}9 < 150 \quad \omega_y = 2{,}46$

Spannungsnachweis

$$\sigma_{NB} = \frac{|N_E|}{A_n} + \frac{\text{zul}\,\sigma_{D\|}}{\text{zul}\,\sigma_B} \cdot \frac{|M_E|}{W_{yn}} = \frac{11{,}39}{150} + \frac{0{,}85}{1{,}00} \cdot \frac{426}{480} = 0{,}08 + 0{,}75$$

$$= 0{,}83\ \text{kN/cm}^2 = 8{,}3\ \text{N/mm}^2$$

$\text{zul}\,\sigma_{D\|} = 8{,}5\ \text{N/mm}^2$

$$\frac{\sigma_{NB}}{\text{zul}\,\sigma_{D\|}} = \frac{8{,}3}{8{,}5} = 0{,}98 < 1$$

$$\sigma_{Ky} = \frac{|N_1| \cdot \omega_y}{A} + \frac{\text{zul}\,\sigma_{D\|}}{\text{zul}\,\sigma_B} \cdot \frac{|M_1|}{W_y} = \frac{12{,}23}{180} + \frac{0{,}85}{1{,}00} \cdot \frac{306}{540} = 0{,}07 + 0{,}48$$

$$= 0{,}55\ \text{kN/cm}^2 = 5{,}5\ \text{N/mm}^2$$

$\text{zul}\,\sigma_{D\|} = 8{,}5\ \text{N/mm}^2$

$$\frac{\sigma_{Ky}}{\text{zul}\,\sigma_{D\|}} = \frac{5{,}5}{8{,}5} = 0{,}65 < 1$$

Durchbiegung

$$\text{vorh}\ \sigma_B = \frac{|M_1|}{W_y} = \frac{306}{540} = 0{,}57\ \text{kN/cm}^2 = 5{,}7\ \text{N/mm}^2$$

$$\text{vorh}\ f = \frac{\text{vorh}\ \sigma_B \cdot l_{s1}^2}{h \cdot k_f} = \frac{5{,}7 \cdot 4{,}52^2}{18 \cdot 4{,}8} = 1{,}35\ \text{cm}$$

$$\text{zul}\ f = \frac{l_{s1}}{300} = \frac{452}{300} = 1{,}51\ \text{cm}$$

$$\frac{\text{vorh}\ f}{\text{zul}\ f} = \frac{1{,}35}{1{,}51} = 0{,}89 < 1$$

Anmerkung

Die in Beispiel 3 durchgeführte Bemessung ergab für den gleichen Sparrenquerschnitt eine geringere Spannung und eine kleinere Durchbiegung.

Anschluß Sparrenfuß

Ein Beispiel für den Anschluß des Sparren an die Aufkantung der Stahlbetondecke ist in Bild **8.**12 dargestellt.

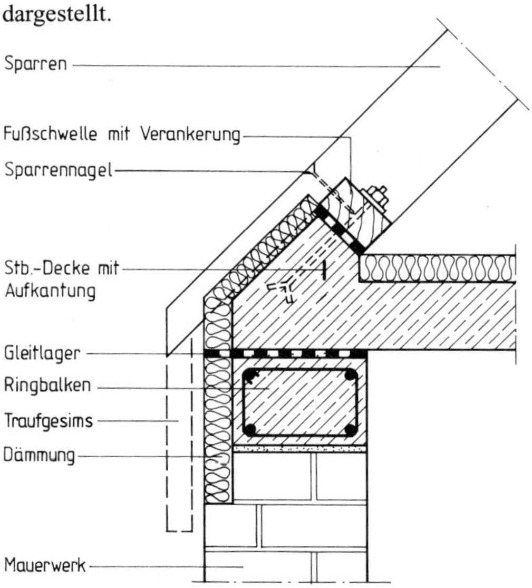

8.12 Sparrendach auf Stahlbetondecke mit Aufkantung

Beispiele mit entsprechenden Nachweisen enthalten weiterführende Fachbücher, z. B. Neuhaus: Lehrbuch des Ingenieurholzbaus [8]

Beispiele zur Übung

1. Das Holzprofil eines Daches entsprechend dem vorstehenden Erläuterungsbeispiel 1 ist zu bemessen, jedoch mit $N = -100$ kN, $q = 12$ kN/m, $l = 1{,}80$ m. Lastfall H, Nadelholz Sortierklasse S 10.

2. Das Holzprofil eines Daches entsprechend dem vorstehenden Erläuterungsbeispiel 1 ist zu bemessen, jedoch mit $N = -200$ kN, $q = 19$ kN/m, $l = 2{,}20$ m. Lastfall HZ, Nadelholz Sortierklasse S 10.

8.2.2 Druck und einachsige Biegung bei Stahl

Für Bauteile aus Stahl, die nicht der Knickgefahr ausgesetzt sind, ist zunächst der einfache Spannungsnachweis zu führen:

$$\boldsymbol{\sigma}_{\mathbf{NB}} = \frac{|\boldsymbol{N}_{\mathbf{d}}|}{\boldsymbol{A}} + \frac{|\boldsymbol{M}_{\mathbf{d}}|}{\boldsymbol{W}} \qquad \text{Gl. (8.13)}$$

$$\frac{\sigma_{\mathrm{NB}}}{\sigma_{\mathrm{R,\,d}}} \leqq 1 \qquad \text{Gl. (8.14)}$$

Für Bauteile aus Stahl, die nicht gegen seitliches Ausknicken und gegen Stabverdrehung gesichert sind, sind stets die Nachweise für Biegeknicken und für Biegedrillknicken zu führen (Abschn. 7.5).

Bei Bauteilen mit geringer Normalkraft darf der Einfluß der Normalkraft vernachlässigt werden, wenn Gleichung (8.15) erfüllt ist:

$$\frac{|N_{\mathrm{d}}|}{\varkappa \cdot N_{\mathrm{pl,\,d}}} < 1 \qquad \text{Gl. (8.15)}$$

Hierbei sind:

$\varkappa$ Abminderungsfaktor für Biegeknicken nach Tafel **7.5**

$N_{\mathrm{pl,\,d}}$ Normalkraft im plastischen Zustand nach Tafel **7.6**

Die erforderlichen Nachweise für Biegeknicken und Biegedrillknicken wurden bereits in Abschnitt 7.5 dargestellt. Ein Nachweis ist immer dann erforderlich, wenn die Bedingungen a) bis c) nicht erfüllt sind. Die Nachweise des Biegeknickens und des Biegedrillknickens sind bei Längskraft mit Biegung umfangreicher und werden im folgenden erläutert.

a) Nachweis des Biegeknickens

Berechnungsablauf

- Beanspruchungen: N_{d} Bemessungswert der Normalkraft
  M_{d} Bemessungswert des Biegemoments (größter Absolutwert)
- Bezogener Schlankheitsgrad $\bar{\lambda}_{\mathrm{K}}$ (s. Abschn. 7.5.1)
- Abminderungsfaktor $\varkappa$ für Biegeknicken (Tafel **7.5**)
- Momentenbeiwert β_{m} für Biegeknicken (Tafel **8.1**) (Momentenbeiwert $\beta_{\mathrm{m}} < 1$ sind nur bei Stäben mit unverschieblicher Lagerung der Stabenden, gleichbleibendem Querschnitt und gleichbleibender Druckkraft zulässig, wenn keine Querlasten wirken)
- Wert Δn: $\Delta n = \frac{N_{\mathrm{d}}}{\varkappa \cdot N_{\mathrm{pl,\,d}}} \cdot \left(1 - \frac{N_{\mathrm{d}}}{\varkappa \cdot N_{\mathrm{pl,\,d}}}\right) \cdot \varkappa^2 \cdot \bar{\lambda}_{\mathrm{K}}^2 \leqq 0{,}1$
- Nachweis der Biegeknicksicherheit

$$\frac{N_{\mathrm{d}}}{\varkappa \cdot N_{\mathrm{pl,\,d}}} + \beta_{\mathrm{m}} \cdot \frac{M_{\mathrm{d}}}{M_{\mathrm{pl,\,d}}} + \Delta n \leqq 1$$

Grenzschnittgrößen $N_{\mathrm{pl,d}}$ und $M_{\mathrm{pl,d}}$ nach Tafel **7.6** und **7.7**

Tafel **8**.1 **Momentenbeiwerte** für Biegeknicken β_m und Biegedrillknicken β_M

Momentenverlauf	Momentenbeiwerte β_m für Biegeknicken	Momentenbeiwerte β_M für Biegedrillknicken
Stabendmomente 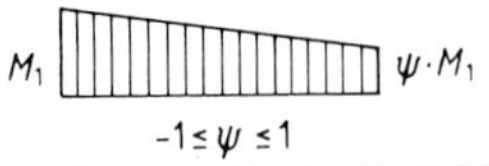	$\beta_{m,y} = 0{,}66 + 0{,}44\ \psi$ jedoch $\beta_{m,y} \geqq 1 - (1/\eta_{Ki,d}$[1]$)$ und $\beta_{m,y} \geqq 0{,}44$	$\beta_{M,\psi} = 1{,}8 - 0{,}7\ \psi$
Momente aus Querlast 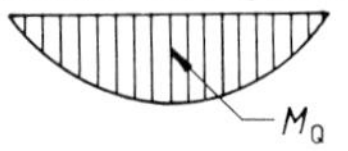	$\beta_{m,Q} = 1{,}0$	$\beta_{M,Q} = 1{,}3$
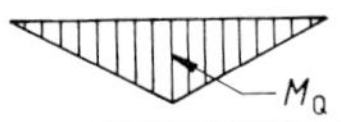		$\beta_{M,Q} = 1{,}4$
Momente aus Querlasten mit Stabendmomenten 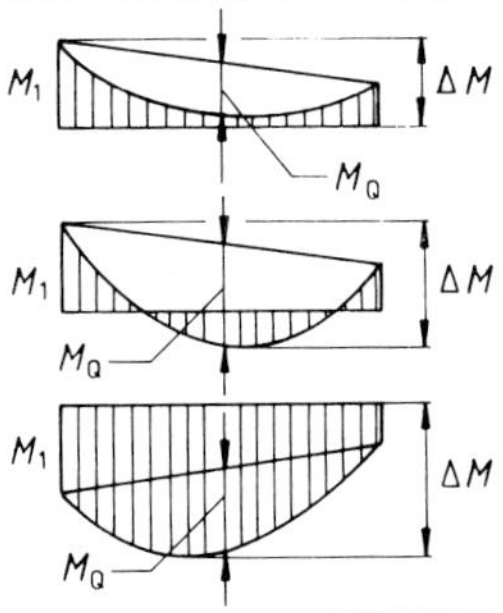	$\psi \leqq 0{,}77 : \beta_m = 1{,}0$ $\psi > 0{,}77$: $\beta_m = \dfrac{M_Q + M_1 \cdot \beta_{M,\psi}}{M_Q + M_1}$	$\beta_M = \beta_{M,\psi} + (M_Q/\Delta M) \cdot (\beta_{M,Q} - \beta_{M,\psi})$ $M_Q = \lvert \max M \rvert$ nur aus Querlast Bei nicht durchschlagendem Momentenverlauf: $\Delta M = \lvert \max M \rvert$ Bei durchschlagendem Momentenverlauf: $\Delta M = \lvert \max M \rvert + \lvert \min M \rvert$

[1]) $\eta_{Ki,d}$: Verzweigungslastfaktor des Systems; $\eta_{Ki,d} = N_{ki,d} / N_d$; $N_{ki,d} = \pi^2 \cdot (E \cdot I)_d / s_K^2$

Beispiel zur Erläuterung

Eine Stahlstütze IPB 180 (HE-B 180) hat eine Druckkraft von N_d = 350 kN mit einer Ausmitte von $e = h/2 = 180/2 = 90$ mm aufzunehmen. Knicklänge $s_K = l = 4{,}5$ m, S235.

Der Nachweis der Biegeknicksicherheit wird geführt.

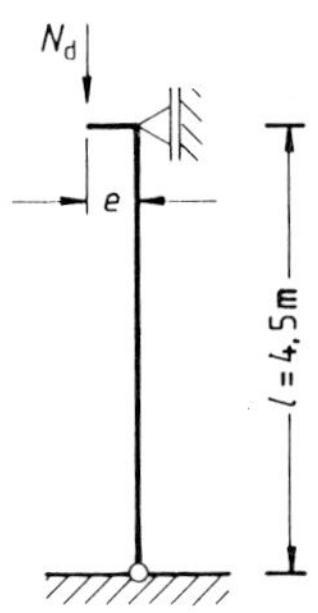

8.13 Statisches System einer Stahlstütze, Eulerfall 2

Beanspruchungen

$$N_d = 350 \text{ kN}$$
$$M_{y,d} = N_d \cdot e = 350 \cdot 9{,}0 = 3150 \text{ kNcm} = 31{,}5 \text{ kNm}$$
$$V_{z,d} = M_{y,d}/l = 3150/450 = 7 \text{ kN}$$

Beanspruchbarkeiten

$N_{pl,d}$ = 1420 kN (Tafel **7**.6)

$M_{pl,d}$ = 106 kNm (Tafel **7**.7)

Querschnittswerte

$h = 180$ mm $\quad A = 65{,}3\ \text{cm}^2$

$b = 180$ mm $\quad I_z = 1360\ \text{cm}^4$

$s = 8{,}5$ mm $\quad i_z = 4{,}57$ cm

$t = 14$ mm $\quad I_y = 3830\ \text{cm}^4$

$i_y = 7{,}66$ cm

Ausweichen rechtwinklig zur z-Achse

$s_{K,z} = 450$ cm

$\lambda_{K,z} = s_{K,z}/i_z = 450/4{,}57 = 98{,}5$

$\lambda_a = 92{,}9$ für S235

$\bar{\lambda}_{K,z} = \lambda_{K,z}/\lambda_a = 98{,}5/92{,}9 = 1{,}06$

$h/b = 180/180 = 1{,}0 < 1{,}2 \rightarrow$ Knickspannungslinie c nach Tafel **7.4**

$\varkappa_z = 0{,}505$ nach Tafel **7.5**

Nachweis der Biegeknicksicherheit ⊥ zur z-Achse

$$\frac{N_d}{\varkappa_z \cdot N_{pl,d}} = \frac{350}{0{,}505 \cdot 1420} = 0{,}49 < 1$$

Ausweichen rechtwinklig zur y-Achse

$s_{K,y} = 450$ cm

$\lambda_{K,y} = s_{K,y}/i_y = 450/7{,}66 = 58{,}7$

$\bar{\lambda}_{K,y} = \lambda_{K,y}/\lambda_a = 58{,}7/92{,}9 = 0{,}63$

$h/b = 180/180 = 1{,}0 < 1{,}2 \rightarrow$ Knickspannungslinie b nach Tafel **7.4**

$\varkappa_y = 0{,}82$ nach Tafel **7.5**

Momentenbeiwert β_m nach Tafel **8.1**

$$\eta_{K,y,d} = \frac{N_{K,y,d}}{N_d \cdot \gamma_M} = \frac{\pi^2 \cdot E \cdot I_y}{s_{Ky}^2 \cdot N_d \cdot \gamma_M}$$

$$= \frac{\pi^2 \cdot 21\,000 \cdot 3830}{450^2 \cdot 350 \cdot 1{,}1} = 10{,}2$$

$\psi = 0$

$\beta_m = 0{,}66 + 0{,}44\ \psi = 0{,}66 + 0{,}44 \cdot 0 = 0{,}66 > 0{,}44$

$\geqq 1 - (1/\eta_{K,y,d}) = 1 - (1/10{,}2) = 0{,}90$ (maßgebend)

$$\Delta n = \frac{N_d}{\varkappa_y \cdot N_{pl,d}} \cdot \left(1 - \frac{N_d}{\varkappa_y \cdot N_{pl,d}}\right) \cdot \varkappa_y^2 \cdot \bar{\lambda}_{K,y}^2$$

$$= \frac{350}{0{,}82 \cdot 1420} \cdot \left(1 - \frac{350}{0{,}82 \cdot 1420}\right) \cdot 0{,}82^2 \cdot 0{,}63^2$$

$= 0{,}056 < 0{,}1$

Fortsetzung Seite 245

Tafel **8.2** **Abminderungsbeiwert** $\varkappa_M$ für Biegedrillknicken

Bezogener Schlankheitsgrad $\bar{\lambda}_M$ für Trägerbeiwert:			$\varkappa_M$	Bezogener Schlankheitsgrad $\bar{\lambda}_M$ für Trägerbeiwert:			$\varkappa_M$
***n* = 1,5**	***n* = 2,0**	***n* = 2,5**		***n* = 1,5**	***n* = 2,0**	***n* = 2,5**	
0,40	0,40	0,40	**1,00**	1,05	1,15	1,21	**0,60**
		0,48	**0,99**	1,06	1,17	1,22	**0,59**
	0,45	0,55	**0,98**	1,08	1,19	1,24	**0,58**
	0,50	0,60	**0,97**	1,10	1,20	1,25	**0,57**
	0,54	0,64	**0,96**	1,12	1,22	1,27	**0,56**
0,43	0,57	0,67	**0,95**	1,13	1,23	1,28	**0,55**
0,46	0,60	0,70	**0,94**	1,15	1,25	1,30	**0,54**
0,49	0,63	0,72	**0,93**	1,17	1,26	1,31	**0,53**
0,51	0,65	0,75	**0,92**	1,19	1,28	1,33	**0,52**
0,53	0,68	0,77	**0,91**	1,20	1,30	1,34	**0,51**
0,56	0,70	0,79	**0,90**	1,22	1,32	1,36	**0,50**
0,58	0,72	0,81	**0,89**	1,24	1,33	1,38	**0,49**
0,60	0,73	0,82	**0,88**	1,26	1,35	1,39	**0,48**
0,61	0,75	0,84	**0,87**	1,28	1,37	1,41	**0,47**
0,63	0,77	0,86	**0,86**	1,30	1,39	1,43	**0,46**
0,65	0,79	0,87	**0,85**	1,32	1,41	1,45	**0,45**
0,67	0,80	0,89	**0,84**	1,34	1,43	1,47	**0,44**
0,69	0,82	0,90	**0,83**	1,37	1,45	1,49	**0,43**
0,70	0,84	0,92	**0,82**	1,39	1,47	1,51	**0,42**
0,72	0,85	0,93	**0,81**	1,41	1,49	1,53	**0,41**
0,74	0,87	0,94	**0,80**	1,43	1,51	1,55	**0,40**
0,75	0,88	0,96	**0,79**	1,46	1,54	1,57	**0,39**
0,77	0,90	0,97	**0,78**	1,48	1,56	1,59	**0,38**
0,78	0,91	0,98	**0,77**	1,51	1,58	1,62	**0,37**
0,80	0,92	1,00	**0,76**	1,54	1,61	1,64	**0,36**
0,81	0,94	1,01	**0,75**	1,56	1,64	1,66	**0,35**
0,83	0,95	1,02	**0,74**	1,59	1,66	1,69	**0,34**
0,85	0,97	1,04	**0,73**	1,62	1,69	1,72	**0,33**
0,86	0,98	1,05	**0,72**	1,65	1,72	1,75	**0,32**
0,88	1,00	1,06	**0,71**	1,69	1,75	1,78	**0,31**
0,89	1,01	1,08	**0,70**	1,72	1,78	1,81	**0,30**
0,91	1,02	1,09	**0,69**	1,75	1,82	1,84	**0,29**
0,92	1,04	1,10	**0,68**	1,79	1,85	1,87	**0,28**
0,94	1,05	1,11	**0,67**	1,83	1,89	1,91	**0,27**
0,95	1,07	1,13	**0,66**	1,87	1,93	1,95	**0,26**
0,97	1,08	1,14	**0,65**	1,91	1,97	1,99	**0,25**
0,98	1,10	1,15	**0,64**	1,96	2,01	2,03	**0,24**
1,00	1,11	1,17	**0,63**	2,01	2,06	2,07	**0,23**
1,02	1,12	1,18	**0,62**	2,06	2,11	2,12	**0,22**
1,03	1,14	1,20	**0,61**	2,11	2,16	2,17	**0,21**

Tafel **8.2** (Fortsetzung)

Bezogener Schlankheitsgrad $\bar{\lambda}_M$ für Trägerbeiwert: $n = 1{,}5$	$n = 2{,}0$	$n = 2{,}5$	$\varkappa_M$
2,17	2,21	2,23	**0,20**
2,23	2,27	2,29	**0,19**
2,30	2,34	2,35	**0,18**
2,37	2,41	2,42	**0,17**
2,45	2,48	2,49	**0,16**
2,53	2,57	2,58	**0,15**
2,62	2,66	2,67	**0,14**
2,73	2,76	2,77	**0,13**
2,85	2,88	2,88	**0,12**
2,98	3,01	3,01	**0,11**
3,13	3,16	3,16	**0,10**

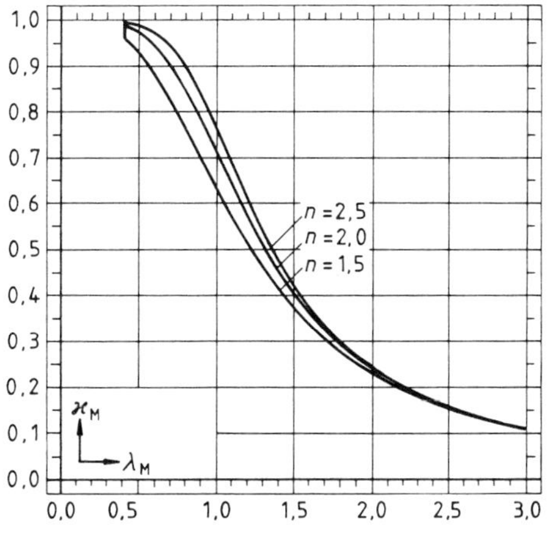

Nachweis der Biegeknicksicherheit ⊥ zur y-Achse

$$\frac{N_d}{\varkappa_y \cdot N_{pl,d}} + \beta_M \cdot \frac{M_d}{M_{pl,d}} + \Delta n$$

$$\frac{350}{0{,}82 \cdot 1420} + 0{,}90 \cdot \frac{31{,}5}{106} + 0{,}056$$

$$0{,}301 + 0{,}267 + 0{,}056 = 0{,}624 < 1$$

b) Nachweis des Biegedrillknickens

Berechnungsablauf

- Beanspruchungen: N_d Bemessungswert der Normalkraft

  $M_{d,y}$ Bemessungswert des Biegemoments um die y-Achse
- Bezogener Schlankheitsgrad $\bar{\lambda}_{K,z}$ für Ausknicken rechtwinklig zur z-Achse

$$\bar{\lambda}_{K,z} = \sqrt{\frac{N_{pl,d}}{N_{K,z,d}}} \qquad N_{K,z,d} = \frac{\pi^2 \cdot E \cdot I_z}{s_{K,z}^2 \cdot \gamma_M}$$

- Abminderungsfaktor $\varkappa_z$ für Biegeknicken (Tafel **7.**5)
- Bezogener Schlankheitsgrad λ_M für das Biegemoment

$$\bar{\lambda}_M = \sqrt{\frac{M_{pl,y,d}}{M_{K,y,d}}} \qquad M_{K,y,d} = \frac{1{,}32 \cdot b \cdot t \cdot E \cdot I_y}{l \cdot h^2 \cdot \gamma_M}$$

b Flanschbreite
t Flanschdicke
h Profilhöhe

- Abminderungsfaktor $\varkappa_M$ für Biegedrillknicken (Tafel **8.**2)
- Beiwert k_y zur Berücksichtigung des Momentenverlaufs M_y und des bezogenen Schlankheitsgrades $\bar{\lambda}_{K,z}$

$$k_y = 1 - \frac{N_d}{\varkappa_z \cdot N_{pl,d}} \cdot a_y \leqq 1$$

$$a_y = 0{,}15 \cdot \bar{\lambda}_{K,z} \cdot \beta_{M,y} - 0{,}15 \leqq 0{,}9$$

$\beta_{M,y}$ nach Tafel **8.**1 für das Biegemoment M_y

– Nachweis der Biegedrillknicksicherheit

$$\frac{N_\mathrm{d}}{\varkappa_\mathrm{z} \cdot N_\mathrm{pl,\,d}} + \frac{M_\mathrm{y,\,d}}{\varkappa_\mathrm{M} \cdot M_\mathrm{pl,\,d}} \cdot k_\mathrm{y} \leqq 1$$

Grenzschnittgrößen $N_{\mathrm{pl,\,d}}$ und $M_{\mathrm{pl,\,d}}$ nach Tafel **7.6** und **7.7**

Beispiel zur Erläuterung

Die Stahlstütze IPB 180 (HEB 180), für die im vorigen Beispiel der Nachweis der Sicherheit gegen Biegeknicken gezeigt wurde, wird nun auf Biegedrillknicken untersucht.

$$N_\mathrm{K,\,z,\,d} = \frac{\pi^2 \cdot E \cdot I_\mathrm{z}}{s_\mathrm{Ky}^2 \cdot \gamma_\mathrm{M}} = \frac{\pi^2 \cdot 21\,000 \cdot 1360}{450^2 \cdot 1{,}1} = 1265 \text{ kN}$$

$$\bar{\lambda}_\mathrm{K,\,z} = \sqrt{\frac{N_\mathrm{pl,\,d}}{N_\mathrm{K,\,z,\,d}}} = \sqrt{\frac{1420}{1265}} = 1{,}06$$

$\varkappa_\mathrm{z} = 0{,}505$ für Knickspannungslinie c aus Tafel **7.5**

$$M_\mathrm{K,\,y,\,d} = \frac{1{,}32 \cdot b \cdot t \cdot E \cdot I_\mathrm{y}}{l \cdot h^2 \cdot \gamma_\mathrm{M}} = \frac{1{,}32 \cdot 18 \cdot 1{,}4 \cdot 21\,000 \cdot 3830}{450 \cdot 18^2 \cdot 1{,}1}$$

$$= 16\,682 \text{ kNcm} = 166{,}8 \text{ kNm}$$

$$\bar{\lambda}_\mathrm{M} = \sqrt{\frac{M_\mathrm{pl,\,y,\,d}}{M_\mathrm{K,\,y,\,d}}} = \sqrt{\frac{106}{166{,}8}} = 0{,}80$$

$\varkappa_\mathrm{M} = 0{,}895$ für n = 2,5 aus Tafel **8.2**

$\beta_\mathrm{M,\,y} = 1{,}8 - 0{,}7\,\psi = 1{,}8 - 0{,}7 \cdot 0 = 1{,}8$ (nach Tafel **8.1**)

$$a_\mathrm{y} = 0{,}15 \cdot \bar{\lambda}_\mathrm{K,\,z} \cdot \beta_\mathrm{M,\,y} - 0{,}15$$

$$= 0{,}15 \cdot 1{,}06 \cdot 1{,}8 - 0{,}15 = 0{,}14 < 0{,}9$$

$$k_\mathrm{y} = 1 - \frac{N_\mathrm{d}}{\varkappa_\mathrm{z} \cdot N_\mathrm{pl,\,d}} \cdot a_\mathrm{y} = 1 - \frac{350}{0{,}505 \cdot 1420} \cdot 0{,}14 = 0{,}93$$

Nachweis der Biegedrillknicksicherheit

$$\frac{N_\mathrm{d}}{\varkappa_\mathrm{z} \cdot N_\mathrm{pl,\,d}} + \frac{M_\mathrm{y,\,d}}{\varkappa_\mathrm{M} \cdot M_\mathrm{pl,\,y,\,d}} \cdot k_\mathrm{y}$$

$$\frac{350}{0{,}505 \cdot 1420} + \frac{31{,}5}{0{,}895 \cdot 106} \cdot 0{,}93$$

$$= 0{,}49 + 0{,}31 = 0{,}80 < 1$$

Beispiele mit entsprechenden Nachweisen enthalten weiterführende Fachbücher, z.B. Thiele/Lohse: Stahlbau, Teil 1 [14].

8.3 Längskraft und zweiachsige Biegung

Druck und zweiachsige Biegung kann durch folgende Beanspruchung entstehen:
- der Angriffspunkt der Druckkraft liegt außerhalb der beiden Hauptachsen des Querschnitts (Bild **8.**14),
- außer einer mittigen Druckkraft wirkt gleichzeitig zweiachsige Biegung (Doppelbiegung).

Eine ausmittig wirkende Druckkraft kann durch eine mittig wirkende Druckkraft ersetzt werden, wenn die durch die Ausmitte entstehenden Biegemomente zusätzlich angesetzt werden (Bild **8.**14).

Die Ausmitte e_z bezogen auf die y-Achse erzeugt ein zusätzliches Biegemoment M_y:

$$|M_y| = |N| \cdot e_z \quad \text{Gl. (8.16)}$$

Die Ausmitte e_y bezogen auf die z-Achse ruft das Biegemoment M_z hervor:

$$|M_z| = |N| \cdot e_y \quad \text{Gl. (8.17)}$$

Die Spannungsermittlung erfolgt durch Überlagerung:

$$\boldsymbol{\sigma}_{\mathbf{NB}} = \frac{|\boldsymbol{N}|}{\boldsymbol{A}} + \frac{|\boldsymbol{M}_{\mathbf{y}}|}{\boldsymbol{W}_{\mathbf{y}}} + \frac{|\boldsymbol{M}_{\mathbf{z}}|}{\boldsymbol{W}_{\mathbf{z}}} \quad \text{Gl. (8.18)}$$

in N/mm² oder MN/m²

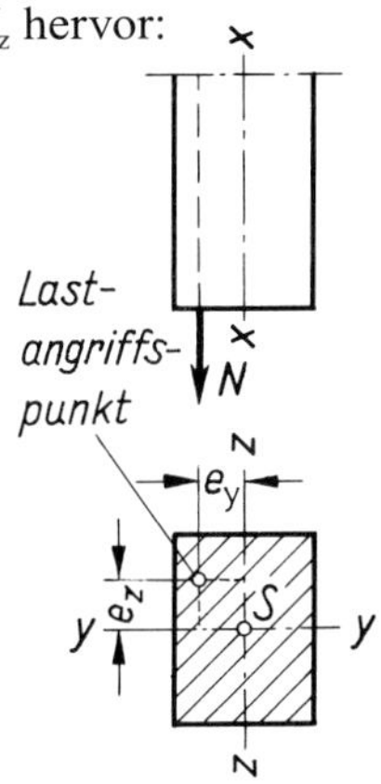

8.14 Zweiachsige Ausmitte e_y und e_z einer Längskraft

8.3.1 Druck und zweiachsige Biegung bei Holz

Bei einem Angriff der Druckkraft außerhalb der Hauptachsen des Querschnittes oder bei Biegemomenten M_y und M_z mit einer mittigen Druckkraft sind die beiden Spannungsnachweise erforderlich:

$$\boldsymbol{\sigma}_{\mathbf{NB}} = \frac{|\boldsymbol{N}|}{\boldsymbol{A}_{\mathbf{n}}} + \frac{\mathbf{zul}\ \boldsymbol{\sigma}_{\mathbf{D}\|}}{\mathbf{zul}\ \boldsymbol{\sigma}_{\mathbf{B}}} \cdot \left(\frac{|\boldsymbol{M}_{\mathbf{y}}|}{\boldsymbol{W}_{\mathbf{yn}}} + \frac{|\boldsymbol{M}_{\mathbf{z}}|}{\boldsymbol{W}_{\mathbf{zn}}}\right) \quad \text{Gl. (8.19)}$$

$$\frac{\sigma_{NB}}{\text{zul}\ \sigma_{D\|}} \leqq 1 \quad \text{Gl. (8.20)}$$

$$\boldsymbol{\sigma}_{\mathbf{K}} = \frac{|\boldsymbol{N}| \cdot \mathbf{max}\ \boldsymbol{\omega}}{\boldsymbol{A}} + \frac{\mathbf{zul}\ \boldsymbol{\sigma}_{\mathbf{D}\|}}{\mathbf{zul}\ \boldsymbol{\sigma}_{\mathbf{B}}} \cdot \left(\frac{|\boldsymbol{M}_{\mathbf{y}}|}{\boldsymbol{W}_{\mathbf{y}}} + \frac{|\boldsymbol{M}_{\mathbf{z}}|}{\boldsymbol{W}_{\mathbf{z}}}\right) \quad \text{Gl. (8.21)}$$

$$\frac{\sigma_{K}}{\text{zul}\ \sigma_{D\|}} \leqq 1 \quad \text{Gl. (8.22)}$$

Beispiel zur Erläuterung

Eine Holzpfette 180/240 mm erhält außer Doppelbiegung durch die vertikale Belastung q_y = 8,0 kN/m und die horizontale Belastung q_z = 1,6 kN/m eine Druckkraft von N = –15 kN. Spannweiten und Knicklängen : $l_y = s_{Ky}$ = 2,40 m, $l_z = s_{Kz}$ = 4,00 m (Bild **8.**15). Die Spannungen werden nachgewiesen. Schwächung durch Kopfbandanschluß auf 180/220 mm. Lastfall H, Nadelholz Sortierklasse S 10.

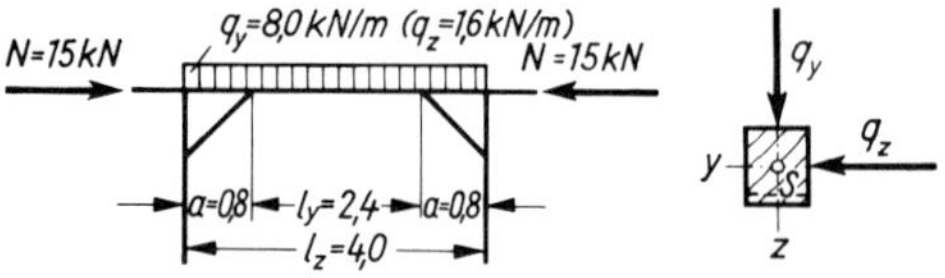

8.15 Holzpfette mit Druck und zweiachsiger Biegung

A = 432 cm² A_n = 396 cm² $W_y = W_{yn}$ = 1728 cm³ W_z = 1296 cm³

W_{zn} = 1188 cm³ i_y = 6,93 cm i_z = 5,20 cm

$$\max M_y = q_y \cdot l_y^2/8 = 8{,}0 \cdot 2{,}40^2/8 = 5{,}76 \text{ kNm} = 576 \text{ kNcm}$$

$$\max M_z = q_z \cdot l_z^2/8 = 1{,}6 \cdot 4{,}00^2/8 = 3{,}20 \text{ kNm} = 320 \text{ kNcm}$$

$$\lambda_y = \frac{s_{Ky}}{i_z} = \frac{240}{6{,}93} = 34{,}6 \quad \omega_y = 1{,}20$$

$$\lambda_z = \frac{s_{Kz}}{i_z} = \frac{400}{5{,}20} = 76{,}9 \quad \omega_z = 2{,}10$$

Spannungsnachweis

$$\sigma_{NB} = \frac{|N|}{A_n} + \frac{\text{zul } \sigma_{D\|}}{\text{zul } \sigma_B} \cdot \left(\frac{|M_y|}{W_{yn}} + \frac{|M_z|}{W_{zn}}\right) = \frac{15}{396} + \frac{8{,}5}{10{,}0} \cdot \left(\frac{576}{1728} + \frac{320}{1188}\right)$$

$$= 0{,}04 + 0{,}85 \cdot (0{,}33 + 0{,}27) = 0{,}55 \text{ kN/cm}^2 = 5{,}5 \text{ N/mm}^2$$

$$\text{zul } \sigma_{D\|} = 8{,}5 \text{ N/mm}^2$$

$$\frac{\sigma_{NB}}{\text{zul } \sigma_{D\|}} = \frac{5{,}5}{8{,}5} = 0{,}65 < 1$$

$$\sigma_K = \frac{|N| \cdot \max \omega}{A} + \frac{\text{zul } \sigma_{D\|}}{\text{zul } \sigma_B} \cdot \left(\frac{|M_y|}{W_y} + \frac{|M_z|}{W_z}\right) = \frac{15 \cdot 2{,}10}{432} + \frac{8{,}5}{10{,}0} \cdot \left(\frac{576}{1728} + \frac{320}{1296}\right)$$

$$= 0{,}07 + 0{,}85 \cdot (0{,}33 + 0{,}25) = 0{,}56 \text{ kN/cm}^2 = 5{,}6 \text{ N/mm}^2$$

$$\text{zul } \sigma_{D\|} = 8{,}5 \text{ N/mm}^2$$

$$\frac{\sigma_K}{\text{zul } \sigma_{D\|}} = \frac{5{,}6}{8{,}5} = 0{,}66 < 1$$

Durchbiegung

$$\text{vorh} f_y = \frac{\text{vorh } \sigma_{By} \cdot l_y^2}{h_z \cdot k_f} = \frac{3{,}3 \cdot 2{,}4^2}{24 \cdot 4{,}8} = 0{,}17 \text{ cm}$$

$$\text{vorh} f_z = \frac{\text{vorh } \sigma_{Bz} \cdot l_z^2}{h_z \cdot k_f} = \frac{2{,}7 \cdot 4{,}0^2}{18 \cdot 4{,}8} = 0{,}50 \text{ cm}$$

$$\max f = \sqrt{f_y^2 + f_z^2} = \sqrt{0{,}17^2 + 0{,}50^2} = 0{,}53 \text{ cm}$$

$$\text{zul } f = \frac{l_z}{200} = \frac{400}{200} = 2{,}0 \text{ cm}$$

$$\frac{\max f}{\text{zul } f} = \frac{0{,}53}{2{,}0} = 0{,}27 < 1$$

Beispiele mit entsprechenden Nachweisen enthalten weiterführende Fachbücher, z. B. Neuhaus: Lehrbuch des Ingenieurholzbaus [8]

8.3.2 Druck und zweiachsige Biegung bei Stahl

Für Bauteile aus Stahl, die gleichzeitig durch eine Druckkraft und durch Biegemomente M_y und M_z beansprucht werden, ist zunächst der einfache Spannungsnachweis zu führen:

$$\sigma_{NB} = \frac{|N_d|}{A} + \frac{|M_{y,d}|}{W_y} + \frac{|M_{z,d}|}{W_z} \quad \text{in N/mm}^2 \text{ oder MN/m}^2 \qquad \text{Gl. (8.23)}$$

Für den Spannungsnachweis ist diese Spannung der Grenzspannung gegenüberzustellen:

$$\frac{\sigma_{NB}}{\sigma_{R,d}} \leqq 1 \qquad \text{Gl. (8.24)}$$

Desweiteren ist zu klären, ob Stabilitätsprobleme auftreten können. Ist dies der Fall, gilt sinngemäß das gleiche wie bei Druck mit einachsiger Biegung, hier jedoch für beide Biegeachsen.

Für Bauteile, die nicht gegen seitliches Ausknicken und gegen Stabverdrehung gesichert sind, sind stets die Nachweise für Biegeknicken und für Biegedrillknicken zu führen (Abschn. 7.5).

Der Sicherheitsnachweis gegen Biegeknicken kann mit Gleichung (8.25) geführt werden:

$$\frac{|N_d|}{\varkappa \cdot N_{pl,d}} + \frac{\beta_{m,y} \cdot |M_{y,d}|}{M_{pl,y,d}} \cdot k_y + \frac{\beta_{m,z} \cdot |M_{z,d}|}{M_{pl,z,d}} \cdot k_z + \Delta n \leqq 1 \qquad \text{Gl. (8.25)}$$

Der Sicherheitsnachweis gegen Biegedrillknicken wird nach Gleichung (8.26) geführt:

$$\frac{|N_d|}{\varkappa_z \cdot N_{pl,d}} + \frac{|M_{y,d}|}{\varkappa_M \cdot M_{pl,y,d}} \cdot k_y + \frac{|M_{z,d}|}{M_{pl,z,d}} \cdot k_z \leqq 1 \qquad \text{Gl. (8.26)}$$

Bei Bauteilen mit geringer Normalkraft darf der Einfluß der Normalkraft vernachlässigt werden, wenn Gleichung (8.15) erfüllt ist:

$$\frac{|N_d|}{\varkappa \cdot N_{pl,d}} < 0{,}1 \qquad \text{Gl. (8.15)}$$

Hierbei sind:

$\varkappa$ Abminderungsfaktor für Biegeknicken nach Tafel **7.5**
$N_{pl,d}$ Normalkraft im plastischen Zustand nach Tafel **7.6**

Die erforderlichen Nachweise für Biegeknicken und Biegedrillknicken werden in ihrem Ablauf nachfolgend dargestellt.

Nachweis des Biegeknickens und Biegedrillknickens

Berechnungsablauf

– Beanspruchungen: N_d Bemessungswert der Normalkraft
$M_{y,d}$ Bemessungswert des Biegemoments um die y-Achse
$M_{z,d}$ Bemessungswert des Biegemoments um die z-Achse

- **Bezogene Schlankheitsgrade $\bar{\lambda}_K$** für Ausweichen rechtwinklig zur jeweiligen Querschnittsachse:

$$\bar{\lambda}_{K,y} = \sqrt{N_{pl,d}/N_{Ki,y,d}}$$
$$N_{ki,y,d} = \pi^2 \cdot (E \cdot I_y)_d / s_{K,y}^2; \quad (E \cdot I_y)_d = E \cdot I_y/\gamma_M$$
$$s_{K,y} = \beta_y \cdot l \quad \text{Knicklänge für Ausweichen rechtwinklig zur } y\text{-Achse}$$
$$\bar{\lambda}_{K,z} = \sqrt{N_{pl,d}/N_{Ki,z,d}}$$
$$N_{Ki,z,d} = \pi^2 \cdot (E \cdot I_z)_d / s_{K,z}^2; \quad (E \cdot I_z)_d = E \cdot I_z/\gamma_M$$
$$s_{K,z} = \beta_z \cdot l \quad \text{Knicklänge für Ausweichen rechtwinklig zur } z\text{-Achse}$$

- **Abminderungfaktoren $\varkappa_y$ bzw. $\varkappa_z$ für Biegeknicken** nach Tafel **7**.5
- **Beiwerte k** zur Berücksichtigung des Momentenverlaufs und des bezogenen Schlankheitsgrades für die jeweilige Querschnittsachse:

$$k_y = 1 - N_d/(\varkappa_y \cdot N_{pl,d}) \cdot a_y \leqq 1{,}5$$
$$a_y = \bar{\lambda}_{K,y} \cdot (2 \cdot \beta_{M,y} - 4) + (\alpha_{pl,y} - 1) \leqq 0{,}8$$

$\beta_{M,y}$ Momentenbeiwert für Biegedrillknicken nach Tafel **8**.1 Spalte 3

$\alpha_{pl,y} = W_{pl,y}/W_y$ plastischer Formbeiwert

$$k_z = 1 - N_d/(\varkappa_z \cdot N_{pl,d}) \cdot a_z \leqq 1{,}5$$
$$a_z = \bar{\lambda}_{K,z} \cdot (2 \cdot \beta_{M,z} - 4) + (\alpha_{pl,z} - 1) \leqq 0{,}8$$

$\beta_{M,z}$ Momentenbeiwert für Biegedrillknicken nach Tafel **8**.1 Spalte 3

$\alpha_{pl,z} = W_{pl,z}/W_z$ plastischer Formbeiwert

- **Nachweis des Biegeknickens:**

$$\frac{|N_d|}{\varkappa \cdot N_{pl,d}} + \frac{\beta_{m,y} \cdot |M_{y,d}|}{M_{pl,y,d}} \cdot k_y + \frac{\beta_{m,y} \cdot |M_{z,d}|}{M_{pl,y,d}} \cdot k_z + \Delta n \leqq 1 \qquad \text{Gl. (8.25)}$$

Hierbei sind:

$\beta_{m,y}$; $\beta_{m,z}$: Momentenbeiwerte für Biegeknicken nach Tafel **8**.1 Spalte 2

Beiwerte k $\quad \varkappa_y < \varkappa_z \rightarrow k_y = 1$ und $k_z = c_z$

$\varkappa_y = \varkappa_z \rightarrow k_y = 1$ und $k_z = 1$

$\varkappa_z < \varkappa_y \rightarrow k_y = c_y$ und $k_z = 1$

$$c_z = \frac{1}{c_y} = \frac{1 - (N_d/N_{pl,d}) \cdot \bar{\lambda}_{K,y}^2}{1 - (N_d/N_{pl,d}) \cdot \bar{\lambda}_{K,z}^2}; \quad c_y = \frac{1}{c_z}$$

$\Delta n = N_d/(\varkappa \cdot N_{pl,d}) \cdot [1 - N_d/(\varkappa \cdot N_{pl,d})] \cdot \varkappa^2 \cdot \bar{\lambda}_K^2 \leqq 0{,}1$;

($\bar{\lambda}_K$ zugehörig zu $\varkappa = \min(\varkappa_y, \varkappa_z)$)

– **Nachweis des Biegedrillknickens:**

$$\frac{|N_d|}{\varkappa_z \cdot N_{pl,d}} + \frac{|M_{y,d}|}{\varkappa_M \cdot M_{pl,y,d}} \cdot k_y + \frac{|M_{z,d}|}{M_{pl,z,d}} \cdot k_z \leqq 1 \qquad \text{Gl. (8.26)}$$

Abminderungsfaktor $\varkappa_M$ für Biegedrillknicken nach Tafel **8.**2

Beispiele mit entsprechenden Nachweisen enthalten weiterführende Fachbücher, z.B. Thiele/Lohse: Stahlbau, Teil 1 [14].

8.4 Ausmittiger Druck bei versagender Zugzone

Bei ausmittig angreifender Längskraft erfolgt die Spannungsverteilung im Querschnitt nicht gleichmäßig sondern ungleichmäßig. Die Verteilung der Spannungen ist um so ungleichmäßiger, je größer die Ausmittigkeit des Lastangriffs ist. Infolge einer ausmittigen Druckkraft können im Querschnitt sogar Zugspannungen auftreten. Hierbei kommt es darauf an, ob der Baustoff des Querschnitts imstande ist, Zugspannungen aufzunehmen. Das gilt auch für die Grenzzone zwischen zwei verschiedenen Baustoffen.

Bei Bauteilen aus Mauerwerk oder unbewehrtem Beton sowie zwischen Fundamenten und Baugrund versagt die Zugzone: es können nur Druckspannungen übertragen werden. Hierfür müssen die Druckspannungen unter Ausschluß von Zugspannungen berechnet werden.

Ein Lastangriff, der auf einer der Hauptachsen des Querschnitts wirkt, wird als einachsig ausmittig bezeichnet. Je nach Größe der Ausmittigkeit und Art der Spannungsverteilung werden vier Fälle unterschieden:

- Fall 1: geringe Ausmitte des Lastangriffs;
  es entstehen nur Druckspannungen;
  die Spannungsverteilung ist trapezförmig.
- Fall 2: mäßige Ausmitte des Lastangriffs;
  an einem Querschnittsrand werden die Spannungen Null;
  die Spannungsverteilung ist dreieckförmig.
- Fall 3: große Ausmitte des Lastangriffs;
  in einem Querschnittsteil entstehen Zugspannungen, die bei versagender Zugzone nicht aufgenommen werden können;
  im anderen Querschnittsteil ist die Spannungsverteilung dreieckförmig.
- Fall 4: größtzulässige Ausmitte des Lastangriffs;
  nur im halben Querschnittsteil herrschen Druckspannungen mit dreieckförmiger Spannungsverteilung;
  die andere Querschnittshälfte ist „versagende Zugzone".

Lasten können nicht nur einachsig ausmittig sondern auch zweiachsig ausmittig angreifen. Im folgenden werden die Spannungsverteilungen bei Rechteckquerschnitten behandelt.

Hinweis:

Bei Berechnungen werden für die Schnittgrößen M, N und R_v, jeweils die absoluten Werte $|M|$, $|N|$ und $|R_v|$ ohne Vorzeichen eingesetzt.

8.4.1 Geringe einachsige Ausmitte

Fall 1: Ausmitte $e_y < b_y/6$, Randabstand $c > b_y/3$ (Bild **8.**16)

Eine Druckkraft, die mit ihrem Angriffspunkt im mittleren Drittel des Querschnitts verbleibt, hat eine geringe Ausmitte und verursacht im Querschnitt nur Druckspannungen. Die Ausmitte beträgt hierbei weniger als 1/6 der Querschnittsabmessung:

Ausmitte $e_y < b_y/6$ Randabstand $c > b_y/3$

Die Spannungen können wie bisher berechnet werden.

Randspannungen

$$\sigma_1 = \frac{|N|}{A} + \frac{|M|}{W} \qquad \sigma_2 = \frac{|N|}{A} - \frac{|M|}{W} \qquad \text{Gl. (8.27)}$$

Da das Biegemoment M gleich der Resultierenden aller vertikalen Kräfte R_v mal ihrer Ausmitte e_y ist und das Widerstandsmoment eines Rechteckquerschnitts mit $W = b_y^2 \cdot b_z/6$ angegeben werden kann, erhält Gl. (8.27) folgende Form:

Randspannungen

$$\boldsymbol{\sigma}_{01} = \frac{|\boldsymbol{R}_v|}{\boldsymbol{A}} + \frac{|\boldsymbol{R}_v| \cdot \boldsymbol{6\,e}_y}{\boldsymbol{b}_y^2 \cdot \boldsymbol{b}_z} \qquad \boldsymbol{\sigma}_{02} = \frac{|\boldsymbol{R}_v|}{\boldsymbol{A}} - \frac{|\boldsymbol{R}_v| \cdot \boldsymbol{6\,e}_y}{\boldsymbol{b}_y^2 \cdot \boldsymbol{b}_z} \qquad \text{Gl. (8.28)}$$

Die Spannungsverteilung ist trapezförmig. Die Randspannung ist an jenem Querschnittsrand, der der Resultierenden näher liegt, größer als am gegenüberliegenden Rand.

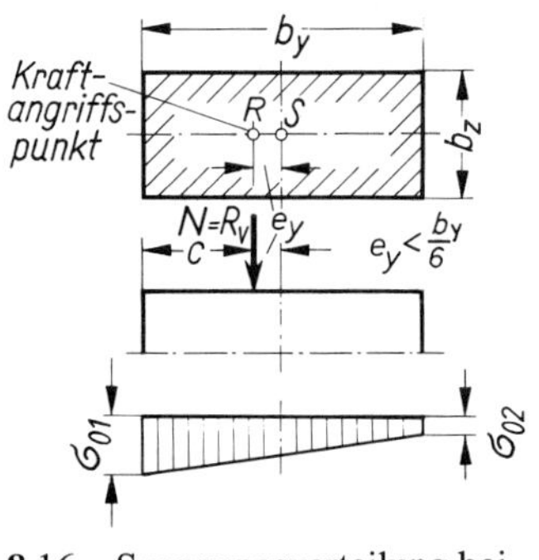

8.16 Spannungsverteilung bei geringer Ausmitte $e_y < b_y/6$ (Fall 1)

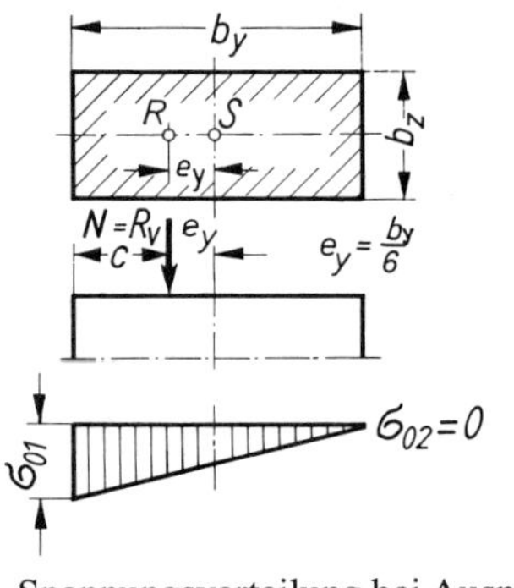

8.17 Spannungsverteilung bei Ausmitte $e_y = b_y/6$ (Fall 2)

8.4.2 Mäßige einachsige Ausmitte

Fall 2: Ausmitte $e_y = b_y/6$, Randabstand $c = b_y/3$ (Bild **8.**17)

Als mäßige Ausmitte des Lastangriffs kann bezeichnet werden, wenn die Ausmitte gleich einem Sechstel der Querschnittsabmessung beträgt. Hierbei wird die Druckspannung an jenem Querschnittsrand, der dem Kraftangriffspunkt gegenüberliegt, gleich Null. Mit der Ausmitte $e_y = b_y/6$ wird die größte Randspannung σ_{01}.

Randspannungen

$$\boldsymbol{\sigma_{01}} = \frac{\mathbf{2 \cdot |R_v|}}{\mathbf{b_y \cdot b_z}} \qquad \sigma_{02} = 0 \qquad \text{Gl. (8.29)}$$

8.4.3 Große einachsige Ausmitte

Fall 3: Ausmitte $e_y > b_y/6$, Randabstand $c < b_y/3$ (Bild **8.**18)

Bei größerer Ausmitte des Lastangriffs als 1/6 der Querschnittsbreite entstehen am gegenüberliegenden Rand bei einem zugfesten Werkstoff Zugspannungen. Wenn der Werkstoff nicht in der Lage ist, diese Zugspannungen aufzunehmen, kann man mit „versagender Zugzone" rechnen. Man sagt auch, es wird mit „klaffender Fuge" gerechnet. Das normalerweise entstehende positive Spannungsbild kann nicht einfach weggelassen werden. Die Spannungsverteilung ist aus den Gleichgewichtsbedingungen zu bestimmen. Der Druckspannungskeil hat der angreifenden Kraft das Gleichgewicht zu halten. Der Schwerpunkt des Druckspannungskeils muß in der Wirkungslinie der Kraft liegen (Bild **8.**18). Der Inhalt des Spannungskeiles entspricht der gesamten Reaktionskraft, die gleichgroß der angreifenden Kraft sein muß (Bild **8.**19).

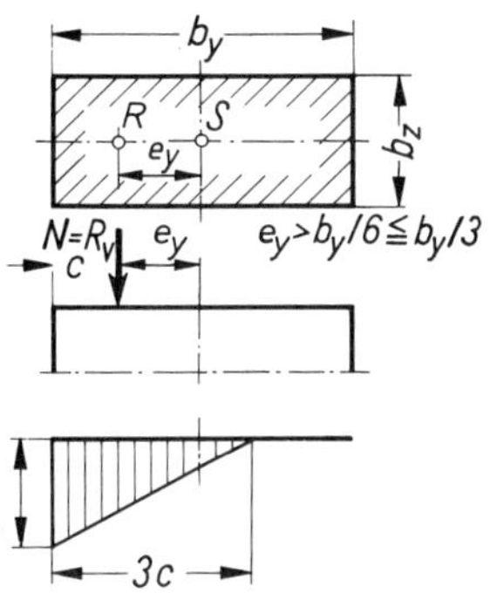

8.18 Spannungsverteilung bei großer Ausmitte $e_y > b_y/6 \leqq b_y/3$ (Fall 3)

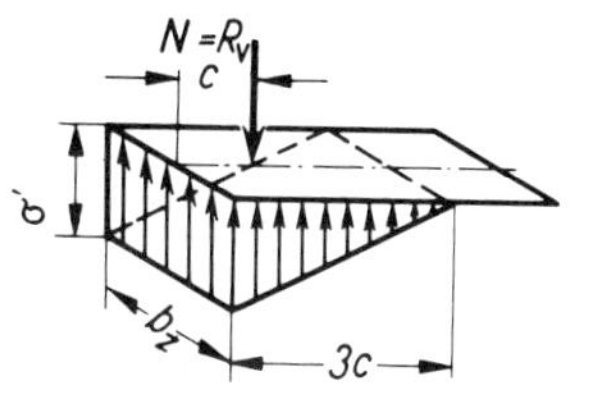

8.19 Druckspannungskeil bei klaffender Fuge

Aus der Bedingung, daß der Inhalt des Druckspannungskörpers gleich der Auflast R_v sein muß, ergibt sich die Kraft $R_v = \sigma \cdot 3c \cdot b_z \cdot {}^1\!/_2$. Man kann damit die größte Druckspannung am Rand berechnen.

$$\text{Randspannungen} \quad \boldsymbol{\sigma_{01}} = \frac{\mathbf{2 \cdot |R_v|}}{\mathbf{3\,b_z \cdot c}} \qquad \sigma_{02} = 0 \qquad \text{Gl. (8.30)}$$

Die Ausmitte e_y darf nicht größer als $b_y/3$ werden, der Randabstand c muß mindestens $b_y/6$ sein. Die 1,5fache Sicherheit ist sonst nicht gewährleistet.

Randabstand des Lastangriffs $\quad c \geqq b_y/6 \qquad$ Gl. (8.31)

8.4.4 Größtzulässige einachsige Ausmitte

Fall 4: Ausmitte $e_y = b_y/3$, Randabstand $c = b_y/6$ (Bild **8**.20)

Bei diesem Sonderfall des größtzulässigen ausmittigen Lastangriffs wirken nur im halben Querschnitt Druckspannungen. In der anderen Hälfte des Querschnitts würden Zugspannungen herrschen, die bei versagender Zugzone jedoch nicht aufgenommen werden können (Bild **8**.20). Die über den halben Querschnitt dreieckförmig verteilte Druckspannung hat am Rand folgende Größe:

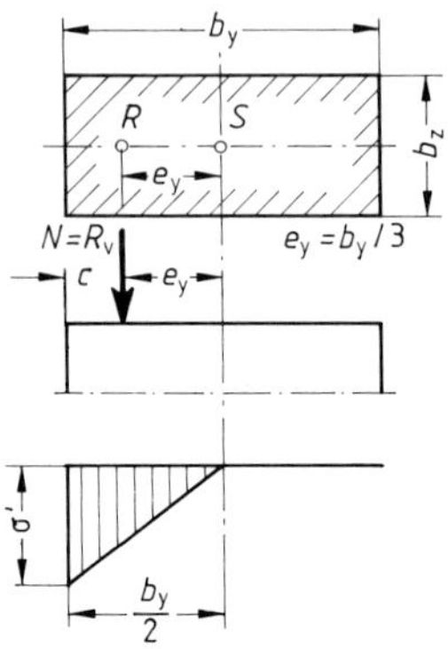

Randspannungen $\sigma_{01} = \dfrac{4 \cdot |R_v|}{b_y \cdot b_z}$ $\quad \sigma_{02} = 0$ Gl. (8.32)

Bei dieser Ausmitte $e_y = b_y/3$ und einem Randabstand $c = b_y/6$ ist der Grenzfall der Standsicherheit erreicht. Die Sicherheit ist in diesem Fall 1,5fach (siehe auch Teil 1 Abschn. 5.1).

8.20 Spannungsverteilung bei größtzulässiger Ausmitte $e_y = b_y/3$ (Fall 4)

Hinweis:
Die vorgenannten Formeln gelten nur bei Annahme linearer Spannungsverteilung. Diese Annahme ist eine Vereinfachung und trifft nicht immer zu. Für einfache Verhältnisse ist diese Berechnung aber hinreichend genau und zulässig.

8.4.5 Zusammenstellung der Randspannungen

Die Randspannungen bei rechteckigen Querschnitten, die mit einachsiger Ausmittigkeit belastet werden und keine Zugspannungen aufnehmen können, werden nachfolgend in Tafel **8**.3 zusammengestellt.

8.4.6 Fundamente mit einachsiger Ausmitte

Für die nachfolgend beschriebene vereinfachte Berechnung der Bodenpressung unter Fundamenten müssen bestimmte Voraussetzungen gegeben sein. Diese Voraussetzungen wurden in Abschnitt 1.8.1 bei der Angabe der zulässigen Bodenpressung genannt (siehe auch Tafeln **1**.2 und **1**.3).

Bei ausmittigem Lastangriff ist für die Ermittlung der rechnerisch maßgebenden Bodenpressung σ_{0r} die wirkliche Fundamentfläche A auf eine Teilfläche A' zu verkleinern. Der Lastangriffspunkt R soll der Schwerpunkt dieser Teilfläche sein (DIN 1054 Abschn. 4.2).

Eigenlast der Wand $G_1 = 0{,}30 \cdot 2{,}00 \cdot 1{,}00 \cdot 20 = 12$ kN

Eigenlast des Fundamentes $G_2 = 0{,}65 \cdot 0{,}60 \cdot 1{,}00 \cdot 23 = \;\;9$ kN

$R_v = 21$ kN

Winddruck

$$W = c_f \cdot q \cdot h_1 \cdot l = 1{,}2 \cdot 0{,}5 \cdot 1{,}8 \cdot 1{,}0 = 1{,}08 \text{ kN}$$

(s. Baustatik Teil 1, Abschn. 4.6)

Untersuchung Fuge zwischen Wand und Fundament

Standmoment

$$|M_s| = G_1 \cdot b_1/2 = 12 \cdot 0{,}30/2 = 1{,}80 \text{ kNm}$$

Kippmoment

$$|M_K| = W \cdot \left(\frac{h_1}{2} + h_2\right) = 1{,}08 \cdot \left(\frac{1{,}80}{2} + 0{,}20\right) = 1{,}19 \text{ kNm}$$

Kippsicherheit

$$\eta_K = |M|/|M_K| = 1{,}80/1{,}19 = 1{,}51 > 1{,}50$$

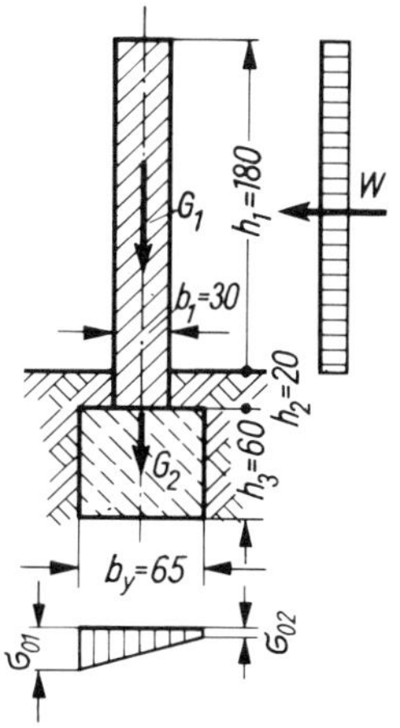

8.22 Bodenpressung für eine Gartenmauer mit Winddruck (Maße in cm)

Untersuchung Fundamentsohle

Moment

$$|M| = W \cdot \left(\frac{h_1}{2} + h_2 + h_3\right) = 1{,}08 \cdot \left(\frac{1{,}80}{2} + 0{,}20 + 0{,}60\right) = 1{,}08 \cdot 1{,}70 = 1{,}84 \text{ kNm}$$

Ausmitte

$$e_y = \frac{|M|}{|R_v|} = \frac{1{,}84}{21} = 0{,}088 \text{ m} \qquad \frac{b_y}{6} = 0{,}108 \text{ m} \qquad e_y < \frac{b_y}{6}$$

verkleinerte Fundamentbreite

$$b'_y = b_y - 2\,e_y = 0{,}65 - 2 \cdot 0{,}088 = 0{,}47 \text{ m}$$

rechnerisch maßgebende Bodenpressung

$$\sigma_{0r} = \frac{|R_v|}{b'_y \cdot b_z} = \frac{21}{0{,}47 \cdot 1{,}00} = 44{,}7 \text{ kN/m}^2$$

zulässige Bodenpressung für 0,80 m Einbindetiefe bei fettem Ton

$$\text{zul}\,\sigma_0 = 90 + \frac{0{,}30}{0{,}50} \cdot (110 - 90) = 102 \text{ kN/m}^2$$

Spannungsvergleich

$$\frac{\sigma_{0r}}{\text{zul}\,\sigma_0} = \frac{44{,}7}{102} = 0{,}44 < 1$$

2. Eine Grenzwand steht einseitig auf einem Fundament (Bild **8**.23). Die maximale Kantenpressung infolge der ausmittigen Belastung wird nachgewiesen. Die rechnerisch maßgebende Bodenpressung wird der zulässigen Bodenpressung gegenüber gestellt.

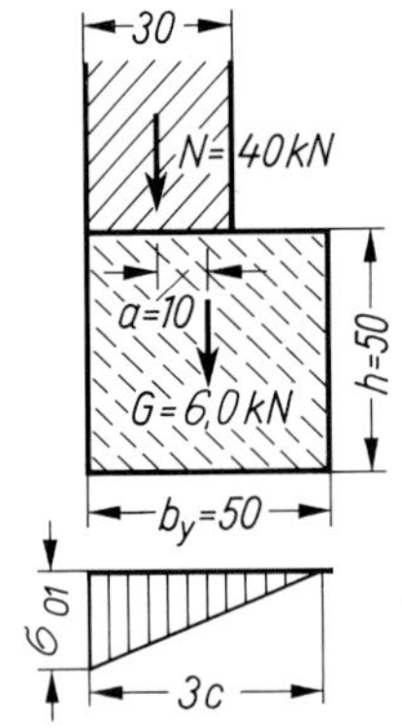

8.23 Bodenpressung für eine einseitig angeordnete Grenzwand (Maße in cm)

Belastung

$$|N| = N_g + N_p = 26{,}0 + 14{,}0 = 40{,}0 \text{ kN}$$

Fundament-Eigenlast

$$G = 0{,}50 \cdot 0{,}50 \cdot 1{,}00 \cdot 24 = 6{,}0 \text{ kN}$$

Gesamtlast

$$|R_v| = |N| + G = 40{,}0 + 6{,}0 = 46{,}0 \text{ kN}$$

Moment

$$|M| = |N| \cdot a = 40{,}0 \cdot \left(\frac{0{,}50}{2} - \frac{0{,}30}{2}\right) = 40{,}0 \cdot 0{,}10 = 4{,}0 \text{ kNm}$$

Ausmitte

$$e_y = \frac{|M|}{|R_v|} = \frac{4{,}0}{46{,}0} = 0{,}087 \text{ m}$$

Randabstand

$$c = \frac{b_y}{2} - e_y = \frac{0{,}50}{2} - 0{,}087 = 0{,}163 \text{ m} > \frac{b_y}{6} = \frac{0{,}50}{6} = 0{,}083 \text{ m}$$

Moment aus ständiger Last

$$M_g = N_g \cdot a = 26{,}0 \cdot 0{,}10 = 2{,}6 \text{ kNm}$$

Ausmitte bei ständiger Last

$$e_y = \frac{M_g}{N_g + G} = \frac{2{,}6}{26{,}0 + 6{,}0} = 0{,}081 \text{ m}$$

Randabstand

$$c = \frac{b_y}{2} - e_y = \frac{0{,}50}{2} - 0{,}081 = 0{,}169 \text{ m} > \frac{b_y}{3} = \frac{0{,}50}{3} = 0{,}167 \text{ m}$$

verkleinerte Fundamentbreite

$$b'_y = b_y - 2\, e_y = 0{,}50 - 2 \cdot 0{,}087 = 0{,}326 \text{ m}$$

rechnerisch maßgebende Bodenpressung

$$\sigma_{0r} = \frac{|R_v|}{b'_y \cdot b_z} = \frac{46{,}0}{0{,}326 \cdot 1{,}00} = 141 \text{ kN/m}^2$$

zulässige Bodenpressung bei nichtbindigem Boden für 0,75 m Einbindetiefe unter Kellerfußboden (s. Tafel **1**.6 bei kleinen Bauwerken):

$$\text{zul } \sigma_0 = 150 \text{ kN/m}^2$$

Spannungsvergleich

$$\frac{\sigma_{0r}}{\text{zul } \sigma_0} = \frac{141}{150} = 0{,}94 < 1$$

Beispiele zur Übung

1. **Eine Gartenmauer** ist dem Winddruck ausgesetzt. Die Kippsicherheit und die Bodenpressung sollen untersucht werden wie in Erläuterungsbsp. 1; jedoch $h_1 = 2{,}10$ m, $h_2 = 0{,}30$ m, $h_3 = 0{,}60$ m, $b_1 = 0{,}365$ m, $b_2 = 0{,}80$ m, $w = 0{,}60$ kN/m^2.
2. **Eine Grenzwand** steht einseitig auf einem Fundament. Die rechnerisch maßgebende Bodenpressung infolge der ausmittigen Belastung ist nachzuweisen wie in Erläuterungsbsp. 2; jedoch Wanddicke 36,5 cm, $b = 55$ cm, $h = 40$ cm, $N = 120$ kN.
3. Wie Beispiel 2, jedoch Wanddicke 36,5 cm, $b = 70$ cm, $h = 50$ cm, $N = 130$ kN mit $a = 12$ cm.

8.4.7 Zweiachsige Ausmitte bei Rechteckquerschnitten

Bei zweiachsiger Ausmitte wirkt die Resultierende auf keiner der beiden Hauptachsen des Querschnittes (Bild **8**.24). Solange bei geringen Ausmitten keine Zugspannungen an einer Querschnittskante oder -ecke entstehen, kann mit der bekannten Formel gerechnet werden:

$$\sigma_{NB} = \frac{|N|}{A} + \frac{|M_y|}{W_y} \pm \frac{|M_z|}{W_z} \quad \text{in N/mm}^2 \text{ oder MN/m}^2 \qquad \text{Gl. (8.36)}$$

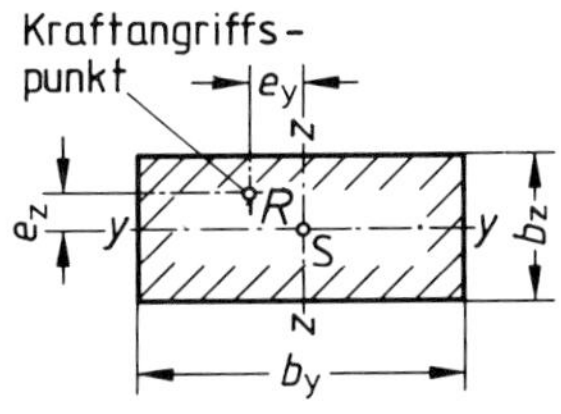

8.24 Zweiachsige Ausmitte des Lastangriffspunktes

Bei größeren Ausmitten entstehen nicht nur Druckspannungen, sondern auch Zugspannungen. In diesem Fall muß geklärt werden, ob diese Zugspannungen vom Querschnitt aufgenommen werden können. Wenn keine Zugspannungen aufgenommen werden können, ist nachzuweisen, daß die resultierende Kraft im Kern angreift. Dieses trifft zu, wenn folgende Bedingung erfüllt ist (siehe auch Teil 1 Abschn. 5.1):

$$\left(\frac{e_y}{b_y}\right)^2 + \left(\frac{e_z}{b_z}\right)^2 \leqq \frac{1}{9} \qquad \text{Gl. (8.37)}$$

Zur Berechnung der Eckspannung sind verschiedene Verfahren entwickelt worden, da die Spannung nicht einfach durch Addieren der einzelnen Teilspannungen berechnet werden kann. Ein zweckmäßig anzuwendendes Verfahren bietet Gl. (8.38) mit den Beiwerten μ der Tafel **8**.4.

Eckspannung

$$\max \sigma = \frac{\mu \cdot |R_v|}{b_y \cdot b_z} \qquad \text{Gl. (8.38)}$$

Tafel **8.4** **Beiwerte μ für maximale Eckspannung rechteckiger Querschnitte** bei zweiachsiger Ausmittigkeit ohne Aufnahme von Zugspannungen

Ausmittigkeit e_z/b_z →																	
0,32	3,70	3,93	4,17	4,43	4,70	4,99											
0,30	3,33	3,54	3,75	3,98	4,23	4,49	4,78	5,09	5,43								
0,28	3,03	3,22	3,41	3,62	3,84	4,08	4,35	4,63	4,94	5,28	5,66						
0,26	2,78	2,95	3,13	3,32	3,52	3,74	3,98	4,24	4,53	4,84	5,19	5,57					
0,24	2,56	2,72	2,88	3,06	3,25	3,46	3,68	3,92	4,18	4,47	4,79	5,15	5,55				
0,22	2,38	2,53	2,68	2,84	3,02	3,20	3,41	3,64	3,88	4,15	4,44	4,77	5,15	5,57			
0,20	2,22	2,36	2,50	2,66	2,82	2,99	3,18	3,39	3,62	3,86	4,14	4,44	4,79	5,19	5,66		
0,18	2,08	2,21	2,35	2,49	2,64	2,80	2,98	3,17	3,38	3,61	3,86	4,15	4,47	4,84	5,28		
0,16	1,96	2,08	2,21	2,34	2,48	2,63	2,80	2,97	3,17	3,38	3,62	3,88	4,18	4,53	4,94	5,43	
0,14	1,84	1,96	2,08	2,21	2,34	2,48	2,63	2,79	2,97	3,17	3,39	3,64	3,92	4,24	4,63	5,09	
0,12	1,72	1,84	1,96	2,08	2,21	2,34	2,48	2,63	2,80	2,98	3,18	3,41	3,68	3,98	4,35	4,78	
0,10	1,60	1,72	1,84	1,96	2,08	2,20	2,34	2,48	2,63	2,80	2,99	3,20	3,46	3,74	4,08	4,49	4,99
0,08	1,48	1,60	1,72	1,84	1,96	2,08	2,21	2,34	2,48	2,64	2,82	3,02	3,25	3,52	3,84	4,23	4,70
0,06	1,36	1,48	1,60	1,72	1,84	1,96	2,08	2,21	2,34	2,49	2,66	2,84	3,06	3,32	3,62	3,98	4,43
0,04	1,24	1,36	1,48	1,60	1,72	1,84	1,96	2,08	2,21	2,35	2,50	2,68	2,88	3,13	3,41	3,75	4,17
0,02	1,12	1,24	1,36	1,48	1,60	1,72	1,84	1,96	2,08	2,21	2,36	2,53	2,72	2,95	3,22	3,54	3,93
0,00	1,00	1,12	1,24	1,36	1,48	1,60	1,72	1,84	1,96	2,08	2,22	2,38	2,56	2,78	3,03	3,33	3,70
	0,00	0,02	0,04	0,06	0,08	0,10	0,12	0,14	0,16	0,18	0,20	0,22	0,24	0,26	0,28	0,30	0,32
	Ausmittigkeit e_y/b_y →																

Erläuterungen zur Tafel **8.4**

μ-Werte unterhalb der Staffellinie:

Die resultierende Kraft wirkt innerhalb des Kerns entsprechend Gl. (8.37).

μ-Werte oberhalb der Staffellinie:

Die resultierende Kraft wirkt außerhalb des Kerns. Es wird mit klaffender Fuge gerechnet. Mindestens die Hälfte der Fläche $b_y \cdot b_z$ ist an der Druckübertragung beteiligt, im Grenzfall geht die Nullinie durch den Schwerpunkt S der Grundfläche A.

8.4.8 Fundamente mit zweiachsiger Ausmitte

Zur Berechnung der Bodenpressung unter Fundamenten wird bei zweiachsig ausmittigem Lastangriff die angreifende Last ebenfalls auf eine verkleinerte Teilfläche A' bezogen. Die rechnerisch maßgebende Bodenpressung σ_{0r} bezogen auf die Teilfläche A' darf nicht größer sein als die zulässige Bodenpressung zul σ_0 der Tafeln **1**.2 bzw. **1**.3. Die Teilfläche A' errechnet sich bei zweiachsiger Ausmitte wie folgt:

Teilfläche $A' = b'_y \cdot b'_z$ mit $b'_y = b_y - 2\,e_y$
und $b'_z = b_z - 2\,e_z$ Gl. (8.39)

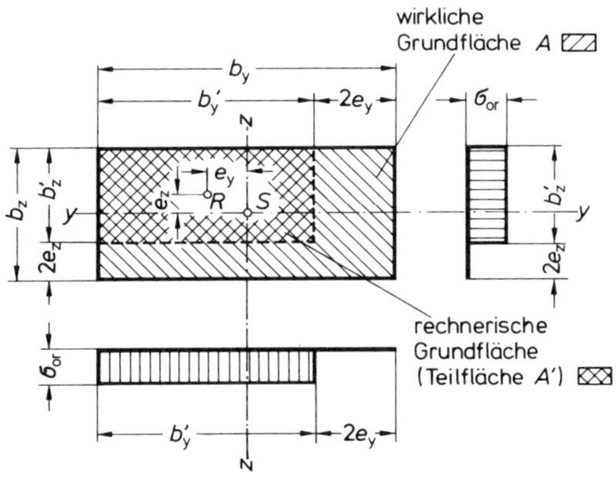

8.25 Gleichmäßig verteilte Bodenpressung auf der Teilfläche A' bei geringen zweiachsigen Ausmitten e_y und e_z

Die rechnerisch maßgebende Bodenpressung wird wie bisher berechnet:

$$\boldsymbol{\sigma}_{0r} = \frac{|\boldsymbol{R}_v|}{\boldsymbol{A}'} = \frac{|\boldsymbol{R}_v|}{\boldsymbol{b}'_y \cdot \boldsymbol{b}'_z} \qquad \text{Gl. (8.40)}$$

$$\frac{\sigma_{0r}}{\text{zul } \sigma_0} \leqq 1 \qquad \text{Gl. (8.41)}$$

Beispiel zur Erläuterung

Ein 0,80 m hohes Stahlbeton-Fundament auf nichtbindigem Boden mit den Abmessungen b_y/b_z = 1,50/2,00 m erhält außer einer mittigen Stützenlast von N = 380 kN zusätzliche Biegemomente durch die Stützeneinspannung von M_y = 154 kNm und M_z = 39,5 kNm (Bild **8.**26).

Die maximale Eckpressung wird nachgewiesen und der zulässigen gegenübergestellt.

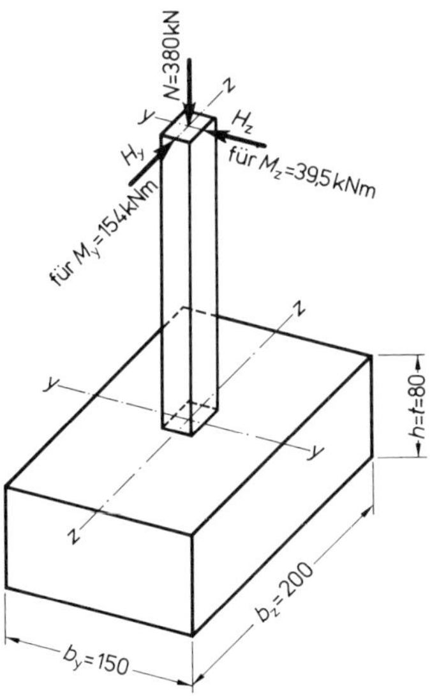

8.26 Fundament mit eingespannter Stütze (Maße in cm)

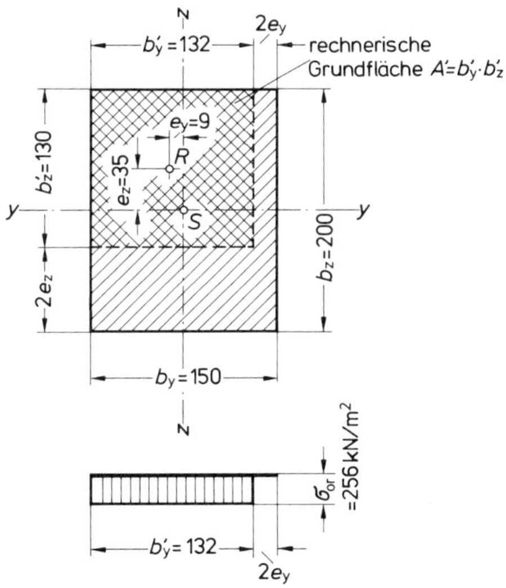

8.27 Ausmittiger Lastangriff bei rechteckigem Stützenfundament mit rechnerisch maßgebender Bodenpressung σ_{0r} unter der rechnerischen Grundfläche A' (Maße in cm)

Fundament-Eigenlast

$$G = b_y \cdot b_z \cdot h \cdot \gamma = 2{,}0 \cdot 1{,}5 \cdot 0{,}8 \cdot 25 = 60 \text{ kN}$$

Gesamtlast

$$|R_v| = |N| + G = 380 + 60 = 440 \text{ kN}$$

Aus der Formel $M = |R_v| \cdot e$ errechnen sich die Ausmitten

$$e_y = M_z/|R_v| = 39{,}5/440 = 0{,}09 \text{ m}$$

$$e_z = M_y/|R_v| = 154/440 = 0{,}35 \text{ m}$$

Damit berechnet man die Verhältnisse der Ausmitten zu den Fundamentabmessungen

$$e_y/b_y = 0{,}09/1{,}50 = 0{,}06 \qquad e_z/b_z = 0{,}35/2{,}00 = 0{,}175$$

$$(e_y/b_y)^2 + (e_z/b_z)^2 = 0{,}06^2 + 0{,}175^2 = 0{,}035 < 1/9$$

Teilfläche A' für die rechnerische Bodenpressung

$$A' = b'_y \cdot b'_z = (b_y - 2\,e_y) \cdot (b_z - 2\,e_z)$$

$$= (1{,}50 - 2 \cdot 0{,}09) \cdot (2{,}00 - 2 \cdot 0{,}35)$$

$$= 1{,}32 \cdot 1{,}30 = 1{,}72 \text{ m}^2$$

Rechnerisch maßgebende Bodenpressung

$$\sigma_{0r} = \frac{|R_v|}{A'} = \frac{440}{1{,}72} = 256 \text{ kN/m}^2$$

Die zulässige Bodenpressung liegt nach Tafel **1**.2 für eine Einbindetiefe $t = 0{,}8$ m und eine Fundamentbreite $b'_z = 1{,}3$ m über 300 kN/m². Sie ist damit höher als die rechnerisch maßgebende Bodenpressung von 256 kN/m².

Die Ermittlung des zulässigen Wertes aus Tafel **1**.2 durch Interpolieren soll dennoch gezeigt werden.

Tabellenwerte der zulässigen Bodenpressung:

		Breite b bzw. b' in m		
		1,0		1,5
Einbinde-tiefe t in m	0,5	300		330
	1,0	370		360

1\. Schritt:

Interpolierte Werte für die Breite $b'_z = 1{,}3$ m

		1,0	**1,3**	**1,5**	
Einbinde-tiefe t in m	0,5	300	**318**	330	$300 + (330 - 300) \cdot \frac{1{,}3 - 1{,}0}{1{,}5 - 1{,}0} = 318$
	1,0	370	**364**	360	$370 - (370 - 360) \cdot \frac{1{,}3 - 1{,}0}{1{,}5 - 1{,}0} = 364$

2. Schritt:

Interpolierter Wert für die Einbindetiefe $t = 0{,}8$ m

		1,3	
0,5		318	
0,8		**345**	
1,0		364	

$$318 + (364 - 318) \cdot \frac{0{,}8 - 0{,}5}{1{,}0 - 0{,}5} = 345$$

Die zulässige Bodenpressung beträgt

$$\text{zul}\ \sigma = 345\ \text{kN/m}^2$$

Spannungsvergleich

$$\frac{\sigma_{0r}}{\text{zul}\ \sigma} = \frac{256}{345} = 0{,}74 < 1$$

9 Beanspruchung durch Zwang

Temperaturänderungen oder Schwinden und Kriechen verschiedener Baustoffe können in den Bauteilen wesentliche Längenänderungen hervorrufen. Diese Längenänderungen sind an sich nicht schädlich. Sie können sich aber schädlich auswirken, wenn sie behindert werden. Dies kann beim Verbinden unterschiedlicher *Baustoffe* in einem Baukörper der Fall sein. Das Verbinden verschiedener *Bauteile* miteinander kann ebenfalls diese Längenänderungen behindern. In diesen Bauteilen entstehen dann Zwängungen und schließlich Spannungen durch diesen Zwang. Auch bei statisch unbestimmt gelagerten Bauteilen (Durchlaufträger, Rahmen) können dadurch zusätzliche Spannungen entstehen. Diese Spannungen sind dann zu berechnen.

Zum Vermeiden von Mängeln sind konstruktive Maßnahmen zu ergreifen, z. B. geeignete Baustoffauswahl, ausreichende Wärmedämmung, zwängungsfreie Anschlüsse, Fugen.

Im Massivbau brauchen Zwangeinwirkungen nicht berücksichtigt zu werden, wenn die Tragwerke durch Fugen derart in Abschnitte unterteilt sind, daß Verformungen nicht zu Mängeln führen.

Im Holzbau gehören Zwängungen aus Temperatur- und Feuchteänderungen zu den Zusatzlasten. Sie sind jedoch – besonders die Zwängungen aus Temperaturänderung – oft von untergeordneter Bedeutung.

Im Stahlbau führt das Schweißen und das anschließende Erkalten der Schweißnähte zu Eigenspannungen und Verformungen. Wenn sich diese Verformungen beim Zusammenbau mit anderen Bauteilen nicht frei ausbilden können, treten weitere Zwängungen auf. Die dabei entstehenden Spannungen überlagern sich mit den Spannungen aus Gebrauchslast. Zusammenbau und Montage können dadurch erschwert werden. Diese unerwünschten Erscheinungen sind nicht zu vermeiden, können jedoch durch geeignete Schweißvorgänge vermindert werden.

9.1 Temperaturdehnungen

Temperaturänderungen können langsam oder schnell vonstatten gehen. Die Auswirkungen sind unterschiedlich.

Bei jahreszeitlichen Änderungen der Temperaturen kann ein gleichmäßiges Erwärmen oder Abkühlen der Bauteile angenommen werden. Die Bauteile wollen sich verlängern oder verkürzen: es entstehen Längenänderungen. Werden diese Längenänderungen behindert, herrschen in den Bauteilen Druck- oder Zugspannungen.

Bei kurzfristigen Temperaturänderungen (z. B. Sonneneinstrahlung, Gewitterregen) kommt es zu ungleichmäßigen Temperaturdehnungen. Die Bauteile wollen sich verwölben: es entstehen gekrümmte Verformungen. Werden diese Verwölbungen behindert, herrschen in den Bauteilen Biegespannungen.

9.1.1 Längenänderungen durch Temperaturunterschiede

Unter dem Einfluß von Temperaturerhöhungen dehnen sich die Körper nach allen Seiten aus. Versuche haben gezeigt, daß die Längenzunahme Δl proportional zur Temperaturerhöhung ΔT und zur ursprünglichen Länge l_0 ist. Die Proportionalitäts-Konstante, bezogen auf einen Temperaturunterschied von 1 Kelvin und auf die ursprüngliche Länge l_0 bei 0 °Celsius, nennt man Temperaturdehnzahl oder Wärmedehnzahl α_T. Ihre Größe ist von der Art des Werkstoffes abhängig.

Wird ein Bauteil um die Temperaturdifferenz ΔT (gemessen in der Einheit Kelvin K) gleichmäßig erwärmt oder abgekühlt, so wird sich dieses Bauteil um das Maß Δl verlängern oder verkürzen:

$$\boldsymbol{\Delta l = \pm \alpha_T \cdot \Delta T \cdot l_0} \quad \text{in mm} \qquad \text{Gl. (9.1)}$$

9.1.2 Wärmedehnzahlen

Dehnungen, die von Temperaturänderungen abhängig sind, können gemessen werden in mm/m je Kelvin, also in mm/(m · K) (s. Abschn. 1.4). Dies ist auch die Einheit der Wärmedehnzahl α_T. In Tafel **9.**1 sind die Wärmedehnzahlen für einige Baustoffe zwischen 0 °C und 100 °C angegeben. Anstelle der Einheit $\frac{\text{mm}}{\text{mm} \cdot \text{K}}$ wird auch $\frac{1}{\text{K}}$ oder K^{-1} verwendet.

Tafel **9.**1 **Wärmedehnzahlen** α_T für verschiedene Baustoffe

Baustoff	Wärmedehnzahl α_T in mm/(m · K)	in mm/(mm · K)
Beton		
Normalbeton, Stahlbeton	0,010	$1{,}0 \cdot 10^{-5}$
Leichtbeton, Stahlleichtbeton	0,008	$0{,}8 \cdot 10^{-5}$
Mauerwerk aus		
Porenbetonsteinen	0,008	$0{,}8 \cdot 10^{-5}$
Kalksandsteinen	0,008	$0{,}8 \cdot 10^{-5}$
Leichtbetonsteinen (Naturbims)	0,010	$1{,}0 \cdot 10^{-5}$
Leichtbetonsteinen (Blähton)	0,008	$0{,}8 \cdot 10^{-5}$
Ziegelsteinen	0,006	$0{,}6 \cdot 10^{-5}$
Metalle		
Aluminium	0,024	$2{,}4 \cdot 10^{-5}$
Kupfer	0,017	$1{,}7 \cdot 10^{-5}$
Stahl	0,012	$1{,}2 \cdot 10^{-5}$
Zink	0,026	$2{,}6 \cdot 10^{-5}$
Holz, in Faserrichtung	0,009	$0{,}9 \cdot 10^{-5}$
quer zur Faser	0,050	$5{,}0 \cdot 10^{-5}$
Glas	0,009	$0{,}9 \cdot 10^{-5}$
Kunststoff PVC	0,080	$8{,}0 \cdot 10^{-5}$

9.1.3 Nachweis der Temperaturspannungen

Wird bei Temperaturunterschieden das Bauteil an der Längenänderung vollkommen oder teilweise gehindert, so entsteht in ihm eine Spannung, eine Temperaturspannung.

Temperaturspannung

$$\boldsymbol{\sigma_T = \pm\, \alpha_T \cdot \Delta T \cdot E}$$

σ_T in N/mm²
ΔT in K (Kelvin) E in N/mm² Gl. (9.2)

Die dabei auftretende innere Kraft ist eine Längskraft.

Längskraft

$$\boldsymbol{N_T = \pm\, \sigma_T \cdot A}$$

N_T in N A in mm² Gl. (9.3)

Im Beton- und Stahlbetonbau ist entsprechend DIN 1045 Abschn. 16.5 der Einfluß von Temperaturschwankungen durch Witterungseinflüsse zu berücksichtigen, wenn dadurch beträchtliche Spannungen hervorgerufen werden. Es ist dann mit Temperaturänderungen von ±15 Kelvin zu rechnen.

Im Mauerwerksbau ist nach DIN 1053 bei baulichen Anlagen der Einfluß von Temperaturänderungen dann zu berücksichtigen, wenn dadurch Schäden entstehen können.

Im Stahlbau werden ungeschützte Stahlbauten und Kranbahnen im Freien (DIN 120) in besonderen Fällen für Temperaturschwankungen berechnet. Die Grenzen der Temperaturschwankungen sind mit −25 und +45 °C anzunehmen. Der Temperaturunterschied beträgt bei einer Temperatur von +10 °C bei der Aufstellung für den Festigkeitsnachweis ±35 Kelvin. Bei ungleichmäßigen Erwärmungen einzelner Teile wird im allgemeinen ein Temperaturunterschied von 15 Kelvin angenommen.

Im Holzbau können nach DIN 1052 Temperaturänderungen immer vernachlässigt werden.

In Mischbauweisen kann sich die unterschiedliche Wärmedehnung der verwendeten Baustoffe rißfördernd auswirken (z. B. Ziegelmauerwerk neben Stahlbetonstützen).

Auch bei Bauteilen aus verschiedenen Stoffen sind die unterschiedlichen Dehnungen bei Temperaturdifferenzen zu bedenken. Z. B. ist Glas in Holzrahmen unproblematisch (gleiche Wärmedehnzahl). Aluminiumrahmen hingegen dehnen sich etwa 2,7mal so stark aus. Glasbausteine in Stahlrahmen, die in Ziegelmauerwerk eingesetzt sind, brauchen Ausdehnungsmöglichkeiten (s. Tafel **9.**1).

Bei der Verbindung unterschiedlicher Stoffe können bei gegenseitig behinderter Längenänderung erhebliche Spannungen entstehen (z. B. Kupfer- oder Aluminiumleitungen auf Betonflächen bei Fußbodenheizungen o. ä.).

Beispiele zur Erläuterung

1. Ein Flachstahl ▭ 80 · 8 von 3 m Länge ist einer Temperaturerhöhung von 60 Kelvin ausgesetzt.

a) Welche Länge hat der Stab nach der Temperaturerhöhung?

b) Welche Spannung tritt auf, wenn der Stab an der Dehnung gehindert wird?

c) Welcher Druckkraft entspricht die vorhandene Spannung?

zu a) $\Delta l = \alpha_T \cdot \Delta T \cdot l_0 = 0{,}000012 \cdot 60 \cdot 3000 = 2{,}16 \text{ mm} \approx 2{,}2 \text{ mm}$

$l = l_0 + \Delta l = 3000 + 2{,}2 = 3002{,}2 \text{ mm}$

zu b) $\sigma_T = \alpha_T \cdot \Delta T \cdot E$

oder $\sigma_T = \varepsilon \cdot E = \dfrac{\Delta l}{l_0} \cdot E = \dfrac{2{,}16}{3000} \cdot 210\,000 = 151{,}2 \text{ N/mm}^2$

zu c) $N_T = \sigma_T \cdot A = 151{,}2 \cdot 80 \cdot 8 = 96768 \text{ N} = 96{,}8 \text{ kN}$

2. Eine Stahlbetondecke aus Beton B 15 wird im Sommer bei 25 °C hergestellt; Deckenlänge 12 m.

a) Welche Verkürzung wird bei Abkühlung auf –10 °C die Decke erfahren, wenn das Auflager-Mauerwerk nachgibt?

b) Wie groß sind die Spannungen in der Decke, wenn das Mauerwerk eine Verkürzung der Decke verhindern würde? Elastizitätsmodul des Betons $E_b = 26000 \text{ N/mm}^2$.

c) Wie groß wären die von 1 m Mauerwerk dann aufzunehmenden Kräfte? Deckendicke $d = 14$ cm.

zu a) $\Delta l = \alpha_T \cdot \Delta T \cdot l_0 = 0{,}00001 \cdot 35 \cdot 12000 = 4{,}2 \text{ mm}$

zu b) $\sigma_T = \dfrac{\Delta l}{l_0} \cdot E = \dfrac{4{,}2}{12\,000} \cdot 26\,000 = 9{,}1 \text{ N/mm}^2 = 0{,}91 \text{ kN/cm}^2$

zu c) $N_T = \sigma_T \cdot A = 0{,}91 \cdot 14 \cdot 100 = 1274 \text{ kN}$

3. Ein Stahlbetondach hat in Abständen von 30 m Dehnfugen. Die Temperaturänderung beträgt 40 Kelvin. Die Wärmedehnzahl $\alpha_T = 0{,}00001 \text{ mm/(mm} \cdot \text{K)}$ ist für den Beton und für die Stahleinlagen im Beton etwa gleich. Wie groß ist die gesamte Längenänderung?

$\Delta l = \alpha_T \cdot \Delta T \cdot l_0 = 0{,}00001 \cdot 40 \cdot 30000 = 12 \text{ mm}$

4. Ein Kranbahnträger IPB 300 hat über mehrere Felder eine Gesamtlänge von 28 m. An den Enden ist der Träger mit der übrigen Konstruktion fest verbunden. Es ist mit einem Temperaturunterschied von ±35 Kelvin zu rechnen.

a) Wie groß ist die Druckspannung beim Erwärmen und die Zugspannung beim Abkühlen?

b) Welcher Normalkraft entspricht diese Spannung?

zu a) $\sigma_T = \pm\, \alpha_T \cdot \Delta T \cdot E = \pm\, 0{,}000012 \cdot 35 \cdot 210000 = \pm\, 88{,}2 \text{ N/mm}^2 = \pm\, 8{,}82 \text{ kN/cm}^2$

zu b) $N_T = \pm\, \sigma_T \cdot A = \pm\, 8{,}82 \cdot 149 = \pm\, 1314 \text{ kN}$

Beispiele zur Übung

1. Ein Stahlbandmaß von 25 m Länge wird von 20 °C auf 40 °C durch Sonneneinstrahlung erwärmt. Wie groß ist die Verlängerung?

2. Eine Stützmauer aus Beton wird bei 15 °C hergestellt. Im Winter sinkt die Temperatur auf –20 °C. In Abständen von 10 m sind Dehnungsfugen von 12 mm Breite angeordnet. Welche Breiten haben die Fugen im Winter?

3. Ein kurzer Träger IPB 200 ist fest mit seinen Auflagern verbunden (2 feste Auflager). Wie groß sind die seitlichen Druckkräfte, die der Träger auf die Auflager ausübt, wenn er um 50 K erwärmt wird?

4. Durch einen Brand wird eine 12 m weit gespannte Stahlkonstruktion um 150 K erwärmt. Um wieviel mm verlängert sie sich?

9.1.4 Ungleichmäßige Temperaturbeanspruchungen

Bauteile können ungleichmäßigen Temperaturbeaufschlagungen ausgesetzt sein. Sie werden z. B. von oben stärker erwärmt als an der Unterseite (Betonplatte auf Erdreich). Andere Bauteile kühlen nach oben ab und werden von unten erwärmt (Dachdecken). Die hierbei innerhalb des Bauteils entstehenden Temperaturdifferenzen ΔT bewirken ein Verwölben; es entsteht eine Biegeverformung.

Ein frei aufliegender Träger (Bild **9.**1) mit der Dicke d und der Länge l erhält durch eine Temperaturdifferenz ΔT zwischen Ober- und Unterseite ein Formänderungsmaß f:

Formänderungsmaß $\boldsymbol{f = \alpha_T \cdot \frac{\Delta T}{d} \cdot \frac{l^2}{8}}$ in mm mit α_T in $\frac{\text{mm}}{\text{m} \cdot \text{K}}$ Gl. (9.4)

ΔT in K, l in m, d in m

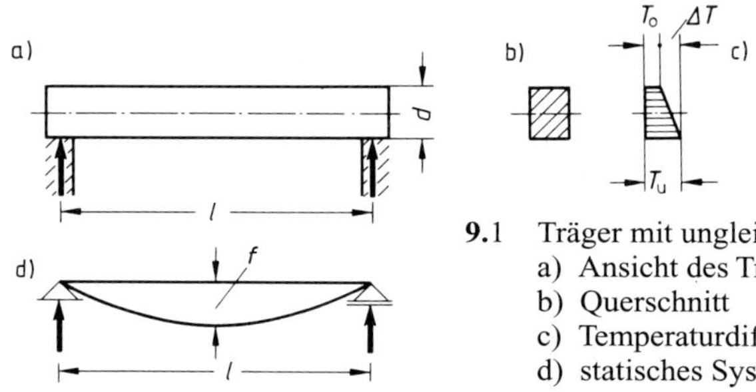

9.1 Träger mit ungleichmäßiger Temperaturbeanspruchung
a) Ansicht des Trägers im unverformten Zustand
b) Querschnitt
c) Temperaturdifferenz $\Delta T = T_u - T_o$
d) statisches System mit Verformung f

Beispiel zur Erläuterung

1. Eine 18 cm dicke **Stahlbetondachdecke** ist rechtwinklig zur Haupttragrichtung 12,0 m breit. Sie wird an der Unterseite auf +22 °C erwärmt, während an der Oberseite noch eine Temperatur von 8 °C herrscht (Bild **9.**2). Temperaturdehnzahl $\alpha_T = 0{,}010$ mm/(m · K).

Die Verformung wird berechnet.

$$f = \alpha_T \cdot \frac{\Delta T}{d} \cdot \frac{l^2}{8} = 0{,}010 \cdot \frac{22-8}{0{,}18} \cdot \frac{12{,}0^2}{8} = 14 \text{ mm}$$

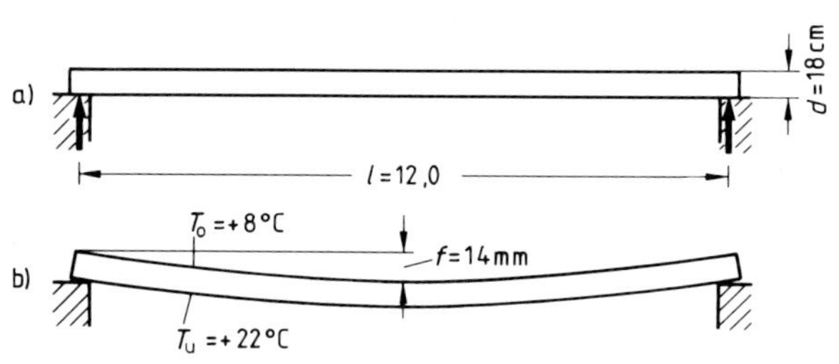

9.2 Stahlbetondachdecke
a) unverformter Zustand
b) verformter Zustand bei 14 Kelvin Temperaturdifferenz: Risse an den Wandaußenseiten und Abplatzungen an den Auflagerinnenseiten sind zu erwarten

2. **Ein Betonboden** in einem Industriegelände liegt auf einer Kiestragschicht und wird von oben durch Sonneneinstrahlung erwärmt. Die Temperaturleitfähigkeit des Betons führt zu einem Temperaturabfall von 0,9 Kelvin je 1 cm Betonboden.

Plattendicke 22 cm, Fugenabstand 5,5 m, Temperaturdifferenz in der Betonplatte $\Delta T = 22 \cdot 0{,}9 = 19{,}8\ \text{K} \approx 20\ \text{K}$ (Bild **9**.3).

Die Verformung beträgt

$$f = \alpha_\text{T} \cdot \frac{\Delta T}{d} \cdot \frac{l^2}{8} = 0{,}010 \cdot \frac{20}{0{,}22} \cdot \frac{5{,}5^2}{8} = 3{,}4\ \text{mm}$$

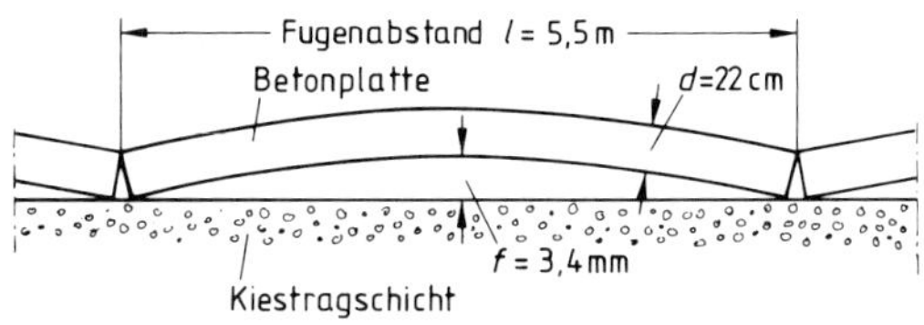

9.3 Betonboden auf Kiestragschicht mit Erwärmung durch Sonneneinstrahlung: durch die entstehende Verformung wird die Tragschicht besonders stark im Bereich der Fugen beansprucht

9.2 Schwinden

Unter Schwinden versteht man die Eigenart eines Baustoffes, sein Volumen beim Austrocknen zu verringern. Das Gegenteil des Schwindens ist das Quellen.

9.2.1 Längenänderungen durch Schwinden

Bauteile aus manchen Baustoffen werden vor dem Austrocknen eingebaut. Dies geschieht häufig dann, wenn diese Baustoffe sehr langsam austrocknen. Die dabei entstehende Längenänderung kann aus dem Schwindmaß ε_s des Baustoffs berechnet werden. Das Schwindmaß ε_s kann wie eine Dehnung in mm je m angegeben werden.

Die Längenänderungen Δl_s durch Schwinden wird berechnet aus dem Schwindmaß ε_s und der ursprünglichen Länge l_0:

Längenänderung durch Schwinden

$$\boldsymbol{\Delta l_\text{s} = \varepsilon_\text{s} \cdot l_0} \quad \text{in mm} \qquad \text{Gl. (9.5)}$$

9.2.2 Schwindmaße

Das Schwindmaß ε_s wird für die Baustoffe in den Normen meist als Endschwindmaß angegeben. Das bedeutet, daß das gesamte Schwinden erst nach langer Zeit bei erfolgtem Austrocknen eintreten wird.

Tafel 9.2 **Schwindmaße** ε_s für verschiedene Baustoffe

Beton[1])	Grundschwindmaße ε_s in mm/m Konsistenzbereich des Frischbetons		
	KS	KP	KR
im Wasser	+0,08	+0,10	+0,13
in sehr feuchter Luft	−0,10	−0,13	−0,16
im Freien	−0,26	−0,32	−0,40
in trockener Luft	−0,37	−0,46	−0,58
Mauerwerk aus	Endschwindmaße ε_s in mm/m		
Porenbetonstein		−0,2	
Kalksandstein		−0,2	
Leichtbetonstein		−0,2	
Bimsbetonstein (Naturbims)		−0,4	
Ziegelstein		0	(−0,1 bis +0,2 möglich)
Holz	mittlere Schwind- und Quellmaße ε_s in mm/m		
	Nadelholz		Eiche und Buche
tangential zum Jahresring	±2,4[2])		±4,0[2])
radial zum Jahresring	±1,2[2])		±2,0[2])
in Faserrichtung	±0,1		±0,1

[1]) Die zeitliche Entwicklung des Schwindens ist abhängig von den temperaturbeeinflußten Erhärtungsbedingungen, der Bauteildicke und der Bauteilform (DIN 4227).

[2]) ε_s für Änderung der Holzfeuchte um 1 % des Darrgewichtes.

Die +-Werte zeigen ein Quellen, die —Werte ein Schwinden (Verkürzen) an.

Die Längenzunahme beim Quellen ist nur bei Wasseraufnahme möglich, die jedoch auch bei hoher relativer Luftfeuchte stattfinden kann.

9.2.3 Nachweis des Schwindens

In Bauteilen aus noch schwindenden Baustoffen entstehen Zugspannungen, wenn diese Verkürzungen durch die Verbindung mit anderen Bauteilen behindert werden. Die Schwindspannung kann berechnet werden.

Schwindspannung

$$\boldsymbol{\sigma_s = \varepsilon_s \cdot E \cdot 10^{-3}} \quad \text{in N/mm}^2 \quad \text{mit } \varepsilon_s \text{ in mm/m, } E \text{ in N/mm}^2 \qquad \text{Gl. (9.6)}$$

Die Schwindspannung wird jedoch kaum in dieser Größe entstehen, da eine vollständige Behinderung der Verkürzung selten vorhanden ist.

Im Beton- und Stahlbetonbau kann bei der Berechnung der Tragwerke im allgemeinen ein Nachweis des Schwindens entfallen (DIN 1045, 16.4).

Im Mauerwerksbau treten bei Nichtbeachtung der Formänderungseigenschaften des Mauerwerks Risse auf. Sie können in ungünstigen Fällen auch die Standsicherheit beeinträchtigen. Diese Schäden sind durch Abstimmung von Materialeigenschaften und Konstruktion weitgehend vermeidbar (DIN 1053, Teil 1, Abschnitt 7.3). Die Beispiele in Abschnitt 9.4 erläutern den rechnerischen Nachweis von Schwindverformungen.

Im Holzbau braucht Schwinden oder Quellen in Faserrichtung nur in Sonderfällen berücksichtigt zu werden. Bei Verarbeitung zu trockenen Holzes müssen ggf. Quellmaße berücksichtigt werden.

Beispiele zur Erläuterung siehe Abschnitt 9.4.

9.3 Kriechen

Mit Kriechen bezeichnet man die zusätzlich bleibende Verformung eines Baustoffs unter dauernder Belastung. Bei wirkender Druckbeanspruchung entsteht also eine Verkürzung des Bauteils.

9.3.1 Längenänderungen durch Kriechen

Die Größe der Längenänderung kann wie beim Schwinden berechnet werden, wenn anstelle des Schwindmaßes mit dem Kriechmaß ε_k gerechnet wird. Auch dieses Kriechmaß kann in mm je m angegeben werden.

Die Längenänderung Δl_k durch Kriechen ist zu berechnen aus dem Kriechmaß ε_k und der ursprünglichen Länge l_0 des Bauteils.

Längenänderung durch Kriechen

$$\boldsymbol{\Delta l = \varepsilon_k \cdot l_0} \quad \text{in mm} \qquad \text{Gl. (9.7)}$$

9.3.2 Kriechmaße

Das Kriechen muß im allgemeinen nicht nachgewiesen werden. Im Mauerwerksbau kann es jedoch Bedeutung haben. Die folgenden Erläuterungen sollen sich daher nur auf Mauerwerk beziehen. In DIN 1053 sind für verschiedene Mauerwerksarten Rechenwerte für die Endkriechzahl φ (phi) angegeben. Damit kann das Kriechmaß mit der wirkenden Spannung σ und dem Elastizitätsmodul E berechnet werden.

Kriechmaß

$$\boldsymbol{\varepsilon_k = \varphi \cdot \frac{\sigma}{E} \cdot 10^3} \quad \text{in mm/m} \qquad \text{Gl. (9.8)}$$

mit σ in N/mm², E in N/mm²

Tafel 9.3 **Endkriechzahl** φ_∞ für Mauerwerk aus verschiedenen Steinen (DIN 1053 Teil 2)

Mauerwerk aus	Endkriechzahl φ_∞ für Steinfestigkeit	
	2 bis 6	12 bis 60
Porenbetonstein Kalksandstein Leichtbetonstein Bimsbetonstein	2,0	1,5
Ziegelstein	0,75	

9.3.3 Nachweis des Kriechens

Im Mauerwerksbau kann der Nachweis des Kriechens wichtig sein (s. Abschn. 9.3.2). Dies gilt besonders für mehrgeschossige Gebäude, deren Innen- und Außenwände z. B. aus verschiedenen Materialien hergestellt werden sollen.

Durch Kriechen können in diesen Bauteilen keine Spannungen entstehen. Im Gegenteil: das Kriechen ist eine Folge wirkender Spannungen, unter denen die kriechenden Baustoffe verformt werden. Die rißverursachende Wirkung des Kriechens ist jedoch zu beachten, wenn angrenzende Baustoffe sich bei Druckbeanspruchung nicht in gleichem Maße verkürzen. Der nächste Abschnitt soll die Auswirkung der Gesamtverformung aus Temperaturdifferenzen, Schwinden und Kriechen verdeutlichen.

9.4 Nachweis der Verformungen

Temperaturdifferenzen, Schwinden und Kriechen verursachen in den Bauteilen oder an den Verbindungsstellen Spannungen und Verformungen. Viel wichtiger als ein Nachweis der Spannungen ist es, die entstehenden Verformungen zu berücksichtigen. Das wird in der Praxis zu wenig getan. Es ist möglich, durch richtige Auswahl der Baustoffe und durch fachgerechte Ausführung die Bildung von Rissen weitgehend zu vermeiden (DIN 1053, Teil 1, Abschn. 7.3).

Es sind zu unterscheiden:

- Längsverformungen in vertikaler und horizontaler Richtung,
- Biegeverformungen mit Verdrehungen an den Auflagern.

Die Verformungen müssen in Grenzen gehalten werden, damit keine Schäden entstehen. Das Berechnen der Verformungen ist auf genaue Weise nicht möglich. Es genügt aber, in näherungsweisen Berechnungen die Größenordnung der Verformungen abzuschätzen.

Die DIN 18530 „Massive Deckenkonstruktionen für Dächer Planung und Ausführung“ ist zu beachten.

9.4.1 Längsverformungen in vertikaler Richtung

In vertikaler Richtung ergibt sich die Gesamtverformung von Mauerwerk aus der Summe der unbehinderten Längsdehnungen durch Druckbeanspruchung, Temperaturdifferenzen, Schwinden und Kriechen:

$$\text{ges}\ \varepsilon = \varepsilon_D + \varepsilon_T + \varepsilon_s + \varepsilon_k \quad \text{in mm/m} \qquad \text{Gl. (9.9)}$$

Hierbei sind im einzelnen:

Dehnung bei Druckbeanspruchung:

$$\varepsilon_D = \frac{\sigma_D}{E} \cdot 10^3 \quad \text{in mm/m mit } \sigma_D \text{ in N/mm}^2 \qquad \text{Gl. (9.10)}$$

E in N/mm² (s. Tafel **1**.1)

Dehnung durch Temperaturdifferenzen:

$$\varepsilon_T = \pm\, \alpha_T \cdot \Delta T \quad \text{in mm/m mit } \Delta T \text{ in K} \qquad \text{Gl. (9.11)}$$

α_T in mm/(m · K) (s. Tafel **9**.1)

Dehnung durch Schwinden: Werte ε_s für Schwindmaße enthält Tafel **9**.2

Dehnung durch Kriechen:

$$\varepsilon_k = \varphi \cdot \frac{\sigma_D}{E} \cdot 10^3 \quad \text{in mm/m mit } \sigma_D \text{ in N/mm}^2$$

E in N/mm² (s. Tafel **1**.1) Gl. (9.12)

Die Dehnungen durch Druckbeanspruchung im elastischen Bereich und durch Kriechen können zusammengefaßt werden zu:

$$\varepsilon_{D+k} = (1 + \varphi) \cdot \frac{\sigma_D}{E} \cdot 10^3 \quad \text{in mm/m} \qquad \text{Gl. (9.13)}$$

Zulässige vertikale Dehnungsdifferenzen

Als Anhaltswert kann angenommen werden, daß keine Rißgefahr besteht, wenn die Differenz gegenüber dem nicht oder weniger verformten Bauteil beträgt

$$\Delta \varepsilon_v \leqq 0{,}30 \text{ mm/m} \qquad \text{Gl. (9.14)}$$

Höhendifferenz

Die Verformungen in vertikaler Richtung können sich in Höhendifferenzen auswirken. Sie entstehen bei verschiedenen Bauteilen, z.B. zwischen Außen- und Innenmauerwerk.

Die Höhendifferenz Δh wird berechnet aus der Dehnungsdifferenz $\Delta\varepsilon$ und der Bauteilhöhe h:

$$\Delta h = \Delta \varepsilon \cdot h \quad \text{in mm}$$

Das nachfolgende Beispiel zeigt die Anwendung und die aus den Ergebnissen zu ziehenden Folgerungen.

Beispiel zur Erläuterung

Ein dreigeschossiges Gebäude mit einer Höhe $h = 8{,}0$ m (s. Bild **9**.4) erhält gemauerte Wände mit folgenden Beeinflussungen und technischen Werten:

Einflüsse und Auswirkungen	Außenmauerwerk aus Ziegelsteinen Mz 12, MG IIa	Innenmauerwerk aus Kalksandsteinen KSL 12, MG IIa
Druckspannung	$\sigma_a = -0{,}2$ N/mm²	$\sigma_i = -0{,}4$ N/mm²
Temperaturdifferenz	$\Delta T = +20$ K	$\Delta T = 0$
Wärmedehnzahl	$\alpha_T = 0{,}006$ mm/(m · K)	$\alpha_T = 0{,}008$ mm/(m · K)
Elastizitätsmodul	$E = 6000$ N/mm²	$E = 6000$ N/mm²
Endschwindmaß	$\varepsilon_s = +0{,}10$ mm/m	$\varepsilon_s = -0{,}20$ mm/m
Endkriechzahl	$\varphi_\infty = 0{,}75$	$\varphi_\infty = 1{,}5$
Temperaturdehnung	$\varepsilon_T = +\alpha_T \cdot \Delta T = +0{,}006 \cdot 20 = +0{,}12$ mm/m	$\varepsilon_T = 0$
Schwinden	$\varepsilon_s = +0{,}10$ mm/m	$\varepsilon_s = -0{,}20$ mm/m
Druck und Kriechen	$\varepsilon_{D+k} = (1 + \varphi_\infty) \cdot \frac{\sigma}{E} \cdot 10^3 = (1 + 0{,}75) \cdot \frac{-0{,}2}{6000} \cdot 10^3 = -0{,}06$ mm/m	$\varepsilon_{D+k} = (1 + \varphi_\infty) \cdot \frac{\sigma}{E} \cdot 10^3 = (1 + 1{,}5) \cdot \frac{-0{,}4}{6000} \cdot 10^3 = -0{,}17$ mm/m
Gesamtdehnung	ges $\varepsilon_a = \varepsilon_D + \varepsilon_T + \varepsilon_s + \varepsilon_k = +0{,}12 + 0{,}10 - 0{,}06 = +0{,}16$ mm/m	ges $\varepsilon_i = \varepsilon_D + \varepsilon_T + \varepsilon_s + \varepsilon_k = -0 - 0{,}20 - 0{,}17 = -0{,}37$ mm/m
Dehnungsdifferenz zwischen Außen- und Innenmauerwerk in vertikaler Richtung	**vorh** $\boldsymbol{\Delta\varepsilon_v}$ = ges ε_a – ges $\varepsilon_i = +0{,}16 - (-0{,}37) =$ **0,43 mm/m** zul $\Delta\varepsilon_v = 0{,}30$ mm/m (s. Gleichung 9.14)	
Höhendifferenz zwischen Außen- und Innenmauerwerk für die gesamte Gebäudehöhe h = 8,0 m	$\Delta h = \Delta\varepsilon_v \cdot h = 0{,}43 \cdot 8{,}0 = 3{,}44$ mm ≈ **3,5 mm**	

Die errechnete Dehnungsdifferenz mit $\Delta\varepsilon_v = 0{,}43$ mm/m ist wesentlich größer als der Anhaltswert für Rißfreiheit mit $\Delta\varepsilon_v = 0{,}30$ mm/m. Daher werden Risse zwischen Außen- und Innenmauerwerk oder im Innenmauerwerk zwangsläufig entstehen (Bild **9**.4).

Das Beispiel zeigt, daß durch Verformungen Risse entstehen können trotz geringer statischer Beanspruchung des Mauerwerks (vorh $\sigma_D = -0{,}4$ N/mm² < $\sigma_0 = -1{,}6$ N/mm²).

Mögliche Maßnahmen zur Verringerung der Rißgefahr:

- bessere Lastverteilung,
- günstigere Auswahl der Wandbaustoffe,
- Wärmedämmung an der Außenseite des Gebäudes,
- Bewegungsfugen.

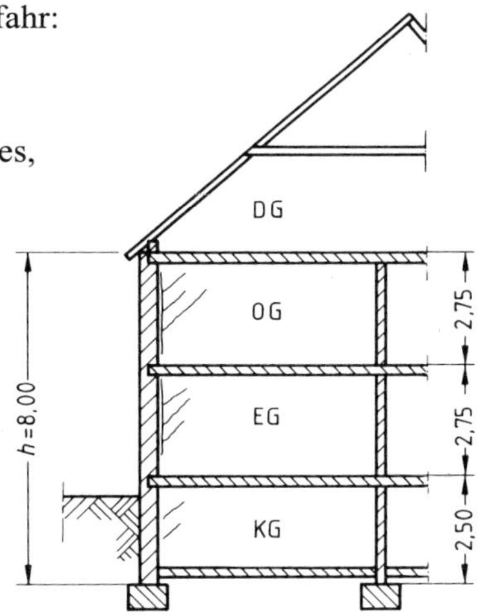

9.4 Risse in den Innenwänden durch unterschiedliche Dehnungen zwischen Außen- und Innenmauerwerk

9.4.2 Längsverformungen in horizontaler Richtung

In horizontaler Richtung werden Längsverformungen häufig bei Dachdecken kritisch. Hier sind im wesentlichen Temperaturdifferenzen und Schwinden von Bedeutung.

Dachdecken und die unter ihnen angeordneten Wände sind unterschiedlichen Einflüssen ausgesetzt. Wenn sich Dachdecken auf den Wänden nicht frei bewegen können, zwingen sie diese zur Verformung. Um Schäden zu vermeiden, müssen die Verformungen der Dachdecke oder die Dehnungsdifferenzen zwischen Dachdecke und Wänden begrenzt werden. Auch die Dehnungsdifferenz zwischen den Wänden und der darunterliegenden Decke kann bedeutungsvoll sein.

Bei mehrgeschossigen Gebäuden wird die Herstelltemperatur der Dachdecke kaum von der Temperatur der Geschoßdecke darunter abweichen. Dies ist bei eingeschossigen nicht unterkellerten Gebäuden anders. Auch das Schwinden der beiden Decken ist wegen des unterschiedlichen Austrocknungsverhaltens voneinander stark abweichend.

Die Dehnungsdifferenzen $\Delta\varepsilon$ zwischen Dachdecke und Wänden sind für die Herstellung der Dachdecke im Sommer oder Winter zu berechnen. Sie sind außerdem im Sommer- und Winterzustand jeweils anders.

Dehnungsdifferenz $\Delta\varepsilon$ zwischen Dachdecke und Wänden:

$$\boldsymbol{\Delta\varepsilon = \varepsilon_{sD} + \alpha_{TD} \cdot (T_D - T_{0D}) - \varepsilon_{sW} - \alpha_{TW} \cdot (T_W - T_{0W})} \qquad \text{Gl. (9.15)}$$

Hierbei sind:

ε_{sD} und ε_{sW}	Schwindmaße für Dachdecke und Wände
α_{TD} und α_{TW}	Wärmedehnzahlen für Dachdecke und Wände
T_{0D}	Temperatur der Dachdecke 3 Tage nach der Herstellung
T_{0W}	Temperatur der Wände bei Herstellung
T_W	Temperatur der Wände im späteren Zustand
T_D	Temperatur der Dachdecke im späteren Zustand

Die Dehnungsdifferenzen $\Delta\varepsilon$ zwischen Wänden und Fundamentplatte bei eingeschossigen Gebäuden sind ebenfalls für die Herstellungszeitpunkte Sommer oder Winter und für die Nutzungszustände im Sommer oder Winter zu berechnen.

Dehnungsdifferenz $\Delta\varepsilon$ zwischen Fundamentplatte und Wänden:

$$\boldsymbol{\Delta\varepsilon = \varepsilon_{sF} + \alpha_{TF} \cdot (T_F - T_{0F}) - \varepsilon_{sW} - \alpha_{TW} \cdot (T_W - T_{0W})} \qquad \text{Gl. (9.16)}$$

Hierbei sind

ε_{sF} und ε_{sW}	Schwindmaße für Fundamentplatte und Wände
α_{TF} und α_{TW}	Wärmedehnzahlen für Fundamentplatte und Wände
T_{0F}	Temperatur der Fundamentplatte 3 Tage nach der Herstellung
T_{0W}	Temperatur der Wände bei Herstellung
T_W	Temperatur der Wände im späteren Zustand
T_F	Temperatur der Fundamentplatte im späteren Zustand

Zulässige horizontale Dehnungsdifferenz

Als größte Dehnungsdifferenz zul $\Delta\varepsilon$ zwischen Dachdecke und Wänden darf bei fester Auflagerung nach DIN 18530 angenommen werden:

$$\text{zul}\ \Delta\varepsilon = \Delta\varepsilon_T + \Delta\varepsilon_s \leqq -0{,}4\ \text{mm/m bei Verkürzung} \qquad \text{Gl. (9.17)}$$
$$\leqq +0{,}2\ \text{mm/m bei Verlängerung}$$

Längendifferenz

Die Verformungen in horizontaler Richtung können Längendifferenzen bewirken, z. B. zwischen Dachdecke und Wänden oder zwischen Wänden und Fundamentplatte.

Die Längendifferenz Δl wird berechnet aus der Dehnungsdifferenz $\Delta\varepsilon$ und der Bauteillänge l:

$$\boldsymbol{\Delta l = \Delta\varepsilon - l} \quad \text{in mm} \qquad \text{Gl. (9.18)}$$

Hierbei ist l die größte wirksame Länge, über die horizontale Verformungen stattfinden können (vom steifen Kern des Gebäudes bis zur Mitte des Außenmauerwerkes).

Zulässiger Verschiebewinkel

Dic Längsverformung einer Dachdecke wird die Wände schräg stellen, wenn die Dachdecke mit den Wänden fest verbunden ist (Bild **9**.5).

Aus dem Verhältnis der horizontalen Längenänderung Δl und der Höhe h, in der die Schrägstellung der Wände erfolgt, kann der Verschiebewinkel γ berechnet werden:

$$\textbf{vorh}\ \boldsymbol{\gamma = \frac{\Delta l}{h}} \qquad \text{Gl. (9.19)}$$

Ein zulässiger Wert von zul $\gamma = \pm 1/2500$ nach DIN 18530 gilt bei fester Auflagerung der Dachdecke auf unbewehrten Wänden:

$$\text{zul}\ \gamma = \pm \frac{1}{2500} \qquad \text{Gl. (9.20)}$$

$$\frac{\text{vorh}\ \gamma}{\text{zul}\ \gamma} \leqq 1$$

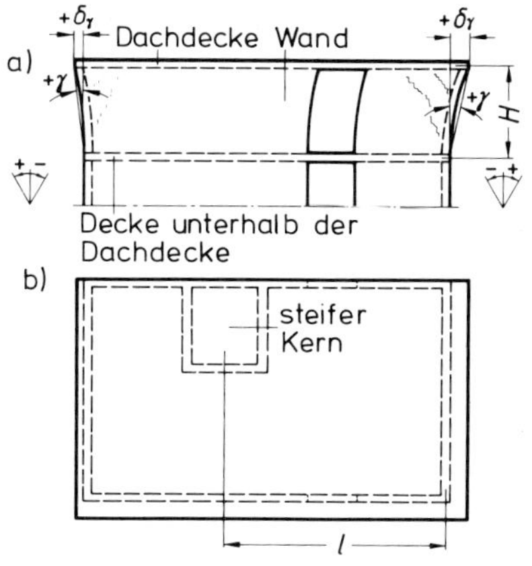

9.5 Längsverformung einer Dachdecke gegenüber der darunterliegenden Geschoßdecke mit Schrägstellung der Wände
a) Ansicht Außenwand
b) Draufsicht Dachdecke

Beispiele zur Erläuterung

1. Ein mehrgeschossiges Wohngebäude mit 2,75 m Geschoßhöhe, 16 cm dicken Stahlbetondecken aus Beton der Konsistenz KP mit Fließmittel und Kalksandsteinmauerwerk ist folgenden Temperaturen ausgesetzt:

$T_0 = +30\,°C$ im Sommer; $T_0 = +\ 5\,°C$ im Winter

$T_W = +25\,°C$ im Sommer; $T_W = +20\,°C$ im Winter

$T_D = +30\,°C$ im Sommer; $T_D = +15\,°C$ im Winter

Schwindmaße $\varepsilon_{sD} = -0{,}460$ mm/m (Tafel **9**.2)

$\varepsilon = -0{,}200$ mm/m

Wärmedehnzahlen

$\alpha_{TD} = 0{,}010$ mm/(m · K) (Tafel **9**.1)

$\alpha_{TW} = 0{,}008$ mm/(m · K)

1.1 Dehnungsdifferenzen zwischen Dachdecke und Wänden bei Herstellung der Dachdecke im Sommer

Zustand im Sommer:

$$\begin{aligned}\Delta\varepsilon &= \varepsilon_{sD} + \alpha_{TD}\cdot(T_D - T_{0D}) - \varepsilon_{sW} - \alpha_{TW}\cdot(T_W - T_{0W})\\ &= -0{,}460 + 0{,}010\cdot(30-30) + 0{,}200 - 0{,}008\cdot(25-30)\\ &= -0{,}460 \pm 0 \qquad + 0{,}200 + 0{,}040 = \mathbf{-0{,}220\ mm/m}\end{aligned}$$

Zustand im Winter:

$$\begin{aligned}\Delta\varepsilon &= \varepsilon_{sD} + \alpha_{TD}\cdot(T_D - T_{0D}) - \varepsilon_{sW} - \alpha_{TW}\cdot(T_W - T_{0W})\\ &= -0{,}460 + 0{,}010\cdot(15-30) + 0{,}200 - 0{,}008\cdot(20-30)\\ &= -0{,}460 - 0{,}150 \qquad + 0{,}200 + 0{,}080 = \mathbf{-0{,}330\ mm/m}\end{aligned}$$

1.2 Dehnungsdifferenzen zwischen Dachdecke und Wänden bei Herstellung der Dachdecke im Winter

Zustand im Sommer:

$$\begin{aligned}\Delta\varepsilon &= \varepsilon_{sD} + \alpha_{TD} \cdot (T_D - T_{0D}) - \varepsilon_{sW} - \alpha_{TW} \cdot (T_W - T_{0W})\\ &= -0{,}460 + 0{,}010 \cdot (30-5) + 0{,}200 - 0{,}008 \cdot (25-5)\\ &= -0{,}460 + 0{,}250 \qquad + 0{,}200 - 0{,}160 = \mathbf{-0{,}170\ mm/m}\end{aligned}$$

Zustand im Winter:

$$\begin{aligned}\Delta\varepsilon &= \varepsilon_{sD} + \alpha_{TD} \cdot (T_D - T_{0D}) - \varepsilon_{sW} - \alpha_{TW} \cdot (T_W - T_{0W})\\ &= -0{,}460 + 0{,}010 \cdot (15-5) + 0{,}200 - 0{,}008 \cdot (20-5)\\ &= -0{,}460 + 0{,}100 \qquad + 0{,}200 - 0{,}120 = \mathbf{-0{,}280\ mm/m}\end{aligned}$$

Die ungünstigste Dehnungsdifferenz entsteht für den Zustand im Winter, wenn das Gebäude im Sommer hergestellt würde: vorh $\Delta\varepsilon = -0{,}330$ mm/m.

Diese Verkürzung ist nach Gl. (9.17) noch zulässig:

$$\text{vorh } \Delta\varepsilon = -0{,}330 \text{ mm/m}$$
$$\text{zul } \Delta\varepsilon = -0{,}400 \text{ mm/m}$$
$$\frac{\text{vorh } \Delta\varepsilon}{\text{zul } \Delta\varepsilon} = \frac{-0{,}330}{-0{,}400} = 0{,}83 < 1$$

1.3 Verschiebewinkel für die Außenwände

Längenänderung der Dachdecke über die wirksame Länge vom steifen Kern des Gebäudes bis zur Mitte des Außenmauerwerk $l = 12{,}0$ m für den Verschiebewinkel.

Zustand im Sommer:

$$\Delta l = \alpha_{TD} \cdot (T_D - T_W) \cdot l = 0{,}010 \cdot (30-25) \cdot 12{,}0 = +0{,}6 \text{ mm}$$

Zustand im Winter:

$$\Delta l = \alpha_{TD} \cdot (T_D - T_W) \cdot l = 0{,}010 \cdot (15-20) \cdot 12{,}0 = -0{,}6 \text{ mm}$$

rechnerischer Verschiebewinkel:

$$\text{vorh } \gamma = \frac{\Delta l}{h} = \frac{\pm 0{,}6}{2{,}75 \cdot 1000} = \pm\frac{1}{4583} \qquad \text{Gl. (9.19)}$$

$$\text{zul } \gamma = \pm\frac{1}{2500}$$

$$\frac{\text{vorh } \gamma}{\text{zul } \gamma} = \frac{2500}{4583} = 0{,}55 < 1$$

1.4 Beurteilung

Diese Konstruktion ist bei fachgerechter Ausführung rißsicher, da weder die Dehnungsdifferenzen zwischen Mauerwerk und Dachdecke, noch der rechnerische Verschiebewinkel für das Außenmauerwerk zu groß sind.

2. Ein eingeschossiges Wohngebäude mit 3,00 m Geschoßhöhe, 18 cm dicker Stahlbetondachdecke aus Beton der Konsistenz KR, Ziegelmauerwerk und 15 cm dicker Stahlbetonfundamentplatte hat Temperaturen und Schwindmaße wie im vorigen Beispiel zu ertragen.

Temperaturen der Fundamentplatte

$$T_F = +15\,°\text{C im Sommer}, \qquad T_F = +10\,°\text{C im Winter}$$

Wärmedehnzahl der Wände $\alpha_{TW} = 0{,}006$ mm/(m · K) (Tafel **9.**1)

Schwindmaße der Fundamentplatte ε_{sF}, der Wände ε_{sW} und der Dachdecke ε_{sD}

$$\varepsilon_{sF} = -0{,}160 \text{ mm/m (geschätzt nach Tafel } \mathbf{9.}2)$$

$$\varepsilon_{sW} = \pm 0$$

$$\varepsilon_{sD} = -0{,}580 \text{ mm/m}$$

2.1 Dehnungsdifferenzen zwischen Dachdecke und Wänden sowie Wänden und Fundamentplatte bei Herstellung des Gebäudes im Sommer.

2.1.1 Zustand im Sommer

Dehnungsdifferenz Dachdecke/Wände

$$\begin{aligned}\Delta\varepsilon &= \varepsilon_{sD} + \alpha_{TD} \cdot (T_D - T_{0D}) - \varepsilon_{sW} - \alpha_{TW} \cdot (T_W - T_{0W})\\ &= -0{,}580 + 0{,}010 \cdot (30 - 30) \pm 0{,}0 - 0{,}006 \cdot (25 - 30)\\ &= -0{,}580 + 0{,}0 \qquad \pm 0{,}0 + 0{,}030 = \mathbf{-0{,}550\ mm/m}\end{aligned}$$

Dehnungsdifferenz Fundamentplatte/Wände

$$\begin{aligned}\Delta\varepsilon &= \varepsilon_{sF} + \alpha_{TF} \cdot (T_F - T_{0F}) - \varepsilon_{sW} - \alpha_{TW} \cdot (T_W - T_{0W})\\ &= -0{,}160 + 0{,}010 \cdot (15 - 30) - 0 - 0{,}006 \cdot (25 - 30)\\ &= -0{,}160 - 0{,}150 \qquad - 0 + 0{,}030 = \mathbf{-0{,}280\ mm/m}\end{aligned}$$

2.1.2 Zustand im Winter:

Dehnungsdifferenz Dachdecke/Wände

$$\begin{aligned}\Delta\varepsilon &= \varepsilon_{sD} + \alpha_{TD} \cdot (T_D - T_{0D}) - \varepsilon_{sW} - \alpha_{TW} \cdot (T_W - T_{0W})\\ &= -0{,}580 + 0{,}010 \cdot (15 - 30) \pm 0{,}0 - 0{,}006 \cdot (20 - 30)\\ &= -0{,}580 - 0{,}150 \qquad \pm 0{,}0 + 0{,}060 = \mathbf{-0{,}670\ mm/m}\end{aligned}$$

Dehnungsdifferenz Fundamentplatte/Wände

$$\begin{aligned}\Delta\varepsilon &= \varepsilon_{sF} + \alpha_{TE} \cdot (T_F - T_{0F}) - \varepsilon_{sW} - \alpha_{TW} \cdot (T_W - T_{0W})\\ &= -0{,}160 + 0{,}010 \cdot (15 - 30) \pm 0{,}0 - 0{,}006 \cdot (20 - 30)\\ &= -0{,}160 - 0{,}150 \qquad \pm 0{,}0 + 0{,}060 = \mathbf{-0{,}250\ mm/m}\end{aligned}$$

2.2 Dehnungsdifferenzen zwischen Dachdecke und Wänden und Fundamentplatte bei Herstellung des Gebäudes im Winter:

2.2.1 Zustand im Sommer:

Dehnungsdifferenz Dachdecke/Wände

$$\begin{aligned}\Delta\varepsilon &= \varepsilon_{sD} + \alpha_{TD} \cdot (T_D - T_{0D}) - \varepsilon_{sW} - \alpha_{TW} \cdot (T_W - T_{0W})\\ &= -0{,}580 + 0{,}0100 \cdot (30 - 5) \pm 0{,}0 - 0{,}006 \cdot (25 - 5)\\ &= -0{,}580 + 0{,}250 \qquad \pm 0{,}0 - 0{,}120 = \mathbf{-0{,}450\ mm/m}\end{aligned}$$

Dehnungsdifferenz Fundamentplatte/Wände

$$\begin{aligned}\Delta\varepsilon &= \varepsilon_{sF} + \alpha_{TF} \cdot (T_F - T_{0F}) - \varepsilon_{sW} - \alpha_{TW} \cdot (T_W - T_{0W})\\ &= -0{,}160 + 0{,}010 \cdot (15 - 5) + 0{,}0 - 0{,}006 \cdot (25 - 5)\\ &= -0{,}160 + 0{,}100 \qquad + 0{,}0 - 0{,}120 = \mathbf{-0{,}180\ mm/m}\end{aligned}$$

2.2.2 Zustand im Winter:
Dehnungsdifferenz Dachdecke/Wände

$$\begin{aligned}\Delta\varepsilon &= \varepsilon_{sD} + \alpha_{TD} \cdot (T_D - T_{0D}) - \varepsilon_{sW} - \alpha_{TW} \cdot (T_W - T_{0W})\\ &= -0{,}580 + 0{,}010 \cdot (15 - 5) \pm 0{,}0 - 0{,}006 \cdot (20 - 5)\\ &= -0{,}580 + 0{,}100 \qquad \pm 0{,}0 - 0{,}090 = \mathbf{-0{,}570\ mm/m}\end{aligned}$$

Dehnungsdifferenz Fundamentplatte/Wände

$$\begin{aligned}\Delta\varepsilon &= \varepsilon_{sF} + \alpha_{TF} \cdot (T_F - T_{0F}) - \varepsilon_{sW} - \alpha_{TW} \cdot (T_W - T_{0W})\\ &= -0{,}160 + 0{,}010 \cdot (10 - 5) \pm 0{,}0 - 0{,}006 \cdot (20 - 5)\\ &= -0{,}160 + 0{,}050 \qquad \pm 0{,}0 - 0{,}090 = \mathbf{-0{,}200\ mm/m}\end{aligned}$$

2.3 Auswirkung der Dehnungsdifferenzen
Die ungünstigste Dehnungsdifferenz entsteht für den Zustand im Winter, wenn das Gebäude im Sommer hergestellt würde: vorh $\Delta\varepsilon = -0{,}590$ mm/m.
Diese Verkürzung ist nach Gl. (9.17) nicht mehr zulässig:

$$\text{vorh } \Delta\varepsilon = -0{,}670 \text{ mm/m}$$

$$\text{zul } \Delta\varepsilon = -0{,}400 \text{ mm/m}$$

$$\frac{\text{vorh } \Delta\varepsilon}{\text{zul } \Delta\varepsilon} = \frac{-0{,}670}{-0{,}400} = 1{,}68 > 1$$

Auch bei der Herstellung im Winter ist der spätere Zustand im Winter nicht zulässig, da

$$\text{vorh } \Delta\varepsilon = -0{,}570 \text{ mm/m}$$

$$\frac{\text{vorh } \Delta\varepsilon}{\text{zul } \Delta\varepsilon} = \frac{-0{,}570}{-0{,}400} = 1{,}43 > 1$$

2.4 Verschiebewinkel für das Außenmauerwerk
Dehnungsdifferenz zwischen Dachdecke und Fundamentplatte im Sommer

$$\begin{aligned}\Delta\varepsilon &= \varepsilon_{sD} - \varepsilon_{sF} + \alpha_T \cdot (T_D - T_F)\\ &= -0{,}580 + 0{,}160 + 0{,}010\ (30 - 15)\\ &= -0{,}580 + 0{,}160 + 0{,}150 = \mathbf{-0{,}270\ mm/m}\end{aligned}$$

Dehnungsdifferenz zwischen Dachdecke und Fundamentplatte im Winter

$$\begin{aligned}\Delta\varepsilon &= \varepsilon_{sD} - \varepsilon_{sF} + \alpha_T \cdot (T_D - T_F)\\ &= -0{,}580 + 0{,}160 + 0{,}010 \cdot (15 - 10)\\ &= -0{,}580 + 0{,}160 + 0{,}050 = \mathbf{-0{,}370\ mm/m}\end{aligned}$$

Längenänderung über die größte wirksame Länge $l = 6{,}0$ m
(zwischen Kern des Gebäudes bis zur Mitte des Außenmauerwerks)

$$\Delta l = \Delta\varepsilon \cdot l = -0{,}370 \cdot 6{,}0 = -2{,}22 \text{ mm}$$

Verschiebewinkel für die Außenwände bei einer Geschoßhöhe von $h = 3{,}00$ m

$$\text{vorh } \gamma = \frac{\Delta l}{h} = \frac{-2{,}22}{3{,}00 \cdot 1000} = -\frac{1}{1351}$$

$$\text{zul } \gamma = \frac{1}{2500}$$

$$\frac{\text{vorh } \gamma}{\text{zul } \gamma} = \frac{2500}{1351} = 1{,}85 > 1$$

2.5 Beurteilung

Die Konstruktion ist aus zwei Gründen nicht rißsicher:

Die Dehnungsdifferenzen zwischen Dachdecke und Außenwänden sind zu groß, der Verschiebewinkel für die Außenwände zwischen Dachdecke und Fundamentplatte ist ebenfalls zu groß.

Die Dachdecke ist auf Gleitlager zu legen, damit die Bewegungen der Dachdecke möglich sind. Das Außenmauerwerk ist durch einen Stahlbetonringbalken unter den Auflagern der Dachdecke zu sichern.

10 Stabilität von Bauteilen und Bauwerken

Bei allen Bauwerken muß die räumliche Stabilität sichergestellt sein:

- Bauwerke dürfen nicht einstürzen.

Hierzu sind insbesondere Aussteifungen gegen horizontal gerichtete Einwirkungen erforderlich, z. B. gegen Wind. Diese Aussteifungen können Scheiben, Rahmen oder Verbände sein. Darauf wird in Abschnitt 10.4 eingegangen.

Die Bauwerke bestehen aus einzelnen Bauteilen. Für die aus dem Gesamtsystem herausgelöst gedachten Einzelteile muß ebenfalls die Stabilität sichergestellt sein:

- Bauteile dürfen nicht versagen.

Bei schlanken und dünnwandigen hohen Bauteilen (z. B. aus Holz oder Stahl) können Verformungen auftreten, die die Stabilität gefährden. Dies kann geschehen, bevor zulässige Spannungen bzw. Grenzspannungen erreicht sind. Sofern die Stabilität in Frage gestellt ist, weil z. B. Aussteifungen durch andere Bauteile fehlen, müssen Stabilitätsnachweise geführt werden.

Die Einflüsse auf die Stabilität der Bauteile werden bei den drei Stabilitätsfällen geklärt:

- Biegeknicken — Nachweis der Knicksicherheit (Bild **10.**1)
- Biegedrillknicken — Nachweis der Biegedrillknicksicherheit (Nachweis der Kippsicherheit) (Bild **10.**2)
- Beulen — Nachweis der Beulsicherheit (Bild **10.**3)

Bei den drei Stabilitätsfällen wird untersucht, ob durch Instabilitäten die Standsicherheit einzelner Bauteile gefährdet wird.

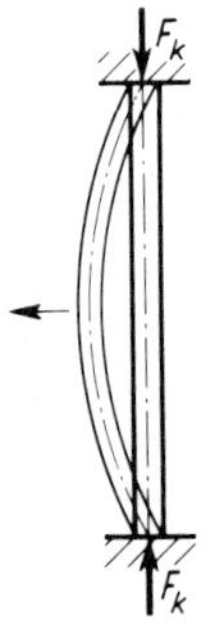

10.1 Biegeknicken bei Stützen

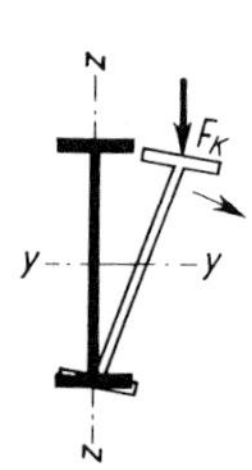

10.2 Biegedrillknicken bzw. Kippen bei Trägern (seitliches Ausweichen des Druckgurtes)

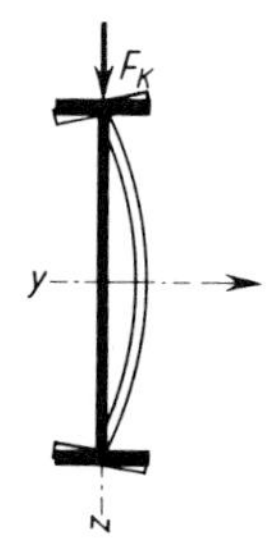

10.3 Beulen bei Trägern (seitliches Ausbeulen hoher, dünner Stege)

10.1 Nachweis der Sicherheit gegen Biegeknicken

Schlanke Bauteile können bei Druckbeanspruchung plötzlich ausweichen: Es besteht die Gefahr des Biegeknickens (Bild **10.**1).

Einteilige Druckstäbe wurden auf Biegeknicken bereits in Abschnitt 7 behandelt.

Für mehrteilige Druckstäbe aus Holz ist der Berechnungsgang umfangreicher (z.B. bei gespreizten Rahmen- oder Gitterstäben mit Zwischenhölzern oder Bindehölzern). Für mehrteilige Druckstäbe aus Stahl gilt das gleiche (z.B. bei Rahmen- und Gitterstützen mit Bindeblechen).

Bei biegebeanspruchten Bauteilen mit Normalkraft kann das Biegeknicken ebenfalls von Bedeutung sein.

Die hierfür erforderlichen besonderen Berechnungsverfahren werden in weiterführenden Fachbüchern dargestellt, z. B. Neuhaus, H.: „Lehrbuch des Ingenieurholzbaus" [8] oder Thiele/Lohse: Stahlbau [14].

10.2 Nachweis der Sicherheit gegen Biegedrillknicken

Bei druckbeanspruchten schlanken Bauteilen kann zusätzlich zum Biegeknicken eine Verdrehung um die Stabachse auftreten. Dieser Vorgang wird als Biegedrillknicken bezeichnet. Der Nachweis der Sicherheit gegen Biegedrillknicken bei druckbeanspruchten Bauteilen aus Stahl wurde bereits in Abschnitt 7.5 dargestellt.

Bei biegebeanspruchten schlanken Trägern mit großer Steghöhe oder bei unsymmetrischen Trägerquerschnitten kann der Druckgurt seitlich ausweichen, der Träger kippt (Bild **10.**2).

Bei hohen Trägern wird dieses Kippen als Biegedrillknicken bezeichnet. Darunter ist eine Stabilitätserscheinung zu verstehen, die bei Trägern mit Biegung um die starke y-Achse auftreten kann. Das Kippen wird im allgemeinen eingeleitet durch das seitliche Ausknicken des gedrückten Gurtes. Gleichzeitig findet eine Verdrehung um die Längsachse statt.

Es haben daher die Seitensteifigkeit ($E \cdot I_z$) und die Torsionssteifigkeit ($G \cdot I_T$) des Querschnitts große Bedeutung. Darüber hinaus wirken sich noch eine Reihe weiterer Einflüsse aus: Trägerlänge l, Lagerungsbedingungen, Abstand des Lastangriffspunktes vom Schwerpunkt S, Wölbsteifigkeit ($E \cdot I_W$) sowie die praktische Bauausführung (Bild **10.**4).

Das Kippen kann stattfinden, bevor die zulässigen Biege- und Schubspannungen bzw. Grenzspannungen erreicht werden. Da durch das Kippen von Trägern die Stabilität gefährdet wird, ist zur Untersuchung ausreichender Stabilität ein Tragsicherheitsnachweis zu führen. Es ist gleichbedeutend, ob in diesem Fall von einem Nachweis der Kippsicherheit oder von einem Nachweis der Sicherheit gegen Biegedrillknicken gesprochen wird.

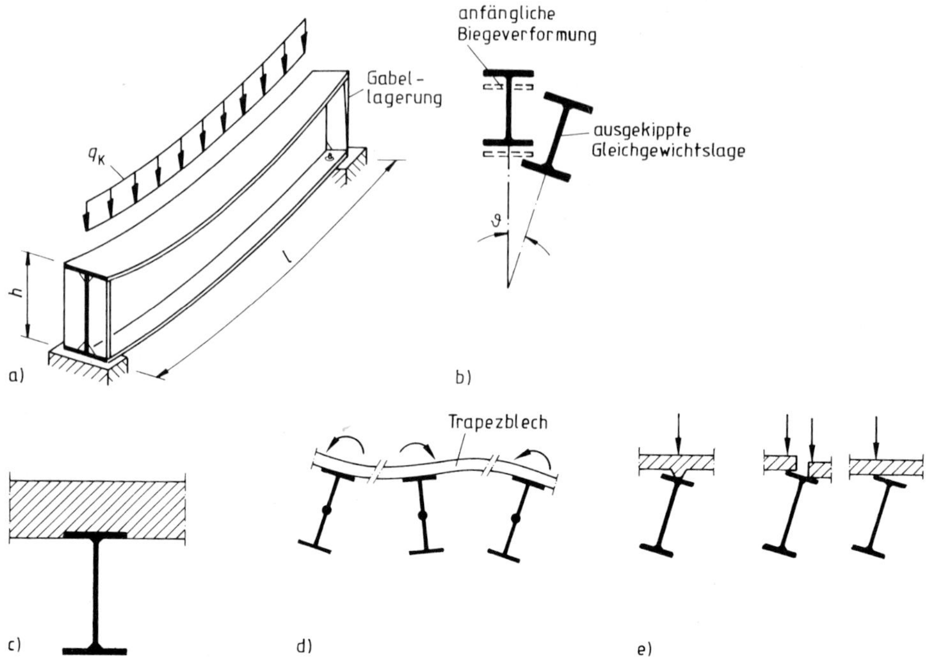

10.4 Kippen von Biegeträgern (Biegedrillknicken)
a) Biegeträger in Gabellagerung mit Belastung und Biegeverformung
b) anfängliche Biegeverformung und ausgekippte Gleichgewichtslage
c) behindertes Kippen durch einbetonierte Flansche in steifer Decke
d) teilweise behindertes Kippen durch verformbare Decke
e) Einflüsse aus der praktischen Ausführung

10.2.1 Holzträger mit I-Querschnitt oder Kasten-Querschnitt

Bei Biegung von hohen und schmalen Holzträgern kann der Druckgurt seitlich ausweichen, bevor die zulässige Biegespannung erreicht ist. Daher muß der Druckgurt gegen seitliches Ausweichen gesichert sein.

Nach DIN 1052 darf ein komplizierter Nachweis des Biegedrillknickens bzw. Kippens entfallen. Dazu muß der Druckgurt eines Vollwandträgers in einzelnzen Punkten im Abstand s seitlich unverschieblich festgehalten sein (Bild **10.5**). Zwischen den Halterungen darf der Druckgurt nicht ausknicken.

Die Sicherheit ist ausreichend, wenn die vorhandene Biegedruckspannung σ_{DS} im Schwerpunkt des Druckgurtes, dividiert durch den Knickbeiwert ω_{40} nicht größer als die zulässige Knickspannung zul $\sigma_{K'}$ ist (Bild **10.6**):

$$\frac{\text{vorh } \sigma_{DS}/\omega_{40}}{\text{zul } \sigma_{K'}} \leqq 1 \qquad \text{Gl. (10.1)}$$

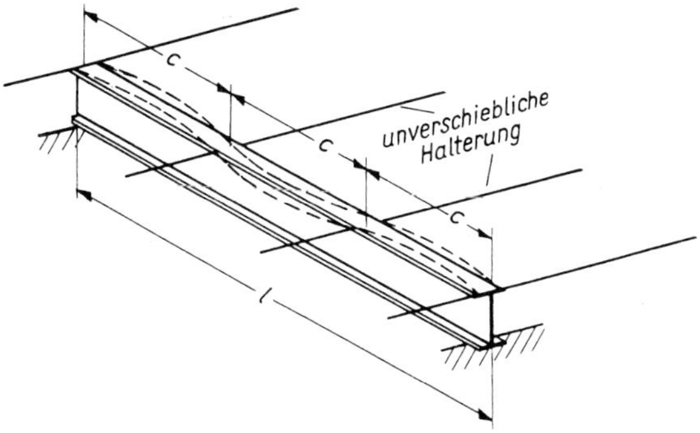

10.5 Aussteifung des Druckgurtes gegen seitliches Ausweichen durch unverschiebliche Halterungen (Querträger, Verbände u. ä.)

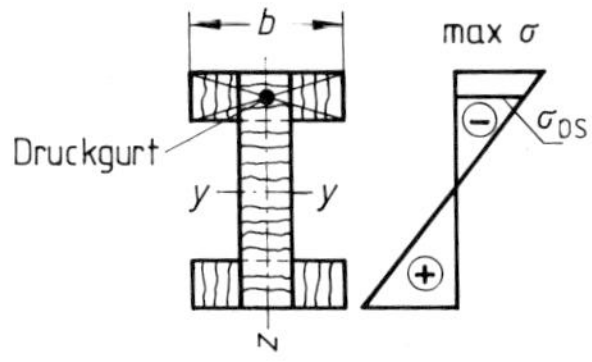

10.6 Holzträger mit I-Querschnitt Druckgurt mit Biegedruckspannung σ_{DS} im Schwerpunkt des Druckgurtes

Die zulässige Knickspannung ergibt sich aus der zulässigen Biegedruckspannung dividiert durch die zugehörige Knickzahl ω für den Schlankheitsgrad des gedrückten Gurtes:

$$\text{zul } \sigma_{K'} = \frac{\text{zul } \sigma_{D\|}}{\omega} \qquad \text{Gl. (10.2)}$$

Hierbei sind:

ω_{40} = Knickzahl für Schlankheitsgrad $\lambda = 40$

ω_{40} = 1,26 für Nadelholz
1,25 für Laubholz (Eiche, Buche, Teak)
1,03 für Brettschichtholz

ω = Knickzahl für Schlankheitsgrad des gedrückten Gurtes für $\lambda = s/i_{z,G}$

s = Abstand der seitlichen Aussteifung

$i_{z,G}$ = 0,289 b Trägheitshalbmesser des gedrückten Gurtquerschnittes bezogen auf die z-Achse

10.2.2 Holzträger mit Rechteckquerschnitt

Für Träger mit rechteckigem Querschnitt, die im Abstand s seitlich unverschieblich gehalten sind, kann ein vereinfachter Nachweis gegen Biegedrillknicken bzw. Kippen in folgender Weise geführt werden (Bild **10.7**):

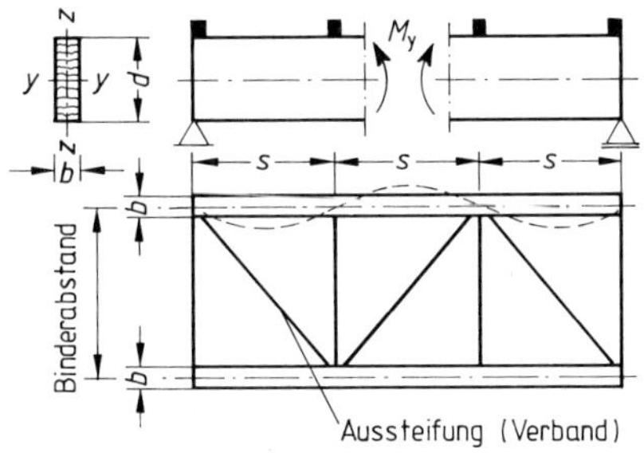

10.7 Holzbinder mit Rechteckquerschnitt b/d bei Biegebeanspruchung durch M_y mit Aussteifungen im Abstand s durch einen Horizontalverband

$$\text{vorh } \sigma_B = M_y/W_y \qquad \text{Gl. (10.3)}$$

$$\text{zul } \sigma_K = \text{zul } \sigma_B \cdot 1{,}1 \cdot k_B \qquad \text{Gl. (10.4)}$$

$$\frac{\text{vorh } \sigma_B}{\text{zul } \sigma_K} \leqq 1 \qquad \text{Gl. (10.5)}$$

Hierbei sind:

k_B = Beiwert für das Biegedrillknicken

$k_B = 1{,}0$ für $\lambda_B \leqq 0{,}75$ Gl. (10.6)

$k_B = 1{,}56 - 0{,}75 \cdot \lambda_B$ für $\lambda_B > 0{,}75$ bis 1,4 Gl. (10.7)

$k_B = 1/\lambda_B^2$ für $\lambda_B > 1{,}4$ Gl. (10.8)

λ_B = Schlankheitsgrad für das Biegedrillknicken

$\lambda_B = \varkappa_B \cdot \sqrt{s \cdot d/b^2}$ Gl. (10.9)

$\varkappa_B$ = 0,05905 für Vollholz, Nadelholz Sortierklasse S 10

$\varkappa_B$ = 0,05464 für Brettschichtholz BS 11

$\varkappa_B$ = 0,06165 für Brettschichtholz BS 14

Beispiel zur Erläuterung

Hallen-Dachbinder aus Brettschichtholz BS 14 werden durch gleichmäßig verteilte Belastung $q = g + p = 13{,}0$ kN/m belastet. Der folgende Rechengang zeigt die Bemessung und den Nachweis der Sicherheit gegen Biegedrillknicken (Kippen).

a) Statisches System: Einfeldbalken

Binderlänge	$l_B = 18{,}0$ m
Stützweite	$l = 17{,}67$ m
Binderabstand	$a_B = 5{,}0$ m
Binderquerschnitt	$b/d = 16/120$ cm
Abstand der Abstützungen	$s = 4{,}46$ m (Bild **10.8**)

b) Schnittgrößen

$$A = B = q \cdot l/2 = 13{,}0 \cdot 17{,}67/2 = 114{,}9 \text{ kN}$$

$$\max M_y = q \cdot l^2/8 = 13{,}0 \cdot 17{,}67^2/8 = 507{,}4 \text{ kNm} = 50\,740 \text{ kNcm}$$

$$V'_A = A - q \cdot (t_A + d)/2 = 114{,}9 - 13{,}0 \cdot (0{,}33 + 1{,}20)/2$$

$$= 114{,}9 - 9{,}9 = 105{,}0 \text{ kN}$$

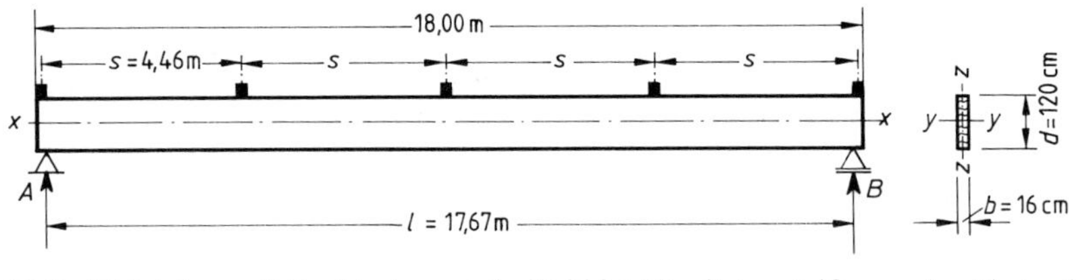

10.8 Holzträger mit Rechteckquerschnitt $b/d < 10$ mit Aussteifungen im Abstand s

c) Querschnittswerte

$$A_0 = b \cdot d = 16 \cdot 120 = 1920 \text{ cm}^2$$

$$W_y = b \cdot d^2/6 = 16 \cdot 120^2/6 = 38\,400 \text{ cm}^3$$

$$I_y = b \cdot d^2/12 = 16 \cdot 120^3/12 = 2\,304\,000 \text{ cm}^4$$

d) Schubspannungsnachweis

$$\text{vorh } \tau = 1{,}5 \cdot V'_A/A_0 = 1{,}5 \cdot 105{,}0/1920 = 0{,}082 \text{ kN/cm}^2$$

$$= 0{,}82 \text{ N/mm}^2$$

$$\text{zul } \tau = 1{,}2 \text{ N/mm}^2 \quad \text{(Tafel } \mathbf{1}.18)$$

$$\frac{\text{vorh } \tau}{\text{zul } \tau} = \frac{0{,}82}{1{,}2} = 0{,}68 < 1$$

e) Biegespannungsnachweis

$$\text{vorh } \sigma_B = \max M_y/W_y = 50\,740/38\,400 = 1{,}32 \text{ kN/cm}^2$$

$$= 13{,}2 \text{ N/mm}^2$$

$$\text{zul } \sigma_B = 14{,}0 \text{ N/mm}^2 \quad \text{(Tafel } \mathbf{1}.18)$$

$$\frac{\text{vorh } \sigma_B}{\text{zul } \tau} = \frac{13{,}2}{14{,}0} = 0{,}94 < 1$$

f) Durchbiegungsnachweis

$$f_y = \frac{\sigma_B \cdot l^2}{d \cdot k_f} = \frac{13{,}2 \cdot 17{,}67^2}{120 \cdot 4{,}8} = 7{,}2 \text{ cm} = 72 \text{ mm}$$

$$f_\tau = \frac{M_y}{G \cdot b \cdot d} = \frac{50\,740 \cdot 10 \cdot 10^3}{500 \cdot 160 \cdot 1200} = 5 \text{ mm}$$

$$\text{vorh} f = f_y + f_\tau = 72 + 5 = 77 \text{ mm}$$

$$\text{zul} f = l/200 = 18\,000/200 = 90 \text{ mm} \quad \text{(Tafel } \mathbf{4}.12)$$

$$\frac{\text{vorh} f}{\text{zul} f} = \frac{77}{90} = 0{,}86 < 1$$

Überhöhung

$$\text{gew} f_ü = 100 \text{ mm}$$

g) Nachweis der Auflagerpressung
Auflagerlänge $l_A = 30$ cm

$$\text{vorh } \sigma_{D\perp} = A/(b \cdot l_A) = 114{,}9/(16 \cdot 30) = 0{,}24 \text{ kN/cm}^2$$

$$= 2{,}4 \text{ N/mm}^2$$

$$\text{zul } \sigma_{D\perp} = 2{,}5 \text{ N/mm}^2 \quad \text{(Tafel } \mathbf{1}.18)$$

$$\frac{\text{vorh } \sigma_{D\perp}}{\text{zul } \sigma_{D\perp}} = \frac{2{,}4}{2{,}5} = 0{,}96 < 1$$

h) Vereinfachter Nachweis gegen Biegedrillknicken (Kippen)

$$\lambda_B = \varkappa_B \cdot \sqrt{s \cdot d/b^2} = 0{,}06165 \cdot \sqrt{446 \cdot 120/16^2} = 0{,}89$$

$$k_B = 1{,}56 - 0{,}75 \cdot \lambda_B = 1{,}56 - 0{,}75 \cdot 0{,}89 = 0{,}89 \quad \text{(Gl. 10.7)}$$

$$\text{zul}\ \sigma_K = \text{zul}\ \sigma_B \cdot 1{,}1 \cdot k_B = 14{,}0 \cdot 1{,}1 \cdot 0{,}89 = 13{,}7\ \text{N/mm}^2$$

$$\text{vorh}\ \sigma_B = 13{,}2\ \text{N/mm}^2$$

$$\frac{\text{vorh}\ \sigma_B}{\text{zul}\ \sigma_K} = \frac{13{,}2}{13{,}7} = 0{,}96 < 1$$

Hinweis:

Die Bemessung der Hallen-Stützen und der erforderlichen Verbände zeigen die Beispiele in Abschnitt 10.4.2.

10.2.3 Stahlträger mit I-Querschnitt

Breite und niedrige Träger können nicht kippen, sie werden sich auch nicht verdrehen. Ein Nachweis des Biegedrillknickens ist hierbei nicht erforderlich.

Bei schmalen und hohen Trägern ist es sinnvoll, zunächst für eine Behinderung der seitlichen Verschiebung und der Verdrehung des beanspruchten Biegeträgers zu sorgen. Wenn der Druckgurt durch Verbindung mit anderen Bauteilen sich nicht verschieben kann, wird auch kein Kippen des Trägers eintreten. Durch angrenzende, biegesteif angeschlossene Bauteile ist auch eine Verdrehung des Trägers auszuschließen.

Für Biegeträger mit Biegung um die z-Achse (schwache Trägerachse) kann der Nachweis des Biegedrillknickens entfallen.

Vereinfachter Nachweis für Träger mit seitlicher Stützung

Für I-Träger mit symmetrischem Querschnitt, bei denen der Druckgurt in einzelnen Punkten im Abstand c unverschieblich gehalten wird (Bild **10.**5), kann ein vereinfachter Nachweis des Biegedrillknickens erfolgen. Hierfür wird der Druckgurt als Druckstab betrachtet. Dabei muß für den Ersatz-Schlankheitsgrad des Druckgurtes folgende Bedingung eingehalten sein:

Ersatz-Schlankheitsgrad

$$\text{zul}\ \bar{\lambda} \leqq 0{,}5 \cdot M_{pl,\,y,\,d}/M_{y,\,d} \qquad \text{Gl. (10.10)}$$

Hierbei sind:

$M_{pl,\,y,\,d}$ Biegemoment im plastischen Zustand nach Tafel **7.**7
$M_{y,\,d}$ Bemessungsbiegemoment

Der Ersatz-Schlankheitsgrad vorh $\bar{\lambda}$ ist auf folgende Weise zu berechnen:

Ersatz-Schlankheitsgrad

$$\text{vorh}\ \bar{\lambda} = \frac{c \cdot k_c}{i_{z,\,g} \cdot \lambda_a} \qquad \text{Gl. (10.11)}$$

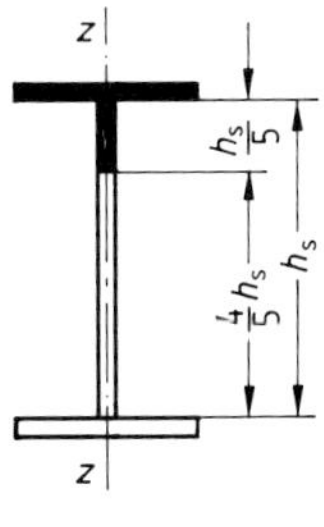

10.9 Der Druckgurt wird mit 1/5 des anschließenden Stegquerschnitts als Knickstab aufgefaßt (dunkel angelegte Fläche A_g)

Hierbei sind:

c Abstand der Aussteifungen des Druckgurtes

$i_{z,g}$ Trägheitsradius um die Stegachse z der aus dem Druckgurt und 1/5 des Steges gebildeten Querschnittsfläche nach Bild **10.9** und Tafel **10.1**

k_c Beiwert für den Verlauf der Druckkraft im Druckgurt nach Tafel **10.2**

λ_a Bezugs-Schlankheitsgrad,

für St 37 und $t \leqq 40$ mm: $\lambda_a = 92{,}9$

für St 52 und $t \leqq 40$ mm: $\lambda_a = 75{,}9$

Daraus ergibt sich der zulässige Abstand der Aussteifung:

$$\text{zul } c \leqq 0{,}5 \cdot \frac{M_{\text{pl, y, d}}}{M_\text{d}} \cdot \frac{i_{\text{z, g}} \cdot \lambda_\text{a}}{k_\text{c}} \qquad \text{Gl. (10.12)}$$

Nachweis der seitlichen Stützung

$$\frac{\textbf{vorh } c}{\textbf{zul } c} \leqq \mathbf{1} \qquad \text{Gl. (10.13)}$$

Beispiel zur Erläuterung

1. Für einen Biegeträger IPE 360 aus S235 ist nachzuweisen, ob zusätzliche Aussteifungen gegen Biegedrillknicken (Kippen) erforderlich sind.

Biegemoment

$$M_\text{d} = \frac{q_\text{d} \cdot l^2}{8} = \frac{21 \cdot 5{,}5^2}{8} = 79{,}4 \text{ kNm}$$

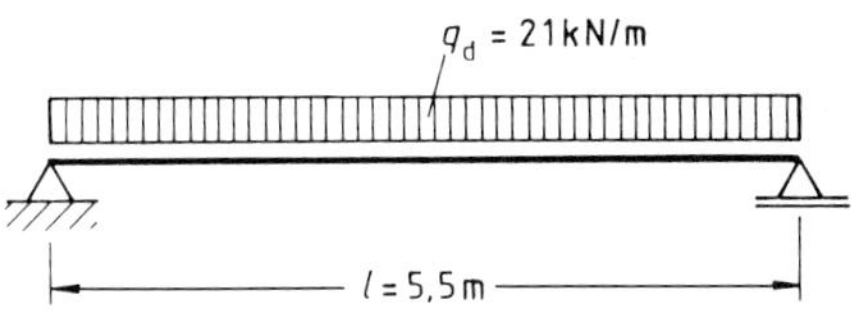

10.10 Statisches System des Biegeträgers

Biegemoment im plastischen Zustand (Tafel **7.7**)

$$M_{\text{pl, y, d}} = 225 \text{ kNm}$$

Bezugs-Schlankheitsgrad

$$\lambda_\text{a} = 92{,}9 \text{ für St 37-2}$$

Trägheitsradius des Druckgurtes mit 1/5 des Steges (Tafel **10.1**)

$$i_{\text{z, g}} = 4{,}29 \text{ cm}$$

Tafel **10.1** **Trägheitsradius** $i_{z,g}$ des Gurtes mit 1/5 der Stegfläche in cm

Nenn-höhe	I	IPEa	IPE	IPEo	IPEv	HE-AA	HE-A (IPBl)	HE-B (IPB)	HE-M (IPBv)
80	1,02	–	1,18	–	–	–	–	–	–
100	1,21	–	1,40	–	–	2,60	2,66	2,69	2,90
120	1,40	1,61	1,63	–	–	3,14	3,21	3,24	3,45
140	1,58	1,86	1,87	–	–	3,70	3,76	3,80	4,00
160	1,76	2,07	2,08	–	–	4,23	4,26	4,31	4,53
180	1,95	2,31	2,32	2,35	–	4,78	4,82	4,87	5,08
200	2,14	2,51	2,52	2,59	–	5,27	5,32	5,39	5,61
220	2,32	2,78	2,79	2,85	–	5,81	5,88	5,95	6,16
240	2,51	3,01	3,03	3,09	–	6,30	6,40	6,47	6,78
260	2,67	–	–	–	–	6,81	6,91	6,99	7,31
270	–	3,40	3,41	3,47	–	–	–	–	–
280	2,81	–	–	–	–	7,35	7,46	7,54	7,86
300	2,94	3,78	3,79	3,88	–	7,83	7,98	8,06	8,47
320	3,94	–	–	–	–	7,81	7,99	8,06	8,43
330	–	4,00	4,02	4,10	–	–	–	–	–
340	3,23	–	–	–	–	7,79	7,99	8,05	8,41
360	3,36	4,31	4,29	4,36	–	7,77	7,98	8,04	8,36
400	3,64	4,51	4,49	4,57	4,60	7,75	7,94	7,99	8,29
450	3,99	4,76	4,72	4,81	4,87	7,68	7,93	7,97	8,23
500	4,34	5,00	4,96	5,04	5,13	7,61	7,91	7,94	8,15
550	4,72	5,21	5,16	5,25	5,34	7,54	7,86	7,89	8,09
600	5,01	5,47	5,41	5,56	5,66	7,47	7,82	7,84	8,01
650	–	–	–	–	–	7,40	7,77	7,80	7,95
700	–	–	–	–	–	7,36	7,70	7,73	7,87
800	–	–	–	–	–	7,20	7,58	7,61	7,72
900	–	–	–	–	–	7,13	7,50	7,52	7,60
1000	–	–	–	–	–	7,01	7,41	7,43	7,50

Druckkraftbeiwert entsprechend dem Normalkraftverlauf (Tafel **10.2**)

$$k_c = 0{,}94$$

Tafel **10.2** **Beiwert** $\boldsymbol{k_c}$ für den Verlauf der Normalkraft im Druckgurt

Normalkraftverlauf	k_c
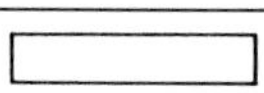 max N	1,00
 max N	0,94
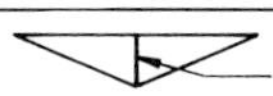 max N	0,86
max N  ψ·max N, -1≤ψ≤1	$\dfrac{1}{1{,}33 - 0{,}33 \cdot \psi}$

Abstand der Aussteifung [Gl. (10.11) und Gl. (10.12)]

$$\text{zul } c \leqq 0{,}5 \cdot \frac{M_{\text{pl, y, d}}}{M_{\text{d}}} \cdot \frac{i_{\text{z, g}} \cdot \lambda_{\text{a}}}{k_{\text{c}}}$$

$$\leqq 0{,}5 \cdot \frac{225}{79{,}4} \cdot \frac{4{,}29 \cdot 92{,}9}{0{,}94} =$$

$$\text{zul } c \leqq 601 \text{ cm}$$

$$\text{vorh } c = l = 550 \text{ cm}$$

$$\frac{\text{vorh } c}{\text{zul } c} = \frac{550}{601} = 0{,}92 < 1$$

Da der zulässige Abstand der Aussteifungen größer als die Stützweite l ist, sind keine Aussteifungen erforderlich. Der Träger ist kippsicher.

2. Ein Stahlträger IPE 330 mit einer Länge von l = 5,40 m hat außer der ständigen Last g = 3 kN/m in den Drittelpunkten Einzellasten von F = 40 kN aus Querträgern aufzunehmen (Bild **10.**11). Der Druckgurt des Trägers wird auch dort gegen seitliches Ausweichen gehalten. Biegespannung, Schubspannung, Durchbiegung sowie Kippsicherheit werden nachgewiesen. Lastfall H, St 37-2.

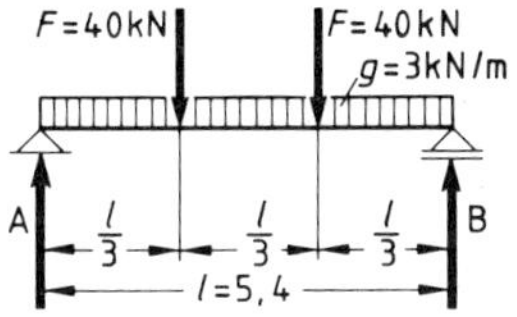

10.11 Stahlträger mit 2 Querträgern zur seitlichen Aussteifung

Schnittgrößen

$$M_{\text{d}} = M_{\text{g}} + M_{\text{F}} = \frac{g \cdot l^2}{8} \cdot \gamma_{\text{g}} + \frac{F \cdot l}{3} \cdot \gamma_{\text{Q}} = \frac{3{,}0 \cdot 5{,}4^2}{8} \cdot 1{,}35 + \frac{40 \cdot 5{,}4}{3} \cdot 1{,}5$$

$$= 10{,}9 \cdot 1{,}35 + 72{,}0 \cdot 1{,}5 = 122{,}72 \text{ kNm} = 12272 \text{ kNcm}$$

$$V_{\text{d}} = A = \frac{g \cdot l}{2} \cdot \gamma_{\text{g}} + F \cdot \gamma_{\text{Q}} = \frac{3{,}0 \cdot 5{,}4}{2} \cdot 1{,}35 + 40{,}0 \cdot 1{,}5 = 10{,}9 + 60{,}0 = 70{,}9 \text{ kN}$$

Querschnittswerte für IPE 330

$$W_{\text{y}} = 713 \text{ cm}^3 \quad i_{\text{z}} = 3{,}55 \text{ cm} \quad i_{\text{z, g}} = 4{,}02 \text{ cm} \quad s = 0{,}75 \text{ cm} \quad s_{\text{y}} = 29{,}3 \text{ cm}$$

Biegespannung

$$\text{vorh } \sigma_{\text{B}} = \frac{M_{\text{g}}}{W_{\text{y}}} \cdot \gamma_{\text{g}} + \frac{M_{\text{F}}}{W_{\text{y}}} \cdot \gamma_{\text{Q}} = \frac{1090}{713} \cdot 1{,}35 + \frac{7200}{713} \cdot 1{,}5 = 1{,}53 \cdot 1{,}35 + 10{,}10 \cdot 1{,}5$$

$$= 17{,}21 \text{ kN/cm}^2 = 172{,}1 \text{ N/mm}^2$$

$$\sigma_{\text{R, d}} = \frac{f_{\text{y, k}}}{\gamma_{\text{M}}} = \frac{240}{1{,}1} = 218 \text{ N/mm}^2$$

$$\frac{\text{vorh } \sigma_{\text{B}}}{\sigma_{\text{R, d}}} = \frac{172{,}1}{218} = 0{,}79 < 1$$

Durchbiegung

$$\max f = f_g + f_F = \frac{\sigma_g \cdot l^2}{h \cdot k_g} + \frac{\sigma_F \cdot l^2}{h \cdot k_F} = \frac{15{,}3 \cdot 5{,}4^2}{33{,}0 \cdot 101} + \frac{101{,}0 \cdot 5{,}4^2}{33{,}0 \cdot 99}$$

$$= 0{,}13 + 0{,}90 = 1{,}03 \text{ cm}$$

$$\text{zul} f = \frac{1}{300} = \frac{540}{300} = 1{,}80 \text{ cm}$$

$$\frac{\max f}{\text{zul} f} = \frac{1{,}03}{1{,}80} = 0{,}57 < 1$$

Schubspannung

$$\max \tau = \frac{V_d}{s \cdot s_y} = \frac{70{,}9}{0{,}75 \cdot 29{,}3} = 3{,}23 \text{ kN/cm}^2 = 32{,}3 \text{ N/mm}^2$$

$$\tau_{R,d} = \frac{f_{y,k}}{\sqrt{3} \cdot \gamma_M} = \frac{240}{\sqrt{3} \cdot 1{,}1} = 126 \text{ N/mm}^2$$

$$\frac{\max \tau}{\tau_{R,d}} = \frac{32{,}2}{126} = 0{,}26 < 0{,}5$$

Nachweis der Kippsicherheit (Biegedrillknicksicherheit)
Biegemoment im plastischen Zustand (Tafel **7.**7)

$$M_{pl,y,d} = 177 \text{ kNm}$$

Bezugs-Schlankheit

$$\lambda_a = 92{,}9 \text{ für St 37-2}$$

Trägheitsradius des Druckgurtes mit 1/5 des Steges (Tafel **10.**1)

$$i_{z,g} = 4{,}02 \text{ cm}$$

Beiwert für den Normalkraftverlauf

$$k_c \approx 0{,}9$$

Abstand der Aussteifung

$$\text{zul } c \leqq 0{,}5 \cdot \frac{M_{pb,y,d}}{M_d} \cdot \frac{i_{z,g} \cdot \lambda_a}{k_c}$$

$$\leqq 0{,}5 \cdot \frac{177}{172{,}1} \cdot \frac{4{,}02 \cdot 92{,}9}{0{,}9}$$

$$\text{zul } c \leqq 213 \text{ cm}$$

$$\text{vorh } c = l/3 = 540/3 = 180 \text{ cm}$$

$$\frac{\text{vorh } c}{\text{zul } c} = \frac{180}{213} = 0{,}85 < 1$$

Die vorgesehenen Aussteifungen in den Drittelpunkten des Trägers reichen aus. Der Träger ist kippsicher. Ein weiterer Nachweis des Biegedrillknickens ist nicht erforderlich.

10.3 Nachweis der Sicherheit gegen Beulen

Plattenförmige Bauteile können ausbeulen. Beim Versagen einer Platte infolge Beulen treten Verschiebungen rechtwinklig zu ihrer Ebene auf. Es handelt sich dabei um ein Stabilitätsproblem.

Auch in stabförmigen Bauteilen muß sichergestellt sein, daß alle Querschnittsteile eine ausreichende Beulsicherheit aufweisen. Dies trifft insbesondere für die Stege bei hohen schlanken Trägern zu.

10.3.1 Holzträger mit I-Querschnitt oder Kasten-Querschnitt

Die Stegplatten von Vollwandträgern müssen auf Beulen untersucht werden. Wenn Vollwandträger mit annähernd gleichmäßiger Belastung jedoch den Bedingungen in Tafel **10.3** entsprechen, kann nach DIN 1052 T1 auf einen Beulnachweis verzichtet werden.

Tafel **10.3** **Anforderungen an Vollwandträger** mit Stegen aus Holzwerkstoffplatten (Plattenstegen) nach DIN 1052 T1

<table>
<tr><td rowspan="8">I-Querschnitt
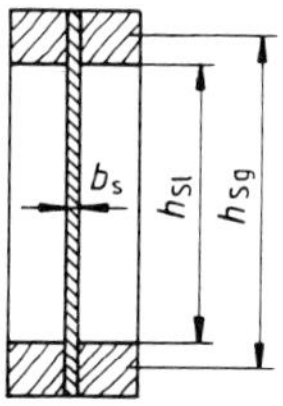</td><td rowspan="8">Kastenquerschnitt
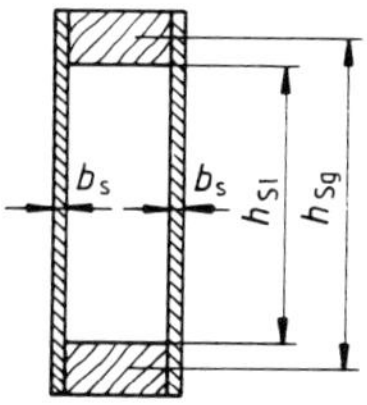</td><td colspan="2">Stege aus</td></tr>
<tr><td>Bau-Furniersperrholz
≧ 5 Lagen</td><td>Flachpreßplatten</td></tr>
<tr><td colspan="2">Einzuhaltende Bedingung bei</td></tr>
<tr><td colspan="2">– verleimter Ausführung (starrer Verbund)</td></tr>
<tr><td>$\frac{h_{St}}{b_s} \leqq 35$</td><td>$\frac{h_{St}}{b_s} \leqq 50$</td></tr>
<tr><td colspan="2">– nachgiebiger Ausführung (genagelt)</td></tr>
<tr><td>$\frac{h_{Sg}}{b_s} \leqq 35$</td><td>$\frac{h_{Sg}}{b_s} \leqq 50$</td></tr>
</table>

In Tafel **10.3** bedeuten:

h_{Sl} lichte Höhe der Plattenstege
h_{Sg} Mittenabstand der Gurtquerschnittsflächen
b_S Dicke der Plattenstege

Stegplatten aus Bau-Furniersperrholz müssen aus mindestens fünf Lagen bestehen. Im Auflagerbereich und im Einleitungsbereich von Einzellasten sind Aussteifungen erforderlich. Bei Trägerhöhen über 50 cm sollte der Abstand der Aussteifungen die dreifache Trägerhöhe nicht überschreiten.

10.3.2 Stahlträger mit I-Querschnitt

Bei hohen schlanken Stahlträgern kann auf den Nachweis der Beulsicherheit nach DIN 18800 T3 verzichtet werden, wenn z. B. folgende Bedingungen erfüllt sind:

- das Ausbeulen wird durch andere Bauteile verhindert;
- Stege von genormten I-Trägern und U-Profilen aus S235 werden nur durch Normalspannungen σ_x, Schubspannungen τ und vernachlässigbar kleine Normalspannungen σ_y beansprucht;
- für die Stege werden die Verhältnisse (b/t) entsprechend den Bedingungen nach den Tafeln **10.4** und **10.5** eingehalten.

Unter dem Verhältnis (b/t) ist die Schlankheit der ausbeulenden Platte zu verstehen, also das Verhältnis der Plattenbreite b zur Plattendichte t. Bei Walzprofilen ist die Plattendichte t gleichbedeutend mit der Stegdichte s.

Tafel **10.4** **Grenz-(*b*/*t*) zweiseitig gehaltener Plattenstreifen** mit $t \leqq 40$ mm für St 37 und St 52, abhängig von ψ (Bedingung: $\sigma_1 \leqq \sigma_{R,d}$)

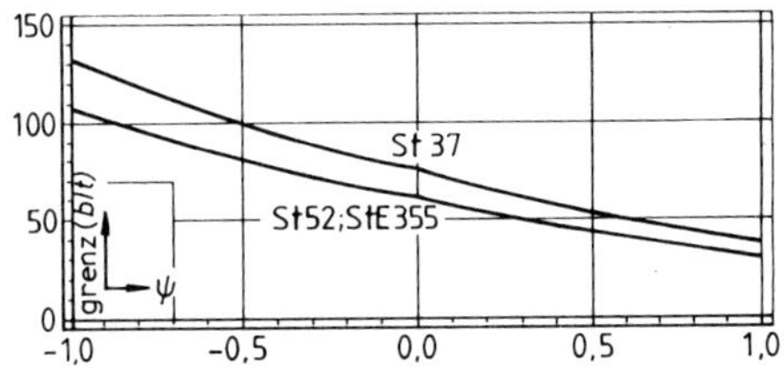

Bei Walzprofilen gibt der Wert ψ das Verhältnis der Biegespannungen an der unteren und der oberen Flanschausrundung an:

$$\psi = \frac{\sigma_{x,u}}{\sigma_{x,o}} \qquad \text{Gl. (10.14)}$$

Beispiel zur Erläuterung

Ein Stahltäger IPE 550 aus S235 wird durch eine Normalkraft $N_{x,d} = 525$ kN und durch ein Biegemoment $M_{y,d} = 410$ kNm beansprucht (Längskraft mit Biegung).

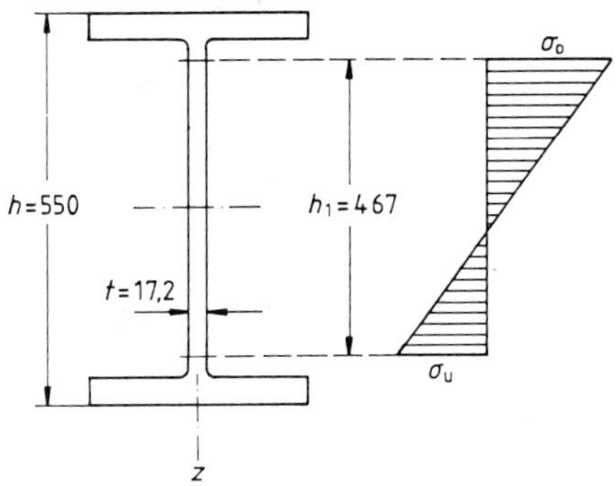

Querschnittswerte:

$h = 550$ mm
$b = 210$ mm
$h_1 = 467$ mm
$t = 17{,}2$ mm
$A = 134$ cm
$I_y = 67\,120$ cm^4
$W_y = 2440$ cm^3
vorh $(b/t)_{Steg} = 42{,}1$ nach Tafel **10.5**

10.12 Querschnitt des Stahlträgers

Tafel **10.5** **Verhältnis vorh (*b*/*t*)** zum Nachweis der Schlankheit des Steges von Walzprofilen

Nenn-höhe	I	IPEa	IPE	IPEo	IPEv	HE-AA	HE-A (IPBl)	HE-B (IPB)	HE-M (IPBv)
80	15,1	–	15,7	–	–	–	–	–	–
100	16,7	–	18,2	–	–	13,3	11,2	9,33	4,67
120	18,0	24,6	21,2	–	–	17,6	14,8	11,4	5,92
140	19,1	29,5	23,9	–	–	21,4	16,7	13,1	7,08
160	19,8	31,8	25,4	–	–	23,1	17,3	13,0	7,43
180	20,6	34,0	27,5	24,3	–	24,4	20,3	14,4	8,41
200	21,2	35,3	28,4	25,6	–	24,4	20,6	14,9	8,93
220	21,7	35,5	30,1	26,9	–	25,3	21,7	16,0	9,81
240	22,1	36,6	30,7	27,2	–	25,2	21,9	16,4	9,11
260	22,1	–	–	–	–	27,2	23,6	17,7	9,83
270	–	39,9	33,3	29,3	–	–	–	–	–
280	22,3	–	–	–	–	28,0	24,5	18,7	10,6
300	22,3	40,8	35,0	31,1	–	27,7	24,5	18,9	9,90
320	22,4	–	–	–	–	28,1	25,0	19,6	10,7
330	–	41,7	36,1	31,9	–	–	–	–	–
340	22,5	–	–	–	–	28,6	25,6	20,3	11,6
360	22,3	45,2	37,3	32,5	–	29,0	26,1	20,9	12,4
400	22,4	47,3	38,5	34,1	31,2	31,4	27,1	22,1	14,2
450	22,4	49,8	40,3	34,4	30,5	34,4	29,9	24,6	16,4
500	22,4	50,7	41,8	35,5	30,0	37,1	32,5	26,9	18,6
550	23,4	52,0	42,1	36,8	27,3	38,1	35,0	29,2	20,9
600	22,5	52,4	42,8	34,3	28,6	40,5	37,4	31,4	23,1
650	–	–	–	–	–	42,7	39,6	33,4	25,4
700	–	–	–	–	–	44,8	40,1	34,2	27,7
800	–	–	–	–	–	48,1	44,9	38,5	32,1
900	–	–	–	–	–	51,3	48,1	41,6	36,7
1000	–	–	–	–	–	54,3	52,6	45,7	41,3

$$\text{vorh}\,(b/t)_{\text{Steg}} = (h - 2 \cdot t - 2 \cdot r)/s = h_1/s$$

Berechnung der Normalspannungen

$$\sigma = \frac{N_\text{d}}{\text{A}} \pm \frac{M_{\text{y,d}}}{I_\text{y}} \cdot \frac{h_1}{2} \qquad \text{Gl. (10.15)}$$

$$= -\frac{525}{134} \pm \frac{41\,000}{67\,120} \cdot \frac{46{,}7}{2}$$

$$= -4{,}27 \pm 14{,}26$$

$$\sigma_\text{u} = -4{,}27 + 14{,}26 = +\ 9{,}99\ \text{kN/cm}^2 = 99{,}9\ \text{N/mm}^2$$

$$\sigma_\text{o} = -4{,}27 - 14{,}26 = -18{,}53\ \text{kN/cm}^2 = 185{,}3\ \text{N/mm}^2$$

$$\psi = \sigma_\text{u}/\sigma_\text{o} = +99{,}9/-185{,}3 = -0{,}54$$

Grenzwert (b/t) nach Tafel **10.**4 mit $\psi = -0{,}54$

$$\text{grenz}\,(b/t) = 102$$

$$\frac{\text{vorh}\,(b/t)}{\text{grenz}\,(b/t)} = \frac{42{,}1}{102} = 0{,}41 < 1 \qquad \text{Gl. (10.16)}$$

Ein Nachweis der Beulsicherheit nach DIN 18800 T3 ist nicht erforderlich, der Steg ist beulsicher.

10.4 Aussteifungen für Bauteile und Bauwerke

Bauwerke bestehen aus unterschiedlichen Bauteilen.

Geschoßbauten werden im wesentlichen aus Decken und Balken gebildet, die sich in horizontaler Richtung erstrecken, sowie aus Wänden und Stützen, die vertikal angeordnet sind. Die Aussteifung erfolgt meistens durch Wände und Decken, die in der Horizontalen als Scheiben wirken.

Hallen bestehen im allgemeinen aus den horizontalen Bauteilen, wie Dachbindern oder Rahmenriegeln und Pfetten sowie Kranbahnträgern, und aus den vertikalen Bauteilen, wie Stützen oder Rahmenstielen. Die Aussteifung findet entweder über die Einspannung der Stützen, über Rahmenwirkungen oder über zusätzlich angeordnete Verbände statt.

Bauwerke müssen in allen Richtungen stabil sein:

- vertikal in Haupttragrichtung für Eigenlast, Schnee und Nutzlasten,
- horizontal in Querrichtung und
- horizontal in Längsrichtung gegen Wind und andere horizontale Kräfte, z.B. aus Kranbetrieb (Bild **10.**13)
- sowie gegen Verdrehungen um die vertikale Bauwerksachse.

Zur Sicherheit der Stabilität sind erforderlichenfalls die einzelnen Bauteile und das gesamte Bauwerk auszusteifen. Als Aussteifungen dienen im allgemeinen Verbände, Rahmen und Scheiben.

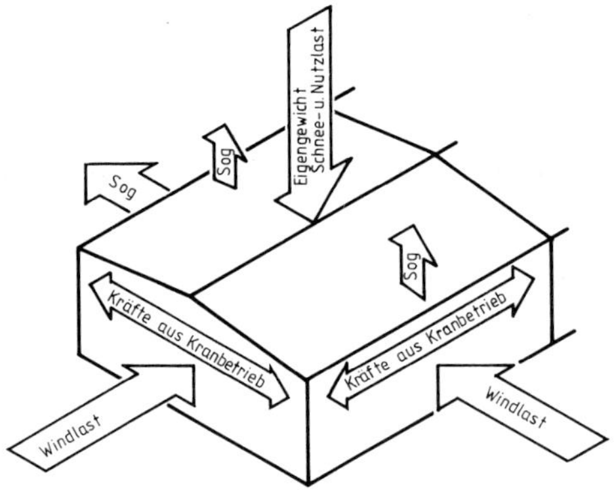

10.13 Schematische Darstellung der einwirkenden Lasten und Kräfte auf das Bauwerk [11]

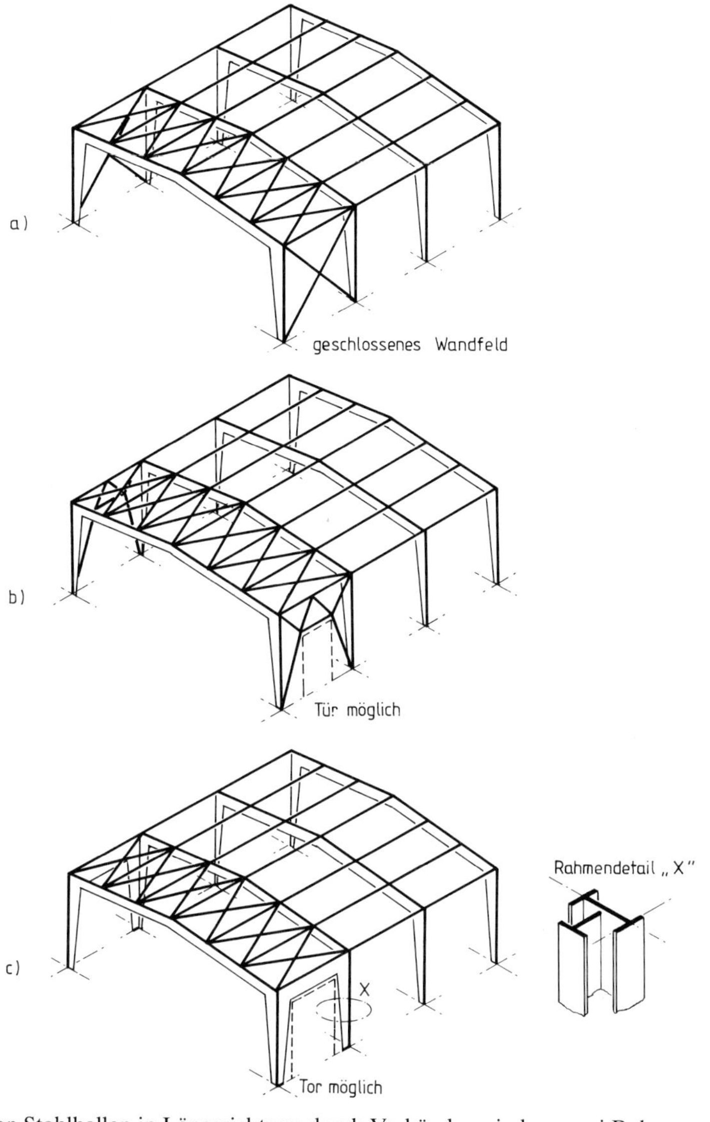

10.14 Stabilisierung von Stahlhallen in Längsrichtung durch Verbände zwischen zwei Rahmen in Dach- und Wandebene [11]

a) Längsverband in Dach- und Wandebene
b) Längsverband in Dachebene und Fachwerkrahmen im Wandfeld für eine kleinere Türöffnung
c) Längsverband in Dachebene und Vollwandrahmen im Wandfeld für eine größere Toröffnung

In Längsrichtung sorgen horizontale oder geneigte Dachverbände, horizontale Deckenscheiben und lotrechte Wandverbände oder Wandscheiben (z. B. massive Wände) für eine Aussteifung der Bauteile. Sie sichern erforderlichenfalls auch die Stabilität des gesamten Tragwerks. Zur Aussteifung können auch lotrechte Rahmen verwendet werden.

In Querrichtung erfolgt die Aussteifung ebenfalls durch Verbände oder Scheiben. Bei Rahmentragwerken, wie z. B. bei Hallen, geschieht die horizontale Stabilisierung durch die Rahmen des Haupttragwerks selbst.

Verbände sollten so angeordnet werden, daß die einzelnen Stäbe nur auf Zug beansprucht sind. In Wandfeldern mit Verbänden wird ein freier Durchgang behindert, Tor-, Tür- und Fensteröffnungen sind nicht möglich (Bild **10.**14 a). Für Wandfelder mit Öffnungen können Fachwerkrahmen (Bild **10.**14 b) oderVollwandrahmen zweckmäßig sein (Bild **10.**14 c).

10.4.1 Aussteifungen im Massivbau

Bei üblichen Massivbauten ist ein Nachweis der Gesamtstabilität im allgemeinen nicht erforderlich. Die Konstruktion eines Gebäudes besteht im wesentlichen aus den sich in horizontaler Richtung erstreckenden Decken und Balken sowie den vertikal gerichteten Wänden und Stützen. Die großflächigen Bauteile wie Decken und Wände gelten als scheibenförmige Aussteifungen und sichern die Gesamtstabilität. Scheiben wirken aussteifend wie es auch Verbände oder Fachwerke tun (Bild **10.**15).

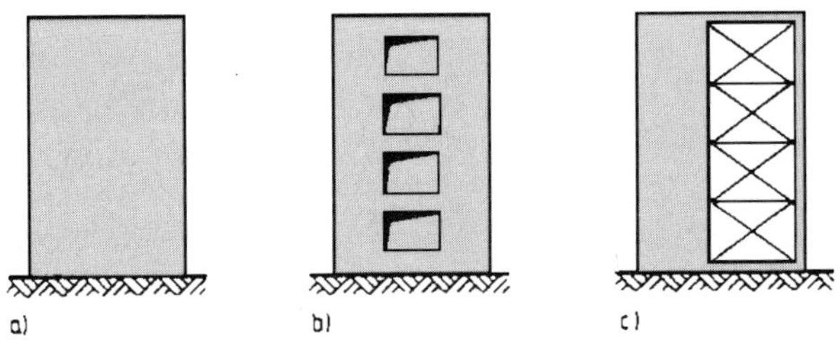

10.15 Vertikale Scheiben zur Aussteifung [5]
a) geschlossene Scheibe (massive Wand)
b) gegliederte Scheibe (Wand mit Fensteröffnungen)
c) Fachwerk (Wand mit Verband)

Ein Bauerk gilt als ausgesteift, wenn jede einzelne Geschoßdecke des Gebäudes gegen Verschieben in beiden horizontalen Richtungen (y-Achse und z-Achse) und gegen Verdrehen um die vertikale Bauwerksachse (x-Achse) gesichert ist.

Im Hinblick auf die Gesamtstabilität eines Gebäudes sind zwei Tragwerksarten zu unterscheiden:

- Ausgesteiftes Tragwerk:
  die horizontalen Kräfte (z. B. Windlasten) werden über die Decken durch vertikale Bauteile (z. B. Wände) abgeleitet; das System ist unverschieblich.

- Verschiebliches Tragwerk:
  die horizontalen Kräfte werden über biegesteife Anschlüsse zwischen Wänden und Decken bzw. zwischen Stützen und Balken in Form eines rahmenartigen Tragwerks in den Baugrund abgeleitet.

Der Aussteifung dienen alle tragenden und aussteifenden Wände entsprechend den Tafeln **7**.10 bis **7**.15. Bei geraden Wänden ist die Aussteifung dann gegeben, wenn mindestens drei aussteifende Wände vorhanden sind, deren Wandmittellinien sich im Grundriß nicht in einem Punkt schneiden (Bild **10**.16).

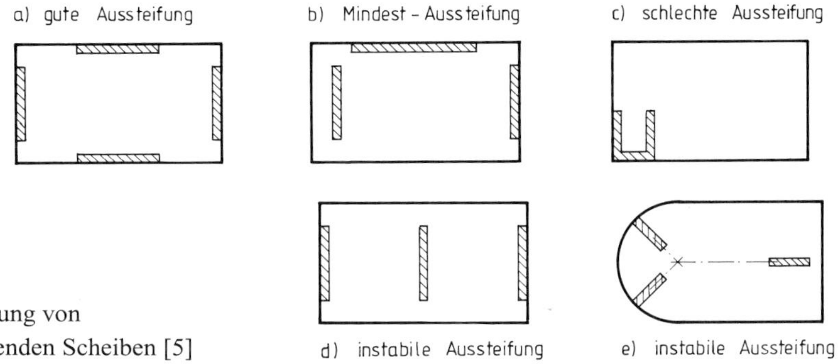

10.16 Anordnung von aussteifenden Scheiben [5]

Räumliche Steifigkeit im Mauerwerksbau

DIN 1053 „Mauerwerk, Berechnung und Ausführung" trifft für die räumliche Steifigkeit in Abschnitt 6.4 folgende Festlegungen:

Alle horizontalen Kräfte, z. B. Windlasten, Erddruck, Lasten aus Schrägstellung des Gebäudes, müssen sicher in den Baugrund weitergeleitet werden können. Auf einen rechnerischen Nachweis der räumlichen Steifigkeit darf verzichtet werden, wenn die Geschoßdecken als steife Scheiben ausgebildet sind bzw. statisch nachgewiesene Ringbalken vorliegen und wenn in Längs- und Querrichtung des Gebäudes eine offensichtlich ausreichende Anzahl von genügend langen aussteifenden Wänden vorhanden ist, die ohne größere Schwächungen und ohne Vorsprünge bis auf die Fundamente geführt sind (Abschn. 5.6).

Nachweis der Gesamtstabilität

Ein Nachweis der Gesamtstabilität ist nicht erforderlich, wenn angenommen werden kann:

- die Wände besitzen in Aussteifungsrichtung aufgrund der Scheibenwirkung eine hohe Steifigkeit,
- die Decken wirken in horizontaler Richtung als steife Scheibe, was bei Stahlbetondecken stets der Fall ist.

Ein Nachweis der Gesamtstabilität ist stets erforderlich, wenn folgende Bedingungen zutreffen:

- die Decken wirken in Aussteifungsrichtung nicht als Scheibe oder besitzen keine ausreichende Steifigkeit;

- die Wände oder Stützen besitzen keine Steifigkeit, sie müssen mit den Decken oder Balken durch Einspannung rahmenartig verbunden werden.

Der Nachweis der Gesamtstabilität eines Gebäudes erfordert einen hohen Rechenaufwand. Es sei hiermit auf weiterführende Literatur verwiesen [5, 13].

10.4.2 Aussteifungen im Holzbau

Auf die räumliche Aussteifung der Bauteile und ihre Stabilität ist entsprechend DIN 1052 besonders zu achten. Die bei Versagen oder Ausfall eines Bauteiles auftretenden Folgen für die Standsicherheit der Gesamtkonstruktion sind zu berücksichtigen und gegebenenfalls durch geeignete Maßnahmen einzugrenzen.

Bei Abbund und Montage sind alle Teile eines Tragwerkes so zusammenzufügen, daß kein Teil durch Zwängungen unzulässig beansprucht wird. Sonstige Lastzustände, die rechnerisch nicht berücksichtigt sind, dürfen nicht auftreten.

Nachweis für Aussteifungen

Biegeträger sowie Druckgurte von Fachwerkträgern müssen gegen seitliches Ausweichen gesichert sein. Ein erforderlicher Kippsicherheitsnachweis ist entsprechend Abschnitt 10.2.1 oder 10.2.2 zu führen. Wenn keine Einzelabstützungen gegen feste Punkte oder durch Stäbe, Halbrahmen oder dergleichen vorgenommen werden, müssen Aussteifungsträger, -scheiben oder -verbände angeordnet werden.

Scheiben zur Aussteifung

Decken-, Dach- und Wandscheiben aus Platten oder Tafeln dürfen für die Weiterleitung von waagerechten Lasten und Windlasten in Scheibenebene herangezogen werden. Sie sind an die auszusteifenden Konstruktionsteile entsprechend anzuschließen. Für Scheiben ohne rechnerischen Nachweis gilt Tafel **10**.6. Die kleinste Seitenlänge muß mindestens 1 m betragen. Für Scheibensysteme mit Seitenverhältnissen $h_s/l_s \geqq 0{,}25$ darf ein Durchbiegungsnachweis entfallen. Daher soll die Scheibenhöhe h_s mindestens 1/4 der Stützweite l_s betragen. Der Nagelabstand ist nach Tafel **10**.6 gleichbleibend einzuhalten.

Tafel **10**.6 **Scheiben zur Aussteifung im Holzbau** ohne Nachweis; Ausführungsbedingungen nach DIN 1052

Gleichmäßig verteilte Horizontallast q_h	Scheibenstützweite l_s	Mindestdicken der Platten		Erforderlicher Nagelabstand e für Nageldurchmesser 3,4 mm [1]) bei einer Scheibenhöhe h_s			
		Flachpreßplatten	Bau-Furniersperrholz	$\geqq 0{,}25\ l_s$	$\geqq 0{,}50\ l_s$	$\geqq 0{,}75\ l_s$	$1{,}0\ l_s$
kN/m	m	mm	mm	mm	mm	mm	mm
$\leqq 2{,}5$	$\leqq 25$	19	12	60	120	180	200
$\leqq 3{,}5$	$\leqq 30$	22	12	40	90	130	180

[1]) Bei Verwendung anderer Nageldurchmesser bis 4,2 mm ist der erforderliche Nagelabstand e im Verhältnis der zulässigen Nagelbelastungen umzurechnen; der Nagelabstand darf 200 mm nicht überschreiten.

Abstützung durch Dachlatten und Schalung

Dachlatten dürfen für die seitliche Stützung von knickgefährdeten Sparren und von Fachwerk-Obergurten angesehen werden, wenn folgende Bedingungen erfüllt sind (nach DIN 1052 Teil 1):

- Sparren- oder Obergurtbreite mindestens 40 mm Breite,
- Dachspannweite höchstens 15 m,
- Sparren- bzw. Binderabstand höchstens 1,25 m,
- Sparrenbreite mindestens 1/4 der Sparrenhöhe.

Dachschalungen aus Einzelbrettern rechtwinklig zu den auszusteifenden Gurten dürfen zur seitlichen Abstützung von Dachbindern herangezogen werden. Bedingungen hierfür sind nach DIN 1052 Teil 1:

- ständige Last für Dachbinder weniger als 50 % der Gesamtlast,
- Obergurtbreite mindestens 40 mm,
- Breite der Einzelbretter mindestens 120 mm,
- mindestens 2 Nägel je Brett und Gurt entsprechend DIN 1052 Teil 2,
- Binderabstand höchstens 1,25 m,
- Binderspannweite höchstens 12,5 m,
- Länge der Dachfläche mindestens das 0,8fache der Binderspannweite, höchstens jedoch 25 m,
- Brettstöße mindestens um 2 Binderabstände versetzen,
- Stoßbreite höchstens 1 m.

Druckgurte von Fachwerkträgern und Trägern mit Rechteckquerschnitt

Zur Bemessung der Aussteifungskonstruktion ist für den vereinfachten Nachweis eine gleichmäßig verteilte Seitenlast q_s rechtwinklig zur Trägerebene nach beiden Richtungen wirkend in folgender Größe anzunehmen:

Seitenlast für Druckgurte von Fachwerkträgern:

$$q_s = \frac{m \cdot N_{Gurt}}{30 \cdot l} \qquad \text{Gl. (10.17)}$$

Seitenlast für Biegeträger mit Rechteckquerschnitt $d/b \leqq 10$:

$$q_s = \frac{m \cdot \max M}{350 \cdot l \cdot b} \qquad \text{Gl. (10.18)}$$

Hierin bedeuten:

m Anzahl der auszusteifenden Druckgurte je Verband
N_{Gurt} mittlere Gurtkraft für den ungünstigsten Lastfall
max M maximales Biegemoment des Einzelträgers aus lotrechter Last
l Stützweite bzw. Länge des auf Druck beanspruchten Bereichs des Druckgurtes
b Trägerbreite

Maßgebende Seitenlast

Bei Seitenlasten q_s, die nach Gleichung (10.17) bzw. (10.18) kleiner als die halbe Windlast sind, kann der Windverband ohne weiteren Nachweis zur Aufnahme dieser Seitenlast herangezogen werden. Andernfalls sind darüber hinausgehende Seitenlasten durch besondere Aussteifungsverbände aufzunehmen oder der Windverband ist zusätzlich für diese Seitenlasten zu bemessen.

Beispiele zur Erläuterung

1. Dachverband

Der Dachverband übernimmt die Aussteifung der Dachbinder (siehe Bild **10.**8 und Beispiel in Abschnitt 10.2.2), sichert die seitliche Stabilität des gesamten Daches und überträgt die Windkräfte, die auf die Querwand wirken, in den Wandverband. Der Stabilitätsnachweis wird geführt.

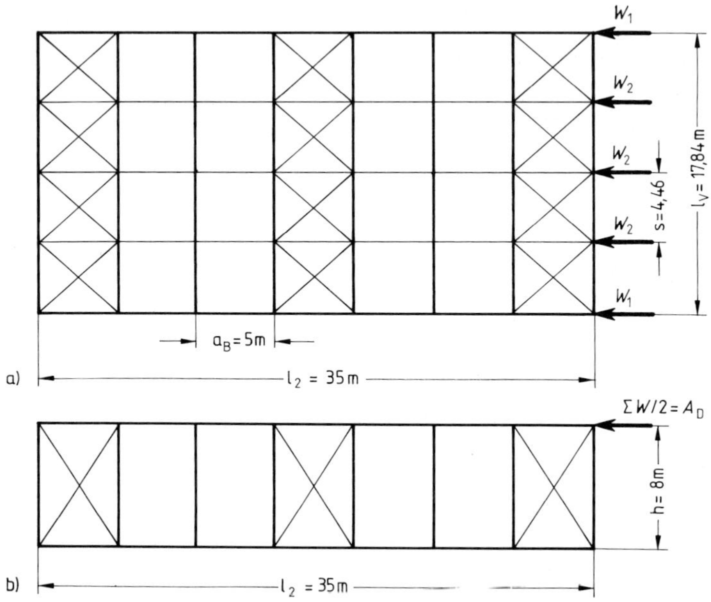

10.17 Halle mit Parallelbindern aus Brettschichtholz auf Holzstützen (Detailpunkte s. Bild **10.**23).
a) Grundriß der Halle mit Dachverband
b) Längsansicht mit Wandverband

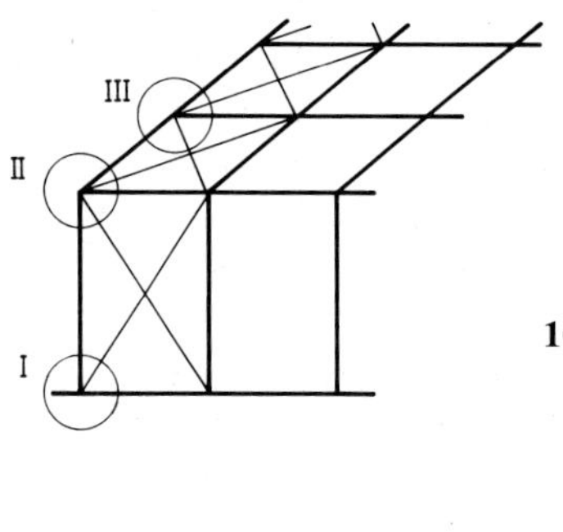

10.18 Dach- und Wandverband in isometrischer Darstellung der Hallenecke im Schema [1]
Detailpunkte I, II und III siehe Bild **10.**23

Den Hallengrundriß mit dem Dachverband und die Ansicht des Längswandverbandes zeigt Bild **10.**17, die isometrische Darstellung Bild **10.**18.

Binderquerschnitt b/d = 18/120 cm aus Brettschichtholz BS 14

Binderlänge $l_B = 18{,}0$ m Binderspannweite $l_1 = 17{,}72$ m

Binderabstand $a_B = 5{,}0$ m Gebäudehöhe $h = 8{,}0$ m

Anzahl der Binder: 8

Feldweite der Verbände $s = \left(18{,}0 - 2 \cdot \frac{0{,}14}{2}\right)/4 = 4{,}465$ m

Anzahl der Verbände im Dach: 3

Anzahl der Verbände in Längswänden: je 3

vorhandenes Biegemoment der Dachbinder max $M_y = 510{,}2$ kNm

a) Windlast $w = c_p \cdot q \cdot h/2 = 1{,}3 \cdot 0{,}5 \cdot 8{,}0/2 = 2{,}6$ kN/m

b) Seitenlast q_s für Aussteifung des Binderobergurtes für $d/b = 120/18 = 6{,}7 < 10$:

$$q_s = \frac{m \cdot \max M}{350 \cdot l \cdot b} = \frac{8/3 \cdot 510{,}2}{350 \cdot 17{,}72 \cdot 0{,}18} = 1{,}22 \text{ kN/m}$$

$$\frac{q_s}{w} = \frac{1{,}22}{2{,}6} = 0{,}47 < 0{,}5$$

Maßgebend für die Bemessung des Verbandes ist die Windlast. Ein besonderer Nachweis für die Aussteifungskonstruktion der Dachbinder ist nicht erforderlich.

c) Statisches System des Dachverbandes (Bild **10.**19)

d) Knotenlasten

$$W_2 = w \cdot l_1 \cdot \frac{1}{n} = 2{,}6 \cdot 18{,}0 \cdot \frac{1}{4} = 11{,}7 \text{ kN}$$

$$W_1 = 11{,}7/2 = 5{,}9 \text{ kN}$$

e) Auflagerkräfte

$$A_D = B_C = \frac{w \cdot l_B}{2} = \frac{2{,}6 \cdot 18{,}0}{2} = 23{,}4 \text{ kN}$$

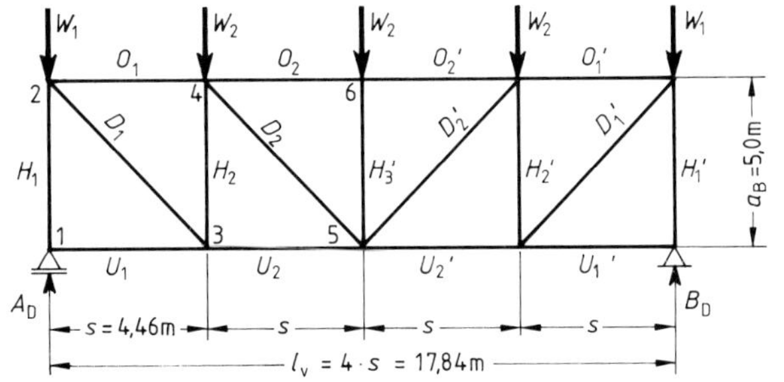

10.19 Fachwerkträger mit Zugdiagonalen als statisches System des Dachverbandes mit Lasten F aus Wind

f) Neigung der Diagonalstäbe

$\tan\alpha = a_B/s = 5{,}0/4{,}46 = 1{,}1211 \qquad \alpha = 48{,}3°$

$\sin\alpha = 0{,}7463 \qquad \cos\alpha = 0{,}6657$

g) Schnittgrößen der Stäbe (nach Schnittverfahren)

Knoten 1

$H_1 = -A_D = -23{,}4$ kN

$U_1 = 0$

Knoten 2 (Bild **10.**20)

$\Sigma H_x = 0 = H_1 - W_1 - D_1 \cdot \sin\alpha$

$$D_1 = \frac{H_1 - W_1}{\sin\alpha} = \frac{23{,}4 - 5{,}9}{0{,}7463} = +23{,}5 \text{ kN}$$

$\Sigma H_y = 0 = O_1 - D_1 \cdot \cos\alpha$

$O_1 = -D_1 \cdot \cos\alpha = -23{,}5 \cdot 0{,}6657 = -15{,}6$ kN

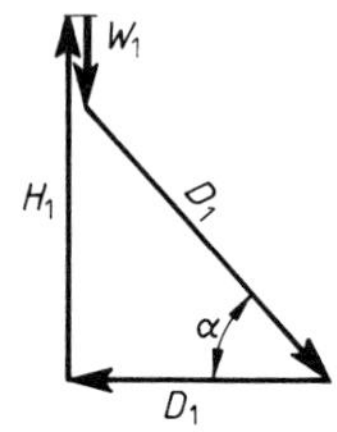

10.20 Kräfte am Knoten 2

Knoten 3 (Bild **10.**21)

$\Sigma H_x = 0 = H_2 - D_1 \cdot \sin\alpha$

$H_2 = -D_1 \cdot \sin\alpha = -23{,}5 \cdot 0{,}7463 = -17{,}5$ kN

$\Sigma H_y = 0 = U_2 - D_1 \cdot \cos\alpha$

$U_2 = D_1 \cdot \cos\alpha = +23{,}5 \cdot 0{,}6657 = +15{,}6$ kN

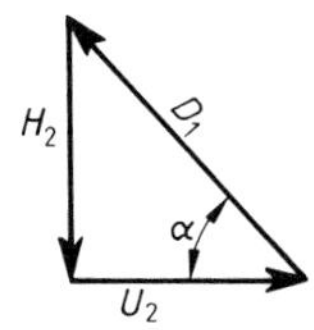

10.21 Kräfte am Knoten 3

Knoten 4 (Bild **10.**22)

$\Sigma H_x = 0 = H_2 - W_2 - D_2 \cdot \sin\alpha$

$$D_2 = \frac{H_2 - W_2}{\sin\alpha} = \frac{+17{,}5 - 11{,}7}{0{,}7463} = +\,7{,}8 \text{ kN}$$

$\Sigma H_y = 0 = O_1 - O_2 + D_2 \cdot \cos\alpha$

$O_2 = O_1 + D_2 \cdot \cos\alpha = -15{,}6 - 7{,}8 \cdot 0{,}6657 = -20{,}8$ kN

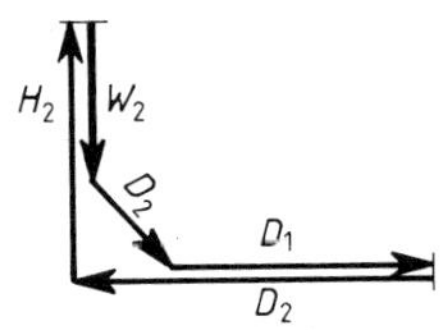

10.22 Kräfte am Knoten 4

Knoten 5

$D_2' = D_2 = +7{,}8$ kN

$U_2' = U_2 = +15{,}6$ kN

$H_x = -W_2 = -11{,}7$ kN

h) Nachweis des Druckgurtes für O_1 und O_2
Auf die Bemessung der Gurte wird hier verzichtet.

i) Horizontalstäbe = Rähme

$\max F = H_1 = -23{,}4$ kN

gewählt Kantholz **140/140 mm** Nadelholz Sortierklasse S10

$A = 14 \cdot 14 = 196$ cm^2

Knicklänge

$$s_K = a_B = 5{,}0 \text{ m}$$

$$i = 0{,}289 \cdot 14 = 4{,}05 \text{ cm}$$

$$\lambda = s_K/i = 500/4{,}05 = 123$$

$$\text{zul } \lambda = 200 > 123$$

$$\omega = 4{,}54$$

Spannungsnachweis

$$\text{vorh } \sigma_{D\parallel} = \frac{V_1}{A} = \frac{23{,}4}{196} = 0{,}119 \text{ kN/cm}^2 = 1{,}19 \text{ N/mm}^2$$

$$\text{zul } \sigma_K = \frac{\text{zul } \sigma_D}{\omega} = \frac{8{,}5}{4{,}54} = 1{,}87 \text{ N/mm}^2$$

$$\frac{\text{vorh } \sigma_{D\parallel}}{\text{zul } \sigma_K} = \frac{1{,}19}{1{,}87} = 0{,}64 < 1$$

j) Diagonalstäbe = Zugstangen aus Rundstahl S235

$$\max F_d = D_1 \cdot \gamma_Q = +23{,}5 \cdot 1{,}5 = 35{,}25 \text{ kN}$$

$$\sigma_{R,d} = \frac{f_{y,k}}{\gamma_M} = \frac{240}{1{,}1} = 218 \text{ N/mm}^2$$

$$\text{erf } d_s = \sqrt{\frac{F_d \cdot 4}{\sigma_{R,d} \cdot \pi}} = \sqrt{\frac{35250 \cdot 4}{218 \cdot \pi}} = 14{,}4 \text{ mm}$$

gewählt: Rundstahl S235 ∅ **16 mm**

k) Zur Weiterleitung der Auflagerkräfte A_D und B_D bis ins Fundament ist die Anordnung von Vertikalverbänden erforderlich (Bild **10.**17 und **10.**18).

Die Knotenpunktausbildung zeigt Bild **10.**23 im Detail.

2. Wandverband

Der Wandverband soll die Aussteifung der Halle in Längsrichtung sichern (Bild **10.**17b). In Querrichtung wird die Stabilität durch die Einspannung der Stützen gewährleistet (Bild **10.**23a).

a) Statisches System des Wandverbandes (Bild **10.**24)

Neigung des Diagonalstabes

$$\tan \alpha_w = h/a_B = 8{,}0/5{,}0 = 1{,}600$$

$$\alpha_w = 58°$$

$$\sin \alpha_w = 0{,}848$$

$$\cos \alpha_w = 0{,}530$$

b) Stabkraft Diagonalstab

$$\cos \alpha_w = H_1/D_w$$

$$D_w = H_1/\cos \alpha_w = 23{,}4/0{,}530 = +44{,}2 \text{ kN}$$

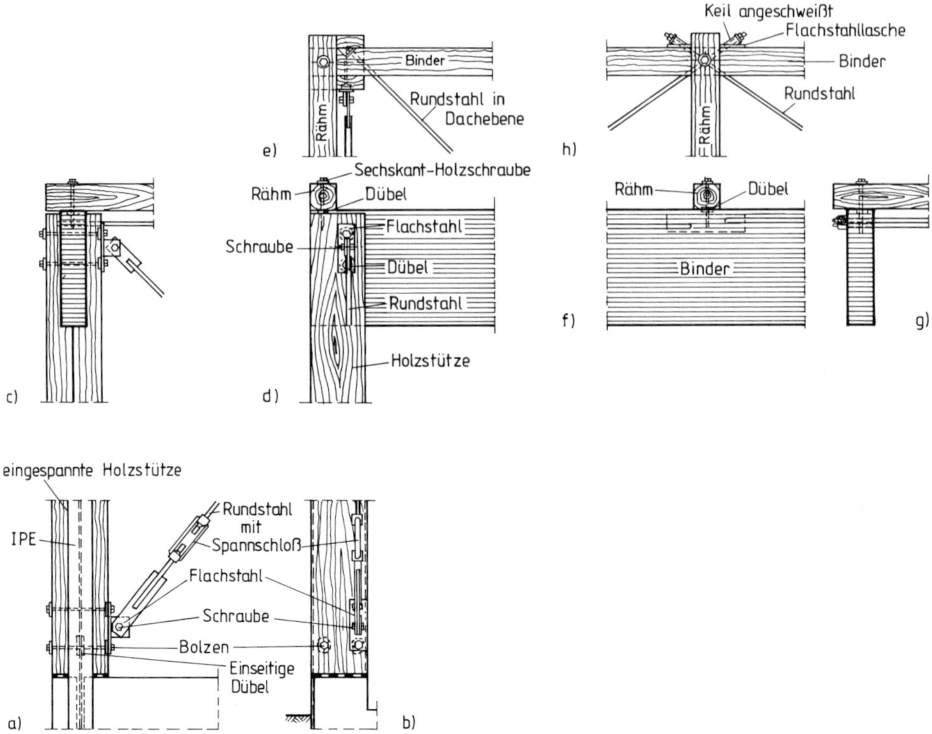

10.23 Detailpunkte mit Anschluß der Dach- und Wandverbände bei einer Halle mit Parallelbindern aus Brettschichtholz auf Holzstützen (s. Bild **10**.18) [1]

a) Fußpunkt der Eckstütze mit Anschluß des Wandverbandes, Längsansicht, Punkt I
b) wie vor, Queransicht, Punkt I
c) Traufpunkt der Eckstütze mit Anschluß des Wand- und Dachverbandes, Längsansicht, Punkt II
d) wie vor, Queransicht, Punkt II
e) wie vor, Draufsicht, Punkt II
f) Anschluß Dachverband an Binder, Queransicht, Punkt III
g) wie vor, Querschnitt, Punkt III
h) wie vor, Draufsicht, Punkt III

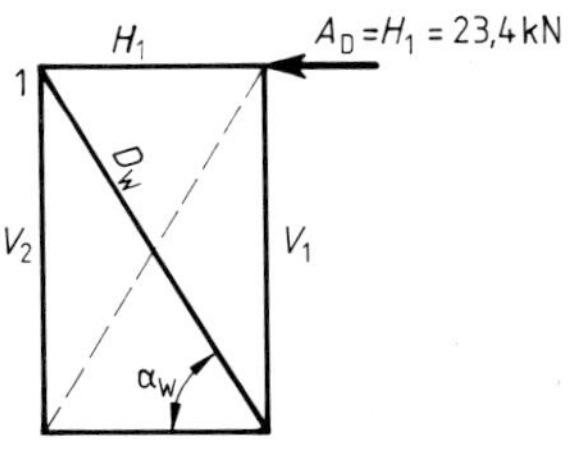

10.24 Statisches System des Wandverbandes

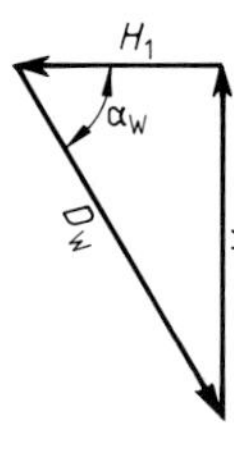

10.25 Kräfte am Knoten 1

c) Bemessung Diagonalstab = Zugstange aus Rundstahl S235

$$\max F_d = D_w \cdot \gamma_Q = +44{,}2 \cdot 1{,}5 = 66{,}3 \text{ kN}$$

$$\text{erf } d_s = \sqrt{\frac{F_d \cdot 4}{\sigma_{R,d} \cdot \pi}} = \sqrt{\frac{66\,300 \cdot 4}{218 \cdot \pi}} = 19{,}7 \text{ mm}$$

gewählt: Rundstahl S235 ∅ **20 mm**

d) Vertikalkraft für Stütze

$$\tan \alpha_w = V_2/H_1$$

$$V_2 = H_1 \cdot \tan \alpha_w = 23{,}4 \cdot 1{,}600 = 37{,}4 \text{ kN}$$

Diese Wanddruckkraft ist bei der Bemessung der Stütze zusätzlich zu berücksichtigen.

e) Anschluß Diagonalstab/Stütze (Bild **10.23** a)

Flachstahl S235 ⌑ **10 × 60 mm**

$$\sigma_{R,d} = \frac{f_{y,k}}{\gamma_M} = \frac{240}{1{,}1} = 218 \text{ N/mm}^2$$

Schraube SL 5,6 M 20

Verbindung einschnittig mit einer Schraube

Tragfähigkeit auf Abscheren der Schraube (Tafel **3**.4):

$$F_{a,R,d} = 85{,}68 \text{ kN}$$

$$\frac{D_w \cdot \gamma_Q}{F_{a,R,d}} = \frac{44{,}2 \cdot 1{,}5}{85{,}68} = 0{,}77 < 1$$

Lochleibung Flachstahl (Tafel **3**.5)

$$F_{l,R,d} = 82{,}91 \cdot 1{,}0 = 82{,}91 \text{ kN}$$

$$\frac{D_w \cdot \gamma_Q}{F_{l,R,d}} = \frac{44{,}2 \cdot 1{,}5}{82{,}91} = 0{,}80 < 1$$

Zugbeanspruchung Flachstahl:

$$F_{z,R,d} = \sigma_{R,d} \cdot A_n = 218 \cdot (60 - 21) \cdot 10 = 85\,020 \text{ N} = 85{,}02 \text{ kN}$$

$$\frac{D_w \cdot \gamma_Q}{F_{z,R,d}} = \frac{44{,}2 \cdot 1{,}5}{85{,}02} = 0{,}78 < 1$$

Zugbeanspruchung Bolzen M 20 (Tafel **2**.1)

$$N_{R,d} = 77{,}89 \text{ kN}$$

$$\frac{D_w \cdot \gamma_Q}{N_{R,d}} = \frac{44{,}2 \cdot 1{,}5}{77{,}89} = 0{,}85 < 1$$

Nachweis Schweißnaht Zugstange/Flachstahl:

gewählt: doppelte Kehlnaht $a = 6$ mm, $l = 60$ mm

$$\sigma_{w,R,d} = \frac{\alpha_w \cdot f_{y,k}}{\gamma_M} = \frac{0{,}95 \cdot 240}{1{,}1} = 207 \text{ N/mm}^2$$

$$F_{w,R,d} = \sigma_{w,R,d} \cdot \alpha \cdot \Sigma l_w = 207 \cdot 6 \cdot 2 \cdot 60 = -149\,040 \text{ N} = 149{,}04 \text{ kN}$$

$$\frac{D_w \cdot \gamma_Q}{F_{w,R,d}} = \frac{44{,}2 \cdot 1{,}5}{149{,}04} = 0{,}44 < 1$$

3. Hallen-Stützen

Die Hallen-Stützen unter den Dachbindern des Beispiels in Abschnitt 10.2.2 werden bemessen. Die Stützen werden zur Stabilisierung der Halle in Querrichtung mit Hilfe je eines Stahlträgers IPE 300 in das Stahlbetonfundament eingespannt (Bild **10.**23 a). Die Stabilität in Hallen-Längsrichtung wird durch den Wandverband sichergestellt (Bild **10.**17 b und **10.**18).

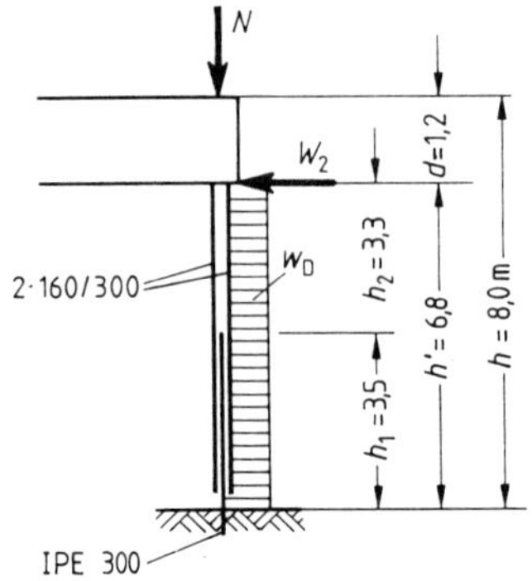

10.26 Statisches System der Stützen
Bereich $h_1 = 3{,}5$ m: Stahl IPE 300
Bereich $h_2 = 3{,}3$ m: Holz 2 · 160/300 mm

a) Statisches System

Beanspruchung durch Druck und Biegung

Knicklängen

$$s_{Ky1} = 2 \cdot h_1 = 2 \cdot 3{,}50 = 7{,}00 \text{ m}$$

$$s_{Kz1} = 0{,}7 \cdot h_1 = 0{,}7 \cdot 3{,}50 = 2{,}45 \text{ m}$$

$$s_{Ky2} = 2 \cdot h_2 = 2 \cdot 3{,}30 = 6{,}60 \text{ m}$$

$$s_{Kz2} = 0{,}7 \cdot h_2 = 0{,}7 \cdot 3{,}30 = 2{,}31 \text{ m}$$

b) Belastung und Biegemoment

Auflagekraft aus Dachbinder (Beispiel Abschnitt 10.2.2)

$$A = 115{,}2 \text{ kN}$$

Winddruckkraft aus Wandverband (Beispiel 2)

$$V_2 = 37{,}4 \text{ kN}$$

Vertikale Belastung

$$|N| = G + A + V_2 = 0{,}3 \cdot 8{,}0 + 115{,}2 + 37{,}4 = 155{,}0 \text{ kN}$$

Wind auf Längswand

$$w = c_p \cdot q = 1{,}3 \cdot 0{,}5 = 0{,}65 \text{ kN/m}^2$$

Winddruck je Stütze

$$w_D = w \cdot a_B = 0{,}65 \cdot 5{,}0 = 3{,}25 \text{ kN/m}$$

$$W_1 = w \cdot a_B \cdot (h_2 + d) = 0{,}65 \cdot 5{,}0 \cdot (3{,}3 + 1{,}2) = 14{,}6 \text{ kN}$$

$$W_2 = w \cdot a_B \cdot d = 0{,}65 \cdot 5{,}0 \cdot 1{,}2 = 3{,}9 \text{ kN}$$

Biegemoment für Stahlstütze

$$|M_{y1}| = w_D \cdot h_1^2/2 + W_1 \cdot h_1 = 3{,}25 \cdot 3{,}5^2/2 + 14{,}6 \cdot 3{,}5$$

$$= 19{,}9 + 51{,}1 = 71{,}0 \text{ kNm}$$

Biegemoment für Holzstütze

$$|M_{y2}| = w_D \cdot h_2^2/2 + W_2 \cdot h_2 = 3{,}25 \cdot 3{,}3^2/2 + 3{,}9 \cdot 3{,}3$$
$$= 17{,}7 + 12{,}9 = 30{,}6 \text{ kNm}$$

c) Spannungsnachweis Stahlstütze (unterer Teil $h_1 = 3{,}5$ m)
Stütze gewählt **IPE 300**, S355

$$A = 53{,}8 \text{ cm}^2, \quad I_y = 8360 \text{ cm}^4, \quad I_z = 604 \text{ cm}^4, \quad i_y = 12{,}5 \text{ cm}, \quad i_z = 3{,}35 \text{ cm}$$
$$\lambda_{y1} = s_{Ky1}/i_y = 700/12{,}5 = 56, \quad \omega_y = 1{,}26$$
$$\lambda_{z1} = s_{Kz1}/i_z = 245/3{,}35 = 73, \quad \omega_z = 1{,}45$$
$$\bar{\lambda}_{K,y} = \lambda_{y1}/\lambda_a = 56/92{,}9 = 0{,}60$$
$$\bar{\lambda}_{K,z} = \lambda_{z1}/\lambda_a = 73/92{,}9 = 0{,}79$$

$h/b = 300/150 = 2 > 1{,}2 \rightarrow$ Knickspannungslinie a für y-Achse
Knickspannungslinie b für z-Achse nach Tafel **7**.4

$\varkappa_y = 0{,}89$ nach Tafel **7**.5

$\varkappa_z = 0{,}73$ nach Tafel **7**.5

Nachweis rechtwinklig zur z-Achse

$$\frac{N \cdot \gamma_Q}{\varkappa_z \cdot N_{pl,d}} = \frac{155{,}0 \cdot 1{,}5}{0{,}73 \cdot 1170 \cdot 1{,}5} = 0{,}18 < 1$$

Nachweis rechtwinkling zur y-Achse
Momentenbeiwert β_m nach Tafel **8**.1: $\beta_m = 1$

$$\Delta n = \frac{N \cdot \gamma_Q}{\varkappa_y \cdot N_{pl,d}} \cdot \left(1 - \frac{N \cdot \gamma_Q}{\varkappa_y \cdot N_{pl,d}}\right) \cdot \varkappa_y^2 \cdot \bar{\lambda}_{K,y}^2$$
$$= \frac{155{,}0 \cdot 1{,}5}{0{,}89 \cdot 1170 \cdot 1{,}5} \cdot \left(1 - \frac{155{,}0 \cdot 1{,}5}{0{,}89 \cdot 1170 \cdot 1{,}5}\right) \cdot 0{,}89^2 \cdot 0{,}60^2$$
$$= 0{,}036 < 0{,}1$$

$$\frac{N \cdot \gamma_Q}{\varkappa_y \cdot N_{pl,d}} + \beta_m \cdot \frac{M_{y1} \cdot \gamma_Q}{M_{pl,d}} + \Delta n$$
$$\frac{155{,}0 \cdot 1{,}5}{0{,}89 \cdot 1170 \cdot 1{,}5} + 1{,}0 \cdot \frac{71{,}0 \cdot 1{,}5}{139 \cdot 1{,}5} + 0{,}036$$
$$0{,}149 + 0{,}511 \qquad + 0{,}036 = 0{,}70 < 1$$

d) Spannungsnachweis Holzstütze (oberer Teil $h_2 = 3{,}3$ m)
Querschnitt gewählt 2 · **160/300 mm**, Brettschichtholz BS14

$$A = 2 \cdot 16 \cdot 30 = 960 \text{ cm}^2, \quad W_y = 2 \cdot 2400 = 4800 \text{ cm}^3, \quad i_y = 8{,}66 \text{ cm}$$
$$A_n \approx 800 \text{ cm}^2, \quad W_{yn} \approx 4500 \text{ cm}^3 \quad W_z = 1280 \text{ cm}^3 \quad i_z = 4{,}62 \text{ cm}$$
$$\lambda_{y2} = s_{Ky2}/i_y = 660/8{,}66 = 76 \quad \omega_y = 2{,}06$$
$$\lambda_{z2} = s_{Kz}/i_z = 231/4{,}62 = 50 \quad \omega_z = 1{,}42$$

$$\text{vorh } \sigma_{NB} = \frac{|N|}{A_n} + \frac{\text{zul } \sigma_{D\|}}{\text{zul } \sigma_B} \cdot \frac{|M_{y2}|}{W_{yn}}$$

$$= \frac{155{,}0}{800} + \frac{11{,}0}{13{,}0} \cdot \frac{3060}{4500} = 0{,}19 + 0{,}58$$

$$= 0{,}77 \text{ kN/cm}^2 = 7{,}7 \text{ N/mm}^2$$

$$\frac{\text{vorh } \sigma_{NB}}{\text{zul } \sigma_{D\|}} = \frac{7{,}7}{11{,}0} = 0{,}70 < 1$$

$$\text{vorh } \sigma_{Ky2} = \frac{|N| \cdot \omega_y}{A} + \frac{\text{zul } \sigma_{D\|}}{\text{zul } \sigma_B} \cdot \frac{M_y}{W_y}$$

$$= \frac{155{,}0 \cdot 2{,}06}{960} + \frac{11{,}0}{13{,}0} \cdot \frac{3060}{4800} = 0{,}33 + 0{,}54$$

$$= 0{,}87 \text{ kN/cm}^2 = 8{,}7 \text{ N/mm}^2$$

$$\frac{\text{vorh } \sigma_{Ky2}}{\text{zul } \sigma_{D\|}} = \frac{8{,}7}{11{,}0} = 0{,}79 < 1$$

$$\text{vorh } \sigma_{Kz2} = \frac{|N| \cdot \omega_z}{A} = \frac{155{,}0 \cdot 1{,}42}{960} = 0{,}23 \text{ kN/cm}^2 = 2{,}3 \text{ N/mm}^2$$

$$\frac{\text{vorh } \sigma_{Kz2}}{\text{zul } \sigma_{D\|}} = \frac{2{,}3}{11{,}0} = 0{,}21 < 1$$

e) Anschluß Holzstütze/Stahlstütze IPE 300 mit $s = 7{,}1$ mm $= 0{,}71$ cm

Einseitige Ringkeildübel Typ A 126 · 30 mit zul $N_1 = 20$ kN

$$\text{erf } n = \frac{\text{vorh } N}{\text{zul } N_1} = \frac{155{,}0}{20{,}0} = 7{,}75$$

gew $n = 8$ Stück, je Seite 4 Stück mit 4 M 12 SL 5,6

erf $e_{d\|} \geqq 250$ mm

4 Bolzen M 12 auf Abscheren (Tafel **3**.4)

$$F_{a,R,d} = 4 \cdot 2 \cdot 30{,}84 = 246{,}7 \text{ kN}$$

$$\frac{N \cdot \gamma_Y}{F_{a,R,d}} = \frac{155{,}0 \cdot 1{,}5}{246{,}7} = 0{,}94 < 1$$

Lochleibungsspannung (Tafel **3**.5)

$$F_{l,R,d} = 4 \cdot 85{,}09 \cdot 0{,}71 = 241{,}7 \text{ kN}$$

$$\frac{N \cdot \gamma_Q}{F_{l,R,d}} = \frac{155{,}0 \cdot 1{,}5}{241{,}7} = 0{,}96 < 1$$

f) Einspannung der Stahlstütze im Fundament

Schnittgrößen an Einspannstelle (siehe Absatz b)

$M_{y1} = 71{,}0$ kNm

$N = 155{,}0$ kN

gewählt: Stahlbeton-Fertigteil-Köcherfundament (Bild **10**.27)

$b_y/b_z/d_x = 235/148/85$ cm aus Beton B 35

Zulässiges Einspannmoment entsprechend Typenberechnung

$$\text{zul } M_y = 95{,}0 \text{ kNm}$$

$$\frac{\text{vorh } M_{y1}}{\text{zul } M_y} = \frac{71{,}0}{95{,}0} = 0{,}75 < 1$$

Schnittgrößen an Fundamentsohle

$$M_{y0} = w_D \cdot h' \cdot \left(\frac{b}{2} + d_x\right) + W_2 \cdot (h' + d_x)$$

$$= 3{,}25 \cdot 6{,}8 \cdot \left(\frac{6{,}8}{2} + 0{,}85\right) + 3{,}9 \cdot (6{,}8 + 0{,}85)$$

$$= 93{,}9 + 29{,}8 = 123{,}7 \text{ kNm}$$

$$N_0 = N + G_F = 155{,}0 + 8{,}0 = 163{,}0 \text{ kN}$$

Ausmitte

$$e_y = M_{y0}/N_0 = 123{,}7/163{,}0 = 0{,}76 \text{ m}$$

$$b_y/6 = 2{,}35/6 = 0{,}39 \text{ cm}$$

$$b_y/3 = 2{,}35/3 = 0{,}78 \text{ cm} \qquad e_y < b_y/3$$

Randabstand

$$c = b_y/2 - e_y = 2{,}35/2 - 0{,}76 = 0{,}41 \text{ m}$$

Teilbreite

$$b'_y = b_y - 2\, e_y = 2{,}35 - 2 \cdot 0{,}76 = 0{,}83 \text{ m}$$

Teilfläche

$$A' = b'_y \cdot b_z = 0{,}83 \cdot 1{,}45 = 1{,}20 \text{ m}^2$$

Rechnerisch maßgebende Bodenpressung

$$\sigma_{0r} = \frac{N_0}{A'} = \frac{163{,}0}{1{,}20} = 135{,}8 \text{ kN/m}^2$$

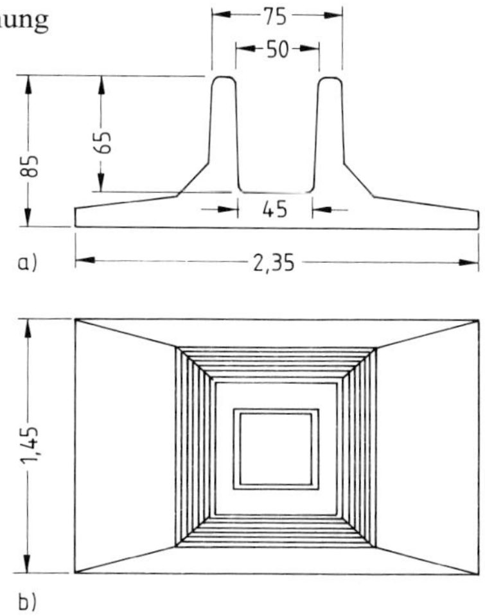

10.27 Stahlbetonfundament mit Fertigteilköcher aus B 35 mit zul M = 95,0 kNm
a) Längsschnitt
b) Grundriß
(Maße in cm bzw. m)

Zulässige Bodenpressung entsprechend Tafel **1**.2 und **1**.3 für Einbindetiefe t = 0,85 m bei allen Bodenarten größer als die rechnerisch maßgebende Bodenpressung.

Zusammenfassung

Über den Dachverband Beispiel 1, den Wandverband Beispiel 2 und die Standsicherheit der Hallenstützen Beispiel 3 ist die Stabilität der gesamten Halle nachgewiesen.

10.4.3 Aussteifungen im Stahlbau

Aussteifungen für Stahlhochbauten sind nach DIN 18801 so zu bemessen, daß sie die auf das Tragwerk wirkenden Lasten (z. B. Wind) ableiten und das Bauwerk sowie seine Teile gegen Ausweichen (Instabilitäten) sichern. Dabei sind Herstell-Ungenauigkeiten (Imperfektionen), wie z. B. Stützenschiefstellungen, in angemessener Weise zu berücksichtigen.

Die günstigste Lösung bei Dächern und Wänden ist ein Verband aus Winkel-Profilen oder Rundstählen. Aussteifungen von Hallen durch Rahmen und Verbände zeigt Bild **10.**14 a bis c [10].

Scheiben aus Trapezblechen, Riffelblechen, Beton, Stahlbeton, Stahlsteindecken oder Mauerwerk können aussteifende Aufgaben wie Verbände übernehmen.

Für Aussteifungen einzelner Bauteile können insbesondere bei Druck- oder Biegebeanspruchung besondere Nachweise gegen Biegeknicken, Biegedrillknicken und Beulen erforderlich werden (s. Abschn. 10.1 bis 10.3). Zur Aussteifung von Bindergurten dürfen auch Holzpfetten herangezogen werden.

Nähere Einzelheiten zum Nachweis der Aussteifungen sind in weiterführender Literatur zu finden, z.B. Thiele/Lohse: Stahlbau [14].

10.5 Aussteifungen durch Rahmen

Zur Aussteifung von Bauwerken können Rahmen herangezogen werden. Die aussteifende Wirkung kommt dadurch zustande, daß Rahmenstiele und Rahmenriegel biegefest miteinander verbunden sind. Durch die dabei entstehenden biegesteifen Ecken können die Rahmen auch horizontale Kräfte in Richtung der Rahmenebene aufnehmen und übertragen. Außerdem können die Rahmenfüße in anderen Bauteilen eingespannt sein, insbesondere in Fundamenten.

Gegen seitliches Ausweichen aus der Rahmenebene sind die Rahmenecken zu stabilisieren. Dies kann ebenfalls durch Rahmenwirkung erreicht werden oder es werden Verbände angeordnet (Bild **10.**14). Außerdem ist zu klären, ob die Rahmenriegel und/oder Rahmenstiele einer seitlichen Aussteifung bedürfen.

Zweigelenkrahmen sind eine häufig angewendete Rahmenform. Hierbei werden Rahmenstiele und Rahmenriegel biegesteif miteinander verbunden. Im Gegensatz zu diesen oberen Rahmenecken werden die beiden Fußpunkte gelenkig ausgebildet (Bild **10.**28). Das System ist statisch unbestimmt.

In Teil 1 wurden in Abschnitt 10 zum Abschluß des Buches einige Rahmen dargestellt und Rahmenformeln für Zweigelenk-Rechteckrahmen angegeben. Hier erfolgt nun die weitere Berechnung anhand einiger Beispiele für Rahmen im Holzbau und im Stahlbau.

10.5.1 Rahmen im Holzbau

Rahmenecken im Holzbau können unterschiedlich ausgebildet werden. Es wird unterschieden nach mechanischen Verbindungen und Leimverbindungen.

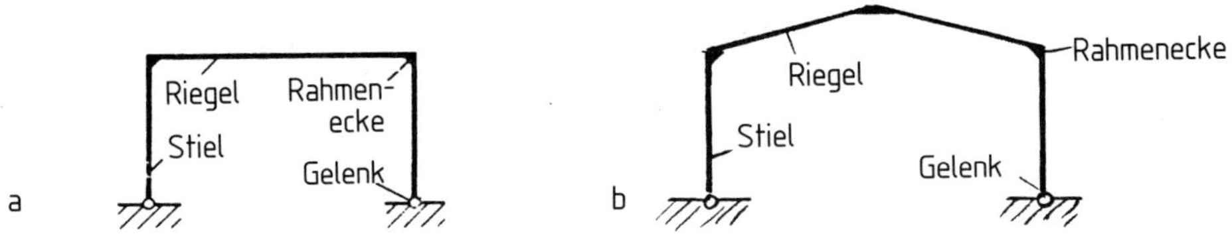

10. 28 Rahmen mit gelenkiger Lagerung
a) Rechteckrahmen b) Rahmen mit geknicktem Riegel

Mechanische Verbindungen für Rahmenecken sind z. B. Verbindungen mit Einlaßdübeln (Bild **10.**29 a) oder mit Stabdübeln (Bild **10.**29 b) und c) oder mit Paßbolzen. Die miteinander verbundenen Bauteile erfahren durch die Scherbeanspruchung lastabhängige Verschiebungen, so daß diese Verbindungen nachgiebigere, punktweise Verbindungen sind. Die mechanischen Verbindungen eignen sich i.a. auch für die Montage auf Baustellen.

Leimverbindungen für Rahmenecken werden z. B. mit Keilzinkung ausgeführt (Bild **10.**29 d) und e). Diese Keilzinkenverbindungen werden vorwiegend werkmäßig in automatischen Anlagen hergestellt. Die Enden der zu verbindenden Hölzer erhalten zueinander passend gefräste Zinken und werden unter Preßdruck miteinander verleimt. Diese Leimverbindungen gelten als flächenfeste Verbindungen, sie sind im Vergleich zu Verbindungen mit mechanischen Verbindungsmitteln sehr steif und unter Belastung praktisch unverschieblich.

Fußpunkte von Zweigelenkrahmen können ebenfalls unterschiedlich konstruiert sein. Beispiele zeigt Bild **10.**30.

Firstpunkte bei Rahmenriegeln aus Brettschichtholz können in gekrümmter Form mit oder ohne Eckausbildung hergestellt werden (Bild **10.**31 a). Es ist auch eine Ausbildung wie bei den keilgezinkten Rahmenecken möglich (Bild **10.**29 b und c).

Beispiele zur Erläuterung

1. Schnittgrößen für einen Zweigelenk-Rechteckrahmen

Für einen Zweigelenk-Rechteckrahmen mit gleichen Stiel- und Riegelquerschnitten wurden bei gleichmäßig verteilter Belastung auf dem Riegel und für eine Einzellast aus Wind an der oberen Rahmenecke die Schnittgrößen in Teil 1 Abschnitt 10 berechnet (Bild **10.**32, entsprechend Bild **264.**1 in Teil 1)

Schnittgrößen aus der Rahmenberechnung für die Laststellungen 1 und 1+2:

$$\max A_{h(1)} = 5{,}95\ \text{kN} \qquad \max B_{h(1,2)} = 5{,}95 + 2{,}50 = 8{,}45\ \text{kN}$$
$$\max A_{v(1)} = 30{,}00\ \text{kN} \qquad \max B_{v(1,2)} = 30{,}00 + 3{,}00 = 33{,}00\ \text{kN}$$
$$\min M_{E(1)} = -17{,}85\ \text{kNm} \qquad \min M_{E(1,2)} = -(17{,}85 + 7{,}50) = -25{,}35\ \text{kNm}$$
$$\max M_{R(1)} = +19{,}65\ \text{kNm}$$

2. Rahmenecke mit Stabdübelverbindung

Die Rahmenecke eines Zweigelenk-Rechteckrahmens wird mit einer Stabdübelverbindung hergestellt (Bild **10.**33). Die zulässigen Belastungen und Mindestabstände sind den Tafeln **3.**15 und **3.**18 in Abschnitt 3.2.2 zu entnehmen.

a) System und Abmessungen

Statisches System nach Bild **10.**32 mit Aussteifungen gegen seitliches Ausweichen
Rahmenecke entsprechend Bild **10.**33

Querschnittsbreite Riegel	b_R	$= 120$ mm
Querschnittsbreite Doppelstiel	b_S	$= 2 \cdot 100$ mm
Querschnittshöhe Riegel und Stiel	$h_R = h_S$	$= 560$ mm
Durchmesser Dübelkreis	d_{dk}	$= 320$ mm
Radius Dübelkreis	r_{dk}	$= 160$ mm
Anzahl Stabdübel	n_{st}	$= 10$
Stabdübel S235	d_{st}	$= 20$ mm
Randabstand	e_1	$= 120$ mm $= 6 \cdot d_{st}$
Dübelabstand	e_2	$= 100$ mm $> 5 \cdot d_{st}$

10.29 Beispiele für Rahmenecken bei Zweigelenkrahmen
a) Rahmenecke mit Zug- und Druckstab in aufgelöster Form
b) verdübelte Rahmenecke mit Stabdübeln oder Dübeln besonderer Bauart in einem Dübelkreis
c) wie vor, in zwei Dübelkreisen
d) keilgezinkte Rahmenecke mit einer Keilzinkung
e) keilgezinkte Rahmenecke mit Zwischenstück und zwei Keilzinkungen

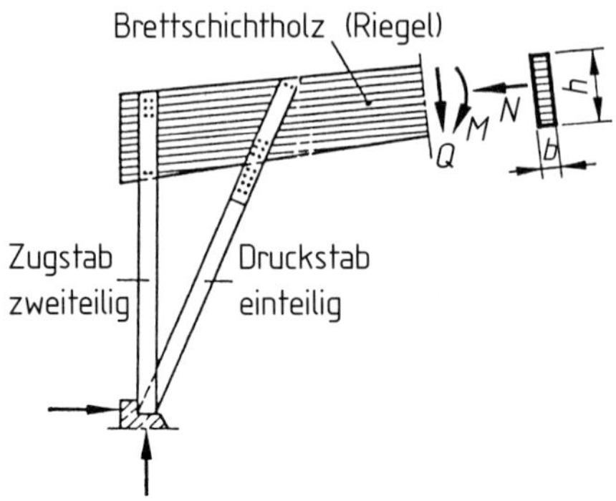

a)

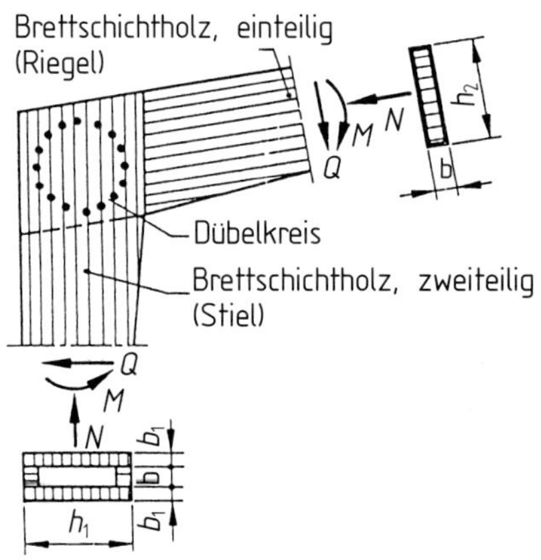

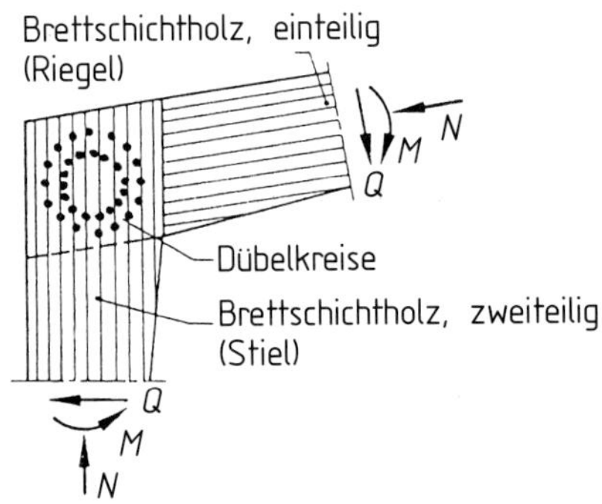

c)

b)

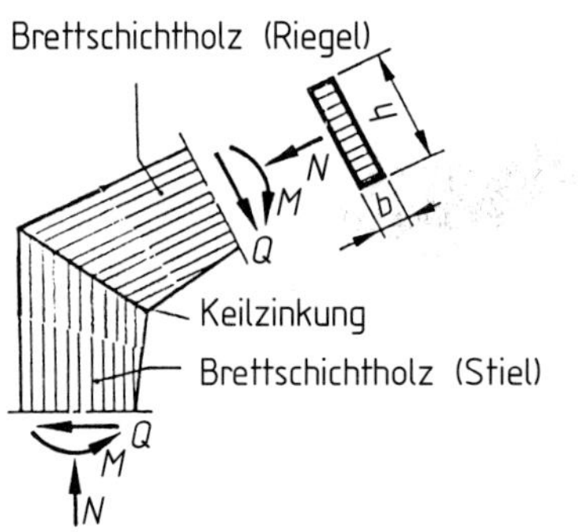

d)

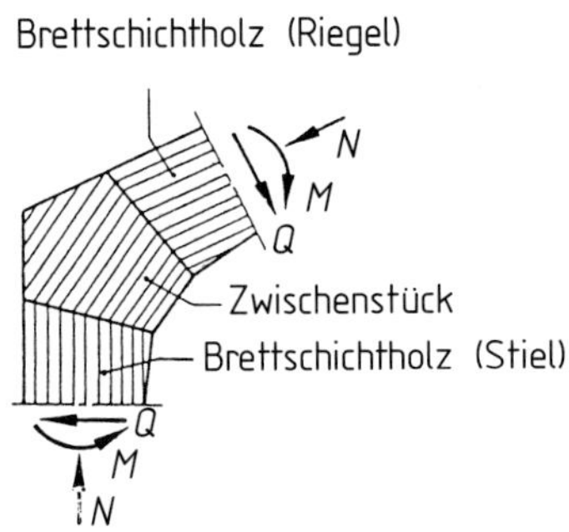

e)

10.30 Beispiele für Auflager von gelenkig gelagerten Rahmen
a) Fußpunkt eines gelenkig gelagerten Rahmenstiels aus Brettschichtholz mit Stahlschuh und Bolzen bei kleiner bis mittlerer Stützweite
b) Fußpunkt wie vor, jedoch mit Stahlschuh und Stabdübeln auf Kippleiste bei großen Stützweiten

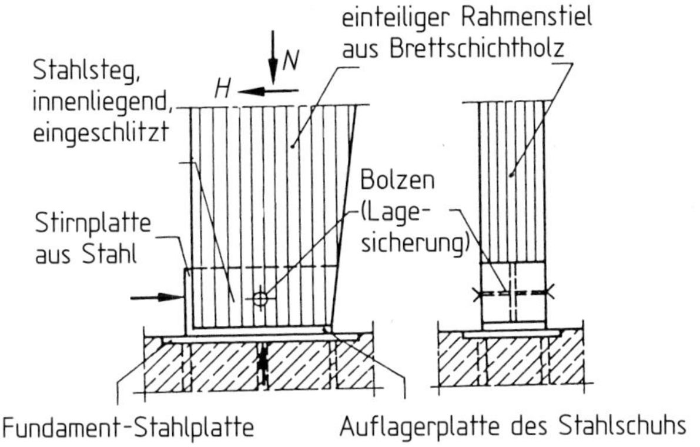

a)

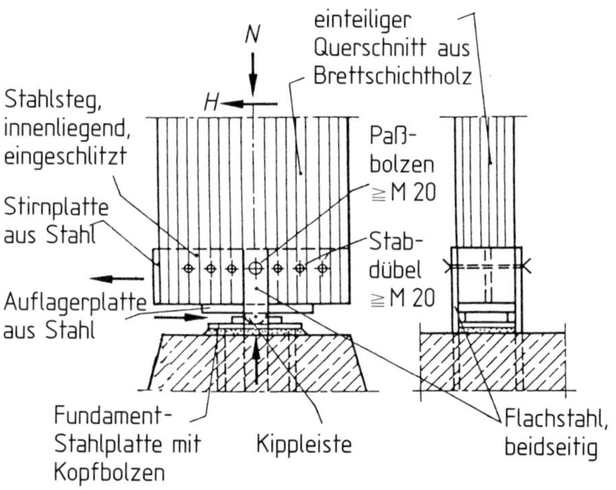

b)

10.31 Firstausbildung bei geknickten Rahmenriegeln
a) gekrümmter Firstpunkt mit oder ohne Eckausbildung beim Zweigelenkrahmen
b) Firstgelenk für Dreigelenkrahmen mit Stahlprofil bei kleinen bis mittleren Stützweiten
c) Firstgelenk für Dreigelenkrahmen mit Stahlgelenk und Gelenkbolzen bei großen Stützweiten

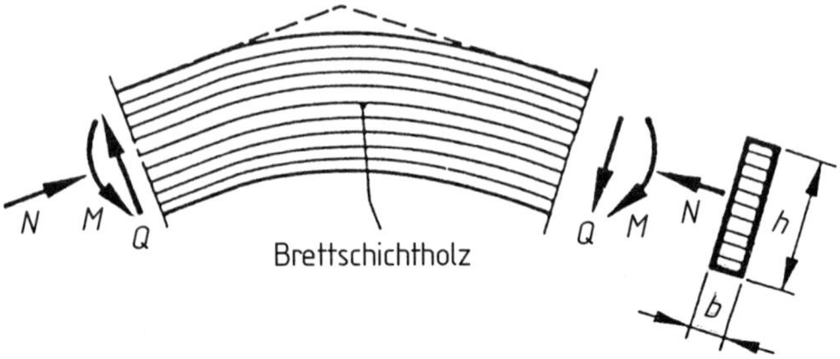

a)

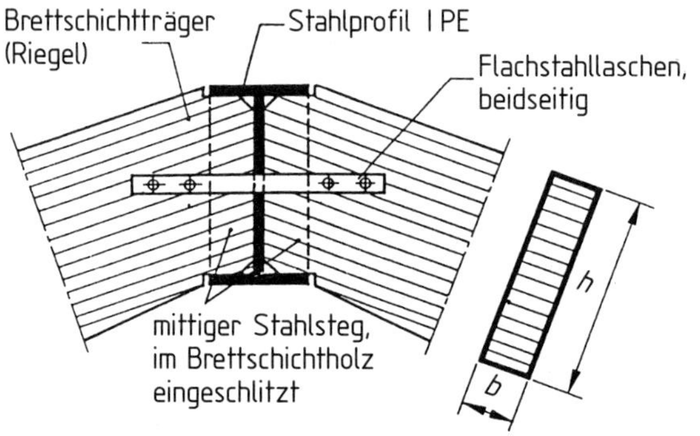

b)

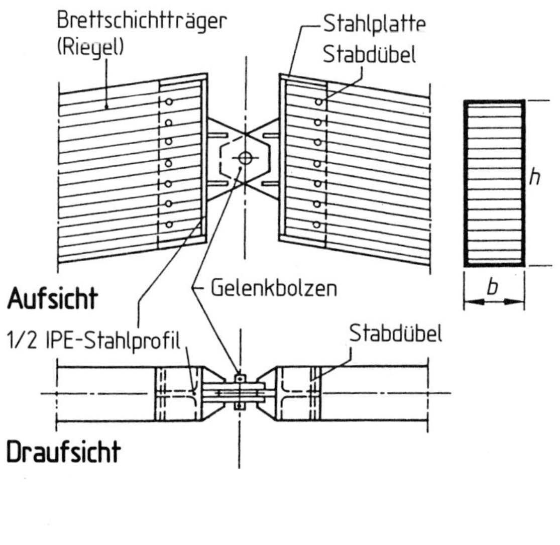

c)

10.32 Zweistieliger Rechteckrahmen mit gelenkiger Lagerung
a) Momentenfläche für Laststellung 1: vertikal wirkende, gleichmäßig verteilte Belastung auf dem Rahmenriegel
b) Momentenfläche für Laststellung 2: horizontal wirkende Einzellast an der Rahmenecke

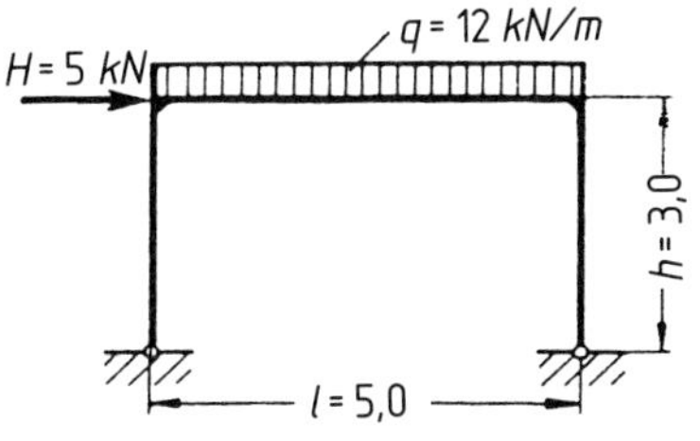

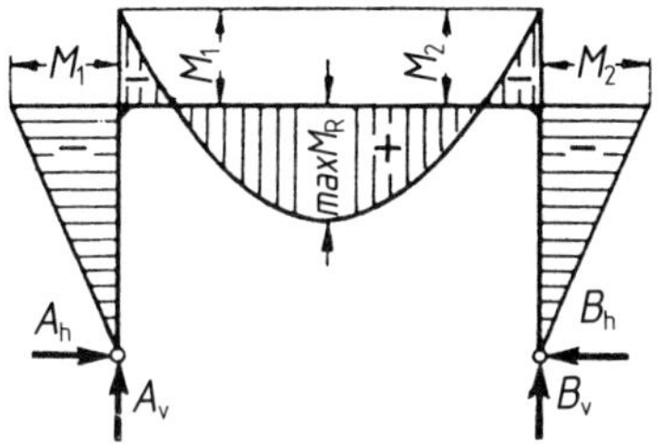

a)

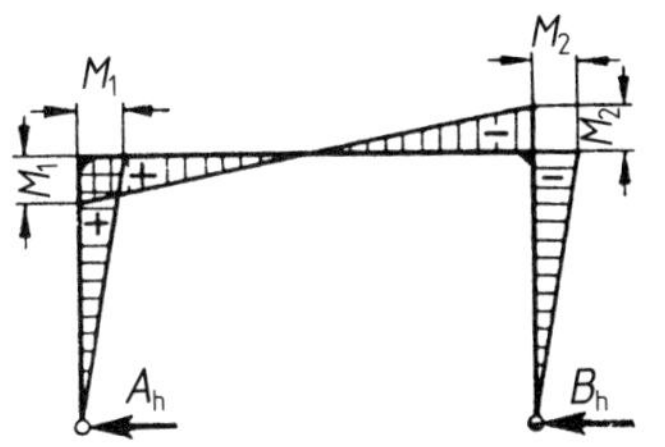

b)

b) Baustoffe und Materialkennwerte

Brettschichtholz BS 11
Verbindung zweischnittig

Gleichgewichtsfeuchte des Holzes im Gebrauchszustand:

$u \approx 10\% < 18\%$

Abminderung der zulässigen Spannungen wegen Feuchteeinwirkung nicht erforderlich:

$k_s = 1{,}0$ (bei $u > 18\% \rightarrow k_s = 0{,}833$)

zulässige Spannungen für Lastfall H

	zul τ_a	$= k_s \cdot 0{,}90 = 0{,}9$ N/mm^2
Stiel	zul $\sigma_{l,S}$	$= k_s \cdot 5{,}50 = 5{,}5$ N/mm^2
	B_S	$= k_s \cdot 33{,}00 = 33{,}0$ N/mm^2
Riegel	zul $\sigma_{l,R}$	$= k_s \cdot 8{,}50 = 8{,}5$ N/mm^2
	B_R	$= k_s \cdot 51{,}00 = 51{,}0$ N/mm^2

c) Zulässige Belastung der Stabdübel im Lastfall H

Stiel ⊥ zur Faser (Seitenhölzer)

$$\text{zul}\, N_{\text{st,S}} = \text{zul}\, \sigma_l \cdot a \cdot d_{\text{st}} \qquad \text{Gl. (10.20)}$$
$$= 5{,}5 \cdot 100 \cdot 2 \cdot 20 / 1000 \qquad = 22{,}0 \text{ kN}$$
$$\text{zul}\, N_{\text{st,S}} = B_{\text{S}} \cdot d_{\text{st}}^2 \qquad \text{Gl. (10.21)}$$
$$= 33{,}0 \cdot 20^2 \cdot 2 / 1000 \qquad = 26{,}4 \text{ kN}$$

10.33 Rahmenecke mit Stabdübelverbindung

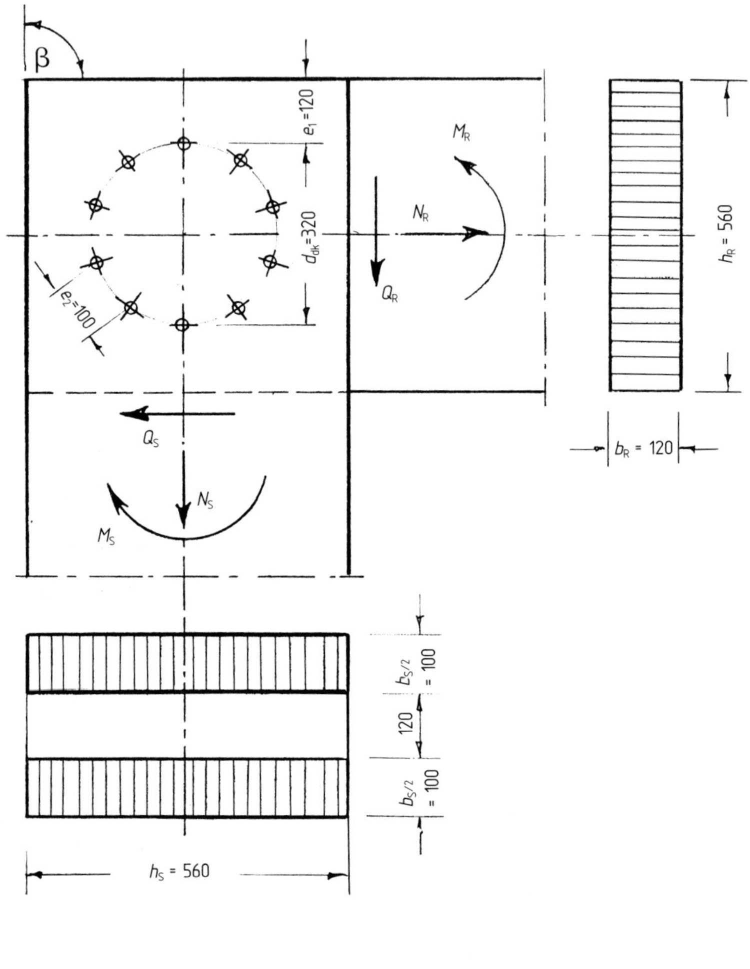

Riegel ⊥ zur Faser (Mittelholz)

$$\text{zul } N_{st,R} = \text{zul } \sigma_l \cdot a \cdot d_{st}$$
$$= 8{,}5 \cdot 120 \cdot 20 / 1000 \qquad = 20{,}4 \text{ kN}$$
$$\text{zul } N_{st,R} = B_R \cdot d_{st}^2$$
$$= 51{,}0 \cdot 20^2 / 1000 \qquad = 20{,}4 \text{ kN}$$

d) Maßgebende Schnittgrößen im Systemschnittpunkt:

Biegemoment Rahmenecke	$\lvert M_{RE} \rvert$	$= \min M_{E(1,2)}$	$= 25{,}35$ kNm
Biegemoment Rahmenriegel	$\lvert M_{RR} \rvert$	$= \max M_{R(1)}$	$= 19{,}65$ kNm
Normalkraft Stiel Eckbereich	$\lvert N_S \rvert$	$= \max B_{v(1,2)}$	$= 33{,}00$ kN
Querkraft Stiel Eckbereich	$\lvert Q_S \rvert$	$= \max B_{h(1,2)}$	$= 8{,}45$ kN
Normalkraft Riegel Eckbereich	$\lvert N_R \rvert$	$= \lvert Q_S \rvert$	$= 8{,}45$ kN
Querkraft Riegel Eckbereich	$\lvert Q_R \rvert$	$= \lvert N_S \rvert$	$= 33{,}00$ kN

e) Querschnittswerte

$$A_R = b_R \cdot h_R = 12 \cdot 56 \qquad = 672 \text{ cm}^2$$
$$W_R = b_R \cdot h_R^2 / 6 = 12 \cdot 56^2 / 6 \qquad = 6272 \text{ cm}^3$$
$$A_S = b_S \cdot 2 \cdot h_S = 10 \cdot 2 \cdot 56 \qquad = 1120 \text{ cm}^2$$
$$W_S = b_S \cdot 2 \cdot h_S^2 / 6 \cdot = 10 \cdot 2 \cdot 56^2 / 6 \qquad = 10453 \text{ cm}^3$$
$$I_{st} = n_{st} \cdot r_{dk}^2 = 10 \cdot 16{,}0^2 \qquad = 2560 \text{ cm}^2$$

f) Stabdübelbelastung im maßgebenden Lastfall

$$D_M = \lvert M_{RE} \rvert \cdot r_{dk} / I_{st} \qquad \text{Gl. (10.22)}$$
$$= 25{,}35 \cdot 100 \cdot 16{,}0 / 2560 \qquad = 15{,}84 \text{ kN}$$
$$D_{NS} = \lvert N_S \rvert / n_{st} \qquad \text{Gl. (10.23)}$$
$$= 33{,}00 / 10 \qquad = 3{,}30 \text{ kN}$$
$$D_{QS} = \lvert Q_S \rvert / n_{st} \qquad \text{Gl. (10.24)}$$
$$= 8{,}45 / 10 \qquad = 0{,}85 \text{ kN}$$
$$D_{NR} = \lvert N_R \rvert / n_{st} \qquad \text{Gl. (10.25)}$$
$$= 8{,}45 / 10 \qquad = 0{,}85 \text{ kN}$$
$$D_{QR} = \lvert Q_R \rvert / n_{st} \qquad \text{Gl. (10.26)}$$
$$= 33{,}00 / 10 \qquad = 3{,}30 \text{ kN}$$
$$D_{NS} / D_M > 0{,}2 \text{ bzw. } \le 0{,}2 \qquad \text{Gl. (10.27)}$$
$$= 3{,}30 / 15{,}84 \qquad = 0{,}21 > 0{,}2$$
$$D_{NR} / D_M > 0{,}2 \text{ bzw. } < 0{,}2 \qquad \text{Gl. (10.28)}$$
$$= 0{,}85 / 15{,}84 \qquad = 0{,}05 < 0{,}2$$

g) Nachweis der Stabdübel für den Fall D_{NS} / D_M bzw. $D_{NR} / D_M > 0{,}2$

Größte Stabdübelbelastung

$$D = D_M + \sqrt{D_{NS}^2 + D_{NR}^2} \qquad \text{Gl. (10.29)}$$
$$= 15{,}84 + \sqrt{3{,}30^2 + 0{,}85^2} = 19{,}25 \text{ kN}$$
$$D / \text{zul } N_{st,R} = 19{,}25 / 20{,}4 = 0{,}94 < 1 \qquad \text{Gl. (10.30)}$$

h) Querkraftbeanspruchung innerhalb des Dübelkreises

$$Q_M = \frac{\lvert M_{RE} \rvert \cdot 100}{\pi} \cdot \frac{n_{st} \cdot r_{dk}}{I_{st}} \qquad \text{Gl. (10.31)}$$
$$= \frac{25{,}35 \cdot 100}{\pi} \cdot \frac{10 \cdot 16}{2560} = 50{,}46 \text{ kN}$$

Schubspannung Stiel

$$Q_S{}^* = Q_M - |Q_S| / 2 \qquad \text{Gl. (10.32)}$$
$$= 50{,}46 - 8{,}45/2 = 46{,}24 \text{ kN}$$
$$\tau_S \approx 1{,}5\ Q_S{}^* / A_S \qquad \text{Gl. (10.33)}$$
$$= 1{,}5 \cdot 46{,}24 / 1120 = 0{,}062 \text{ kN/cm}^2 = 0{,}62 \text{ N/mm}^2$$
$$\tau_S / \text{zul } \tau_a = 0{,}62 / 0{,}9 = 0{,}69 < 1$$

Schubspannung Riegel

$$Q_R{}^* = Q_M - |Q_R| / 2$$
$$= 50{,}46 - 33{,}00/2 = 33{,}96 \text{ kN}$$
$$\tau_R \approx 1{,}5\ Q_R{}^* / A_R$$
$$= 1{,}5 \cdot 33{,}96 / 672 = 0{,}076 \text{ kN/cm}^2 = 0{,}76 \text{ N/mm}^2$$
$$\tau_S / \text{zul } \tau_a = 0{,}76 / 0{,}9 = 0{,}84 < 1$$

i) Nachweis Riegel Feldmitte

Biegemoment Rahmenriegel $|M_{RR}| = 19{,}65$ kNm

Widerstandsmoment Rahmenriegel $W_R = 6272$ cm^3

Biegespannung

$$\text{vorh } \sigma_B = |M_{RF}| / W_R = 19{,}65 \cdot 100 / 6272 = 0{,}31 \text{ kN/cm}^2$$
$$= 3{,}1 \text{ N/mm}^2$$
$$\text{vorh } \sigma_B / \text{zul } \sigma_B = 3{,}1 / 10$$
$$= 0{,}31 < 1$$

j) Nachweis Stiel

Normalkraft Rahmenstiel $N_S = 33{,}00$ kN

Druckspannung

$$\text{vorh } \sigma_{D\|} = |N_S| / A_S = 33{,}00 / 1120 = 0{,}03 \text{ kN/cm}^2$$
$$= 0{,}3 \text{ N/mm}^2$$
$$\text{vorh } \sigma_{D\|} / \text{zul } \sigma_{D\|} = 0{,}3 / 8{,}5$$
$$= 0{,}04 < 1$$

Knicknachweis entfällt, da eine horizontale Aussteifung der Stiele vorhanden ist.

Anmerkung:
Die vorhandene hohe Sicherheit bei Biegung des Rahmenriegels macht deutlich, daß der Querschnitt des Rahmenriegels nur gering beansprucht wird. Die Querschnittshöhe war jedoch im Bereich der Rahmenecke zur Anordnung der dort erforderlichen Verbindungsmittel nötig. Das bedeutet, daß der Rahmenriegel zur Feldmitte hin verjüngt werden kann. Noch mehr gilt dies für die Rahmenstiele. Auch hier kann die erforderliche Höhe am Rahmenfuß stark verringert werden. Dabei ergibt sich eine elegantere Rahmenform entsprechend Bild **10.**34.

Da sich jedoch die Steifigkeiten des Rahmenriegels und der Rahmenstützen ändern, ist hierfür eine umfangreichere Ermittlung der Schnittgrößen erforderlich. Hierzu wird auf weiterführende Literatur verweisen [1] [3].

Erforderlich ist eine horizontale Aussteifung der Rahmenriegel, der Rahmen-Innenecken und der Rahmenstiele gegen seitliches Ausweichen (s. Abschn. 10.4.2).

3. Rahmenecke mit Keilzinkenverbindung
Die Rahmenecke eines Zweigelenk-Rechteckrahmens aus Brettschichtholz BS 11 wird mit einer Keilzinkenverbindung hergestellt (Bild **10.**35). Die erforderlichen Abmessungen für Keilzinkenverbindungen sind Bild **3.**24 und Gleichung (3.16) zu entnehmen.

10.34 Zweigelenk-Rechteckrahmen mit veränderlichen Riegel- und Stielquerschnitten

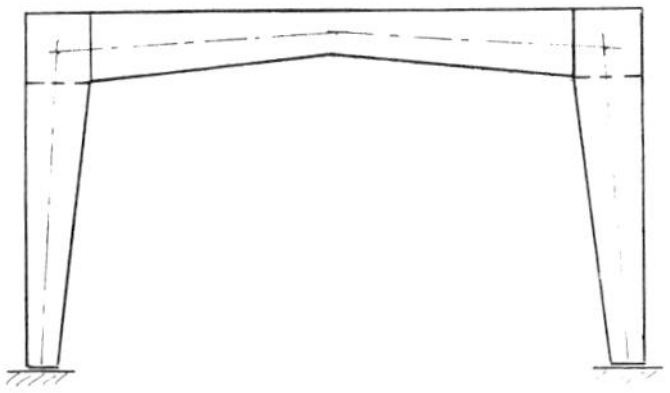

a) System und Abmessungen

Statisches System nach Bild **10.**32
Rahmenecke mit zwei Keilzinkungen und Zwischenstück entsprechend Bild **10.**35

Riegellänge	l_R	$= 5{,}00$ m
Stielhöhe	h_S	$= 3{,}00$ m
Winkel zwischen Riegel und Stiel	β	$= 90°$
Teilungs- und Kraftfaserwinkel	α	$= ß/4 = 22{,}5°$, $\sin\alpha = 0{,}3827$
Basislänge für Zwischenstück	a	$= 20$ cm
Querschnittsbreite Riegel und Stiel	$b_R = b_S$	$= 120$ mm
Querschnittshöhe Riegel und Stiel	$h_R = h_S$	$= 560$ mm

Knickbeiwert Riegel (mit Aussteifungen in 1/4 der Rahmenbreite)

$$\lambda_R = s_k / i = 1/4\, l_R / (0{,}289 \cdot b_R) = 0{,}25 \cdot 500 / (0{,}289 \cdot 12) = 36{,}0$$

$$\omega_R = 1{,}02 \text{ (aus Tafel 7.3)}$$

Knickbeiwert Stiel (mit Aussteifung der Rahmenecke)

$$\lambda_S = s_k / i = h_S / (0{,}289 \cdot b_S) = 300 / (0{,}289 \cdot 12) = 86{,}5$$

$$\omega_S = 2{,}06 \text{ (aus Tafel 7.3)}$$

b) Baustoffe und Materialkennwerte

Brettschichtholz aus Nadelholz BS 11
Leimverbindung mit Keilzinkenfugen und Zwischenstück
Aussteifung der äußeren und inneren Rahmenecke:
erforderlich gegen seitliches Ausweichen (Abschn. 10.4.2)
Gleichgewichtsfeuchte des Holzes im Gebrauchszustand:
$u \approx 10\% < 18\%$
Abminderung der zul. Spannung wegen Feuchteeinwirkung nicht erforderlich:
$k_s = 1{,}00$ (bei $u > 18\% \rightarrow k_s = 0{,}833$)

10.35 Rahmenecke mit Keilzinkenverbindung

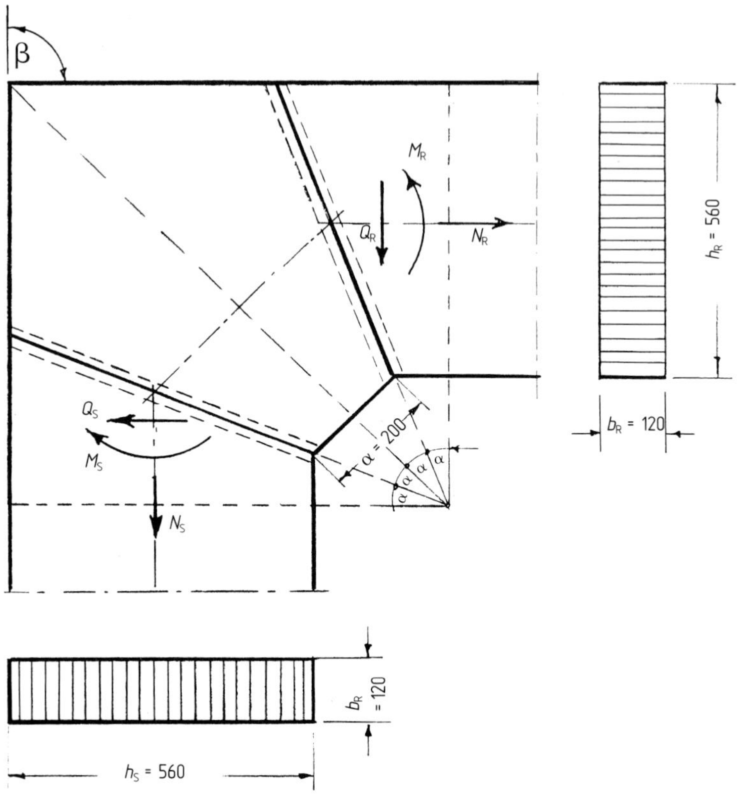

c) Zulässige Spannungen für Lastfall H

$$\begin{aligned}
\text{zul}\ \sigma_{B(BSH)} &= 11\ \text{N/mm}^2 \text{ für Brettschichtholz}\\
\text{zul}\ \sigma_{B(VH)} &= 10\ \text{N/mm}^2 \text{ für Vollholz}\\
\text{zul}\ \sigma_{D(\alpha)} &= k_s \cdot [\text{zul}\ \sigma_{D\parallel} - (\text{zul}\ \sigma_{D\parallel} - \text{zul}\ \sigma_{D\perp}) \cdot \sin\alpha] \qquad \text{Gl. (10.34)}\\
&= 1{,}0 \cdot [8{,}5 - (8{,}5 - 2{,}0) \cdot 0{,}3827]\\
&= 6{,}01\ \text{N/mm}^2
\end{aligned}$$

d) Maßgebende Schnittgrößen im Systemschnittpunkt:

Vereinfachte Werte wie vor:

Biegemoment Rahmenecke	$\lvert M_{RE}\rvert$	$= 25{,}35$ kNm
Normalkraft Riegel Eckbereich	$\lvert N_R\rvert = \lvert Q_S\rvert$	$= 8{,}45$ kN
Querkraft Riegel Eckbereich	$\lvert Q_R\rvert = \lvert N_S\rvert$	$= 33{,}00$ kN

e) Querschnittswerte

Abminderung für Querschnittsschwächung durch Keilzinkenverbindung vereinfacht auf 80 %. Wahl der Keilzinkenverbindung und genauere Ermittlung des Schwächungsgrades mit den Bezeichnungen entsprechend Bild **3**.24:

Zinkenlänge $l = 50$ mm, Zinkenteilung $t = 12$ mm, Breite Zinkengrund $b = 2$ mm, Schwächungsgrad $v = b/t = 2 / 12 = 0{,}17$, $(1 - v) = 1 - 0{,}17 = 0{,}83$

Der Schwächungsgrad bedeutet, daß der Gesamtquerschnitt um 17% geschwächt wird. Der Nettoquerschnitt A_n beträgt 83% des ursprünglichen Querschnitts A.

$$A_n = \text{red}\, A = (1 - v) \cdot b_R \cdot h_R = (1 - 0{,}17) \cdot 12 \cdot 56 = 558 \text{ cm}^2 \qquad \text{Gl. (10.35)}$$

$$W_n = (1 - v) \cdot b_R \cdot h_R^2 / 6 = (1 - 0{,}17) \cdot 12 \cdot 56^2 / 6 = 5206 \text{ cm}^3 \qquad \text{Gl. (10.36)}$$

f) Nachweise

Im Stiel:

$$\sigma_{\omega S} = \frac{\omega_S \cdot N_S}{A_n} \cdot 10 + \frac{M_{RE}}{W_n \cdot \text{zul}\, \sigma_{B(BSH)} / \text{zul}\, \sigma_{B(VH)}} \cdot 1000 \qquad \text{Gl. (10.37)}$$

$$= \frac{2{,}06 \cdot 33{,}00}{558} \cdot 10 + \frac{25{,}35}{5206 \cdot 11/10} \cdot 1000$$

$$= 1{,}22 + 4{,}43 = 5{,}65 \text{ N/mm}^2$$

$$\sigma_{\omega S} / \text{zul}\, \sigma_{D(\alpha)} = 5{,}65 / 6{,}01 = 0{,}94 < 1$$

Im Riegel:

$$\sigma_{\omega S} = \frac{\omega_R \cdot N_R}{A_n} \cdot 10 + \frac{M_{RE}}{W_n \cdot \text{zul}\, \sigma_{B(BSH)} / \text{zul}\, \sigma_{B(VH)}} \cdot 1000 \qquad \text{Gl. (10.38)}$$

$$= \frac{1{,}02 \cdot 33{,}00}{558} \cdot 10 + \frac{25{,}35}{5206 \cdot 11/10} \cdot 1000$$

$$= 0{,}59 + 4{,}43 = 5{,}02 \text{ N/mm}^2$$

$$\sigma_{\omega S} / \text{zul}\, \sigma_{D(\alpha)} = 5{,}02 / 6{,}01 = 0{,}84 < 1$$

Anmerkung:
Für die Keilzinkenverbindung reicht der gleiche Querschnitt aus, der auch für die Stabdübelverbindung erforderlich war. Im allgemeinen wird eine Keilzinkenverbindung stets dann sinnvoll und wirtschaftlich sein, wenn ohnehin Brettschichtholz verwendet wird und ein geeigneter Holzbearbeitungsbetrieb mit Zulassung zur Verfügung steht.

Bei den relativ schlanken Querschnitten ist die horizontale Aussteifung der Rahmenriegel und der Rahmenecken gegen seitliches Ausweichen sehr wichtig (s. Abschn. 10.4.2).

10.5.2 Rahmen im Stahlbau

Rahmenecken im Stahlbau zur Verbindung des horizontal oder geneigt angeordneten Rahmenriegels mit den vertikal (oder geneigt) stehenden Rahmenstielen werden entweder als geschweißte Rahmenecken oder geschraubte Rahmenecken hergestellt.

Geschweißte Rahmenecken sind in einigen typischen Konstruktionsbeispielen in Bild **10**.36 dargestellt. Diese geschweißten Verbindungen werden im Regelfall in Werkhallen und nur in Ausnahmefällen auf der Baustelle hergestellt.

10.36 Beispiele für geschweißte und geschraubte Rahmenecken im Stahlbau

a) Rahmenecke mit angeschweißter Stirnplatte und geschraubtem Stoß
b) geschweißte Rahmenecke mit Verstärkungen durch Voute
c) geschweißte Rahmenecke mit Verstärkungen durch Voute und Zuglasche
d) geschweißte Rahmenecke mit geschraubtem Stoß einschl. Voute und Zuglasche
e) geschweißte Rahmenecke mit Gehrungsschnitt bei gleichen Riegel- und Stielquerschnitten mit geschweißtem Stoß und direkter Schweißverbindung von Stiel und Riegel
f) geschweißte Rahmenecke mit Gehrungsschnitt und einer Stirnplatte
g) Rahmenecke mit Gehrungsschnitt und angeschweißten Stirnplatten je Seite, geschraubter Stoß für Baustellenmontage

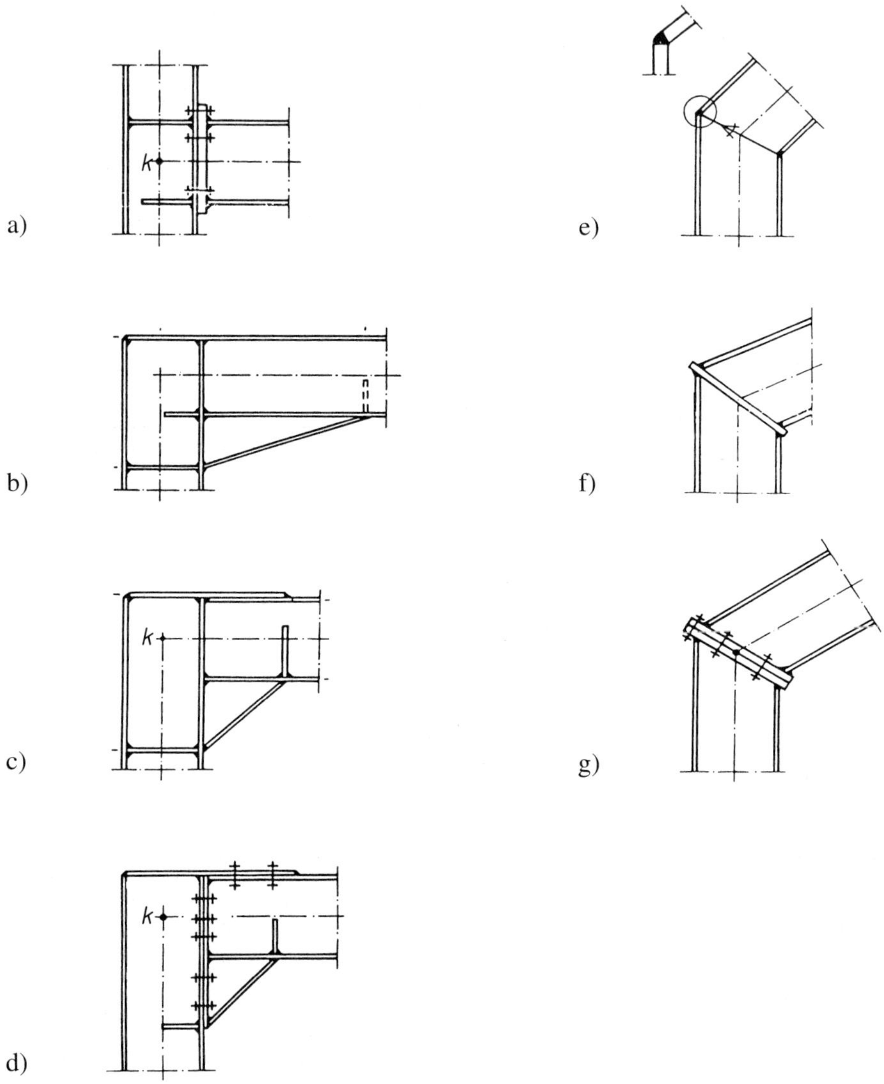

Geschraubte Rahmenecken sind im allgemeinen keine rein geschraubten Konstruktionen, sondern eine Kombination aus Schweißverbindung mit Schraubenverbindung entsprechend Bild **10.**36 a), d) und g). Hierbei können Rahmenriegel und Rahmenstiele einzeln in Werkhallen mit Schweißverbindungen vorgefertigt werden und der Zusammenbau erfolgt auf der Baustelle mit Schraubenverbindungen. Es werden vorgespannte, hochfeste Schrauben verwendet, da bei rohen Schrauben eine zu hohe Anzahl nötig wäre.

Verstärkungen der Rahmenecken, insbesondere bei großen Biegemomenten in Rahmenecken, können mit *Vouten* ausgebildet werden (Bild **10.**36 b) und c) oder/und mit übergreifende *Zuglaschen* (Bild **10.**36 c) und d). Die Zuglaschen sind entweder werkmäßig an den Stielen angeschweißt und werden mit dem Riegel auf der Baustelle verschraubt, oder sie werden umgekehrt am Riegel angeschweißt und mit den Stielen verschraubt.

Einfache Verbindungen ergeben sich bei angeschweißten *Stirnplatten*, die am Stiel vor Ort verschraubt werden (Bild **10.**36 a), d) und g). Bei gleichen Riegel- und Stielquerschnitten kann die Verbindung mit einem geschraubten *Gehrungsstoß* erfolgen (Bild **10.**36 g). Stirnplatten werden werkmäßig sowohl am Riegel als auch an den Stielen angeschweißt und die Verbindung der beiden Stirnplatten erfolgt später auf der Baustelle mit Schrauben.

Fußpunkte von Zweigelenkrahmen können unterschiedlich ausgebildet werden. Zwei Beispiele zeigt Bild **10.**37.

Beispiel zur Erläuterung

Rahmenecke mit Schraubenverbindung

Die Rahmenecke des Zweigelenk-Rechteckrahmens wird mit einer angeschweißten Stirnplatte am Rahmenriegel und einem Schraubenanschluß an den Rahmenstiel gebildet (Bild **10.**38). Die zulässigen Belastungen sind Tafel **2.**1 und die Mindestabstände Tafel **3.**2 zu entnehmen.

a) Querschnittswerte für gewählten Rahmenriegel **IPE 200** aus S 235

Profilhöhe	h	= 200 mm
Profilbreite	b	= 100 mm
Flanschdicke	t_F	= 8,5 mm
Stegdicke	t_S	= 5,6 mm
Steghöhe	h_S	= 183 mm
Querschnittsfläche	A	= 28,5 cm²
Widerstandsmoment	W_y	= 194 cm³

b) Maßgebende Schnittgrößen im Systemschnittpunkt:

Belastung Rahmenriegel	$p = g + q = 7{,}0 + 5{,}0 = 12{,}0$ kN/m
	$g/p = 0{,}58 \quad q/p = 0{,}42$
Biegemoment Rahmenecke	$\lvert M_{RE}\rvert = \min M_{E(1,2)} = 25{,}35$ kNm
Bemessungsmoment Rahmenecke	$M_{d,RE} = (\gamma_{F,g} \cdot g/p + \gamma_{F,p} \cdot q/p) \cdot \lvert M\rvert_{RE}$
	$= (1{,}35 \cdot 0{,}58 + 1{,}5 \cdot 0{,}42) \cdot 25{,}35$
	$= 1{,}41 \cdot 25{,}35 = 35{,}74$ kNm
Biegemoment Rahmenriegel	$\lvert M_{RR}\rvert = \max M_{R(1)} = 19{,}65$ kNm
Bemessungsmoment	$M_{d,RR} = (\gamma_{F,g} \cdot g/p + \gamma_{F,p} \cdot q/p) \cdot \lvert M_{RR}\rvert$
	$= (1{,}35 \cdot 0{,}58 + 1{,}5 \cdot 0{,}42) \cdot 19{,}65$
	$= 1{,}41 \cdot 19{,}65 = 27{,}71$ kNm
Normalkraft Riegel Eckbereich	$\lvert N_R\rvert = \lvert Q_S\rvert = 8{,}45$ kN
Bemessungsnormalkraft	$N_{d,R} = 1{,}41 \cdot 8{,}45 = 11{,}91$ kN

Querkraft Riegel Eckbereich $|Q_R| = |N_S| = 33{,}00$ kN
Bemessungsquerkraft $Q_{d,R} = 1{,}41 \cdot 33{,}00 = 46{,}53$ kN

Biegemoment Anschlußebene Stirnplatte

$$\begin{aligned} M_{y,d} &= M_{d,RE} - p \cdot (h_{Stiel} / 2)^2 \\ &= 35{,}74 - 12{,}00 \cdot (0{,}18/2)^2 = 35{,}74 - 0{,}10 \\ &= 35{,}64 \text{ kNm} \end{aligned}$$

10.37 Beispiele für Auflager von gelenkig gelagerten Rahmenstielen im Stahlbau
a) Fußpunkt eines gelenkig gelagerten Rahmenstiels bei mäßiger Belastung und geringerer Stützweite
b) Fußpunkt wie vor, jedoch mit Fußtraverse und Zentrierleiste für genaue zentrische gelenkige Lagerung bei großen Stützweiten

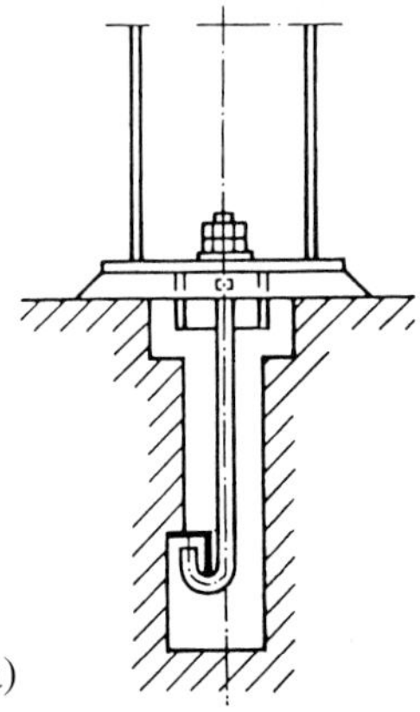

a)

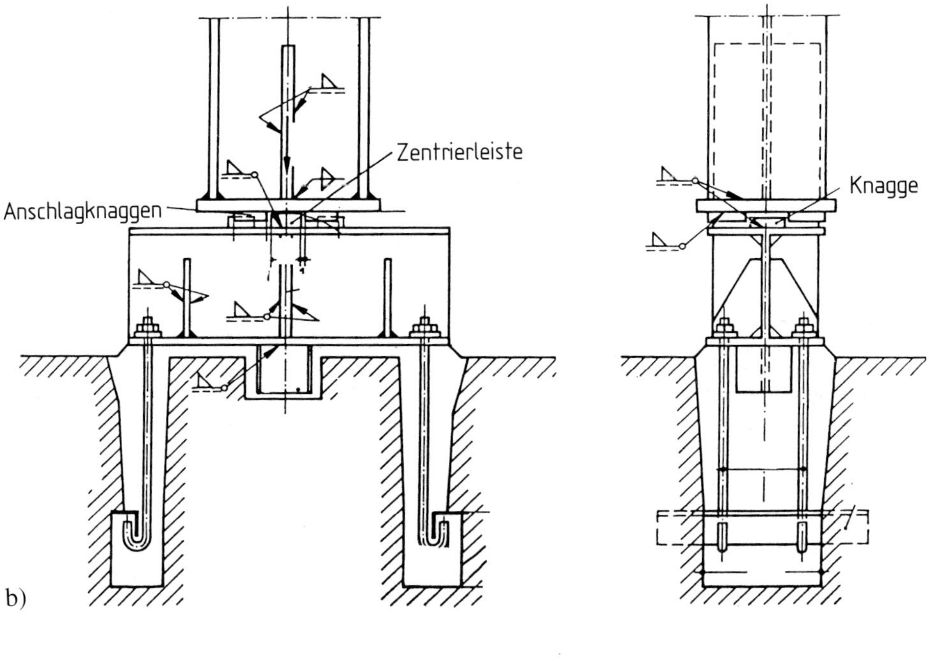

b)

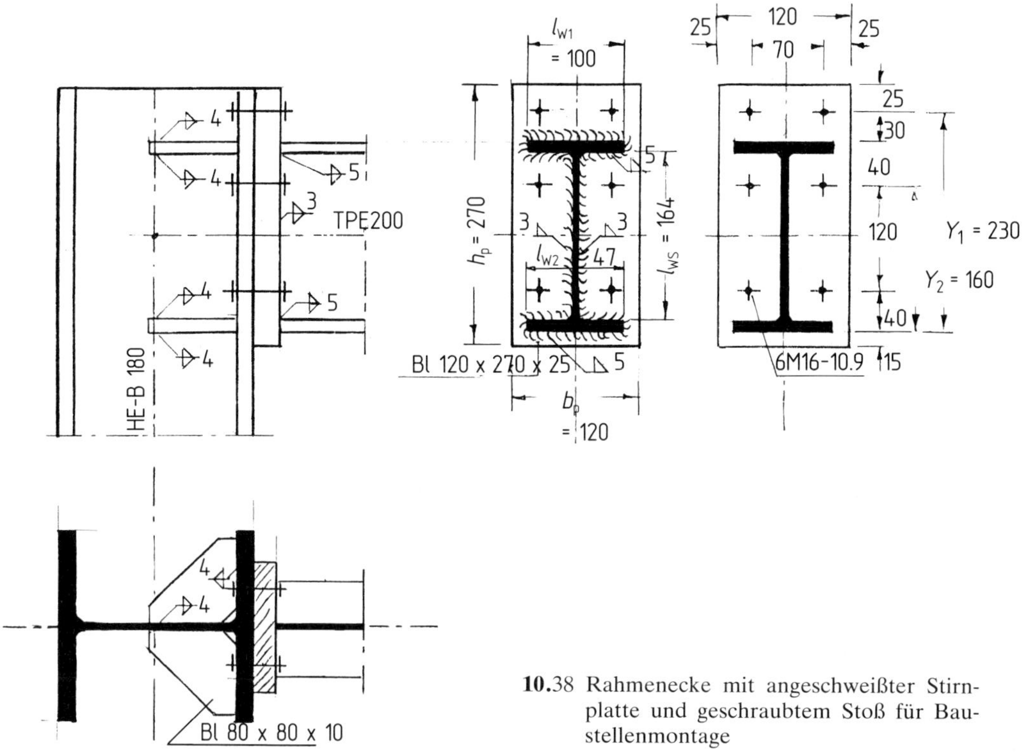

10.38 Rahmenecke mit angeschweißter Stirnplatte und geschraubtem Stoß für Baustellenmontage

Querkraft Anschlußebene Stirnplatte

$$Q_{z,d} = Q_{d,R} - p \cdot h_{Stiel} / 2$$
$$= 45{,}53 - 12{,}00 \cdot 0{,}18/2 = 45{,}53 - 1{,}08$$
$$= 45{,}45 \text{ kN}$$

Normalkraft Anschlußebene Stirnplatte

$$N_{x,d} = 11{,}91 \text{ kN}$$

c) Nachweis Schweißnähte für biegesteifen Anschluß

c 1) Verzicht auf Nachweis

Ein Nachweis ist nicht erforderlich, wenn die Schweißnähte in Abhängigkeit von den Bauteildikken genügend dick sind und den Werten der Tafel **3.**9 entsprechen.

Stirnplatte gewählt:

Bl 120 x 250 x 25 mm

Schweißnähte gewählt:

am Steg: $a_{w,F} = 3 \text{ mm} \geq 0{,}5 \cdot t_S = 0{,}5 \cdot 5{,}6 = 2{,}8 \text{ mm}$

an den Flanschen $a_{w,S} = 5 \text{ mm} \geq 0{,}5 \cdot t_F = 0{,}5 \cdot 8{,}5 = 4{,}3 \text{ mm}$

c 2) „Vereinfachter Nachweis" der Schweißnähte

Hierbei werden folgende Zuordnungen vorgenommen (Bild **10.**38):

- obere Flanschnähte: Biegemoment $M_{y,d}$
- obere und untere Flanschnähte: Normalkraft $N_{x,d}$
- Stegnähte: Querkraft $Q_{z,d}$

Querschnitt der Schweißnähte

$$A_{w,F1} = a_{w,1} \cdot l_{w,1} = 0{,}5 \cdot 10{,}0 = 5{,}00\ \text{cm}^2$$

$$A_{w,F2} = a_{w,2} \cdot l_{w,2} \cdot 2 = 0{,}5 \cdot 4{,}7 \cdot 2 = 4{,}70\ \text{cm}^2$$

$$A_{w,S} = a_{w,S} \cdot l_{w,S} \cdot 2 = 0{,}3 \cdot 18{,}3 \cdot 2 = 10{,}98\ \text{cm}^2$$

$$A_w = A_{w,F1} + A_{w,F2} + A_{w,S} = 20{,}68\ \text{cm}^2$$

Gesamt-Normalkraft für obere Flanschnähte

$$N_{d,F} = N_{x,d} / 2 + M_{y,d} / (h - t_F) = 11{,}91/2 + 3564/(20{,}0 - 0{,}85) = 5{,}96 + 186{,}11 = 192{,}07\ \text{kN}$$

Spannungsnachweis

$$\sigma_{w,R,d} = \alpha_w \cdot f_{y,k} / \gamma_M = 0{,}95 \cdot 240 / 1{,}1 = 207\ \text{N/mm}^2 = 20{,}7\ \text{kN/cm}^2 \qquad \text{(Gl. 3.13)}$$

$$\sigma_\perp = N_{d,F} / A_{w,F} = 192{,}07 / (5{,}00 + 4{,}70) = 19{,}80\ \text{kN/cm}^2$$

$$\sigma_\perp / \sigma_{w,R,d} = 19{,}80 / 20{,}7 = 0{,}96 < 1$$

$$\tau_{\|} = Q_{z,d} / A_{w,S} = 45{,}45 / 10{,}98 = 4{,}14\ \text{kN/cm}^2$$

$$\tau_{\|} / \sigma_{w,R,d} = 4{,}14 / 20{,}7 = 0{,}20 < 1$$

c3) „Genauerer Nachweis" der Schweißnähte

Querschnitt der Schweißnähte

$$A_w = A_{w,F1} + A_{w,F2} + A_{w,S} = 5{,}00 + 4{,}70 + 10{,}98 = 20{,}68\ \text{cm}^2$$

Trägheitsmoment der Schweißnähte

$$I_w = I_{w,F} + I_{w,S} = 2 \cdot A_{w,F1} \cdot (h/2)^2 + 2 \cdot A_{w,F2} \cdot (h_S/2)^2 + A_{w,S} \cdot h_S^2 / 12 \qquad \text{Gl. (10.39)}$$

$$= 2 \cdot 5{,}00 \cdot (20{,}0/2)^2 + 2 \cdot 4{,}70 \cdot (18{,}3/2)^2 + 10{,}98 \cdot 18{,}3^2 / 12 = 1000 + 787 + 306 = 2093\ \text{cm}^4$$

Widerstandsmomente der Schweißnähte

$$W_{w,1} = I_w / (h/2) = 2093 / (20{,}0/2) = 209\ \text{cm}^3 \qquad \text{Gl. (10.40)}$$

$$W_{w,2} = I_w / (h_S/2) = 2093 / (18{,}3/2) = 229\ \text{cm}^3$$

Spannungsnachweise

$$\sigma_{\perp,1} = N_d / A_w + M_{y,d} / W_{w,1} = 11{,}91 / 20{,}68 + 3514 / 209 = 0{,}58 + 17{,}10 = 17{,}68\ \text{kN/cm}^2 \qquad \text{Gl. (10.41)}$$

$$\sigma_{\perp,1} / \sigma_{w,R,d} = 17{,}68 / 20{,}7 = 0{,}85 < 1$$

$$\sigma_{\perp,2} = N_{x,d} / A_w + M_{y,d} / W_{w,2} = 11{,}91 / 20{,}68 + 3574 / 229 = 0{,}58 + 15{,}61 = 16{,}19\ \text{kN/cm}^2 \qquad \text{Gl. (10.42)}$$

$$\tau_{\|,2} = Q_{z,d} / A_{w,S} = 45{,}45 / 10{,}98 = 4{,}14\ \text{kN/cm}^2$$

Vergleichsspannung

$$\sigma_{w,V} = \sqrt{\sigma_{\perp,2}^2 + \tau_{\parallel,2}^2} \qquad \text{Gl. (10.43)}$$

$$= \sqrt{16{,}19^2 + 4{,}14^2} = \sqrt{262{,}1 + 17{,}1}$$

$$= 16{,}71 \text{ kN/cm}^2$$

$$\sigma_{w,V} \,/\, \sigma_{w,R,d} = 16{,}71 \,/\, 20{,}7 = 0{,}81 < 1$$

d) Nachweis Schraubenanschluß

Der Anschluß der Stirnplatte an die Stützenstiele wird mit hochfesten Schrauben in Form einer gleitfesten Verbindung ausgeführt. Stirnplatte und Schrauben werden entsprechend Tafel **10.**7 gewählt.

d1) Verzicht auf Nachweis

Bei Wahl der Stirnplatten und Schrauben entsprechend Tafel **10.**7 ist ein rechnerischer Nachweis nicht erforderlich.

Stirnplatten gewählt:

Stirnplatten aus S 235 JRG2 für überstehenden Anschluß mit zwei lotrechten Schraubenreihen $n = 2$ entsprechend Bild **10.**38:
Stirnplattengröße $b_P \cdot h_P \cdot t_P = 120 \cdot 270 \cdot 25$ mm
bzw. Bl 120 x 270 x 25

Schrauben 6 M 16 – 10.9 GV (Tafel **3.**4)

d2) Rechnerischer Nachweis

Die Zugkräfte auf die Schrauben oberhalb der Spannungsnullinie werden aus den Momenten-Gleichgewichtsbedingungen $\Sigma M = 0$ ermittelt.
Schraubenanzahl zur Aufnahme der Zugkräfte $n_N = 4$.
Als Druckpunkt wird die Unterkante des Riegels angenommen.

Momentengleichung

$$\Sigma M = 0$$

$$M_{y,d} - (2 \cdot N_{1,d} \cdot y_1 + 2 \cdot N_{2,d} \cdot y_2) = 0 \qquad \text{Gl. (10.44)}$$

mit $N_{1,d} \,/\, N_{2,d} = 230 \,/\, 160$ und mit $N_{2,d} = 0{,}7\, N_1$ ergibt sich:

$$M_{y,d} - (2 \cdot N_{1,d} \cdot y_1 + 2 \cdot 0{,}7 \cdot N_{1,d} \cdot y_2) = 0 \qquad \text{Gl. (10.45)}$$

maximale Zugkraft für eine Schraube
(umgeformt aus Gleichung 10.45) bei Hinzufügung der Normalkraft, verteilt auf die oberen 4 Schrauben:

$$N_{1,d} = \frac{M_{y,d}}{2 \cdot (y_1 + 0{,}7 \cdot y_2)} + \frac{N_{x,d}}{n_N} \qquad \text{Gl. (10.46)}$$

$$= \frac{3564}{2 \cdot (23{,}0 + 0{,}7 \cdot 16{,}0)} + \frac{11{,}91}{4} = 52{,}11 + 2{,}98$$

$$= 56{,}09 \text{ kN}$$

Grenzzugkraft einer hochfesten Schraube M 16 – 10.9 GV:

$N_{R,d}$ = 113,9 kN (Tafel **3.**5 a)

Ausnutzung der Tragfähigkeit

$$N_{1,d} \,/\, N_{R,d} = 56{,}09 \,/\, 113{,}9 = 0{,}49 < 1$$

e) Nachweis der Flanschverstärkung

Für Stützenstiele aus IPB 180 bzw. HE-B 180 ist eine Flanschaussteifung erforderlich, wenn der Flansch der Stiele nicht dick genug ist. Maßgebend hierfür sind die Werte der Tafel **10.**8.
Erforderliche Flanschdicke bei Aussteifung mit Rippen bei zweireihigem Anschluß mit $n = 2$ entsprechend Tafel **10.**8:

$$\text{erf } t_F \geq 1{,}0 \cdot d = 1{,}0 \cdot 16 = 16 \text{ mm}$$

vorhandene Flanschdicke bei Profil HE-B 180 bzw. IPB 180

$$\text{vorh } t_F = 14 \text{ mm} < \text{erf } t_F$$

Da die Flanschdicke des Rahmenstiels HE-B 180 nicht ausreicht, sind zusätzliche Aussteifungsrippen erforderlich.

Tafel **10.7** **Stirnplatten** für biegefeste Anschlüsse
Abmessung und Vermaßung in mm [13] [14]

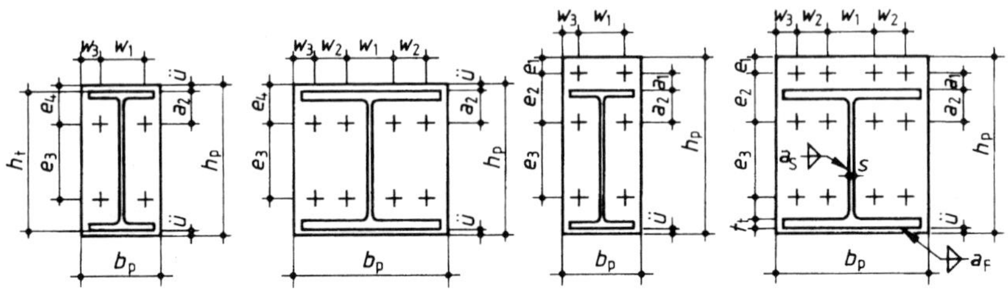

Naht-dicken
$a_F \geq t_t/2$
$a_S \geq s/2$

1	2	3	4	5	6	7	8	9	10
Schrauben-durchmesser	Trägeranschluß			Schraubenlochbild				Stirnplatten-breite b_p [1]) Anzahl vertikaler Schraubenreihen	
	$ü$ [2]) in mm	a_1 in mm	e_1 in mm	e_2 in mm	w_1 [1]) in mm	w_2 in mm	w_3 in mm	2 in mm	4 in mm
M 16	10 für $h_t \leq 200$ 20 für 200 $h_t < 400$ 30 für $h_t \geq 400$	30	25	$2\,a_1 + t_t - 1 + \Delta$ $0 \leq \Delta \leq 4$[3])	70	40	25	120	200
M 20		40	30		90	45	30	150	240
M 24		50	35		110	55	35	180	290
M 27		60	40		130	65	40	210	340
M 30		60	45		130	70	45	220	360
erf. Stützenflanschdicke t_{Fl} in Rahmen bei 2- und 4-reihigem Schraubenbild[4])	ausgesteift		rippenlos		Stirnplattendicke d_p			[4]) [5])	[4]) [5])
	2	4	2	4					
	0,8 d	1,0 d	1,1 d	1,4 d	← überstehend →			1,00 · d	1,25 · d
	1,0 d	1,25 d	1,0 d	1,3 d	← bündig →			1,50 · d	1,70 · d

[1]) für Trägerstegdicken > 10 mm sind diese Werte um 10 mm zu vergrößern
[2]) für HEB $ü = 10$ für $h_t < 200$, $ü = 20$ für $200 \leq h_t < 400$
[3]) Zuschlag für Aufrundung auf volle 5 mm
[4]) (d = Nenndurchmesser der Schraube)
[5]) Für die praktische Ausführung sind die Stirnplattendicken d_p jeweils auf volle 5 mm aufzurunden; Bei überstehenden Stirnplatten mit K-Nähten ist die Stirnplattendicke d_p um jeweils 10 mm zu erhöhen. Min d_p = 15 mm.

Tafel **10.8**: **Mindestdicke t_f der Stützenflansche** [13] [16]
bei Stirnplattenanschlüssen in Rahmenkonstruktionen

Anschlußart	Stirnplatte bündig $n=2$	Stirnplatte bündig $n=4$	Stirnplatte überstehend $n=2$	Stirnplatte überstehend $n=4$
rippenlos	1,0 d	1,3 d	1,1 d	1,4 d
ausgesteift	1,0 d	1,25 d	0,8 d	1,0 d

Es muß sein $t_f \geqq 0{,}5\, t_p$. Wegen Stegdicke s und Rundungsradius r des Stützenprofils muß sein $w_1 \gtrsim 2r + s + 1{,}87\, d$.

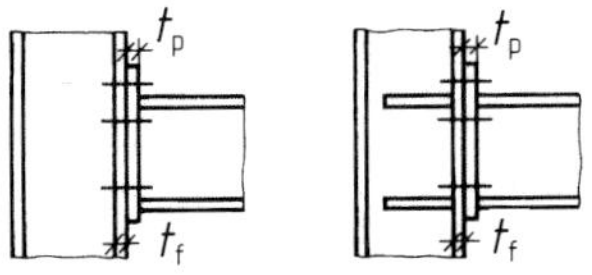

a) rippenlos b) ausgesteift

Bild 10.39 Stirnplattenanschluß an Stütze

Reicht die Dicke T_f des Stützenflanschs bei ausgesteiftem Anschluß nicht aus, sind unter den Schrauben im Zugbereich auf der Innenseite der Flansche möglichst große Futter mit Dicke $t_{Fu} = t_p$ anzuordnen.

Druckkraft am unteren Druckpunkt (untere Flanschkante) aus $\Sigma H = O$

$$2 \cdot (N_{1,d} + N_{2,d}) + N_{x,d} - D_d = 0$$

$$|D_d| = 2 \cdot (N_{1,d} + N_{2,d}) + N_{x,d} \qquad \text{Gl. (10.47)}$$

$$= 2 \cdot (56{,}09 + 0{,}7 \cdot 56{,}09) + 11{,}91 = 190{,}71 + 11{,}91$$

$$D_d = 202{,}62 \text{ kN}$$

gewählte Flanschverstärkung mit Aussteifungsrippen entsprechend Bild **10**.38:

Bl 80 x 80 x 10 mit 15 mm Eckverschnitt

$$A_{fv} = 2 \cdot 10 \cdot (80 - 15) = 1300 \text{ mm}^2 = 13{,}0 \text{ cm}^2$$

Druckspannung

$$\sigma_D = D_d / A_{fv} = 202{,}62 / 13{,}0 = 15{,}59 \text{ kN/cm}^2$$

$$\sigma_D / \sigma_{R,d} = 15{,}59 / 20{,}7 = 0{,}75 < 1$$

Schweißnähte gewählt

$$a_w = 4 \text{ mm}, \; l_w = 2 \cdot 4 \cdot 65 \text{ mm}$$

f) Nachweis Rahmenriegel IPE 180

Bemessungsmoment für Rahmenriegel in Feldmitte

$$M_{d,RR} = 27{,}71 \text{ kNm}$$

Bemessungsnormalkraft Rahmenriegel

$$N_{d,R} = 11{,}91 \text{ kN}$$

Biegung mit Längskraft

Spannung am Druckrand:

$$\text{vorh } \sigma_{NB} = \frac{N_{Rd,R}}{A} + \frac{M_{d,RR}}{W_y} = \frac{11{,}91}{28{,}5} + \frac{2771}{194} = 0{,}42 + 14{,}28 \qquad \text{(Gl. 10.48)}$$

$$= 14{,}70 \text{ kN/cm}^2$$

$$\text{vorh } \sigma_{NB} / \sigma_{R,d} = 14{,}70 / (24/1{,}1)$$

$$= 0{,}67 < 1$$

Nachweis der Biegeknicksicherheit nicht erforderlich, da die Normalkraft gering ist und ein Ausweichen des Druckgurtes durch die Dachkonstruktion verhindert wird.

g) Nachweis Rahmenstiele HE-B 180 bzw. IPB 180

Die obere Rahmenecke ist gegen seitliches Ausweichen gehalten. Für die Rahmenstiele entfällt der Nachweis des Biegedrillknickens. Es genügt der Nachweis des Biegeknickens (Abschn. 7.5.1).

Die Rahmenstiele sind ausgefacht und können rechtwinklig zur z-Achse nicht ausknicken. Daher ist nur der Nachweis für Druck und einachsige Biegung rechtwinklig zur y-Achse erforderlich (Abschn. 8.2.2).

Querschnittswerte für Rahmenstiele HE-B 180 bzw. IPB 180
Querschnittsfläche $A = 65{,}3\ \text{cm}^2$
Trägheitsradius $i_y = 7{,}66\ \text{cm}$
Widerstandsmoment $W_y = 426\ \text{cm}^3$
Trägheitsmoment $I_y = 3830\ \text{cm}^4$

Bemessungsnormalkraft Rahmenstiel $N_{d,S} = Q_{d,R} = 46{,}53\ \text{kN}$
Bemessungsmoment Rahmenecke $M_{d,RE} = M_{y,d,S} = 35{,}74\ \text{kNm}$
Beanspruchbarkeiten $N_{pl,d} = 1420\ \text{kN}$ (Tafel **7.**6)
$M_{pl,d} = 106\ \text{kNm}$ (Tafel **7.**7)

Knicklänge

$$s_K = \beta_K \cdot h = 1{,}0 \cdot 3{,}00 = 3{,}00\ \text{m}$$

Bedingung a) (Abschn. 7.5.1):

Biegeknicklast

$$N_{K,d} = \frac{\pi^2 \cdot E \cdot I}{s_K{}^2 \cdot \gamma_M} = \frac{\pi^2 \cdot 21000 \cdot 3830}{300^2 \cdot 1{,}1} = 8010\ \text{kN} \qquad \text{(Gl. 10.49)}$$

Sicherheit

$$\frac{N_{d,S}}{0{,}1 \cdot N_{K,d}} = \frac{46{,}53}{0{,}1 \cdot 8010} = 0{,}06 < 1 \qquad \text{(Gl. 10.50)}$$

Bedingung c)

Stabkennzahl ε

$$\varepsilon = h \cdot \sqrt{\frac{N_{d,S}}{(E \cdot I)/\gamma_M}} = 300 \cdot \sqrt{\frac{46{,}53}{21000 \cdot 3830 / 1{,}1}} = 0{,}24 \qquad \text{(Gl. 10.51)}$$

$$\beta_K \cdot \varepsilon = 1{,}0 \cdot 0{,}24 = 0{,}24 < 1$$

Der Nachweis des Biegeknickens kann entfallen, da die Bedingungen a) und c) erfüllt sind. Es ist nur der Nachweis für Druck und einachsige Biegung rechtwinklig zur y-Achse zu führen.

$s_{K,y} = \beta_K \cdot h = 1{,}0 \cdot 3{,}00 = 3{,}00\ \text{m}$
$\lambda_{K,y} = s_{K,y} / i_y = 300 / 7{,}66 = 39{,}2$
$\bar{\lambda}_{K,y} = \lambda_{K,y} / \lambda_a = 39{,}2 / 92{,}9 = 0{,}42$
$h/b = 180/180 = 1{,}0 < 1{,}2 \rightarrow$ Knickspannungslinie b nach Tafel 7.4
$\varkappa_y = 0{,}92$ nach Tafel **7.**5

Verzweigungslastfaktor

$$\eta_{Ki,d} = \frac{\pi^2 \cdot E \cdot I_y}{N_d \cdot s_K{}^2 \cdot \gamma_M} = \frac{\pi^2 \cdot 21000 \cdot 3830}{46{,}53 \cdot 300^2 \cdot 1{,}1} = 172{,}2 \qquad \text{(Gl. 10.52)}$$

$$\psi = 0$$

Momentenbeiwert für Biegeknicken nach Tafel 8.1

$\beta_{m,y} = 0{,}66 + 0{,}44\ \psi = 0{,}66 > 0{,}44$
$\geq 1 - (1/\eta_{Ki,d}) = 1 - (1/172{,}2) = 0{,}994$ (dieser Wert ist maßgebend)

Biegeknicksicherheit

$$\frac{N_d}{\varkappa_y \cdot N_{pl,d}} + \beta_{m,y} \cdot \frac{M_d}{M_{pl,d}} + \Delta n \qquad \text{(Gl. 10.53)}$$

$$= \frac{46{,}53}{0{,}92 \cdot 1420} + 0{,}994 \cdot \frac{35{,}74}{106} + 0{,}1 = 0{,}04 + 0{,}33 + 0{,}1$$

$= 0{,}47 < 1$ Biegeknicksicherheit vorhanden

11 Statische Berechnung

Die statische Berechnung ist ein Nachweis für Standsicherheit und Gebrauchsfähigkeit der tragenden Konstruktion. Durch sie wird die Tragfähigkeit und Standsicherheit sämtlicher statisch beanspruchter Bauteile eines zu erstellenden Bauwerkes rechnungsmäßig nachgewiesen.

Für das geplante Gebäude wird vom Architekten zunächst ein Vorentwurf angefertigt. Dieser Vorentwurf erfaßt die zeichnerische Lösung der wesentlichsten Teile der Bauaufgabe. Wenn der Bauherr mit der Lösung einverstanden ist, folgen die Verhandlungen mit den behördlichen Stellen über die Genehmigungsfähigkeit. Nach dem danach entstehenden Entwurf beginnt die Arbeit an der statischen Berechnung. Im Zuge der Festigkeitsberechnung werden die Abmessungen der statisch beanspruchten Bauteile festgelegt, und die Standsicherheit des gesamten Bauwerks wird nachgewiesen. Nach dieser statischen Berechnung werden die Ausführungszeichnungen mit allen für die Herstellung des Bauwerks erforderlichen Maßen und Angaben angefertigt.

Statische Berechnungen sind aufzustellen für alle neuen genehmigungspflichtigen baulichen Anlagen über und unter der Erde und für die Herstellung oder Veränderung von tragenden Bauteilen bei bestehenden baulichen Anlagen.

11.1 Angaben der statischen Berechnung

Die statische Berechnung und die erforderlichen Zeichnungen sind i. allg. der zuständigen Bauaufsichtsbehörde in zweifacher Ausführung zur Genehmigung einzureichen. Es müssen alle erforderlichen Angaben gemacht werden: Kennzeichnung, Nutzungszweck, Beschreibung, Lage, Größe sowie Konstruktion des Bauwerkes. Genannt werden außerdem die maßgebenden Bauvorschriften, die verwendete Fachliteratur, die Quelle für außergewöhnliche Formeln, die vorgesehenen Baustoffe mit den zulässigen Spannungen, der vorhandene Baugrund mit den zulässigen Bodenpressungen.

Bei umfangreichen Berechnungen ist ein Inhaltsverzeichnis zweckmäßig. Die einzelnen Bauteile werden in der Reihenfolge berechnet, die der Lastenübertragung von oben bis zum Baugrund entspricht. Die Berechnung wird unterschrieben vom Bearbeiter und vom Bauherrn.

11.2 Form der statischen Berechnung

Für die statische Berechnung soll das DIN-Format A 4 verwendet werden. Das Schriftfeld ist ≈ 12 cm breit zu wählen, so daß der linke Seitenteil für erläuternde Skizzen oder Prüfbemerkungen frei bleibt. Jedes einzelne Bauteil wird als getrennte Position vor dem Berechnungsgang durch Überschrift bezeichnet und numeriert. Diese Positionsnummern sind auf beizulegenden Positionsplänen verzeichnet. Daraus ist zu ersehen, wo das berechnete Bauteil im Bauwerk liegt.

An einem Beispiel soll im folgenden der Aufbau einer statischen Berechnung gezeigt werden. Es wird damit gleichzeitig der Versuch unternommen, verschiedene Berechnungsarten und die Anwendung des bisher behandelten Stoffes im Zusammenhang eines ganzen Bauwerkes zu zeigen. Man möge sich aber hüten, dieses Beispiel als „Rechenrezept" für andere Bauwerke zu benutzen. Jeder Bau ist anders geartet, jede Konstruktion muß als Ganzes und im Detail durchdacht werden.

Im folgenden Beispiel für eine statische Berechnung zum Neubau eines Einfamilien-Wohnhauses wurde aus drucktechnischen Gründen auf einen breiten Rand links jeder Seite verzichtet.

11.3 Berechnungsbeispiel

STATISCHE BERECHNUNG

zum Neubau eines Einfamilien-Wohnhauses für . . . .
(Bauherr)

in . . . .
(Ort) (Straße)

Dieser statischen Berechnung werden folgende Vorschriften, Baustoffe und Unterlagen zugrunde gelegt:

1. Die zur Zeit gültigen Baubestimmungen
   DIN 1045 Beton und Stahlbeton; Bemessung und Ausführung
   DIN 1052 Holzbauwerke; Berechnung und Ausführung
   DIN 1053 Mauerwerk; Berechnung und Ausführung
   DIN 1054 Baugrund; Zulässige Belastung des Baugrunds
   DIN 1055 Lastannahmen für Bauten

2. Die Baustoffe
   Nadelholz Sortierklasse S 10
   Stahlbeton B 25 für Rähme, Balken und Platten
   Betonstahl BSt 500 S (Stahl IV S) für Bewehrungen der Rähme und Balken
   Betonstahlmatten BSt 500 M (Stahl IV M) für Bewehrungen der Platten
   Beton B 15 für unbewehrte Fundamente
   Mauerwerk Hbl 2-0,6, Mörtelgruppe II für Kellergeschoß
   Mauerwerk KS 12-1,4, Mörtelgruppe II für Kellergeschoß
   unbelastete leichte Trennwände: Wandlast ≦ 1,5 kN/m^2
   Baugrund: steifer toniger Schluff

3. Die Zeichnungen

   Zeichnungs-Nr. . . . . des Architekten . . . . vom . . . . M 1:100

4. Die Baubeschreibung

   Das eingeschossige Gebäude wird als Wohnhaus genutzt. Es ist vollständig unterkellert und mit einem Satteldach überdacht.

Länge: 9,99 m	Breite: 7,115 m	Höhe: Dachboden	1,80 m
		Erdgeschoß	2,75 m
		Kellergeschoß	2,25 m
Gründungstiefe unter Gelände			1,80 m
höchster Grundwasserstand unter Gelände			2,50 m
Firsthöhe über Gelände			5,50 m

Dach

Dachkonstruktion	Pfettendach aus Kanthölzern
Dachneigung	$\alpha = 27°$
Dachdeckung	Flachdachpfannen ohne Verstrich
Dachboden	keine Nutzung

Erdgeschoß

Decke	Holzbalkendecke mit Einschub
Mauerwerk	Hohlblocksteine 300 mm mit Wärmedämmverbundsystem
Fenster	Holzrahmen mit Isolierverglasung
Fußboden	schwimmender Zementestrich mit verschiedenen Belägen

Kellergeschoß

Decke	massive Stahlbetonplatte
Mauerwerk	Kalksandsteinmauerwerk mit Verputz und Sperranstrich
Fußboden	Betonplatte mit Zementestrich
Fundamente	Streifenfundamente aus unbewehrtem Beton

Die statische Berechnung umfaßt 15 Seiten mit 22 Positionen. Sie ist gegliedert in

Abschnitt I	Pfettendach und Deckenbalken	S. 342
Abschnitt II	Erdgeschoß	S. 348
Abschnitt III	Kellergeschoß und Fundamente	S. 352
Positionsplan		S. 356

Hinweis:
Die Bemessung der Stahlbeton-Bauteile (Pos. 9, 12, 13, 18 und 19) wird hier nicht erläutert. Für die Bemessung wird auf weiterführende Literatur verwiesen [9].

Abschnitt I Pfettendach und Deckenbalken

Statisches System

Dachneigung $\alpha = 27°$ $\sin\alpha = 0{,}4540$ $\cos\alpha = 0{,}8910$ $\tan\alpha = 0{,}5095$

Stützweite $l = b/2 = 6{,}70/2 = 3{,}35$ m

Höhe $h = l \cdot \tan\alpha = 3{,}35 \cdot 0{,}5095 = 1{,}70$ m

Schräge Länge $l_s = l/\cos\alpha = 3{,}35/0{,}8910 = 3{,}76$ m

Binderentfernung 2,80 m + 2,80 m + 4,10 m

Sparrenabstand $a = 0{,}75$ m

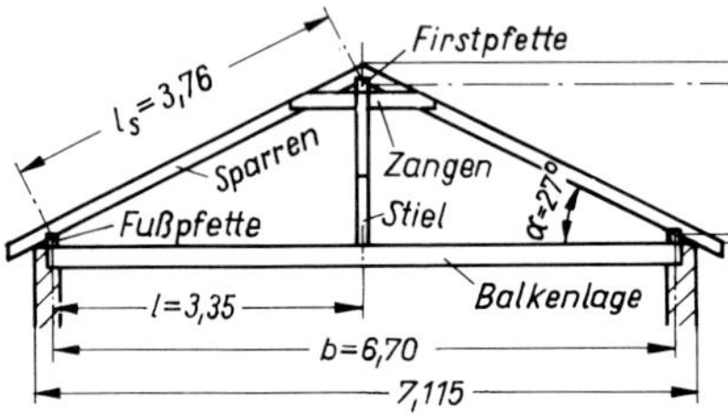

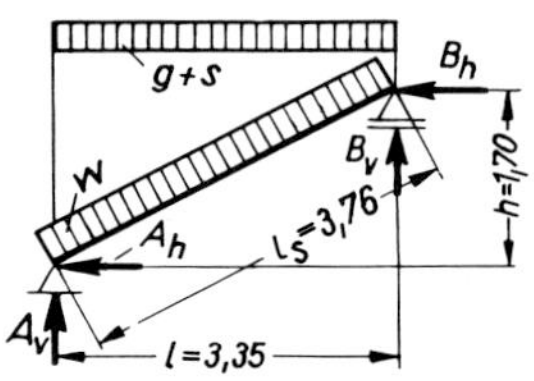

Pos. 1 Dachsparren 80/140 mm aus Nadelholz S10

1. Statisches System
(schräger Träger auf 2 Stützen)

2. Belastung

2.1 Vertikale Belastung je m² Grundfläche

Eigenlast Sparren $g_{Sp}/(a \cdot \cos\alpha) = 0{,}08/(0{,}75 \cdot 0{,}8910)$ $= 0{,}12$ kN/m²

Dachdeckung Flachdachpfannen $(0{,}55 + 0{,}10)/0{,}8910$ $= 0{,}73$ kN/m²

$g = 0{,}85$ kN/m²

Verkehrslast Schnee $s = k_s \cdot s_0 = 1{,}0 \cdot 0{,}75$ – $s = 0{,}75$ kN/m²

$g + s = 1{,}60$ kN/m²

2.2 Rechtwinklige Belastung je m² Dachfläche

Winddruck $w_d = c_p \cdot q + 25\%$

mit $c_p = 0{,}3 + (0{,}4 - 0{,}3) \cdot \frac{2}{5} = 0{,}3 + 0{,}04 = 0{,}34$

$w_d = 0{,}34 \cdot 0{,}50 \cdot 1{,}25 =$ $w_d = 0{,}21$ kN/m²

Windsog $w_s = -0{,}6 \cdot q = -0{,}6 \cdot 0{,}50 =$ $w_s = -0{,}30$ kN/m²

2.3 Wind- und Schneelast je Sparrenfeld

$W + S = (w_d + s) \cdot l \cdot a = (0{,}21 + 0{,}75) \cdot 3{,}35 \cdot 0{,}75 = 2{,}41 \text{ kN} > 2 \text{ kN}$

3. Schnittgrößen

$A_v = B_v = q \cdot l/2 = (1{,}60 + 0{,}21)3{,}35/2 = 3{,}03$ kN/m

$A_{hd} = w_d \cdot h = 0{,}21 \cdot 1{,}70$ $= 0{,}36$ kN/m

$A_{hs} = w_s \cdot h = -0{,}30 \cdot 1{,}70$ $= -0{,}51$ kN/m

$$M_{(g+s+w)} = \frac{(g+s+w_d)\cdot l^2}{8}\cdot a + \frac{w_d \cdot h^2}{8}\cdot a$$

$$= \frac{(1{,}60+0{,}21)\cdot 3{,}35^2}{8}\cdot 0{,}75 + \frac{0{,}21\cdot 1{,}70^2}{8}\cdot 0{,}75$$

$$= 1{,}90 + 0{,}06 \qquad = 1{,}96 \text{ kNm}$$

4. **Bemessung** (nur auf Biegung)

erf $W_y = M/\text{zul}\ \sigma_B = 196/1{,}0 = 196 \text{ cm}^3$

Sparren **80/140 mm** mit $W_y = 261 \text{ cm}^3$

vorh $\sigma_B = M/\text{vorh}\ W_y = 196/261 = 0{,}75 \text{ kN/cm}^2$

$= 7{,}5 \text{ N/mm}^2$

zul $\sigma_B = 10 \text{ N/mm}^2$

$$\frac{\text{vorh}\ \sigma_B}{\text{zul}\ \sigma_B} = \frac{7{,}5}{10} = 0{,}75 < 1$$

$$\text{vorh}\ f = \frac{\text{vorh}\ \sigma_B \cdot (l_s \cdot l_z)^2}{h \cdot k_f} = \frac{7{,}5\cdot(3{,}76-0{,}40)^2}{14\cdot 4{,}8} = 1{,}26 \text{ cm}$$

$$\text{zul}\ f = \frac{l'_s}{200} = \frac{376-40}{200} = 1{,}68 \text{ cm}$$

$$\frac{\text{vorh}\ f}{\text{zul}\ f} = \frac{1{,}26}{1{,}68} = 0{,}75 < 1$$

Pos. 2 Firstpfette 160/180 mm aus Nadelholz S 10

1. **Statisches System**

(Berechnung als Einfeldträger)

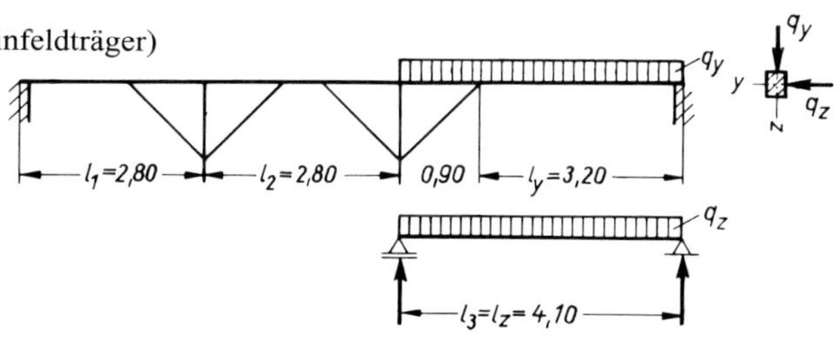

2. **Belastung**

2.1 Vertikale Belastung q_y

Eigenlast Pfette		= 0,19 kN/m
Last aus Sparren Pos. 1	$2\cdot B_v = 2\cdot 3{,}03$	= 6,06 kN/m
		q_y = 6,25 kN/m

2.2 Horizontale Belastung q_z

Last aus Sparren Pos. 1	$B_{hD} + B_{hS} = 0{,}18 + 0{,}26$	$q_z \approx 0{,}45$ kN/m

3. **Schnittgrößen**

$A_v = q_y \cdot (l_2 + l_3)/2 = 6{,}25 \cdot (2{,}80 + 4{,}10)/2$	= 21,56 kN
$\max M_y = q_y \cdot l_y^2/8 = 6{,}25 \cdot 3{,}20^2/8$	= 8,00 kNm
$\max M_z = q_z \cdot l_z^2/8 = 0{,}45 \cdot 4{,}10^2/8$	= 0,95 kNm

4. Bemessung (nach Nomogramm für zweiachsige Biegung Bild **4.**34)

Pfette **160/180 mm** mit $W_y = 864\ \text{cm}^3$ $\quad W_z = 768\ \text{cm}^3$

$$\text{vorh}\ \sigma_B = \frac{M_y}{W_y} + \frac{M_z}{W_z} = \frac{800}{864} + \frac{95}{768} = 0{,}93 + 0{,}12$$

$$= 1{,}05\ \text{kN/cm}^2 = 10{,}5\ \text{N/mm}^2$$

$$\text{zul}\ \sigma_B = 1{,}25 \cdot 10 = 12{,}5\ \text{N/mm}^2 \text{ für Lastfall HZ}$$

$$\frac{\text{vorh}\ \sigma_B}{\text{zul}\ \sigma_B} = \frac{10{,}5}{12{,}5} = 0{,}84 < 1$$

$$\text{vorh} f_y = \text{vorh}\ \sigma_y \cdot l_y^2/(h \cdot k_f) = 9{,}3 \cdot 3{,}20^2/(18 \cdot 4{,}8) = 1{,}10\ \text{cm}$$

$$\text{vorh} f_z = \text{vorh}\ \sigma_z \cdot l_z^2/(b \cdot k_f) = 1{,}2 \cdot 4{,}10^2/(16 \cdot 4{,}8) = 0{,}26\ \text{cm}$$

$$\max f \approx \sqrt{f_y^2 + f_z^2} = \sqrt{1{,}10^2 + 0{,}26^2} = 1{,}13\ \text{cm}$$

$$\text{zul} f = l_y/200 = 1{,}60\ \text{cm}$$

$$\frac{\max f}{\text{zul} f} = \frac{1{,}13}{1{,}60} = 0{,}71 < 1$$

Pos. 3 Zangen 2 · 24/120 mm aus Nadelholz S10

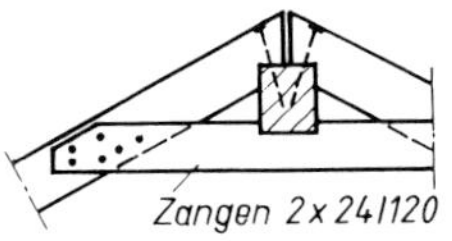

Konstruktiv gewählt für jedes Sparrenpaar unter der Firstpfette.
Verbindung durch je 6 Nägel 31 · 70

Pos. 4 Pfettenstiele 120/120 mm aus Nadelholz S10

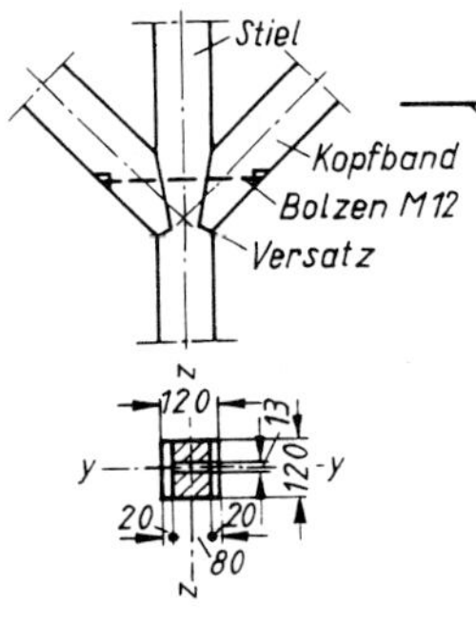

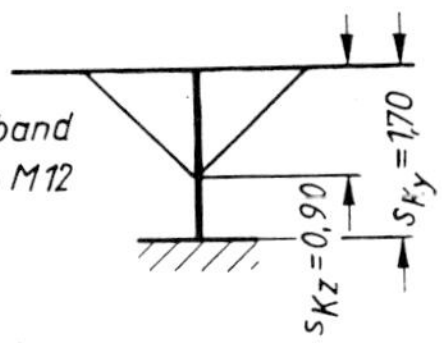

1. **Statisches System** (Knickstab)
2. **Belastung**

Eigenlast Stiel + Kopfbänder		= 0,44 kN
Last aus Pfette Pos. 2,	A_v	= 21,56 kN
	N	= 22,00 kN

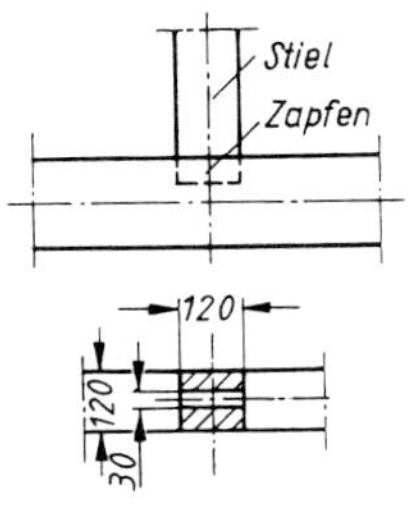

3. **Bemessung**

3.1 Nachweis für Knicken am Kopfbandanschluß

Stiel **120/120 mm** mit $A = 144\ \text{cm}^2$ $\quad i_z = 3{,}46\ \text{cm}$

$$A_n = A - \Delta A = 144{,}0 - 2 \cdot 2{,}0 \cdot 12{,}0 - 8{,}0 \cdot 1{,}3$$

$$= 144{,}0 - 48{,}0 - 10{,}4 = 85{,}6\ \text{cm} \qquad \min I_y \approx 1100\ \text{cm}^4$$

$$i_y = \sqrt{\min I_y/A_n} = \sqrt{1100/85{,}6} = 3{,}58\ \text{cm}$$

$$\lambda_y = s_{Ky}/i_y = 170/3{,}58 = 47{,}5 \qquad \omega_y = 1{,}37$$

$$\lambda_z = s_{Kz}/i_z = 90/3{,}46 = 26{,}0 \qquad \omega_z = 1{,}12$$

$\text{vorh}\ \sigma_{Ky} = N \cdot \omega_y / A_n = 22{,}00 \cdot 1{,}37/85{,}6$
$= 0{,}35\ \text{kN/cm}^2 = 3{,}5\ \text{N/mm}^2$

$\text{zul}\ \sigma_{D\|} = 1{,}25 \cdot 8{,}5 = 10{,}6\ \text{N/mm}^2$

$$\frac{\text{vorh}\ \sigma_{Ky}}{\text{zul}\ \sigma_{D\|}} = \frac{3{,}5}{10{,}6} = 0{,}33 < 1$$

3.2 Nachweis für Druck an Pfette und Deckenbalken

$A_n = A - \Delta A = 144{,}0 - 12{,}0 \cdot 3{,}0 = 144{,}0 - 36{,}0 = 108{,}0\ \text{cm}^2$

$\text{vorh}\ \sigma_{D\perp} = N/A_n = 22{,}00/108{,}0$
$= 0{,}20\ \text{kN/cm}^2 = 2{,}0\ \text{N/mm}^2$

$\text{zul}\ \sigma_{D\perp} = 1{,}25 \cdot 2{,}0 = 2{,}5\ \text{N/mm}^2$

$$\frac{\text{vorh}\ \sigma_{D\perp}}{\text{zul}\ \sigma_{D\perp}} = \frac{2{,}0}{2{,}5} = 0{,}80 < 1$$

Pos. 5 Kopfbandstreben 120/120 mm aus Nadelholz S 10

1. **Statisches System** (Knickstab)
Kopfbandneigung $\alpha = 45°$
Knicklänge $s_K = a\sqrt{2} = 90\sqrt{2} = 128$ cm
oder $s_K = a/\sin\alpha = 90/0{,}7071 = 128$ cm

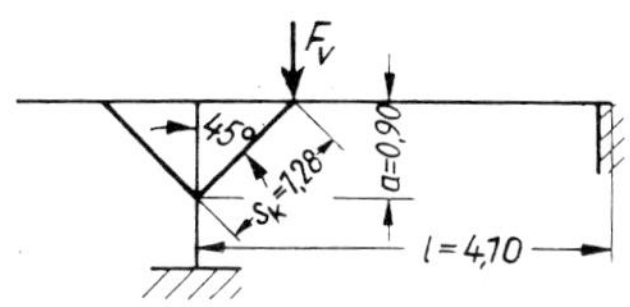

2. **Belastung und Schnittgrößen**
Als vertikale Belastung wird die Stützenlast aus dem halben Feld den Kopfbandstreben zugeordnet.
$F_v = q_y \cdot l/2 = 6{,}25 \cdot 4{,}10/2 = 12{,}8$ kN $\quad N = F_v/\sin\alpha = 12{,}8/0{,}7071 = 18{,}1$ kN
Wegen des Versatzes wirkt die Kraft N ausmittig
erforderliche Versatztiefe $\quad t_v = N/0{,}7\,b = 18{,}1/0{,}7 \cdot 10{,}0 \approx 2{,}5$ cm
vorhandene Ausmitte $\quad e = \frac{h}{2} - \frac{t_v}{2} = \frac{12{,}0}{2} - \frac{2{,}5}{2} = 4{,}75$ cm
Biegemoment durch Ausmitte $\quad M = N \cdot e = 18{,}1 \cdot 4{,}75 = 86$ kNcm

3. **Bemessung** (Nachweis für Längskraft mit Biegung)
Kopfbandstrebe **120/120 mm** mit $A = 144\ \text{cm}^2$
$\Delta A = 12{,}0 \cdot 1{,}3 \approx 16\ \text{cm}^2 \quad A_n = 128\ \text{cm}^2$
$W_y = 288\ \text{cm}^3 \quad W_{yn} = 220\ \text{cm}^3 \quad i_z = 3{,}46$ cm
$\max\lambda = s_K/\min i = 128/3{,}46 = 37$

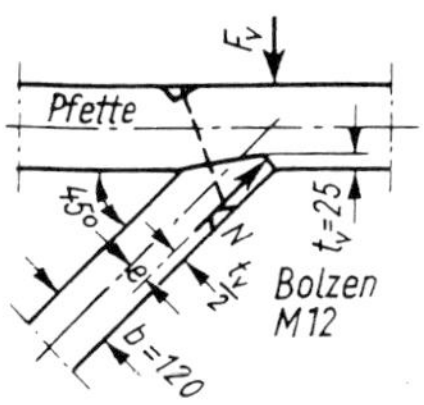

$$\text{vorh}\ \sigma_{NB} = \frac{N}{A_n} + \frac{\text{zul}\ \sigma_{D\|}}{\text{zul}\ \sigma_B} \cdot \frac{M_E}{W_{yn}} = \frac{18{,}1}{128} + \frac{0{,}85}{1{,}00} \cdot \frac{86}{220} = 0{,}14 + 0{,}85 \cdot 0{,}39$$
$$= 0{,}14 + 0{,}33 = 0{,}47\ \text{kN/cm}^2 = 4{,}7\ \text{N/mm}^2$$

$\text{zul}\ \sigma_{D\|} = 1{,}25 \cdot 8{,}5 = 10{,}6\ \text{N/mm}^2$

$$\frac{\text{vorh}\ \sigma_{NB}}{\text{zul}\ \sigma_{D\|}} = \frac{4{,}7}{10{,}6} = 0{,}44 < 1$$

$$\text{vorh } \sigma_K = \frac{N \cdot \omega}{A} + \frac{\text{zul } \sigma_{D\|}}{\text{zul } \sigma_B} \cdot \frac{M}{W_y} = \frac{18{,}1 \cdot 1{,}22}{144} + \frac{0{,}85}{1{,}00} \cdot \frac{86}{288} = 0{,}15 + 0{,}25$$

$$= 0{,}40 \text{ kN/cm}^2 = 4{,}0 \text{ N/mm}^2$$

$$\text{zul } \sigma_{D\|} = 1{,}25 \cdot 8{,}5 = 10{,}6 \text{ N/mm}^2$$

$$\frac{\text{vorh } \sigma_K}{\text{zul } \sigma_{D\|}} = \frac{4{,}0}{10{,}6} = 0{,}38 < 1$$

Pos. 6 Fußpfetten 120/100 mm aus Nadelholz S 10

Konstruktiv gewählt mit Verankerung auf Deckenbalken und auf Stb.-Randbalken mit Bolzen M 12 in Abständen von $a = 1{,}50$ m

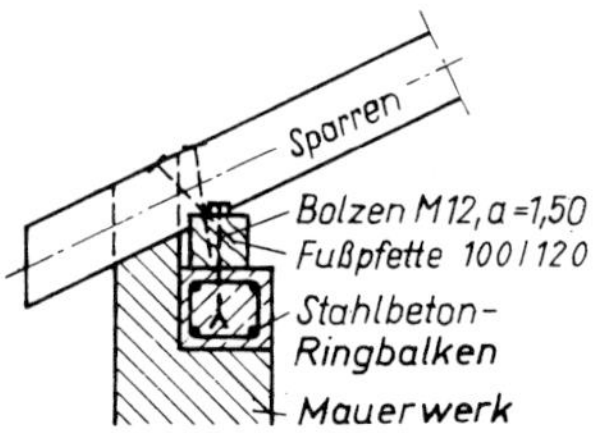

Pos. 7 Deckenbalken 120/160 mm aus Nadelholz S 10 über Wohnraum

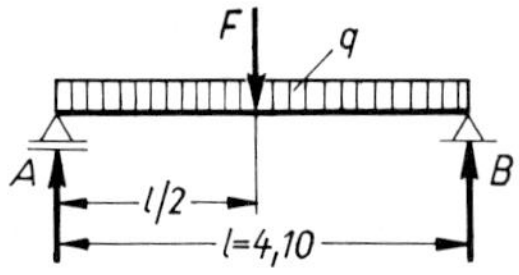

1. **Statisches System** (Träger auf 2 Stützen)

   Stützenweite $l = l_w \cdot 1{,}05 = 3{,}885 \cdot 1{,}05 \approx 4{,}10$ m

   Balkenabstand $a = 0{,}70$ m

2. **Belastung**

Eigenlast 0,11/0,70	= 0,16 kN/m²
Last aus Decke	
Einschub mit 12 cm Bims oder Schlacke 0,12 · 7,0	= 0,84 kN/m²
Dämmung mit Abdeckung	= 0,10 kN/m²
Putz auf Putzträger	= 0,40 kN/m²
ständige Last	q = 1,50 kN/m²
Ersatzlast für Reparaturarbeiten	F = 1,00 kN

3. **Schnittgrößen**

   $A = B = q \cdot l/2 + F = 1{,}50 \cdot 4{,}10/2 + 1{,}00 = 4{,}08$ kN/m

$$\max M = \frac{q \cdot l^2}{8} \cdot a + \frac{F \cdot l}{4} = \frac{1{,}50 \cdot 4{,}10^2}{8} \cdot 0{,}70 + \frac{1{,}0 \cdot 4{,}10}{4}$$

$$= 2{,}21 + 1{,}03 = 3{,}24 \text{ kNm} = 324 \text{ kNcm}$$

4. **Bemessung**

   erf $W_y = M/\text{zul } \sigma_B = 324/1{,}0 = 324 \text{ cm}^3$

   erf $I_y = c \cdot M \cdot l = 312 \cdot 2{,}21 \cdot 4{,}10 + 250 \cdot 1{,}03 \cdot 4{,}10$
   $= 2827 + 1056 = 3883 \text{ cm}^4$

   Deckenbalken **120/160 mm** mit $W_y = 512 \text{ cm}^3$ $I_y = 4096 \text{ cm}^4$

   vorh $\sigma_B = \max M/\text{vorh } W_y = 221/512 + 103/512 = 0{,}43 + 0{,}20$
   $= 0{,}63 \text{ kN/cm}^2 = 6{,}3 \text{ N/mm}^2$

   zul $\sigma_B = 10 \text{ N/mm}^2$

$$\frac{\text{vorh } \sigma_B}{\text{zul } \sigma_B} = \frac{6{,}3}{10} = 0{,}63 < 1$$

$\text{vorh}\, f = \text{vorh}\, \sigma_B \cdot l^2/(h \cdot k_f) = 4{,}3 \cdot 4{,}10^2/(16 \cdot 4{,}8) + 2{,}0 \cdot 4{,}10^2/(16 \cdot 6{,}0)$
$= 0{,}95 + 0{,}35 = 1{,}30$ cm

$\text{zul}\, f = l/300 = 410/300 = 1{,}37$ cm

$$\frac{\text{vorh}\, f}{\text{zul}\, f} = \frac{1{,}30}{1{,}37} = 0{,}95 < 1$$

Pos. 8 Deckenbalken 80/160 mm aus Nadelholz S 10 über Schlafraum, Flur, Küche

1. **Statisches System** (Zweifeld-Durchlaufträger)

Stützweiten

$l_1 = (2{,}01 + 0{,}115 + 1{,}135) \cdot 1{,}05 \approx 3{,}40$ m

$l_2 = 3{,}135 \cdot 1{,}05 \approx 3{,}30$ m

$$\frac{l_1 + l_2}{2} = \frac{3{,}40 + 3{,}30}{2} = 3{,}35 \text{ cm}$$

Balkenabstand $a = 0{,}70$ m

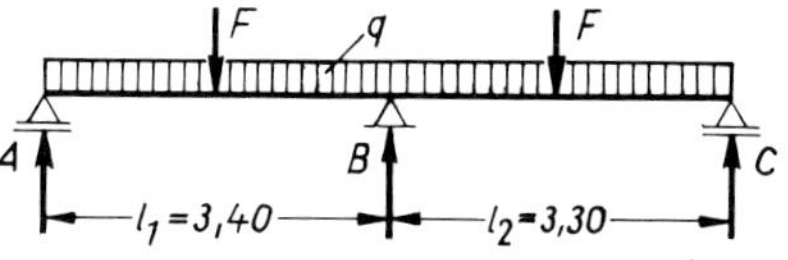

2. **Belastung**

s. Pos. 7 $q = 1{,}50$ kN/m² $F = 1{,}0$ kN

3. **Schnittgröße** (für Durchlaufträger)

$A = 0{,}375 \cdot q \cdot l_1 + F = 0{,}375 \cdot 1{,}50 \cdot 3{,}40 + 1{,}0 = 2{,}92$ kN

$C = 0{,}375 \cdot q \cdot l_2 + F = 0{,}375 \cdot 1{,}50 \cdot 3{,}30 + 1{,}0 = 2{,}86$ kN

$$B = 1{,}250 \cdot q \cdot \frac{l_1 + l_2}{2} + F = 1{,}250 \cdot 1{,}50 \cdot 3{,}35 + 1{,}0 = 7{,}28 \text{ kN}$$

$\max M_1 = 0{,}070 \cdot q \cdot l_1^2 \cdot a + 0{,}203 \cdot F \cdot l_1 = 0{,}070 \cdot 1{,}50 \cdot 3{,}40^2 \cdot 0{,}70$
$+ 0{,}203 \cdot 1{,}0 \cdot 3{,}40 = 0{,}85 + 0{,}69 = 1{,}54$ kNm

$\max M_2 = 0{,}070 \cdot q \cdot l_2^2 \cdot a + 0{,}203 \cdot F \cdot l_2 = 0{,}070 \cdot 1{,}50 \cdot 3{,}30^2 \cdot 0{,}70$
$+ 0{,}203 \cdot 1{,}0 \cdot 3{,}30 = 0{,}80 + 0{,}67 = 1{,}47$ kNm

$$\min M_B = -\,0{,}125 \cdot q \cdot \left(\frac{l_1 + l_2}{2}\right)^2 \cdot a - 0{,}186 \cdot F \cdot (l_2 + l_2)/2$$

$= -\,0{,}125 \cdot 1{,}50 \cdot 3{,}35^2 \cdot 0{,}70 - 0{,}186 \cdot 1{,}0 \cdot 3{,}35$
$= -\,2{,}09$ kNm $= -209$ kNcm

4. **Bemessung**

$\text{erf}\, W_y = \min M_B/\text{zul}\, \sigma_B = 209/1{,}0 = 209$ cm³

Deckenbalken **80/160 mm** mit $W_y = 341$ cm³

$\text{vorh}\, \sigma_B = \min M_B/\text{vorh}\, W_y = 209/341$
$= 0{,}61$ kN/cm² $= 6{,}1$ N/cm²

$\text{zul}\, \sigma_B = 10$ N/mm²

$$\frac{\text{vorh}\, \sigma_B}{\text{zul}\, \sigma_B} = \frac{6{,}1}{10} = 0{,}61 < 1$$

Abschnitt II Erdgeschoß

Anmerkung:

Die Bemessung von Stahlbetonbauteilen wird in dem Buch „Stahlbetonbau – Bemessung, Konstruktion, Ausführung" [9] im einzelnen erläutert.

Pos. 9 Stahlbeton-Ringbalken b/d = 17,5/16 cm auf den Außenwänden

Als Ringbalken und Auflager für Fußpfette bzw. Deckenbalken wird ein Stahlbeton-Ringbalken angeordnet mit Ankerbolzen M 12, a = 150 cm (s. Skizze Pos. 6).

Nachweis für Dachschub und Winddruck auf Wand

1. **Statisches System** (Träger auf 2 Stützen mit horizontaler Belastung)

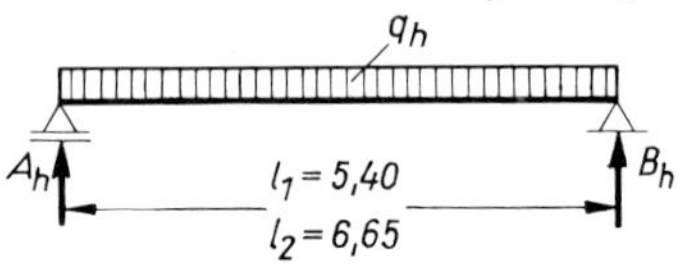

Auflagertiefe: $t_A = t_B = 17{,}5$ cm
Längswände: $l_1 = 5{,}26 + 2 \cdot 0{,}175/3 \approx 5{,}40$ m
Querwände: $l_2 = 6{,}51 + 2 \cdot 0{,}175/3 \approx 6{,}65$ m

2. **Belastung**

Last aus Dach, Pos. 1, A_{hD} = 0,13 kN/m
Winddruck auf Wand $w = c_p \cdot q \cdot h/2 = 0{,}8 \cdot 0{,}50 \cdot 2{,}75/2$ = 0,55 kN/m

q_{h1} = 0,68 kN/m
q_{h2} = 0,55 kN/m

3. **Schnittgrößen**

$$A_1 = q_{h1} \cdot l_1/2 = 0{,}68 \cdot 5{,}40/2 = 1{,}84 \text{ kN}$$

$$V'_{A1} = A_1 = q_{h1} \cdot \left(\frac{t_A}{3} + \frac{h}{2}\right) = 1{,}84 - 0{,}68 \cdot \left(\frac{0{,}175}{3} + \frac{0{,}14}{2}\right) = 1{,}75 \text{ kN}$$

$$M_1 = q_{h1} \cdot l_1^2/8 = 0{,}68 \cdot 5{,}40^2/8 = 2{,}48 \text{ kNm}$$

$$A_2 = q_{h2} \cdot l_2/2 = 0{,}55 \cdot 6{,}65/2 = 1{,}83 \text{ kN}$$

$$V'_{A2} = A_2 = q_{h2} \cdot \left(\frac{t_A}{3} + \frac{h}{2}\right) = 1{,}83 - 0{,}55 \cdot \left(\frac{0{,}175}{3} + \frac{0{,}14}{2}\right) = 1{,}76 \text{ kN}$$

$$M_2 = q_{h2} \cdot l_2^2/8 = 0{,}55 \cdot 6{,}65^2/8 - 3{,}04 \text{ kNm}$$

4. **Bemessung** für b/d = 17,5/16 cm

B 25; BSt 500 S (St IV S)

b = 17,5 cm $h = 17{,}5 - 2{,}0 - 0{,}6 - 1{,}0/2 = 14{,}4 \text{ cm} \approx 14$ cm $d = 0{,}16$ m

$h = k_h \sqrt{M/d}$ $14 = k_h \cdot \sqrt{3{,}04/0{,}16}$ $k_h = 3{,}2$ $k_s = 3{,}8$ $k_z = 0{,}92$

$A_s = M \cdot k_s/h = 3{,}04 \cdot 3{,}8/14 = 0{,}83 \text{ cm}^2$

$\tau_0 = Q'_A/(d \cdot h \cdot k_z) = 1{,}76/(16 \cdot 14 \cdot 0{,}92)$
$= 0{,}008 \text{ kN/cm}^2 = 0{,}08 \text{ N/mm}^2$

$\tau_{012} = 0{,}75 \text{ N/mm}^2$

$$\frac{\tau_0}{\tau_{012}} = \frac{0{,}08}{0{,}75} = 0{,}11 < 1$$

$a_{s\tau} = 16{,}7\, d \cdot \tau_0 = 16{,}7 \cdot 0{,}16 \cdot 0{,}08 = 0{,}21 \text{ cm}^2/\text{m}$

$s_{bü} \leqq 0{,}8\, b = 0{,}8 \cdot 17{,}5 \leqq 14$ cm

5. **Bewehrung**
   Umlaufend innen und außen je **2 IV ∅ 10** mit $A_s = 1{,}57\ \text{cm}^2$ je Seite
   Bügel **8 IV ∅ 6 je m** mit $a_{s\tau} = 2 \cdot 2{,}26 = 4{,}52\ \text{cm}^2/\text{m}$

Pos. 10 Stahlbeton-Balken *b/d* = 24/16 cm auf 24 cm Innenwand

Als Auflager für Deckenbalken und zur Aussteifung konstruktiv oben und unten je **1 IV ∅ 12** ohne Bügel

Pos. 11 Stahlbeton-Balken *b/d* = 11,5/16 cm auf 11,5 cm Innenwand

Zur Lastverteilung und Aussteifung konstruktiv oben und unten je **1 IV ∅ 12** ohne Bügel

Pos. 12 Stahlbeton-Balken *b/d* = 24/32 cm über Wohnzimmerfenster

1. **Statisches System** (Träger auf 2 Stützen)
   Auflagertiefe $t_A = t_B = 24$ cm

   Stützweite $l = 3{,}76 + 2 \cdot \dfrac{0{,}24}{3} \approx 3{,}95$ m

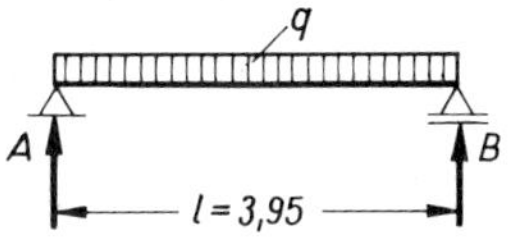

2. **Belastung**

Eigenlast $0{,}24 \cdot 0{,}32 \cdot 25$	$= 1{,}92$ kN/m
Dämmung $0{,}06 \cdot (0{,}32 - 0{,}06) \cdot 4$	$= 0{,}06$ kN/m
Last aus Deckenbalken Pos. 7, A	$= 4{,}08$ kN/m
Last aus Mauerwerk $0{,}30 \cdot \left(\dfrac{1{,}80 + 1{,}20}{2} + 0{,}25\right) \cdot 10$	$= 5{,}25$ kN/m
Sonstiges	$q = 0{,}19$ kN/m
	$q = 11{,}50$ kN/m

3. **Schnittgrößen**

   $A = B = q \cdot l/2 = 11{,}50 \cdot 3{,}95/2 = 22{,}71$ kN

   $$V'_A = A - q \cdot \left(\frac{t_A}{3} + \frac{h}{2}\right) = 22{,}71 - 11{,}50 \cdot \left(\frac{0{,}24}{3} + \frac{0{,}285}{2}\right) = 20{,}15\ \text{kN}$$

   $\max M = q \cdot l^2/8 = 11{,}50 \cdot 3{,}95^2/8 = 22{,}43$ kNm

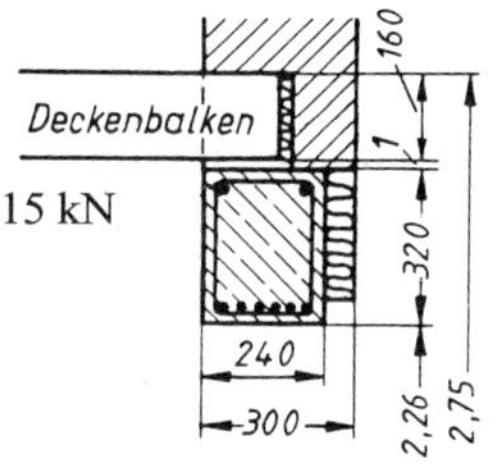

4. **Bemessung** für $b/d = 24/32$ cm
   B 25; BSt 500 S (St IV S)

   $d = 32$ cm $\quad h = 32 - 2{,}0 - 0{,}6 - 1{,}0/2 = 28{,}9$ cm $= 28{,}5$ cm $\quad b = 0{,}24$ m

   $h = k_h \sqrt{M/b} \quad 28{,}5 = k_h \cdot \sqrt{22{,}43/0{,}24} \quad k_h = 2{,}9 \quad k_s\ 3{,}9 \quad k_z = 0{,}90$

   $A_s = M \cdot k_s/h = 22{,}43 \cdot 3{,}9/28{,}5 = 3{,}07\ \text{cm}^2$

   $\tau_0 = V'_A/(b \cdot h \cdot k_z) = 20{,}15/(24 \cdot 28{,}5 \cdot 0{,}90)$
   $= 0{,}033\ \text{kN/m}^2 = 0{,}33\ \text{N/mm}^2$

   $\tau_{012} = 0{,}75\ \text{N/mm}^2$

   $$\frac{\tau_0}{\tau_{012}} = \frac{0{,}33}{0{,}75} = 0{,}44 < 1$$

   $\alpha_{s\tau} = 16{,}7\ b \cdot \tau_0 = 16{,}7 \cdot 0{,}24 \cdot 0{,}33 = 1{,}32\ \text{cm}^2/\text{m}$

   $s_{bü} \leqq 0{,}8\ d \leqq 0{,}8 \cdot 32 \leqq 25{,}6$ cm

5. Bewehrung

unten **6 IV ∅ 10** mit $A_s = 4{,}71\ \text{cm}^2$

oben **2 IV ∅ 10** (aus Stb.-Ringbalken Pos. 9)

Bügel **6 IV ∅ 6 je m** mit $a_{s\tau} = 2 \cdot 1{,}70 = 3{,}40\ \text{cm}^2/\text{m}$

Pos. 13 Stahlbeton-Fertigteilbalken *b*/*d* = 2 · 11/16 cm über Fenster

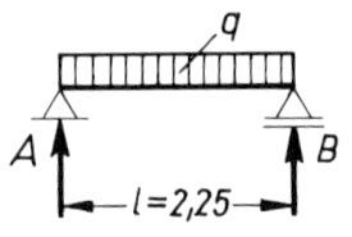

lichte Weite $l_w = 2{,}01$ m

1. Statisches System (Träger auf 2 Stützen)

Stützweite $l = 2{,}01 + 2 \cdot 0{,}24/3 \approx 2{,}25$ m

2. Belastung

Eigenlast $0{,}11 \cdot 2 \cdot 0{,}16 \cdot 25$	= 0,88 kN/m
Dämmung $0{,}06 \cdot (0{,}16 - 0{,}06) \cdot 4$	= 0,03 kN/m
Last aus Dachsparren Pos. 1, A_v	= 3,03 kN/m
Last aus Deckenbalken Pos. 8, C	= 2,86 kN/m
Last aus Mauerwerk + Sonstiges	= 0,20 kN/m
	q = 7,00 kN/m

3. Schnittgrößen

$A = B = q \cdot l/2 = 7{,}0 \cdot 2{,}25/2 = 7{,}88$ kN

max $M = q \cdot l^2/8 = 7{,}0 \cdot 2{,}25^2/8 = 4{,}43$ kNm

4. Bemessung für $b/d = 2 \cdot 11/16$ cm

B 25; BSt 500 S (St IV S)

$d = 16$ cm $\quad h = 16 - 2{,}0 - 0{,}6 - 1{,}0/2 = 12{,}9 \text{ cm} \pm 12{,}5 \text{ cm} \quad b = 0{,}11$ m

$h = k_h \sqrt{M/b} \quad 12{,}5 = k_h \cdot \sqrt{4{,}43/(2 \cdot 0{,}11)} \quad k_h = 2{,}79 \quad k_s = 3{,}8 \quad k_z = 0{,}92$

$A_s = M \cdot k_s/h = 4{,}43 \cdot 3{,}8/12{,}5 = 1{,}35\ \text{cm}^2$ insgesamt

$\tau_0 = V'_A/(b \cdot h \cdot k_z) = 7{,}88/(2 \cdot 11 \cdot 12{,}5 \cdot 0{,}92)$

$= 0{,}031\ \text{kN/cm}^2 = 0{,}31\ \text{N/mm}^2$

$\tau_{012} = 0{,}75\ \text{N/mm}^2$

$$\frac{\tau_0}{\tau_{012}} = \frac{0{,}31}{0{,}75} = 0{,}41 < 1$$

$a_{s\tau} = 16{,}7\, b \cdot \tau_0 = 16{,}7 \cdot 2 \cdot 0{,}11 \cdot 0{,}31 = 1{,}14\ \text{cm}^2/\text{m}$

$s_{bü} \leqq 0{,}8\, d \leqq 0{,}8 \cdot 16 \leqq 12{,}8$ cm

5. Bewehrung

unten je **2 IV ∅ 10** mit $A_s = 2 \cdot 1{,}57 = 3{,}14\ \text{cm}^2$ oben je **2 IV ∅ 6** konstruktiv

Bügel **8 IV ∅ 6 je m** mit $a_{s\tau} = 2 \cdot 2{,}26 = 4{,}52\ \text{cm}^2/\text{m}$

Pos. 14 Stahlbeton-Fertigteilbalken *b*/*d* = 2 · 11/16 cm über Fenster *l* = 1,51 m

Bewehrung konstruktiv wie Pos. 13

unten **je 2 IV ∅ 10** oben **je 2 IV ∅ 6** mit Korb aus einfacher Bügelmatte

Pos. 15 Stahlbeton-Fertigteilbalken *b*/*d* = 2 · 11/16 cm über Öffnung l_w = 1,01 m und 0,885 m

Bewehrung konstruktiv wie Pos. 13

unten **je 2 IV ∅ 10** oben **je 2 IV ∅ 6** mit Korb aus einfacher Bügelmatte

Pos. 16 Mauerwerk, Außenwände d = 240 + 60 mm, GS 6/I

1. Leibung Terrassentür 24 · 24 cm

Eigenlast (0,24 + 0,06) · 0,24 · (2,75 – 0,32) · 10	= 1,75 kN
Belastung aus Pos. 12, Auflager A	= 22,71 kN
Sonstiges	= 0,54 kN
	F = 25,00 kN

vorh $\sigma_D = F/A = 25{,}0/(0{,}24 \cdot 0{,}24) = 434\ \text{kN/m}^2 = 0{,}43\ \text{N/mm}^2$

Schlankheit

$h_K/d = 2{,}26/0{,}24$

$= 9{,}4 < 10$

$\sigma_0 = 0{,}5\ \text{N/mm}^2$

Korrekturwert

$k = 1{,}0$

zul $\sigma_D = k \cdot \sigma_0 = 1{,}0 \cdot 0{,}5 = 0{,}5\ \text{N/mm}^2$

$$\frac{\text{vorh } \sigma_D}{\text{zul } \sigma_D} = \frac{0{,}43}{0{,}5} = 0{,}86 < 1$$

2. Fensterpfeiler Längswand 1,74 m breit

Belastung	Eigenlast	0,30 · 1,74 · 2,75 · 10	= 14,36 kN
	aus Dach Pos. 1, A_v	3,03 · 3,25	= 9,85 kN
	aus Decke Pos. 8, A	2,92 · 3,25	= 9,49 kN
	Sonstiges		= 1,30 kN
			F = 35,00 kN

vorh $\sigma_D = F/A = 35{,}00/(0{,}24 \cdot 1{,}74) = 83{,}8\ \text{kN/m}^2 \approx 0{,}08\ \text{N/mm}^2$

zul $\sigma_D = 0{,}5\ \text{N/mm}^2$

$$\frac{\text{vorh } \sigma_D}{\text{zul } \sigma_D} = \frac{0{,}08}{0{,}50} = 0{,}16 < 1$$

Pos. 17 Mauerwerk, Innenwand d = 115 mm, KSL 4-0,7/II

Belastung	Eigenlast 0,115 · 2,75 · 10	= 3,16 kN/m
	aus Decke Pos. 8, Auflager B	= 7,28 kN/m
	Sonstiges	= 2,56 kN/m
		q = 13,00 kN/m

vorh $\sigma_D = q/a = 13{,}00/(0{,}115 \cdot 1{,}00) = 113\ \text{kN/m}^2 = 0{,}11\ \text{N/mm}^2$

Schlankheit

$h_K/d = (2{,}75 - 0{,}16)/0{,}115$

$= 22{,}5 < 25$

$\sigma_0 = 0{,}7\ \text{N/mm}^2$

Korrekturwerte

$$k_1 = 1{,}0$$

$$k_2 = \frac{25 - h_K/d}{15} = \frac{25 - 22{,}5}{15} = 0{,}17$$

$$k_3 = 1{,}0$$

$$k = k_1 \cdot k_2 = 1{,}0 \cdot 0{,}17 = 0{,}17$$

$$\text{zul } \sigma_D = k \cdot \sigma_0 = 0{,}17 \cdot 0{,}7 = 0{,}12 \text{ N/mm}^2$$

$$\frac{\text{vorh } \sigma_D}{\text{zul } \sigma_D} = \frac{0{,}11}{0{,}12} = 0{,}92 < 1$$

Abschnitt III Kellergeschoß und Fundamente

Anmerkung:

Die Bemessung von Stahlbetonbauteilen wird in dem Buch „Stahlbetonbau – Bemessung, Konstruktion, Ausführung" [9] im einzelnen erläutert.

Pos. 18 Stahlbeton-Platte *d* = 12 cm aus B 25

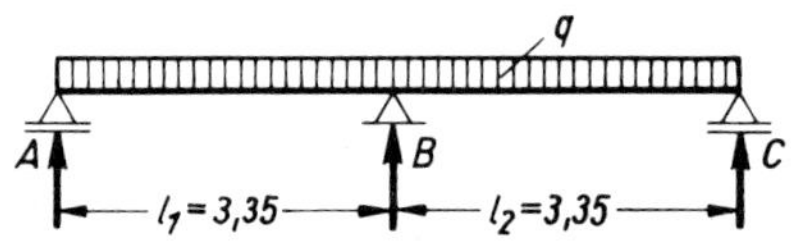

1. **Statisches System** (durchlaufender Zweifeldträger)

   Auflagertiefe $t_A = t_C = 17{,}5$ cm $\quad t_B = 24$ cm

   Stützweiten $l_1 = l_2 = 3{,}135 + \frac{0{,}175}{3} + \frac{0{,}24}{2} \approx 3{,}35$ m

2. **Belastung**

Eigenlast 0,12 · 25	= 3,00 kN/m²
Estrich + Dämmung + Belag	= 1,00 kN/m²
ständige Last	g = 4,00 kN/m²
Verkehrslast	p = 1,50 kN/m²
Zuschlag für Leichtwände	p' = 1,25 kN/m²
	q = 6,75 kN/m²

3. **Schnittgrößen**

$$A = C = 0{,}375 \cdot g \cdot l + 0{,}438 \cdot p \cdot l = 0{,}375 \cdot 4{,}00 \cdot 3{,}35 + 0{,}438 \cdot 2{,}75 \cdot 3{,}35$$
$$= 5{,}03 + 4{,}04 = 9{,}07 \text{ kN/m}$$

$$B = 1{,}25 \cdot q \cdot l = 1{,}25 \cdot 6{,}75 \cdot 3{,}35 = 28{,}27 \text{ kN/m}$$

$$M_1 = M_2 = 0{,}070 \cdot g \cdot l^2 + 0{,}096 \cdot p \cdot l^2 = 0{,}070 \cdot 4{,}00 \cdot 3{,}35^2 + 0{,}096 \cdot 2{,}75 \cdot 3{,}35^2$$
$$= 3{,}14 + 2{,}96 = 6{,}10 \text{ kNm/m}$$

$$M_B = -0{,}125 \cdot q \cdot l^2 = -0{,}125 \cdot 6{,}75 \cdot 3{,}35^2 = -9{,}47 \text{ kNm/m}$$

$$M'_B = M_B \cdot t_B \cdot B/8 = -9{,}47 + 0{,}24 \cdot 28{,}27/8 = -8{,}62 \text{ kNm/m}$$

4. Bemessung für $d = 12$ cm, $b = 1{,}0$ m

B 25; BSt 500 M (St IV M)

$d = 12$ cm vorh $h = 12{,}0 - 1{,}5 - 0{,}6/2 = 10{,}2$ cm ≈ 10 cm

erf $h = l_i/35 = 0{,}80 \cdot 3{,}35/35 = 0{,}077$ m $= 7{,}7$ cm

vorh $h = 10$ cm

erf $h = l_i^2/150 = (0{,}80 \cdot 3{,}35)^2/150 = 0{,}048$ m $= 4{,}8$ cm

vorh $h = 10$ cm

Stützung B $h = k_h \cdot \sqrt{M/b}$ $10 = k_h \cdot \sqrt{8{,}62/1{,}00}$ $k_h = 3{,}41$ $k_s = 3{,}8$

$a_s = M \cdot k_s/h = 8{,}62 \cdot 3{,}8/10 = 3{,}28$ cm²/m

Feld 1 und 2

$h = k_h \cdot \sqrt{M/b}$ $10 = k_h \cdot \sqrt{6{,}10/1{,}00}$ $k_h = 4{,}05$ $k_s = 3{,}8$

$a_s = M \cdot k_s/h = 6{,}10 \cdot 3{,}8/10 = 2{,}32$ cm²/m

5. Bewehrung

Feld 1 und Feld 2	**1 R 257** mit $a_s = 2{,}57$ cm²/m > 2,32 cm²/m
Stützung B oben	**1 R 337** mit $a_s = 3{,}77$ cm²/m > 3,28 cm²/m
Randbewehrung oben	**A 92** oder Reste 0,65 m breit

Pos. 19 Stahlbeton-Platte $d = 12$ cm aus B 25

1. Statisches System (einseitig eingespannter Einfeldträger)

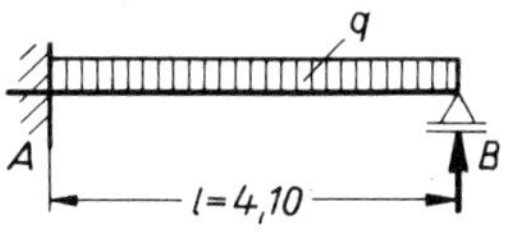

Stützweiten $l = 3{,}885 + \frac{0{,}24}{2} + \frac{0{,}175}{3} \approx 4{,}10$ m

Auflagertiefe $t_A = 24$ cm $t_B = 17{,}5$ cm

2. Belastung

Eigenlast	= 3,00 kN/m²
Estrich + Dämmung + Belag	= 1,00 kN/m²
ständige Last	g = 4,00 kN/m²
Verkehrslast	p = 1,50 kN/m²
	q = 5,50 kN/m²

3. Schnittgrößen

$A_r = 5\, q \cdot l/8 = 5 \cdot 5{,}50 \cdot 4{,}10/8$ = 14,10 kN/m

$B = 3\, q \cdot l/8 = 3 \cdot 5{,}50 \cdot 4{,}10/8$ = 8,45 kN/m

$\max M_F \approx q \cdot l^2/10 \approx 5{,}50 \cdot 4{,}10^2/10$ = 9,25 kNm/m

$\min M_A = -q \cdot l^2/8 = -5{,}50 \cdot 4{,}10^2/8$ = −11,56 kNm/m

$M'_A = \min M_A + t_A \cdot A_r/4 = -11{,}56 + 0{,}24 \cdot 14{,}10/4$ = −10,71 kNm/m

4. Bemessung für $d = 12$ cm, $b = 1{,}0$ m

B 25; BSt 500 M (St IV M)

$d = 12$ cm vorh $h = 12{,}0 - 1{,}5 - 0{,}6/2 = 10{,}2$ cm ≈ 10 cm

erf $h = l_i/35 = 0{,}80 \cdot 410/35 = 9{,}4$ cm < vorh h

Stützung A $h = k_h \cdot \sqrt{M/b}$ $10 = k_h \cdot \sqrt{10{,}71/1{,}00}$ $k_h = 3{,}06$ $k_s = 3{,}8$

$a_s = M \cdot k_s/h = 10{,}71 \cdot 3{,}8/10 = 4{,}07$ cm²/m

Feld $h = k_h \cdot \sqrt{M/b}$ $10 = k_h \cdot \sqrt{9{,}25/1{,}00}$ $k_h = 3{,}29$ $k_s = 3{,}8$

$a_s = M \cdot k_s/h = 9{,}25 \cdot 3{,}8/10 = 3{,}52\ \text{cm}^2/\text{m}$

5. Bewehrung

Feld	**1 R 377**	mit $a_s = 3{,}77\ \text{cm}^2/\text{m} > 3{,}52\ \text{cm}^2/\text{m}$
Stützung *A*	**2 R 257**	mit $a_s = 5{,}14\ \text{cm}^2/\text{m} > 4{,}07\ \text{cm}^2/\text{m}$
Randbewehrung	**A 92**	oder Reste 0,65 m breit

Pos. 20 Mauerwerk, Außenwände *d* = 300 mm; KS 12-1,4/II

Belastung	Eigenlast 0,30 · 2,25 · 15		= 10,13 kN/m
	aus Mauerwerk	Pos. 16: 40,00/1,74	= 22,99 kN/m
	aus Decke	Pos. 18: Auflager *A*	= 9,07 kN/m
	Sonstiges		= 1,81 kN/m
			q = 44,00 kN/m

vorh $\sigma_D = q/d = 44{,}00/0{,}30$

$= 147\ \text{kN/m}^2 = 0{,}15\ \text{N/mm}^2$

Korrekturwerte

$k_1 = k_2 = k_3 = k = 1{,}0$

zul $\sigma_D = k \cdot \sigma_0 = 1{,}0 \cdot 1{,}2 = 1{,}2\ \text{N/mm}^2$

$$\frac{\text{vorh}\ \sigma_D}{\text{zul}\ \sigma_D} = \frac{0{,}21}{1{,}2} = 0{,}18 < 1$$

Pos. 21 Mauerwerk, Innenwände *d* = 240 mm; KS 12-1,4/II

Belastung	Eigenlast 0,24 · 2,25 · 15		= 8,10 kN/m
	aus Mauerwerk	Pos. 17	= 13,00 kN/m
	aus Decke	Pos. 18: Auflager *B*	= 28,27 kN/m
	Sonstiges		= 1,63 kN/m
			q = 51,00 kN/m

vorh $\sigma_D = q/d = 51{,}00/0{,}24$

$= 213\ \text{kN/m}^2 = 0{,}21\ \text{N/mm}^2$

Korrekturwerte

$k_1 = k_2 = k_3 = k = 1{,}0$

zul $\sigma_D = k \cdot \sigma_0 = 1{,}0 \cdot 1{,}2 = 1{,}2\ \text{N/mm}^2$

$$\frac{\text{vorh}\ \sigma_D}{\text{zul}\ \sigma_D} = \frac{0{,}15}{1{,}2} = 0{,}13 < 1$$

Pos. 22 Beton-Fundamente *b/h* = 0,50/0,30 m aus B 15 unbewehrt

Belastung	Eigenlast 0,50 · 0,30 · 23		= 3,45 kN/m
	aus Mauerwerk	Pos. 21	= 51,00 kN/m
	Sonstiges		= 1,55 kN/m
			q = 56,00 kN/m

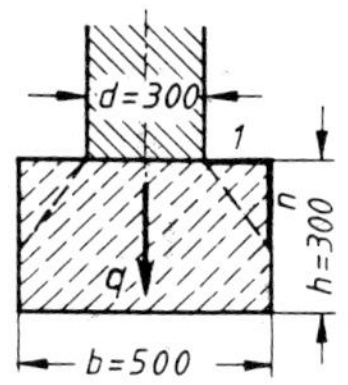

vorhandene Bodenpressung

vorh $\sigma_0 = q/b = 56{,}00/0{,}50 = 112\ \text{kN/m}^2$

zulässige Bodenpressung bei steifem, tonigem Schluff,
kleinste Gründungsbreite 0,50 m,
Einbindetiefe unter OK Kellerfußboden 0,50 m

zul $\sigma_0 = 120\ \text{kN/m}^2 >$ vorh $\sigma_0 = 112\ \text{kN/m}^2$

Lastverteilung im Fundament 1: *n* zwischen 1:1,1 bis 1:1,6 (s. Tafel **19.2**)

Fundamenthöhe erf $h = \dfrac{b-d}{2} \cdot n = \dfrac{0{,}50 - 0{,}30}{2} \cdot 1{,}6 = 0{,}16$ m

Fundamentgröße für alle Fundamente gewählt ***b*/*h* = 0,50/0,30 m**

Aufgestellt:

. . . . , den . . . .

Der Bearbeiter: . . . .

Der Bauherr: . . . .

Positionsplan:

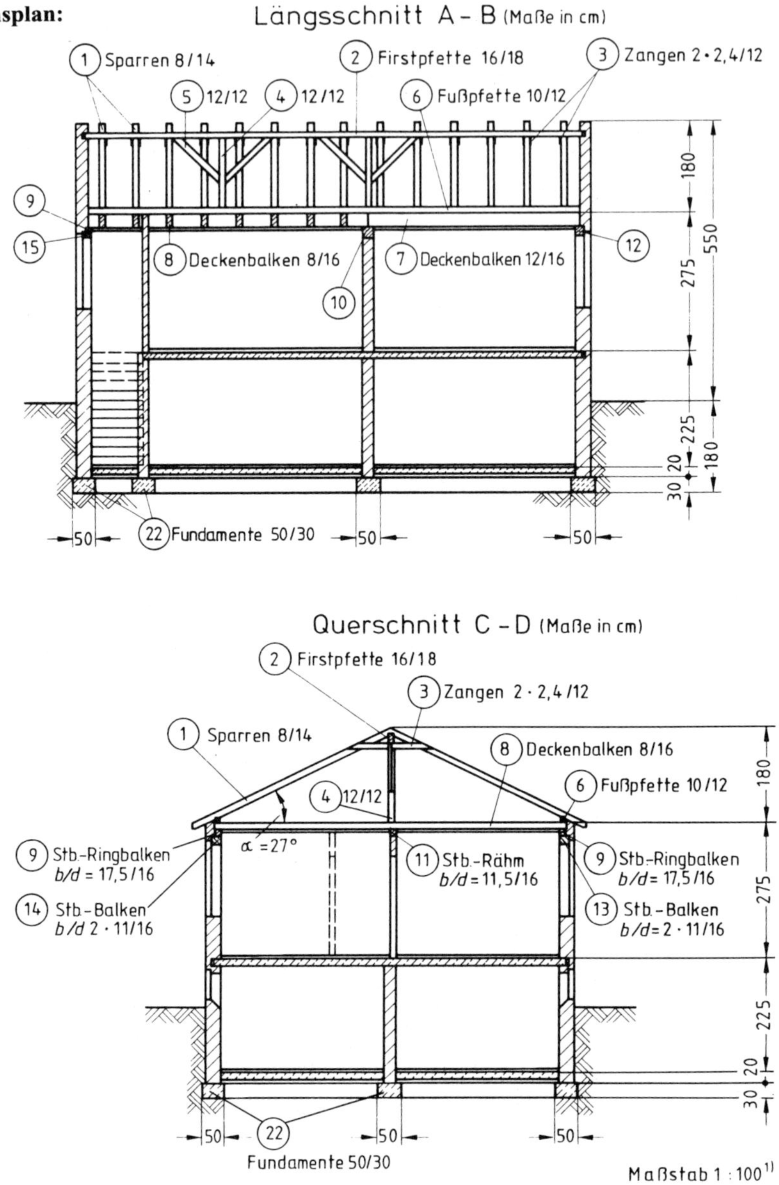

Positionsplan

1) verkleinerte Wiedergabe M 1 : 150

Positionsplan:

Grundriß Erdgeschoss (Maße in cm)

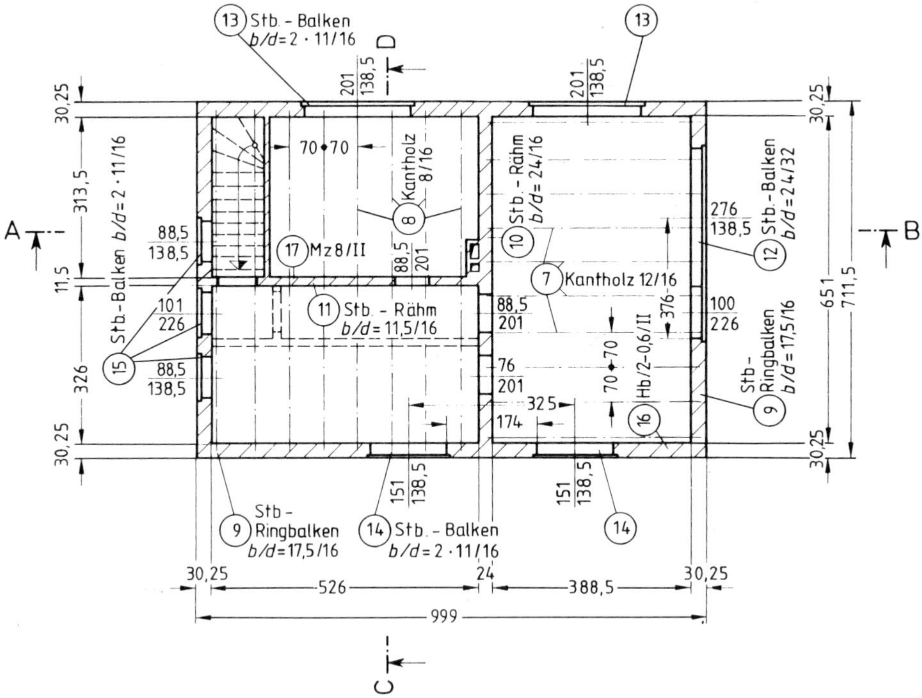

Grundriß Kellergeschoß (Maße in cm)

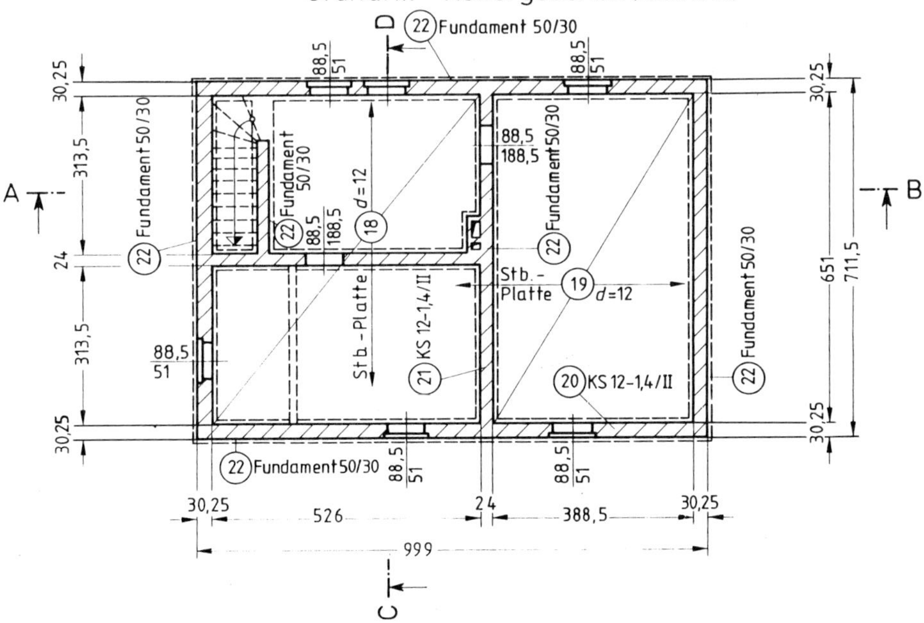

12 Lösungen zu den Übungsbeispielen

Abschnitt 2.1.1

1. vorh $\Delta l = 3{,}8$ mm

2. vorh $P = 518$ kN

3. a) $\varepsilon = 0{,}00114 = 0{,}114\%$ b) $\Delta l = 11{,}4$ mm

Abschnitt 2.1.2

1. Profil [120

2. $F_k = 422$ kN

3. Zugstab $\sigma_{S,\,d}/\sigma_{R,\,d} = 0{,}75 < 1{,}0$

Laschen $\sigma_{S,\,d}/\sigma_{R,\,d} = 0{,}70 < 0{,}8$

4. $\dfrac{\sigma_{S,\,d}}{\sigma_{R,\,d}} = 0{,}78 < 0{,}8$

Abschnitt 2.2.1

1. vorh $\sigma_0 = 181$ kN/m²

2. zul $N = 164$ kN

3. zul $F = 40{,}2$ kN; bei Erhöhung um 20%: zul $F = 48{,}2$ kN

4. erf $l = 19{,}8$ cm; gewählt: $l = 20$ cm

5. erf $A = 3100$ cm² $a \approx 56$ cm

6. zul $\sigma_0 = 390$ kN/m² zul $N = 570$ kN

7. zul $F = 80$ kN; bei größeren Eindrückungen: zul $F = 100$ kN

Abschnitt 2.2.2

1. vorh $\sigma_l = 270$ N/mm²

Abschnitt 3.2.1

1. 3 Schrauben M 24, 4.6, $e/d_L \geqq 3{,}0$

a) $\dfrac{F_{S,\,d}}{F_{R,\,d}} = \dfrac{567}{723{,}8} = 0{,}78 < 0{,}8$

b) $\dfrac{F_{S,\,d}}{F_{l,\,R,\,d}} = \dfrac{567}{698{,}2} = 0{,}81 < 1$

c) $\dfrac{F_{S,\,d}}{F_{a,\,R,\,d}} = \dfrac{567}{592{,}2} = 0{,}96 < 1$

2. 3 Schrauben M 20, 5.6,

a) $\dfrac{F_{S,\,d}}{F_{R,\,d}} = \dfrac{499{,}5}{784{,}5} = 0{,}64 < 0{,}8$

b) $\dfrac{F_{S,\,d}}{F_{l,\,R,\,d}} = \dfrac{499{,}5}{559{,}8} = 0{,}89 < 1$

c) $\dfrac{F_{S,\,d}}{F_{a,\,R,\,d}} = \dfrac{499{,}5}{514{,}1} = 0{,}97 < 1$

Abschnitt 3.2.2

1. a) vorh σ_{Zm} = 4,75 N/mm² zul σ_Z = 5,6 N/mm² vorh σ_{Zm}/zul σ_Z = 0,85
b) vorh σ_{Zs} = 5,63 N/mm² zul σ_Z = 7,0 N/mm² vorh σ_{Zs}/zul σ_Z = 0,80
c) gewählt: 80 Nägel 42 · 110 in 4 Reihen je Seite mit 10 Nägeln
zul F = 49,6 kN vorh F = 49 kN

2. a) vorh σ_{Zm} = 5,26 N/mm² zul σ_Z = 7,0 N/mm² vorh σ_{Zm}/zul σ_Z = 0,75
b) vorh σ_{Zs} = 6,75 N/mm² zul σ_Z = 7,0 N/mm² vorh σ_{Zs}/zul σ_Z = 0,96
c) gewählt: 6 Ringkeildübel 126 · 30 Typ A mit zul F = 114 kN vorh F = 105 kN

Abschnitt 4.3.2

1. IPB 200

vorh f = 1,25 cm zul $f = \frac{l}{300}$ = 1,72 cm $M_{S,d}/M_{R,d} = 0{,}61 < 1$

2. Kantholz 80/180 mm vorh σ_B = 8,9 N/mm² zul σ_B = 10 N/mm²

vorh σ_B/zul σ_B = 0,89 vorh f = 1,06 cm zul $f = \frac{l}{300}$ = 1,07 cm

3. Kantholz 120/240 mm vorh σ_B = 8,5 N/mm² zul σ_B = 10 N/mm²

vorh σ_B/zul σ_B = 0,85 vorh f = 0,46 cm zul $f = \frac{l}{300}$ = 1,83 cm

4. IPE 330

vorh f = 1,36 cm zul $f = \frac{l}{300}$ = 2,00 cm $M_{S,d}/M_{R,d} = 0{,}81 < 1$

Abschnitt 4.4.1

1. Kantholz 140/260 mm vorh σ_B = 9,7 N/mm² zul σ_B = 10 N/mm²
vorh σ_B/zul σ_B = 0,97

2. Kantholz 120/200 mm vorh σ_B = 9,8 N/mm² zul σ_B = 10 N/mm²
vorh σ_B/zul σ_B = 0,98

Abschnitt 4.4.2

1. IPB 200 vorh σ_B = 238 N/mm² $\sigma_Z/\sigma_{R,d} = 0{,}55 < 0{,}8$ vorh $\sigma_B/\sigma_{R,d} = 1{,}09 < 1{,}1$
2. IPB 240 vorh σ_B = 226 N/mm² $\sigma_y/\sigma_{R,d} = 0{,}64 < 0{,}8$ vorh $\sigma_B/\sigma_{R,d} = 1{,}04 < 1{,}1$

Abschnitt 4.5

1. max f = 0,93 cm zul $f = l/300$ = 1,33 cm max f/zul f = 0,70 < 1
2. max f = 0,37 cm zul $f = l/300$ = 0,67 cm max f/zul f = 0,55 < 1
3. max f = 0,76 cm zul $f = l/300$ = 1,33 cm max f/zul f = 0,57 < 1
4. max f = 1,06 cm zul $f = l/300$ = 1,67 cm max f/zul f = 0,63 < 1

Abschnitt 5.4

1. vorh $\sigma_B = 5{,}3$ N/mm² zul $\sigma_B = 10$ N/mm² vorh σ_B/zul $\sigma_B = 0{,}53$
vorh $\tau = 0{,}24$ N/mm² zul $\tau = 0{,}9$ N/mm² vorh τ/zul $\tau = 0{,}27$
vorh $f = 0{,}98$ cm zul $f = l/300 = 1{,}33$ cm

2. vorh $\sigma_B = 3{,}0$ N/mm² zul $\sigma_B = 10$ N/mm² vorh σ_B/zul $\sigma_B = 0{,}30$
vorh $\tau = 0{,}06$ N/mm² zul $\tau = 0{,}9$ N/mm² vorh τ/zul $\tau = 0{,}07$
vorh $f = 0{,}26$ cm zul $f = l/300 = 1{,}07$ cm

Abschnitt 5.5

1. vorh $\sigma_B = 202{,}7$ N/mm² $\sigma_{R,d} = 218$ N/mm² vorh $\sigma_B/\sigma_{R,d} = 0{,}93 > 0{,}5 < 1$
vorh $\tau_m = 76{,}7$ N/mm² $\tau_{R,d} = 126$ N/mm² vorh $\tau_m/\tau_{R,d} = 0{,}61 > 0{,}5 < 1$
$\sigma_v/\sigma_{R,d} = 235/218 = 1{,}08 < 1{,}1$

2. vorh $\sigma_B = 148{,}7$ N/mm² $\sigma_{R,d} = 218$ N/mm² vorh $\sigma_B/\sigma_{R,d} = 0{,}68 > 0{,}5 < 1$
vorh $\tau_m = 107{,}7$ N/mm² $\tau_{R,d} = 126$ N/mm² vorh $\tau/\tau_{R,d} = 0{,}85 > 0{,}5 < 1$
$\sigma_y = 139{,}3$ N/mm² $\sigma_v = 233$ N/mm² $\sigma_{R,d} = 218$ N/mm²
$\sigma_v/\sigma_{R,d} = 1{,}07 < 1{,}1$

Abschnitt 7.4.2

1. Kantholz 80/100 mm vorh $\sigma_K = 8{,}0$ N/mm² zul $\sigma_{D\|} = 8{,}5$ N/mm²
vorh σ_K/zul $\sigma_{D\|} = 0{,}94$

2. Rundholz ∅ 10 cm vorh $\sigma_K = 8{,}3$ N/mm² zul $\sigma_{D\|} = 8{,}5$ N/mm²
vorh σ_K/zul $\sigma_{D\|} = 0{,}98$

3. Kantholz 80/100 mm vorh $\sigma_{Ky} = 7{,}5$ N/mm² zul $\sigma_{D\|} = 8{,}5$ N/mm²
vorh σ_{Ky}/zul $\sigma_{D\|} = 0{,}88$ vorh $\sigma_{Kz} = 6{,}9$ N/mm²

4. Kantholz 100/100 mm vorh $\sigma_K = 7{,}5$ mm² zul $\sigma_{D\|} = 8{,}5$ N/mm²
vorh σ_K/zul $\sigma_{D\|} = 0{,}88$

Abschnitt 8.2.1

1. Kantholz 140/220 mm vorh $\sigma_{NB} = 7{,}6$ N/mm²
vorh $\sigma_{Ky} = 8{,}0$ N/mm² zul $\sigma_{D\|} = 8{,}5$ N/mm² max σ/zul $\sigma_{D\|} = 0{,}94 < 1$

2. Kantholz 180/220 mm vorh $\sigma_{NB} = 8{,}4$ N/mm²
vorh $\sigma_{Ky} = 7{,}4$ N/mm² zul $\sigma_{D\|} = 8{,}5$ N/mm² max σ/zul $\sigma_{D\|} = 0{,}99 < 1$

Abschnitt 8.4.6

1. $\eta_K = 1{,}74 > 1{,}5$ $\sigma_{0r} = 45$ kN/m²
2. $\sigma_{0r} = 336$ kN/m²
3. $\sigma_{0r} = 292$ kN/m²

Abschnitt 9.1.3

1. vorh $\Delta l = 6$ mm
2. vorh $b = 15{,}5$ mm
3. vorh $F = 984$ kN
4. vorh $\Delta l = 21{,}6$ mm

13 Formelzeichen und ihre Bedeutung

A Fläche (Area)
A_0 ursprüngl., unveränderte Querschnittsfl.
A_a Abscherfläche
A_K Kernquerschnitt von Schrauben
A_l Lochleibungsfläche
A_n Nutzquerschnitt $A - \Delta A$
A_{St} Stegfläche bei Stahlprofilen
E_a Erddruckkraft
E Elastizitätsmodul, Erdlast
F Kraft, Last, Schnittkraft (Force)
G Eigenlast, ständige Einwirkung, Schubmodul
I Flächenmoment 2. Grades
I_T Torsions-Flächenmoment
I_W Wölbflächenmoment
I_y Flächenmoment bezogen auf y-Achse
I_z Flächenmoment bezogen auf z-Achse
M_T Torsionsmoment
M_y Biegemoment bezogen auf die y-Achse
M_z Biegemoment bezogen auf die z-Achse
N Längskraft, Normalkraft
Q Querkraft, veränderliche Einwirkung
R_d Beanspruchbarkeit
S stat. Moment, Flächenmoment 1. Grades
S_d Beanspruchung
T Temperatur, Schubkraft
V_y, V_z Querkräfte
W Widerstandsmoment, Windlast
W_T Torsions-Widerstandsmoment
W_y Widerstandsmoment bezog. auf y-Achse
W_z Widerstandsmoment bezog. auf z-Achse
a Abstand, Randabstand von Verbindungsmitteln, Schweißnahtdicke
b Breite von Querschnitten
c Abstand der Resultierenden von der Querschnittskante, Abstand von Aussteifungen
d Durchmesser, Wand- oder Stützendicke
d_L Lochdurchmesser
d_{Sch} Schaftdurchmesser
e Ausmitte (Exzentrizität), Abstand zwischen Verbindungsmitteln
ef wirksam (effektiv)
erf erforderlich
e_y Ausmitte in Richtung der y-Achse
e_z Ausmitte in Richtung der z-Achse
f Größe der Durchbiegung
f_k charakteristische Festigkeit
f_y Streckgrenze (Stahl)
f_u Zugfestigkeit (Stahl)
ges gesamt
gew gewählt
h Höhe
h_s Wand- oder Stützenhöhe
i Trägheitshalbm., Trägheitsrad., Anzahl
k Beiwert
k_f Beiwert f. Durchbiegungen
l statische Länge, Systemlänge
l_0 ursprüngliche, unveränderte Länge
m Schnittigkeit einer Verbindung
max maximal, größt-
min minimal, kleinst-
r Anzahl d. Reihen b. Nagelverbindungen
s Stegdicke für Stahlprofile; Entfernung der Trägeraussteifung
s_y Abstand der Druck- und Zugmittelpunkte im Stahlprofil
s_K Knicklänge
t Werkstoffdicke, Flanschdicke
$ü$ Überstand
vorh vorhanden
x Stabachse
y, z Hauptachsen des Querschnitts
y Abstand von der Schwerachse parallel zur y-Achse
y_l Abstand zum linken Querschnittsrand
y_r Abstand zum rechten Querschnittsrand
z Abstand der Druckresultierenden von der Zugresultierenden, Hebelarm der inneren Kräfte
z_o Abstand von der Schwerachse zum oberen Rand
z_u Abstand von der Schwerachse zum unteren Rand
zul zulässig

α_T (alpha) Wärmedehnzahl
α, β (alpha, beta) Neigungswinkel; Winkel der Biegelinie
β (beta) Festigkeit
$\beta_{0,01}$ Festigkeit bei einer bleibenden Dehnung von $\varepsilon = 0{,}01\%$
$\beta_{0,2}$ Festigkeit bei einer bleibenden Dehnung von $\varepsilon = 0{,}2\%$

β_{BZ} Biegezugfestigkeit
β_D Druckfestigkeit
β_E Festigkeit an der Elastizitätsgrenze
β_K Beiwert für die Knicklänge
β_P Festigkeit an der Proportionalitätsgrenze
β_R Rechenwert der Betonfestigkeit
β_S Festigkeit an der Streckgrenze
β_Z Zugfestigkeit
γ (gamma) Sicherheitsbeiwert, Sicherheitsgrad, Wichte (Kraft je Volumen)
γ_G Teilsicherheitsbeiwert für Einwirkungen G
γ_F Teilsicherheitsbeiwert für Einwirkungen F
γ_M Teilsicherheitsbeiwert für Widerstandsgrößen
γ_Q Teilsicherheitsbeiwert für Einwirkungen Q
Δ (Delta) ΔA Flächenteil
Δh Höhenänderung
Δl Längenänderung
ΔT Temperaturänderung
ε (epsilon) Dehnung
η (eta) Faktor für Dübelverbindungen
ϑ (theta) Verdrehung um die x-Achse
$\varkappa$ (kappa) Beiwert für Betonstützen und -wände
λ_a Bezugsschlankheitsgrad
$\lambda_a = 92{,}9$ für St 37
$\lambda_a = 75{,}9$ für St 52
λ_K (lambda) Schlankheitsgrad
$\overline{\lambda}_K$ bezogener Schlankheitsgrad
μ (mü) Beiwert für die Bodenpressung, Reibungszahl
π (pi) 3,14
σ (sigma) Spannung (Normalspannung)
σ_B Biegespannung
σ_D Druckspannung
σ_{NB} Spannung aus Normalkraft und Biegung
$\sigma_{R,d}$ Grenzwert der Normalspannung
σ_V Vergleichsspannung
σ_Z Zugspannung
σ_l Lochleibungsspannung
τ (tau) Tangentialspannung, Schubspannung
τ_a Scherspannung
$\tau_{R,d}$ Grenzwert der Schubspannung
τ_T Torsionsspannung
φ (phi) Torsionswinkel
ω (omega) Knickzahl

14 Formelsammlung

Grundlagen

Einheiten der Kraft

Newton	1 N	= 0,1 kp	Meganewton	1 MN	= 1000 kN
Kilonewton	1 kN	= 100 kP	Kilonewton	1 kN	= 1000 N
Kilopond	1 kp	= 10 N	Megapond	1 Mp	= 1000 kp

Einheiten des Moments

Newtonmeter	1 Nm	= 0,1 kpm	Meganewtonmeter	1 MNm	= 1000 kNm
Kilonewtonmeter	1 kNm	= 100 kpm	Kilonewtonmeter	1 kNm	= 1000 Nm
Kilopondmeter	1 kpm	= 10 Nm	Megapondmeter	1 Mpm	= 1000 kpm

Einheiten der Spannung

Meganewton je Quadratmeter	$1\ \mathrm{MN/m^2} = 10\ \mathrm{kp/cm^2}$
Newton je Quadratmillimeter	$1\ \mathrm{N/mm^2} = 1\ \mathrm{MN/m^2}$
Kilopond je Quadratzentimeter	$1\ \mathrm{kp/cm^2} = 0{,}1\ \mathrm{MN/m^2}$

1. Beanspruchungen

Spannung	$\sigma = \frac{F}{A} \qquad \text{zul}\ \sigma = \frac{\beta}{\gamma}$	Gln. (1.1) (1.24)
Längenänderung	$\Delta l = l - l_0$	Gl. (1.2)
Dehnung	$\varepsilon = \frac{\Delta l}{l_0}$	Gl. (1.3)
Hookesches Gesetz	$\sigma_1 : \varepsilon_1 = \sigma_2 : \varepsilon_2$	Gl. (1.6)
Elastizitätsmodul	$E = \frac{\sigma}{\varepsilon}$	Gl. (1.7)
Normalspannung	$\sigma_N = \sigma_R \cdot \sin\alpha$	Gl. (1.8)
Tangentialspannung	$\sigma_T = \sigma_R \cdot \cos\alpha$	Gl. (1.9)
resultierende Spannung	$\sigma_R = \sqrt{\sigma^2 + \tau^2}$	Gl. (1.12)
	$\sigma_R = \sigma/\sin\alpha$	Gl. (1.14)
	$\sigma_R = \tau/\cos\alpha$	
Normalspannung	$\sigma_1 = \sigma \cdot \cos^2\alpha$	Gl. (1.15)
Tangentialspannung	$\sigma_1 = \frac{\sigma}{2} \cdot \sin 2\alpha$	Gl. (1.16)

2. Zug- und Druckbeanspruchung

Zugspannung

Spannungsnachweis

$$\text{vorh}\ \sigma_Z = \frac{F}{A - \Delta A} = \frac{\text{vorh}\ F}{\text{vorh}\ A_n} \qquad \text{Gl. (2.3)}$$

$$\frac{\text{vorh}\ \sigma_Z}{\text{zul}\ \sigma_Z} \leqq 1 \qquad \frac{\text{vorh}\ \sigma_Z}{\sigma_{R,\,d}} \leqq 1 \quad \text{(Stahl)} \qquad \text{Gl. (2.6)}$$

Bemessung — Traglast

$$\text{erf}\ A_n = \frac{\text{vorh}\ F}{\text{zul}\ \sigma_Z} \ \text{oder}\ \frac{\text{vorh}\ F}{\sigma_{R,\,d}} \qquad \text{zul}\ F = \text{vorh}\ A_n \cdot \sigma_{R,\,d}$$

Gln. (2.7) (2.8)

Zugkraft in Schrauben $\text{zul}\ F = \text{vorh}\ A_{sp} \cdot \sigma_{R,\,d}$ Gl. (2.9)

Spannungsquerschnitt $A_{Sp} = \frac{\pi}{4} \cdot \left(\frac{d_{Fl} + d_K}{2}\right)$ Gl. (2.2)

Ausmittiger Schraubanschluß $\frac{\text{vorh}\ \sigma_Z}{\sigma_{R,\,d}} \leqq 0{,}8$ Gl. (2.10)

Druckspannung

Spannungsnachweis

$$\text{vorh}\ \sigma_D = \frac{\text{vorh}\ F}{\text{vorh}\ A} \qquad \text{Gl. (2.15)}$$

$$\frac{\text{vorh}\ \sigma_D}{\text{zul}\ \sigma_D} \leqq 1 \qquad \frac{\text{vorh}\ \sigma_D}{\sigma_{R,\,d}} \leqq 1 \quad \text{(Stahl)} \qquad \text{Gl. (2.16)}$$

Bemessung — Traglast

$$\text{erf}\ A = \frac{\text{vorh}\ F}{\text{zul}\ \sigma_D} \qquad \text{zul}\ F = \text{vorh}\ A \cdot \sigma_D$$

Gln. (2.17) (2.18)

Flächenpressung

$$\sigma_0 = \frac{F}{A} \qquad \text{Gl. (2.19)}$$

Lochleibungsspannung

$$\sigma_{l,\,S,\,d} = \frac{\text{vorh}\ F}{n \cdot d \cdot \min \sum t} = \frac{\text{vorh}\ F}{n \cdot A_l} \qquad \text{Gl. (2.20)}$$

Bemessung

$$\text{erf}\ n = \frac{\text{vorh}\ F}{\sigma_{l,\,S,\,d} \cdot \text{vorh}\ d \cdot \min \sum t} \qquad \text{Gl. (2.22)}$$

Tragkraft

$$\text{zul}\ F_l = \text{vorh}\ n \cdot d \cdot \min \sum t \cdot \sigma_{l,\,S,\,d} \qquad \text{Gl. (2.23)}$$

Verkürzung

$$\Delta l = l - l_0 \qquad \text{Gl. (1.2)}$$

3. Scherbeanspruchung

Scherspannung

$$\tau_a = \frac{F}{A_n} \qquad \frac{\text{vorh } \tau_a}{\text{zul } \tau_a} \leqq 1 \qquad \frac{\text{vorh } \tau_a}{\tau_{R,\,d}} \leqq 1 \quad \text{(Stahl)}$$ Gln. (3.2) (3.3)

$$\text{erf } A_n = \frac{\text{vorh } F}{\text{zul } \tau_a} \qquad \text{zul } F = \text{vorh } A_n \cdot \text{zul } \tau_a$$ Gln. (3.4) (3.5)

übertragbare Kraft

$$F_{a,\,R,\,d} = n \cdot m \cdot F_{a,\,R,\,d} \qquad \frac{F_{S,\,d}}{F_{a,\,R,\,d}} \leqq 1$$ Gl. (3.7 a)

Nagelverbindungen

Tragfähigkeit eines Nagels

$$\text{zul } N_1 = \frac{500 \cdot d_n^2}{10 + d_n}$$ Gl. (3.14)

wirksame Nagel-Anzahl in einer Reihe

$$\text{ef } n = 10 + \frac{2}{3}(n - 10)$$ Gl. (3.15)

Tragfähigkeit einer Nagelverbindung

$$\text{zul } F = m \cdot r \cdot \text{ef } n \cdot \text{zul } N_1$$ Gl. (3.16)

Dübelverbindungen

Zugspannung Mittelholz

$$\text{vorh } \sigma_{Zm} = \frac{\text{vorh } F}{\text{vorh } A_m} \qquad \text{mit } A_m = b \cdot a_m - (2\Delta A + d_b \cdot a_m)$$

wirksame Dübel-Anzahl in einer Reihe

$$\text{ef } n = 2 + \left(1 - \frac{n}{20}\right) \cdot (n - 2)$$ Gl. (3.17)

Zugspannung Seitenhölzer

$$\text{vorh } \sigma_{Zs} = \frac{1{,}5 \cdot \text{vorh } F}{\text{vorh } A_s} \qquad \text{mit } A_s = n \cdot b \cdot a_s - (2 \cdot \Delta A + 2 \cdot d_b \cdot a_s)$$

zulässige Tragkraft der Dübel

$$\text{zul } F = m \cdot \text{ef } n \cdot \text{zul } N_1$$ Gl. (3.18)

4. Biegebeanspruchung

Widerstandsmoment $W = \frac{I}{z_0}$ Gl. (4.4)

einachsige Biegespannung

Biegehauptgleichung $\sigma_B = \frac{M}{W}$ Gl. (4.7)

$\text{erf } W = \frac{\text{vorh } M}{\text{zul } \sigma_B}$ $\text{zul } M = \text{vorh } W \cdot \text{zul } \sigma_B$ Gl. (4.10)

Spannungsnachweis

$\text{vorh } \sigma_B = \frac{\text{vorh } M}{\text{vorh } W}$ $\frac{\text{vorh } \sigma_B}{\text{zul } \sigma_B} \leqq 1$ $\frac{\text{vorh } \sigma_B}{\sigma_{R,d}} \leqq 1$ Gln. (4.8) (4.9)

rechteckige Querschnitte

Widerstandsmomente $W_y = \frac{b \cdot h^3}{6}$ $W_z = \frac{h \cdot b^3}{6}$ Gln. (4.22) (4.23)

Flächenmomente 2. Grades $I_y = \frac{b \cdot h^3}{12}$ $I_z = \frac{h \cdot b^3}{12}$ Gln. (4.24) (4.25)

unsymmetrische Querschnitte

Flächenmomente 2. Grades $I = I_1 + A_1 \cdot z_1^2 + I_2 + A_2 \cdot z_2^2 + \cdots I_i + A_i \cdot z_i^2$ Gl. (4.34)

Widerstandsmomente $W_{yu} = \frac{I_y}{z_u}$ $W_{y0} = \frac{I_y}{z_0}$ $W_{zl} = \frac{I_z}{y_l}$ $W_{zr} = \frac{I_z}{y_r}$ Gln. (3.35) bis (4.38)

Länge für Verstärkungen $l_1 = l \cdot \sqrt{1 - \frac{M_0}{\text{vorh } M}}$ Gl. (4.44)

Durchbiegung für einachsige Biegung $\text{vorh} f = \frac{\text{vorh } \sigma_B \cdot l^2}{h \cdot k_f}$ Gl. (4.45)

zweiachsige Biegung $\max M_y = \frac{q_y \cdot l_y^2}{8}$ $\max M_z = \frac{q_z \cdot l_z^2}{8}$ Gln. (4.54) (4.55)

zweiachsige Biegespannung $\sigma_y = \frac{M_y}{W_y}$ $\sigma_z = \frac{M_z}{W_z}$ $\max \sigma_B = \pm \sigma_y \pm \sigma_z$ Gln. (4.56) (4.57)

Durchbiegung für zweiachsige Biegung

$f_y = \frac{\sigma_y \cdot l_y^2}{h_y \cdot k_f}$ $f_z = \frac{\sigma_z \cdot l_z^2}{h_z \cdot k_f}$ $\max f = \sqrt{f_y^2 + f_z^2}$ $\frac{\text{vorh} f}{\text{zul} f} \leqq 1$ Gl. (4.62)

Sonderfall zweiachsige Biegung $\max \sigma_B = \pm \frac{M_y}{W_y} \pm \frac{M_z}{W_z/2}$ Gl. (4.63)

5. Schubbeanspruchung

Schubspannung allgemein $\max \tau = \dfrac{V \cdot S}{b \cdot I}$ Gl. (5.1)

Schubspannung für Rechteckquerschnitte $\max \tau = \dfrac{3\,V}{2\,A}$ Gl. (5.4)

Hauptspannungen

$$\sigma_{\mathrm{I}} = \frac{\sigma}{2} + \sqrt{\left(\frac{\sigma}{2}\right)^2 + \tau^2}$$ Gl. (5.9)

$$\sigma_{\mathrm{II}} = \frac{\sigma}{2} - \sqrt{\left(\frac{\sigma}{2}\right)^2 + \tau^2}$$ Gl. (5.10)

Vergleichsspannung

$$\sigma_{\mathrm{V}} = \sqrt{\sigma^2 + 3\,\tau^2} \qquad \frac{\sigma_{\mathrm{V}}}{\sigma_{\mathrm{R,\,d}}} \leqq 1{,}1 \quad \text{wenn} \quad \frac{\max \sigma_{\mathrm{V}}}{\sigma_{\mathrm{R,\,d}}} > 0{,}5 \quad \text{oder} \quad \frac{\max \tau}{\tau_{\mathrm{R,\,d}}} > 0{,}5$$

Gln. (5.14) (5.23) (5.24) (5.25)

Biegespannungen am Übergangsbereich

$$\text{vorh}\ \sigma = \max \sigma \cdot \frac{s_{\mathrm{y}}}{h}$$ Gl. (5.27)

Schubspannung für ⌶-Querschnitte

$$\text{vorh}\ \tau = \frac{V \cdot S_{\mathrm{y}}}{s \cdot I_{\mathrm{y}}} \qquad \text{vorh}\ \tau = \frac{V}{s \cdot s_{\mathrm{y}}}$$ Gln. (5.29) (5.30)

6. Torsionsbeanspruchung

Torsionsspannung $\tau_{\mathrm{T}} = \dfrac{M_{\mathrm{T}}}{W_{\mathrm{T}}}$ Gl. (6.4)

Torsions-Widerstandsmomente
runde Vollquerschnitte

$$W_{\mathrm{T}} = \frac{\pi}{16} \cdot d^3$$ Gl. (6.5)

runde Hohlquerschnitte

$$W_{\mathrm{T}} = \frac{\pi}{16} \cdot \frac{d_{\mathrm{a}}^3 \cdot d_{\mathrm{i}}^3}{d_{\mathrm{a}}}$$ Gl. (6.6)

Stahlrohre $W_{\mathrm{T}} = 2\,W$ Gl. (6.7)

rechteckige Vollquerschnitte

$$W_{\mathrm{T}} = \beta_{\mathrm{T}} \cdot b^2 \cdot d$$ Gl. (6.8)

dünnwandige Hohlquerschnitte

$$W_T = 2 \cdot A_m \cdot t$$ Gl. (6.9)

dünnwandige offene Querschnitte

$$W_T = \frac{1}{t} \cdot \Sigma \frac{b_i \cdot t_i^3}{3}$$ Gl. (6.10)

Stahlprofile $W_T = \frac{I_T}{\max t}$ Gl. (6.12)

Stahlhochbau

Vergleichsspannung

$$\sigma_V = \sqrt{\sigma^2 + 3\,(\tau_V + \tau_T)^2} \quad \frac{\sigma_V}{\sigma_{R,d}} \leqq 1{,}1 \quad \text{wenn} \quad \frac{\max \sigma}{\sigma_{R,d}} > 0{,}5 \quad \text{oder} \quad \frac{\tau_V + \tau_T}{\tau_{R,d}} > 0{,}5$$

Gln. (6.23) bis (6.25)

Holzbauwerke

für Nadelholz

$$\frac{\text{vorh } \tau_T}{\text{zul } \tau_T} + \left(\frac{\text{vorh } \tau_V}{\text{zul } \tau_V}\right)^2 \leqq 1$$

für Laubholz

$$\frac{\text{vorh } \tau_T}{\text{zul } \tau_T} + \frac{\text{vorh } \tau_V}{\text{zul } \tau_V} \leqq 1$$

Gln. (6.26) (6.27)

7. Knickbeanspruchung

Knicklänge $s_K = \beta_K \cdot h$ Gl. (7.3)

Trägheitsradius allgemein $i_y = \sqrt{\frac{I_y}{A}}$ $i_z = \sqrt{\frac{I_z}{A}}$ Gln. (7.5) (7.6)

Trägheitsradius für Rechteckquerschnitte $i_y = 0{,}289\, d$ $i_z = 0{,}289\, b$ Gln. (7.7) (7.8)

Schlankheitsgrad $\lambda_y = \frac{s_{Ky}}{i_y}$ $\lambda_z = \frac{s_{Kz}}{i_z}$ Gl. (7.10)

Knickbeanspruchung für Holzstützen

$$\text{vorh } \sigma_K = \frac{\text{vorh } N \cdot \omega}{\text{vorh } A} \qquad \frac{\text{vorh } \sigma_K}{\text{zul } \sigma_D} \leqq 1$$ Gln. (7.12) (7.13)

Biegeknicken bei Stahlstützen

Entfallender Biegeknicknachweis

a) $\frac{N_d}{0{,}1 \cdot N_{K,d}} \leqq 1$ mit $N_{K,d} = \frac{\pi^2 \cdot (E \cdot I)_d}{s_K^2}$ $(E \cdot I)_d = \frac{E \cdot I}{\gamma_M}$

b) $\frac{\bar{\lambda}_K}{0{,}3 \cdot \sqrt{f_{y,k}/\sigma_n}} \leqq 1$ mit $\bar{\lambda}_K = \frac{\lambda_K}{\lambda_a}$ $\lambda_a = \pi \cdot \sqrt{E/f_{y,k}}$

$\lambda_a = 92{,}9$ für S235 mit $t \leqq 40$ mm

$\lambda_a = 75{,}9$ für S355 mit $t \leqq 40$ mm

c) $\beta_K \cdot \varepsilon \leqq 1$ mit $\varepsilon = l \cdot \sqrt{\frac{N_d}{(E \cdot I)_d}}$

Durchzuführender Biegeknicknachweis

$$\frac{N_d}{\varkappa \cdot N_{pl,d}} \leqq 1 \qquad \text{mit } \varkappa \text{ abhängig von } \bar{\lambda}_K = \frac{\lambda_K}{\lambda_a}$$

Biegedrillknicken bei Stahlstützen

$$c = \sqrt{\frac{I_w \cdot 0{,}039 \cdot l^2 \cdot I_T}{I_z}}$$

$$\lambda_{Vi} = \frac{\beta_K \cdot l}{i_z} \cdot \sqrt{\frac{c^2 + i_M^2}{2 \cdot c^2} \cdot \left[1 + \sqrt{1 - \frac{4 \cdot c^2 \cdot i_P^2}{(c^2 + i_M^2)^2}}\right]}$$

$$\bar{\lambda}_{Vi} = \frac{\lambda_{Vi}}{\lambda_a}$$

$$\frac{N_d}{\varkappa \cdot N_{pl,d}} \leqq 1 \qquad \text{mit } \varkappa \text{ abhängig von } \bar{\lambda}_{Vi}$$

Knickbeanspruchung für Betonstützen

$$\varkappa = 1 - \frac{\lambda}{140} \qquad \text{vorh } \sigma_D = \frac{\text{vorh } N}{\text{vorh } A_b \cdot \varkappa} \qquad \frac{\text{vorh } \sigma_D}{\text{zul } \sigma_D} \leqq 1$$ Gln. (7.16) (7.18)

Beiwert für Betonwände, zweiseitig gehalten $\beta_K = 1{,}0$

Beiwert für Betonwände, dreiseitig gehalten $\beta_K = \dfrac{1}{1 + \left[\dfrac{h_S}{3b}\right]^2} \geqq 0{,}3$ Gl. (7.22)

Beiwert für Betonwände, vierseitig gehalten $\beta_K = \dfrac{1}{1 + \left[\dfrac{h_S}{b}\right]^2}$ für $h_S \leqq b$ Gl. (7.23)

$\beta_K = \dfrac{b}{2\,h_S}$ für $h_S > b$ Gl. (7.24)

Spannungsnachweis für Betonwände

$$\text{vorh } \sigma_D = \frac{\text{vorh } q}{l \cdot d \cdot \varkappa} \qquad \text{zul } \sigma_D = \frac{\beta_R}{\gamma} \qquad \frac{\text{vorh } \sigma_D}{\text{zul } \sigma_D} \leqq 1$$ Gln. (7.25) (7.27)

8. Beanspruchung bei Längskraft mit Biegung

Zug und einachsige Biegung allgemein

$$\sigma_{NB} = \frac{|N|}{A} \pm \frac{|M|}{W} \qquad \frac{\sigma_{NB}}{\text{zul } \sigma_D} \leqq 1$$ Gln. (8.1) (8.3)

Druck und einachsige Biegung bei Holz

$$\sigma_{NB} = \frac{|N|}{A_n} + \frac{\text{zul } \sigma_{D\|}}{\text{zul } \sigma_B} \cdot \frac{|M|}{W_n} \qquad \frac{\sigma_{NB}}{\text{zul } \sigma_{D\|}} \leqq 1$$ Gln. (8.9) (8.10)

$$\sigma_K = \frac{|N| \cdot \omega}{A} + \frac{\text{zul } \sigma_{D\|}}{\text{zul } \sigma_B} \cdot \frac{|M|}{W} \qquad \frac{\sigma_K}{\text{zul } \sigma_{D\|}} \leqq 1$$ Gln. (8.11) (8.12)

Druck und einachsige Biegung bei Stahl

$$\sigma_{NB} = \frac{|N_d|}{A} \pm \frac{|M_d|}{W} \qquad \frac{\sigma_{NB}}{\sigma_{R,d}} \leqq 1 \qquad \text{Gln. (8.13) (8.14)}$$

Sicherheitsnachweis gegen Biegeknicken

$$\frac{|N_d|}{\varkappa \cdot N_{pl,d}} + \beta_m \cdot \frac{|M_d|}{M_{pl,d}} + \Delta n \leqq 1 \quad \text{mit } \Delta n = \frac{|N_d|}{\varkappa \cdot N_{pl,d}} \cdot \left(1 - \frac{|M_d|}{\varkappa \cdot N_{pl,d}}\right) \varkappa^2 \cdot \bar{\lambda}_K^2 \leqq 0{,}1$$

Sicherheitsnachweis gegen Biegedrillknicken

$$\frac{|N_d|}{\varkappa_z \cdot N_{pl,d}} + \frac{|M_{y,d}|}{\varkappa_M \cdot M_{pl,d}} \cdot k_y \leqq 1 \quad \text{mit } \varkappa_z \text{ abhängig von } \bar{\lambda}_{K,z}$$

$$\bar{\lambda}_{K,z} = \sqrt{\frac{N_{pl,d}}{N_{K,z,d}}} \qquad N_{K,z,d} = \frac{\pi^2 \cdot E \cdot I_z}{s_{K,z}^2 \cdot \gamma_M}$$

mit $\varkappa_M$ abhängig von $\bar{\lambda}_M$

$$\bar{\lambda}_M = \sqrt{\frac{M_{pl,d}}{M_{K,y,d}}} \qquad M_{K,y,d} = \frac{1{,}32 \cdot b \cdot t \cdot E \cdot I_y}{l \cdot h^2 \cdot \gamma_M}$$

$$\text{mit } k_y = 1 - \frac{N_d}{\varkappa_z \cdot N_{pl,d}} \cdot a_y \leqq 1$$

$$a_y = 0{,}15 \cdot \bar{\lambda}_{K,z} \cdot \beta_{M,y} - 0{,}15 \leqq 0{,}9$$

Zug und zweiachsige Biegung allgemein

$$\sigma_{NB} = \frac{|N|}{A} \pm \frac{|M_y|}{W_y} \pm \frac{|M_z|}{W_z} \qquad \text{Gl. (8.18)}$$

Druck und zweiachsige Biegung bei Holz

$$\sigma_{NB} = \frac{|N|}{A_n} + \frac{\text{zul } \sigma_{D\|}}{\text{zul } \sigma_B} \cdot \left(\frac{|M_y|}{W_{yn}} + \frac{|M_z|}{W_{zn}}\right) \qquad \frac{\sigma_{NB}}{\text{zul } \sigma_{D\|}} \leqq 1 \qquad \text{Gln. (8.19) (8.20)}$$

$$\sigma_K = \frac{|N| \cdot \max \omega}{A} + \frac{\text{zul } \sigma_{D\|}}{\text{zul } \sigma_B} \cdot \left(\frac{|M_y|}{W_y} + \frac{|M_z|}{W_z}\right) \qquad \frac{\sigma_K}{\text{zul } \sigma_{D\|}} \leqq 1 \qquad \text{Gln. (8.21) (8.22)}$$

Druck und zweiachsige Biegung bei Stahl

$$\sigma_{NB} = \frac{|N|}{A} + \frac{|M_y|}{W_y} + \frac{|M_z|}{W_z} \qquad \frac{\sigma_{NB}}{\sigma_{R,d}} \leqq 1$$

Sicherheitsnachweis gegen Biegeknicken

$$\frac{|N_d|}{\varkappa \cdot N_{pl,d}} + \frac{\beta_{m,y} \cdot |M_{y,d}|}{M_{pl,y,d}} \cdot k_y + \frac{\beta_{m,z} \cdot |M_{z,d}|}{M_{pl,z,d}} \cdot k_z + \Delta n \leqq 1$$

Sicherheitsnachweis gegen Biegedrillknicken

$$\frac{|N_d|}{\varkappa \cdot N_{pl,d}} + \frac{|M_{y,d}|}{\varkappa_M \cdot M_{pl,y,d}} \cdot k_y + \frac{|M_{z,d}|}{M_{pl,z,d}} \cdot k_z \leqq 1$$

Einachsig ausmittiger Druck bei versagender Zugzone

Fall 1: Ausmitte $e_y < b_y/6$

$$\sigma_{1,2} = \frac{|N|}{A} \pm \frac{|M|}{W} \qquad \sigma_0 = \frac{|R_V|}{A} \pm \frac{|R_V| \cdot 6\, e_y}{b_y^2 \cdot b_z}$$ Gln. (8.27) (8.28)

Fall 2: Ausmitte $e_y = b_y/6$

$$\sigma_1 = \frac{|N|}{A} + \frac{|M|}{W} \qquad \sigma_2 = 0$$

$$\sigma_{01} = \frac{2\,|R_V|}{A} \qquad \sigma_{02} = 0$$ Gl. (8.29)

Fall 3: Ausmitte $e_y > b_y/6$

$$\sigma_{01} = \frac{2\,|R_V|}{3\,b_z \cdot c} \qquad \sigma_{02} = 0$$ Gl. (8.30)

Fall 4: Ausmitte $e_y = b_y/3$

$$\sigma_{01} = \frac{4\,|R_V|}{b_y \cdot b_z} \qquad \sigma_{02} = 0$$ Gl. (8.32)

Zweiachsige Ausmitte bei Rechteckquerschnitten

$$\sigma = \frac{|N|}{A} \pm \frac{|M_y|}{W_y} \pm \frac{|M_z|}{W_z}$$ Gl. (8.36)

Zweiachsige Ausmitte bei Fundamenten

$$\left(\frac{e_y}{b_y}\right)^2 + \left(\frac{e_z}{b_z}\right)^2 \leqq \frac{1}{9}$$ Gl. (8.37)

Eckspannung

$$\max \sigma = \frac{\mu \cdot |R_V|}{b_y \cdot b_z}$$ Gl. (8.38)

Teilfläche $A' = b'_y \cdot b'_z$ mit $b'_y = b_y = b_y - 2 \cdot e_y \quad b'_z = b_z - 2 \cdot e_z$ Gl. (8.39)

maßgebende Bodenpressung bei Fundamenten

$$\sigma_{0\,r} = \frac{|R_V|}{A'} \qquad \frac{\sigma_{0\,r}}{\text{zul}\;\sigma_0} \leqq 1$$ Gln. (8.40) (8.35)

9. Beanspruchung durch Zwang

Längenänderung	$\Delta l = \pm\, \alpha_T \cdot \Delta T \cdot l_0$	Gl. (9.1)
Temperaturdehnung	$\varepsilon_T = \pm\, \alpha_T \cdot \Delta T$	
Temperaturspannung	$\sigma_T = \pm\, \alpha_T \cdot \Delta T \cdot E$	Gl. (9.2)
Temperatur-Längskraft	$N_T = \pm\, \sigma_T \cdot A$	Gl. (9.3)

Formänderungsmaß $f = \alpha_T \cdot \frac{\Delta T}{d} \cdot \frac{l^2}{8}$ Gl. (9.4)

Längenänderung durch Schwinden

$\Delta l_s = \varepsilon_s \cdot l_0$ Gl. (9.5)

Schwindspannung

$\sigma_s = \varepsilon_s \cdot E \cdot 10^{-3}$ Gl. (9.6)

Längenänderung durch Kriechen

$\Delta l = \varepsilon_k \cdot l_0$ Gl. (9.7)

Kriechmaß

$\varepsilon_k = \varphi \cdot \frac{\sigma}{E} \cdot 10^3$ Gl. (9.8)

Dehnungsdifferenz zwischen Dachdecke und Wänden

$\Delta\varepsilon = \varepsilon_{sD} + \alpha_{TD} \cdot (T_D - T_{OD}) - \varepsilon_{sW} - \alpha_{TW} \cdot (T_W - T_{OW})$ Gl. (9.15)

Dehnungsdifferenz zwischen Fundamentplatte und Wänden

$\Delta\varepsilon = \varepsilon_{sF} + \alpha_{TF} \cdot (T_F - T_{OF}) - \varepsilon_{sW} - \alpha_{TW} \cdot (T_W - T_{OW})$ Gl. (9.16)

Verschiebewinkel

$\text{vorh}\ \gamma = \frac{\Delta l}{h} \qquad \text{zul}\ \gamma = \pm\frac{1}{2500} \qquad \frac{\text{vorh}\ \gamma}{\text{zul}\ \gamma} \leqq 1$ Gl. (9.19)

10. Stabilität von Bauteilen und Bauwerken

Holzträger mit I-Querschnitt oder Kastenquerschnitt

$\frac{\text{vorh}\ \sigma_{DS}/\omega_{40}}{\text{zul}\ \sigma'_K} \leqq 1$ Gl. (10.1)

$\text{zul}\ \sigma'_K = \text{zul}\ \sigma_{D||}/\omega$ Gl. (10.2)

Holzträger mit Rechteckquerschnitt

$\text{vorh}\ \sigma_B = M_y/W_y$ Gl. (10.3)

$\text{zul}\ \sigma_K = \text{zul}\ \sigma_B \cdot 1{,}1 \cdot k_B$ Gl. (10.4)

$\frac{\text{vorh}\ \sigma_B}{\text{zul}\ \sigma_K} \leqq 1$ Gl. (10.6)

Sicherheit gegen Biegedrillknicken
Stahlträger mit I-Querschnitt

$\text{zul}\ \lambda \leqq 0{,}5 \cdot \frac{M_{pl,y,d}}{M_{y,d}}$ Gl. (10.10)

$\text{vorh}\ \lambda = \frac{c \cdot k_c}{i_{z,g} \cdot \lambda_a}$ Gl. (10.11)

$$\text{zul } c \leqq 0{,}5 \cdot \frac{M_{\text{pl, y, d}}}{M_{\text{d}}} \cdot \frac{i_{\text{z, g}} \cdot \lambda_{\text{a}}}{k_{\text{c}}}$$ Gl. (10.12)

$$\frac{\text{vorh } c}{\text{zul } c} \leqq 1$$ Gl. (10.13)

Sicherheit gegen Beulen

$$\sigma_{\text{u (o)}} = \frac{N_{\text{d}}}{A} \pm \frac{M_{\text{y, d}}}{I_{\text{y}}} \cdot \frac{h_1}{2} \qquad \psi = \sigma_{\text{u}}/\sigma_{\text{o}}$$ Gl. (10.15) (10.14)

$$\frac{\text{vorh } (b/t)}{\text{grenz } (b/t)} \leqq 1$$ Gl. (10.16)

Seitenlast für Druckgurte von Fachwerkträgern

$$q_{\text{s}} = \frac{m \cdot N_{\text{Gurt}}}{30 \cdot l}$$ Gl. (10.17)

Seitenlast für Biegeträger mit Rechteckquerschnitt

$$q_{\text{s}} = \frac{m \cdot \max M}{350 \cdot l \cdot b}$$ Gl. (10.18)

15 Schrifttum

Nachfolgend werden einige Tabellenbücher genannt. Außerdem wird eine kurze Auswahl an Fachliteratur für diejenigen Leser aufgeführt, die ihre statischen und konstruktiven Kenntnisse erweitern und vertiefen wollen.

[1] Andresen/Scheer: Beispiele Ingenieur-Holzbau. Berechnung und Konstruktion. Arbeitsgemeinschaft Holz e.V. Düsseldorf 1985

[2] Beton-Kalender. Berlin-München 2001

[3] Cziesielski/Friedmann/Schelling: Holzbau, statische Berechnungen. Informationsdienst Holz, Düsseldorf 1992

[4] Cziesielski, E. (Hrsg.): Lehrbuch der Hochbaukonstruktionen, 3. Aufl., Stuttgart 1997

[5] Frick/Knöll/Neumann/Weinbrenner: Baukonstruktionslehre. Teil 1. 31. Aufl. 1997, Teil 2. 30. Aufl. 1998, Stuttgart

[6] Hempel, G.: Statikbeispiele aus dem Holzbau, Karlsruhe 1998

[7] Mauerwerk-Kalender, Berlin-München 2001

[8] Neuhaus: Lehrbuch des Ingenieurholzbaus. Stuttgart 1994

[9] Lohmeyer, G.: Stahlbetonbau, Bemessung – Konstruktion – Ausführung. 6. Aufl. Stuttgart 2001

[10] Pfefferkorn, W.: Dachdecken und Mauerwerk. Köln-Braunsfeld 1980

[11] Rösel/Witte: Hallen aus Stahl, Planen und Bauen. Deutscher Stahlbau-Verband DSTV, Köln 1988

[12] Simmer, K.: Grundbau, Teil 1. 19. Aufl. 1994, Teil 2. 18. Aufl. 1999, Stuttgart

[13] Stahlbau-Kalender. Deutscher Stahlbau-Verband DSTV, Köln 1999

[14] Thiele/Lohse: Stahlbau, Teil 1. 23. Aufl. 1997, Teil 2. 19. Aufl. 2000, Stuttgart

[15] Wagner-Erlhof: Praktische Baustatik, Teil 1. 19. Aufl. 1994, Teil 2. 15. Aufl. 1998, Teil 3. 8. Aufl. 1997, Stuttgart

[16] Wendehorst: Bautechnische Zahlentafeln, 29. Aufl. Stuttgart 2000

16 DIN-Normen zur Baustatik (Auswahl)

DIN	Titel
1045	Beton und Stahlbeton; Bemessung und Ausführung (07.88)
1052	Holzbauwerke; Berechnung und Ausführung (04.88) (10.96)
1053	Mauerwerk; Berechnung und Ausführung, T1 (11.96), T2 (11.96), T3 (02.90)
1054	Baugrund; zulässige Belastung des Baugrunds (11.76) (04.96)
1055	Lastannahmen für Bauten. T1 (07.78), T3 (06.71), T4 (08.86), T5 (06.75)
1080	Begriffe, Formelzeichen und Einheiten im Bauingenieurwesen T2 (03.80)
18800	Teil 1: Stahlbauten; Bemessung und Konstruktion (11.90) (02.96)
18800	Teil 2: Stahlbauten; Stabilitätsfälle; Knicken von Stäben und Stabwerken (11.90) (02.96)
18800	Teil 3: Stahlbauten; Stabilitätsfälle; Plattenbeulen (11.90) (02.96)
18801	Stahlhochbau; Bemessung und Konstruktion, Herstellung (09.83)
EN 10025	Warmgewalzte Erzeugnisse aus unlegierten Baustählen; Technische Lieferbedingungen (3.94)
EN 10027	Bezeichnungssysteme für Stähle; Kurznamen, Hauptsymbole, Nummernsystem (9.92)
EN 20898	Mechanische Eigenschaften von Verbindungselementen (4.92)

17 Sachverzeichnis

Wichtige Begriffe aus Teil 1 wurden aufgenommen und mit (1) gekennteichnet. Zugehörige Seitenzahlen stehen im Sachweiser von Teil 1.